监控技术
在发电厂与变电站中的应用

唐涛 江平 柏嵩 编著

中国电力出版社
CHINA ELECTRIC POWER PRESS

内 容 提 要

本书以监控技术的发展变化为纲，采用原理论述和工程案例互为映衬与补充的方式，重点阐述了监控技术在发电厂和变电站中的应用。

全书共计 14 章。其中第 1 章概论和第 2 章厂站微机监控系统的数据通信为理解全书的基础；第 3～6 章论述了不同时期、不同条件下各类变电站监控系统的结构形态、技术参数、功能特征、软硬件设计及其具体应用案例；第 7 章介绍了厂站视频监控系统；第 8 章介绍了各类发电厂电气监控系统；第 9、10 章描述了与厂站微机监控系统密切相关的后台系统和附属设备；第 11～14 章则主要探讨了监控系统在各种发电厂和变电站的应用案例及相关的工程应用问题。

本书可供变电站、发电厂及诸如石化、采矿、冶金、交通运输、市政公用、环保、管线等大型工矿企业供配电专业领域的工程技术人员参考，也可作为高等学校相关专业的本科生和研究生的学习参考书。

图书在版编目（CIP）数据

监控技术在发电厂与变电站中的应用/唐涛，江平，柏嵩编著. —北京：中国电力出版社，2014.3
ISBN 978 - 7 - 5123 - 4940 - 7

Ⅰ.①监… Ⅱ.①唐… ②江… ③柏… Ⅲ.①发电厂－电力监控系统－研究②变电所－电力监控系统－研究 Ⅳ.①TM6

中国版本图书馆 CIP 数据核字（2013）第 223318 号

中国电力出版社出版、发行
（北京市东城区北京站西街 19 号 100005 http：//www.cepp.sgcc.com.cn）
汇鑫印务有限公司印刷
各地新华书店经售

*

2014 年 3 月第一版 2014 年 3 月北京第一次印刷
787 毫米×1092 毫米 16 开本 34.75 印张 942 千字
印数 0001－3000 册 定价 **88.00** 元

前　言

　　监控技术是一门在国民经济诸多行业有着广阔应用前景的新兴技术，电力系统中的发电厂和变电站是国内较早采用这项技术以提高生产率的重要工业领域之一。20世纪下半叶开始的远动"四遥"技术，其后出现的厂站微机远动装置以及正在广泛应用的网络型厂站监控系统，充分展示了该项技术顽强的生命力以及对于保证电力系统安全可靠运行所蕴涵的价值。

　　本书作者长期从事厂站监控与自动化领域的研发、设计、制造、系统集成、工程实施等工作，亲身参与了我国从第一代起多套微机远动装置的研发和若干大型监控与自动化工程的组织、管理与实施，同时也接触了众多国外大型跨国电气电子公司的产品，具有较丰富的理论知识和实际经验，这对于写作本书十分有利。大家在繁忙的工作之余，悉心收集整理了国内外的相关文献资料，结合自身的研究成果，分析了大量国内外的工程案例，完成了本书的撰写工作。

　　本书具有以下特点：

　　（1）全书以监控技术的发展变化为纲，论述了不同时期厂站监控系统的不同结构形态、技术参数、功能特征、软硬件设计及其具体应用案例。

　　（2）本书在材料的组织、酝酿过程中，力求做到一般原理、规则的论述和工程应用两方面内容的相互平衡，以便读者既能了解这一技术领域的来龙去脉，又能通过实际案例的分析体会理论与实践相互融合的精妙。

　　（3）本书除在保证传统能源的发电厂与变电站监控系统的描述外，对目前发展迅速的绿色环保能源（例如风力发电、光伏发电）等相关领域的监控技术及其应用也做了较为深入的分析与探讨。

　　（4）数字技术的发展促进了智能电网、物联网的兴起，本书专列一章，阐述数字化变电站的构成，包括智能化电气设备、过程层电子光学互感器以及联系这些部分的技术规范，为有兴趣的读者了解这方面内容提供了较为丰富的素材。

　　（5）本着真实性、先进性、典型性、多样性等原则，本书精心选择了具有广泛代表性的部分厂站监控系统的工程案例呈现给读者，其中大部分案例都是作者亲身参与组织管理或参与调试的项目，从中低压变电站监控系统到高压、超高压、特高压变电站监控系统都有涉及，其中500kV超高压变电站的工程应用案例中还包括智能化实验间隔等新颖内容。发电厂监控系统工程案例部分除了传统的火电网控系统、厂用电监控系统外，还包括了垃圾发电、风光储输一体化新能源监控系统以及液化天然气发电厂（LNG）等诸多最新工程案例。此外，还列出了工程项目实施过程中的厂内测试验收（FAT）和现场测试验收（SAT）的详细规范，这不仅为广大活跃在厂站施工建设现场的工程技术人员提供了这类工程项目的验收参考依据，也为提高这类工程的设计施工质量有所裨益。

本书既可作为高等学校相关专业高年级学生和研究生的学习参考书，也可供变电站、发电厂以及诸如石化、采矿、冶金、交通运输、市政公用、环保、管线等大型工矿企业的供配电专业领域的工程技术人员参考。

本书由唐涛、江平、柏嵩、张建周、赵晓冬、骆健、吕良君、朱颂怡、杨仪松、付斌杰、刘双、江宏、高志远、顾坚、张国秦、朱红彬、龙良雨、杨贤勇、唐祥等共同编写，唐涛负责总策划并统稿。

在本书的写作过程中，得到了国网电力科学研究院、国电南瑞科技股份有限公司、南京中德保护控制系统有限公司等单位的支持与帮助，其中奚国富、季侃、王军等在本书的写作过程中给予了关注与鼓励，谨此表示衷心感谢。

由于编者水平有限，书中难免存在疏漏和缺点之处，诚恳希望广大读者批评指正。

编　者

2013 年 11 月于南京

目　录

第 1 章

概　　论

1.1 监控技术的发展历程

1.1.1 早期的远动技术

早期的远动技术可以追溯到 20 世纪的 40 年代至 70 年代期间，是在自动电话交换机和电子技术基础上逐步发展起来的。最早用于电力工业的远动设备是由电话继电器、步进器和电子管为主要元器件组成的。随着半导体技术的发展，20 世纪 60 年代开始出现晶体管无触点式远动设备，70 年代出现集成电路远动设备，这一阶段的远动设备有如下主要特点：

（1）不涉及软件，设备都是由硬件制造的，即为非智能硬线逻辑方式。

（2）核心硬件是晶体管以及中小规模集成电路芯片，其中晶体管开始采用锗管，后来过渡到硅管；而集成电路芯片开始采用 PMOS 技术的芯片，后来发展为采用 CMOS 技术和 TTL 技术的芯片。

（3）其设计理念是面向整个发电厂或变电站，而不是面向发电厂或变电站内的电气间隔或元件，因此均采用集中组屏方式。

（4）置于厂站端的终端设备与置于远方控制中心或调度中心的接收设备均为一对一方式。

（5）远动设备内部各部分之间以并行接口技术为主，很少或几乎不使用串行接口技术。

（6）与远方控制中心或调度中心之间的通信以电力线载波技术为主，且多为复用。

（7）大部分远动设备只完成"二遥"功能，即遥测与遥信，少部分设备具有遥测、遥信、遥控、遥调的"四遥"功能。

早期远动设备由以下三部分组成：

1. 被控站远动设备

被控站远动设备包括远动主设备、调制解调器（Modem）和过程设备三部分。过程设备又包括信息输入设备（如变送器等）、信息输出设备（如执行盘等）以及调节器。在数据通信中，远动设备相当于数据终端设备（Data Terminal Equipment，DTE），调制解调器相当于数据电路终端设备（Data Circuit Terminating Equipment，DCE），习惯上又把被控站远动设备称为远动终端（Remote Terminal Unit，RTU）。

过程设备面向电力生产过程，它把强电特性的信息转换为电子技术能处理的小信号或把电子技术能处理的小信号转换为强电特性信息。厂站的各种告警、状态和位置信号经过光电隔离转换之后送入主设备，测量量来自电压互感器（TV）和电流互感器（TA），经变送器转换为直流电压或电流信号后送 A/D 转换，再经主设备的组合逻辑和时序逻辑电路处理之后，按规约发往控制站。如果有遥控或遥调命令，则由控制站发出，被控站接收后输出给执行盘、调节器以控制电力生产过程。

2. 控制站远动设备

控制站远动设备包括远动主设备、调制解调器以及人机设备三部分。人机设备有模拟屏、数字显示设备、打印机、记录仪表及控制操作台等。

控制站远动设备又称主站,它接收被控站送来的遥测、遥信信息,经处理后反映到模拟屏、数字显示设备、打印机及记录仪表上,调度员通过操作控制台发出命令,送往被控站,进行遥控、遥调操作。

3. 远动通道

远动通道包括控制站和被控站的调制解调器和传输线路。远动通道又称数据电路,通常通过远程通信系统来实现。

国内早期远动设备的代表产品有 WYZ 系列及 SZY 系列。

1.1.2 中期的远动(监控)技术

20 世纪 80 年代到 90 年代初,由于微处理器芯片(CPU)和各种作为外围电路的大规模集成电路的出现与运用,远动设备从早期方式进入了中期发展阶段。同时它又与个人计算机(PC)相结合,出现了数据采集与监控系统(Supervisory Control and Data Acquisition,SCADA 系统)。广义的 SCADA 系统不仅包括前面所述的远动设备,也包括调度自动化中的完整的主站系统。这意味着远动将向提高传输速度、提高编译码的检纠错力、应用智能控制技术对所采集的数据进行预处理和正确性校验等方向发展。这样"远动"一词也逐渐为"监控"所取代,因此今后本书在使用远动或监控这两个术语时不再加以特别说明与解释。

中期的远动技术有如下主要特点:

(1) 以单或多微处理芯片 CPU(8/16/32 位)和嵌入式软件为核心。

(2) PC 机的应用极大地提高了远动设备的应用水平,拓宽了人机联系的范围和远动技术的应用空间。

(3) 在采用多处理器设计时,设备内部逐渐从以并行接口技术为主转向以串行接口技术为主。

(4) 设计理念仍然面向全厂或全站,所以仍然采用集中组屏方式。

(5) 厂站端内的终端设备与远方控制中心或调度中心的接收设备逐步从一对一方式发展为一对 N 方式,即位于控制中心或调度中心的一台或两台前置接收设备可以接收多达 32 个以上的厂站端设备。

(6) 与远方控制中心或调度中心之间的通信方式除了电力线载波之外,还有其他诸如微波、特高频、邮电线路、光纤等多种方式。

(7) 远动功能由"二遥"发展到"四遥",且增添了若干附加功能。

图 1-1 所示为典型的中期远动系统的基本构成,图下部示出了远动接口,归纳起来共有 3 种远动接口,即被控站的远动设备与过程设备的接口、控制站和被控站的远动设备(DTE)与调制解调器(DCE)接口、控制站的远动设备与人机设备接口。这些设备上的输入/输出接口必须具有符合标准规定的物理特点。

1. 远动设备与过程设备接口

远动设备与过程设备接口的信号可以归纳为两种:

(1) 数字式输入信号。数字式输入信号分电流型和电压型两种。国际电工委员会(IEC)推荐电压型使用值为直流 12、24、48、60V,不推荐使用交流信号。根据国内外实际使用情况来看,为了防止低阈值电平下可能使抗干扰减弱而导致遥信信号误发,普遍倾向于采用 48V 及以

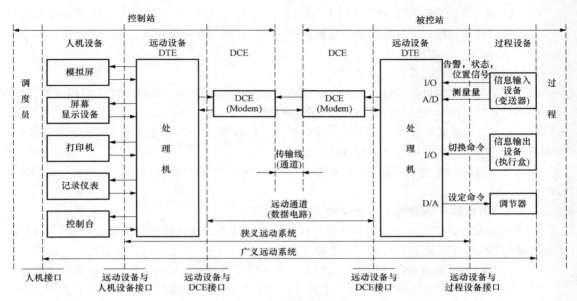

图 1-1 典型的中期远动系统的基本构成

DTE—数据终端设备；DCE—数据电路终端设备；Modem—调制解调器；

I/O—输入/输出；A/D—模/数转换器；D/A—数/模转换器

上的电压，110V 和 220V 也已在实际中使用。如果设备的电源也采用 110V 或 220V 直流供电，还可节省一个电源。电流型数字信号输入，由于实际使用较少，因此不在此介绍。

数字式输出信号主要采用继电器触点方式输出。触点类型分为动合与动断。或同时输出动合与动断。触点容量较灵活，以接通容量和断开容量加以区分，其断开容量又根据分断开电阻性负荷容量或电感性负荷容量而有不同。

（2）模拟式输入与输出信号。模拟式输入与输出信号也分为电流型与电压型两种。电流型使用值为 0～5mA、0～10mA、4～20mA、−5～5mA、−10～10mA；电压型使用值为 0～1V、0～5V、0～10V、−1～1V、−5～5V、−10～10V。IEC 推荐使用电流型。

2. 远动设备（DTE）与调制解调器（DCE）接口

远动设备与调制解调器接口信号线分发送线与接收线。

（1）发送线：

1）103 线——发送数据线。

2）102 或 102a 线——信号地线或公共回线。

3）106 线——DCE 已就绪线。

4）105 线——请求发送线。

5）113 或 114 线——发送信号定时线（同步系统用）。

（2）接收线：

1）104 线——接收数据线。

2）102 或 102b 线——信号地线或公共回线。

3）107 线——数据组已就绪线。

4）109 线——数据通道载波检测线。

5）110 线——数据质量检测线。

6）115线——接收信号定时线（同步系统用）。

上述接口线的功能、电气特性及连线插针分配均应符合国际标准要求。

3．远动设备与人机设备接口

远动设备与人机设备接口分为 A 类和 B 类。

（1）A类。A类接口包括灯、开关、记录器与毫安表等，这些均属数字式或模拟式输出或输入类型，其接口要求与远动设备与过程设备接口的要求相同。

（2）B类。有屏幕显示器、打印机、模拟屏与控制台等，这些均为串行或并行的数字式传输通道接口，接口要求按所配外部设备的要求。

中期远动设备的代表产品有 MWY 系列、DFY 系列、N4F 系列以及 μ4F、SC1801、GR90 等。

1.1.3 当前的厂站监控与自动化技术

20 世纪末到本世纪初，由于半导体芯片技术、通信技术以及计算机技术飞速发展，远动技术也已从早期、中期发展到当前的厂站监控与自动化技术阶段。其主要特点如下：

（1）以 IEC 关于变电站的结构规范为标准，真正以分层分布式结构取代传统的集中式结构。

（2）把厂站分为三个层次，即厂站层（Station level）、间隔层（Bay level）及过程层（Process level）。在设计理念上，不是以整个厂站作为设备所要面对的目标，而是以电气间隔和电气元件作为设计的对象与依据。对于中、低压系统物理结构和电气特性完全独立，功能上既考虑测控又涉及继电保护等测控保护综合单元对应一次系统中的间隔出线或发电机、变压器、电容器、电抗器等电气元件；对于高压与超高压系统，则以独立的测控单元对应高压或超高压系统中的间隔和元件。随着技术的进步，在高压或超高压系统中的间隔层采用测控保护综合单元成为可能。

（3）厂站层主单元的硬件以高档、32 位字长 CPU 和 DSP 为基础的工业级模件作为核心，配有大容量内存、闪存及电子固态盘和嵌入式软件。

（4）现场总线的兴起以及光纤通信的应用，为功能上的分布和地理上的分散提供了物质基础。

（5）网络，尤其是基于 TCP/IP 的工业以太网，在厂站监控与自动化系统中发挥出越来越重要的作用。

（6）智能电子装置（IED）的大量运用，诸如继电保护装置、自动装置、电源、"五防"装置、电子电能表等，均可视为 IED 而纳入一个统一的厂站监控与自动化系统之中。

（7）与继电保护、各种 IED 相比，远方调度控制中心交换数据所使用的规约与国际接轨化程度更高。

由于采用了分层分布式的结构，使得传统上相对独立的远动和继电保护逐步融合与统一，继电保护技术和远动技术都上升到一个完全崭新的高度，其传统概念与内涵也有了质的不同，这种技术称为厂站自动化技术，由此而诞生的系统（不是一个装置）称为厂站自动化系统，目前还在继续发展之中。本书中的监控系统一般不涉及继电保护，而自动化系统则包含监控系统、继电保护系统两部分内容。

数字式变电站技术虽然采用了光电技术的互感器和 IEC 61850 规约，但在体系结构上仍然属于厂站监控与自动化技术这一范畴。

厂站监控与自动化系统的代表产品，国外有 LSA 系列、SICAM 系列、SCS 系列等，国内有 CSC 系列、NSC 系列、RCS 系列及 NS 系列等。

1.2 调度自动化系统

1.2.1 厂站微机监控（远动）系统与调度自动化的关系

厂站微机监控（远动）系统的发展历程始终都伴随着调度自动化的发展与进步。因此，可以把厂站微机监控（远动）系统看作为实现调度自动化的一个必不可少的手段与工具。

电力生产是发输电与用电同时进行的连续生产过程。电力系统分布地域辽阔，是一个庞大复杂的生产体系，电力系统的安全性、稳定性与经济性越来越重要。

远动技术能把远方厂站的测量量和断路器的开闭状态的信号及时传送到调度所，通过模拟屏或计算机显示出电力系统运行的情况，使调度员能及时了解所发生的事件。西方发达国家在第二次世界大战后就进入了远动调度阶段，我国在 20 世纪 60 年代开始在电力系统调度中使用远动技术。

当电力系统发展到数百万或上千万千瓦容量时，监控（远动）系统收集远方厂站数据可达数千个或上万个，模拟屏相应增大，其中的遥测仪表和信号灯数量繁多，调度员目不暇接，难以准确判断电力系统的运行状况以及所发生的事故。这就有必要将调度的职能与权限加以分层，从而使该层次调度控制中心所管辖的厂站数以及可收集的数据量控制在一个相对合理的范围之内，而各层次之间的数据交换则使用转发或网络的方式加以解决，这就提高了调度的管理水平和工作效率。国际上从 20 世纪 60 年代起出现以电子计算机为基础的电力系统调度自动化系统。计算机有丰富的软、硬件资源，通过屏幕显示器以多幅画面的形式显示或打印机打印成记录，为调度员减少了许多繁琐的工作，也提高了调度的效率。我国电力系统调度采用计算机技术开始于 20 世纪 70 年代，80 年代得到普遍推广。

20 世纪 60 年代以来国际上出现了多次大面积停电事故，特别是 1963 年 11 月 9 日和 1977 年 7 月 13 日两次纽约大停电事故以及 1978 年 12 月 19 日法国的大停电事故以后，要求调度自动化系统功能从经济调度为主转向以安全控制为主。随着计算机软、硬件能力的增强，进一步开发了功能更强的应用软件包，即状态估计、在线潮流计算、安全分析、事故模拟等高级应用软件，使调度自动化系统由初期的安全监视功能上升到能进行安全分析辅助决策的功能。当系统处于紧急状态时，帮助调度员迅速处理事故，使系统能很快恢复到正常状态。

从以上分析不难看出，以计算机为基础的调度自动化系统是一个范围广大的系统，而厂站微机监控系统仅仅是它的一个重要组成部分，二者既相互依存、相互促进，又各自具有独立存在与发展的空间。

1.2.2 电力系统调度的分层结构

随着电力系统容量的日益增大、系统电压等级的升高，一次接线的规模越来越庞大而复杂，系统内的发电厂、变电站的数目也越来越多。对于这样一个地域辽阔的系统，如采用一个调度控制中心的设计，则该中心的计算机系统可能出现负荷过重、通道拥塞、数据过多等不利于调度管理的局面，将这样一种集中调度控制方式改变为分层调度控制方式势在必行。世界各国电力系统都采用分层调度控制，全系统的监控任务分属于不同层次，下一层调度组织除了完成本层次的调度控制任务外，还要接受上一层调度组织的调度命令并向其传送有关的信息。国际电工委员会标准（IEC 60870-1-1）提出典型分层结构中就将电力系统调度控制中心分为主调度中心（MCC）、区域调度中心（RCC）及地区调度中心（DCC），如图 1-2 所示。

采用分层调度控制有如下优点：

1. 与行业组织结构相适应

调度控制任务有全国性的，也有局部性的，大量的局部性调度控制任务可由下层相应的调

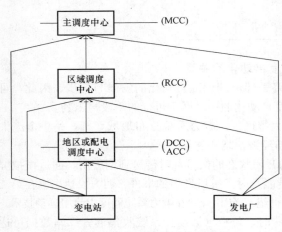

图 1-2　电力系统分层控制结构

度机构来完成，而跨地区甚至跨大区调度则可以由上层相应调度机构来完成，以便于协调和平衡，且有些调度控制任务也只能由上层机构来完成。此外，电力系统不断扩大与发展，运行信息量大量增加，分层调度控制方式使运行信息的采集分散化，各层次根据各自分担的调度控制任务采集相应的运行信息，这就大大压缩了信息量的传输与处理，降低了系统成本，提高了调度效率。

根据我国的实际情况，调度控制机构一般分为 5 个层次，即国调、网调、省调（中调）、地调与县调；前 3 层一般可以调度发电厂和大型高压与超高压变电站，后 2 层一般

只调度中、低压变电站以及一些小电厂。除上述 5 层外，近年来因无人值班站兴起而诞生了集控中心以及大型工矿企业的能源调度中心。随着我国行政体制的改变和调整，这种分层结构也可能会发生相应的变化。例如目前出现的省直管县模式，有可能导致县调的进一步加强而地区调度则有可能逐渐淡化。

2. 系统结构更为经济、安全、合理

设想一个庞大复杂且地域辽阔的电力系统如果只有一个调度控制中心，由该中心与下辖的相距几十到几百千米的成百上千座发电厂与变电站交换信息，如果采用点对点的星形通信方式，其通信系统的建设将是一笔相当可观的开支，其可靠性也未必能令人满意；其次这成百上千座厂站的重要性也不尽相同，其中有枢纽厂站，也有一般的终端站，都按照一样的级别来交换信息，显然是不合理的。而采用分层设置调度控制中心的办法就能有效地避免上述缺陷。

对于系统中的一些枢纽性厂站，可以把它们设计成同时与 2 个或 3 个调度控制中心交换信息，让这些调度控制中心能分享系统中的一些关键信息，而且一旦某一层次的系统发生故障时，还可让其他调度控制中心来取代或弥补该中心的作用，从而提高了整个系统的可靠性与安全性。

3. 改善了系统的响应时间

在电力系统调度中，对实时性的要求非常重视，断路器变位、保护动作、重要遥测量的越限告警以及事故处理、负荷调度、不正常运行状态的改善与消除都必须在一定的时间内完成。显然一个集中式的包揽一切的调度控制中心会因为处理器或计算机的负荷太重而无法达到实时响应的指标。采用分层调度在物理上改善了系统结构，减轻了计算机的负荷，使许多调度控制任务可由不同层次的调度自动化系统来处理，消除了数据的拥塞，减少了数据的无效传递，加快了处理速度并改善了整个系统的响应时间。

发电厂和变电站装有远动终端（RTU）或微机监控系统直接采集实时信息并控制与调节当地设备，只有涉及全网性的信息才向调度控制中心传送。上层作出决策后再向下发送控制或调节命令，此外，调度控制中心集中来自下面厂站的信息经过适当处理、编辑之后根据需要可以向更高层次的调度控制中心转发。

1.2.3　调度自动化系统的基本结构与功能

现代调度自动化系统物理上由三部分组成，它们分别是位于调度控制中心的主站系统，位于发电厂和变电站的厂站系统以及连接二者的远动通信系统，如图 1-3 所示。

1.2.3.1 主站系统

主站系统是整个调度自动化系统的核心，它是一套完整的计算机系统，对来自远方厂站的各种信息进行处理、加工，其结果通过人机联系子系统呈现给调度人员或通过执行子系统直接进行远方控制、调节操作。

1. 主站系统的结构

主站系统由计算机硬件系统和软件系统组成。

（1）计算机硬件系统。可以采用从简单的单台计算机直至多台不同类型的计算机组成的复杂系统，相应的配置方式有集中式的单机或双机系统、分层式的多机系统、网络式的分布系统。

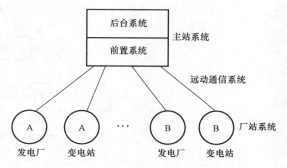

图 1-3 调度自动化系统的结构
A—远方终端单元（RTU）；B—微机
监控系统或厂站自动化系统

1）集中式配置是由一台计算机执行所有数据采集、人机联系和应用程序的功能。为了提高可靠性，设置一台备用计算机，构成双机系统。这种配置适合小型调度控制中心，也是早期普遍使用的方式，现在已很少应用。

2）分层式配置是把数据采集和通信等实时性较强的任务由独立的前置处理机来完成，其他人机联系和应用程序则由主计算机来完成。前置机和主计算机之间具有高速数据通道实现信息交换。此处，计算机硬件系统可分为三个层次，如分成前置机、主控机和后台机，其中主控机担任 SCADA 任务，后台机担任安全分析和经济调度等任务。为提高可靠性，各层次的计算机都双重化，这就是典型的四机或六机系统，20 世纪 70～80 年代大量采用这种配置。图 1-4 所示的能量管理系统就是采用典型的主机—前置机分层系统，主机和前置机采用以太网相连，都是双机冗余，一台在线，一台备用。

3）分布式配置是把各项功能进一步分散到多台计算机上，由单局域网络或双局域网络（LAN）将各计算机连接起来，各台计算机通过 LAN 交换数据。备用机也同样连接在 LAN 上，可随时承担同类故障机或预定的其他故障机的任务。如果这种系统在硬件接口和软件接口中都遵循一定的国际标准或工业标准，使不同厂家的产品容易互联，容易扩充，就可称为开放系统（Open System），其典型配置如图 1-5 所示。它在 20 世纪 90 年代初由德国西门子公司开发并用于当时的中国国家调度通信中心。

（2）计算机软件系统分为三个层次，即系统软件、支持软件和应用软件。

1）系统软件包括操作系统、语言编译和其他服务程序，是计算机制造厂家为方便用户使用计算机而提供的管理和服务性软件。

2）支持软件主要有数据库管理、人机联系管理、备用计算机切换管理等服务性软件，是为了计算机的实时、在线应用而开发的，对应用软件起支持作用。

3）应用软件是最终实现调度自动化各种功能的软件，包括 SCADA 软件、自动发电控制和经济运行软件、安全分析和对策软件等。

2. 主站系统的功能

主站系统按功能划分有数据采集与监控（SCADA）系统、能量管理系统（Energy Management System，EMS）及配电自动化系统（Distribution Automation System，DAS）。

（1）SCADA 系统的功能。实施对电力系统在线安全监视，具有参数越限和开关变位告警、显示、记录、打印制表、事件顺序记录、事故追忆、统计计算及历史数据存储等作用；还可对电

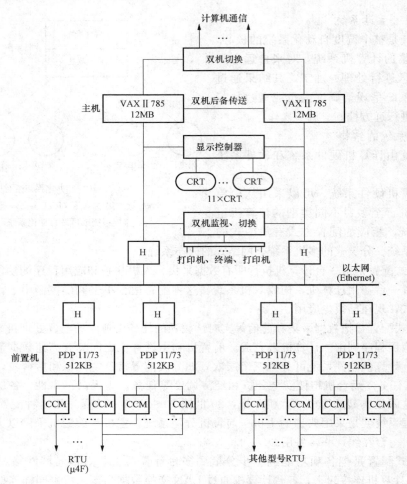

图 1-4　WESDAC-32 能量管理系统配置图

CCM—通信控制器；H—以太网接口

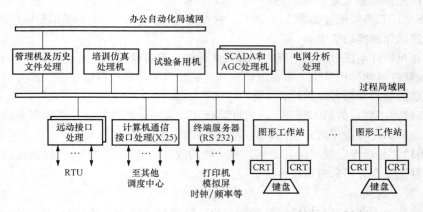

图 1-5　分布式系统

力系统中的设备进行远方操作与调节，例如断路器的分/合，变压器分接头、调相机、电容器等设备的调节与投切。SCADA 功能是对各级调度中心都适用的基本功能。具体指标如下：

1）断路器变位信号传送到主站时间应不大于 1s，显示器上应在 3s 内反映。

2）遥测数据采集周期：重要量 3s，次要量 6s，一般量 20s，变化量（如电能脉冲计数值）若干长时间。

3）事件顺序记录站间分辨率不大于 20ms，站内分辨率不大于 10ms。

4）遥测总误差不大于 1.5%。

5）画面调出响应时间不大于 3～5s。

6）远动终端设备平均无故障时间不小于 8760h。

7）系统可用率不小于 99.8%。

（2）EMS 的功能．在 SCADA 功能的基础上进一步实现自动发电控制和经济调度控制（Automatic Generation Control/Economic Dispatching Control，AGC/EDC）、安全分析（Security Analysis，SA）和对策等。AGC/EDC 实现在线闭环控制，它根据电力系统频率调整和经济调度的要求，由调度控制中心的主站系统计算机直接控制各个调频电厂发电机组的出力，其他非调频电厂按日负荷曲线或按经济调度的要求运行，经济调度计算时要考虑线损修正。对互联电网则按联络线净功率和频率偏移进行控制。安全分析和对策是在实时网络结构分析和状态估计基础上按 $N-1$ 原则或预定的多重事故组合进行事故预想，在出现不安全的情况下提出对策，使调度人员能够预先采取措施提高电力系统的安全运行水平，实现正常状态下的预防性控制。在电力系统已经发生线路或设备的过负荷或电压越限等不正常状态时，计算机可提出恢复正常约束的校正措施，供调度人员决策参考。为了实现以上功能，除了要有相应的软件以外，还要求有较强的计算机处理能力和较方便的数据库和人机联系的支持，因此也把具有 EMS 的调度自动化系统称为高档系统。

（3）DAS 的功能。位于供电或配电网调度控制中心的自动化系统称为配网自动化系统，一般具有 SCADA 功能。随着配网自动化的发展，开发和完善了一些传统的功能，如电压/无功控制、负荷管理、操作前安全性校核、故障识别和隔离、恢复供电以及设备管理等。近年来还出现了若干新的功能，如辅助配网故障识别与查找的配电图资系统 AM（Automatic Mapping）/FM（Facility Management）/GIS（Geographic Information System）以及需方管理（Demand Side Management，DSM）等。

1.2.3.2　厂站系统

厂站系统的硬件配置一般有两种方式：一种是传统的微机型远动终端；另一种是本书讨论的厂站微机监控系统与自动化系统。图 1-6 所示为典型的微机型厂站远动终端硬件结构框图。

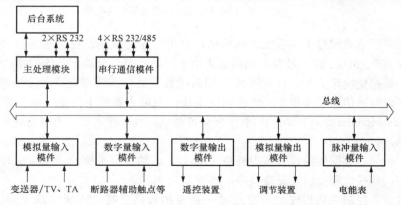

图 1-6　典型的微机型厂站远动终端硬件结构框图

图中的主处理模块（含 CPU）即为微机型远动终端的主板或主模件，它一般由 16 位或 32 位处理器、大容量存储器以及外围接口芯片构成，是终端的心脏部件。此外就是与过程交换信息的输入/输出模件和与远方调度控制中心交换信息的串行接口模件以及电源机箱等。各模件与主处理模件之间由总线相连以完成彼此之间的信息交换。后台系统作为选装件，一般由一台 PC 机、21in 彩色显示器及打印机组成。

远动终端的软件一般由开发人员自己编写，早期采用汇编语言，后来又有 PLM 语言，近来陆续有用 C 语言的例子，这种软件一般编译为目标代码，经过精心调试、排错、测试之后再写入 EPROM 或 E^{2}PROM 程序内存芯片之中。

厂站系统的功能主要以"二遥"或"四遥"为主，配合远方调度控制中心的功能完成整个调度自动化的任务。

1.2.3.3　远动通信系统

远动通信系统完成主站系统与远方厂站系统之间或厂站彼此之间的数据交换，它的主要任务是将远动脉冲信号调制变换为音频信号，经过通信设备和通信线路送到对端，再解调还原为远动脉冲信号。

1. 系统构成

系统由调制解调器（Modem）、通信设备及通信线路三个部分组成，如图 1-7 所示。系统中通信线路由电力专用通信网提供，也可租用邮电线路，其主要通信方式有电力线载波通信、数字或模拟微波通信、有线电缆通信、卫星通信、特高频无线电通信及光纤通信等。通常一路远动通信占用一个话路频带，传输速率为 300、600、1200 波特。中国和西欧的电力线载波机允许远动和电话复用，即 300～2300Hz 传送电话，2650～3400Hz 上音频传送远动数据，此时远动数据的传输速率为 300 波特或 600 波特。

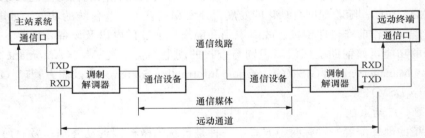

图 1-7　远动通信系统结构图

TXD—发送数据线；RXD—接收数据线

一般情况下厂站系统与主站系统之间的通信是用低速完成的。在移频键控（FSK）的调制方式下通常为 300、600、1200 波特。然而近来由于厂站监控与自动化系统的推广应用，其与主站系统之间的数据交换量大增，因此要求使用高速数据通信。随着现代数字通信技术的发展，电力专用数字微波通信网已经建立，光纤通信系统已在电力系统中使用，基于脉冲编码调制技术（Pulse Code Modulation，PCM）的数字接口可提供高速数据通信，速率高达 64kbit/s。

2. 链路结构

主站与厂站间的数据传输设施称为链路（Link）。远动通信系统的链路结构有点对点、多个点对点、星型、共线、环型以及复合型等，如图 1-8 所示。

（1）点对点。控制主站和被控厂站通过一条专用链路连接，实现全双工通信，如图 1-8（a）所示。

（2）多个点对点。控制主站和 N 个被控厂站通过 N 条链路分别点对点连接，控制主站和 N 个被控厂站可同时通信，通信方式同点对点，如图1-8（b）所示。

（3）星型。控制主站和 N 个被控厂站通过一条公共链路连接，如图1-8（c）所示，任何时间只允许一个被控厂站与控制主站传送数据，采用半双工方式。

（4）共线。控制主站和 N 个被控厂站通过一条公共链路按共线方式连接，如图1-8（d）所示，采用半双工通信方式。

（5）环型。多个被控站接在一条公共环路上，环路的两端与控制站的两个链路连接，如图1-8（e）所示。通信方式同共线，优点是发生线路中断时可通过环路两端保持与各被控站通信。

（6）复合型。点对点、多个点对点、星型、共线、环型等几种方式的组合，如图1-8（f）所示。

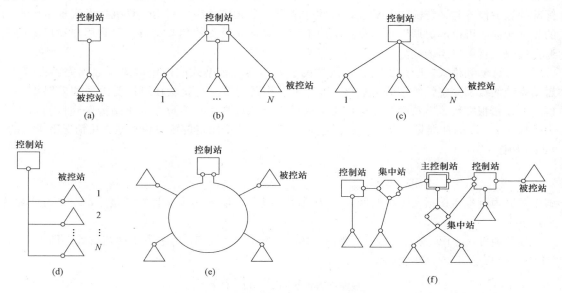

图1-8 远动通信系统链路结构图

（a）点对点结构；（b）多个点对点结构；（c）星型结构；

（d）共线结构；（e）环型结构；（f）复合型结构

注 圆圈表示链路。

被控站通过其远动终端或监控装置收集运行参数向控制站发送，参数有电压、电流、有功功率、无功功率、功率因数、有功电能量、无功电能量、频率、水位、断路器位置信号、继电保护信号等，一般称为上行信息。控制站的计算机系统根据调度员输入命令或程序计算结果向被控站或下层控制站下达遥控断路器命令或调节主变压器分接头上升与下降及自动发电控制（AGC）命令，称为下行信息。应当注意的是，上行信息量和下行信息量是不对称的，一般情况是上行信息量远大于下行信息量。

3. 远动传输规约

调度自动化系统的主站与远方厂站间的数据通信必须遵循的通信规则与约定，简称为远动传输规约。

国际标准化组织（International Organization for Standardization，ISO）和国际电话电报咨询委员会（International Telegraph and Telephone Consultative Committee，CCITT）为一般数据通

信制定了协议、规程，主要考虑科学或商用计算机系统与其远方终端进行数据通信的要求。然而，电力生产过程比较快，电力系统发生的事件、事故要求在秒级时间内反应，实时性要求高。另一方面，电力系统又存在特有的强电磁干扰，系统跨越地域辽阔，异地厂站的地电位不同，当电力系统出现事故时，地电位大幅度升高，通信干扰较严重。为此，国际电工委员会（IEC）电力系统控制及通信技术委员会（代号 IEC/TC-57）在 CCITT/ISO 关于数据通信的标准文件基础上专门制定了电力系统远动传输规约 IEC 60870 第 5 部分：传输规约。

20 世纪 80 年代，中国从西方发达国家引进了许多电力系统调度自动化系统，其远动规约有英国西屋公司 μ4F 规约、美国 ABB-SC 公司 1801 规约、瑞士 ABB 公司 INDACTIC 规约、美国西门子 EMPROS 8890 规约以及德国西门子 SINAUT 8 FW 规约等。国外各制造厂的远动规约互不兼容，使用不便。IEC 制定了远动规约的国际标准，西方发达国家制造厂商先后推出符合 IEC 标准的远动设备与系统。向 IEC 远动规约标准靠拢是大势所趋。利用计算机技术实现不同规约的相互转换，可以解决调度自动化系统内不同厂家远动设备的相互接口，受到用户和厂家的欢迎，这也是规约发展的趋势。

（1）远动帧格式。帧格式是远动规约的核心内容，帧格式的选定取决于数据完整性要求。远动系统的数据完整性级别分 I1、I2、I3 三种。数据完整性是反映在可接受的残留差错率（未检出的差错报文数或字符数与发送报文总数或字符总数之比）下数据从源站传送到目的站的能力。I1、I2、I3 的性能见表 1-1。该表是在 1200bit/s 速率固定传输 100bit 报文块情况下求得的。表 1-1 中

$$T = \frac{n}{vR}$$

式中：T 为漏检错误报文平均时间，s；R 为残留差错率；n 为报文比特长度，bit；v 为传输速率，bit/s。

IEC 帧格式。IEC 帧格式是远动帧格式的一种。IEC/TC-57 制定了 4 种帧格式，即 FT1.1、FT1.2、FT2 及 FT3，性能见表 1-2。

表 1-1   **数据完整性级别 I1、I2、I3 性能**

数据完整性级别 I	汉明距离 d	残留差错率 R	漏检错误报文平均时间 T	典型应用
I1	2	10^{-6}	1 天	循环更新系统，如遥测
I2	4	10^{-10}	26 年	反映事件的传输，如遥测、远方计数
I3	4	10^{-14}	260 000 年	紧急信息传输，如遥控

表 1-2   **4 种帧格式的性能**

帧格式	汉明距离 d	数据完整性级别 I	应用数据块长度 L	传输效率（在 $P=10^{-4}$，$L=15$ 条件下）
FT1.1	2	I1	不限	0.72
FT1.2	4	I2，比 FT2 的高	≤32 8bit 组	0.61
FT2	4	I2	≤15 8bit 组	0.88
FT3	6	I3	≤14 8bit 组	0.77

电力系统调度自动化要求远动设备及系统在比特差错率 $P=10^{-4}$ 条件下汉明距离 $d\geq4$，采用异步传输模式者应选用 FT1.2 帧格式，采用同步传输模式者应选用 FT2 帧格式，要求特别高

的选用 FT3 格式，要求较低的选用 FT1.1 帧格式。

1）FT1.2 帧格式。FT1.2 帧格式有固定帧长、可变帧长以及单控制字三种，如图 1-9 所示。可由 1～255 个 8bit 组构成一个帧，包括启动、帧长度、控制、地址、校验、结束等字段以及固定长度数据块或 L 长度数据块。无报文时通道中应传送空闲位，空闲位为 1。两个帧之间至少应插 33 个空闲位。FT1.2 采用代码和校验，将数据块的各 8bit 组进行不考虑溢出的算术加运算，以其和作为代码和校验（CS）内容。

FT1.2 为异步方式传输，每个 8bit 数据在传输时，前面加启动位 0，后面加偶校验位和停止位 1，如图 1-10 所示。

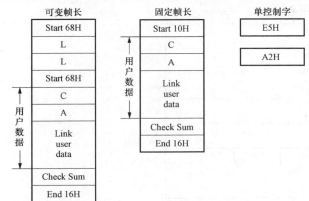

图 1-9　FT1.2 帧格式

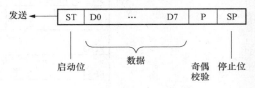

图 1-10　异步传输格式

帧接收时应检查 4 项：①每个 8bit 组的启动位、奇偶校验位以及停止位是否正确；②起始字段和结束字段是否正确；③帧长字段 L 是否连送两次；④代码和是否等于 CS。如这 4 项检查都正确，便把数据内容接收下来，若有任何一项不正确则拒收。

2）FT2 帧格式。FT2 帧格式也有固定帧长、可变帧长及单控制字三种，如图 1-11 所示。

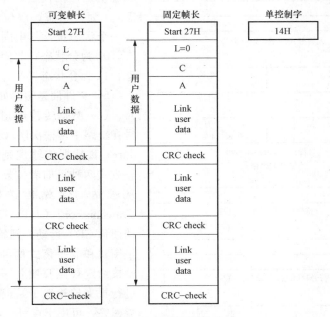

图 1-11　FT2 帧格式

FT2 帧格式除下述三点外均与 FT1.2 相同：①采用同步传输方式，接收端时钟应与发送端同步，两端同步地发送脉冲和接收脉冲。②两个帧之间应插空闲比特 1 的个数：当 $L<45$ 时为 $(L+3)\times 8$ 个；当 $L>45$ 时为 48×8 个。③采用 CRC 循环码校验，生成多项式为 $G(x)=x^7+x^6$

$+x^5+x^2+1$，将余式及其偶校验比特取反作为 CRC 校验码。

（2）数据编码。远动规约除了规定上述帧格式外还为其数据块依不同应用数据规定了相应的编码格式。常用的时间量、测量量、计数量、状态量、文件信息等编码格式如下：

1）时间量编码如图 1-12 所示。

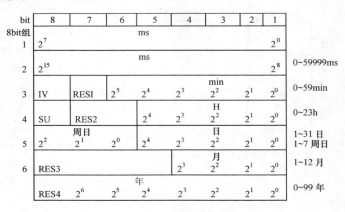

图 1-12 时间量编码格式

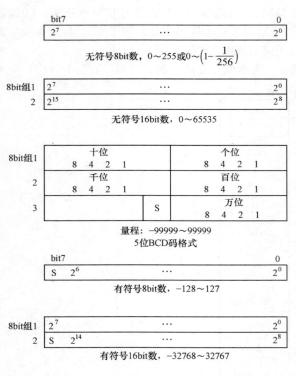

量程：$-99999\sim99999$
5 位 BCD 码格式

图 1-13 测量量编码格式
S—符号位，0 为正，1 为负

2）测量量编码如图 1-13 所示。

3）计数量编码如图 1-14 所示。

4）状态量编码如图 1-15 所示，单位状态量：每位代表 1 个状态量，0 为分状态，1 为合状态；双位状态量：每 2bit 代表一个状态量，其中固定状态：10 为合状态，01 为分状态；非固定状态：00 为分状态，11 为合状态。

5）文件信息编码如图 1-16 所示。

（3）数据传输规则。报文及其控制信号在链路中传输次序（Transmission Procedure）称数据传输规则，有循环方式和问答方式两种。前者按规定规律周而复始地从子站向主站传送数据（Cyclic Data Transmission，CDT），采用 CDT 方式的远动便称 CDT 远动。问答式（Polling）又分平衡式和非平衡式两种：非平衡式是由主站按约定规则呼叫各子站，并依规定次序进行报文传输，子站仅在主站呼叫它时才能回答，可用于点对多点方式（即 1：N）。平衡式允许子站主动呼叫主站，它只能用于点对点方式（即 1：1）。采用问答式的远动称为问答式远动。

传输过程中有三种链路服务级别，分

别为：①S1 级，发送/无回答（send/no reply）；②S2 级，发送/确认（send/confirm）；③S3 级，发送/响应（send/respond）。

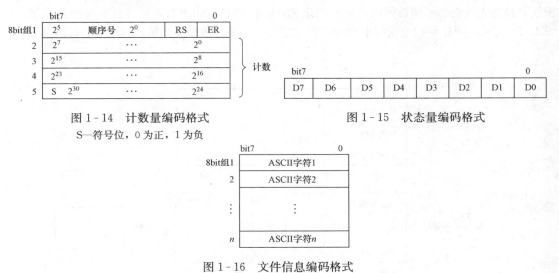

图 1-14　计数量编码格式
S—符号位，0 为正，1 为负

图 1-15　状态量编码格式

图 1-16　文件信息编码格式

1.3 国外厂站监控自动化系统技术规范简介

1.3.1　变电站控制与保护接口

国际电工委员会（IEC）电力系统控制及通信技术委员会（TC-57）在厂站监控与自动化标准、规范的制定与统一方面发挥了重要作用，它首先给出了变电站控制系统的基本结构，如图 1-17 所示。从图中可以看出，现代的分层分布式变电站控制系统是 3 层结构，其关键是不同装置和子系统之间接口的标准化和电磁兼容（EMC）。分层分布式变电站控制系统的新概念也要求产生新标准以支持不同的结构和功能的分布。这是与 20 世纪 80 年代初期集中式计算机监控的概念完全不一样的。在高压和超高压变电站，由于用户强烈关注监控与保护装置的安全性与可靠性，因而彼此独立配置；然而在中低压变电站，则可以把控制与保护结合在一起用于一个间隔，这样做可以节省成本和空间。接口标准由三部分组成。

1. 功能结构、通信结构及一般要求

变电站控制系统的功能结构和通信结构标准包含了控制保护和监视功能在内的整个变电站的全部通信要求。这一标准提供了变电站通信接口标准化的基础，其目的是使来自不同制造厂家的智能电子装置（IED）之间彼此可交换信息。基本原则如下：①避免并行开发以及来自不同国家、单位和制造厂家在变电站通信领域中已经存在的标准的偏差；②采用提出的通信标准将消除不同层次的通信规约的转换的复杂性造成的开销；③装置内应用软件与标准规约框架的使用是独立的；④变电站的通信标准需要支持所有功能，也包括变电站边界上的通信。通信标准不涉及变电站运行功能的标准化，而是确定这些功能将如何通信；⑤提出的方法是基于客户—服务器的通信原则以传递非时间的关键信息；⑥保护、监控装置的通信标准建立在当今公开的、透明的可接受的原理和规范基础之上，也考虑将来的应用。

基于上述原则的标准有如下特点：①可以实现多层次间的通信，把来自不同厂家的最佳设备连接在网络上并能彼此交换信息；②标准将支持实现后向兼容的可能性，即能兼容不同年代和不同厂家的设备，这就意味着在变电站可以实现新老设备的通信与组合；③标准也支持数据的相容性；④标准给出时间同步原理和精度要求的定义以达到变电站内要求的完整精度；⑤对于权限和优先级别的不同访问机理将给出定义；⑥标准将分步进行，通信标准将涉及几步，如图1-18所示，因此须把通信标准构造为多文档形式，从内核标准开始，直至整个标准为止。

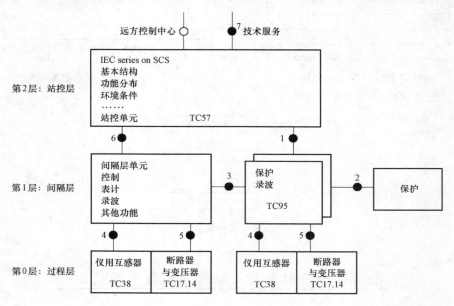

图1-17 变电站控制系统的基本结构

2. 间隔层和站控层之间以及间隔层之间的通信标准（图1-17的1、3、6、7接口之间的）

现代保护设备很少只实现纯粹的保护功能，标准化的保护装置通常有保护、测控双重功能。换句话说，一个保护装置就是一个多功能单元（Multi-Functional Unit，MFU），由一个以上的逻辑节点（Logical Nodes，LN）组成，每一个LN处理一个基本功能，如图1-19所示。

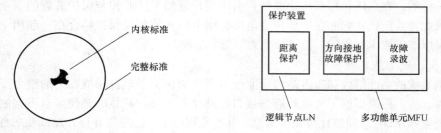

图1-18 分步进行的标准化工作 图1-19 由1个以上逻辑节点组成的保护装置 MFU
注 也可以把逻辑节点称为虚拟仪器或虚拟装置。

不同的MFU之间需要通信，通信不是目的，而是要在多个不同的物理设备中完成系统的多个功能。这样的系统是不同的内连的MFU的集合，如图1-20所示。本标准的目的既非标准化逻辑节点的定位，也非标准化逻辑节点的功能，仅仅定义这些逻辑节点在一起如何通信。

通信标准化的步骤如下：①系统规范，此步骤描述功能以及经由标准化通信网络所要求的通信，它们相关的性能，涉及的数据及其活动；②每一功能的划分，其通信要求分解为由逻辑节点LN完成的基本单元，在一个MFU内可以有多个LN，这种变化会从一种应用到另一种应用，取决于制造商、过程分布、性能等诸多因素。因此，通信的标准化与物理分布无关，而是强调系统的逻辑结构，它描述的是 LN 间的动态连接（它们如何建立，如何取消，它们传输什么内容等）。

图 1-21 所示为完成一个配套标准所要做的工作。

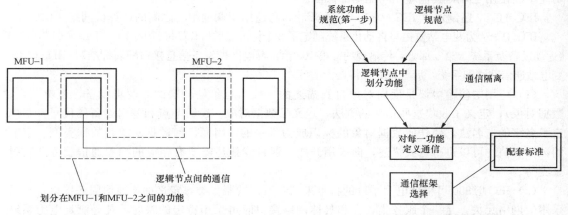

图 1-20 不同 MFU 之间的通信　　　　图 1-21 完成配套标准所要做的工作

3. 过程层与间隔层之间的通信标准（图 1-17 的 4、5 接口之间的）

接口 4 包括电压电流互感器和二次设备之间以数字方式交换信息，数据交换的内容为电流、电压值，状态信息及诊断信息，模拟量数据采样的同步以及测量值的定标。本接口将为变电站所有二次设备（保护、监控）服务。

接口 5 包括以数字方式交换一次设备和二次设备间的信息。数据交换的内容为断路器、隔离开关，主变压器及其他设备的命令和参数以及来自这些装置的状态信息与诊断信息。

接口 4 与接口 5 所定义的配套标准的主要特点如下：①按要求分组；②包含变电站的全部拓扑结构；③采用同类通信系统，并且经由 1 条串行总线完成数据交换，若要求冗余或为了加强性能也允许 1 条以上的串行总线来完成数据交换；④结构允许确定性的介质访问以及与时间同步有关的功能；⑤标准将基于通信系统所用的 OSI 层次模型定义一个完整的框架；⑥运用同样的方式定义应用层接口以解决不同制造厂商的设备内操作的可能性。

1.3.2 制定规约

IEC TC-57 基于上面的若干接口定义而制定了一系列的通信传输规约来规范飞速发展的调度自动化系统、厂站监控与自动化系统的通信标准化的要求。

1. 厂站与调度控制中心之间的传输规约

众所周知，IEC TC-57 为厂站与调度控制中心之间传输远动信息制定了传输规约 IEC 60870-5 系列国际标准，又制定了一系列配套标准。

随着网络技术的迅猛发展，为了满足网络技术在电力系统中的应用，通过网络传输远动信息，IEC TC-57 在 IEC 60870-5-101 基本远动任务配套标准的基础上制定了 IEC 60870-5-104：传输规约－利用标准传输协议子集 IEC 60870-5-101 的网络访问。

IEC 60870-5-104 采用 IEC 60870-5-101 的平衡传输模式，通过 TCP/IP 协议实现网络传输远动信息，它对 IEC 60870-5-101 的应用规约数据单元的结构变动如下：

（1）保留 1 个启动字符、1 个帧长 L，删除第 2 个启动字符、第 2 个帧长 L，校验及结束字符，增加传输层所需的 4 个控制字，可以实现启动（建立关联）、停止（结束关联）、测试等控制功能（U 格式），可计数的监视功能（S 格式），可计数的信息传输功能（I 格式）。

(2) 由于网络传输无法对时，因此将只能表示从 ms 到 h 的 3 个字节时标，扩充为能够表示从 ms 到 a 的 7 个字节时标。

在应用功能方面，除 IEC 60870-5-101 的召唤 1 级用户数据、召唤 2 级用户数据和时钟同步功能不能使用之外，其他应用功能全部保留。

IEC TC-57 还制定了 IEC 60870-6 TASE.2，它适用于调度中心之间的计算机网络通信。

IEC TC-57 为变电站监控与自动化系统制定了 2 个标准规约：IEC 60870-5-103（DL/T 667—1999《远动设备及系统　第 5 部分：传输规约　第 103 篇：继电保护设备信息接口配套标准》）；IEC 61850 变电站通信网络和系统，后者有如下特点：

(1) 应用层传输协议是面向对象自我描述的，数据对象是分层的（逻辑设备、逻辑节点、数据对象），定义了收集这些信息的方法，定义了数据对象、逻辑节点和逻辑设备的代号，并规定了名字的造名法，使任何数据对象的标识成为唯一的，因而任何数据对象、数据类型、字节的数量和值均可以进行自我描述，向应用开放。但自我描述需要有相应的抽象通信服务和映射来支持。

(2) IEC 61850 可根据电力系统的特点来归纳所需的服务类，定义抽象通信服务接口且与所采用的网络无关，是一个服务集，在和具体网络接口时可采用特定的映射，凡是满足电力系统数据传输要求的网络都可用于电力系统，只需定义特定的映射，这样就实现了网络的开放。

(3) 根据数据对象分层和数据传输有优先级的特点定义了一套收集和传输数据的服务。

(4) 涵盖了 IEC 60870-5-101 和 IEC 60870-5-103 的数据对象。

上述特点是 IEC 60870-6 TASE.2 所不具备的。

IEC TC-57 于 2000 年 6 月 6 日在德国纽伦堡（Nuremberg）召开了 SPAG 会议，讨论以下几个问题：

(1) 制定唯一的通信协议和统一对象建模的必要性。会议提出了无缝远动通信体系结构（seamless Telecontrol Communication Architecture，sTCA）的概念，并赞成制定统一的传输通信协议，从变电站的过程层至调度中心之间采用统一的通信协议，克服目前变电站内、变电站和调度中心之间，以及调度中心计算机之间诸多协议无法完全兼容，必须经过协议转换才能互相连接起来的弊病。

(2) 可能的技术途径。经过讨论，会议决定无缝远动通信体系结构以 IEC 61850 变电站通信网络和系统为基础，再充分考虑如下内容：① ISO/IEC 的现有标准（OSI，MMS 等）和网络标准；② IEC 61970 的 CIM；③ 采用通用建模语言（UML）建模过程数据、元数据（meta data）和配置数据（configuration data）；④ 采用扩展超文本标志语言（Extensible Make Up Language，XML）描述元数据、配置数据、设备和对象文件的数据交换格式。

制定出电力系统的无缝远动通信体系结构的统一的传输协议 61850+。未来无缝

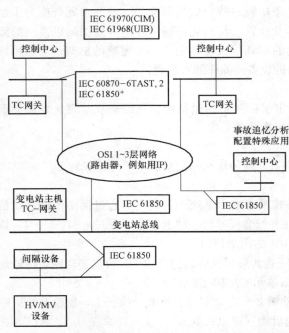

图 1-22　IEC TC-57 无缝远动通信体系结构

远动通信体系结构如图 1-22 所示。其主要特征如下：①在所有控制层次都是无缝的协议栈；②基于 IEC 61850 系列和 IEEE LAN 标准；③对于 SCADA/EMS 的实时数据模型减少了网关和数据对象的格式转换；④采用抽象通信服务接口；⑤采用对象自我描述的方法，可以满足应用功能发展的要求，以及不同用户和制造厂传输不同信息对象的要求。对于应用功能也是开放的。

（3）转移策略和时间表。图 1-22 重点说明了 4 个观点：①IEC 60870-6 TASE.2 用于控制中心之间通过网络进行通信；②变电站内的网络采用 IEC 61850；③控制中心和变电站之间通过网络采用 IEC 61850$^+$ 进行通信，这样从控制中心到变电站的过程层可以采用统一的通信协议；④变电站和控制中心的配置、事故追忆、特殊应用计算机之间采用 IEC 61850$^+$。

建立无缝通信体系的标准并非一朝一夕所能完成的，IEC TC-57 提出了一个各种通信协议并存的 TC-57 参考通信体系（如图 1-23 所示）。

从图 1-23 可以看到：①从控制中心到控制中心采用 OSI 协议栈的 IEC 60870-6 通过控制中心之间的数据链路进行通信；②现场装置到变电站、变电站到控制中心采用 OSI 协议栈的 IEC 61850 ACSI 和 SCSM-1、SCSM-2 进行通信；③变电站到控制中心采用 IEC 60870-5 系列标准的 IEC 60870-5-101、IEC 60870-5-102 和通过采用 OSI 协议栈的 IEC 60870-5-104 进行通信；④配电网系统采用 IEC 61334-4、IEC 60870-5-101 系列标准和 TC-13 的 IEC 62056 进行通信；⑤从变电站到控制中心之间采用 IEC 60870-6 和专用通信协议进行通信；⑥现场

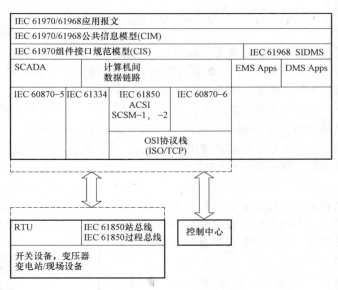

图 1-23　TC-57 参考通信体系

装置到变电站、变电站到 Web 服务器，从 Web 服务器到 Web 客户之间，采用 OSI 协议栈的 IEC 61850ACSI 和 SCSM-1、SCSM-2 进行通信；⑦从用户计量表到 DMS 的用户接口可采用 TC-13 的 IEC 62056 和 ANSI C12 进行通信。

2. 厂站内监控与保护之间的传输规约

IEC 60870-5-103 规约适用于保护设备以二进制编码串行通信方式与控制系统交换数据。此配套标准采用国际标准 IEC 60870-5 为该文本的技术规范，定义了变电站控制系统设备与保护单元之间相互通信的配套标准。IEC 60870-5-103 采用 ISO 七层结构中 EPA（增强型）性能结构，使关键信息的响应时间更快。它对物理层、链路层和应用层都进行了详细的描述。

（1）物理层。物理层可采用光纤传输方式，也可用铜导线传输系统，如图 1-24 所示。保护设备的数据电路终端连接设备 DCE 和数据终端设备 DTE 的接口在这个配套标准中并未定义。标准分别对两种传输方式作出了描述。

1）光纤接口。如果用光导纤维进行传输，与保护设备处相连的接口是光导纤维连接器，不同的光导纤维分别运行于监视方向和控制方向。DCE 可以机械地或电子集成于数据终端（DTE），对于连接到 DCE 的光纤，采用如 IEC 60870-2 和 IEC 60870-10 标准中规定的 FSMA 或 BFOC/2-5 型光纤连接器。

2）RS 485 接口。上述保护设备和控制系统间的光导纤维可由铜导线传输系统代替，这一传输系统必须采用 EIA RS 485 标准。保护设备的测试过程并不受通信接口的影响，也就是说所有保护设备的干扰要求仍适用于整个设备。

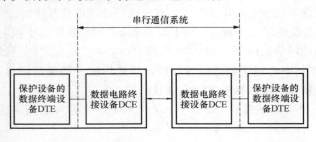

图 1-24　保护设备和控制系统的接口和连接

（2）链路层。链路层主要采用 IEC 60870-5-1（传输帧格式）和 IEC 60870-5-2（链路传输规则）规约。传输帧格式采用专用的帧格式 FT1.2，允许固定的和可变的分组长度两种格式。其中，固定长度的报文没有用户数据，可看作一个短的报文。链路层传输采用不平衡传输，控制系统为主站，保护设备为从属，即控制系统总是启动站而保护设备总是响应站。地址区总是由一个八位二进制数组成，广播报文（发送/不回答）地址规定为 255。如果有数据类别 1 的数据，本标准规定，它将以 ACD 标志位置位来表示。采用的标准传输速率为 19.2kbit/s（可调整）。

（3）应用层。应用层主要采用 IEC 60870-5-3（应用数据一般结构）、IEC 60870-5-4（应用信息单元的定义和编码）和 IEC 60870-5-5（基本应用功能）。应用数据一般结构 IEC 60870-5-3 描述了在传输帧里的基本应用数据单元。配套标准的一个链路规约数据单元（LPDU）只包含一个应用服务数据单元（ASDU），具体格式如图 1-25 所示。

IEC 60870-5-4（应用信息单元的定义和编码）规定了 ASDU 的各个信息区域的大小和内容。在本配套标准中，传输原因、功能类型和信息代码的定义是兼容类型的子集，还有许多没有在本配套标准中定义，是由特定的厂商所设定的。

IEC 60870-5-5（基本应用功能）给出了 ASDU 的定义和形式。在 IEC 60870-5-103 中用了四种应用功能：站的初始化、总查询、时钟同步、测试模式。

应用服务数据单元	数据单元标识符	类型标识	数据单元类型
		限定词	
		传输缘由	
		ASDU公共地址	
	信息目标	功能类型	信息目标字符
		信息代码	
		信息单元集	
		时标	信息目标码的时间标识（可选）
		IV　保留　时标分	
		SU　时标小时	

图 1-25　应用服务数据单元（ASDU）结构

另外，本配套标准还增加了以下四种功能：监视模式、监视方向闭锁、变位数据传输、分类服务。

IEC 60870-5-103 规约的特点如下：

1）层次清晰。IEC 60870-5-103 规约详细阐明了 EPA 三层结构及其具体内容。物理层明确表明了物理连接的方法及接口标准，为硬件设施的互连创造了良好条件；一般的报文校验、一类数据查询、接收数据区已满等，只要在链路层即可分析完成，节约了时间和分析层次，提高了效率，具有更快的响应能力，对保护事件的采集更加快捷；应用层只要分析长报文中的应用报文，根据其类型标识、限定词及传输缘由等进行方便而清晰的分析。

2）结构严谨。IEC 60870-5-103 规约极为严谨而详实。链路层各个数据位都有详尽的说明与分析，明确规定了不同的传输方向、有一类数据及数据区溢出的标识方法，并采用 FCB 位来保证通信的连续性；应用层对每个字节都进行了详细地描述，既有标识报文、限定词、传输缘由等，又有功能类型、信息代码、信息单元集等，均要详细查找规约确定，可对每一个报文进行详细地分析，明确表明信息各个细节。保护装置地址在链路层和应用层反复出现，确保没有任何错位，不产生误报信息。传回的保护报文还详细标明了保护装置的类型等，保证在保护动作时迅速而准确地传输上送。

3）报文格式简洁。由于 IEC 60870-5-103 规约对报文各个位进行了详细的标明。可用相同的报文头表示不同的内容。根据传输缘由、信息内容的不同可进行区别，容易分析报文。

4）良好的通用性与开放性。

1.4 厂站监控技术的发展趋势

1.4.1 电子技术、计算机技术、通信技术加速了厂站监控技术的发展

1. 智能电子装置的兴起及其在厂站监控领域的应用

20 世纪末兴起的智能电子装置（Intelligent Electronic Device，IED）在工业自动化领域和电力自动化方面获得了广泛的应用。智能电子装置，实际上就是一台具有微处理器、输入/输出部件以及串行通信接口，并能满足各种不同的工业应用环境的装置。它的软件则因应用场合的不同而不同，比较典型的智能电子装置有电子电能表、智能电量传感器、各类可编程逻辑控制器（PLC）等。按照这一定义，厂站监控与自动化系统中的间隔层测控单元、继电保护装置、测控保护综合装置、RTU 以及 FTU 等都可以将其作为 IED 来对待。各种 IED 之间一般采用工业现场总线，也有采用工业以太网接口的，其信息交换的协议则因应用环境的不同而有所区别。

随着计算机技术的发展，智能电子装置或厂站监控装置的硬件有趋同的发展趋势，即对于采用某一硬件平台设计的厂家生产的某类设备，其装置的主要差别在于软件设计。有些厂家为了增加硬件的保密性和专用性，开发了 ASIC 电路，有的使用了 DSP 芯片、ARM 芯片。

近来，逐渐升温的智能电网（Smart Grid，SG）的构建，其硬件基础仍然离不开智能电子装置的深入应用。尤其智能传感电子装置，更有可能成为远较智能电网范围更为广大的新兴物联网（The Internet of Things）的基础硬件之一。

2. 现场总线和工业以太网络提升了厂站监控技术的应用水平

现场总线（Fieldbus）是近年来迅速发展起来的一种工业数据总线，它主要解决现场的智能电子装置（IED）、控制器、执行机构等现场设备间的数字通信以及这些现场控制设备与后台系统或高级控制系统之间的信息传递问题。由于它具有简单、可靠、经济实用等一系列突出的优点，所以成为当今监控与自动化领域技术发展的热点之一。

根据国际电工委员会（IEC）标准和基金会现场总线（Fieldbus Foundation，FF）的定义：现场总线是连接智能现场设备和自动化系统的数字式、双向传输、多分支结构的通信网络。其含义表现在以下几方面：

（1）现场通信网络。传统的监控系统的通信网络截止于厂站层主控制单元，现场仪表或传感器基本上仍然是点对点模拟信号传输。现场总线是用于过程自动化和制造自动化的现场设备或现场仪表互连的现场通信网络，把通信线一直延伸到过程层或生产设备。这些设备通过一对传输线互连，传输线可以使用双绞线、同轴电缆和光缆等。

（2）互操作性。互操作性是指来自不同制造厂的现场设备，不仅可以相互通信，而且可以统一组态，构成所需的控制回路，共同实现控制策略。也就是说，用户选用各种品牌的现场设备集成在一起，实现即插即用。现场设备互连是基本要求，只有实现互操作性，用户才能自由地集成系统。

（3）开放式互联网络。现场总线为开放式互联网络，既可与同类网络互联，也可与不同类网络互联。开放式互联网络还体现在网络数据库共享，通过网络对现场设备和功能块统一组态，把不同厂商的网络及设备融为一体，构成统一的现场总线控制系统。

现场总线的应用对监控领域带来了如下一系列变革：

1）用一对通信线连接多台数字仪表和装置，取代一对信号线只能连接一台仪表。

2）用多变量、双向、数字式通信方式取代了单变量、单向、模拟传输方式。

3）变革传统的信号标准、通信标准和系统标准。

4）变革传统的监控系统体系结构、设计方法及安装调试方法。

以太网正逐步向间隔层和过程层发展，并尽可能和其他网络形式走向融合，这也是工业以太网所面临的重要课题。它不是新的现场总线协议，而是使用开放的工厂标准（COM/DCOM、TCP/IP、ActiveX、XML 等）改造现场总线，目标是实现开放、分散的自动化与智能化，达到与以太网的高度融合。但是要做到完全意义上的融合是相当困难的，因此，采用其他控制形式与以太网保留各自优点、互为补充的方案，才是比较经济地解决自动化与通信任务的方案。现场总线基金会（Fieldbus Foundation，FF）推出的高速以太网现场总线 HSE 也是基于这一方向。本书后面章节要详细讨论的数字式变电站技术，其主要内容仍然是建立在把以太网技术完全深入到过程层的光电互感器的基础之上，并以 IEC 61850 作为新的信息交换规范。

以太网与现场总线从技术角度相比的区别与联系：

1）以太网和现场总线都属于局域网技术，在网络层次上都以传输介质和数据链路层为基础，规范上都符合相应的国际标准，两者都是目前应用最为广泛的局域网。

2）在内部机制上（主要是数据链路层）以太网与现场总线又有明显的差异。以太网采用的是同等身份的访问模式，网上各节点地位相同，以速度快（10M、100M、1G、1000Gbit/s）、传输数据量大（最大 1518B）为特点；而现场总线（如 PROFIBUS 等）采用主、从轮询访问模式，主站之间循环传递令牌，拥有令牌的主站有权访问其他附属和管理的从站设备，这样保证了信息传输的确定性和准确性。从速度上看，当前市场上速度较快的（PROFIBUS）最大为 10Mbit/s，其他的则更低。

应当看到，应用以太网技术是现场总线发展的一个必然趋势，未来的发展应该是在继承了 Ethernet 技术的基础上，结合工业过程应用，产生新一代以 Ethernet 为核心的现场总线技术。

3. 基于 GPS 技术和网络技术的广域测量

由于超高压特高压互联电网的逐步建设，相应变电站数量的增加，导致大区电网的互联在提高电力系统运行经济性的同时，整个互联系统的动态过程变得更为复杂，其安全稳定裕度变小，容易诱发低频振荡和次同步振荡，给系统的安全带来潜在威胁。因此，加强对互联电力系统动态过程的监测显得十分必要，也是我国互联超高压/特高压电网建设面临的一项重要任务。然而，目前电网调度广泛使用的 SCADA/EMS 是以正常运行时候的稳态检测为主要任务，缺乏实时动态检测的功能，包含在 EMS 中的电网安全稳定控制系统并不能及时反映大电网受到扰动前后的动态行为，不利于调度运行部门快速确定电网的动态性质，也就难以选择正确的控制措施，客观上促进了广域测量系统 WAMS 的发生与发展。

广域测量系统（Wide Area Mesurement System，WAMS）的核心是建立在同步相量测量基础之上的广域测量技术，它可以在同一参考时间坐标轴下捕捉到大型超高压/特高压互联电网各个关键地点的实时稳态/动态信息，可以把 WAMS 看成是传统 SCADA/EMS 的自然延伸，其基本单元为基于全球定位系统（Global Positioning Systems，GPS）的同步向量测量单元（Phasor Measurement Unit，PMU）以及连接各 PMU 的实时运行网络，其核心则是一个中央数据集中站，非常类似传统的 SCADA 系统。

可以把 PMU 看成一台 RTU 或一个测控单元，即 IED。PMU 的关键技术在于相角与功角的测量，这里所说的相角是指母线电压或线路电流相对于系统参考轴之间的夹角，而发电机的功角 δ 则是指该发电机 q 轴与系统参考轴之间的夹角。目前，PMU 中测量的基本上还都是相角，能测量功角的 PMU 较少。

相角测量一般采用两种办法，一种是过零检测法，另一种为傅里叶变换法。前者的原理是利用 GPS 提供的秒脉冲信号 PPS，对测量单元中的本机晶体振荡信号进行同步，建立标准的 50Hz 信号。在 CPU 内，过零点则打上时间标签，并求出相对于标准 50Hz 信号的角度。采用 GPS 技术形成全网统一时钟之后，借助快速通信手段，可以得到不同变电站交流量之间的相角差。由于 GPS 提供的统一时钟精度可达微秒级，理论上同步参考相量的相角精度可达 0.018°，计及各种测量误差，其精度可控制在 1° 范围内。傅里叶变换的测量精度优于过零检测法，但要求更多的采样点，还要经过一系列相对复杂的数字运算才能得到最终结果，导致 CPU 开销过大。对于实时性要求较高的场合，建议采用过零检测法求取相角。

功角的测量原理也有两种，一种称为间接法，即通过测量发电机出口的电气量，按照同步发电机的方程计算出功角。该方法受发电机数学模型和参数误差的影响较大，若采用稳态方程显然只能用于稳态情形。另一种方法称为直接法，即直接测量发电机的转速或大轴位置，以确定发电机的功角。直接法的精度高于间接法，但是实施颇为困难，要求停机安装、空载启动，这就使实施在现场条件下更为困难。

1.4.2 数字式视频图像监视技术逐渐成为厂站监控系统的一个重要部分

通常，厂站监控系统并不包括视频图像监视系统，由于无人值班的要求以及对一些现场情景（例如控制机房、重要一次设备现场）视觉的需要，视频图像监视技术在厂站监控系统中的应用与发展，越来越成为系统的一个重要组成部分。

数字式视频图像监视技术的主要功能有：

（1）环境及设备监视。即对厂站内运行设备的状态及其周围的环境进行监视，可以有多种显示方式，例如轮流显示、自动循环显示和人工选择显示。在各种显示方式中，都能对画面进行操作，一般有两种操作办法，即对该画面和对应的视频数据的操作及对摄像机云台解码器（Pan Tilt Zoom，PTZ）的操作。当预置点发生报警时，画面可自动切换到报警现场，监视报警点所发生的情况。

（2）红外图像测量。利用红外摄像机可以实现黑暗情况下对环境的监视，也可对相关设备的温度状况进行直观监察。这一功能可以同电气设备状态监测与故障诊断相结合。

（3）移动物体监测。除了监视静态图像外，对运动物体也能灵活监视，其监视的灵敏度大范围可调以满足不同场合下的需求。系统在进行移动物体监测时，占用 CPU 时间较少，不影响整个系统的运行速度，在每路监视画面上，可设定防范区域，当该区域有物体移动时，可自动录像，并在屏幕上提示有移动物体侵入。

除上述三项主要功能外，还有许多其他辅助功能。这样就可以把数字式视频图像监视系统与传统的厂站监控系统结合起来，以提高对事故的判断与响应速度，最终提高电力系统运行的可靠性。

1.4.3 电气设备状态检测与故障诊断技术会成为厂站监控与自动化技术的新领域

在线监测与诊断技术是以一次设备及其群体为对象展开的，它是建立在检测技术、信号处理、识别理论、预报决策以及计算机技术等各种现代科学成就基础上的一门新技术，其主要步骤如下：信号检测→特征提取→状态识别→诊断决策。信号检测是指按不同诊断目的选择能够表征工作状态的信号，这种工作状态信号称为初始化模式；然后将初始化模式矢量进行维数压缩和形式变换，去掉冗余信息，提取故障特征，形成待检模式，这实际上是一个信号处理过程。状态识别则是将待测模式与样板模式（故障档案）相比较，进行状态分类，为此要建立判别函数，制定判别准则，力求使误判率最小，故障漏判率为零。诊断决策是依据识别结果确定采取相应的对策。

电气设备状态检测与故障诊断所涉及的对象一般按两种方式来划分：第一种方式是按照工程实际应用中所涉及的各种电气设备，例如电容器、互感器、变压器、发电机、各类断路器、电线电缆等；另一种方式是根据电气设备绝缘状况的研究来划分，如绝缘电流监测与诊断、介质损耗角正切的监测与诊断、局部放电的监测与诊断、绝缘油中气体的监测与诊断等。二者在本质上是一致的，都是致力于对电气设备的绝缘状况的检测。

1. 电容型设备的监测与诊断

电介质的耐电强度通常随其厚度的增加而下降，因此电力电容器常由一些极间介质厚度较小的电容元件串联组成。同样，在电容型套管、电容型电流互感器的绝缘中也设有一些均压电极，将较厚的绝缘分隔为若干份较薄的绝缘，形成了电容串联结构。由于结构上的这一特点，电力电容器、耦合电容器、电容型套管、电容型电流互感器以及电容型电压互感器等统称为电容型电气设备。相对于其他电气设备，电容型设备的工作电场强度较高，长期工作后可能导致设备绝缘发生局部损坏，即发生绝缘老化现象，而监测电容型设备的电流值的变化 $\Delta I/I$、绝缘的介质损耗因数 $\tan\delta$ 以及电容的变化 $\Delta C/C$，即可判断电容型设备是否已经存在绝缘方面的问题。

介质损耗是绝缘材料在交变电压作用下发生的能量损耗，它包含电导损耗、极化损耗以及气隙中放电引起的损耗。在交流电压作用下，流过介质的电流由两部分组成，一部分为电容电流分量 I_{Cx}，$I_{Cx}=U\omega C_x$；另一部分为有功电流分量 I_{Rx}（如图 1-26 所示）。介质损耗角正切值 $\tan\delta=I_{Rx}/I_{Cx}$，通常情况下，$I_{Cx}\gg I_{Rx}$，则 δ 越小，$\tan\delta$ 也越小。介质中功率损耗 P 为

$$P = UI_{Rx} = UI_{Cx}\tan\delta = U^2\omega C_x\tan\delta$$

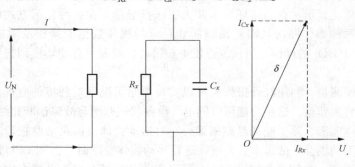

图 1-26 绝缘的等值电路和相量图

利用上式可求取绝缘结构的功率损耗。利用电桥法可实现对介质损耗角正切值的在线监测，数字化测量法采用 $\tan\delta$ 数字化测量仪，避免了调节电桥平衡的繁复过程。当电压信号从电压互感器取得时，要利用软件修正互感器的角差，通过对监测到的 $\tan\delta$ 值与过去测量得到的值，一般经验值以及标准规定值的对比与判定，可对该绝缘做出诊断。

2. 变压器的监测与诊断

大多数电力变压器主要采用充油式绝缘，在需要防火、防爆的场合，也采用环氧树脂浇注绝缘（干式变压器）或 SF_6 气体绝缘。对于充油式变压器的绝缘诊断，油中溶解气体的分析得

到广泛应用，此外，局部放电检测也是重要方法之一，至于变压器的高压套管通常采用电容式绝缘，其监测诊断方法与上面所述电容型设备相类似。

当变压器中发生局部放电或过热故障时，其绝缘油和绝缘纸都会析出气体。一般绝缘物分解产生 CO、H_2、CH_4（甲烷）、C_2H_2（乙炔）、C_2H_4（乙烯）、C_2H_6（乙烷）6 种气体。多年经验证明，这些气体量的变化能够相当可靠地反映出绝缘的状况，以及设备是否还能再继续运行。所以，采用气相色谱仪分析油中溶解的气体含量，不仅能判断变压器的早期故障，还能判断故障的类型和程度。由于上述各类故障都会产生 H_2，连续检测油中的 H_2 含量就能判断早期故障。因此，可利用高分子膜（聚酰亚胺膜或聚四氟乙烯膜）的透气性，从油中抽取所溶解的 H_2，用气敏元件检测、记录，超过规定值时报警。近来研发的色谱在线监测系统，不仅采用了性能优良的高分子聚合薄膜分离油中溶解的气体，还采用了多气体复合传感器，直接检测上述 6 种气体含量，其中乙炔检测灵敏度可达 $1×10^{-6}$，其余 5 种气体可达 $10×10^{-6}$。

油色谱分析的故障诊断方法基本上以国际电工委员会（IEC）的三比值法为基础，见表 1-3。我国的 DL/T 722—2000《变压器油中溶解气体分析和判断导则》与 IEC 标准基本一致。三比值法判断故障的正确率虽然可达 80% 左右，但是推荐的故障性质比值范围编码不多，实际工作中又往往检查不到比值范围而无法判断。

表 1-3 IEC 三比值法的编码规则

特征气体比值	比值范围编码		
	C_2H_2/C_2H_4	CH_4/H_2	C_2H_4/C_2H_6
<0.1	0	1	0
0.1~1	1	0	0
1~3	1	2	1
>3	2	2	2

局部放电的检测与诊断也是变压器监测与诊断的重要内容之一，较大的局部放电是电工设备开始老化的征兆。检测局部放电有两种方法，即脉冲电流法与超声法，前者用于测量放电电流脉冲，后者用于测量放电造成的超声压力波。脉冲电流法灵敏度高，但抗扰性不如超声法，而超声法虽然抗扰性好，但是灵敏度又不及脉冲电流法。在线监测系统一般综合采用这两种方法，使用光纤传输信号以克服干扰影响，提高了检测的灵敏度与可靠性。许多国家规定，正常变压器的局部放电量标准不超过 100~300pC。局部放电模式的识别与诊断是在线监测系统研究中至今未能解决的难题之一。国内有单位在分析国内外采用的局部放电模式识别方法的基础之上，采用分形与小波相结合的方法，以及改进的 BP 神经网络等新技术，提出了局部放电灰度图像分形特征与统计特征等构成灰度图像特征集及识别算法，建立了局部放电在线监测的模式识别系统，提高了在线监测系统的诊断能力。

3. 断路器的监测与诊断

高压断路器是电力系统中最重要的开关设备，担负着控制与保护的双重任务。根据其绝缘及灭弧介质的不同，高压断路器分为油断路器和 SF_6 断路器。由于 SF_6 气体的灭弧与绝缘性能优越，SF_6 断路器得到了广泛应用。

断路器结构复杂，现场解体维修不便，不适当的维修反而易造成故障的发生，因此更需要进行状态监测。

除了上述三种主要设备的状态监测与诊断外，还有诸如交联聚乙烯电缆、金属氧化物避雷器、大型发电机等都属于这一范围。在实际应用中，有故障预报、故障诊断和状态监测等几种情况。它们在内容上没有严格的界限，采用的方法也差不多，都要进行在线检测和数据分析，其最终目标也是一致的，即防患于未然。但是，它们的任务不尽相同：

故障预报——根据故障征兆，对可能发生故障的时间、信号和程度进行预测。

故障诊断——根据故障特征，对已发生的故障进行定位及对故障发生程度进行判断。

状态监测——对设备的运行状态进行记录、分类和评估，为设备维护、维修提供决策。

国外发达国家从 20 世纪 80 年代起就在电力系统各领域开展了各种关于设备状态监测的研究与应用，至今已经有了较大发展，表现为如下两个主要特征：①已经能生产多种传感器产品，且质量优秀，性能稳定；②状态监测应用比较普遍，有经济效益。国内在这方面还存在一定差距，一方面许多厂站的状态监测还没有开展起来；另一方面，一些状态监测系统已具备规模的发电厂在软环境和管理体制上还不能适应发展要求，现场技术人员的培训和技术服务也是必须面对的问题。

1.4.4 光电传感器的应用给厂站监控与自动化技术带来新的变革

电力系统高电压、大容量的发展趋势，使电磁式电流互感器越来越难以满足这一发展态势的要求，暴露出许多缺点：绝缘结构复杂、造价高；故障电流下铁芯易饱和；动态范围小；频带窄；易遭受电磁干扰；二次侧开路易产生高电压；易产生铁磁谐振；易燃易爆，占地面积大等。电磁式电流互感器正常输出为 5A 或 1A，故障情况可增大 20 倍；电压互感器正常输出为 100V，而正在兴起与发展的厂站监控与自动化系统的主要部件的微机保护与监控装置只要求弱电信号的输入，为此不得不在测控和保护装置中增加电流和电压变换器以对 TA 或 TV 信号进行调理。光电传感器（Optical Current Transducer，OCT 及 Optical Voltage Transducer，OVT）的出现为解决此类问题提供了条件，与传统电磁式电流互感器相比，OCT 具有以下优点：

（1）输出信号电平低，易于与厂站监控与自动化系统接口。

（2）不含铁芯，无磁饱和及磁滞现象。

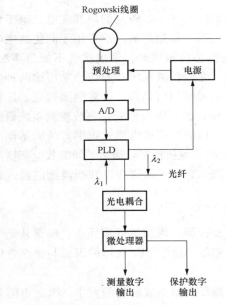

图 1-27　有源光电电流
传感器系统结构图

（3）测量范围大，可准确测量从几十安到几千安的电流，故障条件下可反映几万甚至几十万安的电流。

（4）频率响应范围宽，可从直流至交流几万赫兹。

（5）抗电磁干扰能力强。

（6）信号在光纤中传输，无二次侧开路产生高压的危险。

（7）结构简单，体积小，质量轻，易于安装。

（8）不含油，无易燃易爆危险。

（9）距离一次侧大电流较近的 OCT 光路部分由绝缘材料组成，绝缘性能良好。

有源光电电流传感器采用罗式（Rogowski）线圈作为电流传感器，工作原理仍基于电磁感应原理，但与常规电磁互感器不同，其线圈骨架为一非磁性材料，其系统结构图如图 1-27 所示。

另一种被广泛研究并正在进入实用化阶段的光电传感器为光学式光电电流传感器，其工作原理为法拉第磁光效应（Faraday Effect）：一束线偏振光通过置于磁场中的磁光材料时，线偏振光的偏振面会随着平行于光线方向的磁场的大小发生旋转，旋转角与待测电流成一定比例关系，再通过一定的光路处理和电路处理，即可通过测量输出电压而求得待测电流，系统结构如图 1-28 所示。

无源光电电压传感器采用的传感机理是晶体的一次电光效应，即帕克尔斯（Pockels）效应，其基本原理是：一束线偏振光通过有电场作用的 Pockels 晶体时其折射率发生变化，使入射光产生双折射，从晶体中出射的两束线偏振光产生相位差，此相位差与所用电光材料的电光系数、折射率、光波的波长及所加电场有关，当选定电光材料且绝缘结构确定以后，相位差角只与被测电压有关，其系统结构如图 1-29 所示。光学式光电电流传感器与光学式光电电压传感器，由于它们的高压部分均为光学器件而不采用任何有源器件，所以称为光学式光电传感器或无源光电传感器，它们在光纤中传递的是模拟光信号，而第一种有源光电电流传感器光纤传递的是数字光信号。

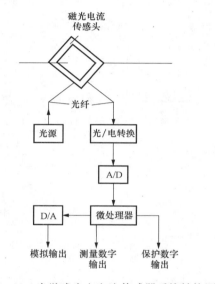 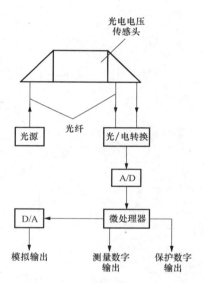

图 1-28　光学式光电电流传感器系统结构图　　图 1-29　光学式光电电压传感器系统结构图

1.4.5　分布式发电系统对厂站监控与自动化技术提出新的要求

分布式发电（Distributed Generations，DG），就是利用各种可以利用的分散存在的能源，包括可再生能源（太阳能、生物质能、小型风机、波浪能等）和本地可方便获取的化石类燃料进行发电供能，其发电容量一般都在几十兆瓦以下。分布式发电的主要特征是地理上的分散，可以以家庭、小区、企事业单位为单元构建分布式发电系统。它的另一个特征是发电能源的广泛性与多样性，只要可以转化为电能的能源都在考虑范围之列，当然这样的能源性质也决定了它的发电容量的小型化或微型化。

分布式发电系统是指由分布式电源、储能装置、能量转换装置、相关负荷和监控、保护装置汇集而成的小型发配电系统，是一个能够实现自我控制、保护和管理的自治系统，既可以与大电网并网运行，也可以孤立运行。分布式发电供能的系统也称为微网系统（或简称为微网）。在这个系统中，用户所需电能由风力发电系统、光伏发电系统、燃料电池、冷/热/电联供系统和公共电网等提供，在满足用户供热和供冷需求的前提下，最终以电能作为统一的能源形式，将各种各样的分布式能源加以组合，其典型结构如图 1-30 所示。图中公共连接点（PCC 端口）处的微网模式控制器通过解并列控制，可以实现微网并网运行与孤岛运行模式之间的转换。

微网是一个复杂系统，其运行特性既与其内部的分布式电源特性以及负荷特征有关，又与

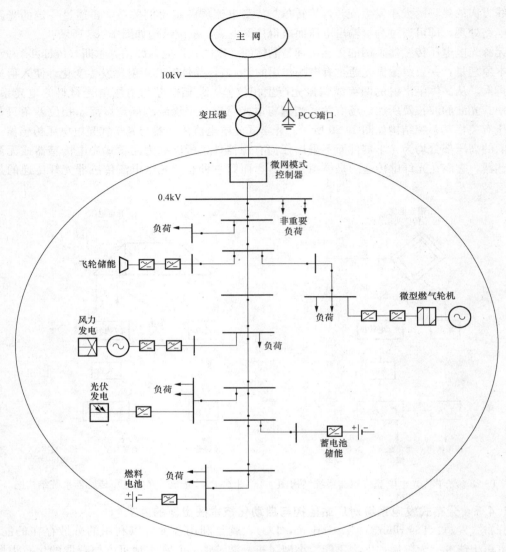

图 1-30 分布式发电微网系统结构示意图

其内部的储能系统运行特征相关，此外还与大电网相互作用，直接影响到二者的稳定性与可靠性。所以对于分布式发电供能系统还有许多研究工作需要开展，包括对厂站监控与自动化技术提出许多新的要求。微网中的分布式电源通常具有多种不同类型，不同电源之间常常通过电力电子装置实现互联，这就使得微网与常规配电系统或输电系统有着根本性差别，同时，由于微网系统既要能够并网运行又要能够脱网独立运行，运行模式通常处于切换之中，必然给控制与保护带来许多问题。

1. 微网并网控制及微网中多分布式电源协调控制

相对于连接的大电网，可以把分布式发电供能的微网看成是具有独特运行特征的虚拟发电机，并网运行时可以向大电网供电，与常规发电机组并网运行时相似，微网并网运行要能满足一定的电压、频率条件。另一方面，微网作为自治系统，具有脱网独立运行能力，此时为了满足负荷对系统电压和频率的要求，跟踪微网中负荷的变化，也需要针对微网中的分布式电源，采取相关的协调控制措施。由于其设备种类繁多，运行模式多样，可控程度互不相同，包括集中控制、分散控制、自动控制、用户控制等均可采用，导致微网中分布式电源的协调控制问题相当复杂。

2. 微网及全微网配电系统的保护原理与技术

含有多个分布式电源及储能装置的微网的接入，改变了传统配电网结构下系统故障的特征，使故障后系统内电气量的变化非常复杂，从而影响了传统的保护原理以及故障检测技术，可能导致难以准确判断发生故障的位置；在微网正常并网运行的系统中，微网内部的电气设备发生故障时，应能保证当切除故障设备以后，微网系统能继续安全稳定并网运行；当微网外部的配电系统部分发生故障时，应当在可靠定位与切除故障的前提下，确保在微网与全网解列以后微网自身能继续可靠运行。可见，微网接入配电系统带来的这些变化使继电保护的工作原理和动作逻辑都变得更为复杂，导致传统继电保护的方法难以满足分布式发电系统的要求，这就需要在保护原理、保护方法以及保护技术等方面进行一步探讨与研究。

第2章

厂站微机监控系统的数据通信

2.1 数据通信的基本概念和术语

2.1.1 数据通信与数据通信系统

1. 数据

数据是事实、概念或指令的表现形式。它适用于由人或自动装置进行通信、解释或处理。如一张由文字和数字组成的报表，某些带有特定意义的字符串，电力系统中的遥测量、遥信量、遥控命令编码以及在计算机网络中具有一定编码格式和位长要求的数字信息等，都可称为数据。

2. 数据终端设备（DTE）

数据终端设备指包括所有具有作为二进制数字数据源点或终点能力的单元。在物理层，可以是一台终端、微型机、打印机、传真机、RTU、测控单元或者任何其他产生或消耗数据的设备。

3. 数据电路终接设备（DCE）

通过网络，能够传送和接收模拟或数字数据的任何功能单元都称为数据电路终接设备。在物理层，一个DCE接收从DTE中产生的数据，并将它们转换为相应信号，然后将这些信号发送到传输链路上。在模拟信道中，DCE就是调制解调器（Modem）；在数字信道中，DCE包括数据服务单元（DSU）和信道服务单元（CSU）两部分内容。

4. 通信链路

在数据通信中，通信双方（源DTE和目的DTE）之间必须建立一条物理的或是逻辑的数据通道，用以传输数据，这条数据通道称为通信链路。

5. 数据通信

数据通信指通过某种类型的传输介质在两地之间传送二进制位串的过程。若信源本身发出的就是数字信号，无论采用什么传输方式，都称为数据通信。现代意义上的数据通信与计算机的应用密不可分，所以通常也可以把数据通信称为计算机通信。数据通信是人与计算机或计算机与计算机之间的信息交换过程，通信的双方至少有一方是计算机。典型的数据通信系统不仅仅是单纯的数据交换，更重要的是利用计算机丰富的软硬件资源进行数据处理，即使单就传输过程而言，也包含有相当复杂的处理。所以说，数据通信包括数据处理与数据传输两部分，即

$$数据通信＝数据处理＋数据传输$$

应当注意，数据通信与数字通信是两个不同的概念。数据通信既可以借助于模拟通信手段，又可以借助于数字通信手段。

6. 数据通信系统

数据通信系统包含数据、数据终端设备（DTE）、数据电路终接设备（DCE）以及通信链路

4 个部分。这些设备相互配合以实现数据终端之间的数据交换，电力系统中有许多不同用途的数据通信系统，例如由调度自动化计算机系统和多个厂站监控系统或远动终端（RTU）组成的能量管理系统（EMS），数据采集与监控（SCADA）系统等。限于篇幅，本章仅讨论发电厂或变电站监控系统中的数据通信，它包含三个方面的内容：①监控系统内部各子系统或各种智能电子装置（IED）之间的数据传输与交换；②厂站监控系统本身与远方调度控制中心之间的数据传输与交换；③厂站监控系统本身与厂站内其他各种智能电子设备，诸如电子电能表、模拟屏、直流电源、UPS、"五防"装置等之间的数据传输与交换。数据通信系统的基本组成及结构示意图如图 2-1 和图 2-2 所示。

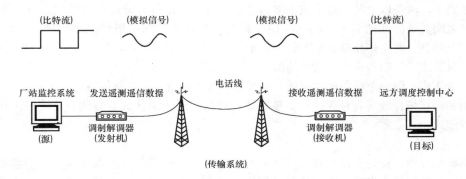

图 2-1　现代数据通信系统的基本组成

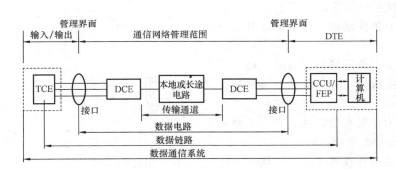

图 2-2　数据通信系统结构示意图

DTE—数据终端设备；DCE—数据电路终接设备；
TCE—传输控制器；CCU/FEP—通信控制器/前置处理机

2.1.2　数据传输

2.1.2.1　线路配置

线路配置是指两个以上的通信设备连接到链路的方式。一条链路是指数据从一个设备传输到另一个设备的物理路径。为了实现通信，两个设备必须以某种方式同时连接到同一条链路上。线路配置的方式有两种：

（1）点到点连接。这种线路配置提供了两个设备之间的专用链路。整个信道的容量都用于这两个设备之间的传输，这种配置一般使用导线或电缆来连接两个设备，但也有用微波或卫星连接等其他方式。

（2）多点连接。一个多点（multidrop）线路配置指两个以上的设备共享一条链路。在多点

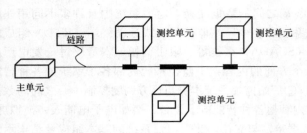

图 2-3 多点线路配置

连接中,信道的容量是按空间或时间来共享。若多个设备可同时使用链路,则称为空分共享线路。若用户排队使用链路,则称为时分共享线路。多点线路配置如图 2-3 所示。

2.1.2.2 拓扑结构

拓扑是指网络在物理上或逻辑上的布置方式。两个或两个以上的设备连接到一条链路上,两条以上的链路形成网络拓扑。网络拓扑是所有链路和链接设备(通常称为节点)相互之间关系的几何表示。实际应用中共有五种可能的网络拓扑,即网状、星型、树型、总线型以及环型。网络拓扑存在两种相互关系:

(1) 对等式,即设备平等地共享链路。

(2) 主从式,即一个设备控制通话,而其他设备必须通过它进行传输。

环型和网状拓扑较适宜对等式,而星型和树型拓扑对于主从式更方便,总线拓扑则适合于任意一种模式。

1. 网状拓扑

在网状拓扑中,每一台设备都与其他所有设备有一条专用的点到点链路。专用意味着链路只承载它所连接的两个设备间的通信量。这样,具有 n 个节点的全连接网状网络就会有 $n(n-1)/2$ 条物理信道。为了容纳这些链路,网络中每个设备都必须要有 $n-1$ 个输入/输出口。5 个设备的链接网状拓扑如图 2-4 所示。

相对于其他拓扑结构,网状拓扑具有以下优点:

(1) 使用专用链路使得设备之间的数据负载由专门的连接承担,避免了共享链路中的通信量问题。

(2) 网状拓扑具有健壮性。当一条链路不可用时,并不会使整个网络瘫痪。

(3) 具有秘密性或者安全性。当每个报文都经由专用线路传输时,只有预期的接收者才能接收到该信息。物理边界防止了其他用户获取该报文。

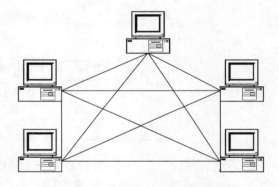

图 2-4 5 个设备的全连接网状拓扑

(4) 点到点链路使故障识别和故障隔离十分容易。网络流量可以选择路由,避开有问题的链路。这种便利使网络管理员能精确定位故障,并帮助找出故障原因和解决方案。

网状拓扑的主要缺点在于所需要的电缆和设备上输入/输出端口的数量过于庞大,用于连接链路的硬件(如输入/输出端口和电缆)的费用昂贵。网状拓扑通常只在有限的方式下使用,例如在带有其他拓扑结构的混合式网络中,作为主干来连接主机。

2. 星型拓扑

在星型拓扑中,每台设备只与通常称为集线器的中心控制器有点到点的专用链路,设备并不是彼此直接连接的,如图 2-5 所示。和网状拓扑不同的是,星型拓扑不允许设备之间的直接通信。控制器像一个交换机:如果一台设备希望向另一台设备发送数据,就先将数据发送到控制器,再由控制器把数据转发给对应的设备。

星型拓扑比网状拓扑要经济。在一个星型网中，每台设备只需要一条电缆和一个输入/输出端口就可以与任何数量的其他设备建立连接，这也使得安装和重新配置变得更容易。星型拓性也具有健壮性，如果一条链路失效，则只有该条链路受到影响，其他所有链路仍保持正常工作。这个优点也使故障识别和故障隔离变得更容易。虽然星型拓扑比网状拓扑所需的电缆要少得多，然而星型拓扑仍需要比其他网络拓扑（例如树型拓扑、环型拓扑和总线拓扑）更多的电缆。

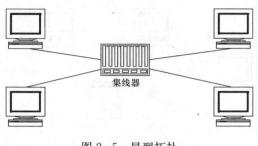

图 2-5　星型拓扑

3. 树型拓扑

树型拓扑是星型拓扑的一种变体。像星型拓扑一样，网络节点都连接到控制网络通信量的中央集线器上，但是并不是所有的设备都直接接入中央集线器。绝大多数设备是首先连接到一个次级集线器上，再由次级集线器连接到中央集线器上，如图 2-6 所示。

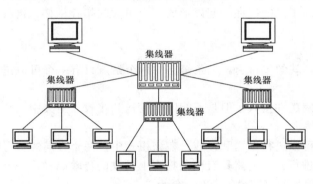

图 2-6　树型拓扑

树型拓扑的优点和缺点基本和星型拓扑相似，但次级集线器的引入带来了两个优势：

（1）这种结构允许更多的设备连接到中央集线器上，并且增加了信号在设备间的传输距离。

（2）它允许网络隔离不同计算机之间的通信或者为不同计算机设定通信的优先级。

4. 总线型拓扑

总线型拓扑是多点配置的，它由一条长电缆作为主干来链接网络中的所有设备，如图 2-7 所示。

网络节点通过引出线和抽头连接到总线电缆上。引出线是设备和主缆之间的连接线。抽头（或称分接头）与主缆结合在一起，或通过穿过主缆外皮的探针与金属芯连接在一起。当信号在主缆上传输时，部分能量被转化为热能。因此，随着信号传输距离的增加，信号会变得越来越弱，所以一条总线所能支持的抽头数和抽头之间的距离都有限制。

总线型拓扑的优点在于它容易安装，比网状、星型和树型拓扑都要节省电缆。其缺点是难于进行故障隔离和重新配置，加入新设备有可能导致改动或者更换主干。此外，总线的故障或断裂会终止所有的传输，甚至位于故障位置同一侧的设备也不例外。损坏部分会将信号向源头一方反射回去，从而在两个方向都造成噪声。

5. 环型拓扑

在环型拓扑中，每个设备只与两侧的两个设备之间有点到点连接。信号在环中从一个设备到另一个设备单向传输，直至到达目的地，如图 2-8 所示。环中的每个设备都含有一个中继器。当设备收到要发往

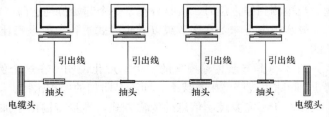

图 2-7　总线型拓扑

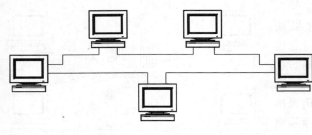

图2-8　环型拓扑

另一个设备的信号时，其中的中继器就再生对应的比特并将其发送出去。

环型网络相对比较容易安装和重新配置。每个设备只与它在逻辑上或空间上直接相邻的设备相连。加入或删除一个设备只需要改动两条连接。唯一的限制是介质和通信量（环的最大长度和设备的数量）。另外，故障隔离也比较简单。

通常在一个环中，信号不停地在循环。如果一个设备在一段特定的时间内没有收到信号，它就可以发出一个警告。这个警告信号告诉网络操作员出了故障以及故障的位置。

单向传输的缺点是在一个简单的环网中，若环中出现一个故障（比如一个失效的站点）就能使整个网络瘫痪。这个缺点可以通过引入双环或者一个可以将故障进行旁路的开关来解决。

6. 混合型拓扑

一个网络可以把几个不同拓扑结构的子网链接在一起以形成一个更大的拓扑结构，这种结构我们称为混合型拓扑。

2.1.2.3　传输模式

（1）单工模式。通信是单向进行的，就像单行道，一条链路的两个站点只有一个可以进行发送，另一个只能接收。

（2）半双工模式。每个站点都可以发送和接收，但是不能同时发送和接收。当其中一个设备在发送时，另一个只能接收，反之亦然。

（3）全双工模式。两个站点同时都可以进行发送和接收。在该模式中，两个方向的信号共享链路带宽。这种共享可以用两种方式进行：①链路具有两条物理上独立的传输路径，一条发送，另一条接收；②为传输两个方向的信号而将信道的带宽一分为二。

通过链路传输二进制数据可以采用并行模式或串行模式。在并行模式中，每个时钟脉冲到来时，多位数据被同时发送。在串行模式中，每个时钟脉冲只发送1bit。串行传输又分为两个子类：异步传输和同步传输。

（1）异步传输。在异步传输中，需要在每字节开始时发送一个起始位（0），然后在结束时发送一个或多个停止位（1），字节之间可以插入间隙。起始位、停止位和间隙位将一个字节的起始和终止提示给接收方，使得接收方可以根据数据流进行同步。因为在字节这一级别，发送方和接收方不需要进行同步，所以这种传输方式称为异步传输。但是在每一字节内，接收方仍要根据比特流来进行同步。也就是说，一定程度上的同步还是存在的，但仅仅局限在一个字节的时间内。在每一个字节的开始，接收方设备就进行重同步。当接收方检测到一个起始位后，就启动一个时钟，并随着到来的比特开始计数。在接收完 n 个比特后，接收方就等待停止位到达。当检测到停止位时，接收方在下一个起始位到达前忽略接收的所有信号。

异步传输意味着在字节级以异步方式进行，但是每比特仍需要同步，它们的持续时间是一致的。

图2-9是异步传输模式的一个图形化说明。在这个例子中，起始位是比特0，停止位是比特1，间隙由线路空闲态代表，而不是附加的停止比特。

相对于不需要控制信息的传输方式，异步传输由于加入了起始位、停止位以及比特流间插入间隙而显得慢一些。但是这种方式既便宜又有效，这两大优点使得在低速通信情形下异步传

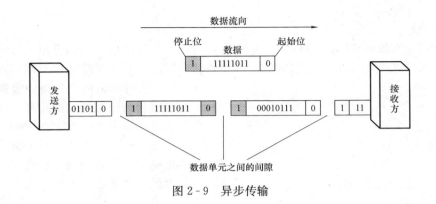

图 2 - 9　异步传输

输方式显得很有吸引力。

（2）同步传输。在同步传输中，比特流被组装成更长的帧，一帧包含有许多个字节。与异步方式不同的是，引入帧内的字节与字节之间没有间隙，需要接收方在解码时将比特流分解成字节。也就是说，数据被当作不间断的 0 和 1 比特流传输，而由接收方来将比特流分割成重建信息所需的一个个字节。在同步传输中，不插入起始/停止位或间隙就将比特依次发送出去，完全由接收方负责重组比特。

图 2 - 10 所示为一个同步传输的图形化说明。在图中每个字节之间都画出了分隔线。实际上，这些分隔线是不存在的，发送方将数据像一个长的比特流一样发送到线路上。如果发送方想一段一段地发送数据，那么每段数据之间的间隙必须由意味着空闲状态的特殊的 0 和 1 序列填充。接收方对所接收的比特计数并将它们重组为字节形式。

图 2 - 10　同步传输

因为没有间隙和起始/停止位，就没有了比特流内部的同步机制来帮助接收端设备在处理比特流时调整比特同步。所接收数据的准确性完全依赖于接收端设备根据比特到达情况进行精确的比特计数的能力，所以时序变得十分重要。

同步传输的优点是速度快。因为在发送端不需要插入附加的比特和间隙，在接收端也不需要去掉这些比特和间隙，传输线路上需传输的比特数更少，所以同步传输比异步传输的速度更快。这种传输方式在类似计算机间数据传输这样的高速应用中更有效。字节同步在数据链路层实现。

2.1.3　传输介质

传输介质是数据传输系统中发送器与接收器之间的物理通路。有多种物理介质可以用于实际传输，每种物理介质在带宽、时延、费用和安装维护难度上各不相同。传输介质可以分为有向介质（例如，铜线和光纤）和无向介质（例如，空中的电磁波）。在两类介质中，通信都以电磁波的形式存在。对于有向介质，电磁波沿着诸如铜质双绞线和光缆这样的固体介质导向传送。大气和外层空间是无向介质的例子，它们提供了传输电磁信号的途径，但不能对电磁信号导向，这种形式的传输通常称为无线传输。

2.1.3.1 有向介质

1. 双绞线

（1）非屏蔽双绞线（Unshielded Twisted Pair，UTP）。无论用于传输模拟信号还是数字信号，双绞线都是迄今为止最常使用的最经济的传输介质之一。双绞线的频率范围在 100Hz～

外部绝缘皮或 PVC塑料　　　　固态铜导体

图 2-11　双绞线电缆

5MHz 之间，它对电话网络和传输数据与语音都适用，是建筑物内通信线路的主要布线品种。一条双绞线包括两根导体（通常是铜的），每根都有不同颜色的塑料外皮，如图 2-11 所示。颜色不仅用来区别电缆中的具体导线，还用于指示导线是属于哪一对的，以及在一大捆导线中它们与其他导线对的关系。

电子工业协会（EIA）于 1995 年制定了一种按质量划分 UTP 等级的标准 EIA-568-A。根据电缆的质量划分类别，共 5 档，1 类是最低档，5 类是最高档，每一种 EIA 定义的电缆类别都有特定用途。

1）第 1 类。在电话系统中使用的基本的双绞线。这种级别的电缆质量只适用于传输语音和低速数据通信。

2）第 2 类。下一个较高的质量等级，适用于语音和最大速率为 4Mbit/s 的数字数据传输。

3）第 3 类。要求每英尺至少交叉 3 次，适用于最大速率为 10Mbit/s 的数据传输。现在它是大多数电话系统的标准电缆。

4）第 4 类。同样要求每英尺至少交叉 3 次，同时加上其他条件使线路的数据传输速率最大可达 16Mbit/s。

5）第 5 类。在最大数据传输速率达 100Mbit/s 的环境下使用。

（2）屏蔽双绞线电缆。屏蔽双绞线（Shielded Twisted Pair，STP）电缆在每一对导线外都有一层金属箔或是网格，如图 2-12 所示。这层金属包装使电磁噪声不能穿透进来。它也消除了一种来自另一线路（或信道）上的不期望的称为串线（crosstalk）的干扰，将每一对双绞线屏蔽起来就能消除大多数的串线干扰。STP 的质量特性和 UTP 一样，也使用和 UTP 一样的连接器，但是屏蔽层必须接地。材料和制造方面的因素使 STP 比 UTP 要昂贵，但是对噪声有更好的屏蔽作用。

2. 同轴电缆

同轴电缆能够传输比双绞线更宽的频率范围的信号，为 100kHz～500MHz。其物理结构如图 2-13 所示。由于同轴电缆是同轴和屏蔽的（其外层导体接地），所以同轴电缆受到干扰和串音影响的程度比双绞线要小得多，工作频率可以更宽，数据传输速率更高，传输距离更远，以 10Mbit/s 的速率传输基带数字

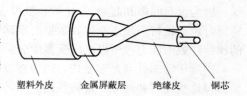

塑料外皮　　金属屏蔽层　　绝缘皮　　铜芯

图 2-12　屏蔽双绞线电缆

信号可达 1～1.2km 远；传输模拟信号的 75Ω 带宽同轴电缆，频率可达 300～450MHz，传输距离可达 100km。同轴电缆在共享线路上可以支持更多站点。

各种同轴电缆根据它们的无线电波控制（RG）级别来分类。每一种无线电波控制编号表示了一组唯一的物理特性，包括内层导体的线路规格，内层绝缘体的厚度和类型，屏蔽层的组成，以及外层包装的规格和类型。其中 RG-8、RG-9 及 RG-11 用于粗缆以太网，RG-58 用于细缆以太网，RG-75 用于电视。

多年来，人们设计了多种同轴电缆连接器，其中最常见的就是套筒式连接器。在套筒式连

接器中，最常用的是卡销式网络连接器（BNC），这种连接器只需推入插口并旋转半圈即可。另外两类常用的连接器是 T 形连接器和终接端子。T 形连接器用于细缆以太网，允许使用辅助电缆或从主线路上引出分支。在总线拓扑中，一根电缆作为主干，其他设备连接在许多分支上，而主干本身并没有在某个设备上终止，此时终结端子是必需的。如果主电缆是开放的，线路上传输的任何信号都会反射回来并与原始信号相互影响。一个终结端子在电缆端头吸收电磁波并消除回声反射。

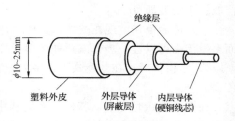

图 2-13　同轴电缆

3. 光纤

（1）物理描述。双绞线和同轴电缆都是以电流形式传送信号的导体电缆，光纤是由玻璃或塑料制成并以光波形式传输信号。光是一种电磁能量形式，在真空中以 30 万 km/s 的速度传播，随着它所穿越的介质密度的增加，速度将下降。光线在光纤中的传播机制是利用了光线从光密介质射向光疏介质时要发生折射且入射角小于折射角这一物理性质，如图 2-14 所示，当逐渐加大入射角度，折射角也跟着加大，并向两介质的交界面倾斜，使折射角等于 90°的入射角称为全反射角，此时折射光线完全变为水平光线。当入射角大于全反射角时，就发生了一种称为全反射的新现象，此时光线再也不会进入低密度的介质中。

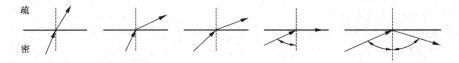

疏
密

图 2-14　全反射角与反射

光纤利用全反射将光线在信道内定向传输。光纤中心是玻璃或塑料的芯材，外面填充着密度相对较小的玻璃或塑料材料。两种材料的密度差异必须达到能够使芯材中的光线只能反射回来而不能折射入填充材料的程度。信息被编码成一束以一系列开关状态来代表 0 和 1 的光线形式。光纤通过芯材的直径与填充材料直径的比值来分类。常见的光纤类型见表 2-1。8.3/125 光纤只在单模光纤中采用。

表 2-1
光 纤 类 型

光纤类型（mm/mm）	芯材（mm）	填充材料（mm）	光纤类型（mm/mm）	芯材（mm）	填充材料（mm）
62.5/125	62.5	125	100/140	100.0	140
50/125	50.0	125	8.3/125	8.3	125

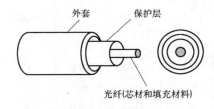

外套　保护层

光纤(芯材和填充材料)

图 2-15　光纤组成

图 2-15 所示为典型的光缆的组成结构。芯材由填充材料包裹，形成光纤。在大多数情况下，光纤外有一层保护层来防潮。最后，整根缆线用一个外套包裹起来。

芯材和填充材料都可以用玻璃或塑料制成，但是必须具有不同的密度。外套（或鞘）可以采用多种材料，包括特福龙（Teflon）涂层、塑料涂层、纤维塑料、金属管以及金属网格，每一种外套都有自身特点，材料的选择取决于安装地点。

（2）传播模式。现在的技术支持两种在光纤信道中传播光线的模式，多模传播和单模传播。而多模传播可以进一步分成两种类型：阶跃模式和渐变模式。

1）多模传播。在此模式下，多束光线从光源经由芯材通过不同的光路传播，因此称为多模传播。

在多模阶跃光纤中，芯材的密度从中心到边缘都是一致的。光线在芯材中一直直线传播，直至遇到芯材与填充材料的界面为止。在边界上，密度突然变低，从而改变了光线的方向。阶跃这个术语指的就是密度的突然变化。图 2-16 所示为在多模阶跃光纤中传播多道光线的情形。位于中心的那部分光线直线传播到终点而没有经过任何的反射或折射。部分光线则以比全反射角小的入射角进入芯材和填充材料的边界并

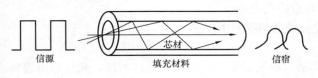

图 2-16 多模阶跃光纤

穿越边界，因而损失掉了。还有部分则以比全反射角大的角度进入芯材和填充材料的边界，在芯材的内边界上反复反射，直到到达终点。

在多模渐变光纤中减少了信号通过缆线后的扭曲。如前所述，折射系数与密度有关。因此，多模渐变光纤是具有变化的密度的光纤。在芯材的中心密度最大，并向外逐渐变小，到边界时最小。图 2-17 显示了这种可变密度对光纤传播的影响。

2）单模传播。单模光纤采用阶跃材质和高度集中的光源，使得发出的光线限制在非常接近水平的很小范围内。单模光纤本身制造时采用比多模光纤小得多的直径，具有极低的密度。密度的

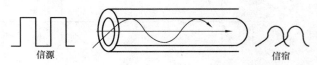

图 2-17 多模渐变光纤

降低使得全反射角接近 90°，从而使得传播的光线基本是水平的。在这种情况下，不同光线的传播几乎是相同的，可以忽略传播延迟。所有光线几乎同时抵达目的地并且可以无扭曲地重组为完整的信号，如图 2-18 所示。

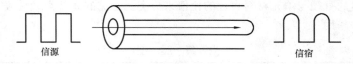

图 2-18 单模光纤

表 2-2 为 3 种典型光纤的特性。

表 2-2　　　　　　　　　　　　典型光纤的特性

光纤类型	芯直径 (μm)	包层直径 (μm)	相对折射率 (%)	衰减（dB/km）（最大值） 工作波长			带宽 (MHz/km)	续接	与光源的耦合率
				850nm	1300nm	1500nm			
单模光纤	5～10	70～130	0.3～3	2.3	0.5	0.25	>10G	较易	高
多模渐变光纤	50～100	120～150	0.8～1.5	2.4～3.5	0.6～1.5	0.3～0.9	200M～2G	较易	中
多模阶跃光纤	200～300	350～450	0.1～0.3	6.0			10M～50M	困难	低

（3）光纤信道的构成。光纤信道的构成示意图如图 2 - 19 所示，它由光源（发光二极管 LED 或注入型激光二极管）、光纤线路和光探测器等部件组成。

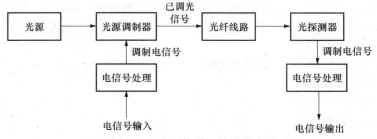

图 2 - 19　光纤信道的构成示意图

光纤信道传输信息的过程大致是：电信号经由电信号处理器和光调制电路驱动光源，使信号调制到光波频段，完成电－光转换。已调制的光信号反映电信号的变化，经过光的连接器和光发送端耦合到光纤线路上进行传输。在接收端，光探测器检测到光波，并转换（解调）为相应的电信号，进行光－电转换，经过处理再以用户可接收的信号方式输出。

2.1.3.2　无向介质

无向介质通信（或是无线通信）不使用物理导体来传输电磁波，而是将信号通过空气（个别情况下通过水）传播出去，使任何一个具有接收设备的人都能接收它。在电力系统中常用的无线通信方式包括微波中继通信、移动通信、散射通信、卫星通信等。

无线通信在某种程度上克服了有向介质通信的缺点。它的优点是不受线路限制，节省了线路投资，在电力系统中还可避免强电电磁的危险；缺点是保密性不如有向介质通信好，且备受各种电磁波干扰源的干扰。

2.1.3.3　介质比较

当评价一个特定介质对具体工程应用是否合适时，必须考虑费用、速度、信号衰减、电磁干扰以及安全性等因素。表 2 - 3 给出了传输介质性能的比较。

表 2 - 3　　　　　　　　　　　　传 输 介 质 性 能 比 较

介质	费用	速度	信号衰减	电磁干扰	安全性
非屏蔽双绞线	低	1～100Mbit/s	高	高	低
屏蔽双绞线	一般	1～150Mbit/s	高	一般	低
同轴电缆	一般	1M～1Gbit/s	一般	一般	低
光纤	高	10M～2Gbit/s	低	低	高
无线电波	一般	1～10Mbit/s	低－高	高	低
微波	高	1M～10Gbit/s	可变	高	一般
卫星	高	1M～10Gbit/s	可变	高	一般
蜂窝系统	高	9.6～19.2kbit/s	低	一般	低

2.2　数 据 编 码 与 接 口

2.2.1　数据编码与调制

通信的目标是传递信息，信息必须依靠各种载体才能表示和实现传递。数据通信以数据作为信息的载体，在数据通信中，所传递的报文和控制信息必须由代表一定意义的字符串组成，并按照一定编码规则将这些字符信息转换成适合传输、存储和处理的相应的二进制数字序列。在数据通信系统中，应用较广泛的标准化代码有两种，即博多码（Baudot）和 ASCII 码。

信号是数据的表现形式，通信系统中所用的信号指的是随时间变化的电压或电流这样的电信号。信号可以分为如下几类：

（1）连续信号或离散信号（当离散信号中只取有限个离散值时，也可称为数字信号）。

（2）随机信号和确定信号。

（3）周期信号和非周期信号。

信号的特性可以用其时域特性和频域特性来加以描绘。

2.2.1.1 数字数据编码为数字信号

数字—数字编码是用数字信号来表示的数字信息。图 2-20 显示了数字信息、数字—数字编码设备和产生的数字信号之间的关系。

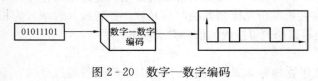

图 2-20 数字—数字编码

1. 单极性编码（Unipolar Encoding）

单极性编码只使用一个电压值。图 2-21 显示了单极性编码的思想。在该例中，1 由一个正电压编码，而 0 是零电压。除简单直观外，单极性编码还具有实现起来廉价的优点。但是直流分量和同步问题则是单极性编码的不足之处。

单极性编码信号的平均幅值不为零（图 2-21），会产生直流分量（频率为 0 的分量），因此不能由没有处理直流分量能力的介质来传输。另外，当一个信号不发生改变时，接收方无法判断每一位的开始和结束。这样，在单极性编码中，当数据流中包含一长串连 1 或连 0 时，会产生同步问题，有可能导致接收方误码。

2. 极化编码（Polar Encoding）

通过使用一正一负两个电压，大多数极化编码技术中线路上的平均电压值下降了，减轻了单极性编码中的直流分量问题。极化编码有三种类型：非归零法（Nonreturn to Zero，NRZ）、归零法（Return to Zero，RZ）以及双相位法（Biphase）。非归零编码又分为非归零电平编

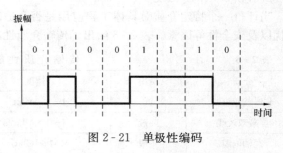

图 2-21 单极性编码

码（NRZ-L）和非归零反相编码（NRZ-I）。双相位法也分两种方法，即用于以太局域网中的曼彻斯特编码（Manchester Encoding）和用于令牌环局域网的差分曼彻斯特编码（Differential Manchester Encoding）。

（1）非归零编码

1）非归零电平编码（NRZ-L）。信号的电平是根据它所代表的位的状态决定的，一个正电平值代表 0，而一个负电平值代表 1（或相反）。当数据中存在一长串连 0 或连 1 时，仍然可能产生问题。

2）非归零反相编码（NRZ-I）。信号电平的一次反转代表 1，也就是说，正电平与负电平间的一次转换（而非电压值本身）代表 1，没有电平变化的信号则代表 0。显然这种编码方式优于 NRZ-L，因为每次遇到 1 都会发生电平跳变，这可以提供一种同步机制，但连 0 仍会造成麻烦。

图 2-22 表示了对同一串信号的 NRZ-L 和 NRZ-I 的编码。

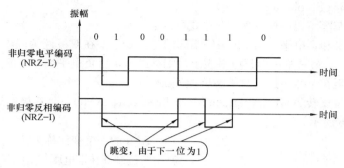

图 2-22 非归零电平编码和非归零反相编码

（2）归零编码。如上所述，出现连 1 或连 0 时，接收方可能失去同步。为保证同步，在每个比特中都必须有信号变化。接收方可以利用这些跳变来建立、更新和同步它的时钟。NRZ-I 仅在连 1 中实现了这一目标，为此需要多于两个的电压值。归零编码（RZ）使用三个电平：正、负电平及零。在本编码中，信号变化不是发生在位之间而是位内。和 NRA-L 一样，正电平代表 0，负电平代表 1。与 NRA-L 不同的是，在位间隔的中段，信号归零。1 实际上是由正电压到零的跳变代表，0 则是由负电压到零的跳变代表，而不仅仅是通过电平正负来表示。图 2-23 描述了这一概念。RZ 编码的不足在于它

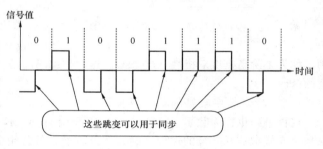

图 2-23 归零编码

需要两次信号变化来编码 1 位，增加了占用的带宽。

（3）双相位编码。

1）曼彻斯特编码。曼彻斯特编码在每个位间隔的中间引入跳变来同时代表不同位和同步信息。一个负电平到正电平的跳变代表 1，而一个正电平到负电平的跳变则代表 0。通过这种跳变的双重作用，曼彻斯特编码获得了与归零编码相同的同步效果，但仅需要两种电平振幅。

2）差分曼彻斯特编码。在差分曼彻斯特编码中，位中间的跳变用于携带同步信息，但是根据位间隔的开始位置是否有一个附加的跳变来代表不同的位。开始位置有跳变代表 0，没有则代表 1。差分曼彻斯特编码需要两个信号变化来表示二进制 0，但对于二进制 1 只需一个。

图 2-24 表示同一比特模式的曼彻斯特编码和差分曼彻斯特编码。

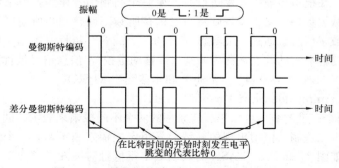

图 2-24 曼彻斯特编码和差分曼彻斯特编码

41

3. 双极性编码（Bipolar Encoding）

双极性编码与归零编码一样，使用三个电平值：

正电平、负电平和零电平。与 RZ 编码不同的是，零电平在双极性编码中代表二进制 0。正负电平交替代表 1，若第一个 1 由正电平表示，则第二个 1 由负电平表示，第三个 1 仍由正电平表示，这种交替甚至在 1 并不连续时仍会出现。

双极性传号交替反转 AMI（Alternate Mark Inversion，AMI）、是双极性编码中最简单的一种，示例如图 2-25 所示。

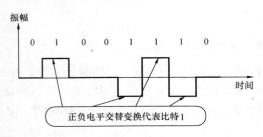

图 2-25 双极性传号交替反转码（AMI）

AMI 的一个变体称为伪三元（pseudoternary），其中二进制 0 在正电压与负电压之间交替变换。

通过对每次出现的 1 进行电平交替反转，双极性 AMI 实现了两个目标：①直流分量为零；②一长串的 1 也可以进行同步。对于一长串连 0 序列并没有同步确保机制。为解决连 0 比特的同步问题，特别对长距离传输，研究了两种双极性 AMI 编码的变型：一种在北美使用，称为双极性 8 连 0 替换（B8ZS）；另一种在日本和欧洲使用，称为 3 阶高密度双极性（HDB3）。这两种编码都是只在出现连 0bit 时才对 AMI 编码进行一定的修改。

2.2.1.2 数字数据编码为模拟信号

这种编码也称为数字—模拟转换或数字—模拟调制，是基于以数字信号（0 和 1）表示的信息来改变模拟信号特征的过程。例如，当通过一条公用电话线将数据从一台计算机传输到另一台计算机时，数据开始时是数字的，由于电话线只能传输模拟信号，所以数据必须进行转换。

讨论具体转换之前，明确几个相关术语。

（1）比特率和波特率。比特率是指每秒传输的比特数，而波特率则是表示每秒传输的信号单元数，其中信号单元是由一些位组成的。比特率与计算机的效率有关，而在数据传输方面，更关注数据在两地间移动的效率，无论怎样移动数据，需要信号单元越少，系统效率就越高，传输更多比特所需的带宽就更少，因此更应重视波特率，波特率决定了发送信号所需的带宽。比特率等于波特率乘以信号单元表示的比特数，即

比特率＝波特率×信号单元表示的比特数

例如一个信号的比特率是 3000bit/s，若每个信号单元携带 6bit，则波特率＝3000/6＝500 波特。

（2）载波信号。在模拟传输中，发送设备产生一个高频信号作为基波来承载信息信号，此基波为载波信号或载波频率。接收设备则将自己的接听频率调整到与所期望的发送方载波信号频率一致，然后，数字信息就通过改变载波信号的一个或多个特性（振幅、频率和相位）被调制到载波信号上。这种形式的改变被称为调制（或移动键控），信息信号被称为调制信号。调制方法包括幅度键控（ASK）、频移键控（FSK）和相移键控（PSK）。

1. 幅度键控（Amplitude Shift Keying，ASK）

在 ASK 中，两个二进制数值可以用载波频率的两个不同振幅来表示。通常，两个振幅之一为零，就是说，一个二进制数值用出现的载波信号恒定振幅来表示，另一个二进制数字则用无载波信号来表示，如图 2-26 所示。ASK 的调制效率很低且对突发增益变动十分敏感，在话音线路上，它能用的最大数据传输速率为 1200bit/s。

2. 频移键控（Frequency Shift Keying，FSK）

在 FSK 中，两个二进制数字值由载波频率附近的两个不同频率来表征，在每个比特持续时间中信号的频率是一个常数，其值依赖于所代表的值（0 或 1），而振幅和相位都不变，图 2-27 表示出了频移键控（FSK）信号的波形。

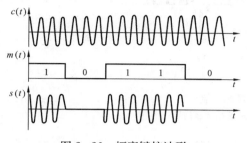

图 2-26　幅度键控波形

$c(t)$ —载波信号；$m(t)$ —数据数字信号；
$s(t)$ —幅度键控信号

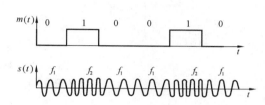

图 2-27　频移键控波形

$m(t)$ —数字数据信号；$s(t)$ —频移键控信号

在厂站监控系统与远方调度控制中心的数据通信中要使用 FSK 技术。设话音线路的频率范围为 300～3400Hz，为了实现全双工传输，该带宽以 1700Hz 为中心频率，在一个方向（发射或接收）用来表示 1 和 0 的频率以 1170Hz 为中心，向两边各偏移 100Hz；同理，对于另一个方向（接收或发射）则使用中心频率 2125Hz，向两边各偏移 100Hz，Bell 108 的调制解调器就是这样分配频率范围的。

FSK 避免了 ASK 中存在的噪声问题，限制因素则是载波的物理容量。

3. 相移键控（Phase Shift Keying，PSK）

在 PSK 中，用载波信号的相位偏移表示数据，如图 2-28 所示。二进制数字 0 通过发射一个相位与前面的信号脉冲串相同的信号脉冲串来表示，二进制数字 1 则通过发射一个相位与前面的信号脉冲串相位相反的信号脉冲串来表示。

2.2.1.3　模拟数据调制为数字信号

在远距离数据传输过程中，由于数字信号易于减少噪声，因而需要将模拟信号数字化，称为模拟—数字转换或数字化模拟信号，这就要求减少模拟信号中潜在的无穷个数值，使模拟量可以在最小的失真情况下用数字流来表征。

1. 脉冲振幅调制（Pulse Amplitude Modulation，PAM）

模拟—数字转换技术的第一步是脉冲振幅调制（PAM）。这种技术是通过接收模拟信号，

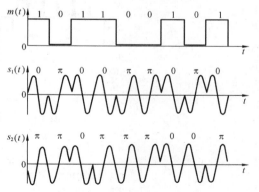

图 2-28　相移键控信号波形

$m(t)$ —数字数据信号；$s_1(t)$ —绝对相移键控信号；
$s_2(t)$ —相对相移键控信号

对它进行采样，然后根据采样结果产生一系列脉冲。采样是指每隔相等的时间间隔就测量一次信号振幅。如图 2-29 所示，在 PAM 技术中，原始信号每隔一个相等的时间间隔被采样一次。

尽管 PAM 技术将原始信号波形转换成了一系列脉冲，但是这些脉冲的取值仍然可以是任意振幅值（即仍然是一个模拟信号，而不是数字化的）。因此，PAM 技术对于数据通信并不适用。

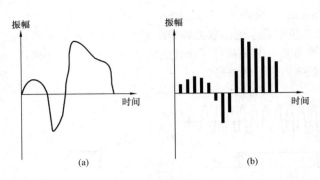

图 2-29 脉冲振幅调制

(a) 模拟信号；(b) 脉冲振幅调制信号

为了将信号数字化，必须采用脉码调制（PCM）技术来对信号进行调制。

2. 脉码调制（Pulse Code Modulation，PCM）

脉码调制（PCM）将脉冲振幅调制（PAM）所产生的采样结果修改成完全数字化的信号。为实现这一目标，PCM 首先对 PAM 的脉冲进行量化，图 2-30 所示为量化的结果。

图 2-31 所示为一种将符号和数值赋予量化信号的简单方法。每一个值都被转换为相应的七位二进制值。第八位指示符号。然后这些二进制数字就通过某种数字—数字编码技术转换成数字信号。

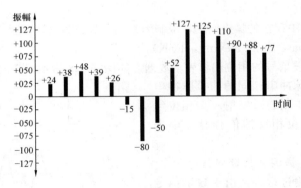

图 2-30 量化的 PAM 信号

+024	00011000	−015	10001111	+125	01111101
+038	00100110	−080	11010000	+110	01101110
+048	00110000	−050	10110010	+090	01011010
+039	00100111	+052	00110110	+088	01011000
+026	00011010	+127	01111111	+077	01001101

符号位，
0 代表正值，
1 代表负值

图 2-31 使用符号数值进行量化

图 2-32 所示为原始信号经过脉码调制，最后转换成单极性编码的结果。图中只显示了最开

44

始的三个数值。

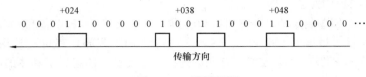

图 2-32 脉码调制

PCM 实际上由四个独立过程组成，即脉冲振幅调制（PAM）、量化、二进制编码及数字—数字编码。

2.2.1.4 模拟数据调制为模拟信号

这是用模拟信号来表征模拟信息的一种技术，其典型应用为无线电波的传播。模拟—模拟调制有三种实现方法，即调幅（AM）、调频（FM）以及调相（PM）。

1. 调幅（Amplitude Modulation，AM）

在调幅（AM）传输技术中，对载波信号要进行调制，使载波的幅值随调制信号的振幅改变而变化，载波信号的频率和相位保持不变。图 2-33 所示为 AM 技术的工作原理。调制信号成了载波信号的一个包络线，调幅信号的带宽等于调制信号的两倍，并且覆盖以载波频率为中心的频率范围。

2. 调频（Frequency Modulation，FM）

在调频传输中，载波信号的频率随调制信号电压振幅的改变而变化。载波信号的最大振幅和相角都保持不变，当调制信号的振幅改变时，载波信号的频率相应地改变。图 2-34 所示为调制信号、载波信号以及合成的调频（FM）信号的关系。调频信号的带宽等于调制信号带宽的 10 倍，而且以载波频率为中心。

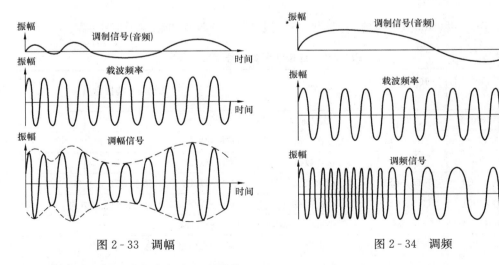

图 2-33 调幅   图 2-34 调频

3. 调相（Phase Modulation，PM）

在调相传输技术中，载波信号的相位随调制信号的电压变化而变化。载波的最大振幅和频率保持恒定，当调制信号的振幅变化时，载波信号相位随之发生相应改变。

2.2.2 数据通信接口标准

多年来，为定义 DTE 设备和 DCE 设备之间的接口制定了许多标准。尽管它们的解决方案不同，但每种标准都提供了关于连接的机械、电气和功能特性的类型。

2.2.2.1 V.24/EIA-232 接口标准

EIA-232 标准是 EIA 制定的一种重要接口标准，它定义了 DTE 设备和 DCE 设备之间接口的机械、电气等特性。最早于 1962 年以 RS 232（推荐标准）发布，其间经历了若干次修订，公布的最新版本为 EIA-232D，不仅定义了使用的连接头的类型，还定义了具体的电缆和插头以及每一个针脚的功能。

1. 机械特性

（1）连接器。由于 EIA-232 并未定义连接器的物理特性，因此出现了 DB-25 和 DB-9 型两种连接器，其引脚的定义各不相同，使用时要小心。

图 2-35 所示为 DB-25 和 DB-9 的各引脚功能定义及信号分配。表 2-4 所示为 25 个信号引脚的定义。

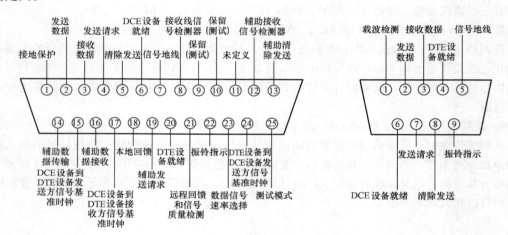

图 2-35 在 EIA-232 的 DB-25 和 DB-9 连接器中各引脚的功能定义及信号分配

表 2-4 EIA-232 连接器引脚信号定义

引脚号	代号（CCITT 等效代号）	其他表示 方法	信号名	方向与功能描述
1	AA (101)	PG	保护地	作为设备地
*2	BA (103)	TXD, SD	发送数据	DTE→DCE
*3	BB (104)	RXD	接收数据	DCE→DTE
*4	CA (105)	RTS, RS	请求发送	DTE→DCE，DTE 请求 DCE 切换到发送方向
*5	CB (106)	CTS, CS	允许（或清除）发送	DCE→DTE，DCE 已切换到发送方向
*6	CC (107)	DSR, MR	DCE (Modem) 就绪	DCE→DTE
*7	AB (102)	SG	信号地	用作所有信号公共地
*8	CF (109)	RLSD, DCD	接收线路信号检测 （或载波检测）	DCE→DTE，DCE 正接收通信链路的信号
9		+V	测试预留	（+10V DC）
10		−V	测试预留	（−10V DC）
11			未定义	

续表

引脚号	代号（CCITT 等效代号）	其他表示方法	信号名	方向与功能描述
12	SCF（122）		辅信道载波检测	
13	SCB（121）		辅信道清除发送	
14	SBA（118）		辅信道发送数据	
15	DB（114）	SCT/DCT	发送器定时时钟	DCE→DTE，给 DTE 提供发送时钟（DCE 为源）
16	SBB（119）		辅信道接收数据	
17	DD（115）	SCR/DCR	接收器定时时钟	DCE→DTE，给 DTE 提供接收时钟（DCE 为源）
18			未定义	
19	SCA（120）		辅信道请求发送	
＊20	CD（108.2）	DTR	DTE 就绪	DTE→DCE，DTE 已做好收/发准备
21	CG（110）	SQ	信号质量检测	DCE→DTE，指示接收的误码率合格
＊22	CE（125）	RI	振铃指示	DCE→DTE，指示通信链路上有振铃
23	CH（111） CI（112）	SS	数据速率选择	DTE→DCE，指示两个同步数据之一的速率或速率范围
24	DA（113）	SCTE	发送器定时时钟	DTE→DCE，给 DCE 提供发送时钟（DTE 为源）
25			未定义	

注 "＊"表示该接口为电流环的接口。

DB-25 型连接器虽然定义了 25 个信号，但实际异步通信时，只需 9 个信号，即 2 个数据信号，6 个控制信号和 1 个地线信号。早期 PC 机还支持 20mA 电流环接口，另需 4 个电流信号。后来 286 以上微机串行口取消了电流环接口，故采用 DB-9 型连接器，作为多功能 I/O 卡或主板上 COM1 和 COM2 两个串行口的连接器。

（2）电缆长度。在通信速率低于 20kbit/s 时，EIA-232 所能直接连接的最大物理距离为 15.24m（50ft）。这是在码元畸变小于 4% 的条件下，DTE 与 DCE 间的最大传输距离。为此，电气特性中规定，驱动器的负载电容应小于 2500pF。例如，采用每 0.3m（约 1ft）的电容值为 40~50pF 的普通非屏蔽多芯电缆做传输线，则电缆长度 $L = 2500pF/50pF/ft = 50ft = 15.24m$。然而，在实际应用中，码元畸变高达 10%~20% 时，也能正常传输信息，这意味着驱动器的负载电容可以超过 2500pF，传输距离可以超过 15m。另外，在码元畸变小于 4% 的要求下，使用特制的低电容电缆，也能使长度达到 150m 以上。

2. 电气特性

EIA-232 的各种电气性能要求是以图 2 - 36 所示的 DTE 与 DCE 间传输线等效电路为基础提出的。DCE 和 DTE 既可以是驱动器，又可以是负载。

（1）按 EIA-232 规范要求，在任何情况下该等效电路的各部分都应满足下列条件：

1）空载时驱动器输出电平 $|U_0| < 25V$。

2）输出短路电流小于 0.5A。

3）"空号"或逻辑"0"在驱动器输出端为 5~15V，在负载端要求大于 3V。

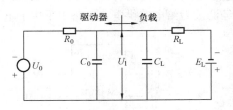

图 2 - 36 DTE 与 DCE 间 传输线的等效电路

47

4) "传号"或逻辑"1"在驱动器输出端为 $-5\sim-15V$，在负载端要求小于 $-3V$。

5) 负载电阻 R_L 其值在 $3\sim7k\Omega$ 之间。

6) 负载电容（包括线间电容）C_L 其值小于 2500pF。

7) 终端开路电压 $E_L=0$ 时，$5V<U_1<15V$。

8) 驱动器输出电阻 $R_0<300\Omega$（在断电条件下测量）。

9) 驱动器输出电容 C_0 受如下限制：当驱动器的输出电压的转换速率小于 $30V/\mu s$，且转换范围不超过 $\pm3V$ 时，C_0 大小应使这一转换时间小于 1ms 或小于位周期的 4%。

由于该电气接口应用广泛，难免碰到这样或那样问题，下面几点是一般应用中所关心的，应当注意。

（1）应保证电平在 $\pm$（5~15）V 之间。在数据线 TXD 和 RXD 上：逻辑 1（MARK）= $-3\sim-15V$，逻辑 0（SPACE）= $3\sim15V$。在 RTS、CTS、DSR、DTR 及 DCD 等控制线上：信号有效（接通，ON 状态，正电压）= $3\sim15V$；信号无效（断开，OFF 状态，负电压）= $-3\sim-15V$。

以上规定说明了 EIA-232 标准对逻辑电平的定义。对于数据，逻辑"1"的电平低于 $-3V$，逻辑"0"的电平高于 3V；对于控制信号，接通状态（ON）即信号有效的电平高于 3V，断开状态（OUT）即信号无效的电平低于 $-3V$。也就是当传输电平的绝对值大于 3V 时，电路可以有效地检查出来，介于 $-3V$ 和 3V 之间的电压无意义，低于 $-15V$ 或高于 15V 的电压也无意义。因此，实际工作时，应保证电平在 $\pm$（5~15）V 之间。

（2）必须进行电平转换。EIA-232 接口采用负逻辑，其逻辑电平与 TTL 电平无法兼容。为此，二者之间必须实行电平转换。早期常采用的芯片为 MC1488/1489（或 SN75154/75189 等），但工作不够稳定，容易损坏。近来多采用 MAX232/232A（高速）等双组 EIA-232 电平和 TTL 电平间的双向转换芯片。MAX232 内部有电压倍增电路和转换电路，仅需 $+5V$ 电源便可工作。图 2-37 是 MAX232 引脚图，图 2-38 是其内部逻辑框图。一个 MAX232 芯片可连接两对收发线，把 USART 的 TXD 和 RXD 的 TTL 电平（0~5V）转换成 EIA-232 的电平（10~$-10V$）。其他多组低功耗等 EIA-232 发送/接收器可在 MAX220~MAX249 中选择。

在长距离传输中，只需选用 $+5V$ 单一工作电源且带有光隔离电路的新型 EIA-232 串行通信转发器 FC232。FC232 是一种七线收发器，它由 EIA-232 接口的 DTR 或 RTS 端得到馈电，经滤波后给电路供电；电路中采用了电流检测

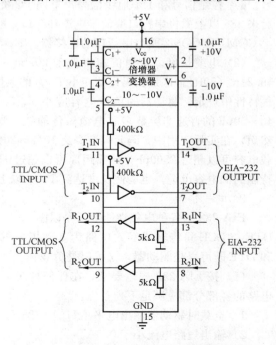

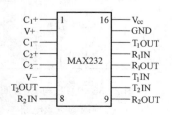

图 2-37 MAX232 引脚图　　　　图 2-38 MAX232 内部逻辑框图

和光电隔离技术，电压信号被转换为二线平衡的电流信号在线路中差分传输，因此提高了系统的抗干扰能力，使有效传输距离可增长到 10km 左右；光电隔离技术使两端设备地浮空，可避免电干扰对电路的损害。利用 FC232 可实现 4 线双向全双工通信，如图 2-39 所示。图中 PE-514A 为 PC 总线四用户卡，用于将 PC 机的一个串行口扩展为多串行口。

（3）必须抗共模噪声干扰。EIA-232 由于发送器与接收器之间有公共信号地，不可能使用双端信号，因此共模噪声很容易引入信号系统中，且噪声幅度可达好几伏，这是迫使 EIA-232 采用较高传输电压的主要原因。EIA-232 的高低电平摆幅很大（可达 6～30V），噪声容限也很大（可达 12V）。选用这么高的逻辑电平和电平摆幅原因：①抗噪声干扰，特别是抗共模噪声干扰；②补偿传输线上的信号衰减和排除沿线附加电平的影响。

（4）处理好最大传输速率和最大传输线长度的关系。

EIA-232 异步串行通信的最大传输速率和最大传输线长度这两项性能是相互矛盾、相互制约的，即可靠的最大传输速率随传输距离的增加而减小，可靠的最大传输距离随传输速率的增加也减小。一般情况下，EIA-232 的最高传输速率为 20kbit/s，最大传输线长度为 30m。

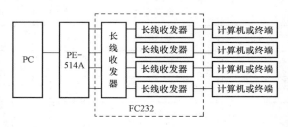

图 2-39　利用 FC232 作为 EIA-232 通信转发器

2.2.2.2　其他接口标准

EIA-232 对数据速率和电缆长度（信号有效传输距离）都存在限制，为满足更高数据速率和更远传输距离的用户要求，EIA 和 ITU-T 还制定了其他接口标准：EIA-449、EIA-530 以及 X.21 等。

EIA-449 及 RS 423/422/485 在概念上与 EIA-232 不同，EIA-449 是一种物理接口功能标准，而 RS 423A、RS 422A 和 RS 485 则是电气标准。例如，采用 RS 423A 电气标准，既可以通过 EIA-232 的物理接口功能标准来实现，也可以通过 EIA-449 的物理接口功能标准来实现。EIA-449 于 1980 年成为美国标准，其传输距离最大可达 1200m，信号最高速率达 100kbit/s 以上，并且明确规定了两种标准接口连接器：一种为 37 脚，一种为 9 脚。DB-37 连接头定义了与 DB-25 类似的功能，这两者之间最大的不同在于在 DB-37 中没有与辅助信道相关的功能。因为很少使用辅助信道，EIA-449 将这些功能分离出来单独用一个 DB-9 来实现。

1. DB-37 各针脚功能

为了保持与 EIA-232 标准的兼容性，EIA-449 标准对交换数据、控制以及时序信息定义了 I 类和 II 类两类针脚，各针脚功能及类别见表 2-5。

表 2-5　　　　　　　　　　　　　　　　DB-37 针脚功能及类别

针脚	功能	类别	针脚	功能	类别
1	接地保护		9	清除发送	I
2	信号速率指示		10	本地回馈	II
3	未定义		11	数据模式	I
4	数据发送	I	12	终端就绪	I
5	发送时序		13	接收就绪	I
6	数据接收		14	远程回馈	II
7	发送请求		15	输入请求	
8	接收时序	I	16	频率选择	II

针脚	功能	类别	针脚	功能	类别
17	终端时序	I	28	终端服务中	II
18	测试模式	II	29	数据模式	I
19	信号地	I	30	终端就绪	I
20	共接收	II	31	接收就绪	I
21	未定义	I	32	选择备用	II
22	数据发送	I	33	信号质量	I
23	发送时序	I	34	新信号	II
24	数据接收	I	35	终端时序	I
25	发送请求	I	36	备用指示	II
26	接收时序	I	37	共发送	II
27	清除发送	I			

2. DB-9 各针脚功能

表 2-6 列出了 DB-9 连接头的针脚功能。

表 2-6   **DB-9 连接头的针脚功能**

针脚	功 能	针脚	功 能
1	接地保护	6	共接收
2	辅助接收就绪	7	辅助发送请求
3	辅助数据发送	8	辅助清除发送
4	辅助数据接收	9	共发送
5	信号地		

3. 电气规范

EIA-449 是一种物理接口功能标准，它采用以下标准来定义自己的电气规范：RS 423A（用于非平衡线路）、RS 422A（用于平衡线路）及 RS 485。它们都致力于解决 EIA-232 传输距离短，传输速率不高，一条线路仅传输一种信号以及共用地线造成抗干扰能力差等弊病。

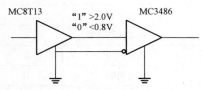

图 2-40   RS 423A 单端
驱动差分接收电路

（1）RS 423A 与 EIA-232 类似，也是一个单端、双极性电源的电路标准，如图 2-40 所示。但它对上述共地传输做了改进，采用差分接收器，接收器的另一端接发送端的信号地，从而提高了传送距离和传输速率。在速率为 3000 波特时，距离可达 1200m；在速率为 300k 波特时，距离可达 12m。RS 423A 不平衡接口能够在数据速率高至 20k 波特，距离远至 15m 的条件下与 EIA-232 互联。

（2）RS 422A 标准是一种平衡方式传输。平衡方式是指双端发送和双端接收，所以发送信号要用两条线 AA′ 和 BB′，发送端和接收端分别采用平衡发送器（驱动器）和差动接收器，如图 2 - 41 所示。这个标准的电气特性对逻辑电平的定义是根据两条传输线之间的电位差值决定的，当 AA′ 线的电平比 BB′ 线的电平高 200mV 时表示逻辑 "1"，当 AA′ 线的电平比 BB′ 线的电平低 200mV 时表示逻辑 "0"。很明显，这种方式和 EIA-232 采用单

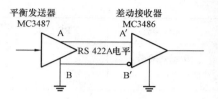

图 2 - 41　RS 422A 平衡驱动差分接收电路

端接收器和单端发送器，只用一条信号线传输信息，并且根据该信号线上电平相对于公共的信号地电平的大小来决定逻辑的 "1" 和 "0" 是不相同的。RS 422A 接口标准电路由发送器、平衡连接电缆、电缆终端负载和接收器组成，它通过平衡发送器把逻辑电平变换成电位差，完成始端的信息传送；通过差动接收器，把电位差变成逻辑电平，实现终端的信息接收。RS 422A 由于采用了双线传输，极大地增强了抗共模干扰的能力，因此最大传输速率可达 10Mbit/s（距离 15m），若速率降至 90kbit/s，则距离可达 1200m。该标准规定电路中只许有 1 个发送器，可用多个接收器，允许驱动器输出为 ±2V～±6V，接收器输入电平可以低到 ±200mV。

RS 485 接口标准与 RS 422A 类似，也是一种平衡传输方式的串行接口标准，它与 RS 422A 兼容，并扩展了 RS 422A 的功能。二者主要差别是：RS 422A 只许电路中有一个发送器，采用两对平衡差分信号线全双工通信模式；而 RS 485 标准则允许电路中可以有多个发送器，只需一对平衡差分信号线，采用半双工通信模式。因此，RS 485 是种多发送器的标准，允许一个发送器驱动多个负载设备，负载设备可以是驱动发送器、接收器或收发器组合单元。RS 485 的共线电路结构是在一对平衡传输线的两端都配置终端电阻，其发送器、接收器和组合收发器可挂在平衡传输线上的任何位置，实现数据传输中多个驱动器和接收器共用同一传输的多点应用。

RS 485 标准的特点有：采用差动发送/接收，共模抑制比高、抗干扰能力强；传输速率高，允许的最大速率可达 10Mbit/s（距离 15m），传输信号的摆幅小（200mV）；无 Modem 连接，传输距离远，采用双绞线，在不用 Modem 的情况下，当速率为 100kbit/s 时，传输距离达 1.2km，若速率下降，传输距离可更远；能实现多点共线通信，它允许平衡电缆上连接 32 个发送器/接收器对。目前 RS 485 的应用已十分广泛，在厂站分散式监控系统中也大量使用，效果良好。

4. 上述几种标准的比较

表 2 - 7 列出了 RS 232C、RS 423A、RS 422A 及 RS 485 等几种标准的比较。

表 2 - 7　　　　　　　　　　　　几 种 标 准 的 比 较

特性参数	RS 232C	RS 423A	RS 422A	RS 485
工作模式	单端发，单端收	单端发，双端收	双端发，双端收	双端发，双端收
在传输线上允许的驱动器和接收器数目	1 个驱动器 1 个接收器	1 个驱动器 10 个接收器	1 个驱动器 10 个接收器	32 个驱动器 32 个接收器
最大电缆长度	15m	1200m（1kbit/s）	1200m（90kbit/s）	1200m（100kbit/s）
最大数据传输速率	20kbit/s	100kbit/s（12m）	10Mbit/s（12m）	10Mbit/s（15m）

特性参数	RS 232C	RS 423A	RS 422A	RS 485
驱动器输出 （最大电压值）（V）	±25	±6	±6	−7～12
驱动器输出 （信号电平）（V）	±5（带负载） ±15（未带负载）	±3.6（带负载） ±6（未带负载）	±2（带负载） ±6（未带负载）	±1.5（带负载） ±5（未带负载）
驱动器负载阻抗	3～7kΩ	450Ω	100Ω	54Ω
驱动器电源开路 电流（高阻抗态）	$U_{max}/300\Omega$ （开路）	±100μA （开路）	±100μA （开路）	±100μA （开路）
接收器输入 电压范围（V）	±15	±10	±12	−7～12
接收器输入灵敏度	±3V	±200mV	±200mV	±200mV
接收器输入阻抗（kΩ）	2～7	4（最小值）	4（最小值）	12（最小值）

表 2-8 所示为四种接口标准的速率与传送距离的关系。

表 2-8　　　　　　　　　　EIA 各标准的速率与传送距离的关系

类型	简图	连接台数（台）		传送距离（m）	传送速率（bit/s）
		驱动器	接收器		
RS 232C		1	1	15	20k
RS 423A		1	10	12	300k
				90	10k
				1200	3k
RS 422A		1	10	12	10M
				120	1M
				1200	100k
RS 485		32	32	12	10M
				120	1M
				1200	100k

绝大多数微机都采用 TTL 电平，必须经过电平转换才可得到 RS 485 电平。MAX481/483/485/487～MAX491 是用于 RS 422A 和 RS 485 通信的低功耗电平转换器，这样的低功耗电平转换器 MAX481/485/490/491 可以高达 2.5Mbit/s 的速率发送和接收数据。而 MAX483/487/488/489 的数据处理速率可达 250kbit/s。MAX488～MAX491 是全双工收发器，而 MAX481/483/487 为半双工。MAX481/483/485/487/489/491 均具有驱动使能（DE）和接收使能（RE）。当不使能时，驱动器和接收器的输出为高阻态。MAX487 总线可接 128 片 MAX487 收发器。MAX1480A/MAX1480B 则是完整的电气隔离的 RS 422A/RS 485 数据接口。MAX481/483/485/

487/1487 的引脚图和典型工作电路如图 2-42 所示，MAX488/490 的引脚图和典型工作电路如图 2-43 所示，MAX489/491 的引脚图和典型工作电路如图 2-44 所示。

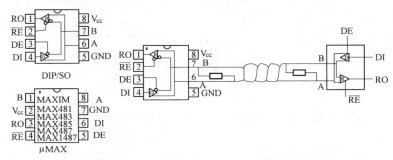

图 2-42　MAX481/483/485/487/1487 的引脚图和典型工作电路图

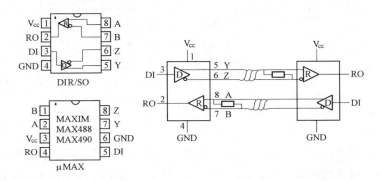

图 2-43　MAX488/490 的引脚图和典型工作电路图

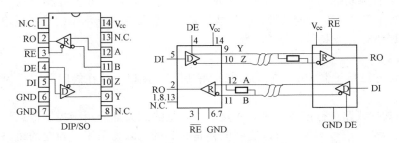

图 2-44　MAX489/491 的引脚图和典型工作电路图

由于传统的 EIA-232 应用十分广泛，为了在实际应用中把处于远距离的两台或多台带有 EIA-232 接口的系统连接起来、进行通信或组成分散式系统，这时不能直接应用 EIA-232 连接，但可用 EIA-232/RS 485 转换环节来解决。在原有的 EIA-232 接口上，附加一个转换装置，转换装置之间采用 RS 485 方式连接。转换装置的原理是通过 MAX232 电平转换器将计算机的 EIA-232 电平转换成 TTL 电平，MAX485 电平转换器再将此 TTL 电平转换成 RS 485 电平，而接收时 MAX485 电平转换器将双绞线上的 RS 485 电平转换成 TTL 电平，MAX232 电平转换器再将 TTL 电平转换成计算机的 EIA-232 电平，从而完成电气接口标准的转换。

MAX485 在半双工 RS 485 联网的连接如图 2-45 所示。

MAX491 在全双工 RS 485 联网的连接如图 2-46 所示。

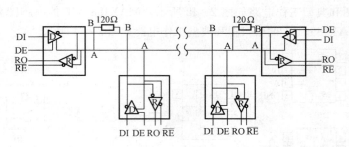

图 2-45　MAX 485 在半双工 RS 485 联网的连接

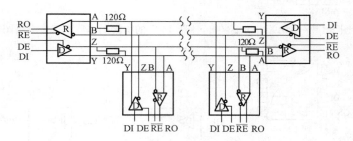

图 2-46　MAX 491 在全双工 RS 485 联网的连接

5. EIA-530

EIA-449 提供了比 EIA-232 强得多的功能，但是由于工业界早已在 DB-25 连接头上进行了投资，因此大家不愿意接受标准所需要的 DB-37 连接头。为了促进新标准的应用，EIA 制定了一种使用 DB-25 电缆的 EIA-449 版本：EIA-530。

EIA-530 的针脚功能其实是 EIA-449 的所有 I 类针脚再加上 II 类针脚中的三个（回馈功能的针脚）。而对于 EIA-232 中的针脚，有些被省略了，包括振铃指示、信号质量检测和数据信号速率选择。EIA-530 不支持辅助传输线路。

6. X.21

X.21 标准是 ITU-T 制定的，它的目的是解决 EIA 接口中存在的问题同时为完全的数字通信铺平道路。

（1）采用数据线路进行控制。在 EIA 接口中，电路的大部分用于控制信息。由于在标准中控制功能是作为独立信号实现，所以这些电路是必需的。因为采用了独立的线路，控制信息就能够仅仅用正负电平来代表。但是，如果控制信号采用系统中具有实际意义的控制字符来编码（例如 ASCII 码），控制信息就能够在数据线上传输了。

X.21 标准撤消了 EIA 标准中的大多数控制线路，而是在数据线路上控制流量。为实现这种功能合并，DTE 设备和 DCE 设备必须增加可以将控制码转换成可以通过数据线路传输的比特流的线路逻辑。同时也都需要用于在接收时识别控制信息和数据的附加线路逻辑。

用这种设计方案使得 X.21 标准不仅能只采用较少的针脚，而且能够在数字化远程通信中使用。在数字化远程通信中，控制信息是在网络上从一台设备传输到另一台设备，而不是只在 DTE 设备和 DCE 设备之间进行。随着数字技术的出现，需要处理的控制信息越来越多，包括拨号、重拨、保持等。X.21 既可作为接口界面标准连接数字化的计算机和类似调制解调器的模拟设备，也可当作数字化的计算机和诸如 ISDN 及 X.25 等数字接口的连接装置。

X.21 设计工作环境是传输速率为 64kbit/s 的平衡线路，这个速率已经成为工业标准。

（2）各针脚功能。X.21 标准定义的连接头称为 DB-15，有 15 根针。

1）字节时序。X.21 标准的另一个优点就是在 EIA 标准提供的比特同步之外还提供了用于控制字节同步的时序线。通过增加字节时序脉冲（第 7 和第 14 号针脚），X.21 改进了整个传输的同步过程。

2）控制和初始化。DB-15 连接头的 3 号和 5 号针脚用来初始化握手过程，或者是开始传输的约定。针脚 3 与请求发送针脚的功能类似。针脚 5 与清除发送针脚的功能类似。表 2-9 列出了所有针脚的功能。

表 2-9   **DB-15 针脚的功能**

针脚	功　　能	针脚	功　　能
1	接地保护	9	传输数据或控制
2	传输数据或控制	10	控制
3	控制	11	接收数据或控制
4	接收数据或控制	12	指示
5	指示	13	信号基准时序
6	信号基准时序	14	字节时序
7	字节时序	15	保留
8	信号地		

7. X.25

根据在 ITU-T 正式定义中所给出的标准，X.25 是 DTE 和 DCE 之间的接口，为公共数据网络在分组模式下提供终端操作。

图 2-47 所示为 X.25 的概况。

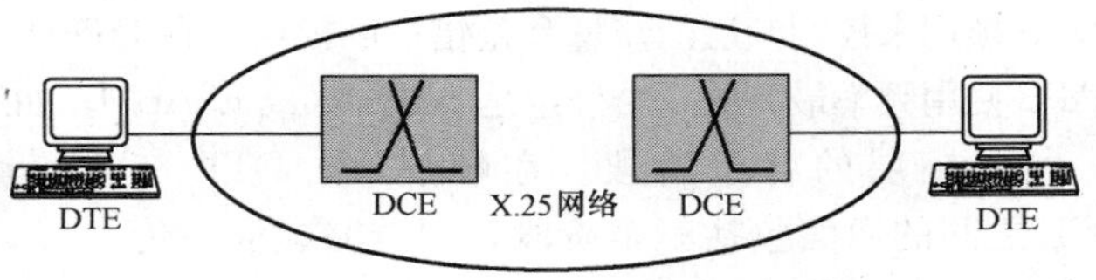

虽然 X.25 是一个端到端的协议，但是数据分组在网络中的实际传输对用户是不可见的。用户将网络看作云，每个分组可以通过云到达接收方的 DTE。

图 2-47　X.25 概况

X.25 定义了分组模式的终端如何连接到一个分组网络上以交换数据。它描述了建立、维护和终止连接所必需的过程。它同时还描述了一系列称为设备的服务，来提供诸如反向付费、呼叫指向以及延迟控制等功能。

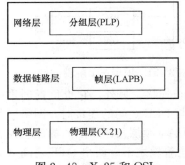

图 2-48　X.25 和 OSI
层之间的关系

X.25 以用户网络接口（SNI）协议而著称。它定义了用户的 DTE 和网络通信的方式以及分组如何通过使用 DCE 来穿越该网络。X.25 使用虚电路方式来实现分组交换（SVC 和 PVC），同时使用异步（统计）TDM 来实现分组复用。

X.25 协议定义了三层：物理层、帧层和分组层。这些层定义了 OSI 模型中物理层、数据链路层和网络层中的功能。图 2-48 显示了 X.25 层和 OSI 层之间的关系。

（1）物理层。在物理层中，X.25 定义了 X.21（或 X.21bis）协议。

虽然 X.21 是 ITU－T 专门为 X.25 所制定的，但是它和

其他物理层协议（如 EIA-232 等）极其类似，因此 X.25 可以同时支持它们。

（2）帧层。X.25 提供了一个面向比特的协议来实现数据链路控制，这个协议称为平衡式链路访问规程（LAPB），它是 HDLC 的一个子集。图 2-49 显示了 LAPB 帧的一般格式。因为此处是异步平衡方式的点到点通信，仅有两个地址 00000001（用于 DTE 发出的命令和响应命令）与 00000011（用于 DCE 发出的命令与响应命令）。图 2-50 所示为帧层寻址。

图 2-49　帧格式

1）三类帧。HDLC 和它的衍生 LAPB 有 I 帧、S 帧和 U 帧三类帧：I 帧用来封装来自网络层的 PLP 分

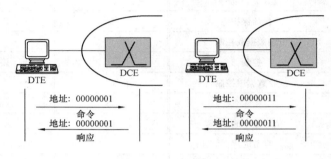

图 2-50　帧层寻址

组；S 帧用来控制帧层的流量和差错；U 帧用于在 DTE 与 DCE 之间建立与断开链路。在这一类中，LAPB 使用频率最高的三个分组是 SABM（或 ESABM，如果使用扩充地址方式）、UA 和 DISC。

2）帧层的各个阶段。在帧层中，DTE 与 DCE 之间的通信包括三个阶段，即链路建立、传输数据与链路断开，如图 2-51 所示。

a）链路建立。来自网络层的分组在传输之前，DTE 与 DCE 之间必须建立链路。DTE 或 DCE 用发送 SABM（异步平衡方式）帧来建立链路，而响应方发送 UA（无编号确认）帧表示链路设置正常。

b）传输数据。链路建立后，双方可用 I 帧和 S 帧发送和接收网络层分组（数据与控制）。

c）链路断开。当网络层不再需要链路时，一方可发出断开（DISC）帧来请求断开，另一方可用 UA 帧回答。

（3）网络层。X.25 中的网络层称为分组协议

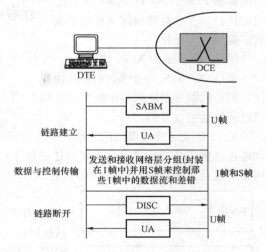

图 2-51　帧层三个阶段

（Packet Level Protocol，PLP），负责建立连接、传输数据及终止连接。另外，它也负责创建虚拟电路以及在两个 DTE 之间协商网络服务。当帧层负责 DTE 与 DCE 之间的连接时，网络层负责两个 DTE 之间的连接（端到端的连接）。注意，X.25 用于两层（帧层与网络层）的流量控制和差错控制。DTE 与 DCE 之间的流量控制和差错控制是在帧层管辖之下。两个 DTE 之间（端到端之间）的流量控制和差错控制是在网络层管辖之下。图 2-52 所示为帧层与网络层负责范围的区别。

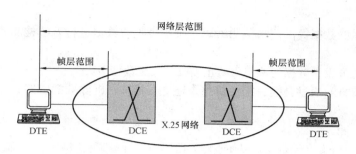

图 2-52　帧层与网络层区域

2.3 数据链路控制

2.3.1 概述

1. 数据链路控制的目的

为了实现可靠而有效地数据传输，需要在物理通信的基础上设置一层逻辑控制，称为数据链路控制，其目的如下：

（1）由于传输线路上存在突发噪声及热噪声干扰，导致数据传输时出现数据出错或丢失等传输差错。

（2）通信双方数据发送和接收速度的不同，有可能出现收发不协调导致发送方发送数据速率过快而使接收方来不及接收，造成数据丢失。

（3）在多点共线模式中，必须使连接到线路上的设备知道线路上所传输的数据应由哪台设备接收，这实际是一个寻址问题。

（4）数据传输过程中的同步问题，即要使接收方能从接收到的比特流中识别出所传输的有效数据。

（5）在传输数据的过程中，收发双方都需要使用一定的资源，如用于存放数据的缓冲区以及传输控制变量等，因此在进行实际的数据传输前，要以适当的方式通知对方，做好相应准备。在数据传输结束时，也要通知对方，以释放相应资源。

2. 数据链路控制的功能

由于物理层只接收和传输比特流，而不涉及这些比特流所代表的意义和结构，也无法对传输进行控制与管理。因此，为了将易发生差错的物理线路改变成无差错的逻辑链路，实现高效无差错的数据传输，就必须在两个通信实体之间建立一组双方共同遵守的规约，称为数据链路控制或数据链路控制协议。在设置了数据链路控制后，源、目的机器上通信实体间的通信线路称为数据链路。图 2-53 给出了源、目的机器数据的虚拟通信和实际通信过程。数据链路具有以下功能：

（1）按一定格式将要发送的数据装配成帧，并从所接收的比特流中识别出帧的

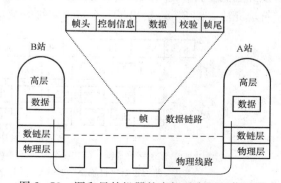

图 2-53　源和目的机器的虚拟及实际通信过程

起始和终止位置。

（2）对所发送的数据提供差错检测编码，对所接收的数据进行差错检测，并采取适当的方式更正差错。

（3）控制发送方发送数据的速率以防止接收方发生数据丢失。

（4）在通信双方间通过交换一定的信息来建立、维护、拆除数据链路，并对数据的传输过程实施相应控制。

3. 帧格式

数据链路以帧为单位传输数据，以便于对数据传输进行差错控制和流量控制。例如，当某帧传输出现差错时，只需重传该出错的帧，也可通过控制帧的发送速率来进行数据传输的流量控制等。

帧由帧头、信息域（又称负载域）和帧尾三部分组成。帧头包括地址及控制信息，信息域包括要传输的数据，帧尾包括校验信息。数据链路将上一层送交的要传输的数据按照数据链路协议规定的结构加上帧头、帧尾装配成帧，并将帧发送出去。帧中的地址信息给出了所传输数据的目的地址，链路上的节点可根据帧中的地址信息确定是否接收该帧。帧中的控制信息用于进行差错控制和流量控制及链路管理，帧中的校验信息用于对所传输的数据进行差错检验。

数据传输中需解决的一个问题是帧的识别（或称帧的同步）以及数据的透明传输问题。帧的识别是指接收方能从所接收的比特流中识别出帧的起始和终止位置。数据链路协议通常采用特殊字符或位模式等方法标识帧起始和终止位置，但如果在帧的信息域中出现用于标识帧起始和终止位置的字符或位模式时，若不进行处理将影响帧的识别，这就是数据透明传输所要解决的问题。数据的透明传输是指无论所传输的数据是什么样的比特组合，都能原样传输到目的节点，并且处理过程对上层是不可见的。帧的标识及透明传输的实现方式随帧的构成方式的不同而异。按构成帧的基本数据单位分，帧通常可分为基于字符的帧和基于比特的帧。为实现数据的透明传输，常用的方法有字符填充法、位填充法和字符计数法等。下面介绍几种帧的格式及其实现透明传输的方法。

（1）基于字符的帧格式。基于字符的帧的信息基本构成单位为字符，即帧由一系列字符构成，所传送信息的最小单位为字符。基于字符的帧以一些特殊字符标识帧的起始、终止位置及帧的组成部分。如增强的二进制同步控制协议 BSC 的帧格式以"SYN"作为帧同步字符，以"DLE STX"标识正文开始，以"DLE ETX"标识正文结束等。这种方法存在的问题是，若在要传送的信息中包含这样的特殊字符时，将会影响帧的识别。解决的方法是在发送的信息中，若遇到 DLE 字符，则在其后插入一个 DLE 字符，所插入的字符称为填充字符。接收方在接收到两个连续的 DLE 字符时，将删除填充的 DLE 字符，并且只在接收到单个 DLE 字符时，才认为是帧界控制字符，这样既保证了帧的正确识别，又可进行数据的透明传输，这种处理方式称为字符填充法。图 2-54 给出了一个基于字符的帧及进行字符填充的例子。

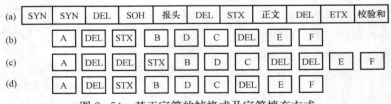

图 2-54 基于字符的帧格式及字符填充方式

（a）基于字符的帧；（b）发送方网络层要发送的数据；（c）发送方数据链路层进行字符填充后的数据；（d）接收方网络层接收以的数据

(2) 基于比特的帧格式。基于比特的帧的信息基本构成单位为比特，即帧由一系列比特构成，可传送任意长度的比特串，如高级数据链路控制协议 HDLC 就是采用这种帧格式。基于比特的帧格式使用一个特殊的位模式 01111110 作为帧的开始和结束标志。为防止在帧的信息域中出现这样的比特串影响帧的识别，在发送信息时，如果在数据中遇到 5 个连续的 1，则自动在其后插入一个 0，所插入的 0 称为填充位。相应地，接收方在接收数据时，如果接收到 5 个连续的 1 后边跟着一个 0，则自动将这个 0 删去，这样既保证了帧中不会出现帧的首尾标志，又实现了数据的透明传输，这种处理方式称为位填充法。图 2-55 给出了一个基于比特的帧格式及进行位填充的例子。

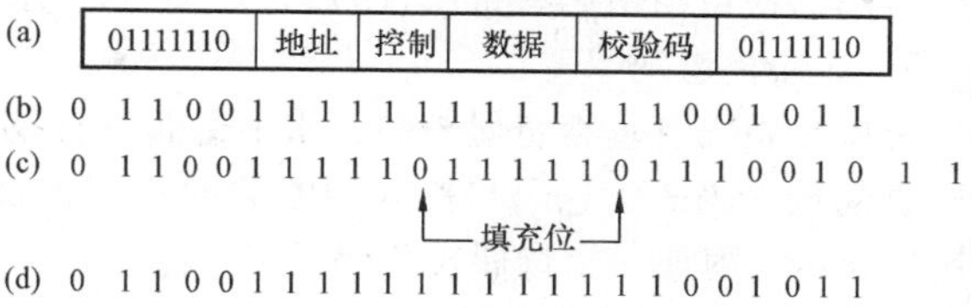

图 2-55 基于比特的帧格式及位填充方式
(a) 基于比特的帧；(b) 要发送的数据；
(c) 进行位填充后的数据；(d) 接收
方去除填充位后接收到的数据

2.3.2 差错检测与控制

2.3.2.1 概述

数字信号在传输或存取过程中受到干扰而造成错码难以避免。

所有的上行信息和下行信息都是用二进制来表示的，二进制数字信号序列在传输过程中受外部干扰使某个信号由 1 错成 0 或者使 0 错成 1。要发现或纠正这些错码，就必须进行检错、纠错的编码与译码。其基本方法是：在发送信息码序列时，附加若干冗余码元，使发送的码元总个数大于有效码元数，并使码元之间的关系符合某一确定的规则，收信端按此规则对收到的数码进行译码检查便可知道是否有错码，若有错码，则该帧信息舍去不用，此为检错。另外一种方法是在检查错误之后，按一定数学方法将错误的码元纠正为正确的码元，此为纠错。纠错比检错要复杂得多，在目前的厂站监控与自动化的数据传输过程中，一般只使用检错，而不用纠错。

数字信号序列一般是分组传送，每组有 k 个信息码元，便有 2^k 个信息组合，分别代表 2^k 个信息字（或称码字）。将这 k 个码元按确定规则变换成为 n 个码元($n>k$)的数字序列，而这 n 个码元的数字序列相互间应有尽可能多的差异，这个过程称之为编码，此 2^k 个码字的集合称为 (n, k) 分组码，其中，n 表示码长；k 为信息码元数；$(n-k)$ 为冗余码元数，又称监督码元或保护码元。监督码元是根据信息码按线性方程式规则运算出来的，又称线性分组码。k 个信息码在前，$(n-k)$ 个监督码元在后的 (n, k) 分组码称为系统码，反之称为非系统码。码长为 n 的分组码共有 2^n 个码字，其中有 2^k 个有效码字，(2^n-2^k) 个禁用码字。收信端按预定规则对收到的码元序列进行校验，若属有效码字就认为是无错码，若属禁用码字则肯定为有错码，这个过程称为检错译码。

编译码理论中有一个重要参数，称为码距 d，它表示两码字之间差异的大小。两个码字对应比特取值不同的个数称为两码字间的码距 d，其值等于两码字模 2 加后结果为"1"的个数。例如，u、v 两个码字分别为

$$u=10010110001$$
$$v=11001010101$$

u 与 v 模 2 加结果为

$u \oplus v=01011100100$

其中有 5 个 1。所以 u、v 两码字间的码距 $d=5$。

码字集合中，码距的最小值称为最小码距 d_{min}，又称为汉明距离，它是衡量其检错纠错能力

的重要指标。d_{min}越大，检错、纠错能力也越强。一个（n，k）分组码要能发现任意 e 个码元错误，则其中码字间的最小码距 d_{min} 应大于等于 $e+1$。

2.3.2.2 常用的检错纠错码

常用的检错纠错有奇偶校验码、循环码、BCH 码和卷积码等。

1. 奇偶校验码

奇偶校验码有垂直奇偶校验、水平奇偶校验以及水平垂直奇偶校验三种编码方式，表 2-10 是垂直偶校验码的信息码与校验码的关系示例。表中每个数字均按 ASCII 字符的 7 个码元（$b_1 \sim b_7$）表示，附加一个奇偶校验码元 P。若 7 个信息码元中 1 的个数为偶数，则 P=0，若为奇数，则 P=1，这样就使该数字代码中 1 的个数恒为偶数，接收端如果检测到某数字代码中 1 的个数不是偶数，即判为错码。显然，若同时有两个码元或偶数个码元错码，由于它并不破坏偶监督原则，所以无法发现。这种可以发现一个码元错误，汉明距离为 2，即 $d_{min}=2$。奇校验则保持码元中 1 的个数为奇数。国际标准化组织 ISO/国际电报电话咨询委员会 CCITT 规定：同步传输系统用奇校验，异步传输系统用偶校验。

表 2-10　　　　　　　　　　　垂直偶校验编码举例

码元		ASCII 字符的十进制数字								
		0	1	2	3	4	5	6	7	8
信息码元	b_1	0	1	0	1	0	1	0	1	0
	b_2	0	0	1	1	0	0	1	1	0
	b_3	0	0	0	0	1	1	1	1	0
	b_4	0	0	0	0	0	0	0	0	1
	b_5	1	1	1	1	1	1	1	1	1
	b_6	1	1	1	1	1	1	1	1	1
	b_7	0	0	0	0	0	0	0	0	0
偶校验码元 P	b_8	0	1	1	0	1	0	0	1	1

表 2-11 是表示水平偶校验的编码，它把数据块以适当长度划分成组，然后对水平方向的码元进行偶监督，形成数据块校验字符 BCC，先发送数字码，最后发送 BCC，其特性同垂直奇偶校验，$d_{min}=2$。

表 2-11　　　　　　　　　　　水平偶校验编码举例

码元	ASCII 字符的十进制数字									偶校验码 BCC
	0	1	2	3	4	5	6	7	8	
b_1	0	1	0	1	0	1	0	1	0	0
b_2	0	0	1	1	0	0	1	1	0	0
b_3	0	0	0	0	1	1	1	1	0	0
b_4	0	0	0	0	0	0	0	0	1	1
b_5	1	1	1	1	1	1	1	1	1	1
b_6	1	1	1	1	1	1	1	1	1	1
b_7	0	0	0	0	0	0	0	0	0	0

同时进行垂直奇偶校验与水平奇偶校验的称为水平垂直奇偶校验。表 2-12 表示水平垂直偶校验的编码规则。b_8 是对每一列（即每个字符）的垂直校验，而校验码 BCC 则是对各行的水平校验。垂直校验的汉明距离为 2，水平校验的汉明距离也为 2，总的汉明距离便为 4，$d_{min}=4$，它可以检测 3 个错误。水平垂直奇偶校验码用途很广，在计算机系统内部传输数据（内存与外存数据交换等）、远动系统及数据通信等便是采用这种校验码。

表 2-12　　　　　　　　　　　　　　　　水平垂直偶校验编码

码元	ASCII 字符的十进制数字									偶校验码 BCC
	0	1	2	3	4	5	6	7	8	
b_1	0	1	0	1	0	1	0	1	0	0
b_2	0	0	1	1	0	0	1	1	0	0
b_3	0	0	0	0	1	1	1	1	0	0
b_4	0	0	0	0	0	0	0	0	1	1
b_5	1	1	1	1	1	1	1	1	1	1
b_6	1	1	1	1	1	1	1	1	1	1
b_7	0	0	0	0	0	0	0	0	0	0
垂直偶校验 b_8	0	1	1	0	1	0	0	1	1	

在计算机技术广泛应用的今天，实现奇偶校验码的编译码工作完全不必依赖人们的硬件或软件技术，实际上计算机芯片制造厂家在生产这类芯片时已经把它设计成为可编程序的大规模集成电路接口芯片。人们在使用时只要写好相应的模式控制字，就完全可以要求该芯片按奇校验或偶校验编译码。

2. 循环码

它是线性分组码的一个重要子类，是在严密的代数理论基础上建立起来的，编码和译码较简单，检错的能力较强，广泛应用于数据通信、计算机、远动等技术中。

循环码除了具有线性码的一般性质外，还具有循环性质：①循环码中任一码字循环移位后仍是该循环码中的一个码字；②一种码中的任何两码字相加（模 2 加法）结果仍为一个码字。

(n,k) 循环码常用码多项式表示为

$$d(x) = d_{n-1}x^{n-1} + d_{n-2}x^{n-2} + \cdots + d_1 x + d_0$$

式中：系数 d_{n-1}，d_{n-2}，$\cdots$，d_1，d_0 为 1 或 0。

例如码组（0011101）可表示为 $x^4+x^3+x^2+1$。在 2^k 个码字中，取出一个前面 $(k-1)$ 个码元都是 0 的码字，以 $g(x)$ 表示。$g(x)$ 的次数是 $(n-k)$ 次，是该码字集合中唯一一个幂次最低的码字。

循环码的编码就是把 2^k 个信息码字构成具有 n 个码元的 2^k 码字多项式集合，它们都是 $g(x)$ 的倍式，凡不是 $g(x)$ 倍式的都是禁用码字。接收端把收到的码多项式作模 $g(x)$ 运算，如能被 $g(x)$ 整除的码字，是原发送码字。不能被 $g(x)$ 整除的是禁用码字，判定为错码，该过程为检错译码。或者按最大似然译码原则，认为在码字集合中与所收到码字间码距最小的码字为原发送码字，即纠错译码。

(n,k) 循环码的系统码形式是每个码字前 k 位是原信息码元，后 $(n-k)$ 位是监督码元，编码方法是把 k 位信息码元多项式左移 $(n-k)$ 位，即

$$x^{n-k}d(x) = x^{n-k}(d_{k-1}x^{k-1} + d_{k-2}x^{k-2} + \cdots + d_2 x^2 + d_1 x + d_0) \tag{2-1}$$

然后将式（2-1）除以 $g(x)$，即

$$\frac{x^{n-k}d(x)}{g(x)} = q(x) + \frac{r(x)}{g(x)} \qquad (2-2)$$

$r(x)$ 为幂次小于 $(n-k)$ 的余式，由式（2-2）得

$$x^{n-k}d(x) + r(x) = q(x)g(x) \qquad (2-3)$$

式（2-3）表明 $x^{n-k}d(x) + r(x)$ 是 $g(x)$ 的倍式，因而是码字，系统码基本形式如图 2-56 所示。

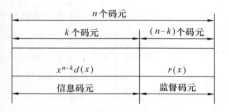

图 2-56　系统码基本形式

可以证明，$(n-k)$ 次多项式 $g(x)$ 是 x^n+1 的因式，可生成一个 (n, k) 循环码。例如，$x^4+x^3+x^2+1$ 是（x^7+1）的因式，是（7，3）循环码的生成多项式，是（7，3）循环码中次数最低的一个码字。所以把 $g(x)$ 称为生成多项式。

如果将某一个 (n, k) 循环码的码长缩短 j 个码元，变为 $(n-j)$ 个码元，信息码元也缩短 j 个，变为 $(k-j)$ 码元，而监督码元仍为 $(n-k)$ 不变，得到的 $(n-j, k-j)$ 码称为缩短循环码。它是从 (n, k) 循环码中选择前面 j 个高阶信息码元为零的码字集合而成，它必能被 $g(x)$ 除尽，编码译码和原有的 (n, k) 循环码完全相同，其检错纠错能力不低于原来的 (n, k) 循环码。缩短循环码是原 (n, k) 循环码的一个子集，目前中国循环式远动规约所用（48，40）码是（127，119）码的缩短循环码，其生成多项式为 $g(x)=x^8+x^2+x+1$，是（$x^{127}+1$）的因式，$d_{min}=4$。

3. BCH 码

它是循环码的一个子类，其生成多项式 $g(x)$ 与最小码距 d_{min} 之间有明显、直接的关系。BCH 码有本原与非本原之分，数学家们已求出许多本原、非本原多项式，并把它们列表供人们按最小码距 d_{min} 选用合适的生成多项式 $g(x)$。IEC TC-57 制订的远动传输规约的 FT2 即用 BCH 码，其生成的多项式 $g(x) = x^7+x^6+x^5+x^2+1$ 为（127，120）码，$d_{min}=4$。

2.3.2.3　差错控制的方式

差错控制的方式包括循环检错法、检错重发法、反馈检验法和前向纠错法。

（1）循环检错法。在接收到的码序列中检测出有错码时就将该序列丢弃不用，等到下一循环传送过来时再检错，直到不再有错码时方采用该码组。该法只需要单向通道，所需设备最简单。

（2）检错重发法。检错重发法简称 ARQ。发现接收端有错码时，通知发送端重发，直到该码组不再有错为止。它需要双向通道。

（3）反馈检验法。接收端将接收到的码序列原封不动地回送给发送端、发送端将其与原来所发码字进行比较，如果发现有错，则重发原来的码字，无错则发送下一个新的码字。这种方法所需设备也比较简单，但反馈延误时间，影响传输效率。它也需要双向通道。遥控操作先发对象选择命令，然后返送，校核正确后再发执行命令、便是基于反馈检验法。

（4）前向纠错法。接收端对收到的码序列进行检测，这种检测不仅能发现有无错码，还能判定错码的具体位置，并随后将该码元取反（即将 1 改为 0，或将 0 改为 1），从而将错误纠正。这种方法纠正错误快，而且只需要单向通道，但纠错的设备较复杂。此外，如同软件表检错一样，也可以利用软件实现前向纠错，读者可参阅书后相关文献。这种方法比（1）、（2）两种方法优越之处在于可以提高传输效率，不会因为发现有错就将该帧信息完全丢弃不用。

2.3.3 循环码编译码的软件表算法

循环码的编译码的方法称为循环冗余校验（Cyclic Redundancy Check，CRC），在 20 世纪 70 年代，即微型机还没有开始应用时，均采用硬件除法电路来实现。现代许多文献资料上也仅对硬件编译码电路生成 CRC 校验位的方法作了介绍。

当微型机技术用于远动的编译码之后，人们开始试图按移位和模 2 加法的思路借助软件计算来实现原来硬件电路的功能。由于远动信息位传输的码字都较长，一般均在 3B 以上，而计算机内的操作都是按字节或字来进行的，如果一定要按位操作，显得非常不便，也没有发挥出计算机的特长。于是，国内外的科技人员都在寻求一种能充分发挥计算机特长又能解决快速 CRC 校验的办法，软件表算法就是在这样的情况下出现的。该方法从 20 世纪 80 年代初应用至今，仍在远动通信的差错校验与控制中发挥作用，具有很高的实际应用价值。关于软件表算法在信息位长度是校验位整数倍的操作过程及其应用介绍如下：

1. 软件表算法操作过程

利用软件表算法构造一个 $(n，k)$ 循环码的操作过程如图 2-57 所示。

（1）将信息序列 $[M]$ 按 $(n-k)$ 的长度顺次分为若干个字符（因为整数倍结构恰好能够等分），记为 $M_1，M_2，\cdots，M_p$。

（2）由已知软件表查出 M_1 的部分余式 $[r_1]$。

（3）计算出一个新字符 M_2'
$$M_2' = [r_1] \oplus M_2$$

（4）由已知软件表查出 M_2' 的部分余式 $[r_2]$。

（5）这个过程顺序进行下去，直到由 M_p' 查软件表得到 $[r_p]$ 为止，则 $[r_p]$ 就是所求余式 $r(x)$。

2. 软件表算法举例

在讨论软件表算法的应用之前，首先需要生成一张软件表。当生成的多项式 $g(x)$ 确定之后，软件表也就随之确定了。软件表一般在计算机上用程序生成，并存放在机器内存中，也可手工算出，其原理与根据生成的多项式求取冗余校验码的方法完

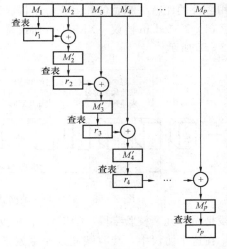

图 2-57 利用软件表算法
构造一个 $(n，k)$ 循环码的操作过程

全一样。下面列出按 $g(x) = x^3 + x + 1$ 生成本原 BCH 码所用软件表。

$g(x) = x^3 + x + 1$ 的软件表

字符	部分余式	字符	部分余式
000	000	100	111
001	011	101	100
010	110	110	001
011	101	111	010

现在举例说明算法的应用。

例已知 $g(x) = x^6 + x^5 + 1$ 设信息位为 101001 100010 011100，用 $g(x) = x^6 + x^5 + 1$ 的软

件表算法生成一个（24，18）码。

解： 因为 k＝18 为 6 的整数倍，所以算法如下：

（1）由 $g(x)$ 的软件表查出字符 101001 部分余式为 010001。

（2）010001⊕100010＝110011 查表得部分余式为 100010。

（3）100010 ⊕ 011100 ＝ 111110 查表得部分余式为 001011，因此所求码字为 101001100010011100001011。

关于软件表算法的数学推证、扩展应用，有兴趣的读者可以参考本书后面所列出的相关参考文献。

2.3.4 数据链路协议

数据链路协议是用来实现数据链路层的规范，包含关于线路规程、流量控制以及差错控制等规则，共分为异步协议和同步协议两组。

2.3.4.1 异步协议

在异步传输中，传输一个数据单元不需要在发送方和接收方之间进行时序协调，接收方不需要知道数据单元到底是什么时候发送的，它仅需识别一个数据单元的起始和结束，这是通过采用额外的比特（起始位和停止位）构成数据单元的方式实现的。

（1）XModem 协议。XModem 协议是半双工的停等 ARQ 协议。帧格式及其中各字段显示如图 2-58 所示。

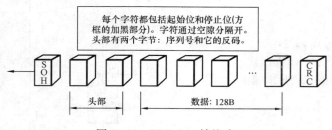

图 2-58 XModem 帧格式

帧中第一个字段是一字节的头部开始符（SOH）。第二个字段是两字节的头部，头部的第一个字节（即序列号）是帧的编号，第二个字节用于校验序列号的合法性。固定的数据字段包含有 128B 的数据（二进制码、ASCII 码、布尔值、文本等）。最后一个字段是循环冗余校验字段（CRC），它只校验数据字段的差错。

在这个协议中，接收端向发送端发送一个否定帧（NAK）开始传输。发送端每发送一帧，就必须等待应答帧（ASK）才能发送下一帧。如果接收到一个 NAK 帧，那么先前发送的帧就要重传。如果在给定的一段时间内没有收到任何响应，那么也将重传最近发送的一帧。除了否定帧（NAK）和确认帧（ACK）外，发送端还可能收到取消信号（CAN），这个信号终止整个传输。

（2）YModem 协议。YModem 是类似于 XModem 的协议，主要有以下的不同点：

1）数据单元长度为 1024B。

2）终止传输要发送两个取消帧（CAN）。

3）差错校验采用 ITU－T 的 CRC－16 标准。

4）可以同时传输多个文件。

（3）ZModem 协议。它是将 XModem 和 YModem 的特点结合起来的新协议。

（4）阻塞异步传输（BLAST）协议。它比 XModem 协议的能力强，是采用滑动窗口流量控制的全双工协议，允许传输数据和二进制文件。

（5）Kermit 协议。由哥伦比亚大学设计的 Kermit 协议是当前广泛采用的异步协议。这个文件传输协议在操作方面与 XModem 类似，发送方在开始传输前要等待 NAK 帧。Kermit 通过两个步骤允许将控制字符当作文本进行传输。首先，被当作文本的控制字符通过在其 ASCII 代码上增加一个固定数值转换为可打印字符。然后，在转换后的字符前加上字符"♯"。通过这种方式，当作文本的控制字符作为两个字符被发送出去。当接收方遇到字符"♯"时，就知道必须丢弃该字符并且下一个字符是控制字符。如果发送方想发送字符"♯"，就必须发送两个"♯"字符。注意，事实上 Kermit 除了是一个文件传输协议外，还是一个终端仿真程序。

2.3.4.2 同步协议

同步协议的速度使得它相对于异步传输而言，在局域网、城域网以及广域网技术中成为一个更好的选择。控制同步传输的协议可以分为两个类型：面向字符（字节）的协议和面向比特的协议。

1. 面向字符（字节）的协议

将传输帧、数据包或分组看成为连续的字符，每个字符通常包含一个字节（8bit）。所有控制信息以现有字符编码系统（如 ASCII 码）的形式出现。在现有的几种面向字符的协议中，最著名的就是 IBM 公司的二进制同步通信协议（BSC）。

二进制同步通信（BSC 协议）是常用的面向字符的数据链路协议，可以在点到点和多点线路配置中使用，支持采用停等 ARQ 流量控制和差错控制的半双工传输。BSC 不支持全双工传输或滑动窗口协议。二进制同步通信协议（BSC）的帧格式如下。

表 2－13　二进制同步通信（BSC）的标准控制字符列表

字符	ASCII 码	功　能
ACK0	DEL 和 0	完好的偶数帧已经接收或准备好接收
ACK1	DEL 和 1	完好的奇数帧已经接收
DLE	DEL	数据透明标志
ENQ	ENQ	请求响应
EOT	EOT	发送方终止
ETB	ETB	传输块结束，要求 ACK 响应
ETX	ETX	报文中文本结束
ITB	US	多块传输中中间块结束
NAK	NAK	接收了损坏帧或没有数据要发送
NUL	NULL	填充字符
RVI	DEL 和<	接收方紧急报文
SOH	SOH	头部信息开始
STX	STX	文本开始
SYN	SYN	警告接收方有数据帧到来
TTD	STX 和 ENQ	发送方暂停但未撤除连接
WACK	DEL 和；	已经接收完好帧但不能再进行接收

（1）控制字符。表 2－13 所示为 BSC 中使用的标准控制字符列表。字符 ACK 在该协议中没有使用。BSC 采用的是停等 ARQ，为区分交替编号的数据帧，确认帧必须是 ACK1 或 ACK0。

（2）BSC 帧。BSC 协议将传输分割成帧。如果一帧只能严格地用于控制目的，就叫做控制帧。控制帧用于在通信设备之间交换信息，例如，建立初始连接、控制传输流、进行请求纠错，以及在会话结束时在设备之间断开连接。如果一帧中还有报文数据自身的部分或全部信息，它就称为数据帧。数据帧用来传输信息，但也包含可以应用到该信息上的控制信息。

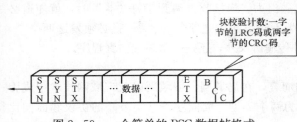

块校验计数:一字节的LRC码或两字节的CRC码

图2-59 一个简单的BSC数据帧格式

1) 数据帧。图2-59所示为一个简单的BSC数据帧格式。箭头代表传输的方向。帧开头是两个或多个同步字符（SYN）。这些字符通知接收方有新的帧到来并为接收设备提供一种可以用来与发送设备进行时钟同步的比特模式。ASCII码的SYN字符是0010110，字节的前导位（第8位）常用附加的零填充，

两个同步字符合在一起为0001011000010110。

在两个同步字符之后是文本开始符（STX）。这个字符通知接收方控制信息结束，下一字节将是数据。数据或文本可以由不同数目的字符组成。一个文本结束符（ETX）指明了文本和进一步的控制字符之间的转换。

最后，是用于检错的1～2个称为块校验计数（BCC）的字符。BCC字段可以是单字节的纵向冗余校验码（LRC）或者是两个字节的循环冗余校验码（CRC）。

a) 头部数据字段。以上所描述的如此简单的数据帧是很少用。通常需要包含接收设备的地址、发送设备的地址以及用于停等ARQ的帧（0或1）的识别号，如图2-60所示。这类信息都包含在叫做头部的特殊字段中，它由一个头部（SOH）字符开始。头部在同步字符（SYN）之后而在文本开始符（STX）之前，任何在SOH字段之后和STX字符之前接收的都是头部信息。

b) 多块帧。随着帧长度的增加，文本块出错的可能性随之增大。帧中的位数越多，在传输中发生差错的可能性就越大，并且出现多个互相对消的差错从而使检错变得困难的可能性也越大。因此，在一个报文中的文本经常被分成几块。除最后一块外，每一块都由一个STX字符开始并由一个中间

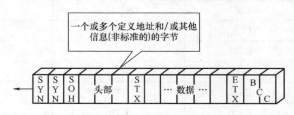

一个或多个定义地址和/或其他信息(非标准的)的字节

图2-60 带有头部的BSC帧

文本块字符（ITB）结束。最后一块由STX字符开始，结束却是ETX字符。紧跟在每个ITB或ETX字符之后的是一个BCC字段。通过这种方式，接收方可以对每一块单独进行检错，从而增加了检测出差错的可能性。但是，如果任何一个数据块有错，整个帧将被重新传输。在接收到ETX字符并校验了最后一个BCC字段后，接收方对整个帧发送一个确认帧。图2-61所示为多块帧的结构，该例中包含两块文本，但实际的帧可以有两个以上的文本块。

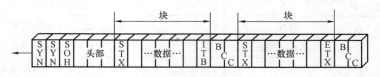

图2-61 一个多块帧格式

c) 多帧传输。在上面的例子中，一帧包含了整个报文。在每一帧之后，报文就结束了，并且线路的控制权就交给第二个设备（在半双工模式下）。但有些报文可能太长，以至于不能容纳在一帧中。在这种情况下，发送方不仅可以将报文分在各数据块中，还可以将它分在不同帧中。

可以用几帧来连续传输一个报文。为使接收方知道帧的结束不是报文的结束，除了最后一帧外其他帧中的文本结束符（ETX）都被传输块结束符（ETB）所代替。接收方可以分别对各帧进行确认，但只有在最后一帧中接收到 ETX 符后才能接管链路控制。

2）控制帧。控制帧不应和控制字符相混淆。一个控制帧是一个设备用来向另一个设备发送命令或索取信息的报文。一个控制帧有控制字符但没有数据，它携带专用于数据链路层自身功能的信息。图 2-62 所示为 BSC 控制帧的基本格式。

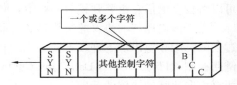

图 2-62 BSC 协议控制帧格式

控制帧为三种目的服务，即建立连接、在数据传输过程中维护流量控制和差错控制，以及终止连接，如图 2-63 所示。

BSC 原来是为传输纯文本报文（由字母表中的字符组成的字或图）设计的。现在用户同样希望传输类似程序和图形等非文本信息和命令的二进制序列。但是，这种报文可能给 BSC 传输带来麻烦。如果一次传输中的文本字段包括一个看来与 BSC 控制字符一样的 8bit 模式，接收方将把它看作是一个控制字符，从而破坏了整个报文的意义。例如，接收方收到一个比特模式为 00000011，并把它看作是 ETX 字符。如上面讨论控制帧时所述，每当接收方收到一个 ETX 时，它将认为后续的两个字节是 BCC 字段并开始差错检验。但是这里的比特模式 00000011 是被当作数据而不是控制信息传输的。控制信息和数据之间存在的混乱，叫做缺少数据透明性。

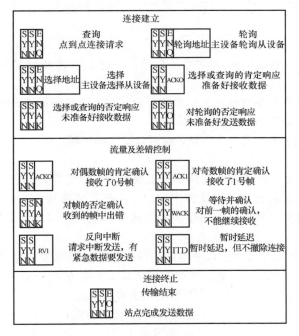

图 2-63 控制帧

要使一个协议变得有用，它必须具有透明性，即在不会与控制信息混淆的前提下能把任何比特模式当作数据传输。BSC 中的数据透明性是通过一个叫做字节填充的过程实现的。它涉及两种活动，通过数据链路转义（DLE）字符定义透明文本区域，以及在透明文本区域内的 DLE 字符前加上一个附加的 DLE 字符。

为了定义透明区域，就需要在文本字段开始的 STX 字符之前插入一个 DLE 字符，并且在文本字段结束的 ETX（或 ITB、ETB）之前也插入一个 DLE 字符。第一个 DLE 字符告诉接收方，文本中可能有控制字符并要求忽略这些控制字符，最后一个 DLE 字符告诉接收方透明区域结束了。如果透明区域内含有一个作为文本的转义符 DLE，那么仍然会出现问题。在这种情况下，就在文本中的每个 DLE 字符前再插入一个 DLE 字符。图 2-64 所示为控制

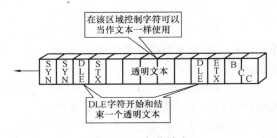

图 2-64 字节填充

帧的一个例子。

2. 面向比特的协议

在面向字符的协议中，按照形成字符的预定模式将比特分组。比较而言，面向比特的协议可以将较多的信息组装到较短的帧中，同时还能避免面向字符的协议中的透明性问题。

由于面向比特的协议的优势和缺乏束缚它们的原先存在的编码系统（类似 ASCII），所以在过去的二十年里出现了许多不同的面向比特的协议。大多数协议都是专用的。其中，高级数据链路控制（High－Level Data Link Control，HDLC）是 ISO 组织设计的，已经成为现在使用的所有面向比特的协议的基础。

HDLC 协议是面向比特的数据链路控制协议，采用位填充方式来实现数据的透明传输，采用循环冗余校验来检测传输的正确性。HDLC 协议具有较高的数据传输可靠性和数据传输效率以及使用上的灵活性，且均适用于点到点链路和多点链路。

（1）HDLC 的基本特性。为了满足各种应用的需要，HDLC 定义了三种类型的站点、两种链路结构和三种数据传输方式。

1）三种类型的站点：

a）主站。负责控制链路的操作与运行，主站向从站发送命令帧，并接收来自从站的响应帧。

b）从站。只能在主站的控制下进行操作，从站在收到主站的命令帧后，发送响应帧作为响应，从站对链路无控制权，从站之间不能直接进行通信。

c）组合站。具有主站和从站的双重功能，既能发送命令帧，也可以发送响应帧。

2）两种链路结构：

a）非平衡结构。由一个主站和一个或多个从站组成，支持半双工或全双工传输方式，主站控制链路的建立和管理以及从站的数据传输，具有控制操作的主控权，从站只能听从于主站，只能根据主站的意愿来建立或拆除连接，只有得到主站的指令才能发送一帧或连续多帧信息。这种结构可用于点对点和一点到多点链路。

b）平衡结构。由两个组合站构成，两个站点的地位是平等的，每个组合站既可发送命令帧，也可发送响应帧；既可发送信息，又可接收信息，支持半双工或全双工传输方式。这种结构适用于计算机到计算机通信的点到点链路。图 2-65 所示为两种链路结构。

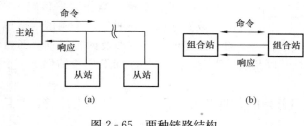

图 2-65 两种链路结构

(a) 不平衡结构；(b) 平衡结构

3）三种数据传输方式：

a）正常响应方式 NRM。正常响应方式（Normal Response Mode，NRM）用于非平衡链路结构，只有主站才能启动数据传输，从站只能在收到主站的询问命令后才能发送数据。正常响应方式用于多点线路，如一台主单元和多个间隔单元相连的线路，主单元依次询问各个间隔单元是否有数据要传输到主单元。NRM 也可用于点对点链路，例如计算机和一个外设相连的情况。

b）异步响应方式 ARM。异步响应方式（Asynchronous Response Mode，ARM）。用于非平衡链路结构。主站负责链路管理，如链路建立、释放和差错恢复等，但 ARM 允许从站不必等待主站的询问就可以发送信息，启动数据传输。这种传输方式的特点是各从站轮流询问中心站。这种传输方式使用较少。

　　c）异步平衡方式 ABM。异步平衡方式（Asynchronous Balanced Mode，ABM）用于平衡链路结构，在该方式中，任何一个组合站不必得到对方的允许就可以启动数据传输。由于这种传输方式没有轮询的开销，所以对点到点全双工链路具有较高的利用率。

　　（2）HDLC 的帧格式。HDLC 及其他面向位的数据链路控制协议均采用同步传输方式。在 HDLC 中，数据和控制报文均以帧的形式传输，HDLC 的帧格式如图 2-66 所示。

比特	01111110	8bit	8bit	任意比特	16bit或32bit	01111110
	标志F	地址A	控制C	信息I	帧校验序列FCS	标志F

图 2-66　HDLC 的帧格式

　　一个标准的 HDLC 帧由标志字段、地址字段、控制字段、信息字段以及帧校验字段组成。

　　1）标志字段：8 位，其值为 01111110，用于标志一帧的开始和前一帧的结束。标志字段也可用做帧间填充字符。

　　2）地址字段：通常为 8 位，用于给出站点地址，使用方式与链路工作方式有关。对大型网络，地址字段可扩展，扩展时以 8 的倍数进行。

　　3）控制字段：8 位，用来定义帧的类型，发送和应答帧的序号等。不同类型帧的控制字段表示的信息不同，各种类型帧控制字段位的定义见表 2-14。

表 2-14　　　　　　　　　　各种帧控制字段位的定义

控制字段位	1	2	3	4	5	6	7	8
信息帧（I格式）	0		N（S）		P/F		N（R）	
监控帧（S格式）	1	0	S	S	P/F		N（R）	
无编号帧（U格式）	1	1	M	M	P/F	M	M	M

　　4）数据字段：也称信息字段，可以是任意长的二进制比特串，一般在使用环境中指定一个最大值。

　　5）帧校验字段：16 位，存放帧校验序列，它是对两个标志字段间所有帧内容的校验。HDLC 采用 CCITT 建议的生成多项式：$x^{16}+x^{12}+x^{5}+1$。

　　（3）HDLC 的帧类型。HDLC 有信息帧（I 帧）、监控帧（S 帧）、无编号帧（U 帧）三种不同类型的帧。

　　1）信息帧（I 帧）。当控制字段为 I 格式时，HDLC 帧称为信息帧。信息帧用于传送网络层送来的数据（分组）。当链路以异步平衡方式工作时，信息帧除传送信息外，还可用做捎带确认，其控制字段第一位为 0，N(S) 给出发送帧序号，N(R) 给出确认帧序号。

　　2）监控帧（S 帧）。当控制字段为 S 格式时，HDLC 帧称为监控帧。监控帧用于差错控制和流量控制。监控帧中的 2 个 S 位，可给出四种格式的帧：

　　a）接收准备好帧（RR 帧）。通常用做确认帧，通过 N(R) 给出确认帧的序号。在 HDLC 中，确认帧中给出的 N(R) 是希望接收的下一帧的序号，它同时表示对 N(R) 前面帧的确认，即若确认对第 N 帧正确接收，则隐含对其前面帧的确认。

　　b）拒绝接收帧（REJ 帧）。用做否定确认帧，在采用后退 N 帧控制策略时，用于请求重发从 N(R) 序号开始的帧。

　　c）选择拒绝接收帧（SREJ 帧）。当采用选择重发控制策略时，用于请求重发帧序号为 N(R) 的帧。

d) 接收未准备好帧（RNR 帧）。当接收方由于接收缓冲区满等原因不能再接收时，可发送该帧，使发送方暂停发送。在发送 RNR 帧后，必须通过发送 RR 帧或 REJ 帧才能使发送方继续发送 I 帧。

3) 无编号帧（U 帧）。当控制字段为 U 格式时，HDLC 帧称为无编号帧。无编号帧用于设置链路的工作方式以及链路的建立、拆除等控制功能。由于 U 帧中不包含对帧的确认信息，而对帧的确认是通过帧序号来给出的，这样 U 帧中就不包含帧的序号，因此称为无编号帧。U 帧有 5 个 M（Modify）位，可定义 32 种功能，表 2-15 中列出了已定义的 13 种命令和 8 种响应。其中主站发出的任何类型的帧称为命令帧，由从站响应主站命令而发出的帧称为响应帧。

表 2-15 无编号帧控制字段定义

命令或响应	含 义	命令或响应	含 义
SNRM 命令	置正常响应方式	RESET 命令	复位命令
SARM 命令	置异步响应方式	TEST 命令	测试命令
SABM 命令	置异步平衡响应方式	UA 响应	无编号确认响应
DISC 命令	拆链命令	FRMR 响应	帧拒绝
SNRME 命令	置扩充正常响应方式	DM 响应	拆链响应
SARME 命令	置扩充异常响应方式	RD 响应	请求拆链响应
SABME 命令	置扩充异步平衡方式	RIM 响应	请求初始化响应
SIM 命令	置初始化方式	UI 响应	无编号信息响应
UP 命令	无编号轮询命令	XID 响应	交换标志响应
UI 命令	无编号信息命令	TEST 响应	测试响应
XID 命令	交换标志命令		

帧格式中的 P/F 字段为查询/终止标志位。当主站向从站发送命令帧时，P/F 位为查询位（P 位），P 位置 1，表示对从站的查询。从站向主站发送响应帧时，P/F 位为终止标志位（F 位），F 位置 1，表示是响应的最后一个信息帧。

（4）HDLC 的协议操作。采用 HDLC 进行数据传输的过程分为三个阶段，即建立数据链路、数据传输和拆除数据链路。HDLC 通常工作在正常响应方式和异步平衡方式两种操作方式，分别适用于多点链路和点到点链路。

1）数据链路的建立及拆除。图 2-67 所示为一个在多点链路中数据链路的建立和拆除过程。在多点链路中，通信的双方一个为主站，另一个为从站。数据链路的建立是由主站首先发送 SNRM 帧，在地址字段中给出从站的地址，且将轮询位 P 位置 "1"，询问从站是否有数据发送。从站返回一个 UA 帧作为响应，将本站的地址写入该帧的地址字段，且将终止位 F 位置 "1"，这样以正常响应方式建立起数据链路。数据传输完毕后，只能由主站首先发出 DISC 帧，从站返回一个 UA 帧作为响应，从而拆除数据链路。

在点到点链路中，通信的双方均为组合站，各站均可首先开始建立或拆除数据链路，或进行数据传输。图 2-68 所示为一个在点到点链路中建立和拆除数据链路的过程。图中，A 站首先发出 SABM 帧，并在该帧的地址字段中给出 B 站的地址。B 站返回一个 UA 帧作为应答，这样以异步平衡方式建立了数据链路。本例中数据传输完毕后，B 站首先发出 DISC 命令拆除数据链路，A 站以 UA 帧作为响应。

图 2-67 多点链路数据链路
的建立和拆除过程

图 2-68 点到点链路中建立和
拆除数据链路的过程

2) 数据传输。在数据链路建立后，可进行数据传输。当数据链路以正常响应方式建立时，数据传输需在主站的控制下进行。主站使用无编号 UP 帧（P 位为 "1"）来询问从站是否有数据发送。如果从站没有需要发送的数据，则返回一个置 F 位为 "1" 的 RNR 帧。如果有数据发送，则以 I 帧序列发送，序列的最后一帧的 F 位置 "1"。当数据链路是以异步平衡方式建立时，任一站点可以首先发送 I 帧开始数据传输。HDLC 支持停等 ARQ 协议、基于滑动窗口的后退 N 帧协议及选择重发协议，在进行数据传输时，可根据差错控制和流量控制的需要采用相应的协议。

2.4 厂站微机监控系统数据通信中采用的规约

2.4.1 中国循环式远动规约

中国循环式远动规约早在 20 世纪 70 年代就开始应用，主要用于远方 RTU 与调度控制中心之间的信息传输。

1. 帧格式

如图 2-69 所示，采用同步传输方式，帧标志为 EB90H×3 同步码，由于每一个字节从通道送出时都是 b_0 位先发出，b_7 位最后发出，故 EBH 字节在通道传输中就变成了 D7H，而 90H 字节在通道上就变成了 09H。生成多项式为 $G(x) = x^8 + x^2 + x + 1$ 的 BCH 校验保证汉明距离 $d \geqslant 4$。

2. 数据编码

如图 2-69 中每个信息字有 6 个 8bit 组，其中 4 个 8bit 组携带实时数据，可传送一般测量量、高精度测量量、数字式测量量、脉冲计数量、状态量、事件记录、遥控命令、设定置点命令、升降命令等，此外还规定了系统对时。采用软件表算法，可以方便地生成 RCH 校验字节。

3. 帧类别与传输规则

按循环周期的不同，循环规约将帧分为如下 5 种：

（1）A 帧，更新周期不大于 3s，传输重要遥测。

（2）B 帧，更新周期不大于 6s，传输次要遥测。

（3）C 帧，更新周期不大于 20s，传输一般遥测。

（4）D 帧，更新周期为几十秒至几十分钟，传送电能脉冲计数量（称 D1 帧）或状态量（称

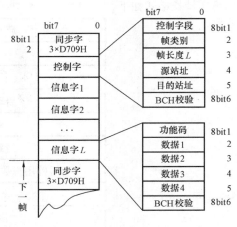

图 2-69 循环式远动规约的帧格式

D2 帧）。

（5）E帧，传变位遥信，以字为单位随机插入 A～D 帧的任意帧内传输，以便在 1s 内送到主站。

中国循环式远动规约规定在满足上述更新周期前提下允许灵活地组织信息序列，实现循环传送上述各种量。图 2‐70 所示为一种循环传送的信息序列。图中，E帧出现时插入箭头所指的口处传送（如图所示送三遍），根据 D1 帧、D2 帧的要求周期决定 S_1 重复次数。

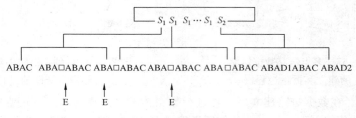

图 2‐70　循环传送的信息序列

2.4.2　IEC 60870-5-101

IEC TC-57 技术委员会（03 工作组）开发出了一套电力系统中的远动、保护相关的标准通信规约，IEC 60870-5 同时制定了专用于厂站 RTU 通信的 IEC 60870-5-101 配套标准，适用于编码比特串行数据传输远动设备和系统，用以对地理广域过程的监视和控制。

1. IEC 60870-5-101 传输帧格式

配套标准唯一地采用 IEC 60870-5-1 中定义的帧格式 FT1.2，允许采用固定帧长和可变帧长，也可采用单个控制字符。（注：FT1.2 是异步的，每一字符由 11 位组成的时序，第一位为启动位，最后一位为停止位。）

固定帧长格式如下：

启动字符（10H）
控制域（C）
链路地址域（A）
帧校验和（CS）
结束字符（16H）

可变帧长格式如下：

启动字符（68H）
长度（L）
长度重复（L）
启动字符（68H）
控制域（C）
链路地址域（A）
链路用户数据（ASDU 可变长度）
帧校验和（CS）
结束字符（16H）

2. 应用信息元素的定义和编码

应用服务数据单元由数据单元标识符和一个或多个信息对象组成。

数据单元标识符由类型标识、可变结构限定词、传送原因和应用服务数据单元公共地址组成。类型标识和可变结构限定词分别是一个 8bit 组，而传送原因和应用服务数据单元公共地址则可分别选用一个或两个 8bit 组。

信息对象由一个信息对象标识符、一组信息元素集和一个信息对象时标（如果出现）组成。其具体长度如图 2-71 所示。

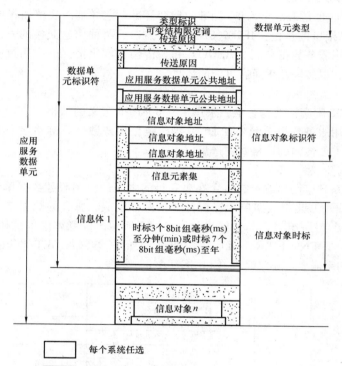

图 2-71 应用服务数据单元（ASDU）的结构

数据单元标识符：＝CP16＋8a＋8b〔类型标识，可变结构限定词，传送原因，公共地址〕

系统参数 a：＝公共地址的 8bit 组数目（1 或者 2）

系统参数 b：＝传送原因的 8bit 组数目（1 或者 2）

信息对象：＝ CP8c＋8d＋8t〔信息对象地址，信息元素集、时标（任送）〕

系统参数 c：＝信息对象地址的 8bit 组数目（1，2 或者 3）

可变参数 d：＝ 信息元素集 8bit 组的数目

可变参数 t：＝ 3 或 7 若信息对象时标出现，0 若信息对象时标不出现

3. 传输规则

该规约有平衡式和非平衡式传输两种传输方式，在点对点和多个点对点的全双工通道结构中采用平衡式传输方式，在其他通道结构中只采用非平衡式传输方式。平衡式传输方式中 IEC 60870-5-101 规约是一种"问答＋循环"式规约，即主站端和子站端都可以作为启动站；而当其用于非平衡式传输方式时，IEC 60870-5-101 规约是问答式规约，只有主站端可以作为启动站。

对于点对点和多个点对点的通道结构，主站或子站复位后首先进行初始化，总召唤和时钟同步后系统转入正常，然后在循环召唤 2 级用户数据的序列中定期插入按照分组召唤方式并按顺序收集各组数据进行召唤。在子站回送的报文中，如果 ACD＝1，则立即收集 1 级用户数据，1 级用户数据收集完后，转向上述循环询问过程，此种循环召唤过程可以被中断，如被召唤电能、遥控等。

平衡式传输除具有非平衡式传输的各种报文外，在特定情况下子站还可以作为启动站，主动向主站发送报文。

2.4.3　IEC 60870-5-103

IEC 60870-5-103 也是 IEC 60870-5 标准的配套标准，它详细而规范地提供了继电保护设备（或间隔单元）信息接口的规范。IEC 60870-5-103 描述了两种信息交换的方法：第一种方法是基于严格规定的应用服务数据单元（ASDU）和为传输标准化报文的应用过程；第二种方法使用了通用分类服务，以传输几乎所有可能的信息。

1. 传输帧格式

IEC 60870-5-103 配套标准也是唯一采用 IEC 60870-5 定义的帧格式 FT1.2。此链路规约控制信息可将一些应用服务数据单元（ASDU）当作链路用户数据，链路层采用能保证所需数据完整性、效率以及方便传输的帧格式的选集。

2. 应用层数据定义

应用层包含一系列应用功能，它包含在源和目的之间的应用服务数据单元的传送中。应用服务数据单元（ASDU）是由数据单元标识符和信息体组成。所有的数据单元标识符有相同的结构，它由四个 8bit 组所组成，具体结构如图 2-72 所示。信息体由信息体标识符（INFORMATION OBJECT IDENTIFIER-DOI）和一组信息元素集（A SET INFORMATION ELEMENTS）组成，如果需要，还有时标（TIME TAG）。

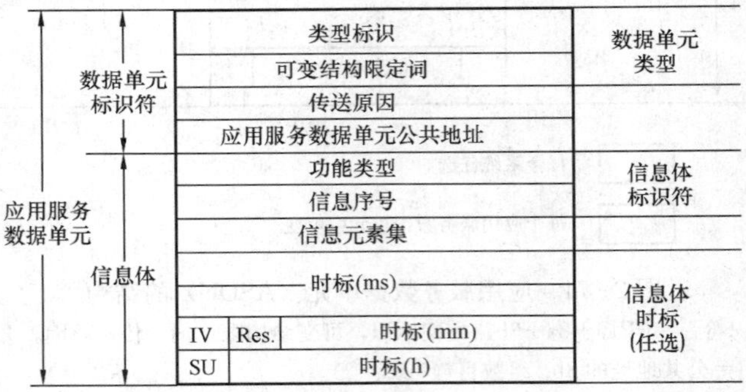

图 2-72　应用层结构

标准定义的应用层数据包括：

（1）由主站发往子站的报文（控制方向），见表 2-16。

表 2-16　　　　　　　　　　　　由主站发往子站的报文

报文类型标识（TYP）	功能	说明	报文类型标识（TYP）	功能	说明
06H	时间同步		21H	通用分类命令	
07H	总查询		24H	扰动数据传输的命令	
10H	通用分类数据		25H	扰动数据传输的认可	
20H	一般命令				

（2）由子站发往主站的报文（监视方向），见表 2-17。

表 2-17　　　　　　　　　　　　由子站发往主站的报文

报文类型标识（TYP）	功　能	说明
01H	带时标的报文 ASDU1	
02H	具有相对时间的带时标的报文 ASDU2	
03H	被测值Ⅰ ASDU3	
04H	具有相对时间的带时标的被测值 ASDU4	
05H	标识 ASDU5	
06H	时间同步 ASDU6	
08H	总查询（总召唤）终止 ASDU7	
09H	被测值Ⅱ ASDU8	
10H	通用分类数据 ASDU10	
11H	通用分类标识 ASDU11	
23H	被记录的扰动表 ASDU23	
26H	扰动数据传输准备就绪 ASDU26	
27H	被记录的通道传输准备就绪 ASDU27	
28H	带标志的状态变位传输准备就绪 ASDU28	
29H	传送带标志的状态变位 ASDU29	
30H	传送扰动值 ASDU30	
31H	传送结束 ASDU31	

3. 应用功能和传输规则

IEC 60870-5-103 规约采用非平衡传输，控制系统组成主站，继电保护设备（或间隔单元）为从站（子站）。

IEC 60870-5-103 定义了下述基本应用功能：

站启动初始化（Station initialization）；

总查询（总召唤）（General interrogation）；

时钟同步（Clock synchronization）；

命令传送（Command transmission）；

测试模式（Test mode）；

监视方向的闭锁（Blocking of monitoring direction）；

扰动数据传输（Transmission of disturbance data）；

通用分类服务（Generic services）。

定义了相应的应用服务数据单元和信息元素，这些基本应用功能和信息元素可以传输间隔层单元的设备状态信号、设备投入和退出的信号、继电保护的一些基本的状态信号、带时标的事件顺序记录信号、测量值、传输测距值、传输扰动数据以及站启动的初始化过程。

2.4.4　IEC 60870-5-104

IEC 60870-5-104 是将 IEC 60870-5-101 和由 TCP/IP 提供的传输功能结合在一起，可以说是网络版的 IEC 60870-5-101 规约。在传输层中采用了基于流的 TCP 连接，其中若主站作为 Server，则从站作为 Client，或主站作为 Client，从站作为 Server。IEC 60870-5-104 规约推荐 TCP 端口号为 2404。

1. IEC 60870-5-104 传输帧格式

终端系统的规约结构如图 2-73 所示。

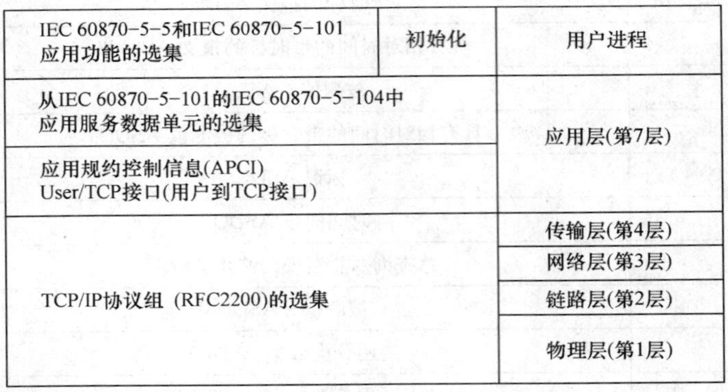

IEC 60870-5-5和IEC 60870-5-101 应用功能的选集	初始化	用户进程
从IEC 60870-5-101的IEC 60870-5-104中 应用服务数据单元的选集		应用层(第7层)
应用规约控制信息(APCI) User/TCP接口(用户到TCP接口)		
TCP/IP协议组 (RFC2200)的选集		传输层(第4层)
		网络层(第3层)
		链路层(第2层)
		物理层(第1层)

图 2-73　远动配套标准 104 所选择的标准版本规约结构

注　层 5 和层 6 没有用。

传输接口（用户对 TCP 接口）是面向数据流的接口，它并不定义 IEC 60870-5-104 应用服务数据单元的任何启动或者停止。为了检出应用服务数据单元的启动和结束，定义了启动字符、应用服务数据单元的长度规范，以及应用规约控制信息的控制域，可传输一个完整的应用规约数据单元或者为了控制的目的仅仅传输应用规约控制信息域。

远动配套标准规定的应用服务数据单元如图 2-74 所示。

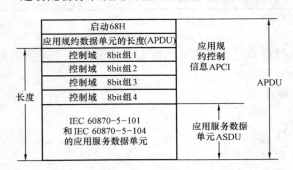

图 2-74　远动配套标准规定的应用服务数据单元

2. 信息元素的定义和编码

启动字符 68H 定义了数据流的起始点，应用规约数据单元的长度定义了应用规约数据单元主体的长度，它由应用规约控制信息的四个控制域 8bit 组和应用服务数据单元所组成，第一个被计数的 8bit 组为控制域的第一个 8bit 组，最后一个被计数的 8bit 组为应用服务数据单元的最后一个 8bit 组。应用服务数据单元的最大帧长为 249，而控制域的长度是 4 个 8bit 组，应用规约数据单元的最大长度为 253（APDUMAX＝255 减掉启动字符和长度 8bit 组）。

3. 帧类别及传输规则

控制站（站 A）采用 STARTDT（启动数据传输）和 STOPDT（停止数据传输）控制从被控站（站 B）的数据传输。当建立连接时，被控站并不自动使能传输用户数据，即在连接建立时，STOPDT 处于缺省状态。在此时，被控站通过这次连接除了不计数的控制功能和对这些功能的确认，并不传输任何数据。控制站必须通过连接发送 STARTDTact（启动帧）激活在连接上传输用户数据，被控站用 STARTDTcon（启动帧确认）响应这个命令。如果 STARTDTact 没有被确认，由控制站关闭连接，这隐含着初始化以后，任何用户数据（例如响应总召唤命令）从被控站传输前首先发送 STARTDTact，在被控站暂挂的用户数据仅在发送 STARTDTcon 之后才能发送。

从一次占用连接切换到另一次连接（例如由操作员进行），控制站首先在占用连接上发送 STOPDTact，被控站停止通过这次连接用户数据的传输，并返送 STOPDTcon（发送对用户数据的挂起认可 ACK）。接收了 STOPDTcon 后，控制站关闭连接。当要建立另一次连接时，需要 STARTDTact 去启动被控站在另一次连接上的数据传输。

根据控制域的类型，规约分为用于完成计数的信息传输功能（I 帧格式）、计数的监视功能（S 帧格式）和不计数的控制功能（U 帧格式）。

（1）控制域的第一个 8bit 组的第 1 位＝0 定义了 I 格式。I 格式应用规约数据单元常包含应用服务数据单元。

（2）控制域的第一个 8bit 组的第 1 位＝1、第 2 位＝0 定义了 S 格式。S 格式应用规约数据单元由应用规约控制信息组成。

（3）控制域的第一个 8bit 组的第 1 位比特＝1，第 2 位比特＝1 定义了 U 格式。U 格式应用规约数据单元仅由应用规约控制信息组成。

2.5 数据通信中的调制解调器

2.5.1 调制解调器的定义

调制解调器位于数据终端设备（DTE）［例如远动终端（RTU）或者微机监控装置等］与模拟通信线路之间，用以实现将数字信号变换为可在通信线路中传输的模拟信号以及反过来将模拟信号变换为数字信号的设备，包括调制器（Modulator）与解调器（Demodulator）两部分，合并称之为调制解调器（Modem）。调制后的载波信号 $u(t)$ 如下式

$$u(t) = U_m \sin(\omega t + \varphi)$$

上式为含有振幅 U_m、角频率 ω 及相角 φ 三个参数的正弦函数。利用监控装置输出的脉冲信号调变三个参数的其中之一，称为数字调制，亦称键控，包括三种调制方式：

（1）调幅（AM），又称幅度键控 ASK。

（2）调频（FM），又称频移键控 FSK。

（3）调相（PM），又称相移键控 PSK。目前厂站监控所用调制解调器多为 FSK 制式，也有采用 PSK 制式的。后面内容若不加特别说明，均指 FSK 制式。

2.5.2 调制解调器的构成

调制解调器一般包括接口、调制与解调、控制器等几个部分，如图 2-75 所示。

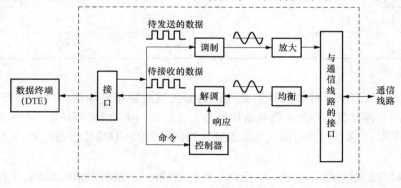

图 2-75　调制解调器的基本构成

1. 接口

接口用于完成与数据终端及通信线路的信号匹配。调制解调器的接口分为数字接口和模拟接口，分别与数据终端设备（例如监控装置）和数据电路终接设备（例如载波机）相连接。

厂站监控系统中使用的调制解调器与监控部分的接口一般均采用 RS 232C。而与线路之间则是通过变压器的一、二次侧平衡式相连，其变压器的直流阻抗约为 30Ω，交流阻抗约为 600Ω，一、二次侧的衰耗约为 0.6dB，连接方式有四线制和二线制两种，四线制有独立的发送变压器和接收变压器，用于全双工方式，上下行各占用两根线；二线制发送和接收共用一个变压器，用于半双工方式。一般这类调制解调器通过跳线来选择二线制还是四线制工作方式。

2. 调制与解调

调制与解调实现数字信号与模拟信号的转换，如上所述，共有三种调制方式。厂站监控技术所用调制解调器多为 FSK 制式或 PSK 制式，图 2-76 为 FSK 制式的原理与方框图。

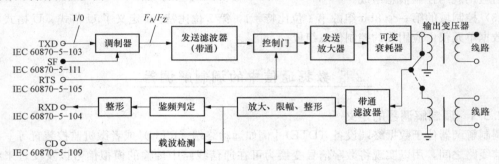

图 2-76　FSK 制式调制解调器原理方框图

TXD—发送数据线；RXD—接收数据线；SF—信号速率选择线；

RTS—请求发送线；CD—接收线路信号检测线

（1）调制。图 2-76 中，调制器内部是一个可控振荡器，根据 TXD 送来脉冲信号的 1/0，输出相应的音频信号 F_A/F_Z，表 2-18 是其对应关系。调制后输出信号 F_A/F_Z，由发送滤波器滤出频带以外的成分，如果此时终端来的请求发送线 RTS 为有效，便经过控制门、发送放大器、可变衰耗器和输出变压器送往线路。

表 2-18　FSK 制信号对应关系

二进制码	电流	电压极性	FSK	特性频率 (CCITT V.23)	信号
1	有	—	$f_0 - \Delta f$	1300Hz	传号 F_A
0	无	+	$f_0 + \Delta f$	1700Hz	空号 F_Z

注　f_0 为中心频率。

（2）解调。从线路来的对端信号先通过带通滤波器滤除带外噪声，然后进行放大、限幅、整形而变成方波，再经鉴频判决电路判断信号为 1 还是 0，即完成解调任务，最后整形还原输出到接收数据线 RXD，载波检测电路一旦检测到音频信号就给 CD 输出有效电平。

3. 控制器

控制器完成与数据终端的通信，接受命令并给出响应，控制调制解调器的工作方式及工作状态。对于智能式调制解调器，其控制器为可编程的控制处理器。

2.5.3 调制解调技术标准

(1) Bell 标准。由美国电报电话公司（ATT）所属的贝尔实验室制定。它包括 Bell 103、Bell 212、Bell 201、Bell 208 等。

(2) CCITT 标准。这是国际电报电话咨询委员会（CCITT）在 V 系列建议中给出的标准。它规定了在电话网和专用线上传输数据时调制解调器应遵守的各项技术指标。这些建议包括 V.21、V.22、V.23、V.26、V.27、V.29、V.32、V.33 和 V.42 等。欧洲调制解调器生产厂家遵守 CCITT 制定的标准，原采用 Bell 标准的北美现也逐渐采用 CCITT 标准。

2.5.4 调制解调器分类

数据调制解调器按传输速率可以分为低速、中速和高速三种，其传输速率从 300～72000 波特以至更高。对厂站监控系统而言，通常一路远动占用一个话路频带，传输速率为 300、600、1200 波特。中国和西欧的电力线载波机允许远动和电话复用，即 300～2300Hz 音频部分传送电话，2650～3400Hz 音频部分传送远动，此时远动传输速率为 300 或 600 波特。

按传输信道则可分为适用于专线的调制解调器和适用于交换线路的调制解调器。

按传输方式可分为同步的和异步的调制解调器。

按传输频带可分为话音频带（300～3400Hz）和宽带（60～108kHz）型调制解调器。以前的厂站监控系统中多使用话音频带调制解调器。

按安装方式可以分为外置式和内置式调制解调器。外置式调制解调器是独立的，置于机箱之外，通过串行口与主机连接。这种调制解调器方便、灵活、易于安装，闪烁的指示灯便于监视调制解调器的工作状况。但这种调制解调器需要使用额外的电源和电缆。与外置式调制解调器相对应的是内置式调制解调器，它在安装时要打开机箱，并且要对中断线和 COM 口进行设置，还要占用主机上的扩展插槽，但无需额外的电源和电缆，价格比外置式便宜一些。

插卡式调制解调器主要用于笔记本电脑，体积纤巧，配合移动电话，可方便实现移动办公。

机架式调制解调器相当于把一组调制解调器集中安装于一个箱体内，由统一的电源供电，这种调制解调器主要用于互联网、供电局调度中心、电信局、校园网、金融机构等网络的中心机房。

2.5.5 厂站监控系统所用的调制解调器性能

(1) 制式：FSK，常用制式见表 2-19。

(2) 接口：EIA RS 232C/EIA RS 422。

表 2-19   FSK 制式的标准及特性

标准名称	速率（bit/s）	工作方式	传号频率（Hz）	空号频率（Hz）
CCITT V.21	300	全双工	980	1180
CCITT V.21	300	全双工	1650	1850
CCITT V.23 Mode 1	600	半双工	1300	1700
CCITT V.23 Mode 2	1200	半双工	1300	2100
电力系统复用调制解调器 600bit/s 移频键控调制解调器技术要求	600	半双工	3080	2680
BELL 202	1200	半双工	1200	2200

（3）发送电平：0～－20dBm。

（4）接收电平：0～－40dBm。

（5）线路阻抗：600Ω。

（6）等时失真率：≤10%。

（7）比特差错率：≤1×10^{-5}。

（8）请求发送（RTS）至允许发送（CTS）延迟：从断到通时间小于20ms，从通到断时间小于2ms。

（9）载波检测延迟：从断到通时间小于20ms，从通到断时间小于20ms。

2.5.6　调制解调器的硬件设计

厂站监控系统中目前主要使用的调制解调器为FSK制，所以下面主要讨论FSK制式下调制解调器的硬件设计。

1. 载波通信中的硬件设计

载波通信中的硬件设计主要由调制和解调两部分组成。在调制中，载波信号的频率随调制信号而变，称为频率调制或调频（FM）。调频就是利用调制电压去控制载波的频率。调频电路主要性能指标如下：

（1）调制特征。受调振荡器的频率偏移与调制信号的电压关系称为调制特征，表示为

$$\Delta f / f_c = f(u)$$

式中：Δf为调制作用引起的频率偏移，简称频偏；f_c为中心频率（载频）；u为调制信号电压。

理想的调频电路应使Δf随u成正比改变，即实现线性调频，但在实际电路中总是会产生一定程度的非线性失真。

（2）调制灵敏度s。调制电压单位数值变化所产生的振荡频率偏移称为调制灵敏度。如果调制电压变化为Δu，相应的频率偏移为Δf，那么调制灵敏度s表示为$s = \Delta f / \Delta u$，显然s越大，调频信号的控制作用越强，越容易产生大频率偏移的调制信号。

（3）最大频率偏移Δf_m。在正常调制电压作用下，所能达到的最大频率偏移值是根据对调频指数的要求来选定，通常要求Δf_m的数值在整个波段内保持不变。

（4）载波频率稳定度。载波频率稳定度为$\Delta f / f_c$。

其中，f_c为载波的中心频率，Δf为经过一定的时间间隔后中心频率的偏移值。

2. 移频键控（FSK）信号的产生

移频键控是用不同频率的载波来传送数字信号，用数字信号控制载波信号的频率。二进制数字移频键控是用两种不同频率的载波来代表数字信号的两种电平，接收端收到不同的载波信号再逆变成数字信号，完成信号的传输过程。FSK信号的产生有两种方法，即直接调频法和频率键控法。

直接调频法是用数字信号直接控制载频振荡器的振荡频率，其电路图如图2-77所示。

频率键控法也称频率选择法，它有两个独立的振荡器，数字信号控制转换开关，选择不同频率的高频振荡信号实现FSK调制。频率键控法产生的FSK信号频率稳定度可以做得很高，并且没有过渡频率，它的转换速度快、波形好。但频率键控法在转换开关发生转换的瞬间，两个高频振荡的输出电压通常不可能相等，这种现象称为相位不连续，这是频率键控法特有的情况。其电路框图如图2-78所示。

从调频波中取出原来的调制信号，称为频率检波，又称鉴频。完成鉴频功能的电路，称为鉴频器。在调频波中，调制信号包含高频振荡载波信号的频率变化量，所以要求鉴频器的输出信号与输入调频波的瞬时频移为线性关系。

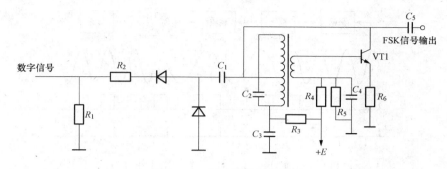

图 2-77 直接调频法电路图

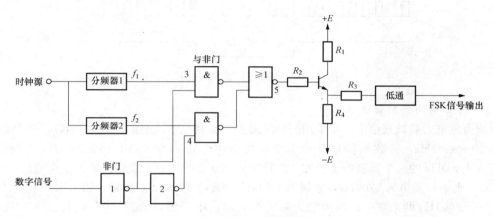

图 2-78 频率键控法框图

数字频移键控（FSK）信号常用两种解调方法，即同步解调法和过零检测法。

同步解调法如图 2-79 所示，FSK 信号的同步解调器分成上、下两路，输入信号经过 f_1 和 f_2 两个带通滤波器后变为两路振幅键控信号，再进行比较。

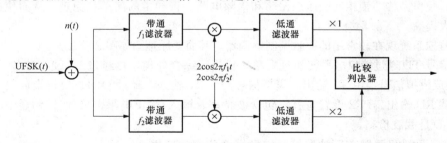

图 2-79 FSK 信号同步解调示意图

过零检测法利用信号波形在单位时间内与零电平轴交叉的次数来测定信号频率，输入的信号经限幅放大后成为矩形脉冲，再经过微分电路得到双向尖脉冲，然后整流得单向尖脉冲，每个尖脉冲表示信号的一个过零点，尖脉冲的重复频率就是信号频率的 2 倍，用尖脉冲去触发一单稳电路，产生一定宽度的矩形脉冲序列，该序列的平均分量与脉冲重复频率成正比，即与输入信号频率成正比，所以经过低通滤波器输出的平均分量的变化反映了输入信号频率的变化，这样可以把码元"1"与"0"在幅度上区分开来，恢复出数字信号，如图 2-80 所示。

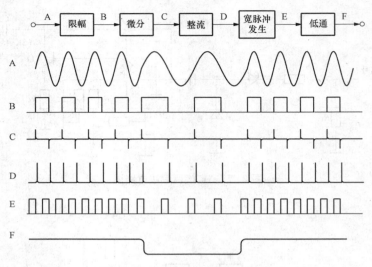

图 2-80 FSK 过零检测法的波形

3. 一种常用的调制解调器简介

在现有的电力载波通信中，常采用的移频键控，也就是常说的调频波（FSK），在上音频范围内 2650～3400Hz，将数据信号 0 和 1 变化成以中心频率为 3000Hz 或 2800Hz，频偏为±150Hz 或±200Hz 的两个调制的正弦波，波特率为 300 波特或 600 波特。如果是全话路（300～3400Hz），则中心频率为 1700Hz，频偏为±400Hz，波特率为 1200 波特，偶尔国外引进的设备有（1700±500）Hz 两个频率。我国电力系统载波通信中习惯将数据"0"调制成 3050Hz（或3030Hz），数据"1"调制成 2850Hz（或 2730Hz），在现有的载波机中很少使用中心频率为2880Hz 这个频率。

所有的计算机设备只能处理数字信号，将从模拟的正弦波信号中恢复出数字信号，这个过程就是解调过程。现在的单片机技术的应用使调制解调过程相对于早期的分离元件做成的高低通滤波器、频率搬移、锁相环、压控振荡和倍频电路变得异常的简单和稳定，从而使通信系统可靠性大大提高。

厂站监控系统现在较常用的一款调制解调器，其简要原理图如图 2-81 所示。

数字信号 TD 通过接口电平转换进入单片机进行综合处理，再经过 D3 锁存移位，经过 D4 数/模转换成模拟信号经由 T1 输出。模拟信号经由 T2 输入，经过 D4 数/模转换成数字信号进入单片机从 RD 输出。PR2 设置选择，包含波特率、输入/输出电平、二/四线制、中心频率及频偏等。CD 是载波检测。

2.5.7 调制解调器在厂站监控系统数据通信中的应用

1. 载波通信的原理

要实现电力线载波通信，最重要的问题是如何把高频信号耦合到高压电力线上，最常用的是图 2-82 所示的相地耦合方式，实现耦合的线路设备由耦合电容器、结合滤波器和高频阻波器组成。耦合电容器和结合滤波器构成一只高通滤波器，使高频信号能顺利地通过，对 50Hz 工频交流具有极大的衰耗，防止工频高压进入载波设备。从图中可见，电力线上有很高的对地工频电压，由于频率低，几乎都降落在耐压很高的高压耦合电容器两端，在结合滤波器的变压器绕组上所剩无几，所以这样的耦合是非常安全的。阻波器是一个调谐电路，其电感线圈部分是能

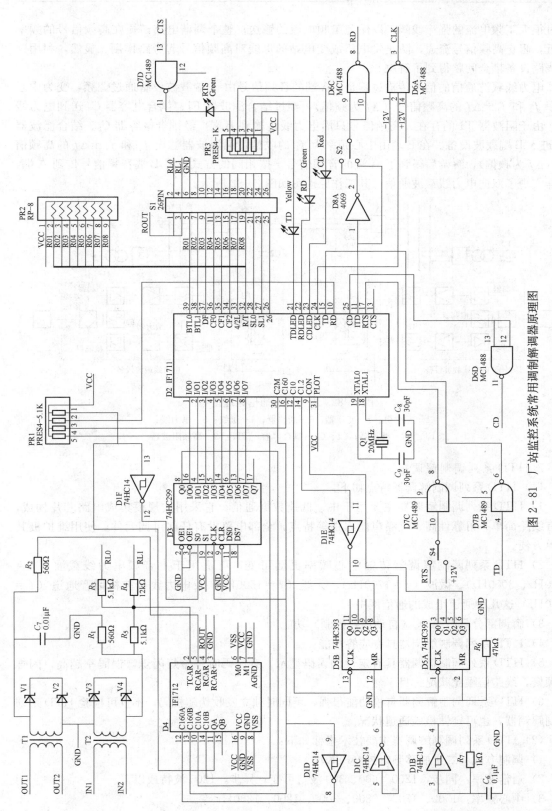

图 2-81 厂站监控系统常用调制解调器原理图

通过很大工频电流的强流线圈，以保证工频电流的输送；整个调谐电路谐振在高频信号的频率附近，阻止高频信号流通，防止发电厂或变电站的母线对高频信号起旁路作用。显然，利用这些线路设备耦合问题得到了解决。

电力线载波通信的信号传输过程是：A端的音频信号由A端载波设备通过调频，变为中心频率 f_1 和 $f_1 \pm \Delta f$ 的高频信号（Δf 为频偏），经过结合滤波器F1、耦合电容器 C_1 送到电力线上。由于阻波器T1的存在，高频信号只沿电力线传输到B端，经耦合电容器 C_2、结合滤波器F2进入B端载波设备。在B端由中心频率为 f_1 的收信带通滤波器滤出 f_1 和 $f_1 \pm \Delta f$ 的高频信号（Δf 为频偏），解调后得到了A端的音频信号。按相同的方式，将B端音频信号传到A端，这样实现了双向电力线载波通信。其工作原理图如图2-82所示。

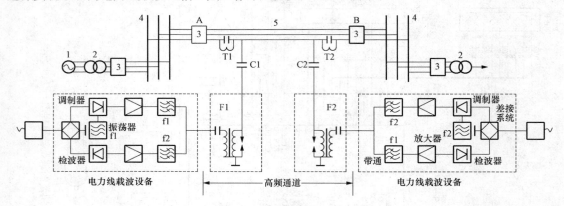

图2-82　电力载波通信原理图

1—发电机；2—变压器；3—断路器；4—母线；5—电力线；
F1、F2—滤波器；C1、C2—耦合电容；T1、T2—高频阻波器

2. HTD系列调制解调器

（1）HTD系列调制解调器特点如下：

1）HTD系列调制解调器主要用于中、低速数据通信，它采用大规模集成电路芯片构成，具有线路简单、可靠性高、抗噪声能力强等特点，全部电路没有任何可调元件，使用维护极其简单方便。

2）HTD系列调制解调器传输中心频率灵活可变，可适用于上音频电力线载波（$f=$ 2800Hz、3000Hz）、微波（$f=1700$Hz）、无线（$f=1500$Hz）及电力线载波机话音通道（$f=$ 1200Hz）这几种通道组成的通信网中。

3）解调部分具有AGC（自动增益控制）功能。

4）HTD系列调制解调器具有应答功能。

5）HTD系列调制解调器具有定性的误码显示，有误码时告警灯闪烁，误码率越高，闪烁越频繁，线路信噪比状况一目了然。

6）HTD系列调制解调器自检功能很强，可同时独立发收伪随机码，不仅可检验HTD系列调制解调器，也可定性检验通道状况。

（2）HTD系列调制解调器主要技术指标如下：

1）调制方式：二进制移频键控（FSK）。

2）通信速率：同步，1200、600、300波特可变；异步，1200波特或以下。

3）中心频率：1500、1700、2800、3000、1200、1350Hz等。

4）频偏：±150、±200、±300、±400Hz等。

5）允许频率偏差：调制端允许频率偏差，≤±10Hz。

解调端允许频率偏差，≤±16Hz。

6）输入、输出阻抗：600Ω平衡式，反射衰耗≥16.5dB。

7）发送电平：0～－18dB可调。

8）接收电平范围：≥－40dB。

9）告警门限：接收电平高于－40dB时，告警灯灭。接收电平低于－43dB时告警灯亮。

10）接口特性：RS 232。

11）码元失真：在工作条件范围内，收发背对背连接时，511伪随机码峰值码元失真≤20%。

12）误码率：在工作条件范围内，当归一化信噪比不小于17dB时，对511伪随机码的误码率P_e≤$1×10^{-5}$。

13）电源：±12V或±5V。

3. HTD系列调制解调器现场配置模式

图2-83所示为一个典型的厂站集控中心系统配置图。其中的通道处理及切换箱就是机架式的调制解调器，通常以16块调制解调器为一机箱。将厂站端的数据信号由监控装置或RTU内的调制解调器调制成载波信号（FSK信号）上传至集控中心或远方调度控制中心的前置柜内的调制解调器，解调送至前置计算机进行分析处理，这个过程得到的信号称为上行信号。下行信号则是前置计算机的数字命令信号通过机箱内的调制解调器调制成载波信号（FSK信号）通过下行线传送至监控装置或RTU内的调制解调器的模拟口，再解调得到的数字信号，它通过厂站端的监控装置或RTU对厂站的一次设备进行调节和控制。

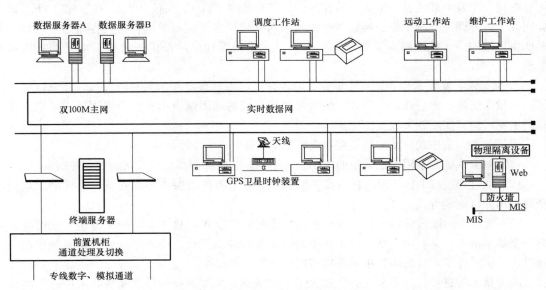

图2-83 HTD系列调制解调器在厂站集控中心的配置

第3章

集中式厂站微机监控系统

3.1 概　　述

3.1.1 集中式厂站微机监控系统的定义

厂站监控与自动化技术的发展历程，实际上也包含了厂站微机监控技术的发展历程。在这个发展历程中，一个十分重要的发展阶段就是集中式厂站微机监控系统的发生、发展和推广应用。那么自然就会提出这样一个问题，什么样的微机监控系统才称为集中式厂站微机监控系统，为此有必要在本节给出它的定义。

以发电厂或变电站为对象开发、生产、应用的微机监控系统，称为集中式厂站微机监控系统。这个定义中的一个关键词语是以厂站为对象，而不是以厂站内部的元件、间隔为对象。因此，20世纪80年代流行的众多RTU就是一个典型的集中式厂站微机监控装置或系统，它基本上是根据一个发电厂或者一个变电站有多少数量的遥测（YC）、遥信（YX）和遥控（YK）以及要同几个远方调度控制中心交换数据等要求来向供货厂家提出订单的，供货方基本上可以不涉及所供厂站的一次接线图等具体技术要求，仅向相关设计单位提供一份接线端子图就能满足要求。

20世纪末，交流采样，即直接耦合式输入在厂站测量系统开始兴起与发展，逐渐取代了传统的电量变送器。相应地，集中式厂站微机监控系统的遥测量也由多少个遥测变成了多少条线路的遥测，但其实质并未发生变化。

概括起来，集中式厂站微机监控系统的基本特征如下：

（1）整个系统都采用标准屏柜的集中组屏结构，这些屏柜都位于厂站的中央控制室内。

（2）从过程层（TA，TV，断路器辅助触点，继电器输出触点等）到监控系统的二次电缆全部采用并行走线方式。

（3）无法按间隔或元件从物理结构上做到彼此分散独立，基本上是一个屏柜形成监控系统的一个基本部件，并对应厂站一次系统中的若干条线路或元件；而不是厂站一次系统中的一个间隔或一个元件所对应的测控单元形成监控系统的基本部件。

随着技术的进步，近年来也有厂家为了节省成本，又要靠拢分散式系统，采用一个测控单元对应一次系统中的2条以上线路的设计，这样的监控系统，严格意义说仍然属于集中式的范畴。另一方面，用户为了便于运行管理，把每个间隔或每个元件对应的测控单元集中组装在若干屏柜内，这些屏柜又都集中安装在厂站中央控制室内，这样的监控系统尽管在形式上是集中式的，但在概念上已与集中式微机监控系统的定义不符，因此不能把这样的系统称为集中式厂站微机监控系统。

3.1.2 集中式厂站微机监控系统的功能

评价一个集中式厂站微机监控系统性能的优势，其所具备的功能是一个重要指标。为此，按如下几个部分来分别加以描述：

1. 输入/输出功能

输入/输出是微机监控系统与厂站内的过程层进行信息交换的主要通路。好的监控系统应当具备强大而灵活的输入/输出功能，可以扩展，其各项技术性能指标均能满足相关标准的要求。

（1）模拟量输入（Analog Input，AI）。模拟量输入因输入方式的不同又分为直流输入和交流输入两种模式。直流输入是把来自过程层的输入信号 TA，TV 经过变送器变换为小信号的直流电压或电流之后，再输入监控系统的模拟量输入模件，如图 3-1 所示，其输入标称值见表 3-1。交流输入则是把来自过程层的 TA，TV 输入信号直接接入监控系统中的交流模拟量输入模件，这样就可把直流模拟量输入所需的电量变送器的环节省去，这一模式目前应用越来越普遍。无论哪一种模式，都必须在模拟量输入模件中进行模—数转换，把模拟量变成微机可以处理的数字量，模数转换总误差不大于 0.5%。对于直流输入模式，一般要求监控系统可以提供 32、64、96、128、160、192、256 路等规模不等的模拟量输入；对于交流输入模式，一般要求监控系统可以提供多达 32 条以上线路的模拟量输入。

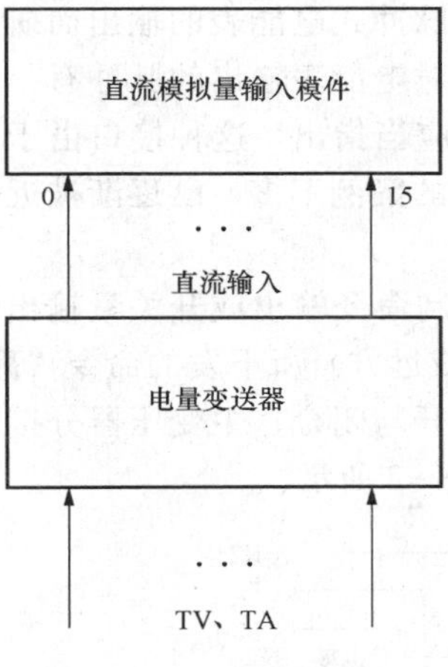

图 3-1 直流模拟量输入示意图

表 3-1　　　　　　　　　　　模 拟 量 标 称 值

模拟量	电流源（mA）	电压源（V）
优先采用	0～5	—
	0～10	—
	4～20	—
	−1～0～+1	—
	−5～0～+5	—
	−10～0～+10	—
非优先采用	0～1	0～1
	0～2.5	0～5
	0～20	0～10
	−2.5～0～+2.5	−1～0～+1
	−20～0～+20	−5～0～+5
		−10～0～+10

表 3-2　　　　　状态量电压标称值

状态量	直流电压（V）	交流电压（V）
优先采用值	12	—
	24	—
	48	—
	60	—
非优先采用值	5	24
	110	48
	220	110/220

（2）数字量输入（Digital Input，DI）。数字量输入也称状态量输入或开关量输入，它是把来自过程层的各种无源触点信号经过光耦合器隔离之后变为二进制信号，其输入原理图如图 3-2 所示。状态量电压标称值见表 3-2 所示。目前实际工程一般均选用 48V 以上的电压以防止干扰造成"遥信误发"，110V 和 220V 也已

成为许多工程应用中的选定电压，它既抗干扰，又同厂站内的直流系统电压一致，省去了另加的遥信电源，可谓一举两得。

判定数字量输入的性能优劣，主要是观察它的容量大小、事件顺序记录（Sequence of Event Recording，SOE）、分辨率高低以及准确性等三个方面。正常情况下，一个微机监控系统的数字量输入应可达 256 个以上（实际订货不一定这样大），SOE 站内分辨率应小于 10ms，准确性要求为不应出现遥信的误发和漏发。要实现上述三点，应在技术上有所创新。

实际工程中还存在另一类数字量输入，即一组 BCD 码输入。一般 4 位十进数字可以用 4 位 BCD 码来表示，每位 BCD 码又可以用 4 位二进制信号表示，共 16 位二进制信号，加上中断请求与选通信号共 18 位。这种并行输入方式由于 IED 以及串行通信的发展，现已很少采用。

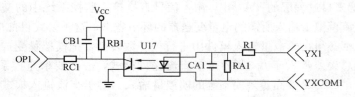

图 3-2　数字量输入原理图

（3）脉冲量输入（Pulse Input，PI）。脉冲量输入是专门针对脉冲式电能表的输出而研发的一种接口，原理上同数字量输入相同，也采用光电耦合方式，但对电能表输出的脉冲有一定要求，一般要求脉宽大于或等于 10ms，接口电平为 5、12、24V。应当指出，这种接口由于其固有的一些缺陷，很难精确且持续不断地累计脉冲个数，成功应用的案例不多，已逐渐被近来兴起的智能电子电能表和专用读表系统所取代。

（4）数字量输出（Digital Output，DO）。数字量输出也称控制命令输出或开关量输出，它是把来自监控系统内部人机界面所下发的命令或来自外部（本地或远方）所下发的命令"翻译"成为一种开关量的输出，即继电器触点的输出控制一次设备的断开与闭合、主变压器分接头挡位的上升与下降或对某组电容器的投入与切除等，其原理图如图 3-3 所示。

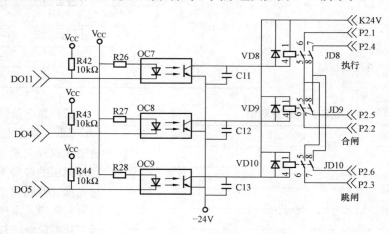

图 3-3　数字量输出原理图

数字量输出的技术关键在于保证输出的准确性与正确性，不致引起被控开关的误动与拒动，给电力系统造成不应有的危害与损失，因此一般采用返送校核（Check Before Operate）的办法。

此外还应注意系统上电和复位瞬间也不应使继电器发生误出口。

（5）模拟量输出（Analog Output，AO）。模拟量输出也称调节输出（Set Point），它是把来自监控系统内部人机界面所下发的调节命令和调节量或来自外部（本地或远方）的调节命令和调节量经过数模转换电路，把二进制数字量变成模拟量送入调节机构完成水电厂和火电厂机组的功率调节，这种调节可以形成一个闭环过程，也称自动发电控制（Automatic Generation Control，AGC）。这一功能仅用于发电厂，变电站内是不需要的，所以对于一般的变电站监控系统，可以不考虑这一功能。

2. 通信功能

集中式厂站监控系统应当具有相当灵活而完善的通信功能，以满足日趋复杂的串行接口要求，以及与各种不同的远方调度控制中心交换数据的能力。

（1）同当地后台系统的通信。此通信接口一般为标准的 RS 232C，把监控系统采集到的各种实时电气量经过这个接口传送到当地后台系统，便于厂站内运行值班人员使用。当地运行值班人员也可以利用键盘和鼠标向监控系统下达控制和调节命令。随着网络的广泛使用，这一接口有被 RJ-45 网络接口取代的趋势。

（2）同当地各类不同厂家不同型号的智能电子装置（IED）的通信。这类通信一般为 RS-485 接口或现场总线接口，其物理接口标准都是一致的，唯一的问题是通信规约（协议）的标准化。这类 IED 设备也越来越多，例如小电流接地选线装置、继电保护装置、直流屏装置、消谐装置、UPS、PLC 等。接入这些名目繁多的设备无疑增加了监控系统的工作量和复杂程度，客观上也存在降低监控系统可靠性与稳定性的风险。

（3）同远方各级调度控制中心的通信。这是集中式监控系统相当重要的功能，早期的 RTU 几乎就是这一功能。现在一般要求监控系统能提供 3 个以上的串行通信接口，通信规约一般选择中国标准的 CDT、IEC 60870-5-101 或 IEC 60870-5-104。

3. 扩展与选配功能

随着微处理器及软件的应用，传统的监控装置上升到监控系统的范畴，其功能也发生了质的变化，许多原来纯硬线逻辑装置所无法实现的功能，现在都可以比较方便地完成。因此，一个微机监控系统所具有的扩展与选配功能的强弱也成为衡量和评价系统性能的重要指标。

（1）扩展功能。扩展功能主要是针对系统的硬件结构所能容纳的最大输入输出量，其次是系统通信能力的可扩性（例如增加几个串行口，增加接入几台来自其他厂家的 IED 等）。

（2）选配功能。选配功能比较灵活，主要涉及监控系统的应用软件的减裁与增删的灵活性与稳定性。概括起来，大致有如下选配功能：

1）单端运行。

2）信息编辑与转发。

3）系统对时。

4）自备通道切换。

5）开关联锁。

6）操作票专家系统。

7）Web。

8）用户可能提出的其他要求。

3.1.3 集中式厂站微机监控系统的优点与不足

1. 优点

集中式厂站微机监控系统产生于 20 世纪 80 年代，并很快在电力系统调度自动化的实施过程中得到普及与推广，为调度自动化的实用化发挥了积极作用。其主要优点如下：

（1）采用了微处理器技术，使系统的性能得到了很大提升。

（2）无论是国产设备或进口设备，其性能基本都能满足当时生产实践的要求以及技术监督部门所规定的各项标准，有的装置或系统运行10多年仍能发挥作用。

（3）由于遥控功能的采用与推广，无人值班变电站的运行方式开始应用并逐步普及，目前中、低压变电站，即110kV及以下电压等级的变电站都陆续采用了无人值班运行方式，有条件的地方，220kV站也采用了无人值班方式，既节约了人力资源，又避免了因为人为失误造成的运行事故，提高了系统的运行可靠性与效率。

（4）由于为集中式结构，设备造价相对分散式有明显优势（现在仍然有不少地方还在采用这种方式的设备以节约支出），还能实现调度自动化和无人值班。

2. 不足

集中式微机监控系统是以发电厂和变电站为对象的，因此也存在以下一些不足：

（1）其体系结构面向厂站而非元件或间隔，因此其可靠性不可能很高，这是因为系统内的输入/输出模件与间隔和元件不存在一一对应关系，一块数字量输入模件可能对应几个间隔的开关状态，这就意味着某一模块或电源发生故障可能导致整个系统停电调换。而分散式系统某一间隔层测控单元发生故障只影响该间隔的监控，不致造成整个系统瘫痪。

（2）增加占地面积或建筑面积，增加电缆用量。表3-3和表3-4列出了2个110kV站分别采用了集中式厂站监控系统与分散式厂站监控系统在建筑面积和电缆用量上的比较。可以看出，在市中变电站比北郊变电站多用一台主变压器的前提下，采用集中式厂站监控系统的北郊变电站比采用分散式厂站监控系统的市中变电站多用建筑面积86%，多用电缆250%。对于220kV站和500kV站，集中式厂站监控系统在电缆用量和建筑面积利用方面开销将更大，弊病更明显。

表3-3　　　　　　　　集中式与分散式厂站监控系统所需建筑面积和空间比较表

工程项目	110kV市中变电站（分散式）	110kV北郊变电站（集中式）	集中式比分散式多用建筑面积和建筑空间数量	集中式比分散式建筑面积的增长率 $\left(\dfrac{集中式-分散式}{分散式}\times100\%,\%\right)$
主控制室（m²）	48	105	57	118.75
电缆层（m³）	无	594m²×2.5m（高）	594m²×2.5m	—
电缆竖井（m³）	无	12.5m²×5m（高）	12.5m²×5m	—
总建筑面积（m²）	1058.92	1968	909.08	86

表3-4　　　　　　　　集中式与分散式厂站监控系统所需电缆用量比较表

工程项目	110kV市中变电站（分散式）	110kV北郊变电站（集中式）	集中式比分散式多用电缆数量	集中式比分散式电缆用量的增长率 $\left(\dfrac{集中式-分散式}{分散式}\times100\%,\%\right)$
二次控制电缆	4702m	16177m	11475m	244
电力电缆	665m	2610m	1945m	292
合计	5367m	18787m	13420m	250

（3）系统扩展、升级较困难，这也是因为它面向全厂站设计所带来的结果。

3.1.4 集中式厂站微机监控系统与远方终端单元（RTU）的关系

从以上分析可以看出，集中式厂站微机监控系统与远方终端单元（RTU）之间存在相当紧密的关系，应当说监控装置以及监控系统都是在所谓远动装置或 RTU 基础上发展起来的。早期的 RTU 纯粹是为了满足调度自动化的要求而诞生的，它在结构与功能方面基本上不涉及当地厂站运行值班人员的利益与要求，尽管它安装在发电厂与变电站的中央控制室内，但发电厂和变电站的当地运行值班人员对它却不感兴趣，似乎成了"多余"，而管理它、维护它的则是远方调度所内的远动班的技术人员。只有到了 20 世纪 80 年代后期，随着技术的进步，RTU 本身也逐步发展，功能增多，结构增强，当地后台系统也从选配功能变成基本配置，出现了增强型 RTU，这也是早期集中式厂站微机监控系统的雏型，它除了完成远动"四遥"功能以及同调度控制中心交换数据外，还能同微机保护等 IED 交换信息，其测量值输入也从变送器耦合的直流采样方式发展到直接耦合的交流采样方式，有的还配有微机防误系统，这种结构既适宜于变电站无人值班，也能起到部分综合自动化的作用，具有相当的市场潜力。另外一种集中式监控系统则是把单 RTU 加以划分，成为几个相互较独立的子系统，每个子系统面向一段母线上的几条馈线间隔或面向一台主变压器，有的系统也按功能分为测量子系统、状态量输入子系统等。这样做尽管成本有所增加，但系统的灵活性与可靠性也得到了加强，是一种向分散式系统过渡的产品。

不难看出，传统 RTU 的结构和功能都是集中式厂站微机监控系统的一个子集合，它无法兼容后者，而后者可以兼容前者。当然，这里讨论的 RTU 概念都是传统与规范的。随着科技的进步，RTU 也还在发展之中，这已不属本书的讨论范围。

3.2 集中式厂站微机监控系统的结构

3.2.1 概述

随着计算机技术的发展，集中式厂站微机监控系统的结构也在发生变化。早期的远动 RTU 几乎都是清一色的 8 位单 CPU 插箱式结构，即整个装置只有一片 8 位中央处理器（Intel 8085、Z80 等），内存容量也很小，这必然导致整个装置容量有限，扩展不便。随后进入 16 位 CPU（Intel 8086/8088）和多 CPU 的结构，只有多 CPU 的应用，才从根本上解决了满足大容量输入/输出处理能力的问题，提高了与远方调度控制中心通信的数量与速度。在多 CPU 的基础上又出现了子系统的概念，根据功能与结构的差异，把微机监控系统划分成若干个不同的子系统，每个子系统具有相对的独立性与灵活性，子系统之间采用现场总线或网络加以连接。

微机监控系统还有一个重要的组成部分，即后台系统。由于后台系统基本上都是由高档 PC 机、工控机或工作站构成的 SCADA 系统，具有相当的独立性，其内容将在本书后面的章节中加以讨论。

下面将主要讨论多 CPU 结构和子系统方式的集中式微机监控系统的结构。

3.2.2 主处理模件

主处理模件是集中式厂站微机监控系统的核心部件，它的品质优劣直接关系到整个监控系统的性能。图 3-4 所示为某监控系统的主处理模件 FP 的板面元器件布置图，图 3-5 所示为主处理模件的原理框图。

1. 结构设计

该主处理模件为插箱式模件，这是目前国内和欧洲普遍采用的一种结构设计，除主处理模件外，其他通信模件、输入/输出模件等均同主处理模件有相同外形尺寸和相同接口连接器，均插入一个标准的插箱内。而北美一些公司的方式又略有不同，它们的结构设计比较"粗放简

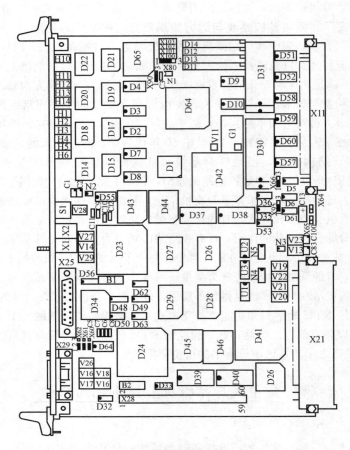

图 3-4 FP 重要元器件的印制板布置图

约",喜欢采用所谓"贴大饼"方式,而不喜欢采用插箱式结构,其优点可能是节约成本,安装与连接较为灵活方便,但外观欠佳。

(1) 总线接口设计。总线接口通过模件上的背板连接器 X11(见图 3-4)与插箱的背板上的总线插座相连接。模件上为 96 针式连接器,其信号定义见表 3-5。

表 3-5 系统总线信号在背板连接器 1(X11) 上的分配 (面对连接器插脚)

序号	c	b	a	
1	P5	P5	reserved	
2	$\overline{DB1}$	P5	$\overline{DB0}$	⎫
3	$\overline{DB3}$	GND	$\overline{DB2}$	
4	$\overline{DB5}$	GND	$\overline{DB4}$	
5	$\overline{DB7}$	M	$\overline{DB6}$	数据总线
6	$\overline{DB10}$	$\overline{DB9}$	$\overline{DB8}$	
7	$\overline{DB13}$	$\overline{DB12}$	$\overline{DB11}$	
8	$\overline{DB15}$	GND	$\overline{DB14}$	⎭

续表

序号	c	b	a	
9	$\overline{\text{BHEN}}$	$\overline{\text{PEN}}$	ALE	
10	AB1	AB0	$\overline{\text{DPRA}}$	
11	AB3	GND	AB2	
12	AB6	AB5	AB4	
13	AB9	AB8	AB7	地址总线
14	AB11	GND	AB10	
15	AB14	AB13	AB12	
16	AB17	AB16	AB15	
17	AB19	GND	AB18	
18	MCLK4*	MCLK2*	MCLK8*	
19	reserved	$\overline{\text{MALE}}$*	$\overline{\text{MLOCK}}$*	
20	$\overline{\text{INTL0}}$	GND	NMI*	
21	$\overline{\text{INTL3}}$	$\overline{\text{INTL2}}$	$\overline{\text{INTL1}}$	中断线
22	$\overline{\text{AESYN}}$	SI	$\overline{\text{INTL4}}$	
23	reserved	GND	reserved	
24	$\overline{\text{WR}}$	$\overline{\text{RD}}$	DCF$SEC	
25	M/$\overline{\text{IO}}$	RESET	CCLK	
26	XACKC	GND	$\overline{\text{XACK}}$	
27	reserved	P5*	EANK	控制总线
28	P5*	$\overline{\text{LOCK}}$	reserved	
29	$\overline{\text{RESIN}}$	GND	$\overline{\text{STFF}}$	
30	$\overline{\text{TSYN}}$	GND	P5*	
31	MAN	P5	MAN	
32	P15	P5	N15	

* 这些电压或信号在 FP 模件上不连接。

从表 3-5 可以把总线接口信号加以分类。

1) 数据总线：$\overline{\text{DB0}}\sim\overline{\text{DB15}}$，数据位 0~15，16 根双向数据交换线。

2) 地址总线：

AB0~AB19：地址位 0~19，寻址 1MB 地址空间和 64KB I/O 地址空间。

ALE：地址锁存允许，用于地址外部存储。

$\overline{\text{BHEN}}$：总线高允许，表示在$\overline{\text{DB8}}\sim\overline{\text{DB15}}$上有一个待传递的数据。

$\overline{\text{DPRA}}$：双口 RAM 地址，用于寻址存储区内的双口 RAM。

$\overline{\text{PEN}}$：外设允许，用于对模件寻址预先编码。

3) 控制总线：

$\overline{\text{AESYN}}$：用于外同步定时器输出。

CCLK：恒定时钟信号，通常可使用 8MHz 时钟脉冲。

DCF $ SEC：来自 DCF 模件（同步时钟模件）的秒脉冲。

EANK：n 中取 1 校验，通过此模件输入信号可识别是否有一个以上外围模件同时寻址。

$\overline{\text{LOCK}}$：总线锁定，阻塞经由系统总线的校验。

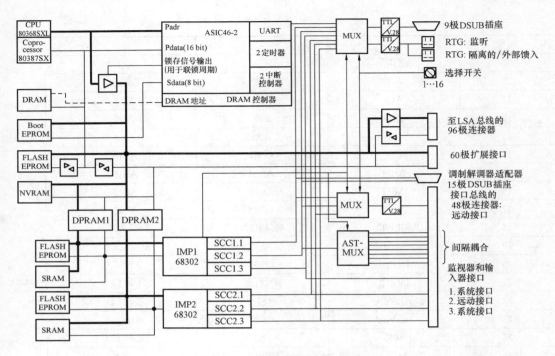

图 3-5　主处理模件的原理框图

▷—单向总线驱动器；◁▷—双向总线驱动器；——地址；——数据；□□—可选装

M/$\overline{IO}$：寻址内存时该信号为 1，寻址 I/O 时该信号为 0。

$\overline{RD}$：当处理器从内存或 I/O 缓冲器读数据时该信号有效。

RESET：用于复位外围模件。

$\overline{RESIN}$：整个系统的复位输入信号。

STFF：控制触发器。

$\overline{WR}$：当处理器写数据到内存或 I/O 缓冲区时该信号有效。

$\overline{XACK}$：传输确认，外围模件必须以此信号确认读写访问。

XACKC：公共区传输确认信号，当所有被寻址模件输出一个"0"空闲信号以表示准备就绪时，才可以开始把数据从几个双口 RAM 写入公共数据区。

4）中断线：INTL0-INTL4，中断线 0～4，这几根线连接在处理器的可屏蔽中断输入，$\overline{INTL0}$优先级最高。

SI：管理定时器的同步信号。

5）电源线：

M（GND）5V 的基准电压，即 5V 地。

P5：5V 正，用于全部数字电子器件。

P15：+15V。

N15：-15V。

MAN：±15V 的基准电压。

（2）输入/输出接口设计。主处理模件上的输入/输出接口是一个并行 48 针连接器 X21（见图 3-4），用于各通信口的进出信号的分配。其信号分配见表 3-6。从表 3-6 中可以看出，电源

94

线为±15V 加上地线共 3 线（P15、N15 及 GND），其余主要连线定义如下：

TxD—*：发送数据线；RxD—*：接收数据线；RTS—*：请求发送线（与 Modem 有关）；CTS—*：清送线（与 Modem 有关）。

—FW：远动接口；—FK1~*—FK8：耦合到间隔 1~8；*—MON：下载、测试、诊断。

—SY1~—SY3：通用系统接口 1~3。

根据这些定义，表 3-6 中的 RxD-FK4 表示耦合到间隔 4 的接收数据线；TxD-SY2 表示通用系统接口 2 的发送数据线。

表 3-6　　并行接口到接口总线的背板连接器 2（X21）的信号分配（从插头侧看去）

序号	d	b	z
2	TxD_FW	P15（+15V）	GND（15V）
4	RxD_FW	CTS_FW	N15（−15V）
6	RTS_FW	—	
8	—	RTS_SY2	CTS_SY2
10	RxD_SY1	RxD_SY3	TxD_SY3
12	RTS_SY1	RTS_SY3	CTS_SY3
14	TxD_SY1	RxD_FK1	TxD_FK1
16	CTS-SY1	RxD_FK2	TxD_FK2
18	TxD_MON	RxD_FK3	TxD_FK3
20	RxD_MON	RxD_FK4	TxD_FK4
22	RTS_MON	RxD_FK5	TxD_FK5
24	CTS_MON	RxD_FK6	TxD_FK6
26	RxD_SY2	RxD_FK7	TxD_FK7
28	TxD_SY2	RxD_FK8	TxD_FK8
30	—	AST_RTS	AST_CTS
32	DCF_SV	DCF_SIG	DCF_GND

2. 运行方式

主处理模件本身实际上是一个多处理器结构，分为控制与通信两部分。

（1）控制计算机部分。控制计算机由以下元器件组成：

1）CPU 80386/486，16MHz 时钟，80387 数学协处理器用于浮点运算。

2）DRAM 2MB。动态存储器 DRAM 分为 2 组，每组 18 位字长，由 2 片 DRAM 芯片组成，每片 512K×9bit，共 2MB，第 9 位和第 18 位采用奇校验以确认低字节或高字节。若读数据时发生奇偶校验错，则产生一个非屏蔽中断 NMI。

3）闪存 EPROM，占据 4 组，每组均为 16 位字长，每组在 1MB 地址空间译码。闪存以 256K×8bit 阵列的方式使用，共形成 2MB 内存。

4）导引 EPROM，提供 2 块任选其一的导引 EPROM，256KB 或 512KB，其寻址由跳线器 X80 决定。

5）NVRAM，由 2 片静态 CMOS RAM 组成，每片 8 位字长，借助于安装的电池，可以保留数据的完整性，即使当电源失电之后也能保存数据。提供最大容量为 128K×16bit 的 JEDEC

标准插座。也可使用 8K×16bit 或 32K×16bit 芯片。

6) 时钟脉冲发生器，一个集成石英振荡器产生 32MHz 系统时钟脉冲，供 CPU 和 80387 协处理器使用，CPU 的工作时钟脉冲是 16MHz。

除上述主要元器件以外，控制计算机部分还包括 2×16KB 双口 RAM（用于与通信计算机交换数据）、特殊应用芯片 ASIC、1MB 扩展寻址等。CPU 的地址和数据信号经过板上的驱动器被耦合到系统总线上，系统的控制信号由 ASIC 生成和评估。同样，来自总线的中断在可以激励一次 CPU 中断之前，由 ASIC 中的中断控制器收集、屏蔽和分配优先级。ASIC 的 $\overline{INTL0}$ 中断线可以经由跳线器 X66 在总线上的分脉冲或无线电对时的秒脉冲 DCF＄SEC 之间重新连接。连到 $\overline{INTL0}$ 上的跳线器在出厂时是标准设置。主处理模件接收 DCF＄SEC 信号和总线的 $\overline{INTL0}$，若无线电对时模件装在扩展槽 X28（见图 3-4）上，它产生信号 MDCF-SEC 和 $\overline{INTL0}$，这些信号经由总线上的 X11 总线连接器的连接作为 $\overline{INTL0}$ 和 $\overline{DCF＄SEC}$ 来驱动，以此来控制主处理模件的其余电路元件。

所有来自总线的输入信号都被施密特触发器缓冲以加强整形和抗干扰能力。

（2）通信计算机部分。通信计算机部分采用 2 个集成的多规约微处理器（Integrated Multiprotocol Processor，IMP）MC68302，每一个多规约微处理器都有它自身的静态 RAM 和程序 ROM（闪存 EPROM），每一个多规约微处理器有 3 个独立的串行接口，主处理模件上也可以根据需要安装 1 个 IMP，即装在图 3-4 的 D23 上，D24 作为第 2 个 IMP 可以作为选件处理。

1) 时钟脉冲发生器：IMP 的时钟脉冲为 15.360MHz，由内部振荡器生成。

2) SRAM：16 位，有 256KB 或 1MB 两种可供选择。

3) 闪存 EPROM：16 位，可选择 256KB 或 1MB。

3. 技术规范

（1）处理器。

1) CPU：80386/80486。

2) 数学协处理器（选件）80387。

3) 集成多规约处理器（最大 2 片）68302。

4) 处理器工艺为 CMOS（保证不用风扇）。

5) 时钟脉冲频率为 16MHz/15.36MHz。

（2）存储器。

1) 闪存 EPROM：2MB。

2) 导引 EPROM：256KB。

3) DRAM：2MB。

4) NVRAM：64KB。

5) 双口 RAM：2×16KB。

（3）总线。96 线系统总线。

（4）接口。

1) 主处理模件外部接口：①96 针连接器 X11 系统总线。②48 针连接器 X21 外部接口总线。③15 针 DSUB 插座 X21Modem 适配器。

2) 主处理模件内部接口：①RTG 插座（X1，X2）：V.28 接口标准。②9 针 DSUB 插座 X29：V.28 接口标准。③60 针连接器 X28：扩展接口。

（5）电源。

1) 电源电压：+5V×（1±5%）。

2）模件耗电：最大 10.6W。

（6）环境条件。

1）插箱中运行：−5～+55℃，最大相对湿度 85％（25℃）。

2）运输期间：−40～70℃，最大相对湿度 90％。

3）存储期间：−40～55℃，最大相对湿度 90％。

4）凝露：不允许。

（7）空间要求。

1）宽：2 个标准插槽（30.48mm）。

2）高：233.4mm。

（8）质量：350g。

3.2.3 输入/输出模件与输入/输出子系统

集中式厂站微机监控系统所采用的输入/输出模件和输入/输出子系统种类较多，为了方便说明问题，本节仅列举模拟量输入模件、数字量输入模件和数字量输出模件及其相应的子系统并加以描述，这也是厂站监控系统中应用最多的三类外围设备。

3.2.3.1 模拟量输入模件和模拟量输入子系统

1. 模拟量输入模件

模拟量输入模件有多种划分方式，按模件上是否有微处理器芯片可以分为智能式和非智能式，非智能式由于要借助主处理模件才能工作，只能称为模拟量输入的接口模件或调理模件。按模拟量输入通道方式的不同可以分为电子多路模拟开关输入方式和继电器触点输入方式。电子多路模拟开关输入方式电路结构较简单，节省成本，使多个模拟信号共用一个采样保持器和A/D 转换器进行采样和转换。其不足之处是处理与输入信号电气隔离方面较困难。继电器触点输入方式电路结构较复杂，成本高一些，但容易实现与输入部分的电气隔离，提高测量的精度。按采样方式可以分为直流采样和交流采样两种方式。

图 3-6 所示为多模拟量输入通道的组成框图。模拟量输入通道一般由信号处理装置、电子多路转换器、采样保持电路和 A/D 转换器等组成，其任务是把来自过程层的模拟信号，转换成二进制数字信号，经 I/O 接口送入微机。

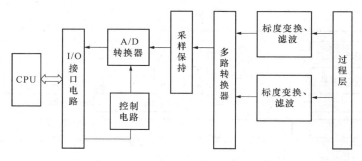

图 3-6　多模拟量输入通道的组成框图

（1）信号处理装置。信号处理装置一般包括标度变换、信号滤波、电平转换、线性化处理以及电参量之间的转换等。

1）标度变换器是将生产过程中测得的随时间变化的物理量或不同电平的电参量，进行规格化。如将过程层的电流电压互感器或温度、直流、压力、流量等电信号或非电平信号变换成表3-1中的统一信号。

2）在生产现场，由于各种干扰信号的存在，必须采用滤波电路来抑制信号通道中的干扰。选择滤波器型式时，要考虑所测信号的频率和特性，以及干扰信号的频率和所要求的抑制程度。有时因环境引起噪声干扰，还可以采取线路补偿或采用屏蔽的措施尽量减少信号误差。有些转换后的电信号与被测参数呈非线性关系，为提高测量转换的灵敏度，需要采取线性化措施，这可采用折线近似法或采用反馈放大器原理达到线性化目的。

（2）电子多路转换器。电子多路转换器又称多路开关。在分时检测时，利用多路开关可将各个输入信号依次或随机地连接到公用放大器或 A/D 转换器上。

（3）可编程放大器。这是一种通用性的高级放大器，可以根据需要用程序来改变它的放大倍数。当多路输入的信号源电平相差较悬殊时，用同一增益的放大器去放大高电平和低电平的信号，就有可能使低电平信号测量精度降低，而高电压则有可能超出 A/D 转换器的输入范围。采用可编程放大器，可通过程序调节放大倍数，使 A/D 转换器信号满量程达到均一化，以提高多路数据采集的精度。

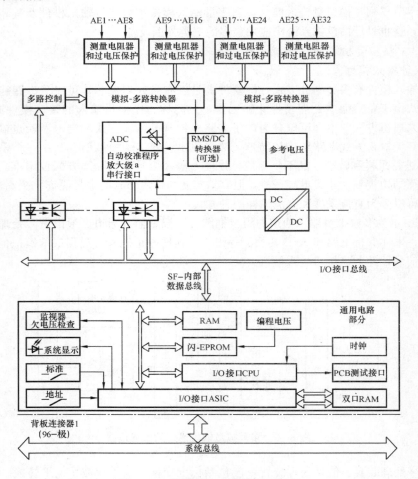

图 3-7 模拟量输入模件原理框图

图 3-7 为一广泛用于厂站微机监控系统中的模拟量输入模件的原理框图，下面加以具体讨论。

（1）模件结构。该模件同主处理模件属于同一体系结构，因此其模件几何尺寸、接口方式都基本一致。其不同之处在于这是一款专用于模拟量输入的模件，分为两部分，框图的下半部分为通用电路部分，以 96 线总线连接器与系统接口；框图的上半部分为专用电路部分，以 48 线 I/O 连接器与外部模拟量输入接口。

通用电路基本上是一块微处理器单板机，CPU 为 80C32，48K 数据存储和 128K 代码存储。它经由 1 片 2K 双口 RAM 和一片专用芯片 ASIC 与系统 96 总线接口。专用电路部分主要由 2 片 16 选 1 模拟多路开关电路芯片和 1 片 ADC 芯片以及其他诸多附属电路构成。

（2）模件工作过程。

1）被测模拟量的采集。该模件的硬件设计考虑了实际上存在多种输入值的情形，其测量电阻值也各不相同。对于同一种输入，采用放大系数参数化的方法使得模件的模拟量采集电路部分处在一种最佳的工作状态。例如对于 0～±1.25/2.5/5/10V 一类电压输入，可以根据实际被测值的大小和极性把它参数化为 4 种电压范围中的最适合该被测电压和极性的那一范围内。除了输入范围和极性可参数化外，还可对被测值经 A/D 变换之后的编码进行参数化，例如可以把编码参数化为 9 位加符号位或 12 位加符号位，若为 12 位编码，其精度为被测值的 ±0.2%，为被测值范围的 ±0.05%。

采用两种方法来处理被测模拟量采集过程中的干扰问题，对于高频干扰，由输入端的 RC 低通滤波器以及 ADC 的数字滤波器加以抑制；对于 50、60Hz 或 $16\frac{2}{3}$Hz 这类低频干扰则可以用参数化的办法，对两个被测值取平均值来实现干扰抑制，两个被测值的选取则按 $\frac{1}{2}T$ 或 $\frac{2}{3}T$（T 为干扰频率的周期）的时间间隔来记录。

2）被测值的处理。被测值处理包括阈值处理、零偏移抑制、标记设定。所谓阈值处理，类似于越死区传送，即对于经常发生的小变化没有超越阈值并不急于传送出去，而是要在特定的时间之后再传送。对于每个被测值可以参数化两个阈值，使用标记设定可以在两个阈值间切换以方便使用。零偏移抑制则是为了抑制零点附近测量值的不准确而设定的。

3）被测值的传送。被测值传送分主动上送和被动上送两种：前者是指被测值超越阈值之后模件会主动将被测值和超越阈值的时间传送到主处理模件；后者则是当主处理模件发出一般问询之后，模件将被测值传送出去。

4）被测值的格式。在模件中存放的被测值一般以所谓生格式存储的，具体格式如图 3-8 所示。

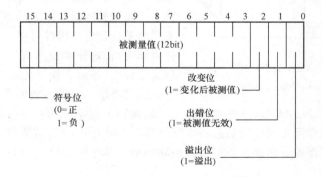

图 3-8 被测值的格式

（3）模件技术规范

1）处理器：80C32。

2）电路工艺：CMOS。

3）时钟频率：14.7456MHz。

4）存储器：RAM，32K；闪存 EPROM，128K。

5）总线：系统总线（96线）。

6）输入：32路模拟量输入；输入灵敏度可软件参数化组态；范围为 $0\sim\pm1/20/24$mA、$0\sim\pm1/6/10$V；

过载范围，$0\sim\pm120\%$；

分辨率，$\pm120\%$对应4096。

7）输入电阻：200、240、375Ω；12位分辨率的终值累计误差，$\leqslant0.275\%$。

8）电源：$+5V\times(1\pm5\%)$。

9）功耗（无测量电阻）：典型值3.5W，最大值4.2W。

$R=200\Omega$ 在32个电阻上的功耗最大值2.56W（$I=20$mA）

$R=240\Omega$ 在32个电阻上的功耗最大值4.4W（$I=24$mA）

10）环境条件：插箱中运行，$0\sim70$℃；运输期间，$-25\sim85$℃；存储期间，$-25\sim85$℃。

11）空间要求：宽，1个标准插槽（15.24mm）；高，233.4mm；质量，260g。

2. 模拟量输入子系统

模拟量输入子系统是指在一个特定插箱内安装有电源、处理器板及以模拟量输入板等，构成一个完整的模拟量采集（一般为交流采样）处理并传递数据至主控单元的计算机系统。它与模拟量输入模件主要不同之处为：

①模拟量输入子系统是一个完整的可以独立运行的系统；

②模拟量输入灵活，不局限于一块模件的输入量，既可以交流采样输入，也可以直流输入。

模拟量输入子系统主要用于集中式厂站监控系统中对厂站内测量值的采集、处理与传递，它面向全厂站的测量输入而不是面向某一个元件或间隔，适合集中组屏安装。

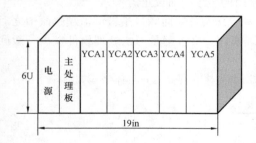

图 3-9　NSC-YCA 交流采样子
系统整机结构外观示意图

（1）系统结构。

1）图 3-9 为 NSC-YCA 交流采样系统的整机结构外观示意图，它由标准金属机箱、电源模件、主处理模件、交流采样输入模件以及后背板、连接端子等组成。交流采样输入模件数量的多少决定了整个子系统的容量，图 3-9 所示系统最大可容纳5个采样模件，每个模件可接入 12 个 TA/TV（可以任意组合），这样系统共可接入 60 个 TA/TV，能满足采样 10 条以上馈线的要求。如果一个子系统不能满足要求，还可再增加第 2 个子系统。

2）图 3-10 所示为 NSC-YCA 的原理框图，原理图上部实际为一单板计算机，其系统总线就是该子系统与主控单元之间交换信息的串行总线，一般为 RS 485 或现场总线，下半部分为信息输入、变换、采样保持、多路选择等模拟电路部分，其中的 I/O 接口总线方便对多个采样模件的轮流采样。

（2）系统技术参数。

1）处理器：80C196。

2）电路工艺：CMOS。

3）时钟频率：16MHz。

4）存储器：RAM 32K，NVRAM 8K，EPROM 64K。

5）系统总线：2×RS 485/CAN，RJ45（Ethernet）。

6）输入：

每模件输入数量：12TA/TV（可任意组合、典型配置 2 条馈线）；

系统最大输入容量：典型，10 条线路；

输入信号波形：正弦波，含谐波分量最大 13 次；

电压互感器输入：100、380、$100/\sqrt{3}$、$380/\sqrt{3}$V；

电流互感器输入：1、5A；

线性范围：额定范围的 1.2 倍；

每一电压回路功耗：≤0.2VA；

每一电流回路功耗：≤0.1VA。

7）精度：频率，±0.01Hz；电压/电流，≤0.2%；有功/无功，≤0.5%。

8）电源：AC，220/110V；DC，220/110V。

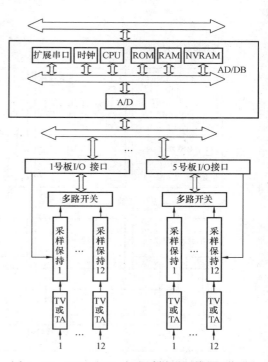

图 3-10　NSC-YCA 交流采样子系统原理框图

3.2.3.2　数字量输入模件和数字量输入子系统

1.数字量输入模件

数字量输入即状态量输入，也称开关量输入或遥信输入，所包含的意义在本书中是一样的。图 3-11 为一典型用于集中式厂站微机监控系统的数字量输入模件的原理框图。

（1）模件结构。图 3-11 与图 3-7 相比较，可以发现二者的相同之处都具有完全一样的通用电路，不同之处在于专用电路部分。本模件的专用电路有 4 组，每组由接收 8 位数字量的输入电路、光电耦合隔离、ASIC 滤波器专用电路等组成，完成对 32 位数字量输入的采集。

（2）模件工作过程。

1）状态输入量的采集。该模件可以适用于多种形式的状态输入，单信号源、双信号源、位模式、脉冲计数等都可以经该模件采集。单信号源是指这种信号源对应一个实际的物理输入，该输入的高低电平尽管来自同一个信号源（例如继电器同一对触点），但它反映了两种特殊状态，即出现/消失，模件对这两种状态指示都要加以处理与传输；此外还有一种所谓瞬态指示的情形，它仅对出现加以处理与传递而不考虑消失，也就是通常所说的动作与复归，只记录并处理动作，而不考虑复归。双信号源则是与两个实际的物理输入相对应，分别表示两个确定的状态（开/关）以及两个不确定状态。这种输入方式与单信号输入相比，其优点是可以相当有效地防止"遥信误发"这一监控系统中经常碰到的问题；缺点是多占用物理资源使系统成本与价格上升，同时内部处理与传递也较单信号输入繁杂。

位模式实际上就是一种广义的数字量输入，位模式的宽度可以定义为 8 位、16 位或 32 位，一般用于接口数字式仪表的并行输入，例如数字频率计或数字水位计，但现在由于串行总线的应用，已很少使用这一接口输入方式。变压器抽头指示本质上也属于这一方式，目前仍有应用。

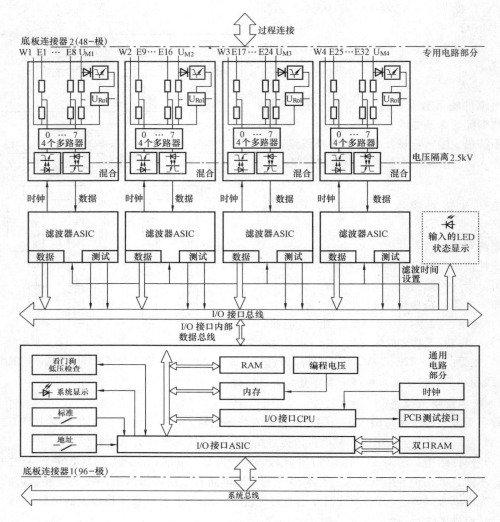

图 3-11　数字量输入模件原理框图

脉冲计数方式曾经有过一段活跃时间，但由于计数脉冲的不准、停电时漏计等诸多原因加上电子电能表的兴起与发展，使这一功能似乎趋于弱化。

2）状态量的预处理。状态量的预处理包括延迟、滤波和舍弃，状态量输入尽管比较简单，但是处理不好会造成用户对监控系统质量评价不高，其中之一就是"遥信误发"。数字量输入模件在硬件和软件上采取多种行之有效的措施，基本上解决了这一工程实际上的难题：①延迟处理记录下来的状态变化，并用参数化方式来整定延迟时间。如果在延迟时间结束时还发生状态变化，就处理新的状态指示，而舍弃原来的状态。延迟时间可以从 100ms 整定到 10h，由于它对每一个状态输入都做了延迟处理，并不影响模件的分辨率。②触点抖动闭锁。继电器触点或断路器辅助触点的抖动常常导致"遥信误发"并引发监控系统超载，为此，设计了自动抖动闭锁，一个相关计数器在规定的时间窗口内记录下状态变化次数，一旦超过原参数化设定的次数，相应的状态指示即闭锁。③模件上设计有硬件滤波器 ASIC，可以把 2～64ms 之间 6 个特定的滤波时间加以参数化，根据连接导线长度及耦合电容选择滤波时间以清除触点抖动的影响。

3）状态量的传递。数字量输入模件把状态信号传递到主处理模件上一般有两种方式：①数字量输入模件上有状态变化，通过中断寄存器使主处理模件读取状态信息；②主处理模件按时间原则启动查询，数字量输入模件响应，并完成数据交换。

（3）模件技术规范。

处理器：80C32。

电路工艺：CMOS。

时钟频率：14.7456MHz。

存储器：RAM 32K，闪存 EPROM 128K。

总线：系统总线（96 线）。

输入：32 路光耦隔离，每组 8 个输入和 1 个公共端，共 4 组。

状态输入分辨率：1ms。

状态指示电压：$U_M = 24 \sim 60V$。

输入端电压：$U_E = 19.2 \sim 75V$。

输入端电流：$U_E = 24V$，$0.49 \sim 0.51mA$；$U_E = 48V$，$0.98 \sim 1.02mA$；$U_E = 60V$，$1.22 \sim 1.28mA$。

电源：$5V \times (1 \pm 5\%)$。

功耗：1W。

输入功耗（50%激励）：$U_M = 24V$，典型输入功耗 2.5W，最大输入功耗 3.0W；

$U_M = 48V$，典型输入功耗 3.7W，最大输入功耗 4.2W；

$U_M = 60V$，典型输入功耗 4.3W，最大输入功耗 4.8W。

环境条件：插箱中运行，$0 \sim 70℃$；运输时，$-25 \sim 85℃$；存储时，$-25 \sim 85℃$。

空间要求：宽，1 个标准插槽（15.24mm）；高，233.4mm；质量，240g。

2. 数字量输入子系统

（1）系统结构。在物理结构上以及插箱中的电源和主处理模件，基本与模拟量输入子系统类似，整个子系统可以完成 256 个开关量的输入、采集与处理，并将数据送至主控单元，这对于一般 110kV 站的集中监控系统来说，配置这样一个子系统基本都能满足全站对开关量采集的要求。除了电源模件与主处理模件外，插箱内最大能配置 8 块数字量输入模件，每块模件可采集 32 路开关量，根据实际需要可以灵活配置，从 1 块模件到 8 块模件不等。

图 3-12 所示为 NSC-YX 数字量输入子系统的原理框图，其上半部分仍然是一块完整的单板微处理机，下半部分的电路结构 8 块模件基本完全一样，只要弄清其中一块模件，其余举一反三。这些电路结构的主要功能则是解决数字信号输入的干扰问题，除了采用光电耦合器件防止输入端可能发生的现场高

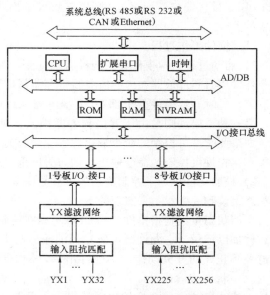

图 3-12 NSC-YX 数字量输入子系统原理框图

电压干扰以及可能对模件内部弱电器件的损坏外，应用硬件滤波网络以滤除小于设定的去抖时间内由于触点抖动可能造成的"虚假"状态变化信号，每一路输入均可单独设定去抖时间。此外，子系统的前面板上都有对应相应数字量输入的 LED 指示，以方便调试和运行人员观察判断整个厂站监控系统的开关量的状态变化情形。

（2）系统技术参数。

处理器：80C196。

电路工艺：CMOS。

时钟频率：16MHz。

存储器：RAM 32K，EPROM 64K，E^2PROM 8K（参数）。

系统总线：2×RS 485/CAN/RJ45（Ethernet）。

输入：每模件输入数量，32（2500V 光耦合器隔离）；系统最大输入容量，256（8 模件）；输入电压，24/48/110/220V DC（可选）；输入回路电流，≥3mA。

状态输入分辨率：±1ms。

电源：AC，220/110V；DC，220/110V。

3.2.3.3　数字量输出模件和数字量输出子系统

1. 数字量输出模件

在厂站监控系统中，习惯上也把数字量输出称为命令输出或遥控输出。图 3-13 所示为一典型用于集中式微机厂站监控系统的数字量输出模件的原理框图。

（1）模件结构。模件的通用电路部分同图 3-7 基本上是相同的，而专用电路部分则有很大不同，它基本上属于继电器控制电路的设计范畴。专用电路主要由 20 个小型继电器及其附属电路组成，每个继电器都有 2 付辅助触点，完成 32 个控制命令的输出，实现对 16 个断路器或开关的分闸与合闸控制。20 个小型继电器在功能上又分为两部分，其中 16 个继电器 K101~K116 专门用于输出控制命令，另外 4 个继电器 K117~K120 则是配合输出控制命令，K117 和 K118 为选择继电器，在电路连接上它们彼此之间互为联锁，K119 和 K120 为许可继电器，K119 用于单极输出，而 K120 则用于双极输出，它们彼此的工作过程是依靠模件的参数化来完成的。

（2）模件工作过程。

1）启动过程。本模件具备两种启动过程：由于欠压（$\overline{PDRES}$激励）引起的重启动，此时包括硬件输出时间计数器在内的所有写寄存器都被删除，即写寄存器 0~5 中的内容在欠压复位时被清零，同时导致模件上全部 20 个继电器 K101~K120 立即释放，当前任何命令输出都将失效。另一种重启动则是由于看门狗的原因或主处理模件复位（$\overline{SRES}$激励，$\overline{PDRES}$不变）所引起，如果此时许可控制的命令输出存在，则该复位不对命令输出模件的专用硬件起作用；然而如果不存在许可控制的命令输出，则与欠压重启动一致。

2）校验功能。为了控制输出的可靠与安全，校验功能是必要的。如图 3-13 所示，它是利用状态重读和 n 中取 1 来实现的。

所谓状态重读是指模件上的 CPU 可以在控制命令输出之前读取继电驱动器以及 n 中取 1 的信息并加以记录。它允许继电驱动器的输出与实际值比较，当发现如下错误时，停止命令输出以避免不正确的开关动作：①硬件出错，例如继电驱动器输入或输出处短路或开路；②软件误启动。状态重读还可以在命令输出之前，检查是否所有继电驱动器都复位以及确认重启动之后，终止复位之前命令输出已经启动。所谓 n 中取 1 校验是用来检测 16 个输出继电器响应的出错状况，为此将全部 16 个继电器线圈电流的和与两个参考值加以比较，当与第 1 个参考

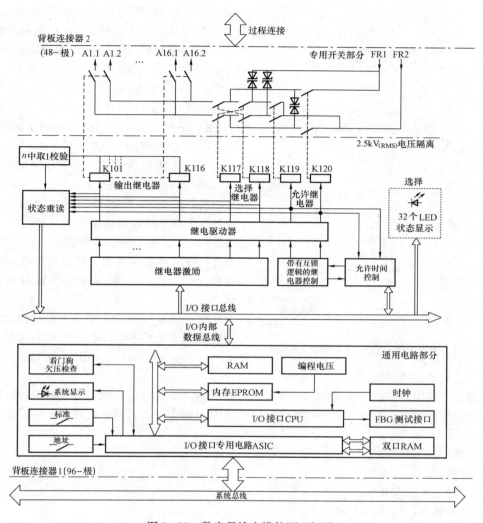

图 3-13 数字量输出模件原理框图

值比较时，检测是否存在 1 个以上继电器的同时响应，若发生这一现象，则错误位 EANF 置位；当与第 2 个参考值比较时，检测是否 16 个继电器没有 1 个动作，此时错误位 EANF 置位。

3）命令输出。数字量输出模件命令输出可以有 4 种格式，但是在实际工程应用中，一般只用到其中一种输出格式，即单极单触点，最大许可 32 个单命令输出，其原理框图如图 3-14 所示。由图 3-14 可以看出，点画线内的部分是模件本身，外部是与之相匹配的中继电路，即所谓控制（遥控）执行电路。其具体运作过程如下：

假定要驱动图 3-14 中的过程连接的 B1 继电器，并进而使某一断路器合闸，控制模件根据这一命令首先驱动选择继电器 K117，这样 K117-1 闭合而 K117-2 断开；而 K118 维持原始状态不变，即 K118-1 断开而 K118-2 闭合；同时驱动许可继电器 K119（单极命令对应 K119），即 K119-1 和 K119-2 同时闭合，而 K120 维持原始状态不变，即 K120-1 和 K120-2 均保持断开，这就做好了驱动输出继电器 K101 的准备。当控制断路器合闸命令有效以后，K101 继电器线圈得电，导致 A1-1 和 A1-2 同时闭合，这样从图 3-14 右下角命令输出电压 UB+ 与 UB- 就可以经由

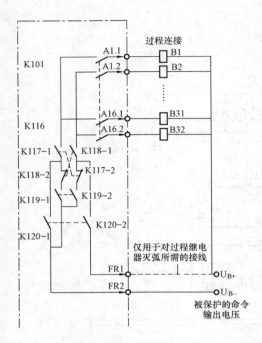

图 3-14 单极单触点控制命令输出原理图

过程连接中的 B1 继电器线圈而形成电气通路，B1 得电导致其动合触点闭合并驱动断路器的合闸电路完成合闸操作。尽管 K101 得电造成 A1-1 和 A1-2 均闭合，但是由于 K118-1 断开和 K117-2 断开，双重保险保证 B2 不会得电。反之，当控制该断路器分闸时，其工作过程中除驱动选择继电器 K118 而不是 K117 外，其余基本相同，此时 B₂ 回路接通，而 B₁ 回路因为 K117-1 和 K118-2 均处在断开位置，无法形成通路。剩下的 K102～K116 15 个继电器均按此过程运行不再一一赘述。为了安全起见，K119 和 K120 许可继电器的驱动电路是通过两个独立的数据触发器由信号 I/O 口 CPU 进行激励，为了避免两个许可继电器同时被激励，一个许可继电器依靠其独立的数据触发器激励驱动器输出时，则另一数据触发器被阻塞，反之亦然。

见图 3-13，关断感性负载所出现的电压峰值由反接稳压二极管限幅，稳定值约为 80V（变化量 24～60V）和 300V（变化量为 110～220V），基本上不会延长保持时间。

控制命令输出是有时间限制的，在整定的时间间隔内没有完成控制功能，则定时器控制会终止一个命令的输出，它包含一个可加载的 16 位硬件计数器，其时钟由处理器频率提供且具有固定占空比。

（3）模件技术规范。

1）处理器：80C32。

2）电路工艺：CMOS。

3）时钟频率：14.7456MHz。

4）存储器：RAM 32K，闪存 EPROM 128K。

5）总线：系统总线（96 线）。

6）输出：32，2 动合触点。

7）命令输出电压：$U_B=24\sim60$V DC，$U_B=110$V/220V DC。

最大命令输出电压范围：$U_B=19.2\sim75$V DC（24～60V DC）；$U_S=88\sim275$V DC（110/220V DC）。

最大开关功率（电阻性负载）：$U_B=24$V，145/145W。

接通功率/断开功率（余同）：$U_B=48$V，105W/105W；$U_B=60$V，85/85W；$U_B=110$V，133/50W；$U_B=220$V，133/50W。

最大开关功率（感性负载，$L/R<20$ms）：$U_B=24$V，75/75W。

接通功率/断开功率：$U_B=48$V，65/65W；$U_B=60$V，60/60W。

感性负载 $L/R<7$ms：$U_B=110$V，133/25W；$U_B=220$V，133/25W；

8）触点寿命：$2\times10^4\sim10^5$ 次，规定最大负荷；10^7 次，无负荷。

9）电源：

功耗：5V×(1±5%)。

无被激励继电器，典型输出方式2.0W，最大输出方式2.8W；

单极单命令输出，典型输出方式3.3W，最大输出方式4.6W；

两极单命令输出，典型输出方式3.9W，最大输出方式5.4W。

位模式输出，2极，典型输出方式 $(3.3+n\times0.55)$ W，最大输出方式 $(4.6+n\times0.8)$ W，（n 为有效输出极数）

10）温度条件：插箱中运行，0～70℃；运输期间，−25～85℃；储存期间，−25～85℃。

11）空间要求：宽，1个标准插槽（15.24mm）；高，233.4mm；质量，340g。

2. 数字量输出子系统

（1）系统结构

数字量输出子系统物理结构基本同数字量输入子系统，系统最大配置可控制24个断路器或开关的合闸与分闸，最大可插入数字量输出模件共6块，每块模件完成4个断路器或开关的分合操作，即每块模件可以输出8个控制分合的命令。

图3-15所示为NSC-YK数字量输出子系统的原理框图，通用电路部分与图3-12类似，下半部分的专用电路画出了1号模件和6号模件的原理框图，其余4块模件基本一样。硬件设计的基本思路是基于遥控的经典操作过程，即对象—返校—执行三步曲。首先子系统收到一个来

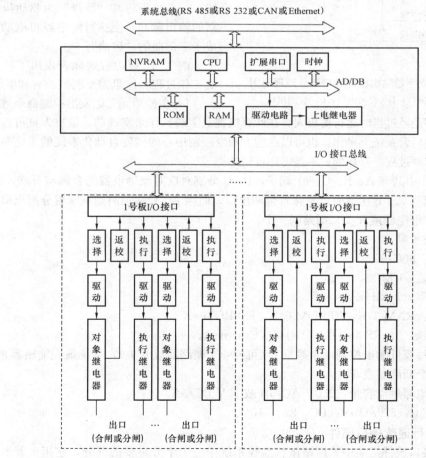

图3-15 NSC-YK数字量输出子系统原理框图

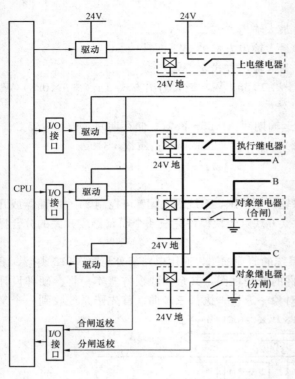

图 3-16　数字量输出模件出口部分原理框图
A—公共出口；B—合闸出口；C—分闸出口

自主控单元的控制命令，该命令的信息中含有被控对象的编号和被控对象将要变为什么状态，即原来处在合闸状态，现在将要分闸；原来处在分闸状态，现在将要合闸。子系统将该信息通过相应软件"翻译"成一个驱动相应该编号的对象继电器的输出选择，并因此实现了遥控操作过程的"序曲"。紧接着，子系统就把该对象继电器的 1 副触点的状态采集过来并加以编辑之后返送回主控单元，让主控单元利用软件与原发送的控制命令加以比较，这就是三部曲的"中曲"，即返送校核。若返送校核发现错误，例如对象编号不一致、动作命令不一致等，则取消该次控制操作，并发出一个出错提示给操作人员。若返送校核正确，则可进行最后一步操作。主控单元发出一个执行命令给子系统，子系统则将其"翻译"为驱动执行继电器的输出脉冲，使执行继电器得电动作，完成了三部曲的"尾曲"。

图 3-16 更为直观地表现出了控制操作的工作过程，这里需要明确的有如下两点：

1）主控单元无论发出控制命令或执行命令给子系统，都是经过当时运行值班人员在计算机键盘上的操作来实现的，值班人员可以在厂站的中央控制室的后台系统上操作，也可以在远方调度控制中心的调度自动化系统的主站系统上操作，总之这一控制过程是开环的，不是闭环自动的。

2）图 3-16 中共有 A、B、C 三个端子，B、C 分别对应对象继电器的合闸与分闸，而 A 则是公共的，所以当 A、B 接通时就意味着合闸出口，而当 A、C 接通时则意味着分闸出口，它们所控制的对象（继电器或开关）则是同一个。

（2）系统技术参数。

1）处理器：80C196。

2）电路工艺：CMOS。

3）时钟频率：16MHz。

4）存储器：RAM 32K，EPROM 64K，E^2PROM 8K。

5）系统总线：2×RS 485/CAN/RJ45（Ethernet）。

6）输出：每模件输出控制命令数量 8（可控 4 个断路器或开关），系统最大输出容量 48（6 模件，可控 24 个断路器或开关）。

7）输出继电器触点容量：250V AC/5A 或 30V DC/5A。

8）电源：AC，220/110V；DC，220/110V。

3.2.4　串行通信接口模件

串行通信接口模件是集中式厂站微机监控系统中一个十分重要的部分，它担负着系统与一个以上的远方调度控制中心以及系统内的各种输入输出子系统交换信息的任务，有时由于外部条件的限制，它可能还要承担与厂站其他设备和装置通信的功能。

初期的串行接口模件一般是非智能式的，即模件上不具有中央处理器芯片（CPU），只有一些串行接口芯片（USART），比较有名的是 Intel 公司生产的 iSBC534 4 通道串行接口板，板上无 CPU，经 86 总线与主处理模件交换数据。主要芯片为 4 片 Intel8251A，其后 Intel 公司又推出 iSBC544 智能式 4 通道串行接口模件以及后来的 8 通道模件。国内生产厂家也相继研发出了基于 8 位及 16 位单片机的串行通信接口模件，强化了国产集中式微机监控系统的功能。

1. 串行通信接口模件的结构

图 3-17 为一块典型的智能式串行通信接口模件的原理框图，从图 3-17 可以看出，模件内部有一当地总线，它是由模件的核心芯片 Intel 80186CPU 产生的。框图的最下部为系统总线，它与前面介绍的主处理模件和输入输出模件的系统总线保持一致。

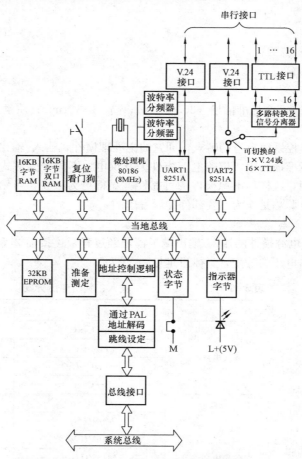

图 3-17 智能式串行通信接口模件原理框图

模件上有 2 片完成串行通信功能的芯片 Intel 8251A（USART），由于串行通信接口模件只实现异步通信而不涉及同步通信，所以 USART 就变成了 UART，Intel 8251A 芯片是既可以完成异步通信，也可以完成同步通信的大规模可编程序的芯片，而不是只能做异步通信。

原则上说，2 片 8251A 只能提供 2 个异步双工通道，即图 3-17 上的 V.24，它是经过电平转换把 8251A 的 TTL 电平变换成适合串行通信接口的 RS 232C（V.24）的信号电平的，可是框图上除了 2 个 V.24 接口方块外，还有一个方块，表示可以接口 16 个 TTL 电平的串行接口。模件上采用了一个切换电路，把 8251A 的 TTL 电平直接切换并且多路输出。这一设计的应用比较灵活，既可以将这 16 个接口的 TTL 电平经过一个转换部件而变成 16 路光纤通道（TTL 电平与光纤电路较易接口），也可以将这些接口经过一块 V.24 的接口电路转换成 RS 232C 接口，扩大模件的应用范围。

2. 模件技术参数

(1) 中央处理器：80186 8MHz。

(2) 存储器：32K RAM，32K EPROM。

(3) 总线：系统总线（96 线）。

(4) 串行接口：2 个 V.24 接口或 16 个 TTL 接口。

(5) 电源：5V×(1±5%)，最大 2A；15V×(1±5%)，最大 0.3A；−15V×(1±5%)，最大 0.3A。

(6) 温度条件：

插箱中运行，−5～55℃；

运输时，−40～70℃；

存储时，−40～55℃。

(7) 空间要求：宽，2 个标准插槽（30.48mm）；高，233.4mm；质量，500g。

3.2.5 电源模件

由于集中式厂站监控系统自身的特点，即它的主处理模件、输入/输出模件、串行通信接口模件等都集中在一个标准插箱中，依赖电源模件为其供电，不同于分散式系统每个间隔层单元有自己独立的机箱电源，这样，电源模件的可靠性就显得更为重要，当然一般说来，无论何种自动化装置与系统，电源总是作为重要部件加以考虑的。

1. 电源模件的输入与输出

如图 3-18 所示，电源模件的输入/输出端子都是经过背板连接器 2（15 针式连接器）完成输入电压的引入和输出电压的分配，具体设定见表 3-7。

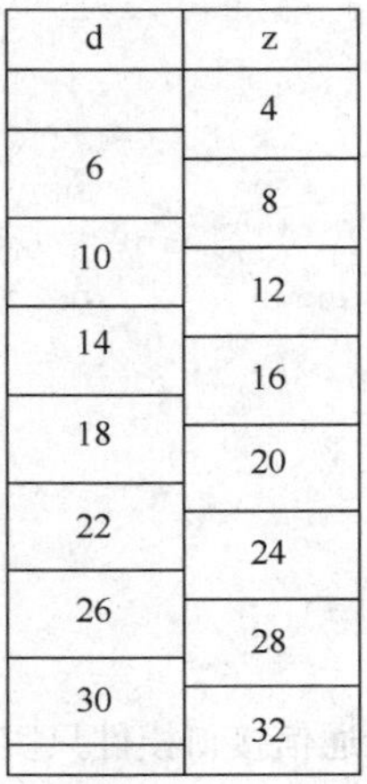

d	z
	4
6	8
10	12
14	16
18	20
22	24
26	28
30	32

图 3-18 电源模件输入输出端子图

表 3-7　　　　　　　　　　输入、输出电压分配

端　　子		针脚编号（见图 3-18）
输入电压	+Cext	d30
	+U_E(∼U_E)	z28
	−U_E(∼U_E)	d26
	−Cext	z24
输出电压	+5V(U_{A1})	z4,d
	M5V(U_{A1})	z8,d10,z12
	+15V(U_{A3})	d14
	M15V(U_{A3})	z16
	−15V(U_{A3})	d18
	+24V(U_{A4})	z20
	M24V(U_{A4})	d22
保护地		z32

电源模件向插箱总线上的电源针脚馈送工作电压，经过 96 线总线连接器来完成。这里所说的输出电压，主要用于主处理模件的接口电压（RS 232 与 V.24 转换用）以及继电器线圈电压等。

2. 电源模件的运行方式

图 3-19 为电源模件的原理框图,从图中可以发现,电源模件将输入的电压转换为 6 种不同的稳态输出电压,它们彼此都绝缘隔离,电压输入采用齐纳二极管防止瞬时过电压,在其残留脉动不超过额定值的 12% 的条件下,通过熔断器和二极管馈送至切换晶闸管并提供反极性保护,此外输入电压以一个脉冲宽度的调制信号从晶闸管送至执行实际转换电压的变压器。

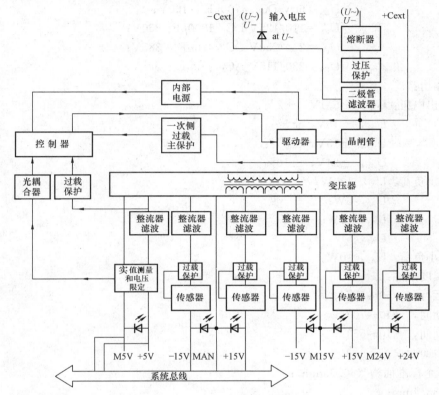

图 3-19　电源模件原理框图

由于最大的负荷是 5V 输出,调节输出电压所需的调整值就由此取出并且通过光耦合器,输送至控制器,控制器的输出经驱动器提供一个脉宽调制信号来控制切换晶闸管,脉冲宽度控制的工作原理如下:当输入电压是允许的最大值且当时的负荷输出为最小时,控制脉冲最窄;相反,当输入电压最低且输出负荷最大时,控制脉冲最宽。±15V 和 24V 轻负荷输出各有一附加传感控制器来稳定脉冲调制电压。

每个输出端的电流受过负荷保护电路的监控,当达到预先设置的门限值时,增加的负荷会使控制电路驱使晶闸管自动调节以致在出现输出短路的极端情况下,全部输出电压趋于零输出,直至输出电流下降到负荷电流的临界值以下时,才恢复输出额定电压。

在电源模件输入电压针脚编号 d30 和 z24 即 +Cert 和 -Cert 之间跨接电容器可以增加电源模件的存储时间,即当电源供电中断以后,电源模件还能继续工作的时间。电源模件的面板上有 LED 指示,6 种输出电压的任一种出现时,则对应的 LED 导通发光。一旦 5V 输出发生过电压,则整个电源模件停止工作。

3. 技术规范

(1) 额定输入电压:24/48/60/110/220V DC,+25%/-20%;115/230V AC,+25%/-20%。

（2）残留脉动：$U_{SS}/U \leqslant 12\%$（DC）。

（3）主电源故障后的存储时间：

1）满负荷，5ms；

2）满负荷，输入端有电容器：50ms。

（4）缓冲电容器取值：$U_{EN}=48V$ DC，10 000μF，63V；

$\qquad\qquad\qquad\quad U_{EN}=60V$ DC，4700μF，100V；

$\qquad\qquad\qquad\quad U_{EN}=110/125V$ DC，1000μF，250V；

$\qquad\qquad\qquad\quad U_{EN}=220/250V$ DC，470μF，385V；

$\qquad\qquad\qquad\quad U_{EN}=230/115V$ AC，470μF，385V。

（5）输出：

1）输出电压：U_{A1}，$+5.1V$，$\pm 2\%$；

$\qquad\qquad\quad U_{A2}$，$\pm 15V$，$\pm 5\%$；

$\qquad\qquad\quad U_{A3}$，$\pm 15V$，$\pm 5\%$；

$\qquad\qquad\quad U_{A4}$，$\pm 24V$，$\pm 10\%$。

2）输出负荷：U_{A1}，100W；

$\qquad\qquad\quad U_{A2}$，5W；

$\qquad\qquad\quad U_{A3}$，15W；

$\qquad\qquad\quad U_{A4}$，5W。

3）最小负荷：U_{A1}，10W。

（6）温度条件：

插箱运行，$-50 \sim 55$℃；

运输期间，$-40 \sim 70$℃；

存储期间，$-40 \sim 55$℃。

（7）空间要求：

宽，4个标准插槽（60.96mm）；

高，233.4mm；

质量，2100g。

3.2.6 机柜与配线

1. 系统组屏图

图3-20是典型110kV站集中式微机监控系统的组屏图，整个图由三部分组成，即屏柜正视图、背视图以及组屏所需材料表。从屏柜正视图看，主插箱1n是整个屏柜内的核心部件，从左至右依次为主处理模件FP，串行通信接口模件SK、4块数字量输入模件DE1～DE4、完成128个状态量（即128个遥信）的采集与处理、2块模拟量输入模件AE1～AE2完成64个模拟量（即64遥测）的采集与处理、2块数字量输出模件BA1～BA2实现32个断路器的分合控制（即32遥控），最右边为电源模件SV。规约转换器2n完成一些主插箱不具有的特殊规约转换，以适应不同远方调度控制中心的规约要求。变送器插箱4n则是把电压电流互感器的信号转换为0～$\pm 5V$的电压信号送入主插箱的模拟量输入模件。屏柜最下部的1XB～16XB为遥控连接片，保证在调试与检修时不会造成控制命令的误出口。

屏柜背视图上左右两边0X～4X为端子板，用于与来自现场过程层的各种信号连接。

2. 遥信配线原理图

遥信配线原理图如图3-21所示，图中仅给出1块数字量输入模件的配线原理，其余模件类

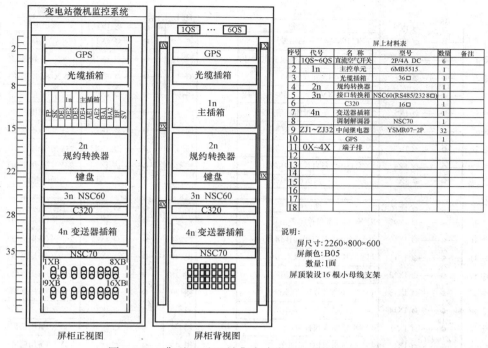

序号	代号	名 称	型 号	数量	备注
1	1QS~6QS	直流空气开关	2P/4A DC	6	
2	1n	主控单元	6MB5515	1	
3		光缆插箱	36口	1	
4	2n	规约转换器		1	
5	3n	接口转换箱	NSC60(RS485/232 8口)	1	
6		C320	16口	1	
7	4n	变送器插箱		1	
8		调制解调器	NSC70	1	
9	ZJ1~ZJ32	中间继电器	YSMR07-2P	32	
10		GPS		1	
11	0X~4X	端子排			
12					
13					
14					
15					
16					
17					
18					

屏上材料表

说明:
屏尺寸:2260×800×600
屏颜色:B05
数量:1面
屏顶装设16根小母线支架

图 3-20 典型 110kV 站集中式微机监控系统组屏图

似。图中 4 个标注 DE1 的方块代表 1 块模件,每 1 小方块 DE 内部引出 10 个端子,表示 8 个开关量输入,例如左上方 DE1 引出的 1X1~1X8 为 1YX~8YX 的接入端子,其具体位置在图 3-20 背面布置图中右边 1X 这一段端子之中,1X99 和 1X122 则为遥信电源的正负输入端,与 1X 编号端子相对应的端子为 D2~D16 以及 B8,B4 共 10 个端子,它们则对应模件 48 针式连接器上的 E1~E8 及 W1 和 U_{Ml}(见图 3-11)。对于每个 YX 所代表的实际意义在右边方框的说明栏内分别加以解释,便于理解。

3. 遥测配线原理图

遥测配线原理图如图 3-22 所示,与遥信配线原理图差不多。图中给出 1 块模件的配线,其余类似。图中 4 个小方块 AE1 表示 1 块 32 个模拟量输入的模件,每个小方块 AE1 为一组,表示 8 个模拟量输入。例如左上方 AE1 引出的 2X1~2X8 为 1YC~8YC 的接入端子,其具体位置在图 3-20 背视图中左边从上至下第 2 段 2X 这一段端子中。2X34 和 2X35 为这一组遥测的公共端。与上述端子对应的是图 3-22 左上方的 D2~D16 以及 B4 和 B8 共 10 个端子,它们则对应模拟量输入模件 48 针式连接器上的 AE1~AE8(见图 3-7)及 W(48 针定义)。对于每个 YC 所表示的实际意义在图 3-22 的说明栏中分别加以注解,便于读者理解。

4. 遥控配线原理图

图 3-23 表示集中式厂站微机监控系统遥控部分的配线原理,与上面的配线类似,图中仅给出 1 块控制模件的配线,其余类推。图中左边长条方块 BA 板代表可以控制 16 个开关分合的数字量输出模件,长方块内的 D2~Z32 对应图 3-13 或图 3-14 中的 A1-1 至 A16-2,而 FR1 和 FR2 则完全一样,实际左边部分的图与图 3-14 基本上是一样的,而 KM1~KM32 这 32 个外部继电器位置在图 3-20 屏柜背视图的最下面部分。图 3-23 的中间部分共 16 个同样的三端出线,供设计单位用于与外部开关跳、合闸回路接口。图中的 1XB~16XB 表示硬连接片,这 16 个三端出线的说明在右边的说明栏内,每一个代表对一个断路器的合闸与分闸的控制操作。

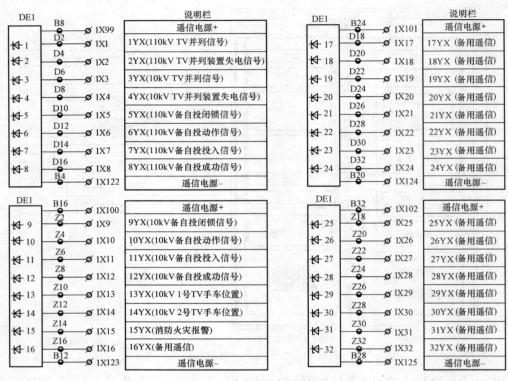

图 3-21　遥信配线原理图

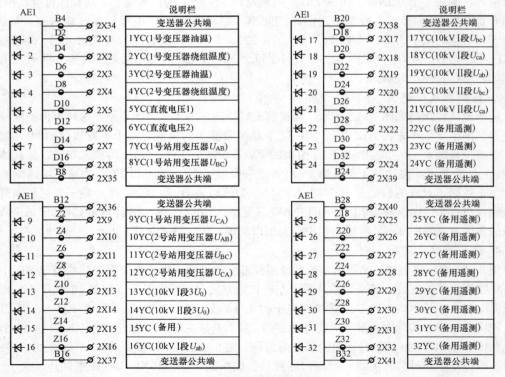

图 3-22　遥测配线原理图

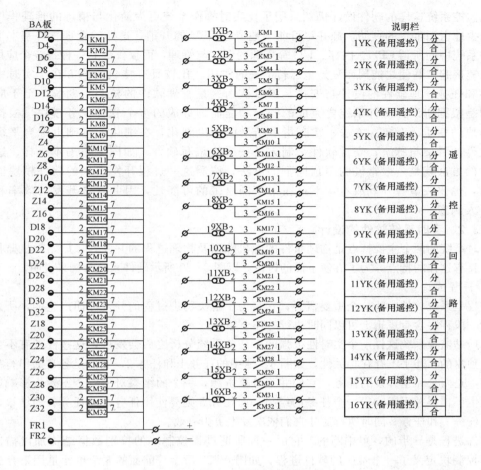

图 3 - 23　遥控配线原理图

3.3 集中式厂站微机监控系统的软件设计

3.3.1　概述

微机监控系统的本质仍然是一个实时计算机系统，而实时计算机系统仅仅只有硬件是无法运转的，为此本节专门讨论集中式厂站微机监控系统的实时软件设计。

早期的厂站微机监控系统由于其硬件资源有限且价格昂贵，如何充分地运用这些硬件资源，就成为软件设计首先要考虑的问题。具体来说，就是要采取措施节省程序内存和数据内存的有限空间，缩短 CPU 在运行一段程序时所耗费的时间，因此千方百计地优化目标代码，成了当时实时软件设计人员的一项重要任务。由于汇编语言的简练且与硬件资源有相当紧密的结合，选择汇编语言来实现一个实时系统的软件设计几乎成了软件人员的"时尚"。其次，实时系统的特殊要求几乎不可能将开发出来的目标代码全部驻留在软盘、硬盘中，通用的做法则是写入 EPROM 之中，形成一种所谓嵌入式应用。

实时系统的软件设计一般分为管理软件和应用软件两部分，前者本质上是一种操作系统软件的简化，尽管有的系统采用了实时操作系统这样相当高级的管理软件，但大多数类似厂站微机监控系统这样的软件设计仍然采用了比实时操作系统更为简化与精炼的管理程序以求尽可能少地占用宝贵的存储资源并尽可能多地节省 CPU 的开销。这样的管理软件基本上不涉及操作系统中的所谓 CPU、内存、I/O 等资源的调度与管理，而仅仅起到一种把各个应用软件有机地链接起来并使之能周而复始地运转下去的作用。比较具有特色的地方在于实时中断管理软件和任务管理软件的设计与安排，可以认为这是管理软件的核心与精髓。至于应用软件，则是根据所设计硬件系统要完成的既定功能而划分成的多个软件任务模块，根据每一任务模块的性质、对象、方法、状态指示结果而加以细化，在细化的基础上综合平衡形成应用软件的骨架与脉络，安排软件编制人员按模块编写软件，如同编写书本一样。这种软件设计的方法就是一般常说的至顶向下的方法，按照这一过程开发出来的软件模块能够保证质量，也比较节省开发成本，不存在大范围返工的可能性，因此软件开发的效率和效益都能令人满意。

3.3.2　实时系统软件的设计

实时系统的两个主要特点是物理事件的随机性以及物理过程的并发性，厂站微机监控系统也同样具有这样的特点。为了方便下面的讨论，以图 3-20 所示硬件系统为例来说明。

1. 进程的设置

进程是系统软件中的一个重要概念，它是为了解决物理过程的并发性而产生的，所谓并发性是指一段程序含有逻辑上可以同时执行的几个部分。

对厂站监控系统这样一个实时性很强的多任务系统分析之后会发现，这些任务有不少是彼此完全独立的，几乎不存在相关性，如图 3-24 中的任务 1 和任务 2，它们是各自的串行接收处理程序，是两个完全并发的任务，它们并不分享资源，一个的结果对另一个不发生影响，其中一个发生了错误并不影响另一个任务的结果，而任务 3 则要使用任务 1 和任务 2 的结果，因此认为让任务 1 和任务 2 同时执行比让它们依次发生更为有效。

软件进程是异步的，可中断的。它由一种所谓进程控制块的特别数据结构加以描述。一个进程控制块定义了一个唯一的软件进程，如图 3-25 所示。前面的 8 个单元是用来存放发生中断时 CPU 的 8 个寄存器的内容；第 9 个单元是一个指针，指向队列中的下一个进程；第 10 个单元是存放该进程优先数的。把这样的一种数据结构称为进程控制块 TCB，也有文献称为 PCB。

2. 进程的划分与调度算法

假定系统是一个单 CPU 系统，不可能也无必要为每个软件进程分配一个 CPU，解决合理而有效地利用 CPU 这一宝贵资源的办法是采用时钟中断的时间片方法。这个方法不影响任何软件进程的执行，当发生中断时，正在运行的进程的各种状态被保存下来，并将 CPU 的占有权移交下面的进程。当该进程下次重新获取 CPU 的控制权时程序的执行点正好从上次中断的地方开始，不会发生脱节与混乱。这样每一个进程在逻辑上就好像有其自己的 CPU 一样，如图 3-26 所示。时间片方法和多 CPU 系统的区别在于软件进程是以 $1/K$ 的实际 CPU 速度在处理器上运行，因此 K 的大小成为决定软件进程运行速度的重要因素。本主模块中，取 $K=3$，相当于将 CPU 的钟频降低 2/3，从实际运行效果来看，证明是可以保证实时性的。

时间片 q 主要取决于响应速度以及不引起丢失数据。在厂站监控系统这样的实时性要求较高的场合，长的时间片是不可取的，设系统中通道的综合速率为 B，缓冲区长度为 n，系统实际运行进程数为 K，可以给出估算 q 值的简单方法，即

$$q < \frac{8000n}{BK}(\text{ms})$$

116

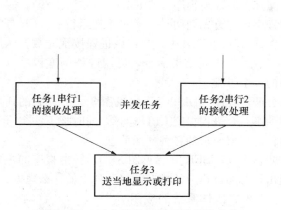

图 3-24 二个并发任务是彼此独立的

TCB AX	EQU	0
TCB BX	EQU	2
TCB CX	EQU	4
TCB DX	EQU	6
TCB SP	EQU	8
TCB BP	EQU	10
TCB SI	EQU	12
TCB DI	EQU	14
TCB NXT	EQU	16
TCB PRT	EQU	18

图 3-25 进程控制块 TCB

上式表明 q 同通道综合速率 B 及进程数 K 成反比,同缓冲区长度 n 成正比,可见串行接收有必要设置缓冲区。估算出 q 之后再估算系统 CPU 的负荷率。若在一个软件进程中安排的任务量最大可能超过 q,则 CPU 过载,整个系统无法正常运转。

q 值确定之后,进程的具体划分就比较简单了。一般应当将整个任务分类,做到基

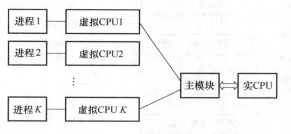

图 3-26 进程逻辑

本上能均匀分布为好,例如一个进程中安排了 1 个 1200 波特与某一个远方调度控制中心交换数据,那么另一个进程就可以考虑安排 2 个 600 波特同另外二个调度控制中心交换数据。一般来说,若 q 值太小,则会发生进程频繁调换的现象,加重系统开销,降低系统效率;若 q 太大,则可能会出现一个进程轻松而其他进程任务拥挤的现象,此时系统的实时性遭到破坏。

模块在进程的调度上采用队列作为输入,其输出是一个被激励并允许在 CPU 上运行的单任务。一般采用三种算法:①先来先服务算法(FCFS 算法);②循环轮转算法(RR 算法);③最高优先数第一算法(HPF 算法)。

本模块采用了 RR 算法,在运行队列(RUN)中每次只能有一个进程,其余都处于就绪队列(READY)之中,时间片一到,运行队列中的进程经调度插入就绪队列,同时给就绪队列最前面的一个进程获得 CPU 控制权。

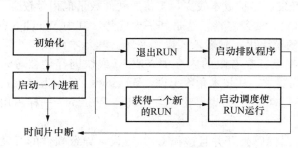

图 3-27 主模块系统总流程图

3. 程序说明

为了能清楚地说明主模块的各个程序,先给出一个总体说明,如图 3-27 所示,再对每个程序分别具体说明。

(1)初 始 化 程 序(见图 3-28)(START)。这段程序有两方面意义:一方面为系统硬件各口设置工作模式,写入命令字或控制字;另一方面初始化系统各进程控制块、各相应堆栈,构成队列,赋予

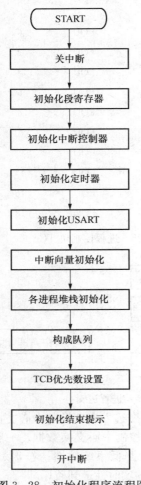

图 3-28 初始化程序流程图

(流程图内容：START → 关中断 → 初始化段寄存器 → 初始化中断控制器 → 初始化定时器 → 初始化USART → 中断向量初始化 → 各进程堆栈初始化 → 构成队列 → TCB优先数设置 → 初始化结束提示 → 开中断)

优先数等。

(2) 时间片中断处理程序（SLICE）（见图 3-29）。这是一段中断处理程序，它首先调用一个子程序把运行的 TCB 各寄存器内容保存在该进程的 TCB 中，并将该进程按优先数排队原则插入就绪队列，发出中断结束命令，启用进程调度程序以启动就绪队列中的一个进程。

(3) 进程调度程序（DISPCH）（见图 3-30）。它的任务是把就绪队列的第一个进程提交 CPU 运行，同时把下一个进程前移，恢复运行进程所要求的各种现场信息。

(4) 排队程序（INSERT）（见图 3-31）。本程序的主要目的是确定退出运行的进程应该排在就绪队列中的什么地方。

3.3.3　嵌入式操作系统的应用

1. 概述

集中式厂站监控系统实际上就是业界论及的嵌入式系统，所谓嵌入式系统，是指软硬件可以适当改变，对功能、可靠性、成本、体积大小、功耗等指标具有相对严格要求，主要运行实时多任务的专用计算机系统，其重要组成部分则是嵌入式操作系统。

嵌入式操作系统通常包括与硬件相关的底层驱动软件、系统内核、设备驱动接口、通信协议、图形界面、标准化浏览器等部分，具有通用操作系统的基本特点，在系统实时高效性、硬件依赖程度、软件固态化以及应用的针对性等方面又具有比较突出的特点。

当前比较具有代表性的嵌入式操作系统有如下几种，它们互有优劣，使用前应当谨慎选择。

(1) Vxworks。这是美国风河公司（WindRiver）于 1983 年设计开发的一种嵌入式实时操作系统（RTOS），具有持续发展能力、高性能内核及友善的开发环境。Vxworks 具有的优点：可剪裁的微内核结构；高效率的任务管理；灵活的任务间通信；微秒级的快速中断处理能力；支持 POSIX1003.1b 实时扩展标准；支持具有多种物理介质及标准的、完整的 TCP/IP 网络协议。

该操作系统本身及开发环境都是专有的，对每一个应用一般还要另外收取版税，且一般不提供源代码，仅提供二进制代码，其软件的开发、维护成本较高，支持的硬件数量也相对较少。

(2) Windows CE。它与 Windows 系列有较好的兼容性，这是其一大优势，其中 WinCE3.0 是一种针对小容量、移动式、智能化、32 位的模块化实时嵌入式操作系统。其基本内核至少需要 200KB 的 ROM，而嵌入式操作系统一般都运行在有限的内存中（ROM 或快闪存储器等），因此对操作系统的规模、效率等就提出了较高要求。从技术角度上说，Windows CE 作为嵌入式操作系统有不少缺陷，无开放源代码，在效率、功耗方面也不出色，而且和 Windows 一样占用过多系统内核。

(3) 嵌入式 Linux。该系统的最大特点是源代码公开并且遵循 GPL 协议，导致软件的开发和维护成本低，并且具有良好的网络功能、稳定的性能和精致的内核，所需运行资源少，特别适合嵌入式应用。缺点是提供实时性能需要添加实时软件模块，由于这些模块运行在内核空间，因此代码错误会影响系统的可靠性。

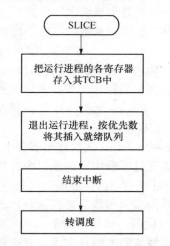

图 3-29 时间片中断处理程序流程图

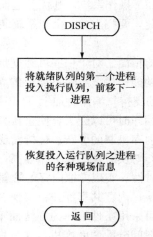

图 3-30 进程调度程序流程图

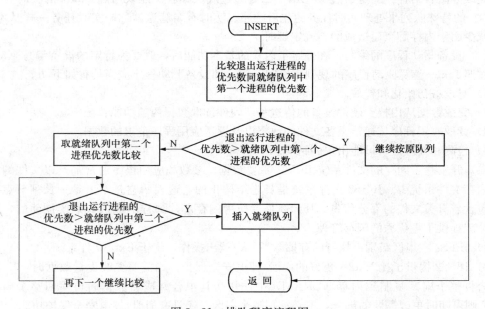

图 3-31 排队程序流程图

（4）uC/OS-Ⅱ。该操作系统是在 uC/OS 基础上升级而成，具有 10 年以上使用经验，可用于 8 位、16 位、32 位单片机和 DSP 芯片，其特点如下：

1）源代码公开，可方便地把操作系统移植到不同硬件平台，满足不同的应用要求。

2）移植性好，大部分源代码用 C 语言写成。

3）可固化，可剪裁。

4）占先式的实时内核，总是运行就绪条件下优先级最高的任务。

5）多任务运行，可管理 64 个任务，任务的优先级必须不同，不支持时间片轮转调度法则。

6）可确定性，函数的调用与服务的执行时间不依赖于任务的多少，具有可确定性。

119

2. 基于 Linux 的嵌入式系统的设计

嵌入式 Linux 操作系统，其优点上面已提及，不足之处是内核庞大，而嵌入式系统的存储容量有限，因此，要把 Linux 操作系统装入有限的内存，必须对其剪裁，这个过程要涉及如下技术：

（1）内核的精简。对于一些可独立加上或卸下的功能块，可在编译内核时，仅保留嵌入式内核所需要的功能模块，删除不需要的无关功能模块。例如监控系统要接入以太网，就要求提供对 TCP/IP 的支持，编译时加上 TCP/IP 栈，而 SCSI、Floppy 之类的外设在嵌入式系统中完全没有必要，编译时可以删去，使重新编译过的内核体积显著减小。

（2）虚拟内存机制的屏蔽。分析发现，虚拟内存是导致 Linux 实时性不够突出的原因之一。在厂站监控中，对实时性的要求相当高，这就需要考虑通过屏蔽内核的虚拟内存管理机制来增强 Linux 的实时性。实现虚拟内存的管理机制一般有地址映射、内存分配与回收、缓存和刷新、请求页面、交换、内存共享等，将实现这些机制的数据结构和函数屏蔽或修改，还需修改与之相关的文件。可采用条件编译的办法而不必大规模地写代码。此外，由于 Linux 对应用进程采用的是公平的时间分配调度算法，这一算法也难以保证系统的实时性要求，有必要对其进行更改。更改办法有两种：一是通过 POSIX，二是通过底层编程。建议通过 Linux 的实时有名管道（FIFO）的特殊队列来处理实时任务的先后顺序。实时有名管道就如同实时任务一样从不换页，可以减少由于内存翻页而造成的不确定延时。

（3）设备驱动程序的编写。在确定了内核的基本功能后，就要为特定的设备编写驱动程序，可以按照 Linux 编写驱动程序的规则来编写，编写的设备驱动程序应当具有如下功能：

1）对设备初始化和释放。

2）完成数据从内核到硬件设备的传送和从硬件读取数据两项功能。

3）读取应用程序传递给设备文件的数据以及返送应用程序请求的数据。

4）检测和处理设备可能出现的错误。

（4）开发基于闪存的文件系统 JFFS。重要数据、参数和应用程序通常都是以文件的形式存放在闪存文件系统中。JFFS2 文件系统是日志结构化的，这表示它基本上是一长列节点，每个节点包含着有关文件的部分信息。JFFS2 是专门为闪存芯片那样的嵌入式系统创建的，所以它的设计就提供了更优秀的闪存管理。

1）JFFS2 在扇区级别上执行闪存擦除/写入/读出操作，优于 Ext2 文件系统。

2）JFFS2 提供了比 Ext2fs 更好的崩溃/掉电安全保护，当需要更改少量数据时，Ext2 文件系统会将整个扇区复制到内存（DRAM）中，并在其中合并成新数据后再写回整个扇区，而 JFFS2 则可随时更改需要的部分，不必重写整个扇区，还具有崩溃/掉电安全保护功能。

完成上述几个步骤之后，一个小型 Linux 操作系统就构造完成了，它包括进程管理、内存管理和文件管理等三部分，支持多任务并行操作，有完整的 TCP/IP 协议，有对以太网控制器的支持，可以通过以太网口实现以太网的互联。

将剪裁好的内核移植到所用的监控系统主模件上时，首先应将内核编译成适合该处理器硬件的目标代码，由于不同硬件体系的移植启动代码会有不同，因此，一些内核程序可能要改写。涉及编写 Linux 的引导代码和修改与目标体系结构相关部分代码，主要是启动引导、内存管理和中断处理部分。将 Flash 作为系统的启动设备，把引导代码放在 Flash 上。系统加电后，由导引代码进行基本的硬件初始化，然后把内核映像装入内存运行。

至于应用程序的开发，则要根据监控系统的具体应用情况，利用 Linux 提供的 API 接口开发应用程序。监控系统要完成多个任务，因而屏蔽了虚拟内存机制，所有的任务共同享有物理内存，存在于统一的线性空间之中。任务中的地址为真正的物理地址，由于不需要进行地址空间映射，任务切换时的上下文切换时间减少，提高了响应速度，加强了实时性。Linux采用基于优先级的轮转法调度策略，能够实现多个任务并行。各个任务的实时性不同，可以通过划分优先级的办法，把实时性要求高的任务划分为实施进程，具有较高的优先级，优先获得调度，保证了实时性要求。任务间通过信号量、消息队列等机制通信。

嵌入式系统中软件开发的主要模块有数据采集模块、数据处理模块、人机交互与显示模块、通信和数据发布模块、故障诊断模块。其中故障诊断模块实现实时自诊断，在系统工作期间，对系统内部进行部分测试。即将诊断程序设置在嵌入式系统中中断级别最低的中断服务程序，在不影响系统工作的前提下，进行实时诊断，如发现故障且复诊后仍有错，通过界面显示或告警传递给上位机，便于及时处理。

3.3.4 应用软件的设计

集中式厂站微机监控系统的应用软件涉及面较广，细节很多，不同的开发制造单位在编写应用软件时的构思、布局，甚至编写习惯与风格都不可能统一。尽管如此，所有应用软件几乎都是根据功能的划分相应地分解成若干个模块，每个模块可以包含一个或几个相对独立而明确的功能任务，然后再加以逐次分解与细化，其中涉及若干子程序的调用等。

1. 在NSC-YCA交流采样子系统中的采样中断子程序

图3-32示出了在NSC-YCA交流采样子系统（模拟量输入子系统）中所编制的全部应用软件中的一个相对独立的采样中断子程序的程序流程图。从图中可以看出，它是运用软件定时器来启动这个中断子程序的。考虑到电网的频率不可能是一个完全固定不变的常数，它总会有细微摆动，这样交流采样中断间隔就不应当是一个常数，如果把它设置成常数，会影响采样的精度。这就必须对定时器的计数值做实时动态修正，这一工作在进入中断服务程序之后完成的。

在启动A/D变换之前，为了保证每次读数的6路A/D值（即一条馈线的3个TA和3个TV值）具有同样的时间原点，以保证后来计算该馈线的电流、电压、有功、无功等各种电气量的精度，程序中有一个"采样"框、一个"保持"框，由软件发出锁存信号，同时给6路采样保持输入加以锁存。随后进入通道切换顺序完成6路A/D转换这样一个小循环程序，6路A/D完成之后进入计数器加1，判断是否在一个周期内完成了32次采样，如果完成了32次采样，即可用标志通知主程序启动FFT运算。选取32次是保证在一个周期有足够的采样点数以满足采样定理的要求，提高交流采样的精度。应当注意，整个子系统

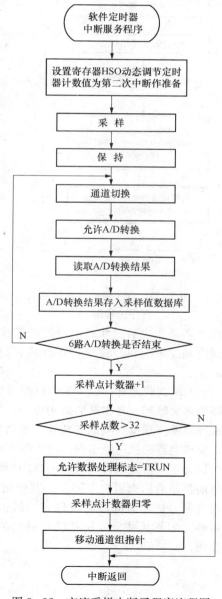

图3-32 交流采样中断子程序流程图

共可完成 10 条馈线的交流采样，但它们都合用这一子程序，从一条馈线到下一条馈线的转换是在主程序中完成的。

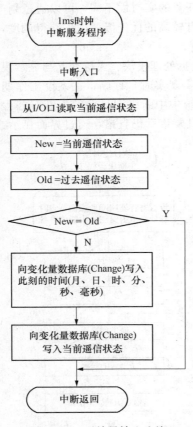

图 3-33　开关量输入查询
程序流程图

2. 数字量输入子系统应用软件设计

（1）开关量输入查询子程序。开关量输入查询子程序是一个 1ms 中断服务程序，其程序流程图如图 3-33 所示。中断源为 1ms 时钟中断，该中断服务程序尽可能简短、省时，主要完成读数据，新旧比较以判断有关状态变化，若有变化记下变化时的时间。

程序流程图中 New 和 Old 是两个数组变量，其内容分别是当前遥信状态和过去遥信状态，Change 是一个结构数组变量，其内容包括当前遥信状态及时间（月、日、时、分、秒、毫秒）。

（2）开关量处理子程序。从图 3-34 所示的开关量处理子程序流程图可以看出，开关量处理子程序中的主要部分是遥信滤波，目的是清除外部继电器触点或断路器辅助触点抖动所造成的状态输入过程的干扰，以避免遥信误发，遥信滤波的设计思想是对于偶尔发生的一次状态变化并不急于确认并上报，而是把它记录下来，须经多次（次数即为滤波计数值，可调整）比较之后，才加以最终确认状态有变化。

3. 数字量输出子系统中控制处理子程序的设计

每路控制命令出口是由对象继电器和执行继电器共同完成的。当数字量输出子系统接收到主站发来的遥控选择命令（含被控对象号和控制性质，即分或合）时，处理程序将启动遥控撤消定时器并激励上电继电器及该选择命令对应的对象继电器，同时从 I/O 口读取继电器动作之后的状态，经过处理作为返送校核信息送至主站。子系统若在一定时间内收到主站发来的执行命令，则将其对应的执行继电器激励，同时启动一个遥控执行时间定时器。

子系统在收到选择命令后，可能因为若干外部原因，例如调度运行人员改变主意、外部故障等，会收到来自主站的撤销命令，则复归包括对象继电器在内的所有继电器的状态。若子系统需要实现低频减载的功能，主站发出遥控紧急命令，直接同时激励上电继电器及某一路对象继电器和执行继电器，而无须返校过程。图 3-35 所示程序流程图中遥控撤销定时器和遥控执行定时器是软件定时器中断中设置的两个计数器，当它们计数到所设定的时间值时都会将遥控撤消标志置为 TRUE，其作用是无论选择命令、执行命令亦或紧急命令都有一个时间限制，这个时间限制就是遥控撤销定时器和遥控执行定时器，一旦超时，所对应的操作将会立即终止并释放所有已经激励的继电器，使之复归到原始状态，这实际上是一种保护作用。

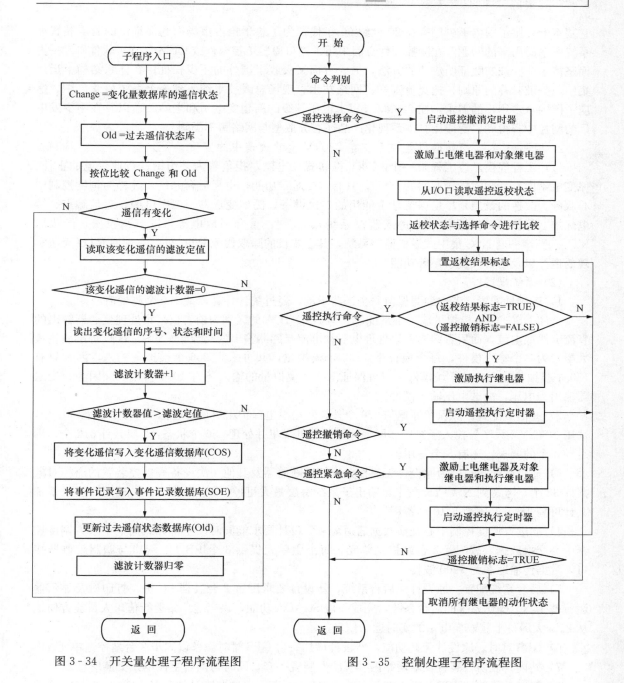

图 3 - 34 开关量处理子程序流程图   图 3 - 35 控制处理子程序流程图

3.4 集中式厂站微机监控系统的应用

3.4.1 NSC 集中式厂站微机监控系统

1. NSC 集中式厂站微机监控系统概况

NSC 集中式厂站微机监控系统是国内研发并鉴定的系统化新型通用厂站监控系统中的一种,

它基本上克服了国内不少厂家在 20 世纪 90 年代初为了急于抢占市场而仓促推出的若干装置和系统所暴露出来的问题，在测控硬件方面采用了进口原装工控模件或 OEM 方式；软件研发一方面坚持了一些被实践证明成功的方法，另一方面又吸收了国外的不少长处；在体系结构上运用集中与分散互补的原则，把交流采样、网络技术、现场总线技术纳入到一个系统概念之中，适应了国内众多用户的需求，在 220kV 及以上电压等级的新建变电站和老站改造以及在不少发电厂的网控中都得到广泛应用。本系列化产品还有分散型与网络型等类别。

2. NSC 集中式厂站微机监控系统在 220kV 老站改造中的应用

（1）工程规模。该工程是一个 220kV 枢纽式变电站，担负着为某市钢铁行业供电的重任。原变电站内有一台式样较老旧的 RTU，只有"二遥"功能，也无后台系统，纯粹为调度控制中心服务。改造的设想是尽量保留站上能用的二次设备，例如变送器、二次电缆、遥信触点、继电保护（保护出口以遥信方式送入监控系统）、同期、重合闸放电等，以节约投资，淘汰原 RTU，新增一套 NSC 集中式微机监控系统，其主要目的除取代原 RTU 外，实现原 RTU 无法实现的遥控以及后台人机联系等功能。

（2）系统配置。

1）遥测量配置。考虑到要保留原变送器不动，经过统计计算，共 150 个测量值。

选用 NSC-YCD 模拟量输入子系统，它与 NSC-YCA 的区别为前者仅采集处理变送器输出的直流电压或电流，而后者则要采集处理电压和电流互感器输出的交流量，NSC-YCD 每层插箱最大配置为 8 个输入模件，每个模件采集 32 个模拟量，共可采集 256 个模拟量输入，因为只有 150 个模拟量输入，选 5 块模件不仅可保证 150 个模拟量的输入还有 10 个备用。又因为原变送器输出为电压，故选电压输入模件。

2）遥信量配置。除保留原遥信 250 个外，新增继电保护出口信号遥信 254 个，共计 504 个，选用 NSC-YX 数字量输入子系统 2 层，每层最大可采集并处理 256 个状态，2 层共计 512 个，满足 504 个的要求，还有 8 个备用。

3）遥控量配置。因为原设计无遥控，故新增断路器及其他一次设备等被控装置的遥控对象共计 38 个，考虑到 NSC-YK 数字量输出子系统每层最大可控 24 个开关对象，选用 2 层子系统共计可控 48 个，还剩下 10 个备用。

4）同远方调度控制中心交换数据通道配置。设计要求能同时以主备方式同 3 个远方调度控制中心交换数据，故配置 2 台站控主单元，每个主单元提供 3 个 RS 232 端口与调制解调器接口，数据传输速率为 1200 波特。

5）后台系统配置。原设计无后台系统，新设计要求配置 2 台高档 PC 机、打印机及显示器运行基于 NT 操作系统的后台系统，完成一般 SCADA 功能，供当地厂站运行值班人员能方便地从 21in 大屏幕上获取变电站的实时运行信息。

6）GPS 对时。原设计无此功能，新设计增加一台 GPS 对时设备以同步 2 台站控主单元。

7）站内"五防"装置。新增站内"五防"装置一套，同时与两台主控单元交换信息。

8）智能电子装置 IED。新增电子电能表（IED）若干，这些表计均具备 RS 485 接口，要求接入系统。

（3）NSC 集中式监控系统结构框图。NSC 集中式厂站监控系统在某 220kV 老站改造中的结构框图如图 3-36 所示。系统结构从上到下分为三个部分。

1）上部为由 2 台高档 PC 机、打印机、大屏幕彩色显示器组成的基于 NT 操作系统的后台 SCADA 系统，完成变电站的当地监控功能，适合站内运行值班人员使用，为变电站管理带来方便。

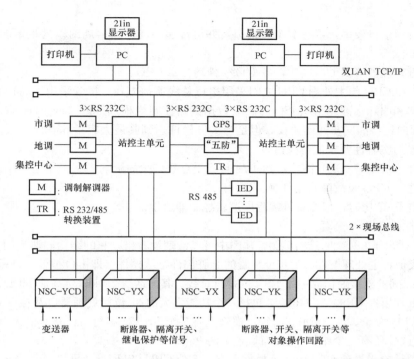

图 3-36　NSC 集中式厂站监控系统在某 220kV 老站改造工程中的结构框图

2）中部为 2 台站控主单元以进口工控模件形成硬件的主体，软件为厂家自己开发的成熟产品，它与上部后台系统之间采用双以态网连接方式，以提高系统运行的可靠性。与下部输入输出子系统之间的连接是双现场总线方式，既提高了信息的实时性，也保证了系统的安全可靠性。两台站控主单元分别与各自的 3 台调制解调器（Modem）接口，实现同市调、地调、集控中心之间进行信息交换。这种信息交换以主备方式进行，正常情况下仅由其中一条通道运行，另一条备用，当运行通道发生故障时，相应的调度控制中心将自动关闭这条通道而启用实际上也在运行的备用通道，即将其由备用转为运行。两台主单元之间还连接着 GPS、"五防"装置以及 IED 的转换设备，GPS 和"五防"装置都有双 RS 232 口保证同 2 台主单元相连接并正常通信。假定 IED 一般仅有单 RS 485 口，无法点对点连接，只能采取多点共线方式，增加一个接口转换装置，即把一个 RS 485 口变成 2 个 RS 232 口。

3）结构框图的下部为各种输入/输出子系统。从结构框图以及配置来看，本监控系统合乎集中式厂站微机监控系统的定义，它是面向全 220kV 站的，基本上不涉及站内的各种间隔与元件，这样的系统尽管存在一些不足之处，但由于其价格上的优势，至今仍然应用广泛，有的地方也把它作为无人值班站来对待。

3.4.2　GR90 RTU

1. 概述

GR90 RTU 是国外某公司为发电厂和变电站开发出来的一个成熟的远动终端单元，即RTU。20 世纪 90 年代在国内逐步开始应用，由于其优越的性价比，整个 90 年代该产品占据了国内高端 RTU 的相当的市场份额，应用范围遍及国内大部分地区的发电厂与高压变电站。

GR90 具有如下特性：

（1）I/O 吞吐量大，最大可达千点以上，因此适合从中、低压到高压、超高压变电站应用的要求。

（2）串行通信口较多，可达 7 个通信口，并可传递不同的通信规约以满足不同调度中心的需求。

（3）多微处理器（CPU）结构，各 I/O 模件均自带 CPU。

（4）各 I/O CPU 与主处理 CPU 之间采用串行总线通信方式，尽管采用了高达 250kbit/s 的数据通信速率和国际标准化组织 ISO 的高级数据链路控制规程（High Level Data Link Control，HDLC）的面向比特的同步通信协议，但是当 I/O 模件达到其最大容量 63 块时，这一通信速率能否满足装置的实时性要求值得探讨。

（5）事件分辨率（SOE）高，可达 1ms 且不受点数多少的影响。

（6）可选双 CPU 及故障自动切换。

（7）具有 PLC 功能，即具有可编程序逻辑控制器输出。

2. GR90 的结构与配置

图 3-37 示出了 GR90 的结构框图，从图中可以清楚地看出，它的结构同典型的多 CPU 主从式结构十分类似，主处理模件成为整个装置的心脏部件，从模件（即 I/O 模件）都是智能式（含 CPU），主从之间的连接通信靠一条 RS 485 串行总线，其上运行 250kbit/s 高速 HDLC 协议。

（1）主处理模件 GR90M。GR90M 包括一个功能强大的 32 位微处理器以及在 VME 板上的支持电路。主 CPU 为 68020、16MHz 时钟，模件上有 7 个 RS 232 串行口，其通信速率为 50bit/s～38400bit/s。此外还有一个维护/组态口，速率为 9600bit/s。

（2）模拟量输入模件 GR90A。该模件上有一 8 位 CPU 68HC11，可接入 32 个模拟电压或电流输入，双端式连接，A/D 转换采用可编程放大及 VFC 转换方式，分辨率为 14 位＋1 位符号位，精度 0.05%。

（3）数字量输入模件 GR90S。每一个 GR90S 有 64 点光电隔离输入，板上 CPU 68HC11 每 1ms 对所有 64 点扫描一次。每一点的参数可由下装数据库分别组态，构成状态输入、位模式输入、事件顺序记录（SOE）以及脉冲量输入等，状态指示输入电压可选 12V 或 24V，48V 及 130V，为了防止遥信误发，建议不要选用 48V 及以下电压。

（4）数字量输出模件 GR90K。本模件为一智能式通用控制输出模件，具有 32 路控制输出，有多种组合方式实现跳开/闭合、上升/下降以及定时/锁存等功能，每一输出都采用光电隔离，同时有一物理开关对该模件的运行实行允许/禁止控制。模件由 32 个继电器加主跳/合继电器组成，每 500ms 检查一次继电器线圈状态，若发现错误，则整个模件退出工作。此外，如图 3-37 所示，模件还可外配 GR90KI 中间继电器板卡和阵列方式以扩大模件的组合输出范围和输出触点的容量。

（5）模拟量输出模件 GR90D。该模件可以实现 8 路模拟量输出，不过这一模件的功能在一般变电站监控系统中较少使用，它们一般用于发电厂的自动发电控制（AGC）的闭环调节中。

（6）组合模件 GR90C。这是一个复合型模件，几乎把上述 I/O 模件的功能都汇聚在这一模件上。当然，其输入/输出的容量相对说来也较少一些，例如它可以完成 16 个数字量输入、8 个控制输出、8/16 个模拟量输入（可选）等，运用这一模件，可以方便用户的需求，节约开支。

（7）GR90 固件。所谓 GR90 固件，即 Firmware，这是一个计算机学科中的名词或术语，通俗地说就是把软件固化在芯片之中。GR90 的结构具有分布式处理的设计理念，因此其固件的设计也充分发挥了这一理念的优点。数据的采集与处理被分散在输入/输出模件上的 CPU 和主处理模件上的 CPU 及其内存之中，主 CPU 作为数据集中器及二次数据处理器使用，这样在基础

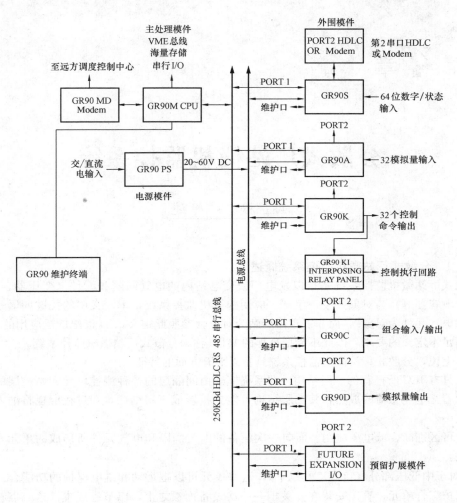

图 3-37 GR90 结构框图

固件上不必再做改动即可适应新的应用。

GR90 固件包括：实时操作系统；用户代码可调用操作处理；GR90 外设固件及其处理；支持所有 I/O 设备程序库和处理；数据库管理功能；后台系统诊断；基本功能维护及终端支持等。

(8) GR90 维护/组态终端。主处理模件之下可以外接一个维护/组态终端，可以是一台 PC 机或者一种智能设备，担负现场组态及查录 RTU 数据的任务，方便运行维护人员或现场调试人员检查 RTU 的实时运行工况。当然，这一终端也可以挂接在任何一块 GR90 外设模件的维护口上，应当注意，这样的终端设备不可以担当后台系统的重任。

3. GR90 的应用

GR90 是面向全厂或全站的集中式结构的监控装置，在确定它的规模和容量时，仍然是根据所论厂站要求的 I/O 数量分别选择相应的 I/O 输入/输出模件的种类及数量，其次是决定它同哪几个远方调度控制中心交换数据，采用什么通信规约，这样就可以很快把一台 GR90 的大小决定下来。

第4章

分散式厂站微机监控系统

4.1 概　　述

4.1.1　分散式厂站微机监控系统概述

分散式厂站微机监控系统是指以发电厂或变电站内的电气间隔和元件（变压器、电抗器、发电机、电容器等）为对象开发、生产、应用的微机监控系统。本定义中的关键词语是"以电气间隔和电气元件为对象"，而非以整体厂站为对象，参照此定义，20世纪广泛应用的RTU应当无法满足本定义的要求，因此不能把这样的RTU称为分散式厂站微机监控系统。

大体上说，分散式厂站微机监控系统具备以下五方面的特征：

（1）具有IEC所推荐的二层结构，即系统框架由间隔层的各种测控单元和站控层的主单元构成。随着光电互感器的成熟，其二层结构可能要扩展成三层结构，即过程层也将纳入这一结构体系之中。

（2）可区别高、低电压应用。面向一次设备的电气间隔和电气元件所形成的单元具有两方面的含义：

1）对于中低压部分（110kV及以下），这些单元可以把远动和继电保护的功能合二为一构成测控保护综合单元，直接安装在开关柜等一次设备面板之上，以节省成本。这一点在理论上和实践上都已成熟。唯一引起国内争议的是国外这类产品，无论是ABB、SIEMENS，还是GE都是测控保护共用保护TA，国内同行认为这样会使测量精度下降。因此，目前国内大部分厂家采用两组独立小TA分别同外部的保护TA和测量TA相连接，这样做增加了装置的成本以及现场接线的复杂性。

2）对于高压和超高压的电气间隔，把保护与测控分开配置，使二者相互之间具有物理上的独立性，并分别安装在相应电压等级的一次设备附近的小室内，这样可以避免高压和超高压保护受到干扰，影响其可靠性。在这一点上，目前国内外意见比较一致。随着技术的进步，国外一些公司已开始设计和生产高压和超高压保护测控装置。

（3）设计、报价过程更准确。分散式厂站微机监控系统的设计与配置必须以厂站的一次设备系统主接线图为依据，并且同相关设计单位的主设计师进行反复讨论与交流，方能得出一个符合客户要求的合理的配置方案。这一过程比起只要知道一个厂站需要多少遥测，多少遥信，多少遥控，几个通信口就能确定装置或系统的规模，报出价格来要复杂得多。

（4）具备智能电子装置的功能。面向间隔层的各种线路、元件的单元，无论是测控保护二合一的综合单元，还是测控保护彼此分开的独立单元，在物理结构上和自动化概念上都是十分清晰明确的智能电子装置（IED），即它们都有自己的中央处理器（CPU）、输入/输出、电源、通信口、外部连接端子以及机箱、面板等。它们完全可以加电独立运行，完成对一条线路或一个元件的测量、控制或继电保护等功能，即它们与间隔进出线或元件形成了——对应的关系，这是区分集中式与分散式系统的一个重要依据。

（5）具有非常明显的地理上的分散性。设计者不必将这类系统完全像集中式系统那样全部放置在厂站的中控室内，造成占地面积过大、二次电缆用量过多，也不用担心今后的运行维护、查找故障的不便，可通过分散式厂站微机监控系统分散性的特点，真正发挥出分散式系统的优势，集约资源、优化配置。

4.1.2 分散式厂站微机监控系统的分类

1. 按电压等级的不同分类

（1）中低压系统。这类系统一般是指 110kV 及以下电压等级的分散式厂站微机监控系统，包括一些 110kV 的终端站和枢纽站、35kV 变配电站以及一些发电厂的厂用电项目。如前所述，这类系统的一个重要特点是主变压器低压出线的各间隔单元几乎都是采用测控保护二合一的形式，并安装在 6、10、35kV 的真空开关柜的面板上。若为终端站，其高压部分只有测控单元和主变压器保护；若为枢纽站，其高压部分还要考虑到 110kV 的线路保护配置。无论是哪一形式的变电站，高压部分都是把相应的测控单元和保护单元组屏配置，并安装在变电站的中控室内。这样一个变电站所需的屏柜数比原来减少许多，一般仅要求 3 个屏柜即可。

这类系统的另一个特点是继电保护和监控在一开始就同时考虑，从建设方的招标书编制到设计、施工、调试、运行、维护都不分别对待，这也是技术发展的一种必然趋势。因此这类系统也称为变电站综合自动化系统或变电站自动化系统，这里所谓的自动化，实质就是既包括监控，也包括继电保护，因此比较倾向于称为变电站自动化系统。

（2）高压及超高压特高压系统。这类变电站一般指系统中的 220、330、500、750、1000kV 站以及 300MW 以上发电厂的升压站和网控系统工程。由于其地位重要，一般按间隔和元件分别配置测控单元和保护单元。建设方在编写招标书时一般也分监控和保护两部分标书分别招标，但要给出二者之间接口的具体要求。个别 220kV 项目也存在将二者同时招标的。这样的系统，称为分散式厂站微机监控系统更符合实际，也称为变电站监控与自动化系统。

2. 按站控层与间隔层之间的拓扑结构分类

（1）星形耦合连接的分散式系统。这种连接方式是以站控层主单元为系统的中心，以间隔层的测控单元或测控保护综合单元为外围，每一个单元与主单元之间按点对点方式连接，连接介质多采用光纤或屏蔽电缆，一般距离在 50m 左右。这种连接方式尤其适合光纤介质（不需 T 形连接），在中低压变电站应用非常广泛，在高压及超高压变电站的小室结构方式中，有的采用这一连接方式实现某一电压等级（例如 220kV 或 500kV）的局部子系统的功能。

星形耦合连接的优越性在于各个单元之间不存在关联，彼此之间几乎没有干扰和相互影响，界面非常清晰，利于现场调试和故障辨识与分析。缺点是所用传输介质（如光纤等）数量较多。

（2）现场总线式连接的分散式系统。这类系统在主单元和间隔层单元之间是一种串行总线型式的共线结构，早期使用较多的接口标准是 RS 485 或 RS 422，前者是二线制，后者是四线制。随着现场总线的诞生，这一结构又逐步让位于现场总线，目前国内应用较多的现场总线有 CAN、PROFIBUS 以及 Lonworks 等。

（3）工业以太网连接的分散式系统。这类系统与现场总线式连接的分散式系统的区别在于把现场总线换成工业以太网，这类系统发展前景良好。

4.1.3 分层、分布与分散

1. 分层

厂站监控（自动化）系统的设计与配置应当按照分层的原则来进行。宜按站控层（Station Level）、间隔层（Bay Level）以及过程层（Process Level）这样的层次来划分厂站的物理层次，并设计、配置与之相适应的监控系统或自动化系统更为妥当。

2. 分布

"分布"是一个学术性很强的术语，一般出现在讨论计算机系统结构的文献资料中，本章讨论的分散式厂站微机监控系统实质上也是一个计算机系统。分布式计算机系统是指由多个分散的计算机经互联网络构成的统一的计算机系统。其中各个物理的和逻辑的资源文件既相互配合又高度自治，能在全系统范围内实现资源管理，动态实现任务分配或功能分配，并行运行分布式程序。分布式计算机系统是多计算机系统的一种新形式，它强调资源、任务、功能和控制的全面分布。其工作方式也是分布的：一种工作方式是把一个任务分成多个任务分配给各处理机共同完成，称为任务分布；另一种是把系统总功能分成多种子功能，分配给各计算机节点分别承担，称为功能分布。在功能分布中，与处理功能分布同时进行的控制功能分布具有更为重要的意义。各计算机节点应能平等地分担控制功能，独立自主地发挥各自的控制作用，而又相互合作，在通信协调的基础上实现系统的全局管理。

（1）分布式计算机系统有三个特性：

1）模块性：其资源文件形成相对独立的模块，经互联网络的相互联系构成单一系统。模块在一定范围内的增减替换不影响系统的整体性。

2）并行性：分散的资源文件可以合作解决一个共同问题，在分布操作系统控制下，实现资源重复（按任务）或时间重复（按功能）等不同形式的并行应用。

3）自治性：系统资源的操作是高度自治的，既不存在系统内的主从控制关系，又能利用处理局部化原则，减少各节点间的数据通信量。

（2）分布式计算机系统潜在的优越性。

1）可靠性和稳定性：资源冗余和自治控制使系统可以动态重构，甚至经受局部破坏也能继续工作。

2）增量扩展性：以廉价模块作为系统扩展或资源更新的增量，不必像集中系统那样必须替换整个系统。

3）灵活性：系统配置容易改变，以适应不同应用对象的需要。

4）快速响应能力：计算机资源更贴合用户需求。

5）资源共享：在对用户透明的基础上实现软件、硬件资源的同步共享，使单个用户的可用资源成倍增长。

6）增强计算处理能力：按任务分布的并行处理能力受系统规模的限制较少，同时按功能分布的专用处理元件能增强系统的有效处理能力。

7）经济性：有利于发挥微型计算机的性价比优势。

8）适应性强：分布系统每一个节点上的资源配置可与当地用户的需求很好匹配，因而特别适用于经济管理、事务管理、过程控制等具有分散用户同时要求相互协调的应用场合。

3. 分散

"分散"较之"分布"更易理解，更强调地理上的位置概念。中低压分散系统，把低压（35、10、6kV）间隔层测控保护单元分散安装在相应一次真空开关柜的面板上，而不同于传统的集中式系统总是位于厂站的中控室内，这就形成了在地理上的分散布局。高压与超高压变电站依据电压等级做成现场小室式分散布局也是源于这一概念。

4.2 间隔层单元

分散式厂站微机监控系统的结构与间隔的划分有着密切关系。IEC 对间隔（bay）的定义为：变电站由具有一些相同功能的紧密连接的子部分组成，间隔层代表一个位于站控层之下的另外一个控制层。根据厂站的具体情况，一个电力系统元件、两种电压等级之间带断路器的变压器、带断路器和相关隔离开关及接地开关的母联、在进线或出线及母线之间的断路器等都可定义为间隔，间隔是一个强电（即一次接线系统）的概念。间隔层单元是指按照间隔的划分，实现对不同间隔的测量、控制、保护及其他辅助功能的自动化装置。间隔层单元本质上仍属于智能电子装置（IED）的范畴。对于中低压系统（110kV 以下）中的间隔层单元，仍趋向于测控保护综合装置。而对于 110kV 及其以上电压等级的间隔层单元来说，目前保护和测控功能还是相互独立的。

具体说来，间隔层单元可分成以下三类：

（1）保护测控综合装置。一般存在于中低压系统中，这里只讨论它的测控功能。

（2）仅有测控功能的间隔层装置。对于高压及超高压系统来说，功能有所不同，除了通常所谓"四遥"及其他一些辅助功能之外，还有同期和防误联锁功能。

（3）公用间隔层装置。在一个分散式厂站微机监控系统中，一般是按一次系统间隔配置相应的间隔层单元，采集并处理相应间隔的信息。但在厂站中，还有些公用信号，如交、直流信号及其测量值等，需用一个公用间隔层单元来进行信息的采集和处理。对于这类公用间隔层单元，不同的厂家有不同的配置。一般说来，除了含有状态输入、控制输出、直接耦合式交流采样之外，还需配置一定数量的直流采样，配合变送器来完成对直流量和温度等的采集与处理。

4.2.1 间隔层单元的功能

4.2.1.1 测量量采集

对间隔来说，采样的模拟量主要是交流电量模拟量，个别也涉及直流模拟量。一般可分为以下两类。

1. 交流模拟量的采集和测量

间隔层单元可直接从对应间隔或元件的 TA、TV 二次回路采样，以实现对该间隔或元件的交流模拟量的测量。可以测量电流、电压，并计算多种参数，如 P、Q、f、$\cos\varphi$、S、对称分量等。对于适合中低压的测控保护综合装置，国内厂商一般提供 7～8 个 TA（其中，3 个是测量 TA，其余是保护 TA）和 3～4 个 TV，而国外厂商提供的此类装置一般是采用测控保护共用 TA。对于高压及超高压间隔层测控装置来说，有多个电流/电压输入。根据一次接线的不同，可采用不同的接线方式，或是厂商提供可以灵活组合的接线方式供选择应用。

2. 变送器直流模拟量的采集和测量

对中低压站间隔来说，一般不考虑在测控保护综合单元中设计直流模拟量的采样与处理，这类功能一般在公用间隔层装置中考虑。对于高压及超高压间隔层测控装置来说，则应当考虑直流模拟量（主变温度、操作直流电源）的采集与处理这一功能。

4.2.1.2 状态量采集

在分散式厂站微机监控系统中，间隔层单元采集对应间隔的状态量，间隔中的状态量一般分为以下 5 种。

1. 双位置信号

这类信号一般是间隔中一次设备的位置信号，如断路器、隔离开关和接地开关的位置状态。双位置是指利用间隔层装置中的两个状态输入点来采集设备的辅助触点状态（动断触点和动合触点）。采用双位置触点来采集状态信号，可避免用单位置触点来采集状态信号时可能引发的对状态信号的错误判断，即用2位取代单位置信号中的1位来表征一个开关的开合状态，这样00、01、10、11四种组合中只有两种是正确位置状态，其余两种是不确定状态。这显然比0、1两种状态代表开合增加了码元的抗干扰性，提高了状态信号传输的可靠性，避免出现监控系统中"遥信误发"的问题。在高压和超高压系统中，断路器、隔离开关和接地开关的位置信号一般都是用双位置触点来采集的。而在中低压系统中，除了断路器位置信号外，隔离开关和接地开关位置信号可用单位置触点来采集，以节省状态输入的数量。

2. 单位置信号

间隔中的大多数信号都为此类信号，如一次设备的一些告警量，电动机储能、高压开关的一些异常告警信号，变压器的瓦斯告警信号，保护装置和自动装置的动作信号，交直流屏的告警信号等。

3. 编码信号

此类信号在间隔中不多见，如变压器或消弧线圈挡位信号。有些独立的小电流接地选线装置发出的线路接地信号也采用编码方式接入间隔层装置。此类信号多是采用BCD编码，如变压器挡位等。

4. 脉冲量采集

在间隔层单元中，一般提供几个状态输入点以实现电能脉冲累计器的作用。

5. 装置内部信号

以上提到的状态量基本都是硬触点信号，需要通过二次电缆把需要采集的外部信号触点接入间隔层单元。相对于这些硬触点信号，间隔层单元还可以采集装置自己产生的一些状态量信号通过通信送至主控单元。如在保护测控综合装置中，装置可产生控制回路断线、保护动作信号等。这些信号可直接通过通信传送至主控单元。此外，装置本身产生的一些内部自检信号，如CPU、RAM出错等，也可传送至主控单元。

4.2.1.3　控制输出

在发电厂和变电站中，需要控制的对象很多，如断路器、隔离开关、接地开关、分接头调节等双命令控制，还有些诸如保护复归、保护投退、接地试跳等一些单命令控制。双命令控制对象是指被控对象需要两个命令才能实现该对象的完整控制过程即合闸、分闸过程。单命令控制则是指被控对象只需一个命令即可完成其控制过程。

各种控制输出方式如图4-1所示。图4-1（a）和图4-1（b）是常规的单、双命令，间隔层单元在接收到控制命令后，将输出触点闭合一段时间，在某些场合下，还可采用图4-1（c）～图4-1（f）等方式来实现控制功能。如图4-1（c）所示，在图4-1（b）的基础上，增加了一个共用出口继电器，当间隔层单元在接收到控制命令后，共用出口继电器和合闸（或分闸）联动，这样可以避免因合闸继电器或分闸继电器误出口而造成对控制对象误操作的事故。

在大多数场合下，间隔层单元通过提供无源的空节点来实现控制的功能。在高压和超高压系统中，对断路器的控制，由测控单元与操作箱相配合来完成。而在中低压系统中，国内厂商提供的测控保护单元，一般对断路器的控制输出出口是固定的，且带有操作回路，而国外厂商提供的此类装置的输出可灵活定义，一般不带操作回路，如图4-2所示。

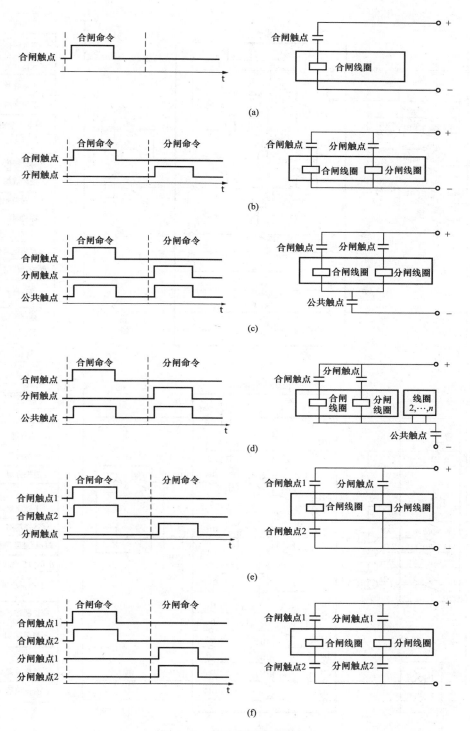

图 4-1　各种控制输出方式

（a）单命令；（b）双命令；（c）双命令附加一个单命令；（d）双命令附加一个公共命令；

（e）两合一分双命令（或两分一合）；（f）两合两分双命令

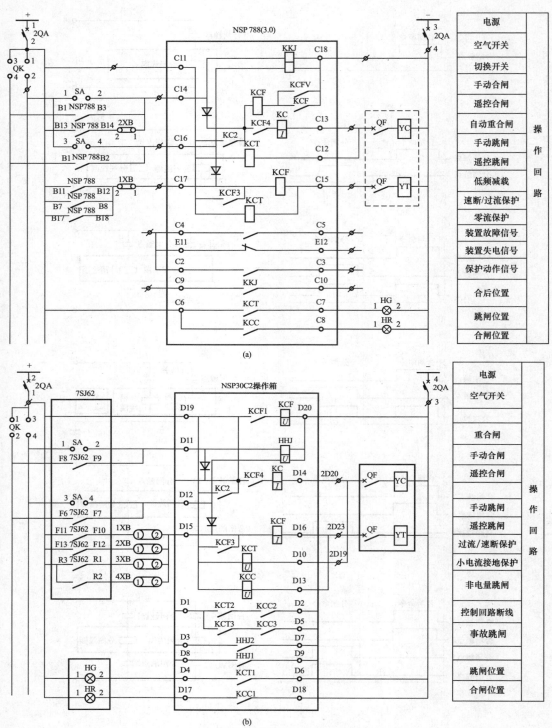

图 4-2　两种间隔层单元的控制回路图

（a）NSP7××（国内）控制回路图；（b）7SJ62（国外）控制回路图

KCT—跳闸位置继电器；KCC—合闸位置继电器；KCF—防跳继电器；KC—合闸保持继电器；YC—合闸线圈；

YT—跳闸线圈；C2~C18，E11~E12—NSP788（3.0）的接线端子；D1~D20—NSP30C2 的接线端子

4.2.1.4　模拟量输出

在发电厂网控系统中，往往需要实现远方调度控制中心对该电厂的自动发电控制（AGC）功能，为此就需考虑在间隔层单元中的模拟量输出。早期的模拟量输出以电压为主，一般为±5V或±10V，输出部分要求有性能良好的隔离器件。现在一般要求模拟量以电流输出，0～20mA 或 4～20mA。也有的要求脉冲输出，同样也要加装性能良好的隔离器件。

模拟量输出的电信号进入电厂的功率调节设备，完成对火电厂汽轮机或水电厂的水轮机的功率调节。模拟量输出的大小或脉冲输出的多少受调度控制中心的控制，它实际上是一个电力系统的闭环控制与调节过程。

4.2.1.5　同期功能

在高压及超高压系统中，一般要求间隔层单元对开关的控制输出具有检同期功能，即按同期并网的要求，通过断路器实现不同系统或同一系统的两部分间快速、安全、可靠连接。当断路器合闸时，有时需要对断路器两侧的电压进行同期条件判断检查，在满足同期条件时才能进行合闸。传统做法是在间隔层单元之外另加一个同期装置，随着计算机、微处理器技术的快速发展，在间隔层单元中增加同期功能已非难事，在保证保护可靠性、测量精确性的同时，既降低了成本，又减少了现场接线的复杂性，方便运行维护。

间隔层单元的同期功能可分为差频并网和同频并网。差频并网是指在电力系统中，将一台发电机与另一台发电机同步并网、一台发电机与另一个电力系统的同步并网或两个电气上没有联系的电力系统并网。其特征是在同步点两侧电源电压、频率不同，且由于频率不相同，使得两电源之间的相角差也在不断变化。进行差频并网是要在同步点两侧电压和频率相近时，捕获两侧相角差为零的时机完成并列。同频并网是指断路器两侧电源在电气上原已存在联系的系统两部分，通过此并列点再增加一条回路的操作，其主要特征是在并网实现前同步点两侧电源的电压可能不相同，但频率相同，且存在一个相对稳定的相角差，这个相角即为功角。从本质上讲，同频并网只不过是在有电气联系的两电源间另外增加了一条连线。

在间隔层单元中，无论是同频并网或差频并网，其同期功能的实现均按照以下的步骤实施：

（1）在收到遥控同期合闸和手动同期合闸命令的有效时间内（同期功能控制字投入状态），如果检无压合闸功能投入的情况下先进行检无压合闸功能的判定，无压判定的依据有两个：

1）一侧有正常电压（电压、频率在允许值范围）、一侧无电压，无 TV 断线闭锁信号。

2）两侧都无电压，无 TV 断线闭锁信号。

在无压检测时间之内，检测到上述两种情况之一，则判断为无压情况，发出断路器合闸命令。在两侧均有电压的情况下，装置能自动识别是差频并网或同频并网：装置检测到两侧频差 $|\Delta f| \leqslant 0.05\text{Hz}$，按同频并网条件执行，否则按差频并网条件执行。

（2）在已识别到同频并网的情况下，则进行同频并网的判定：

1）U_g、U_s、f_s、f_g 正常（U_g、f_g 为待并侧的电压和频率，U_s、f_s 为系统侧的电压和频率），在可整定的允许值范围内。

2）两侧压差 $\Delta U <$ 允许值（压差允许值可整定）。

3）相角差 $|\varphi| <$ 允许值（φ 为系统侧与待并侧电压间的相角差，此处称功角，允许值在装置中可以整定）。

在同频并网延时时满足上述 3 个条件，则发出断路器合闸命令。如果任一条件不满足，则装置发出不具备同期并网条件的信号。

（3）在已识别到差频并网的情况下，则进行差频并网的判定：

1) U_g、U_s、f_s、f_g 正常（U_g、f_g 为待并侧的电压和频率，U_s、f_s 为系统侧的电压和频率），在可整定的允许值范围内。

2) $0.05\text{Hz} < |\Delta f| <$ 允许值。

3) 两侧压差 $\Delta U <$ 允许值。

4) | 相角差 φ_2 | < | 相角差 φ_1 |。　　　　　　　　　　　　　　　　　　(4-1)

式中：相角差 φ_1 为程序先检测到的两电压间的相角差；相角差 φ_2 为程序后检测到的两电压间的相角差。

在同时满足上述 4 个条件以后，此时不断计算导前角

$$\varphi_{dq} = \omega_D t_{dq} + \frac{1}{2} \frac{\mathrm{d}(\omega_D)}{\mathrm{d}t} t_{dq}^2 \qquad\qquad (4-2)$$

式中：ω_D 为两侧角频率差；t_{dq} 为导前时间，一般导前时间可考虑从合闸命令发出到开关动作所经历的时间，其时间为装置内部继电器动作时间和开关动作时间之和。由于装置已将其内部继电器动作时间加以考虑，因此，导前时间的整定仅为开关动作时间。

并继续检测相角差 φ，捕捉到 $\varphi = \varphi_{dq}$ 时，给断路器发合闸脉冲。如果在同期有效时间内，捕捉不到同期点，相应发出同期失败信号。

同期合闸的判断流程图如图 4-3 所示。

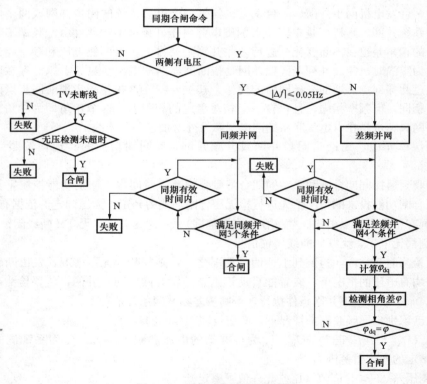

图 4-3　同期合闸判断流程图

4.2.1.6　防误联锁功能

在厂站监控系统中，从安全性角度考虑，防误联锁功能是必须的。对于中低压等级的厂站来说，一般情况下 35kV 以下电压等级的高压开关柜中具有可靠的机械联锁，主变压器以上的电

气间隔可以配置单独的防误联锁系统。而对于高压及超高压系统来说，防误联锁系统是必须具备的。

一般情况下，厂站中配置的防误联锁系统独立于监控系统。初期的防误联锁系统与监控系统没有任何关联，直接从电气设备采集信号输出防误联锁结果，而微机防误联锁系统通过通信从监控系统中获得数据，并可将防误联锁结果返回给监控系统。高压及超高压系统的厂站监控系统，为防止在防误联锁系统出现问题而失去防误联锁功能的情形发生，一般要求监控系统具有防误联锁功能，这一点主要是针对具有电动操作方式的一次设备，分为以下三种情况：

（1）后台系统中具有操作预演功能，生成操作票。

（2）站控层防误联锁功能。

（3）间隔层单元的防误联锁功能。这一功能主要通过间隔层单元中的可编程逻辑控制功能来实现。根据间隔的防误联锁条件，一方面通过本间隔的断路器、隔离开关、接地开关等信号，实现本间隔自身的防误联锁要求；另一方面通过网络之间的信息互换得到所需的其他间隔的防误联锁信息，再通过本间隔中的可编程逻辑控制功能来实现间隔之间防误联锁的要求。具体实现方法如下：

1）正常情况下，间隔层单元在接收到主控单元或其面板（LCD）控制命令后，通过本间隔层单元中的可编程逻辑控制功能来判断这一控制对象的防误联锁条件是否满足，在校核正确后，输出控制命令。

2）在本间隔层单元失去与该间隔层其他单元的通信联系时，如若被控制对象的防误联锁条件需要用到其他间隔的信息，则应闭锁该单元控制对象的控制输出。

3）在遇到被控制对象的防误联锁条件需要用到的信息有误时，如接地开关的辅助触点没有到位，则应闭锁该控制对象的控制输出。

4）间隔层装置输出一副能够长期闭合的单命令触点来实现独立防误联锁系统的防误联锁功能。在独立防误联锁系统中，通过电子编码锁和电脑钥匙的配合，可以对电动操作方式的一次设备进行防误联锁。目前有部分高压及超高压变电站中，独立的防误联锁系统已取消，间隔层单元可以为每一个控制对象提供一副类似于"五防"系统中的电子编码锁一样的"五防"闭锁触点，串在操作回路中，当接收到控制命令并且防误联锁条件满足时，这副触点自动闭合，从而实现防误联锁功能，这种防误联锁方式称为在线式"五防"。

4.2.1.7 程序化操作

由于遥控技术的日趋成熟以及在变电站的开关操作控制中的广泛采用，无人值班变电站开始兴起并逐渐发展。在此过程中，操作量日益增加，操作程序越来越复杂，这就导致了程序化操作技术的产生、应用和发展。程序化操作的实现往往结合操作票技术，由厂站监控系统整体上配合实现。

（1）间隔层单元具备程序化操作功能的实现方法如下：

1）通过间隔层单元组态软件编写程序化操作票及控制逻辑，保存在本单元装置的ROM里。

2）间隔层单元完成实时计算，准备接受上层控制单元或本单元面板（LCD）的程序化操作控制命令。

3）间隔层单元收到程序化操作控制命令，调取相应操作票或逻辑，开始执行。

4）根据操作票内容或逻辑，按照步骤依次执行，执行过程中，需要保持间隔层闭锁计算的中断接收接口和来自控制层的中断接收接口处于激活状态。

（2）间隔层单元作为执行终端参与程序化操作功能的技术要求如下：

1) 由于按照无人值班模式设计，因而程序化操作的控制范围大大延伸，导致间隔层单元需要更多的控制输出触点和状态量输入触点。以 10kV 出线测控保护单元为例，一般设计控制输出只需要 1 对触点控制断路器，但是，按照程序化操作需求，至少需增加 2 对触点控制开关柜的电动手车。

2) 间隔层单元应具备文件处理功能。这是因为需要保存、读取来自站控层或组态软件的操作票文件和其他数据文件。

3) 间隔层单元必须具备与其他间隔层单元通信及防误联锁功能。在程序化操作过程中，状态不断变化，需时刻计算闭锁条件，并保证计算的快速性，按照程序化操作步骤的一般等待时间，估算闭锁条件的计算周期应该不大于 2s。

4) 间隔层单元应具备软连接片功能。软连接片的概念是相对于硬连接的连接片而言的，具有控制属性和状态量属性。程序化操作的内容包括对继电保护功能的投退，因此一般采用控制软连接片的形式来实现。

4.2.1.8 通信功能

间隔层单元中的通信功能是通过单元前面板和后背板上的各种通信接口来实现的，这些接口可分为：①与主控单元的系统接口；②调试通信接口，这里主要是指用于参数下装和信息读取的接口，一般为 RS 232 接口、USB 接口或以太网接口；③对时接口；④与其他间隔层单元的通信接口。这些接口除调试接口位于前面板外，其余都在后背板上。这里主要讨论与主控单元的系统接口。

1. 接口类型

接口类型大致可分为三类：

(1) 串行接口：RS 232/422/485 等电气接口以及 F-SMA 或 ST 光纤接口。

(2) 现场总线接口：CAN、PROFIBUS、LONWORKS。

(3) 工业以太网。

2. 间隔层单元与主控单元之间的连接方式

(1) 星型连接。这是中央控制型结构，主控单元执行集中式通信控制策略，其连接关系如图 4-4 (a) 所示。图 4-4 (b) 是星型连接中的双主控单元模式。星型连接可以使用多种通信介质。

1) 星型连接的优点：

a) 控制方式简单，方便服务。

b) 单个连接点故障只影响一个设备，即一个间隔，不会影响全网，不影响全厂站，可靠性较高。

c) 便于集中控制和故障诊断。由于每个节点都直接连到中央节点，因此容易检测和隔离故障，可方便地将故障节点从系统中删除。

d) 访问协议简单，任何连接只涉及中央节点和一个站点，介质访问的方法简单，访问协议也相对简单。

2) 星型连接的主要缺点是：

a) 通信介质的辐射相对比较复杂，而且成本较高。

b) 通道利用率低，如果通信量增加并要求高速通信时，主控单元将成为瓶颈，而如果采用双机冗余来提高可靠性，则会相应增加系统的复杂程度和成本。

(2) 总线型连接。总线型连接方式采用单根传输线作为传输介质，所有的间隔层单元都接在一条公用的主干链路上，如图 4-4 (c) 和图 4-4 (d) 所示。在主干链路（总线）上，任何时刻只允许主控单元和一个间隔层单元进行通信，通信介质以双绞线或同轴电缆为主。

1）总线连接的优点有：

a）电缆长度短，容易布线。由于所有的站点接到一个公共数据通路上，因此只需要有限的电缆长度。

b）总线结构简单，又为无源元件，比较可靠，易于扩展，增加或拆除节点操作简便，在总线任何点接入即可。

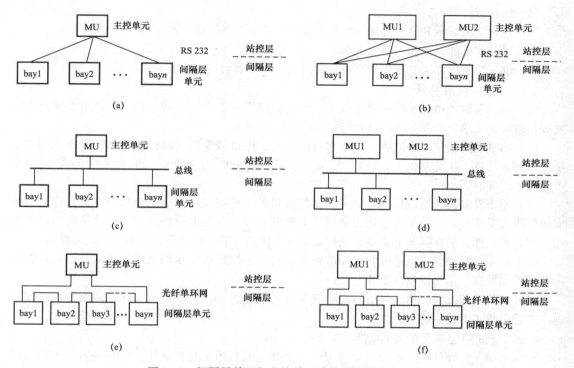

图 4 - 4　间隔层单元与主控单元连接的网络拓扑结构

（a）星型，单主控单元；（b）星型，双主控单元；（c）总线型，单主控单元；
（d）总线型，双主控单元；（e）环型，单主控单元；（f）环型，双主控单元

2）总线连接的缺点是：

a）故障诊断和故障隔离困难。总线连接的网不是集中控制，故障检测必须在网上各站点进行；如果故障发生在传输介质上，则整个总线都需切除。

b）如若采用 RS 485 主从通信方式，通信速率较星型结构要慢。因为所有间隔层单元共享一条公用的传输链路，只有在主控单元查询到间隔层单元时，该间隔层单元才能将信息传送至主控单元，即一次只能与一个间隔层单元交换信息。

（3）环型连接。在环型连接中，通信网络是由一组用点到点链路连接成的闭合环组成的，如图 4 - 4（e）和图 4 - 4（f）所示。常用高达 10Mbit/s 传输速率的双绞线作为传输介质，同轴电缆和光纤均可作为环型连接的传输介质。

1）环型连接的优点有：

传输速度高，可采用光纤通信，环型连接为单方向传输，光纤传输介质十分适用。

2）环型连接的缺点是：

a）可靠性差，某个节点故障会阻塞信息通路，引起全网故障。解决这一缺点的方法是采用

双环网结构。

b）诊断故障困难，会因某一节点故障，导致全网不工作，且难以诊断故障，需对每个节点进行检测。

c）不易重新配置网络。

4.2.1.9 人机界面功能

在间隔层单元的前面板上，一般设计有一块 LCD 液晶显示屏和按键的人机界面，其功能为：

（1）测量值的显示。

（2）保护定值显示和修改功能（如果该装置具备继电保护功能）。

（3）遥信状态的显示和归档记录功能。

（4）部分厂家提供了方便用户自由定义的接线图组态和控制功能。

4.2.1.10 扩展功能

由于间隔层测控单元软硬件比较强大，除了可以实现若干传统功能外，还能够根据技术的发展和现实的要求，开发一些扩展功能。

（1）测量线路的三相基波电压、三相基波电流、序量值等带有时标的实时相量值，即实现了同步相量测量。在此基础上，计算 P、Q、$\cos\varphi$、f 等值，这就为广域测量系统 WAMS 提供了最基本的实时数据。

（2）用于发电机的测控单元，除了测量发电机的三相机端电压、三相机端电流、序量值等实时同步相量值外，还要采用直接法测量发电机的功角 δ 及内电动势角度，并计算内电动势的相量值，使调度人员在屏幕上能够可视化地了解系统功角的变化状态，从而了解安全程度。

（3）暂态录波功能。记录瞬时采样的数据，具有全域启动命令的发送和接收，以记录特定的系统扰动数据，用于事故反演和分析。

（4）通信功能。与普通间隔层测控单元类似，把相量值、扰动记录文件以网络方式和规定速率向数据集中器或主控单元发送。

4.2.2 间隔层单元的硬件结构

间隔层单元的硬件结构图如图 4-5 所示，主要包括机箱、交流模块、CPU 模块、人机对话 MMI 模块、继电器（出口）模块和电源模块 6 个部分。

1. 机箱结构

间隔层单元一般采用标准结构的金属机箱，其几何尺寸为高度 6U（1U＝44.3mm）以及 1/2 和 1/3 全宽度（全宽度＝19in，即 482.5mm）。可根据信号点的多少决定机箱的大小。前面板为整面板，包括汉化液晶显示器、信号指示灯、操作键盘等。机箱采用背插式防尘抗振动的设计，可确保装置安装在现场条件恶劣的情况下仍具备高可靠性。

2. 交流模块

交流模块包括电压输入和电流输入两个部分。不同型号的装置，其电压和电流输入元件的数目不同，如 NSP7×× 提供 7 个 TA 和 5 个 TV，其中有 3 个测量 TA 和 4 个保护 TA（3 个相间 TA 和一个零序 TA）。端子输入的电压、电流量并不直接进行 A/D 转换，因此交流模块要负责对输入的电压和电流进行信号调理，这包括硬件滤波滤除高频分量和利用互感器的隔离变换将端子输入的大信号模拟量变换成装置可采集的小信号模拟量两部分。

3. CPU 模块

CPU 模块是整个间隔层单元的核心，不仅需完成数据的采集、存储，还要完成保护、测量和通信等功能。与传统的 51 或 196 系列单片机构成的传统数字系统相比，DSP 芯片在间隔层装置中的应用已日趋广泛，尤其在测控保护一体化的装置中更是如此。

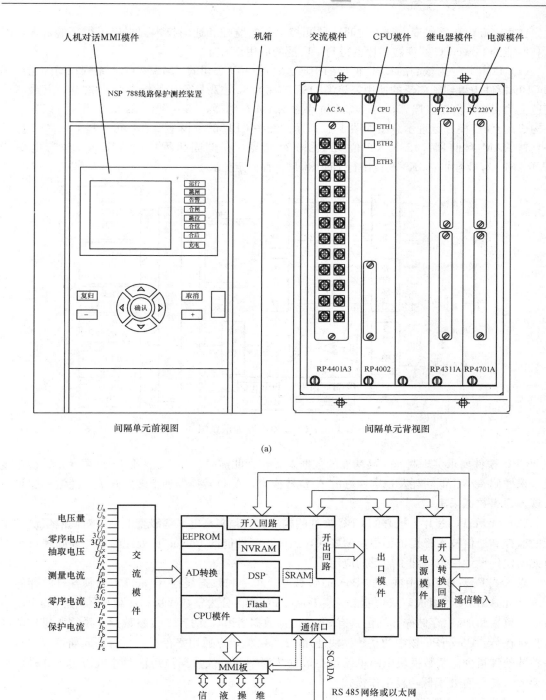

图 4 - 5 间隔层单元的硬件结构图

（a）外观结构视图；（b）内部构成图

在很多高电压等级变电站，对间隔层测控单元的监控和通信技术都提出了很高的要求，因此高性能的 PowerPC 处理器芯片也得到了广泛的应用。

（1）DSP 芯片为核心的 CPU 模块的构成。目前，TI 公司的 TMS320C3×系列在间隔层单元的 CPU 模块中得到了广泛的使用，该类 DSP 芯片为 32 位高性价比的浮点 DSP 芯片，其最高处理速度为 150M 次浮点运算，34K×32 位片内 RAM 存储器，13ns 和 17ns 指令周期。以其为核心构成的 CPU 模块原理示意图如图 4-6 所示。图中 CPU 的外设主要有：可扩展 64K×32 位片外高速 RAM 存储器；128K×8 位 EPROM 存储器，存储固化程序；512K×8 位带电保持 NVRAM，存放数据；8K×8 位串行 EEPROM，存储定值。

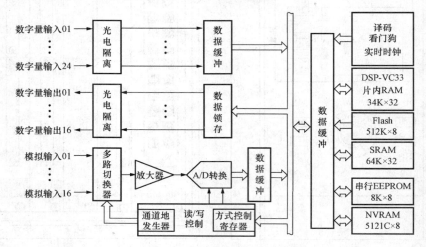

图 4-6　CPU 模件原理示意图

CPU 模件要求实现高速、高精度的数据采集，为此需要选用 14 位或 16 位精度、转换速度快、采样偏差小、低功耗及稳定性好的 A/D 转换器，A/D 转换器加上多路开关及滤波回路可以实现多通道数据采集。

（2）PowerPC 芯片为核心的 CPU 模件的构成。在很多高电压等级变电站，对间隔层测控单元的监控和通信技术都提出了很高的要求，因此，高性能的 PowerPC 处理器芯片在间隔层测控单元的硬件设计中也得到了广泛的应用。

嵌入式 PowerPC 核由嵌入式 PowerPC 核心、指令和数据缓存（Cache）及其各自的存储器管理单元（MMU）组成，从功能上观察 Power PC 核可分为整数模块和加载/存储模块两个功能模块。整数和加载/存储操作均由具有 32 位内部数据通道，支持 32 位整数操作及算术操作的硬件直接执行。PowerPC 核中的整数模块使用 32×32 位定点通用寄存器，每时钟周期可以执行一条整数处理指令。整数模块中的单元仅在数据队列中的有效数据被传输时才被占用，这样使得 PowerPC 核一直处于低功耗工作模式。

4. 人机对话 MMI 模件

MMI 模件是基于 32 位 ARM 芯片开发的人机界面，用于装置的人机交互及处理相关的通信任务。ARM 处理器是一个 32 位精简指令集（RISC）处理器架构，广泛地应用于嵌入式系统设计，具有如下特点：体积小、低功耗、低成本、高性能；支持 Thumb（16 位）/ARM（32 位）双指令集，能很好地兼容 8/16 位器件；大量使用寄存器，指令执行速度更快；大多数数据操作都在寄存器中完成；寻址方式灵活简单，执行效率高；指令长度固定等。

MMI 模块拥有 128×128 宽温、黄绿底液晶（带温度补偿功能），也可选蓝底液晶；有 4 个 LED 显示灯；通信端口有一个隔离的 RS 232 口（作为维护口）、一个隔离的 RS 422/RS 485 口（与 DSP 板通信）、两个隔离的 RS 485 口、三个 10M 的以太网口（与系统通信，具体配置可选）。以太网络通信物理接口方式为 RJ 45 插座，通信介质为屏蔽五类线或光纤；RS 485 通信物理接口为凤凰端子，通信介质为屏蔽双绞线或光纤。MMI 模块的程序内存为 512KB，数据内存为 256KB。MMI 模块的 LCD 显示屏可显示 8 行×8 列汉字，人机界面友善、清晰易懂。

模块上的显示窗口采用 15 行×8 列汉字的液晶显示器，人机界面清晰易懂。配置键盘操作方式使得人机对话操作方便简单。同时还配置了丰富的灯光指示信息，使装置的运行信息更为直观。MMI 与 DSP 模块通信联系框图如图 4-7 所示。

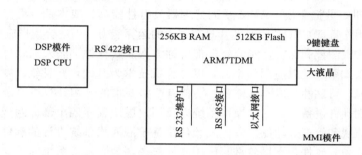

图 4-7　MMI 与 DSP 模块通信联系框图

5. 继电器模块

继电器模块包括保护动作信号继电器、保护动作出口继电器、遥控继电器及操作回路。操作回路的跳、合闸电流可以通过板上的跳线加以选择，通过跳线，可以有 0.5、1.0、1.5、2.0、2.5、3.0、3.5、4.0A 8 种跳、合闸额定电流。跳线的方法见表 4-1。

表 4-1　　　　　　　　　　　　　操作回路跳合闸电流跳线方法

短接线（跳闸回路）			适用电流值（A）	短接线（合闸回路）		
S4	S5	S6		S1	S2	S3
断	断	断	0.5	断	断	断
连	断	断	1.0	连	断	断
断	连	断	1.5	断	连	断
连	连	断	2.0	连	连	断
断	断	连	2.5	断	断	连
连	断	连	3.0	连	断	连
断	连	连	3.5	断	连	连
连	连	连	4.0	连	连	连

跳、合闸电流的确定宜采用向下靠的选择方式。如给定的跳闸电流为 1.3A，则跳闸回路应选用 1A 挡的回路参数，而不是 1.5A 挡的回路参数，这样才能保证跳闸回路的可靠性。合闸回路的参数选择也遵循上述原则。

6. 电源模块

采用直流逆变电源，直流 220V 或 110V 输入经抗干扰滤波回路后，利用逆变原理输出装置需要的四组直流电压，即 5V、±15V 和两组 24V，三组电压均不共地，且采用浮地方式，同外壳不相连。其中，5V 为计算机系统的工作电源，±12V 为数据采集系统电源，一组 24V 为驱动继电器的电源，另一组 24V 为外部开入的电源。

开关量及脉冲量输入作为独立的输入回路在印制板上占用的面积不大，减少了间隔层装置的板件数，节约成本，一般开关量及脉冲量输入不单独设计模块，而是和交流模件或电源模件放在一起。例如，NSP 7 系列间隔层装置就是将开关量及脉冲量输入回路设计在电源模件上。

4.2.3 间隔层单元的软件结构

间隔层单元的硬件基于双 CPU 设计体系，在软件设计上，同时考虑两部分的软件设计，其中一个称为管理 CPU 软件，另一个称为应用 CPU 软件，两部分软件相互独立，分工明确，以 RS 422 通信方式进行数据交换。ARM 系列处理器具有性能高、成本低、可接外设丰富、能耗低等特点，一般用作管理 CPU；DSP 芯片具有强大的运算能力，更适合用作应用 CPU。

间隔层单元实现测控和保护功能的软件都可称为嵌入式软件。嵌入式软件与嵌入式系统是密不可分的，嵌入式系统是以应用为中心，以计算机技术为基础，并且软、硬件可裁剪，适用于应用系统对功能、可靠性、成本、体积、功耗有严格要求的专用计算机系统。它一般由嵌入式微处理器、外围硬件设备、嵌入式操作系统以及用户应用程序四个部分组成，用于实现对其他设备的控制、监视和管理等功能。嵌入式软件是基于嵌入式系统设计的软件，由程序及其文档组成，可细分成系统软件、支撑软件、应用软件三类，是嵌入式系统的重要组成部分。嵌入式应用软件是针对特定应用领域，基于某一固定的硬件平台，用来达到用户预期目标的计算机软件。由于用户任务可能有时间和精度上的要求，因此有些嵌入式应用软件需要特定嵌入式操作系统的支持。嵌入式应用软件和普通应用软件有一定的区别，它不仅要求其准确性、安全性和稳定性等方面能够满足实际应用的需要，而且还要尽可能地进行优化，以减少对系统资源的消耗，降低硬件成本。很明显，间隔层单元属于嵌入式应用软件范畴。

1. 管理 CPU 软件设计

管理 CPU 主要负责液晶显示、键盘处理以及与应用 CPU 和外围系统之间的通信，其软件流程图如图 4-8 所示。液晶显示的界面采用树型结构设计思想，通过键盘响应，一级级向下延伸。对管理 CPU 而言，液晶显示工作较为繁重，但通信是一项极其重要的任务，它需要处理以下三方面的通信工作：

（1）与主控单元之间的通信：采用主从通信方式。主控单元主动发送请求报文，管理 CPU 根据请求做出响应，采用一问一答方式。

（2）与维护口之间的通信：采用主从通信方式，当维护口需调用数据时，才进行响应。

（3）与应用 CPU 之间的通信：采用主动发送模式。平时 1s 向应用 CPU 发送一帧报文索取下述信息：实时的保护电流值、测量电流值、电压值、有功功率、无功功率、功率因数，所有的信号状态、脉冲计数值以及有功功率、无功功率、电能值等。当应用 CPU 有开关状态变位或保护事件时，管理 CPU 会立刻索取一级数据。由于主控单元、维护口、面板显示都会向应用 CPU 下达诸如取定值、修改定值等任务，因此在管理 CPU 下发给应用 CPU 的通信报文中增加了一个字节，根据该字节不同值区分三方面的通信。应用 CPU 上送的报文中也包含了此字节，管理 CPU 根据应用 CPU 上送的此字节信息，分别发送到主控单元、维护口或面板显示，从而保证通信工作的进行。

2. 应用 CPU 软件设计

应用 CPU 软件主要完成测控功能和保护功能，其软件流程图如图 4-9 所示。

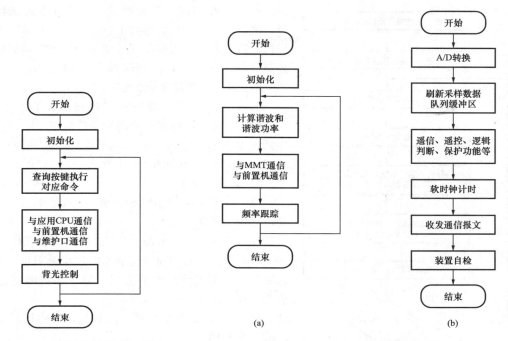

图 4-8　管理 CPU 软件流程图　　图 4-9　应用 CPU 软件流程图

(a) 应用 CPU 主程序框图；(b) 应用 CPU 软件采样中断框图

应用 CPU 软件进行测量电流量、电压量，保护测量电流量、电压量，以及频率等的采样，计算得到以下量：测量量的基波值及 2～13 次谐波值、有功功率、无功功率、功率因数、正向有功电能、正向无功电能、负向有功电能、负向无功电能。另外还进行遥信状态的采集、脉冲电能的采集、遥控命令的完成、实现与管理 CPU 的通信（被动发送模式）、完成保护电流、电压量的基波值和相位以及正序、负序值计算和保护逻辑的判定。上述工作在软件的编排上都是由一个个独立的模块完成的，测量值计算与管理 CPU 的通信等是在主程序中完成的，遥信检测、遥控逻辑判断、保护测量值计算和逻辑判断功能、对时等是在软件定时器中断服务程序中完成的，考虑到程序的可控性，只进行了一级定时器中断，按照每周波 36 点采样，定时器中断时间基本上是 20/36ms（由于采取了频率跟踪技术，20ms 一周波是个变数）。

3. 间隔层单元中几种典型的测控程序

（1）测量量的采集及计算。测量量的采集及基波值的计算是在定时器中断服务程序中完成的，2～13 次谐波幅值以及功率、电能值的计算是在主程序中完成的，应用 CPU 在硬件上采用 DSP 芯片，计算能力强大，速度快，在主程序中完成的工作实时性也相对较高。

图 4-10 是数据采集及基波值计算程序流程图，由图可以看到，为有效利用时间，每一次在等待 A/D 转换结束的间隔都进行当前采样点之前的 36 点采样值的傅里叶变换（FFT），从而得到基波值，提高了工作效率。

（2）开关量输入子程序。开关量输入子程序是在定时器中断服务程序中完成的，开关量输入子程序定时扫查开关量状态。若扫查到某开关量状态有变化，则记录此时开关量的状态，并判断有没有达到滤波时间，若时间满足，则记录当前开关状态和此时此刻的时间（包括月、日、时、分、秒、毫秒）。子程序流程图如图 4-11 所示。

（3）控制命令子程序。当间隔层单元收到控制（控分或控合）选择命令时，启动时间计数

145

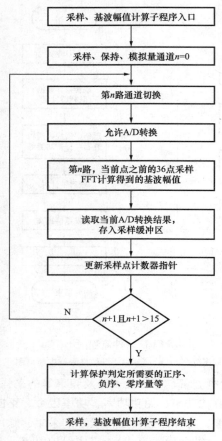

图 4-10 数据采集及基波值计算程序流程图

器，在有效时间内收到控制（控分或控合）执行命令时，进行分闸或合闸继电器出口，如在有效时间内未收到控制执行命令或收到控制撤消命令，则立即终止本次控制操作。控制子程序流程图如图 4-12 所示。

4.2.4 间隔层单元的应用举例

4.2.4.1 NSP 788 间隔层测控保护单元

NSP 788 是一种多功能测控保护装置，一般应用在中低压变电站中的 35、10、6kV 线路，其外观如图 4-13 所示，功能框图如图 4-14 所示。

1. 装置主要特点

（1）以高性能 32 位 DSP＋ARM 双处理器为核心的硬件平台，可靠、高效。

（2）人性化的大液晶、汉化人机界面，操作方便。

（3）保护及自动控制功能动作过程透明化，信息记录完备，采用连续录波的方式，最长录波时间达 25s，提供了完备的事故追忆信息。

（4）16 套定值可方便地复制整定，供运行方式改变时切换使用。

（5）提供基于 Windows 界面的调试和分析软件 NCP-Manager，大大提高调试维护的效率，可方便地进行事故和录波分析。

（6）各保护、控制功能可灵活配置出口，由软件逻辑阵列实现。

（7）最多可提供 3 个高速以太网口作为监控与自动化系统通信的接口，也可提供双 RS 485 通信接口。

（8）多种对时方式包括通信对时、分脉冲对时和 IRIG-B 编码对时。

2. 主要功能

（1）测控功能：

1）21 路遥信。

2）I_a、I_b、I_c、I_0、U_a、U_b、U_c、U_{ab}、U_{bc}、U_{ca}、U_0、f 等模拟量的测量，并完成 P、Q、$\cos\varphi$ 等模拟量的计算。

3）断路器遥控分、合。

4）小电流接地试跳。

5）可选配 2 路 4～20mA 的模拟量输出，替代变送器作为 DCS 电流、电压、功率测量接口。

6）2 路脉冲量输入实现外部电能表自动抄表。

7）积分电能：正、反向有功电能和正、反向无功电能。

（2）保护功能：

1）三段相间过流保护（可带方向和复合电压闭锁，Ⅲ段可选择为反时限）。

2）两段零序电流保护（零序电流可选择外接和自产）。

3）过负荷保护（可选择告警或跳闸）。

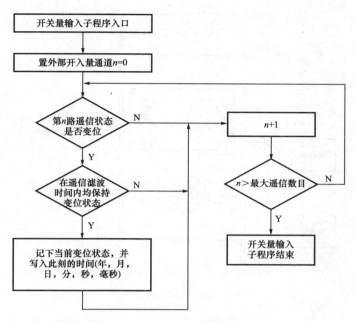

图 4-11 开关量输入子程序流程图

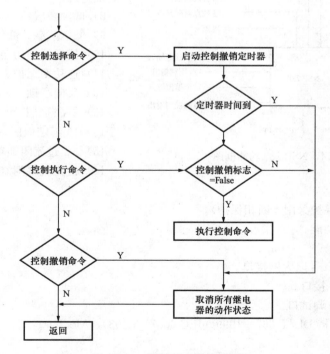

图 4-12 控制子程序流程图

4）充电保护。

5）小电流接地保护（可选择告警或跳闸）。

6）三相二次重合闸（可选择检同期或检无压）。

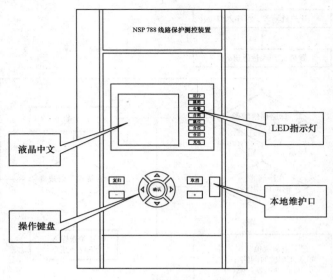

图 4-13 NSP 788 外观图

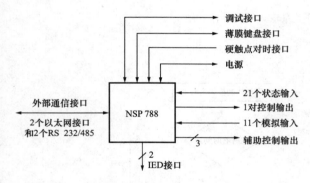

图 4-14 NSP 788 功能框图

7）重合闸加速保护（可选择前加速或后加速）。

8）低频减载。

9）低压减载，低压解列。

10）捕捉同期功能。

11）逆功率保护。

12）反向联锁。

13）TV 断线检测。

14）16 组定值区。

15）FC 过流闭锁功能。

16）检无流跳闸（用于熔断器三相熔断保护）。

17）负序过流保护（用于断相保护）。

18）故障录波功能。

（3）通信功能：

1）2 个 100Mbit/s 以太网接口。

2）2 个 RS 485 接口。

3）1 个 RS 232 调试口。

4）通信规约支持 DL/T 667—1999（IEC 60870-5-103）、Modbus。

（4）对时功能：

1）软件对时报文，包括 DL/T 667—1999（IEC 60870-5-103）报文对时、NTP 网络对时。

2）硬件脉冲对时，包括 GPS 脉冲对时或 IRIG-B 码对时，提供 DC 24V 接口或差分接口。

3）对时方式自动识别。

（5）保护信息处理：

1）装置描述的远方查看。

2）保护定值、区号的远方查看、修改。

3）保护软压板状态的远方查看、投退。

4）远方复归。

5）故障录波数据上传。

3. 技术数据

（1）测量回路：

1）额定频率：50Hz。

2）额定交流电流 I_N：5A 或 1A。

3）额定交流电压 U_N：100V 或 57.7V。

4）交流电流功率消耗：$I_N＝1A$，每相不大于 0.5VA；$I_N＝5A$，每相不大于 1.0VA。

5）交流电压功率消耗：每相不大于 0.5VA。

6）过载能力。交流电流回路：2 倍额定电流，连续工作；10 倍额定电流，允许 10s；40 倍额定电流，允许 1s；交流电压回路：1.2 倍的额定电压，连续工作。

（2）装置工作电源：

1）额定工作电源：直流 220V 或 110V；交流 125～220V。

2）允许偏差范围：－20%～20%。

3）功率消耗：正常时，小于 20W，跳闸时，小于 25W。

（3）触点容量：

1）跳、合闸出口触点：允许长期通过电流 8A，切断电流 0.3A（DC 220V，$L/R＝1ms$）。

2）信号出口触点：允许长期通过电流 8A，切断电流 0.3A（DC 220V，$L/R＝1ms$）。

（4）跳合闸电流：

1）断路器跳闸电流：0.5、1、1.5、2、2.5、3、3.5、4A。

2）断路器合闸电流：0.5、1、1.5、2、2.5、3、3.5、4A。

（5）各类元件定值误差：

1）电流元件定值误差：<3%。

2）电压元件定值误差：<3%。

3）时间元件误差：<±50ms。

4）方向元件角度误差：<±5°。

5）频率滑差误差：<±0.3Hz/s。

（6）整组动作时间（包括继电器固有时间）：

速动段的固有动作时间：1.2 倍整定值时，误差不大于 40ms。

（7）定值区：16 区。

（8）录波：

1）事件记录：256 次。

2）故障报告记录：30 次。

3）录波时间：全部最长 30s。

（9）测量系统精度：

1）电流、电压测量精度：<±0.2%×额定值。

2）功率测量精度：<±0.5%×额定值。

3）频率测量精度：<±0.01Hz。

（10）遥信输入回路：

1）遥信额定输入电压：直流 220/110/24V（直流 24V 一般仅针对交流供电的装置）。

2）遥信分辨率：2ms。

（11）环境温度：

1）工作温度：－25～55℃。

2）储存温度：－40～80℃。

（12）电磁兼容性试验：

1）1MHz 和 100kHz 脉冲群干扰：GB/T 14598.13—2008《电气继电器　第 22-1 部分：量度继电器和保护装置的电气骚扰试验　1MHz 脉冲群抗扰度试验》Ⅲ级。

2）静电放电：GB/T 14598.14—2010《量度继电器和保护装置　第 22-2 部分：电气骚扰试验　静电放电试验》Ⅳ级。

3）快速瞬态干扰：GB/T 14598.10—2012《量度继电器和保护装置　第 22-4 部分：电气骚扰试验　电快速瞬变/脉冲群抗扰度试验》Ⅳ级。

4）辐射电磁场干扰：GB/T 14598.9—2010《量度继电器和保护装置　第 22-3 部分　电气骚扰试验　辐射电磁场抗扰度》Ⅲ级。

（13）绝缘试验：

1）绝缘电阻：GB/T 14598.3—2006《电气继电器　第 5 部分：量度继电器和保护装置的绝缘配合要求和试验》，直流 500V 条件下，绝缘电阻大于 100MΩ。

2）耐压：GB/T 14598.3—2006，测试电压 2kV，50Hz，持续 1min 无击穿和闪络。

3）冲击电压：GB/T 14598.3—2006，短时单极冲击电压 5kV，前沿时间 1.2μs，半峰时间 50μs，无击穿和闪络。

4. 开孔尺寸及端子接线图

（1）开孔尺寸如图 4 - 15 所示。

（2）端子接线图如图 4 - 16 所示。

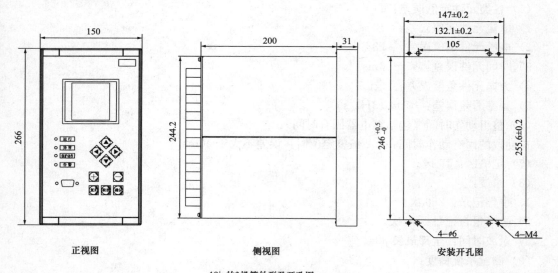

正视图　　　　　　　侧视图　　　　　　　安装开孔图

19in 的 3 机箱外形及开孔图

图 4 - 15　NSP 788 开孔尺寸图

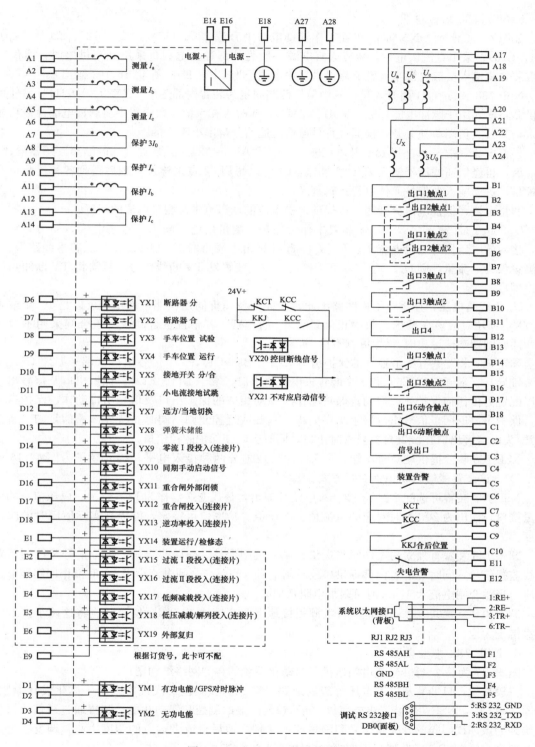

图 4-16　NSP 788 装置接线图

注　图中未明确标出的端子接线都在装置的后背板上。

5. NSP 788 功能说明

如图 4-16 所示，NSP 788 装置工作辅助电源为直流 220、110V 或交流 127、220V（端子 E14、E16）。采用直流供电时，装置遥信电源一般为外部独立电源；采用交流供电时，遥信电源由装置将输入交流电源半波整流后提供（输出端子为 E10、E9，图 4-16 中未画出）。

NSP 788 装置有 21 路开入量，其中最后两路固定为装置内部遥信（YX20、YX21）。另外可提供 2 路输入用于脉冲电能计数（YM1、YM2），此时应在系统参数设置中将脉冲电能计数功能投入，其公共负端单独分开，根据订货号可选。遥信分辨率小于 2ms。

外部电流（端子 A1～A14）及电压输入（端子 A17～A24）经装置内部的隔离互感器隔离、变换后，再经低通滤波器输入 A/D 变换器，CPU 以每周 32 点采样及处理后得到各种遥测量及保护量，进而输入各保护元件进行逻辑判断。

测量电流、保护电流分开输入以保证保护电流的动态范围及测量电流的精度。

U_a、U_b、U_c 输入在 NSP 788 装置中作为保护、测量用电压输入，零序电压 $3U_0$ 为装置自产，接入的电压量与测量电流 I_a、I_b、I_c 一起计算出本线路的 P、Q、$\cos\varphi$ 等。若本线路保护、遥测量仅为电流量，则 U_a、U_b、U_c 可不接，为防止装置发 TV 断线信号，只需将 TV 断线功能退出即可。

U_x 为线路电压，在重合闸检线路无压、检同期及捕捉同期功能中使用，可以是 100V 或者 57.7V，使用时应该在系统参数中正确设置 U_x 的相别。若不投重合闸或者重合闸采用不检方式，同时同期功能退出时，U_x 可以不接。

NSP 788 装置共有 6 个独立的保护出口（端子 B1～C1），1 个信号出口（端子 C2、C3），1 个装置异常（端子 C4、C5）和 1 个装置失电告警出口（端子 E11、E12）。保护出口及信号出口可以配置为由任何保护元件启动。保护动作时驱动相应的保护出口及信号出口动作，保护返回后，保护出口返回，信号出口需手动在面板上复归或遥控复归，同时支持外部遥信复归。装置异常/失电告警出口在装置自检异常时出口，同时会闭锁保护监控出口。

NSP 788 装置提供硬对时功能，有 DC 24V 或差分两种接入电平，接入端子为图 4-16 中 D1、D2。该装置能够自动识别对时方式。

NSP 788 装置可选配 2 路 4～20mA 电流环输出，替代变送器作为 DCS 电流、电压值、功率测量接口。输出为 20mA 时对应的电流值、电压值、功率值可整定，以提高实际使用时的应用精度。

NSP 788 装置有独立的操作回路提供合闸、跳闸保持、防跳、合位、跳位信号及控制回路断线监视信号，同时在装置内部提供事故跳闸信号。当跳、合闸电流小于 4A 时操作回路能够自适应，当跳合闸电流大于 4A 时可附加电阻适应。

NSP 788 装置共有机箱接地点及电源板接地点两个接地点，实际使用时应将这两个接地点可靠接于大地。

6. NSP 788 典型应用

图 4-17 为一个 110kV 变电站监控与自动化系统的典型网络结构图。

一般来说，110kV 及以下电压等级的线路，其保护和测控二次设备采用一体化设计原则。在图 4-17 中，NSP 788 装置主要完成 10kV 馈线间隔的测控和保护功能，装置通过通信协议将采集到的该馈线间隔的开关量信号和测量值上送到当地后台或者远方的调度中心，调度在远方发遥控命令给 NSP 788 装置从而实现对馈线间隔的控制。

NSP 788 装置一般在 10kV 开关柜的前面板上就地安装。就地安装具有如下优点：减少高压断路器（电流互感器二次侧）连接到控制室的二次电缆长度，使得保护二次控制信号和模拟电

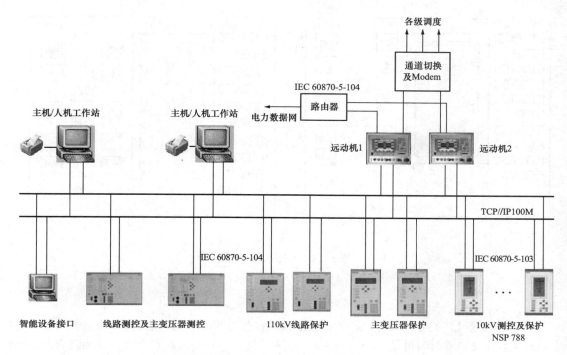

图 4-17　110kV 变电站监控与自动化系统网络结构图

流信号不易受到变电站强电磁干扰的影响，同时减小土建规模，从而降低工程造价；减小电流互感器二次负载阻抗，不容易引起 TA 饱和等。

一般来说，10kV 馈线间隔单元的通信方式可以采用 RS 485 或 CAN 总线方式，也可以采用以太网通信方式。随着以太网通信技术的发展，其通信成本已经大大降低，在电力系统里得到了广泛应用。图 4-17 中 NSP 788 间隔保护测控单元为以太网通信方式，该通信方式相对于 RS 485 总线方式在性能上有很大的提高，监控功能（遥信、遥测、遥控等）响应速度加快，装置与主单元之间的通信保持相对独立，同时各间隔装置之间也可以相互通信，这为间隔单元的一些高级测控功能奠定了基础（如间隔间的"五防"联锁功能等）。

4.2.4.2　NSC 681 间隔层测控单元

NSC 681 是国内厂商提供的一种多功能测控装置，该产品适用于 6、10、35、110、220、500、750、1000kV 等电压等级的各种变电站和各类发电厂的网控、升压站、厂用电等场合。对于 110kV 及以上的变电站，也可组合安装在户外高压设备附近的小室内，其外形如图 4-18 所示。

分散式间隔层线路测控单元 NSC 681 是 NSC 分散式微机监控系统的重要组成部分，它是基于模块化结构的数据采集和控制装置，来自过程层的各种信息在单元内部处理之后经过 RS 485 串口或以太网口传输到主控单元，来自远方调度控制中心或当地后台系统的命令则经过该单元送出到过程层的执行机构，其总体结构如图 4-19（a）所示。

NSC 681 由管理主板 MMI、测控主板 SCPU 组成双 DSP 处理系统。如图 4-19（a）所示，管理主板 MMI 主要用于完成人机对话和装置与上位机及装置间通信的功能，并通过 CAN 总线与测控主板 SCPU 进行数据交换；如图 4-19（c）所示，测控主板 SCPU 主要用于完成遥信、遥测量的采集，控制量的输出处理，以及通信规约的组织，并通过 CAN 总线与管理主板 MMI 进行数据交换。

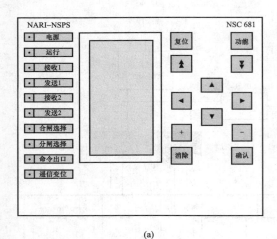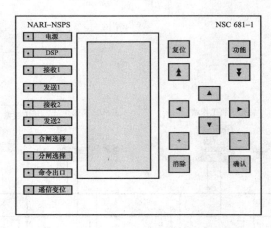

(a)　　　　　　　　　　　　　　　　　(b)

图 4 - 18　NSC 681 外观图
(a) NSC 681 前视图 (1/1 机箱)；(b) NSC 681 前视图 (1/2 机箱)

1. NSC 681 的功能

(1) 状态量（开关量）采集。一个状态量采集模件可采集 32 路状态量，每路具有单/双状态，开关状态去抖动时间可设 (1ms～10s)，每路开关状态的输入触点形式可设为动合/动断触点以方便应用。

(2) 控制输出。一个控制输出模件有 4 路控制出口，且具有 LED 指示，双命令每路控制输出由合、分、执行三个继电器组成，具有遥控返校等功能，以保证控制输出的可靠性。

(3) 模拟量采集。一个模拟量输入模件可采集两条线路，即 12 路模拟量（一条线路采集 3 路电压量、3 路电流量）。交流采样获得电压、电流瞬时值的采集，并计算电压、电流、P、Q、$\cos\varphi$、f 等测量值。功率计算可用两表法、三表法，二者可任意选择。

(4) 表计值处理。可接收脉冲电能表的输出进行脉冲累计、转换，也可根据采集的模拟量进行有功、无功电能的计算。

(5) 模拟量输出装置可实现模拟电流输出，以满足系统对发电厂的自动发电控制（AGC）的要求。

(6) 模件配置说明。NSC 681 测控装置采用标准 1/1 19in6U 机箱或 1/2 19in6U 机箱。对于 1/2 机箱的装置，其标准配置一般为 1 块遥信板、1 块遥控板、1 块交流采样板；对于 1/1 机箱的装置，其标准配置为 5 块遥信板（或遥控板或直流遥测板），2 块交流采样板。NSC 681 装置（1/1 机箱）若全配遥信，可配 1～8 块遥信板，最多 256 路遥信；若全配遥控，可配 1～8 块遥控板，最多 64 路双遥控；若全配交流输入板，可配 1～5 块交流板，最多可采集 10 条线路的交流量。

(7) 通信功能。NSC 681 装置具有多个通信口，能以 RS 232/485 或以太网与主单元进行通信。NSC 681 使用双冗余的 10/100Mbit/s 自适应以太网接口，可以很方便地集成到 NSC 系列变电站监控系统中。强大的以太网通信功能使得 NSC 681 可以通过装置之间的直接通信，实现不同装置之间的逻辑闭锁功能，改善了以往监控单元之间的逻辑闭锁需要上一层主控单元实现的弱点，提高了可靠性和稳定性。

(8) 对时功能。NSC 681 装置可以通过网络对时（软件对时），也可以通过接收 IRIG-B 或分脉冲的方式实现硬件对时。装置可以自动识别对时方式。

154

　　(9) 自动检同期功能。对于系统内的枢纽变电站，都要求装置具备检同期功能，当断路器合闸操作时，对合闸的两侧电压进行同期检测以决定能否合闸。当单侧无压时，则可直接合闸操作；双侧都有电压时，则要求对两侧电压的幅值、频率、相角进行检测与比较，以决定是否可以合闸操作，当条件不满足时，装置会发出报警提示信号并闭锁出口。

　　(10) 防误联锁功能。装置能独立完成单个间隔或间隔间电动设备（断路器、隔离开关、接地开关等）的防误操作功能。站内联锁可由站控层主控单元或由间隔单元彼此的信息交换来实现。可以方便而灵活地设置防误闭锁条件，也可根据运行要求选择投入/解除某项条件。

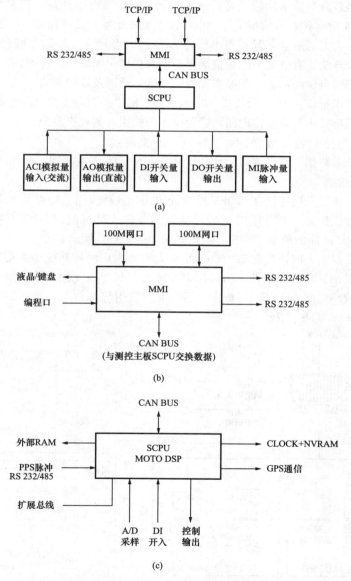

图 4-19　NSC 681 总框图及部分子图

(a) 总框图；(b) 管理主板 MMI 模件框图；(c) SCPU 模件框图

2. NSC 681 装置技术特点

（1）各种功能都包含丰富的 LED 指示，直观、方便，有利于运行维护人员操作。

（2）先进的电源供电系统支持分散供电方案，可用交流供电或直流供电，每台装置都具有独立的电源模块。

（3）模块化设计，能够方便地实现装置维护及系统的升级换代。

（4）交流测量二表法、三表法任选，并具有改进的测量算法及多次谐波计算和特殊的电路处理功能，大大减轻了调试和维护的工作量。

（5）具有大屏幕液晶显示功能，可显示实时测量数据、电能计量、开关状态变位、事件顺序记录（SOE）、实时时钟、通信报文等，也可设置装置地址、发遥控命令、设置装置时间等。

（6）状态输入为无源触点，其触点电压可为 DC 220/110/48/24V，功能完善的外围信号处理电路及信号采集算法，有效地消除遥信误报，同时提供全面的输入保护。

（7）具有完善的自诊断功能，能够实现当地和远方诊断及维护。

（8）具有多个串行口，能以 RS 232/485 或 RJ 45 网络接口与主单元进行通信。

（9）采用看门狗技术及自复位电路，避免由于干扰引起的死机现象。

3. NSC 681 装置的技术数据、端子接线、开孔尺寸

NSC 681 的技术数据、端子接线、开孔尺寸与 NSP 788 大致相同，此处不再详细介绍。

4. 典型应用举例

（1）NSC 681 单以太网连接在 220kV 站中的应用。这种应用的特点是网络结构简洁、紧凑，因而可靠性高、性价比高，十分适用于 220kV 站的分散式微机监控系统中的间隔层测控单元，实现对 220、110kV 间隔的测量与控制，应用如图 4 - 20（a）所示。

（2）NSC 681 双以太网连接在 220/500kV 和大型发电厂网控系统中的应用。这种应用的特点是网络结构较复杂，具有冗余性，当某网络故障时，只导致此网络不能继续运行，因而提高了系统的平均无故障时间 MTBF，但成本、运行维护费用等都较高，因此适合超高压站的应用环境，应用如图 4 - 20（b）所示。

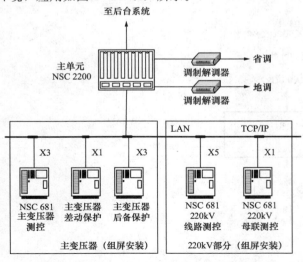
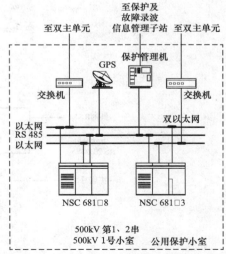

(a) (b)

图 4 - 20　NSC 681 双以太网在高压及超高压变电站监控与自动化系统中的应用

(a) 220kV 变电站监控与自动化系统网络结构（NSC 681 用于单网络方式）；

(b) 500kV 变电站中的一个小室的网络结构（NSC 681 用于双网结构方式）

4.2.4.3 7SJ62 间隔层测控保护综合单元

1. 主要应用场合

7SJ62 是国外某公司开发的一种保护测控综合装置，可应用于以下主要场合：

（1）相应间隔或元件的相关电气量测量和控制。

（2）线路保护。接地、小阻抗接地、不接地或中性点补偿的高、中压电网的线路保护，可应用于 35kV 及其以下电压等级。

（3）电动机保护。可用于所有规格的异步电动机保护。

（4）变压器保护。可作为辅助差动保护的所有后备保护。

（5）电容器保护。7SJ62 带有电压/频率保护。

2. 主要功能

（1）状态（开关量）输入。共 11 个二进制开关量输入，可灵活定义为单、双信号，可对每个输入点选择滤波时间。

（2）模拟量测量。提供 3 个 TV 和 4 个 TA，可以采集电流、电压量并计算出有效值、功率因数、频率、有功、无功等计量值，并可对每个点进行零漂抑制和设置越限告警。

（3）控制输出。共有 7 个二进制输出，可灵活定义控制输出和保护出口，每个输出节点的闭合时间可自由定义。

（4）通信功能。可通过 RS 485/232、光纤等接口采用多种类型的规约，如 DNP3.0、Modbus、UCA、IEC 60870-5-103、PROFIBUS-DP、DIGSI 等进行通信。

（5）保护功能：

1）过流时限保护功能（可带方向）。

2）灵敏方向接地故障检测。

3）断路器失灵保护。

4）负序保护。

5）自动重合闸。

6）方向性比较保护。

7）热过负荷保护。

8）过压、欠压保护。

9）频率保护。

3. 主要特点

（1）友好的操作界面。

面板：编组键支持自然操作，如浏览信息、修改定值和实现相应功能。

DIGSI：专用的维护软件，基于 MS Windows98/2000 的操作界面能方便迅捷地管理设置变电站、间隔层装置的数据；采用流行直观的友好界面，具有浏览器式的定值管理及行列矩阵式的信息列表。

（2）完整的运行信息。所有信息均带分辨率为 1ms 的时标。

故障信号：单元中存有最后 8 个故障事件以及 3 个灵敏接地故障事件。

运行信号：缓冲区内保存有 80 条分辨率为 1ms 的与系统故障不直接关联的状态动作信息。

（3）长达 5s 的故障记录。所有直接输入的交流量的采样值可存入 1 个故障记录中，记录可通过二进制输入、保护启动或出口动作时启动；试验时可通过二进制输入、保护启动或出口动作时启动，也可通过 DIGSI 或变电站监控保护系统来启动故障记录。事件信号采样值可输出到 DIGSI 4 中进行波形和时序、矢量分析。

（4）可编程逻辑。综合逻辑性允许用户通过图形用户界面实现开关场（联锁）或变电站自动化等自己所需的功能，用户还可生成自定义信号。

（5）时间同步。采用计时专用芯片，自带电池无论装置是否运行，都可正确计时，且可通过时间同步信号（DCF 77、IRIG B）经卫星接收器二进制输入，与 SCADA 系统的接口进行对时，所有信号均分配有日期和时间。

（6）可靠连续自监视。硬件、软件均有连续自监视功能，一旦出现异常，立即发信，具有高度的安全性、可靠性、实用性，硬件中的监视报警可深入到模块，如直流电源故障、I/O 模件故障等。

4. 7SJ62 的技术数据、端子接线、开孔尺寸

7SJ62 的技术数据、端子接线、开孔尺寸与 NSP 788 大致相同，此处不再详细介绍。

5. 7SJ62 在控制联锁功能中的应用

系统联锁检测通过用户自定义逻辑（CFC）来实现，7SJ62 用 CFC 逻辑编程实现的联锁逻辑实例如图 4 - 21 所示。

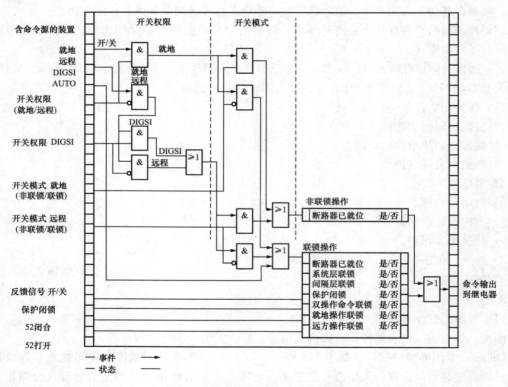

图 4 - 21　7SJ62 用 CFC 逻辑编程实现的联锁逻辑实例示意图

注　远程源也包括 PAS（就地命令使用变电站控制器；远程命令使用远程源，如通过控制器到装置的 SCADA）。

4.3 主 控 单 元

主控单元也称主单元（Master Unit），是分散式厂站微机监控系统的一个重要组成部分。按照 IEC 所推荐的分散式厂站微机监控系统的多层结构，主控单元一般位于站控层，用于完成厂

站内间隔层的各种测控单元或测控保护综合单元以及各种智能电子装置（IED）与站控层的后台系统之间的信息交换，它实质上起通信控制器的作用。

目前的主控单元装置可分为以下两类：

1. 以标准的工业控制计算机（IPC）为硬件平台的主控单元

对于这类主控单元，厂商无需开发硬件平台，可采用标准的工控机，使用 Windows、Linux 或 Unix 操作系统，主要是通过软件来完成各类规约转换以及信息处理任务，体现了通信控制器的作用。从硬件上看，工业控制计算机是一种普遍适合各种工业控制领域应用的大众化产品，对于厂站监控系统这样的具体环境，还必须增加若干辅助设备，如多串口卡、终端服务器、网络集线器、接口转换设备（RS 232/485/422/光纤）等。上述设备加上工业控制计算机共同来完成主控单元所担负的承上启下、信息交换枢纽的任务。

2. 采用工业级嵌入式处理器为硬件平台的主控单元

此类主控单元是面向电力系统用户开发设计，具有很强的针对性。可靠性、稳定性、抗电磁干扰能力等都经过了特殊处理，采用嵌入式实时多任务操作系统，例如 VxWorks、Linux 等。这类主控单元一般都设计有接口扩展和转换设备与外界通信，有的还配置有 I/O 输入/输出模件，有时也需要外接辅助设备。相对于以工业控制计算机为硬件平台的主控单元，由于没有采用一些转动设备，如风扇、硬盘等，因此稳定性相对较高。

随着技术的进步，主控单元也处在不断发展之中，主要发展方向大致可以归结为如下几方面：

（1）原来的主控单元大多以串行接口 RS 232/485、光纤为主，部分提供现场总线接口，现在具备单网、双网和多网口的主控单元。

（2）主控单元的功能逐渐从数据收集、转移，发展到开关联锁、自动电压无功控制等比较复杂的功能。

（3）主控单元的主要硬件（例如，CPU 模件和电源模件）将向双重冗余化方向发展。

（4）随着网络的兴起，主控单元的位置与作用也会发生变化：或融入后台系统，或与远动机相结合，或成为沟通间隔层网络与后台网络之间的网关。

4.3.1 主控单元的功能

（1）可与间隔层的各种测控单元、测控保护综合单元以及各种智能电子装置（IED）之间进行信息交换。这是主控单元的一个基本功能，也是一项非常重要的功能，为获取过程层、间隔层各种实时数据，同时把各种命令下发给下面的各个单元，实现各种不同的控制与调节。主控单元必须具备强大、灵活的通信能力，包括具有各种通信接口、通信方式以及良好的信息交换容量，这些功能都要通过主控单元的硬件和软件设计来实现。

（2）可与厂站监控系统的后台系统和远方调度控制中心的信息交换。该功能与前面的功能有相似之处，其信息交换也是双向的、非对称的。不同点在于它是主控单元与其上级之间的信息交换，这里主控单元起到了一种承上的作用。而在前面的功能中则是起到了启下的作用。这里的信息交换相对于前面的信息交换，其通信方式相对单纯一些，基本上都是采用工业以太网形式完成，个别情况使用串行接口。

（3）与主控单元各附属设备的信息交换。如前所述两种结构的主控单元都有相应的附属设备以扩大主控单元的功能范围，增强它的容量和吞吐能力。因此，一个优良的主控单元除了本身应当具有各种功能之外，还应当考虑与各附属设备之间的信息交换和硬件连接。

（4）主控单元应能为用户提供可以自定义的顺控逻辑功能，如防误联锁。在一些厂站系统中，不仅要求每个间隔具有完善的防误联锁功能，同时也要求站控层具有这样的功能。

主控单元在接收到来自后台系统或远方调度控制中心发出的控制命令后，可根据其收集到的各间隔层单元的信息，判断接收到的这个控制命令所启动的被控对象的防误联锁条件是否满足，在条件满足的前提下，将此命令发送至对应的间隔层单元。对于孤立的间隔内防误联锁，间隔层测控单元本身也具有防误联锁的能力。

取消传统的独立防误联锁后，主控单元的防误联锁功能愈发重要。此时，若主控单元发生故障，将影响间隔层单元的防误联锁功能的实现，因此，目前倾向于通过间隔层单元之间的信息交换来解决这一问题，这样做避开了主控单元，但可能使问题更为复杂，也要占用间隔层单元的许多软、硬件资源。

（5）主控单元的输入/输出功能。尽管主控单元的核心是信息交换，但部分输入/输出功能也应考虑，这样在使用时更显灵活方便。这时的主控单元兼有公用单元的功能。

（6）人机界面功能。对于采用 LCD 大屏幕工控机的主控单元来说，人机界面功能可以很完善。但是对于自己设计研发的嵌入式系统来说，在研发之初考虑人机界面的设置，使用起来则方便实用。

（7）其他功能。主控单元除具有上述功能外，还具有 GPS、自诊断、同步相量测量等功能。

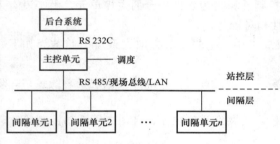

图 4-22　单主控单元的配置方式

4.3.2　主控单元的各种配置方式

分散式厂站微机监控系统既可以用于中低压系统，也可以用于高压及超高压以及各类发电厂。在上述应用中，由于主控单元所处的位置、功能、数量不尽相同，其配置也有所不同。

1. 单主控单元

单主控单元的配置方式如图 4-22 所示，这种配置的优点是：简洁、清爽、成本较低。由于配置简洁，增强了系统的可靠性。这种配置本身不具有冗余特征，因此对主控单元的可靠性要求很高，以保证整个系统持续稳定运行。其与间隔层单元之间的连接一般为 RS 485，也可采用现场总线、光纤星型网或工业以太网等。其与后台系统的连接，早期多采用 RS 232C 串行异步通信，后来发展到与后台系统并列，通过以太网相互交换信息，这种配置方式比 RS 232C 串行连接优越，如图 4-23 所示。

对于一些相对封闭的主控单元（例如国外设备），为了适应国内的实际情况，解决不同类型设备的接入问题，在主单元和这些设备之间增加了一台转换器，把主单元的某种固定的传输规约转换为调度控制中心所要求的规约，建立起整个厂站与

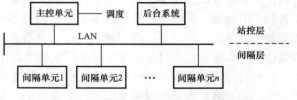

图 4-23　单主控单元与后台系统经以太网并列

远方调度控制中心之间的有效信息交换。同时转换器把主单元的规约转换之后，加入自身接收到的一些当地的外接设备的信息（例如，直流电源、UPS、电子电能表、小电流接地选线装置等），整理编辑之后输入当地后台系统，使该后台系统所处理与显示的信息更加全面，更加符合现场运行人员的要求，如图 4-24 所示。

这类配置方式一般用于中低压变电站和小型发电厂的网控系统。

2. 双主控单元

对于一些高压和超高压变电站以及一些中大型发电厂的网控系统，为了保证系统的高可靠

性，增加主控单元的冗余度就十分必要，因此可采
用如图 4-25 所示的双主控单元配置的方式。

双主控单元的特点主要是主控单元的冗余性，
如果一台主控单元发生故障，另一台主控单元可立
即由备用转为运行，使得整个系统不会因为主控单
元故障而陷入瘫痪状态。但是，双主控单元增加了
一定的软、硬件复杂程度以及成本。另一种解决办
法则是仍然采用单主控单元，适当备用一些关键接
插模件，其代价比双主控单元相对低一些。

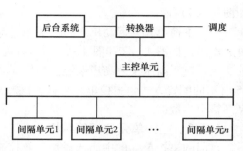

图 4-24　主控单元与转换器之间的配置方式

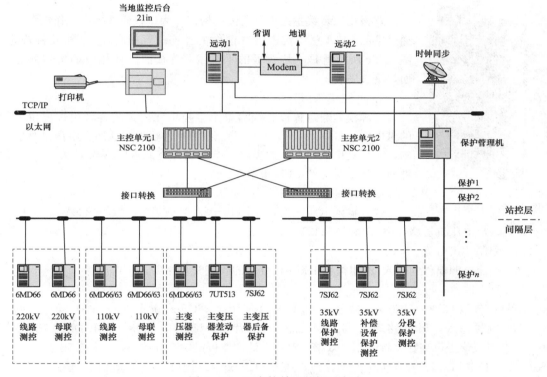

图 4-25　双主控单元的配置方式

3. 主控单元与后台系统的关系

（1）前后级关系。主控单元更加靠近间隔层和过程层，而后台系统更加靠近集控中心或远
方调度控制中心，二者间一般以串行通信或网络通信方式相互连接，前者适用于双方都是单机
的情形，后者适用于其中任一方或双方都是多机的情形，如图 4-22 和图 4-23 所示。

（2）并列关系。主控单元与后台系统处于相同层次中，二者之间通过网络相连接，如图 4-
23 所示。这种关系使站控层部分的结构更趋"扁平化"，有利于数据的交换。

4. 主控单元与主要附加设备的关系

（1）主控单元与保护管理机之间的关系。在高压及超高压变电站或大中型发电厂中，保护
系统与监控系统是相对独立的，保护系统的各种信息最后基本上都是经过保护管理机来实现与
监控系统之间的信息交换。主控单元与保护管理机是相对独立的，二者经过网络发生数据交换，

如图 4 - 25 所示。

（2）主控单元与远动机之间的关系。对于中低压系统来说，主控单元实际上也扮演了远动机的作用，如图 4 - 22 和图 4 - 23 所示。远动机，实际上就是担负与远方调度控制中心交换信息的功能，对于高压及超高压系统，为保证功能的可靠性，一般均配置两台远动机。对于如图 4 - 25 所示的配置方式，主控单元与远动机的关系如同其与后台系统的关系一样，各司其职，双方经网络交换数据。

4.3.3 主控单元的硬件结构

目前的主控单元的主流选择是工业控制计算机和工业级嵌入式硬件系统。下面以工业级嵌入式硬件系统 CompactPCI 为对象，阐述主控单元的硬件结构。

图 4 - 26 背板正视图

1. 背板

背板用来装载主控单元所需的模件，为这些模件提供工作电源，且通过它的 CPCI 总线实现这些模件的互连。背板有 4～8 槽几种规格，图 4 - 26 所示就是一块背板的示意图。背板固定在相应的机器外壳上面，垂直安装。

2. 电源模件（PS 模件）

电源模件通过背板总线为整个主控单元内部的各种模件提供不同的供电电压（DC 3.3/5/±12V）。电源模件输出的这四个电压是被监视的，一旦其中任何一个故障，则电源模件将此故障报告 CPU 并点亮模件前面板上对应的 LED 指示灯。

电源模件有如下特点：

（1）输入电压隔离，AC 110～220V 或者 DC 110～220V。

（2）输出电压抗短路，DC 3.3/5/±12V。

（3）限制冲击电流。

（4）交流电源模件的输入/输出按照 IEC 61131-2 的规范安全隔离。

3. CPU 模件

CPU 模件以 CP307-V 为例说明。该 CPU 模件使用 1.86GHz Intel Celeron M 440 处理器，533 MHz 前端总线，Intel 移动版 945GM Express 芯片组，ICH7-R 南桥。1GB DDR2-SDRAM 内存，533 MHz 提供高数据吞吐率。双槽（8HP）处理器板提供多种接口，4 个 USB 2.0，1 个 PS-2，2 个 COM 以及 2 个千兆以太网接口，通过 PCI express 接口实现高速数据传输。

移动 Intel 945GM Express 芯片组集成图形控制器，提供 2D、3D 以及视频功能，支持 VGA 和 DVI 输出，提供双显示功能。

两个 SATA-300 硬盘接口，一个接载 2.5in HDD，Compact Flash 插槽可满足扩展大容量存储媒介的需求。

该 CPU 的操作系统为 32 位的实时多任务嵌入式操作系统 Linux。其操作系统具有内核小、高度自动化、响应速度快、可裁剪、低资源占用、低功耗等特点。由于低功耗又实现了无风扇运行，更增加了系统的可靠性。且该操作系统支持 C＋＋编程，具有在线仿真器、丰富的函数库以及 TCP/IP 等各种协议包，开发过程更加清晰、简单，软件体系更加稳定。

4. CP 342 以太网模件

CP 342 双千兆以太网控制器板，基于 Intel 82546GB 芯片，提供两个 10/100/1000BASE-Tx 或者两个 1000BASE-FX 网络接口，支持 UDP、TCP Client 以及 TCP Server 多种连接。

5. CP 346 串口模件

应用程序经常需要串口通道来进行数据传输，使用 COM 接口来连接常用工业串口设备，如直流屏、变压器温控器等，或连接 Modem 到远方调度中心。CP 346 为这些传统的任务提供最新的技术，并保持极好的性价比。

CP 346 具有 4 个独立串口通道，各个通道可配置 RS 232、RS 422 或 RS 485 模式（全双工及半双工），支持 Windows XP、Windows 2000、Windows NT、VxWorks、Linux。

6. 输入/输出模件

主控单元除了大量的与通信有关的模件外，还应具备一定的输入/输出能力，因此配置了相当数量和不同种类的输入/输出模件。

（1）开关量输入模件。开关量输入模件接收外部的开关信号或其他数字量信号并将其处理成 CPU 模件内部可以使用的信号。每个开关量输入模件有 24 个开关量输入，它可以接收单状态、双状态和变压器分接头等开关量输入信号，状态量变化（COS）分辨率为 1ms，记录事件的缓冲最多可达 200 个（可以参数化）。由于开关量输入的电压范围为 9.5～35V DC，因此可以适应于低电压等级的场合。开关量输入的隔离电压达 2.5kV。开关量输入模件具有硬件滤波功能，滤波时间为 1、2、4、8、16、32、64ms 可选。图 4-27 为开关量输入模件的输入电路。

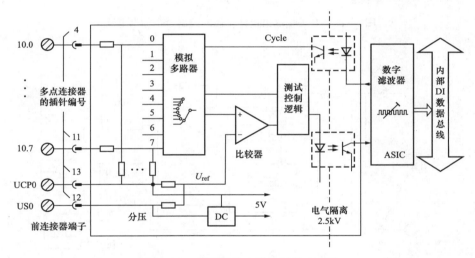

图 4-27 开关量输入模件的输入电路

（2）开关量输出模件。开关量输出模件将 CPU 模件内部处理的信号转换成外部的继电器输出，这些继电器可达 2.0kV 的电气隔离。每个开关量输出模件有 24 个开关量输出，可发出单命令、双命令或数字量信号，用于控制断路器以及其他设备的分合。根据不同的安全要求提供 1 极、1.5 极和 2 极的输出模式。图 4-28 为开关量输出模件 1 极的控制命令输出电路。

（3）模拟量输入模件。模拟量输入模件接收外部的模拟量信号并将其处理成内部可用的数字量信号。每个模拟量输入模件可以采样 8 路模拟量，且具有 2.5kV 的隔离电压，因此，无需另外增加任何隔离设备。模拟量输入模件的测量值的分辨率为 12 位加 1 位符号位，精度为 ±0.15%，具有自我校正和过载保护功能。图 4-29 为模拟量输入模件的输入电路。

4.3.4 主控单元的软件设计

分散式厂站微机监控系统中的主控单元不同于集中式微机监控系统，它一般不需要进行交流采样或数字量采集，只需从间隔层单元采集上述数据。另外，控制的执行一般也由间隔层单

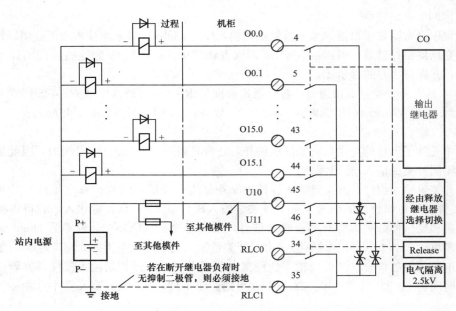

图 4-28　开关量输出模件 1 极的控制命令输出电路

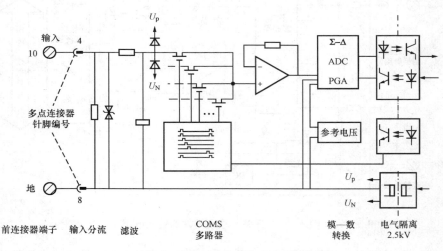

图 4-29　模拟量输入模件的输入电路

元完成，站控层只负责完成命令的传输即可。站控层设备的软、硬件都比较强大，可完成一些复杂的功能。下面以 4.3.3 节中提到的硬件平台为基础，对主控单元采用的软件设计进行分析。

1. 总体设计

系统采用的操作系统为 Linux 嵌入式实时多任务操作系统，可与 CPU 模件提供的硬件平台进行较好的捆绑。它主要由 Linux 核心系统和相关的服务子系统组成。

Linux 核心部分负责多任务的运行和硬件控制，它直接与硬件资源通信。操作系统提供多种功能可将一个复杂的自动过程分解为数个易于理解的小功能。系统支持 C 程序单独调试，每个 C 程序称为一个任务（task），每个任务又可具有多个并列运行的子任务。

嵌入式 Linux 操作系统是软、硬件资源的控制中心，它以尽量合理的有效方法组织多个用户共享嵌入式系统的各种资源。其中,用户指的是系统程序上的所有软件,包括主控单元的软件。合理有效的方法,指的就是操作系统如何协调并充分利用硬件资源来实现多任务。嵌入式操作系统不同于一般意义的计算机操作系统,它具有占用空间小、执行效率高、方便进行个性化定制和软件要求固化存储等特点。嵌入式软件就是充分利用嵌入式 Linux 的这些特点,根据系统功能的要求把软件进行分层、分任务设计,基本目标层次清晰,任务功能简单明了,调试方便,不易出错。一个简单的软件任务分层如图 4-30 所示,其中每层中又根据实际情况安排了几个任务。

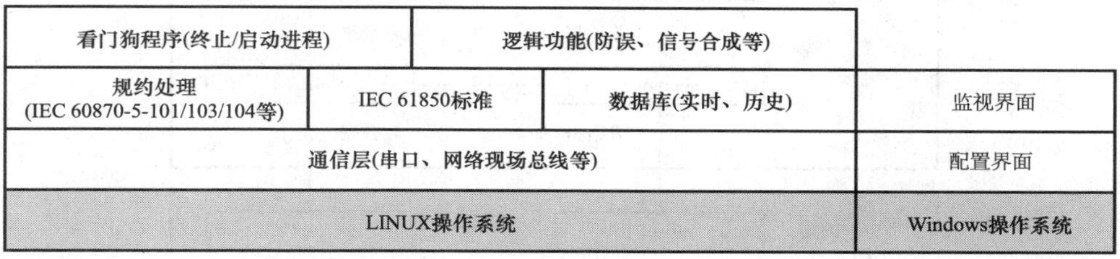

看门狗程序(终止/启动进程)		逻辑功能(防误、信号合成等)		
规约处理 (IEC 60870-5-101/103/104等)	IEC 61850标准	数据库(实时、历史)	监视界面
通信层(串口、网络现场总线等)			配置界面
LINUX操作系统			Windows操作系统

图 4-30　软件结构

(1) 通信层。支持常见通信口,如 RS 232、以太网等,完成常见接口的通信收发任务。能够屏蔽具体的底层通信方式,为上层提供统一的函数接口。

(2) 规约处理层。负责与间隔层、站控层、其他监控系统和调度系统的通信,支持常见的所有规约,包括 IEC 60870-5-101/103/104 等。它能利用通信层接口的函数进行数据收发,对数据进行分析、组织、填库等操作,并为其上层的应用提供函数接口。

(3) 数据库。对规约层分析得到的实时数据进行存取操作,包括信号、测量、电能、控制、COS、SOE 等,保证后台、调度系统的数据不重复、不丢失。对控制信息要及时响应,并把来自不同地方的控制命令及时存入历史数据库,以供日后查验。

(4) 看门狗程序。负责对所有用户生成的任务进行监控,当发现某个任务运行不正常后要删除任务并重新启动任务,如情况严重需要重新启动整个系统,以确保系统正常、可靠地工作。每次操作都要进行记录以便日后分析。

(5) 逻辑模块。操作系统提供了一个很强的功能逻辑模块,用来实现站控层的"五防"逻辑或信号逻辑组合等功能。在实时库中挑选所需数据,根据实际运行情况产生相应的结果。

(6) 配置和监视模块。根据工程的实际情况,利用参数设置模块进行参数配置,监视模块负责监视各个模块的运行情况,查看数据库及通信报文等。它们运行在普通 PC 机上,方便设置和调试。

2. 通信层的设计

通信层支持常见的各种通信接口,包括串口、网络等,Linux 操作系统已经给出了不同接口的操作函数。对于串口,程序包括两个部分,即接收数据和发送数据,它们可以作为两个独立的任务:接收部分查询串口的状态,收到数据后读出来写入相应的数据缓冲区,并通知相应的规约层;发送部分查到规约层有数据需要发送时就把相关数据写入串口。以太网部分较为复杂,Linux 操作系统支持标准的 socket 接口,支持 TCP/IP 协议,包括基于连接的 TCP 和基于数据报的 UDP 方式。

关于网络方式的通信在下一章会有详细分析说明,本章以较为简单的非连接方式(UDP)进行示意,如图 4-31 所示。其他方式的通信,如现场总线等与上面的方式基本相同,不再详述。

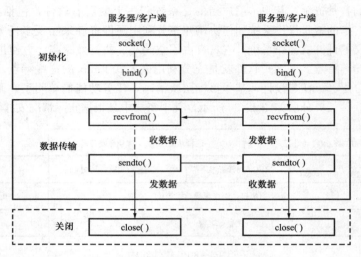

图 4 - 31 非连接方式（UDP）通信

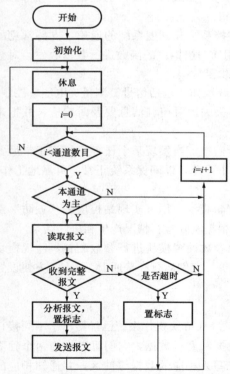

图 4 - 32 IEC 60870-5-103 程序流程示意图

3. 规约层的设计

规约层主要负责报文的分析与组织，在软件中处于极为重要的地位。规约是否能够正确、及时地分析组织报文，直接影响整个软件的效率。规约的类型繁多，包括与间隔层通信的 IEC 60870-5-103/102 等，与调度通信的 CDT、IEC 60870-5-101/104 等。每种规约可生成一个独立的任务，完成相应的功能。每个任务必须完成报文分析和报文发送两个基本功能。如收到了数据，要根据报文的长度判断是否完整，接收完整后要判断校验是否正确，如报文完整正确，则根据规约进行分析、填库、置标志等操作。发送时要根据不同的标志，组织不同类型的报文发送。

由于规约的不同会有不同的组织结构，下面以 IEC 60870-5-103 为例进行说明：IEC 60870-5-103 是问答式规约，主要用于站控层与间隔层保护设备之间的数据通信，是现在应用较为广泛的规约之一。图 4 - 32 为 IEC 60870-5-103 的程序流程示意图，图中任务要处理多个通信通道，每个通信通道可以包括多台间隔保护监控设备。由于采用多任务的结构，每个任务在循环中都要留出一定的间隙时间，保证其他任务的正常运行。

下面给出示例程序，在 BORLANDC＋＋5.0 下编译通过。

```
void CIEC103::Proc(void) //本任务的运行函数
{
    int i;
    for(;;)
```

```
{
        ExchangeWithManager();//设置标志
        CheckTaskPriority();//检查任务的属性
        if(m_ubPriority = = 0)//没有一类事件
        {
RmSetTaskPriority(RM_OWN_TASK,TASK_PRIORITY); //优先级为 80
            RmPauseTask(RM_MILLISECOND(100));   //休息 100ms
        }
        else   //有一类事件
        {
            RmSetTaskPriority(RM_OWN_TASK,TASK_HIGH_PRIORITY);
            RmPauseTask(RM_MILLISECOND(30));   //休息 30ms
        }

            SendViewRunStatus();    //发送运行状态
            for(i = 0;i<m_nChannelNum;i + +)
        {

        SetUnitYcYxYmMain(i);//设置本通道的信号状态
        if(CheckChannelStatus(i) = = 0)   //检查本机的主备状态,本机为备用
        {

        ResetChannel(i);   //通道参数设置为初始值
        continue;   //继续循环
        }
        CheckChannelHangStatus(i);//检查通道的挂起状态
        if(m_ptrChannel[i].ubIsHang = = 2)   //如果挂起,继续循环
            continue;
        ReadNewData(i);   //读取新报文
          AnalysisData(i);   //分析链路层报文
        CheckPortStatus(i);   //检查通信口状态
        if(m_ptrChannel[i].ubIsRecEnd = = 1)   //收到完整的报文
        {
            GetData(i);   //分析应用层报文
            m_ptrChannel[i].ubIsRecEnd = 0;   //标志清零
            …//其他分析
            ClearRecData(i);   //清除收到的报文
            SendData(i);   //发送报文
        }
        else   //没有收到完整的报文
        {
            if(m_ptrChannel[i].nSelDevice ! = -1)   //如果本设备有效
            {
                if(Delay.JudgeTimerIsEnd() = = 1)   //如果定时时间到
                {
                    …   //置标志,发送相应报文
                }
```

```
        }
      else  //如果本设备无效
      {
         …  //选择有效设备
      }
    }
  }
 }
}
```

4. 数据库的设计

数据库包括实时数据库和历史数据库。

实时数据库是数据存取中心，规约层、CFC 都会用到实时数据，实时数据库的组织结构也会对系统性能产生较大影响。实时数据库一般包括状态量、测量量、脉冲量、状态变化（COS）、事件顺序记录（SOE）等，可以有多种不同的组织形式。状态量、测量量、脉冲量等可根据本工程的配置按最大的容量生成，状态变化（COS）、事件顺序记录（SOE）、变化测量值等可以用环型缓冲库，采用循环填入、读写的方式，环型缓冲大小可以根据实际情况进行定义。

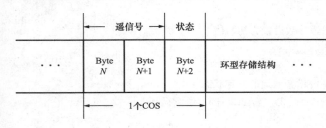

图 4 - 33 COS 存储结构示意图

现在用一个状态变化（COS）库来加以说明。图 4 - 33 为环形中一个 COS 的存储结构，用两个字节来记录本状态变化（COS）对应的遥信号，用一个字节表示现在的状态，包括发生/消除状态、是否双遥信、是否取反等相关信息。

实时数据库要提供统一的函数接口，以便不同任务对其进行操作。现行设计中一般将其分为两层：底层函数负责对库的操作，直接对应库里面的每个单元；对外接口函数调用底层函数，提供简单的函数供其他任务调用，其他应用程序无需关注此任务对应库里的绝对位置，只关注此任务内的相对地址即可。

历史数据库主要记录一些控制信息，包括控制命令的状态、来自何方、发生时间等信息。另外，还要记录任务的一些运行状态，以备分析时用。

5. 看门狗程序的设计

为防止多任务中有某个任务发生异常而设计了看门狗程序。它的优先级别较高，通过实时查询其他任务的状态而判断其是否正常运行。如某个任务运行状态异常，则需根据不同的状态采取相应的措施；如某任务出现阻塞或中止，可以用命令让它运行；如某任务出现了一些严重错误，则要采取相应措施删除此任务，然后重新生成任务并启动。由于各个任务相对独立，上述操作一般不会影响其他任务的运行。如错误非常严重，甚至可以重新启动整个系统，保证短时间后系统能够重新正常运行。

6. CFC 接口的设计

CFC 是系统提供的逻辑功能模块，主要具有逻辑运算、算术运算、比较运算、数据转换等功能。通过 CFC 的功能模块可以实现变电站或者电厂的逻辑"五防"、顺控、备自投、变压器分接头挡位转换等高级应用功能。

CFC 是一个较为独立的软件。它提供一个共享的数据缓冲区,根据工程应用的需要,从主控单元的实时数据库中读取实时数据,并发送到共享数据缓冲区的输入部分,CFC 读取缓冲区输入部分的数据,经过 CFC 运算,将结果发送到共享缓冲区的输出部分,主控单元根据共享缓冲区输出部分的数据进行相关的操作,例如发送遥控、COS、SOE、遥测、遥调等,从而实现变电站或者电厂的逻辑"五防"等高级应用功能。

7. 设置程序和监视界面的设计

由于采用了嵌入式操作平台,为了能够方便地配置工程和监视软件的运行,设计了设置程序和监视界面两个程序。设置程序为调试工具,针对不同的工程进行配置,包括不同任务、规约、通信方式等。监视界面程序能够利用设置程序生成的信息,对实际运行情况进行监视,包括各通道的报文、通信状态、实时数据库等。这两个软件都在 Windows 操作系统中运行,采用 VC++编写,可运行在一般的 PC 机或笔记本电脑上。

8. 软件设计需注意的问题

(1) 双机互备。现在很多系统要求采用双机系统,这时就要保证双机能够协调工作,保证数据库的统一。对于一些只能有一个通信口发送报文的情况,必须保证只有一台机器的相关部分在正常工作,另一台机器的相同部分为备用状态;对于要求双机同时工作的部分则无主次之分,同时运转。这就要求程序设计时要较好地考虑到双机的通信机制,保证数据库统一,不会丢失任何信息,包括 COS、SOE 等。

(2) 公用信号的生成。系统中有些信号需要在程序中生成(例如,事故总信号、预告总信号、装置通信状态等),还可能有些信号需要进行取反操作,这就需要有独立的任务专门对此进行操作。

(3) 多任务的协调。为保证多任务系统复杂的操作流程正确、平滑地运转,不同任务和操作系统之间的有效的同步和通信机制就十分重要。同步就是一个任务要暂停它的运行,直到另一个任务完成一个特定功能或某一特定事件的发生。这种机制在不同任务要用相同的资源(如全局变量)时十分必要。另一种协调机制是任务之间以消息通信。

采用合适的机制可以保证多任务的协调工作。

4.3.5 主控单元的应用举例

4.3.5.1 6MD2200 主单元

6MD2200 主控单元采用了 CPCI 架构,使用进口板件,具有强大的网络支持能力和数据处理能力、丰富的通信规约库、灵活的逻辑功能、极高的稳定性和可靠性等特点,已经应用于国内数十个 220~500kV 电压等级的变电站、发电厂和厂站控制中心。6MD2200 主控单元外形如图 4-34 所示。

1. 6MD2200 主控单元的特点

(1) 对于重要的网络节点,支持多种冗余方式,包括双网冗余、双通信处理机冗余、双通信通道冗余等,保证了系统的高可靠性指标。

(2) 具备完善的历史事件记录机制,必要的事件信息记录在通信处理机中也可上送到 MMI 或远方调度,方便读取。

图 4-34 6MD2200 主控单元

(3) 具备强大的驱动和通信规约开发机制,可根据用户需求灵活开发新的通信协议以及新的通信驱动方式,具有完善的功能模块和维护调试软件,配置灵活、调试方便。

(4) 具备灵活的逻辑功能,支持站控层"五防"闭锁以及自动电压无功控制(Automatic Voltage Reactive Power Controller,AVQC),并可根据用户要求,实现各种逻辑功能。

(5) 采用了高性能的工业级低功耗嵌入式 CPU,取消了机械转动设备,采用了嵌入式实时多任务操作系统的新一代通信处理机,可靠性和使用寿命有了很大的提高。

2. 结构与配置

6MD2200 主控单元在结构上采用了嵌入式的硬件结构。嵌入式系统是指操作系统和功能软件集成于计算机硬件系统之中,即系统的应用软件与系统的硬件一体化,类似于 BIOS 的工作方式。该结构具有软件代码小、高度自动化、响应速度快、可裁剪、低资源占用、低功耗等特点。

(1) 主要硬件结构:

1) 背板:背板是其他模件的载体,为其他模件提供电源,并且通过信号总线连接各个模件。它有 4~8 个插槽,可根据工程所用模件多少进行选择。

2) 电源模件:电源模件为背板上的其他模件提供电力。输入电压范围是 110~220V AC,适应范围广,还可输出 3.3、5 和 12V 的直流电压。电源模件只能安装在机箱的最左边,最大输出功率 200W。

3) CPU 模件:CPU 模件的主频为 400MHz,内存为 512MB。使用工业级专用 CF 512MB/1GB/2GB 存储卡。每块 CPU 模件上带有两个串口(COM3/COM4),一个以太网口,还有两个 USB 口,鼠标、键盘及显示器接口各一个。

4) 串口卡:用于串口的通信。每个串口卡具有 4 个串口,RS 232/485 通过跳线可以切换。根据工程需要可以自行扩展串口卡,最多可以扩展 7 块串口卡。

5) 网卡:用于网络通信。每个网卡具有 2 个 100/1000M 自适应的以太网口。根据工程需要可以自行扩展以太网卡,最多可以扩展 7 块以太网卡。

(2) 主要硬件配置:针对工程的实际情况可进行不同的硬件配置。下面以三网口和五网口为例,给出详细的配置方法。配置按单机系统列出,如果需要采用双机,相应的模件和设备加倍即可。

1) 配置为站内双网共 3 个以太网接口。设备清单及配置见表 4-2。

表 4-2 设备清单及配置

设备清单(单机)			
名称	订货号	数量	占用槽数
机箱	6AR1502-0AA08-0AA0	1	—
背板	CP3-BP8-PM-RIO	1(8槽)	共8槽可用
电源	6AR1306-0LC00-0AA0	1	—
CPU	CP303-V(内含一个以太网口)	1	1
CF 卡	Industrial 512M(安装在 CPU 卡上)	1	—
串口卡	CP346	2	2×1
串口卡连接线	CP-ADAP-CP346	1(4口)	—
网口卡	CP341	1(2口)	1

配置图示

注 电源不占槽位,备用 4 个槽,CP 346 板件占 2 个槽,CP 341 板件占 1 个槽,CP 303-V 含 CF 卡,占 1 个槽,共计占 4 个槽,备用 4 个槽,合计共 8 槽。

2）配置为站内双网共 5 个以太网接口。设备清单及配置见表 4 - 3。

表 4 - 3 设 备 清 单 及 配 置

设备清单（单机）			
名称	订货号	数量	占用槽数
机箱	6AR1502-0AA08-0AA0	1	—
背板	CP 3-BP8-PM-RIO	1（8 槽）	共 8 槽可用
电源	6AR1306-0LC00-0AA0	1	—
CPU	CP 307-V（内含一个以太网口）	1	1
CF 卡	Industrial 512M（安装在 CPU 卡上）	1	—
串口卡	CP 346	2	2×1
串口卡连接线	CP-ADAP-CP 346	2（4 口）	—
网口卡	CP 341	2（4 口）	2×1

配置图示

P S 电源	备用 3槽	CP 346 ⬚ 1槽	CP 346 ⬚ 1槽	CP 341 ⬚ 1槽	CP 303-V ▮ CF卡 ⬚ 1槽

注 电源不占槽位，备用 3 个槽，CP 346 板件占 2 个槽，CP 341 板件占 2 个槽，CP 303-V 含 CF 卡，占 1 个槽，共计占 5 个槽，备用 3 个槽，合计共 8 槽。

每增加两个以太网网络口，需要添加一个 CP 341。每增加一个 CP 346 可以添加 4 个串口，其他类推。

3. 技术参数

（1）CPU 时钟频率：1.86GHz。

（2）装置功耗：＜65W。

（3）储存温度：-40～80℃。

（4）工作温度：-5～45℃。

（5）相对湿度：5％～95％，无凝露。

（6）工作条件：能承受严酷等级为 I 级的振动响应、冲击响应试验。

（7）运输条件：能承受严酷等级为 I 级的振动耐久、冲击耐久试验。

（8）静电放电抗扰性试验（IEC 61000-4-2）Ⅲ级。

（9）快速瞬变脉冲群抗扰性试验（IEC 61000-4-4）Ⅲ级。

（10）冲击抗扰性试验（IEC 61000-4-5）Ⅲ级。

（11）阻尼振荡磁场抗扰度试验（IEC 61000-4-10）Ⅲ级。

（12）高频抗扰性试验（IEC 61000-4-12）Ⅲ级。

（13）信号处理时间：≤1s。

（14）双机切换时间：≤2s（采用双机冗余时）。

（15）可连接以太网 UDP 设备：140 路。

（16）可连接以太网 TCP server 设备：64 路。

（17）可连接以太网 TCP client 设备：120 路。

(18) 可连接同步、异步串口：128 个 RS 232/485/422。

(19) 可连接 GPS 接口：1 个（RS 232）。

(20) 通信规约库包含：SIEMENS 8FW、各种 CDT、IEC 60870-5-101、IEC 60870-5-102、IEC 60870-5-103、IEC 60870-5-104、Dnp3.0、各种 GPS、各种直流屏、RP 570、各种电能表、各种"五防"系统、DISA、Modbus、μ4F、LFP、SPA_BUS、SC 1801 等。

4. 应用举例

下面以某 500kV 变电站计算机监控系统举例说明 6MD2200 的应用，如图 4-35 所示。

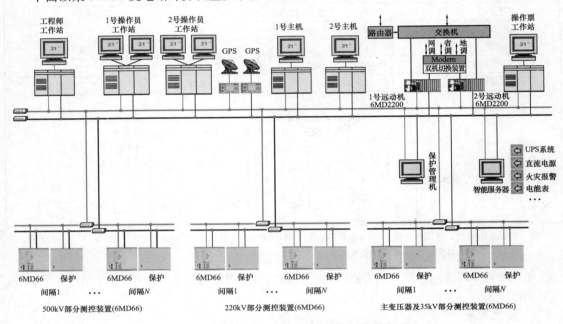

图 4-35　500kV 变电站计算机监控系统结构图

该变电站为全分散式计算机监控系统，测控单元和保护装置分散下放在 3 个继电器小室中。所有保护和测控装置都通过双以太网连接，站控层配置两台互备的 6MD2200 主控单元，位于图 4-35 的右上方，采用双以太网连接，汇总全站信息并通过调制解调器（Modem）和以太网与网、省、地三级远方调度中心或集中控制中心交换信息。

4.3.5.2　NSC 2200E 主单元

NSC 2200E 主单元是针对用户的高可靠性要求，采用新的技术研制而成。它在硬件上采用高可靠性的平台，无风扇，无硬盘，低功耗，满足长时间不间断运行的要求。操作系统采用嵌入式多任务实时操作系统（Linux），通信软件采用模块化设计、多任务运行，运行可靠，不会互相影响，其外形图如图 4-36 所示。

1. NSC 2200E 主控单元的特点

(1) 具有功能强大的维护工具，可以提供细致的诊断信息。

(2) 具备强大的驱动和通信规约开发机制，可根据用户需求灵活开发新的通信协议以及新的通信驱动方式。

(3) 支持 IEC 61131-3 编程，可以通过 IEC 61131-3 编程方便地实现站控层的"五防"逻辑、顺序控制、逻辑运算以及算术运算等功能。

(4) 支持 PROFIBUS-DP 总线接口和协议，可以方便地集成该现场总线的设备。

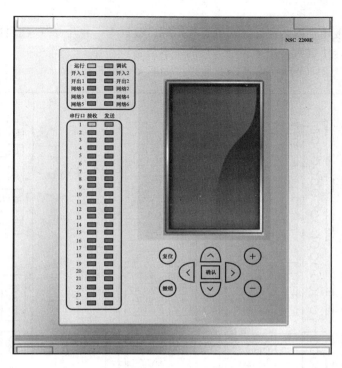

图 4-36　NSC 2200E 外形图

（5）具有 OPC Client 和 OPC Server 接口，可以实现与基于 Windows 系统下的 OPC 接口进行数据交换。

（6）采用了高性能的工业级低功耗嵌入式 CPU，取消了机械转动存储设备，可靠性和使用寿命有了很大的提高。

2. 硬件配置

NSC 2200E 主单元的硬件平台采用插件式，外形为 1/2 19in 宽 6U 高标准机箱，采用背插式结构。插件从装置的背后插拔，各插件通过母线板实现电气连接。装置内配有一个电源模块和一个通信管理 CPU 模块，并可根据需要配置 1～3 块通信模块。

（1）机箱。机箱采用标准的 6U 高度，1/2 19in 宽度结构。可单机运行，也可将双机组成一层联合使用，安装方便可靠。

（2）母线板。母线板是其他模件的载体，为其他模件提供电压，并且通过信号总线连接各个模块。它有 3 个通信插槽，可根据工程用的通信模块数量和种类进行选择。

（3）电源模块。电源模块为母线板上的其他模块提供电力。输入电压范围是 110～220V AC/DC，适应范围广。

（4）CPU 模块。CPU 模件的主频为 600MHz，内存为 256MB，采用板载 Flash 运行程序和存储参数，还有内置的 USB 口，以便进行存储扩充。CPU 模件具有 4～6 个 10/100/1000M 自适应以太网口，用于网络通信。

（5）串口卡。用于串口的通信。每个串口卡具有 8 个串口。根据工程需要可以扩展串口卡，最多可以扩展 3 块串口卡。

（6）PROFIBUS-DP 通信卡。用于 PROFIBUS-DP 的通信，支持主/从模式，支持 DPV0、DPV1 协议。每个 PROFIBUS-DP 卡具有 2 个口。每个主单元可以支持 1 块 PROFIBUS-DP 通

信卡。

(7) 面板。面板用于安装液晶显示屏、指示灯、键盘等，并与 CPU 模块连接。采用凸点薄膜灯、液晶显示配合小键盘，用来了解运行的基本信息。

NSC 2200E 背视图如图 4 - 37 所示，原理图如图 4 - 38 所示。

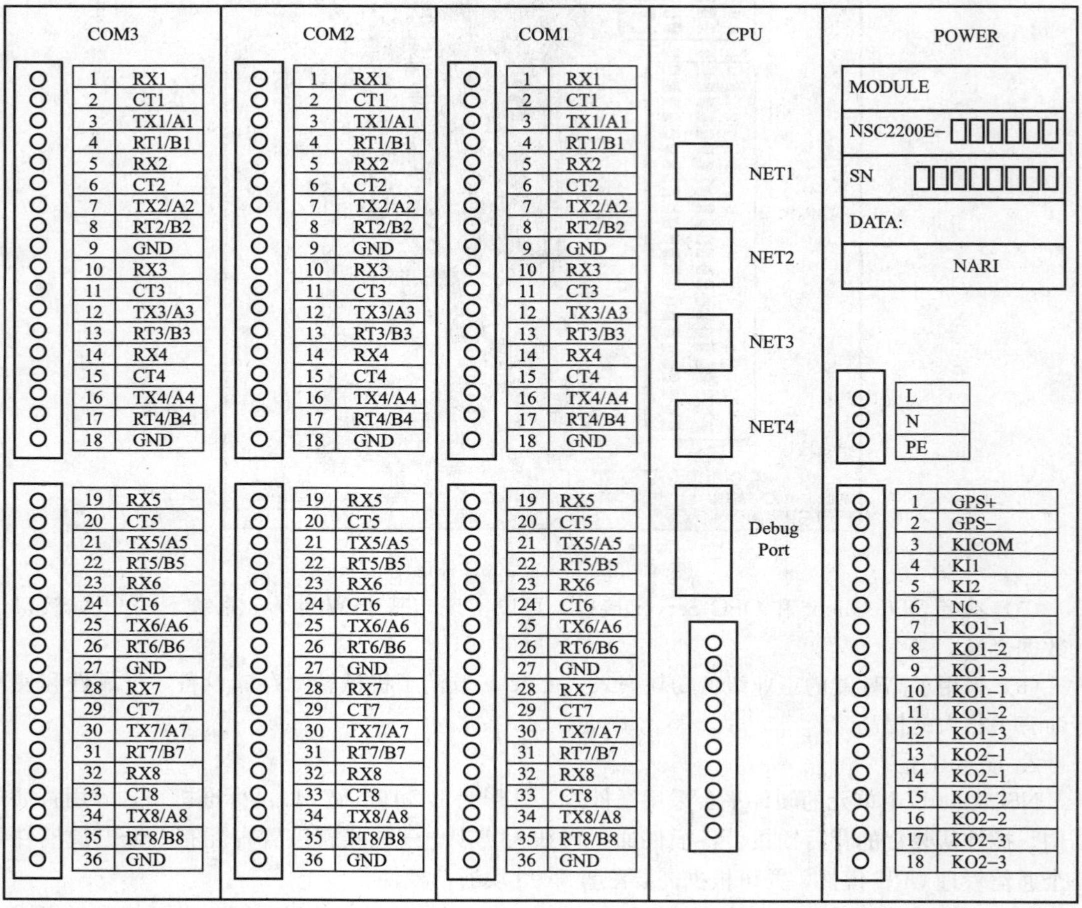

图 4 - 37　NSC 2200E 背视图

3. 性能参数

(1) CPU：Power PC 8377 600MHz。

(2) Flash：32MB。

(3) 内存：256MB。

(4) EEPROM：8KB。

(5) 硬件看门狗：打开/关闭。

(6) 以太网接口：4～6 个 10/100/1000M 自适应。

(7) 调试口：1 个。

(8) 设置口：CPU，DB9。

(9) 母线板：有 4～8 个模件接口。

(10) 指示灯：串口灯 24 个，运行灯 1 个，调试灯 1 个，网络口灯 6 个，输入、输出指示灯各 2 个。

（11）USB Flash Disk：512MB。

（12）液晶显示：240×128。

（13）输出触点（DO）：2 路。

（14）输入触点（DI）：2 路。

（15）电压：AC 90 ～ 240V/DC 120～370V。

（16）功耗：1700mA，5V。

（17）储存温度：−40～80℃。

（18）工作温度：−30～80℃。

（19）相对湿度：5％ ～ 95％，无凝露。

（20）工作条件：能承受严酷等级为 Ⅰ 级的振动响应、冲击响应试验。

（21）运输条件：能承受严酷等级为 Ⅰ 级的振动耐久、冲击耐久试验。

（22）静电放电抗扰性试验（IEC 61000-4-2）Ⅳ 级。

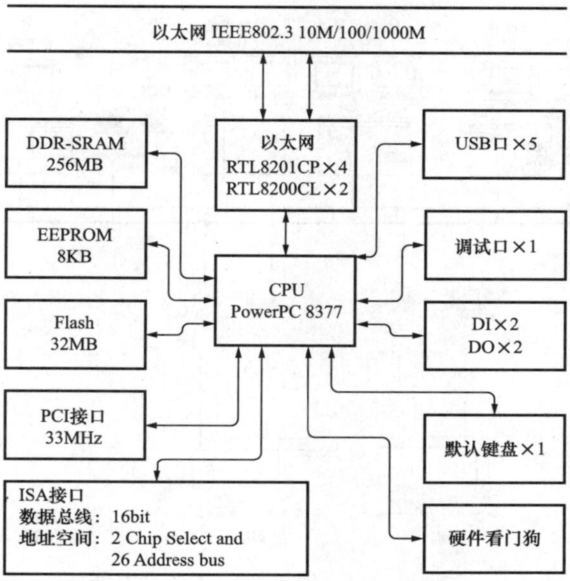

图 4 - 38　NSC 2200E 硬件原理图

（23）快速瞬变脉冲群抗扰性试验（IEC 61000-4-4）Ⅳ 级。

（24）冲击抗扰性试验（IEC 61000-4-5）Ⅳ 级。

（25）阻尼振荡磁场抗扰度试验（IEC 61000-4-10）Ⅳ 级。

（26）高频抗扰性试验（IEC 61000-4-12）Ⅳ 级。

（27）信号处理时间：≤1s。

（28）双机切换时间：≤2s（采用双机冗余时）。

（29）可连接以太网 UDP 设备：140 路。

（30）可连接 PROFIBUS-DP 接口：2 个。

（31）可连接 OPC 接口：2 个。

（32）可连接以太网 TCP server 设备：64 路。

（33）可连接以太网 TCP client 设备：120 路。

（34）可连接同步、异步串口：24 个 RS 232/485/422。

（35）可连接 GPS 接口：1 个 IRG-B 接口。

（36）通信规约库包含：SIEMENS 8FW、各种 CDT、IEC 60870-5-101、IEC 60870-5-102、IEC 60870-5-103、IEC 60870-5-104、Dnp3.0、各种 GPS、PROFIBUS-DP、OPC、各种直流屏、RP570、各种电能表、各种"五防"系统、DISA、ModBus、μ4F、LFP、SPA-BUS、SC1801 等。

4．应用举例

下面以某变电站计算机监控系统举例说明 NSC 2200E 的应用，如图 4 - 39 所示。

该系统为分层分布式计算机监控系统，共有 36 个配电室，每个配电室安装两台 NSC 2200E。测控保护装置安装在各个配电室的开关柜上，所有测控保护装置通过双以太网连接到 NSC 2200E 上。站控层配置两台互备的 6MD2200，汇总所有 NSC 2200E 的信息并与上一级远方调度或 DCS 交换信息。

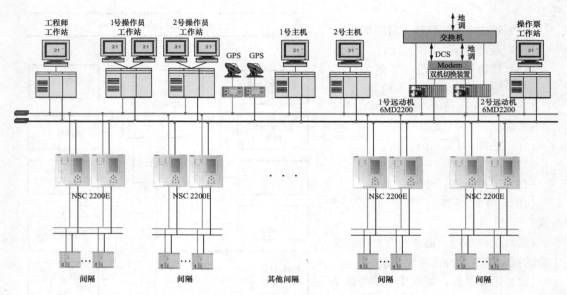

图 4-39　某石化企业变电站计算机监控系统结构图

5. 两种主单元的关系及两种应用的特点

6MD2200 和 NSC 2200E 主单元都可以用作监控系统通信管理机,但是它们在具体应用上又具有各自的特点,主要表现在:

(1) 应用的场合不同:6MD2200 主要用作远动机或者站控通信管理机,而 NSC 2200E 主要用作子站通信管理机。

(2) CPU 性能不一样:6MD2200 的 CPU 时钟频率为 1.86GHz,NSC 2200E 的 CPU 时钟频率为 600MHz。

(3) 网络的扩展能力不一样:6MD2200 最多可以扩展 7 块网口板,最多可以支持 15 个网络口,NSC 2200E 的 CPU 主板上最多支持 6 个网络口无扩展的网口板。

(4) 支持的通信协议不一样:6MD2200 不支持 OPC、PROFIBUS-DP 等协议,NSC 2200E 支持这些协议。在各个变电站内,有许多设备都是 OPC 或者 PROFIBUS-DP 接口,因此子站的通信管理机选择 NSC 2200E。

随着 NSC 2200E 硬件的逐渐升级换代,CPU 的时钟频率也将大幅提高,支持的网络口也越来越多,通信协议也更加完善,该产品将最终替代 6MD2200 来完成远动机或者站控管理机的功能,实现整个系统的通信管理机功能。

第5章

网络型厂站微机监控系统

5.1 概　　述

随着计算机技术和网络技术的快速发展，厂站的实时监控和远动技术正向着功能分散化和通信网络化的方向发展。在对微机监控系统功能进一步完善的同时，对信息响应时间、通信速度、性价比以及可靠性等方面也提出了更高的要求。

目前，越来越多的用户接受了 IEC 规范，采纳了分散式厂站微机监控系统的概念。这种监控系统的任务就是通过通信将分散在各个间隔的监控单元或测控保护综合单元的信息收集、汇总到站控层的主控单元，并根据用户对功能的要求处理上述信息，同步实现逻辑自动控制和开关联锁功能，最终将部分或全部的信息远传调度控制中心。这样，通信就成为分散式厂站监控系统的重要环节之一，通信的模式及性能也从很大程度上决定了微机监控系统的性能优劣。当今，网络技术，特别是以太网和快速现场总线的成熟应用为分散式厂站微机监控系统的性能提升、改善创造了条件，进而可能引起此类厂站监控系统的体系结构的质的变化，为微机监控系统的进一步发展开辟了良好的局面。

5.1.1　网络型厂站微机监控系统的定义

网络型厂站微机监控系统，是指在分散式厂站微机监控系统的基础上，在间隔层和过程层（目前主要是间隔层）采用先进的网络通信模式和技术（包括工业以太网和快速现场总线），把表征间隔层或过程层的智能设备作为构成网络的一组基本节点的分散式微机监控系统。

上述定义至少包括了如下几方面含义：

（1）网络型厂站微机监控系统中所采用的网络未做强制性规定，业界一般认可以太网。现场总线本身也是一种网络，因此，用现场总线构成的厂站微机监控系统应当属于网络型厂站微机监控系统的范畴。

（2）定义中未规定在一个网络型厂站微机监控系统中采用的网络类型与网络层次，这样仅使用单一以太网，或现场总线，或者使用二者的组合都是允许的；其次系统是采用一个层次的网络结构或采用多层次网络结构都是符合定义要求的。

（3）定义对网络采用的介质未做要求。

5.1.2　网络型厂站微机监控系统的特点

网络型厂站微机监控系统来源于分散式厂站微机监控系统，可实现前述集中式和分散式微机监控系统的所有功能，此处不再赘述。由于将性能优越的快速网络技术应用于厂站的间隔层和过程层，在通信的环节上较之前有较大优势，其特点如下：

1. 可实现间隔层设备的数据共享

由于网络型厂站微机监控系统的间隔层设备能不依赖于主控单元直接交换数据，因此可实现间隔层设备的数据共享。同理，它可更为方便地实现间隔层的防误联锁操作。通过共享其他保护/监控装置采集的一次设备状态，直接进行条件联锁，即将逻辑联锁功能直接下放到间隔层，大大提高了防误联锁的可靠性和效率。

2. 工业自动化，便于操作

厂站自动化的理想目标，即削减通向自动化各层次路径上复杂程度各异的连接，以跨越不同的总线技术，借助某种网络直接建立统一的通信。以太网作为可靠的网络标准，侧重于数据处理和通信，是一个较好的选择。此外，网络型厂站微机监控系统本身的结构也趋于将原有的分散式结构压缩得更加扁平，便于操作。

3. 可实现监控系统的结构对象化重组

由于 TCP/IP 协议等网络型的通信协议更加规范，协议结构也更为合理，使得可通过诸如 Client/Server、DCOM、CORBA 等技术从软件集成角度对监控系统的结构进行对象化重组。目前工业监控系统流行的 OPC 就是基于 DCOM 的一种分布式网络监控组件。此外，电力系统发电厂和变电站监控领域的 IEC 61850 规范也是基于监控系统网络化提出和应用的。

5.1.3　网络型厂站微机监控系统的发展

早期的分散式厂站微机监控系统一般在间隔层及过程层采用 RS 232 或 RS 485 通信方式，将其中的监控、保护设备连接起来，通过主单元与后台系统或规约转换器进行通信，将间隔层的信息上送，同步下达来自后台系统或远方调度中心的控制命令。这种方式中，间隔层的信息传递较慢，尤其是采用 RS 485 方式，在一条 RS 485 总线上挂接较多的子站设备进行通信时，必须采取轮询方式，影响信息上传速度。特别当某些设备退出通信时，为了检测总线上上述设备的投入还需增加时间开销，进一步影响信息上传速度。这种传统方式限制了间隔层、过程层设备和监控装置之间直接的信息交换，它要求信息必须先集中送到主控单元，再进行统一的处理。

随着网络技术进一步成熟，通信的速度和效率得以提高，以以太网为例，其速度从 10Mbit/s 提高到 100Mbit/s，甚至达到 1000Mbit/s。同时，通信的机制也进一步得到完善，基于 OSI 七层网络模型的各种网络结构的出现，使监控通信领域的面貌发生了巨大变化，以 PROFIBUS 为例，同样是 RS 485 的接线方式，由于在 RS 485 的物理层基础上采取了七层模型的高层机制，并在总线底层加入通信芯片控制，其速度可达到 12Mbit/s，并在某些情况下可支持同一条总线上的多主多从的要求。

计算机芯片技术、嵌入式技术的发展使得保护装置、监控装置、通信协议转换装置等监控系统重要环节的处理能力大为提高，可以更好地满足网络型厂站微机监控系统对系统分布式处理能力方面的要求。例如，由于处理能力的提高，可在监控装置中增加逻辑编程控制功能（CFC），有利于分布式的全站逻辑联锁功能的实现等。

采用网络型厂站微机监控系统主要是希望通过大幅度提升厂站间隔层监控系统的性能来提高整个监控系统的性价比。它要求厂站微机监控系统的间隔层和过程层采用更加先进的网络通信方式，取代 RS 232 和 RS 485 的方式，并引入各种与之相适应的应用组态模式，增加各种新功能。

5.2　网络的概念和结构

网络是网络型厂站微机监控系统的核心环节，在了解网络型厂站微机监控系统之前，先讨论网络的基本模型以及局域网、现场总线的概念和组成，然后在此基础上阐述网络型厂站微机监控系统的构成模式。

5.2.1　OSI 网络七层模型

实现开放系统互联所建立的分层模型，为开放系统互联（Open System Interconnection，OSI）参考模型，为异种计算机互联提供一个共同的基础和标准框架，并为保持相关标准的一致性和兼容性提供了共同的参考。开放，是指对 OSI 标准的遵从。

OSI 参考模型从功能上划分为 7 个层次，分别为物理层、数据链路层、网络层、传输层、会话层、表示层和应用层，其参考模型如图 5-1 所示。

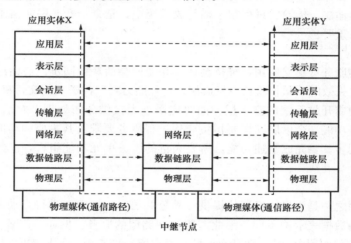

图 5-1　OSI 参考模型

OSI 参考模型每一层的功能是独立的，它利用其下一层提供的服务为其上一层提供服务，而与其他层的实况无关。此外，"服务" 是指下一层向上一层提供的通信功能和层之间的会话规定，一般用通信服务原语实现。两个开放系统中的同等层之间的通信规则和约定称为协议。第 1~3 层的功能称为低层功能（LLF），即通信传送功能，通常为网络与终端均需具备的功能；第 5~7 层的功能称为高层功能（HLF），即通信处理功能，通常需由终端来提供。

1. 物理层

物理层是 OSI 的第一层，即最底层，它包含在物理介质上传输信息流所必需的功能。定义接口和传输介质的机械和电气特性的同时，也定义了物理设备和接口为传输而必须执行的过程与功能。它通常要考虑接口与介质的物理特性、信息流的表示、数据速率、位同步、线路配置、物理拓扑、传输方式等一系列问题。

2. 数据链路层

数据链路可以粗略地理解为数据通道。物理层要为终端设备间的数据通信提供传输媒体及其连接。媒体是长期的，连接是有生存期的。在连接生存期内，收发两端可进行不等的一次或多次数据通信。每次通信都须经过建立通信联络和拆除通信联络两个过程。这种建立起来的数据收发关系叫作数据链路。而在物理媒体上传输的数据难免受到各种不可靠因素的影响产生差错。为弥补物理层上的不足，为上层提供准确的数据，就需对数据进行检错和纠错。数据链路的建立、拆除，对数据的检错、纠错是数据链路层的基本任务。

3. 网络层

网络层的产生也是网络发展的结果。在联机系统和线路交换的环境中，网络层的功能无重大意义。当数据终端增多时，它们之间有中继设备相连，此时会出现要求一台终端不只与唯一终端通信的情况，这就需要将任意两台数据终端设备的数据链接起来，即路由或寻径。此外，当一条物理信道建立后，被一对用户使用，往往会出现许多空闲时间被浪费的现象。人们自然会希望让多对用户共用一条链路，为解决这一问题就出现了逻辑信道技术和虚拟电路技术。

4. 传输层

传输层是两台计算机经网络进行数据通信时，第一个端到端的层次，具有缓冲作用。当网络层服务质量不能满足要求时，它将服务质量提升，以满足高层的要求；当网络层服务质量较好时，它只做很少工作。传输层还可重复使用，即在一个网络连接上创建多个逻辑连接。

传输层也称运输层。传输层只存在于端开放系统中，是介于低3层通信子网系统和高3层之间的一层，非常重要。

5. 会话层

会话层提供的服务可建立应用，维持会话，并能使会话获得同步。会话层使用校验点，可使通信会话在通信失效时，从校验点恢复通信。这种能力对于传送大的文件极为重要。会话层、表示层、应用层构成开放系统的高3层，面对应用进程提供分布处理、对话管理、信息表示、恢复最后的差错等功能。会话层同样要担负应用进程服务要求，其主要的功能是对话管理、数据流同步和重新同步。要完成上述功能，需要大量的服务单元功能组合，已经制定的功能单元已有几十种。

6. 表示层

表示层的作用之一是为异种机通信提供一种公共语言，以便能进行互动操作。不同的计算机体系结构使用的数据表示法不同，因此需要这种类型的服务。例如，IBM 主机使用 EBCDIC 编码，而大部分 PC 机使用的是 ASCII 码。此种情况下，即需要表示层来完成这种转换。因此，表示层的具体职责是翻译、加密、压缩数据。

表示层以下5层完成了端到端的数据传送，并且是可靠、准确地传送。但数据传送仅为手段而非目的，最终是需要实现对数据的使用。由于各种系统对数据的定义并不完全相同，易对数据使用造成障碍，表示层和应用层就担负了消除这种障碍的任务。

7. 应用层

应用层向应用程序提供服务，这些服务按其向应用程序提供的特性分成组，并称为服务元素。有些可为多种应用程序共同使用，有些则为较少的一类应用程序使用。

应用层是开放系统的最高层，是直接为应用进程提供服务的。其作用是在实现多个系统应用进程相互通信的同时，完成一系列业务处理所需的服务。其服务元素分为两类，即公共应用服务元素 CASE 和特定应用服务元素 SASE。

（1）CASE 提供最基本的服务，为应用层中任何用户和任何服务元素的用户，主要为应用进程通信和分布系统的实现提供基本的控制机制。

（2）SASE 则满足一些特定服务，如文卷传送、访问管理、作业传送、银行事务、订单输入等。这些将涉及虚拟终端、作业传送与操作、文卷传送及访问管理、远程数据库访问、图形核心系统、开放系统互联管理等。图 5-2 所示为七层模型的功能小结。

5.2.2 局域网

局域网（Local Area Network，LAN）是一个数据通信系统，它允许在有限的地理范围内许多独立设备之间进行直接通信。目前，有四种体系结构在局域网中占主导地位，分别是以太网、令牌总线、令牌环网和光纤分布式数字接口（FDDI）。前三种都是 IEEE 的标准，也是 IEEE 的802 项目的组成部分，FDDI 则是 ANSI 标准。

目前，在 LAN 协议中所用到的数据链路控制部分都基于 HDLC 协议。然而，每一种协议

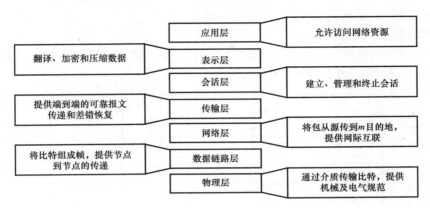

图 5-2 各层功能小结

都对 HDLC 协议进行了适当的修改，以满足自己的特殊需求。为处理设计上的差异，需要协议之间有一定的不同。

5.2.2.1 IEEE 802 项目

IEEE 802 项目规范了物理层和数据链路层的功能，以及一部分网络层的功能，使其能够处理主要 LAN 协议之间的互联。IEEE 802 项目涵盖了 OSI 模型的最低两层以及第三层的一部分。其与 OSI 模型之间的关系如图 5-3 所示。

IEEE 将数据链路层划分为两个子层，即逻辑链路控制（LLC）子层和介质访问控制（MAC）子层。LLC 子层不针对特定的体系结构，在 IEEE 所定义的所有 LAN 中都是相同的。MAC 子层则不同，它包含多个不同模块，每个模块针对其所使用的 LAN 产品带有专有信息。

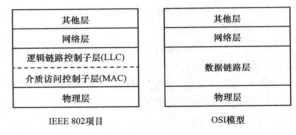

IEEE 802项目   OSI模型

图 5-3 IEEE 802 项目和 OSI 模型比较

除了两个子层以外，IEEE 802 项目还包含网际互联的另一个部分，该部分通过协议确保不同的 LAN 之间的兼容性，同时允许数据能够在其他互不兼容的网络之间传输。

LAN 的结构主要有以太网（Ethernet）、令牌环（Token Ring）、令牌总线（Token Bus）三种类型以及作为这三种网的骨干网光纤分布数据接口（FDDI）。它们所遵循的标准都是由 IEEE 制定，以 802 开头。目前共有 11 个与局域网有关的标准，如图 5-4 所示。

IEEE 802 项目标准分别是：

IEEE 802.1——通用网络概念及网桥等；

IEEE 802.2——逻辑链路控制等；

IEEE 802.3——以太网 CSMA/CD 访问方法及物理层规定；

IEEE 802.4——令牌总线（Token Bus）结构及访问方法，物理层规定；

IEEE 802.5——令牌环（Token Ring）访问方法及物理层规定等；

IEEE 802.6——城域网的访问方法及物理层规定；

IEEE 802.7——宽带局域网；

IEEE 802.8——光纤局域网（FDDI）；

IEEE 802.9——ISDN 局域网；

IEEE 802.10——网络的安全；

IEEE 802.11——无线局域网。

IEEE 802 项目的强项是模块化，凭借模块化划分 LAN 管理所需要的功能，设计者可将通用部分标准化，同时隔离开必须保留专用的部分。

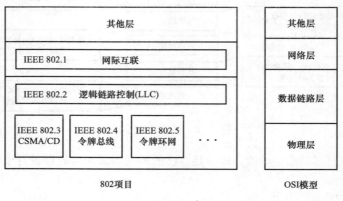

图 5-4 IEEE 的 802 项目

5.2.2.2 局域网的分类

根据 IEEE 802 项目，可以将局域网分为以太网（802.3）、令牌总线（802.4）、令牌环网（802.5）等，并在此基础上又分出交换以太网、快速以太网、千兆以太网、FDDI 等。

1. 以 太 网

IEEE 802.3 所支持的 LAN 标准最初是由施乐公司开发的，后来通过数字设备公司、Intel 公司和施乐公司联合扩展为以太网标准。

IEEE 802.3 定义了两个类别，宽带和基带。基的含义是数字信号（在以太网的情况下用曼彻斯特编码）；宽的含义是模拟信号（在以太网的情况下用 PSK 编码）。IEEE 将基带类划分为 5 个不同的标准，即 10BASE5、10BASE2、10BASE-T、1BASE5 和 100BASE-T。第一个数字（10、1、100）指明了以 Mbit/s 为单位的数据传输速率；最后一个数字或字母（5、2、T）指明了电缆最大长度或电缆的类别。IEEE 只定义了 10Broad36 一个宽带类规范，同样，第一个数字（10）表示数据速率，最后的数字表示最大电缆长度。然而，最大电缆长度的限制可通过中继器或网桥等网络设备加以改变。

（1）访问方式 CSMA/CD。当多个用户在没有任何管制的情况下同时访问一条线路时，将存在不同信号叠加而互相破坏的危险。叠加后的信号将变为噪声，称为冲突。当多用户访问的线路通信量增加时，冲突的可能性也随之增加。因此，在 LAN 中需要一种机制来协调通信量，使冲突发生的可能性最小化，同时使成功传送的数据帧达到最大。这种在以太网中使用的访问机制称为带冲突检测的载波侦听多路访问（CSMA/CD，IEEE 802.3 标准）。

CSMA/CD 是从多路访问（MA）发展到载波侦听多路访问（CSMA），最后发展到带冲突检测的载波侦听多路访问（CSMA/CD）。最初的设计是一种多路访问方法，此种方法中，每个站点对线路访问具有相同的权利。在 MA 中，并不提供通信量协调。对线路的访问在任何时候，对任何工作站都是开放的，它假设两个不同的设备在同一时间竞争线路访问权的概率很小，因而是不重要的。任何想发送数据的站点都可发送，然后依赖于确认来判断传输的帧是否因为冲突而被线路上的其他通信所破坏。

在 CSMA 系统中，任何想发送数据的站点首先必须侦听线路上已经存在的通信情况。设备可通过检测线路上的电压值来侦听，如未检测到电压，则认为线路空闲，传输可以开始。CS-MA 减少了冲突的次数，但不能完全消除冲突，冲突仍可能发生。如果某个站点发送信号的时间和侦听的时间太过接近，将导致信号无法到达正在侦听的站点，而侦听者仍认为线路空闲，并将自己的信号发送到线路上，从而产生冲突。

CSMA/CD 增加了冲突检测（CD）。在 CSMA/CD 中，任何想发送数据的站点必须进行侦听，以确保线路空闲，然后传送自己的数据。传送数据后，站点继续侦听，在整个传输过程中，站点检测线路上是否有指示冲突的极高电压存在。当检测到冲突时，站点放弃传输，并等待一段预先定义好的时间，在线路清除后再重新发送数据。

（2）寻址。以太网上每个站点（例如，PC 机、工作站、测控单元、保护单元等）都有自身的网络接口卡（NIC），它通常安装在站点内部，并为站点提供一个 6B 的物理地址，此地址是唯一的。

（3）数据传输速率。以太网支持 1～100Mbit/s 的数据传输速率。

（4）帧格式。IEEE 802.3 定义了一种具有七个字段的帧类型，包括前导符、SFD、DA、SA、PDU 的长度/类型、IEEE 802.2 帧及 CRC。由于以太网不提供对收到的帧进行确认的任何机制，这使其成为一种不可靠介质，确认必须在高层完成。CSMA/CD 中 MAC 帧的格式如图 5 - 5 所示。

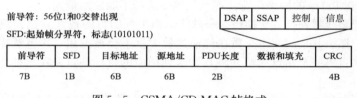

图 5 - 5　CSMA/CD MAC 帧格式

1）前导符。MAC 帧格式的第一个字段，长度为 7B（56 位），1 和 0 交替出现，警告接收系统即将有数据帧到来，同时使系统能同步输入时序，但不能用来作为数据流的开始。

2）起始帧分界符（SFD）。MAC 帧格式的第二个字段，只含 10101011 1B，标记帧的开始。它通知接收方，后面所有内容均为数据，从地址开始。

3）目标地址（DA）。目标地址长度为 6B，包含了数据包下一个目标的物理地址。如数据包为了到达目标地址，必须从一个 LAN 穿越到另一个 LAN，那么 DA 字段所包含的是连接当前 LAN 和下一个 LAN 的路由器的物理地址。

4）源地址（SA）。源地址长度为 6B，包含转发数据包的最后一个设备的物理地址。

5）PDU 的长度/类型。源地址后面的 2B 指出了到来的 PDU 中的字节数。如 PDU 长度固定，那么此字段可用来表示类型或作为其他协议的一个基础。

6）CRC。MAC 帧的循环冗余校验码，此时为 CRC-32。

（5）实现。在 IEEE 802.3 标准中，IEEE 定义了在五种不同的以太网实现中所使用的电缆、连接及信号类型。所有的以太局域网都被配置为逻辑总线形式，尽管在物理上它们可能是以总线或星型的拓扑结构来实现的。

1）10BASE5 粗缆以太网。IEEE 802.3 模型所定义的第一个物理标准称为 10BASE5，即通常所说的粗缆以太网或粗网。它是一个总线型拓扑结构，使用基带信令，最大网段长度为 500m。为减少冲突，总的电缆长度不应超过 2500m（5 个网段），每个站点必须和它的相邻站点相隔至少 2.5m，这样每个网段不能超过 200 个站点，整个局域网不可超过 1000 个站点。

2）10BASE2 细缆以太网。这是 IEEE 802 系列定义的第二个物理标准，也称细网、廉价网或细线以太网，是 10BASE5 以太网的廉价替代品，且具有相同数据传输速率，也为总线型拓扑结构。其优点是价格便宜且便于安装，缺点则是连接距离较短（即 185m）和能力较小。

3）10BASE-T 双绞线以太网。这是 IEEE 802 系列中最流行的以太网，为星型拓扑结构的局域网，采用无屏蔽双绞线（UTP）取代同轴电缆。它支持 10Mbit/s 数据速率，从站点到集线器的最大长度为 100m。

4）1BASE5 星型局域网。这是 AT & T 公司的产品，由于其数据传输速率很低，已较少采用。

2. 其他以太网

现在以太网技术已有很大发展，不断设计出一些新的方案来提高以太网的性能与速度，主要有交换以太网、快速以太网、千兆以太网和环型以太网。

（1）交换以太网。交换以太网试图提高 10BASE-T 以太网的性能。10BASE-T 以太网是一种共享介质网络，每一次数据传送都会占用整个网络传输介质。这是因为 10BASE-T 以太网的拓扑结构尽管从物理连接上看是星型的，但逻辑上却是总线型的。当一个站点向集线器发送一个帧时，此数据帧会从集线器的所有端口（接口）送出并被每个站点接收。在这种情况下，任一时刻仅有一个站点能发送帧。如果两个站点试图同时发送数据帧，即造成冲突。如果一次帧传输占用了整个 10Mbit/s 的网络带宽，那么其他站点都不能使用带宽。

但是，如果把集线器替换成交换机（一种能识别出帧的目的地址并把帧路由器连接到目标站点端口的设备）那么其余的网络介质在传输过程中就不会被占用。这就意味着在这同一时刻交换机能够接收来自另一个站点的帧并将其发送到相应的目标站点。在这种方式中，理论上就不存在冲突。

使用交换机而非集线器，理论上，能把带有 N 个设备的网络的带宽提升到 $N \times 10\text{Mbit/s}$，因为 10BASE-T 利用两对非屏蔽双绞线（UTP）进行全双工通信。

（2）快速以太网。随着新的应用程序［如计算机辅助设计（CAD）、图像处理以及实时音频和视频等］相继应用到局域网中，产生了对带宽高于 10Mbit/s 的局域网的需求。而快速以太网就可以达到 100Mbit/s。

由于以太网的设计方式，如冲突域（数据在两个站点间作一次来回的最大距离）降低，即容易提高速度。以太网的冲突域为 2500m。使用 CSMA/CD 的介质访问方法为了达到 10Mbit/s 的数据传输速率，这个冲突域限制是必须的。为了使 CSMA/CD 能够工作，一个站点应能在整个帧传送完毕前检测到冲突。如一个帧传送完毕且未检测到冲突，则该站点便假设一切顺利并删除该帧的副本，然后开始传送下一帧。

以太网的最小帧是 72 字节即 576 位。以 10Mbit/s 的速率传送 576 位的数据要花费 57.6ms（576bit/10Mbit/s=57.6ms）。在最后一位传送完毕前，第一位必须已到达了冲突域的尽头，且如存在冲突，发送方必须已检测到。这就意味着冲突必须在发送方在传送 576 位的时间内被检测到，或者说，冲突必须在 57.6ms 内被检测到，这一段时间足以让信号在典型的传输介质（如双绞线）中按物理传播速率作一个 5000m 的来回。

为了在提高数据传输速率的同时又不改变最小帧的长度定义，可选择降低帧的最大往返时间。按 100Mbit/s 的速度，往返时间降低到了 5.76ms（576bit/100Mbit/s）。由于信号的物理传播速率不变，这使得冲突域必须减少为原来的 1/10，从 2500m 降为 250m。距离的缩短并不会造成问题，因为在现今的局域网中，从网络应用节点（如计算机等）到集线器的距离一般不会超过 50～100m，如果超过，可采取集线器级联方式，或采用光纤传送。

快速以太网是一种带宽为 100Mbit/s 的以太网。在快速以太网中，帧格式并未改变，访问传输介质的方法也未改变，只有在 MAC 层数据传输速率和冲突域有变化。数据传输速率提高了10 倍，冲突域长度减少为原来的 1/10。

（3）千兆以太网。从 10Mbit/s 到 100Mbit/s 的升级激励了 IEEE 802.3 委员会继续设计千兆以太网，千兆以太网能提供 1000Mbit/s（即 1Gbit/s）的数据传输速率。策略是相同的，MAC层和访问方法保持不变，而缩短冲突域。但是物理层中的传输介质和编码系统却作了改变。千兆以太网主要利用光纤进行数据传输。

（4）环型以太网。目前，以太网在工业控制中应用的基本模式通常有两种：

1）星型网结构。网络通信节点（具备以太网接口的工业控制器）通过交换机（或集线器）组成可级联的星型网，这种模式最为常见，它要求网络节点分布相对集中，否则将会带来布线上的困难。

2）环型以太网结构。所有的网络通信节点都必须具备环型以太网接口或通过专用的、具备环网接口的小型交换机组成环型以太网，可以构成光纤环网和五类线环网。环型网的模式不要求网络节点分布集中，可以将分散于现场的具备以太网接口的工业控制器以较少的布线代价加以集成，这种模式比较符合具备通信接口的现场控制器和分散布置的分散式厂站微机监控系统的要求，特别是工业控制器分布相距较远的情况。

星型网是从商用直接转化的，可直接使用电信或普通商用的交换机来集成监控系统中的网络设备，且能满足一般性能，所以应用比较广泛。考虑到环型以太网更加符合分散式监控系统的要求，更加类似于现场总线在工业现场设备集成中的作用，所以把环型以太网作为可取代现场总线作用的替代通信方式，是一种比较合理的选择。

环状拓扑提供了一个最简单的设计和节约费用的解决方案。理论上，以太网不能作为环网连接，因为由广播产生的数据包会引起无限循环，导致阻塞。解决的方法就是配备生成树协议（802.1D）或者快速生成树协议（802.1W）的以太网交换机（具备网桥功能）来实现这种拓扑网络，生成树协议通过生成一棵到达环网中每个网段的生成树覆盖实际的拓扑结构，解决了环网拓扑所引发的信息帧无限循环的问题。

环型以太网具有如下特点：①易于查找网络故障；②系统总体传输线路较短；③系统总体投资较小；④网络可靠性高；⑤负荷分担和备份网络性能高。

3. 令牌环网（802.5）

在以太网（CSMA/CD）中所使用的网络访问机制并非绝对可靠，仍然会造成冲突。站点可能需要重试若干次后才有可能成功地将数据发送到链路上。这种冗余在网络负载很重时有可能造成无法预测的时延，既无法预测冲突的出现，也无法预测多个站点由于同时竞争链路使用权所造成的时延。

令牌环网通过要求站点轮流发送数据解决了这种不确定性。每个站点只有在轮到自己的时候才可发送数据，且每次只能发送一帧。和这种循环相协调的机制称为令牌传递。令牌是一个简单的占位帧，绕着环从一个站点传送到另外一个站点，环上的站点只有在拥有令牌的时候才能发送。令牌传送示意图如图 5-6 所示。

4. 令牌总线（802.4）

（1）令牌总线媒体访问控制。CSMA/CD 媒体访问控制采用总线争用方式，具有结构简单、在轻负载下延迟小等优点，但随着负载的增加，冲突概率增加，性能下降明显。采用令牌环媒体访问控制具有重负载下利用率高、网络性能对距离不敏感及公平访问等优越性能，但环型网结构复杂，存在检错和可靠性等问题。令牌总线媒体访问控制是在综合了以上两种媒体访问控

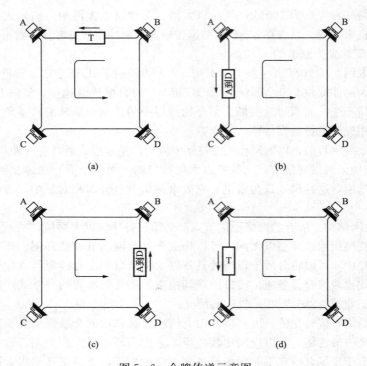

图 5-6　令牌传递示意图

(a) 令牌在环中循环；(b) 站点 A 获取令牌，并传送数据至站点 D；

(c) 站点 D 复制数据帧，然后将数据发送回环；(d) 站点 A 接收帧并释放令牌

制优点的基础上形成的一种媒体访问控制方法，IEEE 802.4 提出的就是令牌总线媒体访问控制方法的标准。

(2) 令牌总线工作原理。令牌总线媒体访问控制是将局域网物理总线的站点构成一个逻辑环，每一个站点都在一个有序的序列中被指定一个逻辑位置，序列中最后一个站点的后面又跟着第一个站点。每个站点都知道在它之前的前趋站及在它之后的继站标识，如图 5-7 所示。

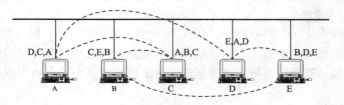

图 5-7　令牌总线

从图 5-7 中可以看出，在物理结构上它是一个总线结构局域网，但是在逻辑结构上，又构成一种环型结构的局域网。和令牌环一样，站点只有取得令牌，才能发送帧，而令牌在逻辑环上依次（A→D→E→B→C→A）循环传递。

正常运行时，当站点工作完成或者时间终了时，它将令牌传递给逻辑序列中的下一个站点。从逻辑上看，令牌是按地址的递减顺序传送至下一个站点的；但从物理上看，带有目的地址的令牌帧广播到总线上所有的站点，当目的站点识别出符合它的地址，即把该令牌帧接收。应该指出的是，总线上站点的实际顺序与逻辑顺序并无对应关系。

186

只有收到令牌帧的站点才能将信息帧送到总线上，这不同于 CSMA/CD 访问方式，令牌总线不可能产生冲突。因此，令牌总线的信息帧长度只需根据要传送的信息长度来确定，无最短帧的要求。而对于 CSMA/CD 访问控制，为了使最远距离的站点也能检测到冲突，需要在实际的信息长度后添加填充位，以满足最短帧长度的要求。

令牌总线控制的另一个特点是站点间有公平的访问权。因为取得令牌的站点有报文要发送则可发送，随后，将令牌传递给下一个站点；如果取得令牌的站点无报文发送要求，则立刻把令牌传递到下一站点。由于站点接收到令牌的过程是顺序依次进行的，因此对所有站点都有公平的访问权。

令牌总线控制的优越之处，还体现在每个站点传输之前必须等待的时间总量总是"确定"的，这是因为每个站点发送帧的最大长度可以加以限制。当所有站点都有报文要发送，即最坏的情况下，等待取得令牌和发送报文的时间，等于全部令牌和报文传送时间的总和；如果只有一个站点有报文要发送，则最坏情况下等待时间只是全部令牌传递时间的总和。对于应用于控制过程的局域网，这个等待访问时间是一个很关键的参数，可以根据需求，选定网中的站点数及最大的报文长度，从而保证在限定的时间内，任一站点都可以取得令牌。

令牌总线访问控制还提供了不同的服务级别，即不同的优先级。

5. FDDI

光纤分布式数据接口（FDDI）是一个由 ANSI 和 ITU-T（ITU-T X.3）标准化的局域网协议。它支持 100Mbit/s 的数据速率，提供一种对以太网和令牌环网的高速率替代协议。当 FDDI 在设计时，100Mbit/s 需要光纤才能实现，然而在今天，相同的速率可以通过铜缆来达到。FDDI 的铜缆版本称为 CDDI，其访问方式采用令牌传递。同时，在 FDDI 中，访问是由时间来限制的。一个站点在它所分配的访问时间间隔中可以发送任意数目的帧，其附带条件是实时数据首先发送，为了实现这种访问机制，FDDI 区分了两种不同的数据帧，即同步帧和异步帧，通常又被称为 S 帧和 A 帧。同步指实时信息，异步指非实时信息。

FDDI 通过一个双环实现 FDDI 环，如图 5-8 所示。在许多情况下，数据传输限制在主环上。如主环传输失败，次环则提供主环的功能。

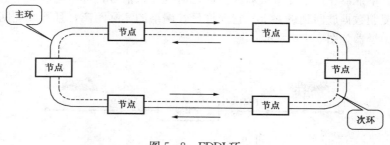

图 5-8　FDDI 环

次环使得 FDDI 成为可以自我修复的网络。当主环故障时，次环可被激活来修复数据环路并维持服务故障后的 FDDI 环，如图 5-9 所示。

通过使用凹型或凸型的介质接口连接器（MIC）将节点连接到一个或两个环上，使用哪种连接器可以根据站点的需要而定。

5.2.2.3　几种局域网的比较

几种局域网的特性见表 5-1。以太网适用于低通信负载的情况，当负载增加时，冲突和重传会增多，影响系统性能。令牌环和 FDDI 在低负载和高负载的情况下性能较为良好。

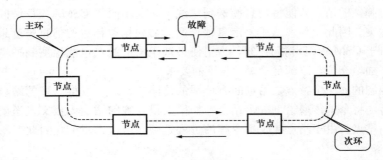

图 5-9　故障后的 FDDI 环

表 5-1　　　　　　　　　　　　　　　LAN　的　比　较

网　络	访问方法	信　令	数据速率	差错控制
以太网	CSMA/CD	曼彻斯特	1、10Mbit/s	无
快速以太网	CSMA/CD	若干	100Mbit/s	无
千兆以太网	CSMA/CD	若干	1Gbit/s	无
令牌总线	令牌传递	差分曼彻斯特	4、16Mbit/s	有
令牌环	令牌传递	差分曼彻斯特	4、16Mbit/s	有
FDDI	令牌传递	4/5B，NRZ-I	100Mbit/s	有

　　目前，这几种局域网在工业控制和厂站监控中已获得广泛应用。以太网是当前应用最普遍的局域网技术，它在很大程度上取代了其他局域网。

5.2.3　局域网的互联设备

1. 中继器

　　中继器是一种物理层的电子设备，当电子信号在网络介质上传播时，它们会随着传输距离的增加而衰减。中继器在信号变得很弱或损坏之前接收该信号，重新生成原始的比特模式，然后将更新过的复制数据放回到链路上。它允许延长网络的实际距离，且不改变网络的功能。连接两个网段的中继器如图 5-10 所示。

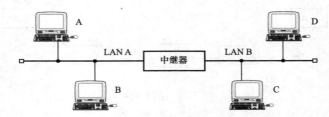

图 5-10　连接两个网段的中继器

2. 网桥

　　网桥是在数据链路层上实现同构型网络互联的设备，其基本特征如下：

（1）能互联两个在数据链路层具有不同协议、不同传输介质和传输速率的网络。

（2）在实现互联网络间的通信时，具有接收、存储、地址识别及转发等功能。

（3）可以分割两个网络间的通信量，有利于改善互联网络的性能与安全性。

　　网桥一般有三种类型，即简单网桥、多端口网桥和透明网桥。图 5-11 所示为局域网 A 和局域网 B 通过网桥互联的例子。当 A 向 B 发送一帧数据时，网桥根据其内部的硬件地址表发现 A 与 B 在相同的 LAN A 上，认为不必转发，则舍弃该帧；若 A 向 C 发送一帧数据，网桥通过地址识别知道通信双方不在同一局域网上，则通过与 LAN B 的网络接口，向 LAN B 转发该帧数据，此时，处于 LAN B 的节点 C 即可接收到 A 发送的数据。对用户来说，两个局域网 LAN A 和 LAN B 就像是一个逻辑的网络，用户无需了解网桥的存在。

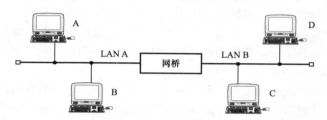

图 5-11　网桥把两个网络连接起来

　　3. 路由器

　　路由器在网络层上实现异构型局域网之间的连接，如图 5-12 所示。它比网桥更具智能化，其功能涉及物理层、数据链路层和网络层，通常包括了网桥的功能，一般用于互联同构型 LAN，具体功能如下：

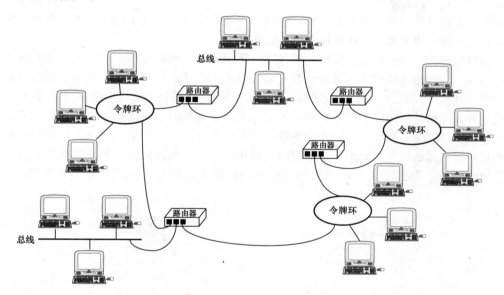

图 5-12　互联网中的路由器

　　(1) "拆包和打包"功能。路由器在接收到任何一种数据包之后，都需做下述处理：拆去数据链路层所加上的控制信息；根据网络层所加上的控制信息做相应处理，加上数据链路层应有的控制信息，恢复为原有的数据包。

　　(2) 路由选择功能。即按某种策略为所收到的数据包选择一条最佳传输路由。

　　(3) 协议转换。实现不同网络之间协议的转换以达到网络互联的目的。

　　(4) 分段及重新组装。可将发送的数据包分成若干小段，分别封装成小数据包发往目标节点所在网络；反之，若收到的数据包较小，则在一定条件下将小数据包按序号组装成一个大包后传送，以提高传输效率。

（5）网络管理功能。在干线路由器，通常都配备了相当先进的网络管理功能的设备，提供了图形用户接口，用户可以在屏幕上观察网络设备的运行情况。

4．网络交换机

网络交换机是一种在 TCP/IP 网络中完成信息交换功能的设备。网络交换机一般分为广域网交换机和局域网交换机。广域网交换机主要应用于电信领域，提供通信用的基础平台；局域网交换机应用于局域网络，用于连接终端设备。在厂站监控与自动化系统中使用的多是局域网交换机。交换机的主要功能包括物理编址、网络拓扑、错误校验、数据帧的存储转发及流量控制等。目前交换机还具备了一些新的功能，如对 VLAN（虚拟局域网）的支持、对链路汇聚的支持，有的还具有防火墙的功能。

存储转发方式是交换机应用最为广泛的方式。它先将输入端口的数据进行存储，检查 CRC（循环冗余码校验），在错误包处理后才取出数据包的目的地址，通过查找表转换成输出端口送出包。由于上述转发方式，数据处理时延时大成为存储转发方式的一大不足，但它可对进入交换机的数据包进行错误检测，有效地改善网络性能。尤其重要的是，它可支持不同速度的端口间转换，保持高速端口与低速端口间的协同工作。

交换机的背板带宽是交换机接口处理器或接口卡和数据总线间所能吞吐的最大数据量。背板带宽标志了交换机总的数据交换能力，也叫交换带宽。一台交换机的背板带宽越高，处理数据的能力就越强，设计成本也会随之提高。

交换机上所有端口都可提供总带宽，总带宽＝端口数×相应端口速率×2（全双工模式）。如总带宽≤标称背板带宽，则在背板带宽上是限速的。

交换机的连接方式。目前交换机一般可支持星型或环型网络连接。理论上，以太网不能作为环网连接，因为由广播产生的数据包会引起无限循环，从而导致阻塞。其解决方法就是使用生成树协议（802.1D）或者快速生成树协议（802.1W）。生成树算法还负责监测物理拓扑结构的变化，并能在拓扑结构发生变化后建立新的生成树。在环网上，通过生成树协议管理，每一对网络收发端口都会有两个可选的路径网段，其中一个网段会被自动从逻辑上阻塞，以防止广播数据包风暴引起的问题。如果一个非阻塞网段出现故障，前面阻塞的网段将会运行起来，让系统连续运转。这种机制也保证了网络冗余机制的实现，环型以太网的冗余实现如图 5-13 所示。

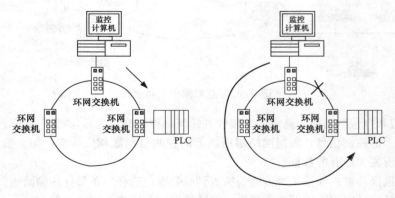

图 5-13　环型以太网的冗余实现

交换机的二层交换技术发展比较成熟，二层交换机属数据链路层设备，可以识别数据包中的 MAC 地址信息，根据 MAC 地址进行转发，并将这些 MAC 地址与对应的端口记录在自己内部的一个地址表中；而交换机的三层交换是把路由模块直接叠加在二层交换的高速背板总线上，突破了传统路由器的接口速率限制，速率较高。二层交换机用于小型局域网络；三层交换机最重要的功能是加快大型局域网络内部数据的转发，加入路由功能也是这个目的。如果把大型网络按照部门、地域等因素划分成一个个小局域网，将导致大量的网际互访，单纯地使用二层交换机不能实现网际互访。若单纯地使用路由器，由于接口数量有限和路由转发速度慢，将限制网络的速度和网络规模，采用具有路由功能的快速转发的三层交换机成为首选。

数字化变电站是基于 IEC 61850 标准的新型网络化监控系统，网络交换机是构建网络的核心设备，除了对可靠性有更高的要求外，对电磁兼容性、温度等都按照工业级标准有严格规定。对交换机核心技术而言，VLAN、Qos 优先级、端口镜像和多播这几个新要求都促使交换机技术不断发展。

5.3 网 络 协 议

5.3.1 TCP/IP 协议栈

5.3.1.1 概述

TCP/IP 协议栈，即传输控制协议（Transmission Control Protocol，TCP）与网际协议（Internet Protocol，IP）。用于 Internet 的 TCP/IP 协议栈在 OSI 模型之前开发，所以 TCP/IP 协议栈层次与 OSI 模型的层次并不严格对应。TCP/IP 协议栈由五个层次组成，即物理层、数据链路层、网络层、传输层与应用层。前面四层提供物理标准、网络接口、网络互联及传输功能，与 OSI 模型的前四层相对应，而 OSI 模型最上面三层在 TCP/IP 协议栈中作为单独一层，成为应用层，如图 5-14 所示。

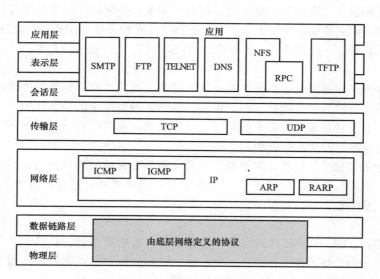

图 5-14 TCP/IP 和 OSI 模型

TCP/IP 协议栈是由相互作用的模块组成的分层协议，每一层提供一个特定功能，各层间不需相互依赖。虽然 OSI 模型指定了每层功能，但是 TCP/IP 协议栈将各层放入一些相对独立的协议，这些协议能按照系统要求混合与匹配。

在传输层，TCP/IP 定义了两个协议，即传输控制协议（TCP）和用户数据报协议（UDP）；在网络层，由 TCP/IP 定义的主要协议有网际协议（IP）。

1. TCP/IP 参考模型

由图 5-14 中可见，TCP/IP 参考模型是分层实现的。分层思想一方面简化了协议栈的实现，同时也允许各层的实现可采用更加宽泛的技术。每一层负责不同的功能，对于上层而言，下层功能的实现是透明的，下层仅仅提供相应的功能接口给上层调用。

（1）数据链路层。该层用于处理数据帧（Frame）的传输，通常包括操作系统中的设备驱动程序和计算机中对应的网络接口卡。它们一起处理与电缆或其他任何传输媒介的物理接口细节。

（2）网络层。该层用于处理数据报（Datagram）在网络中的活动，包括 IP 协议（网际协议）、ICMP 协议（Internet 互联网控制报文协议）和 IGMP 协议（Internet 组管理协议）。

（3）传输层。传输层为两台主机上的应用程序提供端到端通信，主要是 TCP 协议（传输控制协议）、UDP 协议（用户数据报协议）。TCP 为两台机器提供可靠性的数据通信，其工作包括把应用程序的数据分成合适的小块交给网络层、确认接受到的分组（Segment）、设置发送最后分组的超时时钟等。由于传输层提供了可靠性高的端对端的通信，因此应用层可以忽略所有的上述细节。UDP 为应用层提供了一种面向无连接和不可靠的简单服务，任何必需的可靠性必须由应用层来实现。

（4）应用层。应用层负责特定的应用程序细节。

2. 面向连接服务和无连接服务

TCP/IP 网络通常提供了面向连接服务（Connection-Oriented Service）和无连接服务（Connectionless Service）这两种类型的服务。网络应用程序的开发者必须根据应用的需求和特点在两者之间做出选择。

对于面向连接服务，客户端和服务端在数据传输前，必须通过相互发送控制报文，进行所谓的"握手"过程建立连接。实际上 TCP/IP 连接仅是在端系统中分配资源和状态变量，对网络中的路由器而言，这一连接实际并不存在，因此，TCP/IP 连接是以松散的方式维持在两端系统之间。

通常来说，面向连接服务是和其他的服务绑定在一起的，如可靠数据传输、流量控制和拥塞控制。可靠数据传输通过"确认"和"重发"机制使得数据正确并有序的传输；流量控制确保连接的一方不会发送过多的数据而使另一方缓冲溢出；在网络拥挤的情况下，拥塞控制强制端系统降低发送速度，避免发生死锁。

无连接服务无"握手"过程，应用程序只是在需要时简单的发送报文给另一方。由于在数据传送前没有"握手"过程，所以速度上要快于面向连接服务。但是，由于无"确认"机制，所以发送方无法获知数据是否正确到达目的地。

3. 封装

当应用程序用 TCP/IP 协议在网络上传送数据时，数据被送入协议栈中，然后逐个通过每一层直到被当作一串比特流送入网络。其中，每一层对收到的数据都要增加报文头（有时还要增加报文尾），这一过程被称为封装。封装过程如图 5-15 所示。

5.3.1.2 IP 协议

对于 IP 协议而言，目前存在 IPv4、IPv6 两种版本，因为 IPv4 协议的应用极为广泛，所以以下所指 IP 协议泛指 IPv4 协议。

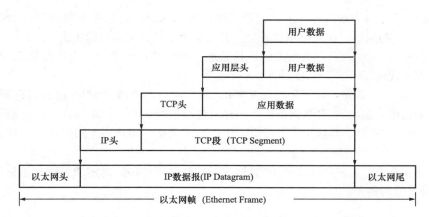

图 5-15　数据进入协议栈时的封装过程

1. IPv4 协议

IP 协议提供不可靠、无连接的数据报传送服务，它是 TCP/IP 协议栈中最为核心的协议，所有的 TCP、UDP 数据都以 IP 数据报格式进行传输。IP 协议不能保证数据报能成功到达目的地，且 IP 协议并不同于虚拟电路方式在数据传输期间始终维持源机器和目的机器之间的连接，IP 仅提供最好的传输服务，任何可靠性方面的要求必须由上层协议（如 TCP）来提供。

（1）IP 首部格式。图 5-16 是 IP 数据报的格式。

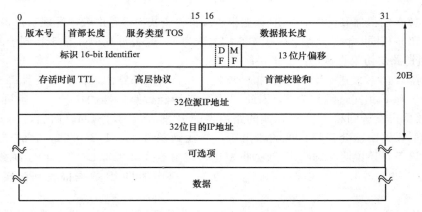

图 5-16　IP 数据报格式

各个字段的含义如下：

1）版本号。目前采用的是 IPv4，所以版本字段为 4。

2）首部长度。首部长度指的是首部占 32bit 字的数目，包括可选项。由于它是一个 4bit 字段，因此首部最长为 60B。一般来说，该字段的值为 5。

3）TOS。TOS 用于区别不同类型的 IP 数据报，以便在网络负荷较重的情况下，来区别对待不同类型的数据报，有关 TOS 的详细描述见 RFC 1340 和 RFC 1349。

4）数据报长度。整个 IP 数据报的长度以字节为单位。由于该字段有 16bit 长，理论上的最大长度为 65 535B，实际应用中，极少有超过 1500B 的数据报，通常被限制在 576B 内。

5）标识和偏移。这两个字段主要用于数据的拆分和重组。

6）TTL。TTL 的初始值由源主机设置（通常为 32 或 64），数据报每经过一个路由器，该字段减 1，当为 0 的时候，将被路由器丢弃，并发送 ICMP 报文通知源主机。

7）高层协议。该字段只有数据报到达目的地后才被使用，用于告知传输层 IP 数据报中数据的类型，如 6 代表 TCP，7 代表 UDP，1 代表 ICMP。

8）首部校验和。首先，将该字段设置为 0，然后对首部中每个 16bit 进行二进制反码求和，结果存在该字段中。当收到 IP 数据报后，同样对首部进行求和，如果传输正确，结果应该全为 1，如果不全为 1，IP 就丢弃该数据报，但不生成差错报文，而是由上层发现丢失的数据报并进行重发。

（2）寻址和路由。源机器发出的 IP 数据报需要经过寻址和路由才能最终送达目的机器。图 5-17 是一个典型的例子。

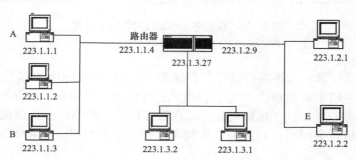

图 5-17　路由和寻址

假定机器 A 向机器 B 发送一个 IP 数据报。A 首先查找内部路由表，发现条目 223.1.1.0/24 的子网掩码和 B 相同，到达网络 223.1.1.0 的跳数为 1，这表明 B 和 A 位于相同子网中。因此，A 将 IP 通过链路层协议直接送往 B 的网络接口。

如果机器 A 向 E 发送一个 IP 数据报。首先，A 查找内部路由表，发现条目 223.1.2.0/24，它的子网掩码和 E 相同，跳数为 2，因此到达 E 必须经过路由器的中转，该条目还说明了 A 必须将 IP 数据报发送到和 A 直接相连的路由器的 IP 地址 223.1.1.4。然后，当 IP 数据报被送到路由器后，路由器会查找自己的路由表，寻找到条目 223.1.2.0/24，它的子网掩码和 B 相同，并且该条目还说明必须将 IP 数据报发送到路由器接口 223.1.2.9。由于跳数为 1，所以路由器知道 E 和 223.1.2.9 在同一网络上。于是，路由器将 IP 数据报发到该接口，最终到达 E。

（3）分片（Fragmentation）和重组（Reassembly）。不同链路层协议规定的传输最大数据包（Maximum Transfer Unit，MTU）的大小是不一样的。例如，以太网的数据包最大为 1500B，而对于大多数广域网络来说，一般为 576B。当 IP 数据报通过路由器选择路由时，如果遇到 MTU 小于 IP 数据报长度，就需要进行 IP 数据报分片，如图 5-18 所示。各个分片（Fragments）在到达目的地的传输层后，将进行重组。

当目的机收到一系列数据报后，将判定哪些数据报是分片，并且还将判定什么时候接收到最后一个分片，以及按照怎样的规则将它们重组。这一过程将用到 IP 头中的标识、标志字段中的 MF（More Fragment）位和偏移字段。源机器在发出 IP 数据报的时候，会以递增的方式给标识字段赋值，同一数据报的分片标识是一致的。MF 被置 1 的时候表明还有分片，为 0 的时候表明该分片是最后的分片。偏移字段则表示分片中的数据在源 IP 数据报中的相对位置。

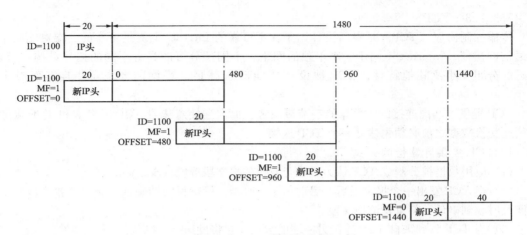

图 5-18 IP 数据报分片

2. IPv6 协议

IPv6 有比 IPv4 更长的地址，每个地址长为 16B，因此 IPv6 提供了一个有效的无限因特网地址空间。IPv6 对头部进行了简化，这使得路由器处理分组的速度更快，提高了吞吐率。IPv4 中的部分必需的字段在 IPv6 中只是选项，这一特性加速了分组的处理速度。IPv6 在安全性方面也有了很大的提高。

图 5-19 是 IPv6 数据报的格式。

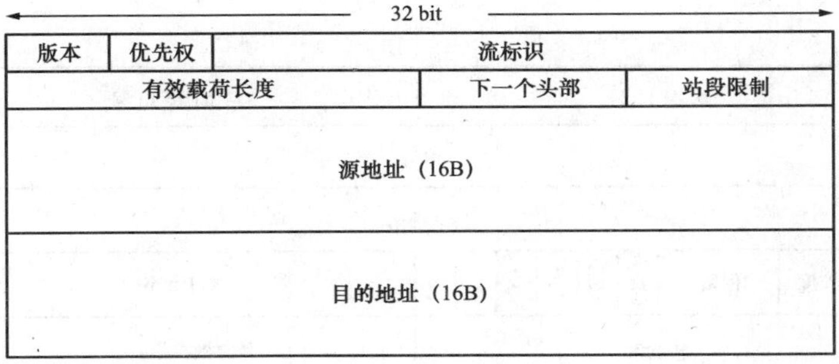

32 bit			
版本	优先权	流标识	
有效载荷长度		下一个头部	站段限制
源地址（16B）			
目的地址（16B）			

图 5-19 IPv6 首部格式

各个字段的含义如下：

（1）版本。对于 IPv6 来说，该字段总是为 6，在 IPv4 向 IPv6 过渡阶段，路由器利用该字段来区分不同版本的分组。

（2）优先权。该字段和 IPv4 中的 TOS 字段的用意类似。

（3）流标识。它用于使源端和目的端之间建立一条有特殊属性和需求的伪连接。

（4）有效载荷长度。该字段说明在 IP 头部第 40 个字节后有多少字节的数据。

（5）下一个头部。IPv6 能简化的原因是因为有可选扩充头部。这个字段说明如果后面还有扩充头部，它是现有的 6 种扩充头部中的哪一种，如果该头部是最后一个 IP 头部，那么该字段说明了应该将分组交给哪个传送协议控制（例如 TCP、UDP）。

（6）站点限制。该字段和 IPv4 中的生命期字段作用类似。

（7）源地址和目的地址。IP 地址采用了 16 字节定长地址方案。

5.3.1.3　TCP

传输控制协议（TCP）是专门设计用于在不可靠的 Internet 上提供可靠的、端对端的字节流通信的协议。Internet 不同于一个单独的网络，不同部分可能具有不同的拓扑结构、带宽、延迟、分组大小及其他特性。TCP 被设计成能动态满足互联网的要求，并且能面对多种出错。

TCP 提供了面向连接的、可靠的字节流服务。面向连接意味着 TCP 客户端和 TCP 服务器在彼此交换数据之前必须先建立一个 TCP 连接。

1. TCP 提供可靠性的方式

（1）应用数据被分割成 TCP 认为最适合发送的报文段或段（Segment）。

（2）当 TCP 发出一个报文段后，启动一个定时器，等待目的端确认收到这个报文段。如果不能及时收到确认，将重发该报文段。

（3）当 TCP 收到来自 TCP 连接另一端的数据，它将发送一个确认。

（4）TCP 将保持首部和数据的校验和，目的是检测数据在传输过程中的任何变化。如果校验和有差错，TCP 将丢弃这个报文段和不确认收到此报文段。

（5）来自网络层的 IP 数据报可能出现到达失序和重复的情况，TCP 将对收到的报文段进行重新排序，并丢弃重复的 IP 数据报，将收到的数据以正确的顺序交给应用层。

（6）TCP 提供了流量控制。TCP 连接的每一方都有固定大小的缓冲空间，TCP 的接收方允许另一端发送接收缓冲能接纳的数据。

2. TCP 首部格式

图 5-20 是 TCP 报文的格式。

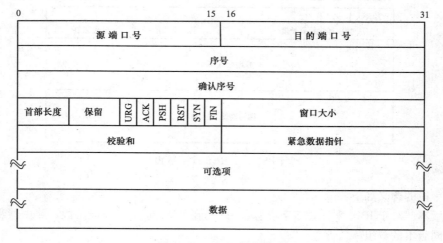

图 5-20　TCP 报文格式

TCP 报文各个字段的含义如下：

（1）源端口号和目的端口号。两者用于寻找发送端和接收端进程。这两个值加上 IP 首部中的发送端和接收端 IP 地址可以唯一确定一个 TCP 连接。

（2）序号和确认序号用于实现发送方和接收方 TCP 可靠数据传送。TCP 是面向字节流的服务，每个 TCP 段中的序号表明段中数据的首字节在整个要传送数据字节流中的偏移，而确认序号是接收方告知发送方下一个待接收序号的 TCP 段。

（3）窗口大小用于实现流量控制，它表明接收方可以接收的字节数，TCP 通过滑动窗口算法来协调 TCP 发送方向接收方发送报文的长短。

（4）标志字段包括 6 位。ACK 位表示确认序号是否有效，RST、SYN 和 FIN 位用于 TCP 连接的建立和关闭，PSH 位表示接收方在收到 TCP 数据段后应该立即送至应用层，URG 位表示发送方的上层实体为 TCP 数据段中的数据为"紧急"。

3. TCP 连接建立与关闭

TCP 客户和 TCP 服务器通过三次"握手"的方式建立 TCP 连接，如图 5 - 21 所示。

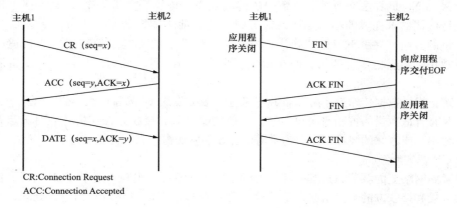

图 5 - 21　TCP 连接的建立和关闭

TCP 建立连接：

（1）请求端发送一个 SYN 段指明客户打算连接的服务器的端口及初始序号 ISN。

（2）服务器发送包含服务器的初始序号的 SYN 报文段作为应答。同时，将确认序号设置为客户的 ISN 加 1 以对客户的 SYN 报文段进行确认。

（3）客户必须将确认序号设置为服务器的 ISN 加 1，以对服务器的 SYN 报文段进行确认，该报文通知目的主机双方已完成连接建立。

发送方发送第一个 SYN 并执行主动打开，接收方接收这个 SYN 并发回下一个 SYN，同时执行被动打开。另外，TCP 的"握手"协议被精心设计为可以处理同时打开，同时打开仅建立一条连接而不是两条连接。因此，连接可以由任一方或双方发起，一旦连接建立，数据就可以双向对等地流动，而没有所谓的主从关系。

三次"握手"协议可以完成两个重要功能：它确保连接双方做好传输准备，并使双方统一了初始顺序号。初始顺序号是在握手期间传输顺序号并获得确认：当一端为建立连接而发送它的 SYN 时，它为连接选择一个初始顺序号；每个报文段都包括了顺序号字段和确认号字段，这使得两台机器仅使用三个握手报文就能协商好各自的数据流的顺序号。一般来说，ISN 随时间而变化，因此每个连接都将具有不同的 ISN。

TCP 关闭连接：

TCP 连接建立起来后，就可以在两个方向传送数据流。当 TCP 的应用进程再没有数据需要发送时，就发送关闭命令。TCP 通过发送控制位 FIN＝1 来关闭本方数据流，但还可以继续接收数据，直到对方关闭这个方向的数据流，连接就关闭。

TCP 协议使用修改的三次"握手"协议来关闭连接，而终止一个连接要经过 4 次"握手"，如图 5 - 21 所示。这是因为 TCP 的半关闭造成的。由于一个 TCP 连接是全双工（即数据在两个方向上能同时传递），因此每个方向必须单独地进行关闭。关闭的原则就是当一方完成它的数据发送任务后就能发送一个 FIN 来终止这个方向的连接。当一端收到一个 FIN，它必须通知应用层另一端已经终止了那个方向的数据传送。发送 FIN 通常是应用层进行关闭的结果。

4．TCP 传输策略

TCP 传输的数据可以分为成块数据和交互数据。成块数据的报文段基本上都是满长度的（通常为 512B 的用户数据），而交互数据则小得多。TCP 需要同时处理这两类数据，但使用的处理算法则有所不同。

TCP 采用 Nagle 算法来改善交互数据的传输效率。该算法要求一个 TCP 连接上最多只能有一个未被确认的未完成的小分组，在该分组到达之前不能发送其他小分组。相反，TCP 收集这些少量的分组，并随下一个"确认"发出去。该算法的优越之处在于它是自适应的：确认到达得越快，数据传输得越快。而在希望减少小分组数目的低速广域网上，则会发送更少的分组。

为了防止成块数据传输效率降低，TCP 禁止接收方发送 1B 的窗口大小修正报文，而是被迫等待直到具有合适数量的可用空间再通知。一般情况，只有接收方在连接建立时确定并通知最大数据段大小，或者它的缓冲区 1/2 为空时，它才能发送窗口大小修正信息。

5．TCP 拥塞控制

当加载到网络上的载荷超过其处理能力时，拥塞现象便会出现。对于 TCP 来说，拥塞通常由网络的容量和接收方的容量引起。TCP 通过拥塞窗口和滑动窗口对它们分别处理，并取两个窗口的较小者的字节数作为可以发送的字节数。

TCP 采用慢速启动算法来动态改变拥塞窗口的大小。当建立连接时，发送方将拥塞窗口大小初始化为该连接的最大数据段长度，并随后发送一个最大长度的数据段。如果该数据段在定时器超时前得到确认，拥塞窗口大小将被增加一倍，并继续上述过程，直到超时或者达到接收方设定的窗口大小。

5.3.1.4　UDP 协议

UDP 是一个简单的面向数据报的协议，它提供了面向无连接的且不可靠的传输层服务。任何其他的数据传输可靠保证的要求，都必须由应用层来实现。与 TCP 的面向连接、可靠的数据传输相比较，采用 UDP 进行数据传输，主要基于以下原因：

（1）无须建立连接。TCP 在传输数据前，必须通过三次"握手"建立连接，因此对于可靠性不高的，且不能延时的应用，就必须采用 UDP。

（2）没有连接状态。TCP 需要在两个端系统中保持连接的状态，如接收和发送缓冲、序号和确认序号、流量控制等。而 UDP 则不需要维护这些信息，因此，采用 UDP 的服务程序可以支持多个处于活动状态的客户进程。

（3）较小的数据头。TCP 需要附加至少 20B 的数据头，而 UDP 只要 8B。

（4）不规则的发送速率。对于流媒体类似的应用来说，实时性的要求相对较高，个别报文的丢失对应用的影响却不大。这样的应用如果利用 TCP，报文的发送速度将会因为拥塞控制等机制而受影响，若采用 UDP，则仅仅受应用层产生数据的速度、网络带宽、CPU 时钟等方面的影响。

图 5-22 是 UDP 报文的格式。

UDP 报文格式各个字段的含义如下：

（1）源端口号和目的端口号字段中的内容为发送进程和接收进程用于接收 UDP 数据报的端口号。

（2）长度字段是 UDP 首部和数据的字节长度总和。该字节最小值为 8。

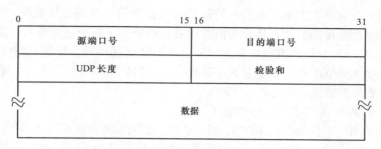

图 5-22 UDP 报文格式

（3）与 IP 报文头中校验和只覆盖 IP 报文头不同，UDP 校验和覆盖了整个数据报，即 UDP 首部和 UDP 数据。由于 UDP 数据报的长度可以为奇数字节，而校验和的算法是把若干个 16bit 相加。因此，必要时，需要在 UDP 数据最后增加填充字节 0。

5.3.2 PROFIBUS 协议

PROFIBUS 由三个兼容部分组成，分别为 PROFIBUS-DP（Decentralized Periphery）、PROFIBUS-FMS（Fieldbus Message Specification）及 PROFIBUS-PA（Process Automation），它们分别适用于不同的使用环境和要求。

尽管 PROFIBUS 属于现场总线的范畴，与以太网不完全相同，但是它的结构和协议仍然具有网络的属性，可以把它作为一种广义的网络来看待。

1. PROFIBUS 协议的体系结构

PROFIBUS 是一种现场总线，它的通信协议按照应用领域进行了优化，故几乎不需要复杂的接口即可实现。参照 ISO/OSI 参考模型，PROFIBUS 只包含了第 1、2 和 7 层，如图 5-23 所示。

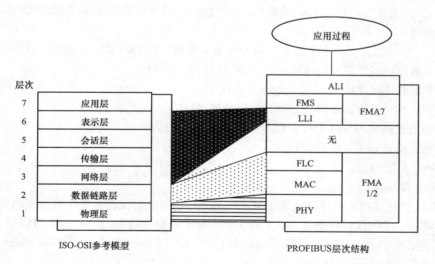

图 5-23 PROFIBUS 协议的体系结构

PROFIBUS 的第 1 层为物理层 PHY，该层规定了线路的介质、物理连接的类型和电气特性。PROFIBUS 通过采用差分电压输出的 RS 485 实现电流连接。

PROFIBUS 的第 2 层包括介质存取（MAC）子层、现场总线链路控制（FLC）子层和现场总线管理（FMA1/2）子层。介质存取（MAC）子层描述了连接到传输介质的总线存取方法。

PROFIBUS 采用一种混合的方法，由于不能使所有设备在同一时刻传输数据，所以在 PROFI-BUS 主设备之间采用令牌的方法，从设备由主设备循环查询。现场总线链路控制（FLC）子层规定了对底层接口（LLI）提供有效的服务，提供了 LLI 的缓冲器。现场总线管理（FMA1/2）子层完成了第 2 层（MAC）特定的参数设定和第 1 层（PHY）的设定。此外，第 1 层和第 2 层可能出现的错误事件会被传递到更高层（FMA7）。

PROFIBUS 的第 3~6 层没有具体的应用。

PROFIBUS 的第 7 层包括底层接口（LLI）子层、现场总线信息规范（FMS）子层和现场总线管理子层（FMA7）。底层接口（LLI）子层将现场总线信息规范（FMS）子层的服务映射到第 2 层（FLC）的服务上，在 LLI 上可以选择不同的连接类型，主—主连接或主—从连接，可以选择数据是循环传输还是非循环传输。现场总线信息规范（FMS）子层将用于通信管理的应用服务和用户数据的分组。通过此层才能实现访问一个应用过程的通信对象。FMS 主要用于数据单元的编码和解码。现场总线管理子层（FMA7）保证了 FMS 和 LLI 子层的参数化以及总线参数向第 2 层（FMA1/2）的传递。在某些应用过程中，还可以通过 FMA7 把各个子层的事件和错误信息显示给用户。

PROFIBUS 的 ALI 层是位于第 7 层之上的应用层接口（ALI），构成了到应用过程的接口。ALI 的目的是将过程对象转换为通信对象。

PROFIBUS-DP 和 PROFIBUS-FMS 系统使用了同样的传输技术和统一的总线访问协议，因此这两套系统可以在同一根电缆上同时操作。

2. PROFIBUS 协议的报文格式

PROFIBUS 协议的报文可以通过总线监视器得到，块结构组成如下：

SYN SD DA SA FC DATA _ UNIT FCS ED

数据块中各个字段定义如下：

（1）SYN：同步头。对于 PROFIBUS，每个握手信号之前必须保持 33bit 长的空闲状态（二进制"1"信号）。

（2）SD：启动字符。此字段规定了有关的报文类型。PROFIBUS 区别对待以下几种报文：

1）不带数据域且信息域长度固定格式 SD1（代码为 10H）；

2）信息域长度可变格式 SD2（代码为 68H）；

3）带数据域且长度固定格式 SD3（代码为 A2H）；

4）令牌报文格式 SD4（代码为 DC）；

5）短确认格式 SD5（代码为 E5）。

（3）DA：目的地址。

（4）SA：源地址。

（5）FC：控制字符。此字段定义了报文的类型，还包括防止信息丢失或重复的控制信息。

（6）DATA _ UNIT：数据域。此字段主要包括了要传输的 Link _ PDU。数据域有固定长度（8B）和可变长度（小于 256B）。数据域还包括 SSAP（Source Service Access Point）和 DSAP（Destination Service Access Point）。

（7）FCS：校验字符。在 PROFIBUS 协议中，所有报文采用了和校验。

（8）ED：结束字符。此字段标志着报文的结束，而且对于可变长度格式的报文，为了得到汉明距离 HD＝4，这些报文实际长度也必须传输。此时，报文开始处的长度是加倍的。

具体的 PROFIBUS 协议的报文是根据 IEC 61158 和 IEC 61784-1 的 CPF-3 来定义的。IEC 61158 的描述见表 5-2。

表 5 - 2   IEC 61158 的描述

IEC 61158 文档	描　　述	对应 OSI 层
IEC 61158-1	介绍	
IEC 61158-2	物理层和服务定义	1
IEC 61158-3	数据链路层服务定义	2
IEC 61158-4	数据链路层协议定义	2
IEC 61158-5	应用层服务定义	7
IEC 61158-6	应用层协议定义	7

IEC 61784-1 的 CPF-3/1 定义了 PROFIBUS 同步。

IEC 61784-1 的 CPF-3/2 定义了 PROFIBUS 非同步。

IEC 61784-1 的 CPF-3/3 定义了 PROFINET。

3. PROFIBUS 面向连接和无连接的通信

PROFIBUS 基本的通信关系分为面向连接的和无连接的，如图 5 - 24 所示。

在无连接的通信关系中，没有接收确认响应报文的返回信道，只有对多点广播或广播信息的非确认性服务才使用这种连接。

面向连接的通信关系用于所有确认性服务。要使用这种类型的通信关系传输数据，必须首先建立连接，并在数据传输完毕后断开连接。面向连接的数据交换时序如下：

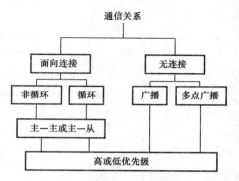

图 5 - 24　PROFIBUS 的通信关系

（1）建立连接。当总线上各站做好数据传输准备时，在面向连接的通信中首先需要建立逻辑连接，图 5 - 25 所示是建立连接所对应的时序。

主站的用户调用 INITIATE 服务启动连接，执行 INITIATE 服务需要的所有参数通过 INI-TIATE. req 来得到。PROFIBUS 的协议数据单元 PDU 代码是借助于服务原语 ASSOCIATE. req 并以 SDU 的形式传递给 LLI 的。然后，生成的 LLI_PDU 传递给第 2 层作为 Link_SDU 传输。依照所选用的信道，LLI 服务原语 FDL_SEND_UPDATE. req 将 PDU 写入 Link_SAP 的缓冲器，FDL 再通过 FDL_SEND_UPDATE. con 确认数据已经收到。在通信连接列表 CRL 中定义了通信所需的通道、传送和接收数据可以使用缓冲区的大小，这些数据也要传送到 FDL，使用相关的服务原语（FDL_CYC_POLL_ENTRY. req 和 FDL_CYC_POLL_ENTRY. con）来实现。

从站利用服务原语 FDL_DATA_REPLY 通知它本身的 LLI 有了一个数据块，借助于 LLI_PDU，从站的 LLI 识别出对方要求建立连接。此时，在从站侧的 FMS_PDU 连接到 SDU 上，利用服务原语 ASSOCIATE. ind 传送到从站的 FMS。从站的 FMS 还要进行文本校验和检查，如果正确，FMS 利用服务原语 INITIATE. ind 向从站用户指示收到"握手"请求，并且传送其余的参数。从站的应用确认"握手"请求正确后，启动传送响应报文。

从站各层必须进行如下工作来传送信息：首先，利用服务原语 INITIATE. res 给本地的 FMS 传送响应数据；其次，利用服务原语 ASSOCIATE. res 将包含 FMS_PDU 的 SDU 传送给本地的 LLI，本地的 LLI 再生成 LLI_PDU，并利用服务原语 FDL_REPLY_UPDATE. req 把 LLI_PDU 写入 LSAP 的传送缓冲器中，FDL 利用服务原语 FDL_REPLY_UPDATE. con 确认接收到的数据，然后生成的 Link_PDU 传输到主站。如果从站的 FDL 更新缓冲器中有数据，主站就接收此信息。主站的 FDL 利用服务原语 FDL_CYC_DATA_REPLY.con 向 LLI 表示收到了数据。

主站的 LLI 再进行如下工作：

首先，停止对从站的轮询；其次，记录对该从站已建立的连接；然后，利用服务原语 AS-SOSIATE.con 把 FMS_PDU 传给 FMS。主站的 FMS 还要记录所建立连接的正确响应，并且处理通过此信道的确定或非确定的服务。但是，在此之前收到从站传来的数据可以利用服务原语 INITIATE.con 传给本地用户。至此主站到从站的逻辑连接成功建立。

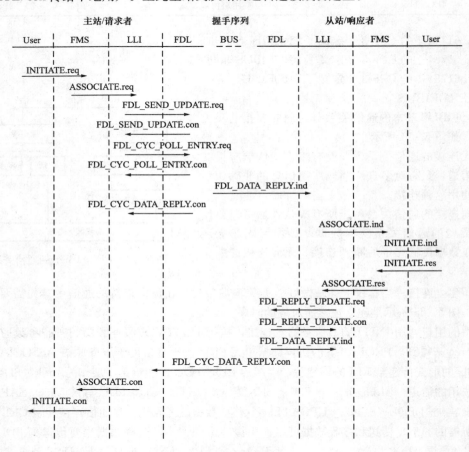

图 5-25　建立连接

（2）数据传输。建立逻辑连接后，就可以通过该逻辑连接进行数据传输，下面以通信服务 READ 为例来描述数据传输的时序，如图 5-26 所示。

READ 用于读取从站的数据。每次都由第 7 层用户给定一个请求号（即请求标识），以使系统在请求传送和接收响应之间来分配存储单元。READ 请求在 LLI 上使用服务原语 DTC.req。READ_PDU 通过 SRD_REQ_PDU 从主站传送到从站。在主站传送 SRD_REQ_PDU 之前，必须触发对从站的查询，这与前面介绍的建立连接有关，最后 FDL_DATA_REPLY.ind 使得从站 LLI 之上的 FMS 收到一个 DTC.ind，在 FMS 层 DTC.ind 产生 READ.ind，并传到第 7 层的用户，用户再将一个 READ.res 传递到 FMS，FMS 生成一个 RES_PDU，并通过 DTC.res 传送到 LLI。LLI 通过 FDL_REPLY_UPDATE.req 把 RES_PDU 写入更新缓冲区。接着，SRD_REQ_PDU 实现读更新后的缓冲区，SRD_REQ_PDU 将响应传递给主站。然后，通过 DTC.con 从 LLI 传给 FMS，再通过 READ.con 传给用户层。如果已经收到完整的响应报文，则中止对从站的查询。

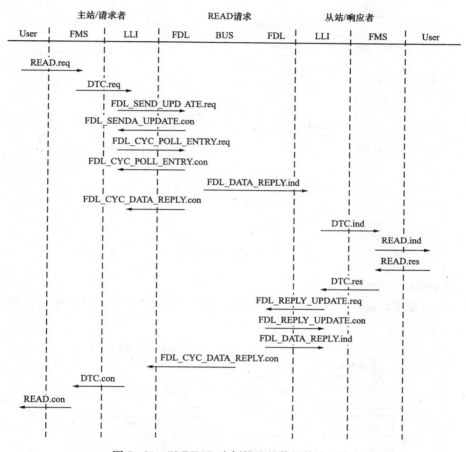

图 5-26　以 READ 为例描述的数据传输时序

（3）释放连接。完成从站到主站的数据传输，可以再断开逻辑连接。释放连接既可以从主站启动也可以从从站启动。下面以主站中止连接为例进行说明，如图 5-27 所示。主站启动一个断开（ABORT）服务，使 LLI 放弃对指定从站的查询，具体做法与建立连接相同，之后传送 ABT_REQ_PDU 给从站，中止对从站的查询。

5.3.3　IEC 61850 变电站通信网络和系统系列标准

IEC 61850 是 IEC TC-57 正在制定的关于变电站自动化系统计算机通信网络和系统的标准。该标准提出了变电站内部间隔层和站控层之间采用全数字通信，即采用具有开放式、全分布、可互操作性的工业控制以太网络通信。面向对象的变电站自动化系统平台设计上考虑具有完善的网络支持，同时可与目前系统做到兼容，支持现有的多种总线网络构架。

该标准采用了分层、面向对象建模等多种新技术，其底层直接映射到 MMS 上。

1. 体系结构

IEC 61850 标准共分为 10 部分，IEC 61850-1～10，对变电站自动化系统的网络和系统作出

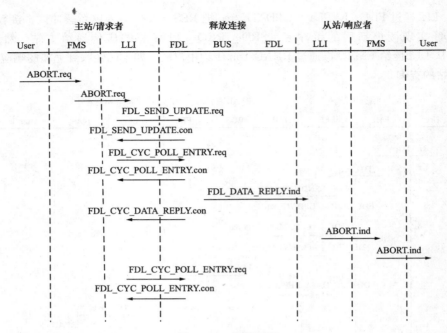

图 5-27 释放连接

了全面、详细的描述和规范。

    IEC 61850 描述的通信体系如图 5-28 所示，这个通信体系是分层结构，各层之间相互独立。

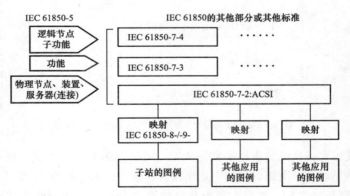

图 5-28 IEC 61850 通信体系

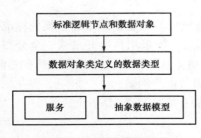

图 5-29 数据模型层次

    IEC 61850-5 部分使用面向对象技术对变电站自动化系统的功能、子功能进行分类和定义，并引入了逻辑节点的概念，这些对分布式系统的设计和互操作性有重要作用。

    IEC 61850-7-4 定义了基本逻辑节点及其数据对象。图 5-29 所示为数据模型的层次结构，图中最高层是标准化了的逻辑节点和数据对象。

    IEC 61850-7-2 负责定义与具体网络和通信协议栈无关的抽象通信服务接口（ACSI）。ACSI 定义了与实际的通信协议无关的应用，它定义了相关通信服务、通信对象及参数。ACSI 提供 6 种服务模型，即连接服务模型、变量访问服务模型、数据传输服务模型、设备控制服务模型、文件传输服务模型、时钟同步服务模型。这些服务模型定义了通信对象以及如何对这些对象进行访问。这些定义由各种各样的请求、响应及服务过程组成。服务过程描述了某个具体服务请求如何被服务器所响应以及采取什么动作、在什么时候、以什么方式响应。ACSI 定义的服务、对象和参数模型通过特殊通信服务映射（SCSM）映射到下层应用程序。

IEC 61850-8/-9 负责定义和通信协议栈相关的特殊通信服务映射（SCSM）。如图 5 - 30 所示，SCSM 将抽象通信服务对象和参数映射到 MMS、FMS、DNP 或 IEC 60870-5 的应用层。实际上这种映射的复杂性和通信网络有关，某些 ACSI 服务也可能不被所使用的网络技术支持。

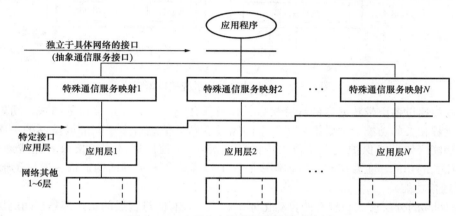

图 5 - 30 ACSI 映射到通信协议示意图

IEC 61850-8-1 定义了变电站层和间隔层之间通信的 ACSI 到 ISO/IEC 9506（即 MMS）之间的映射，如图 5 - 31 所示。这种映射关系定义了 ACSI 中的概念、对象和服务如何与 MMS 中的概念、对象和服务进行对应。这部分给出了在局域网条件下使用与 ISO 标准完全兼容的 MMS 服务与协议传输实时数据的方法。

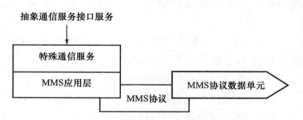

图 5 - 31 ACSI 到 ISO/IEC 9506 之间的映射

IEC 61850-8-1 定义了 ACSI 到 PROFIBUS 之间的映射。

IEC 61850-9-X 定义了过程总线一级的 SCSM。

2. 变电站监控与自动化接口模型

变电站监控与自动化系统的功能是监视和控制，涉及一次设备和电网的继电保护。IEC 61850 把系统分为 3 层，即过程层、间隔层和站控层，并定义了 3 层间的 9 种逻辑接口。IEC 61850 给出的变电站自动化系统接口模型如图 5 - 32 所示。

（1）典型的过程层设备有远方 I/O、智能传感器和执行器，用于完成开关量 I/O、模拟量采样和控制命令的发送等与一次设备相关的功能。过程层通过逻辑接口 4 和 5 与间隔层通信。

（2）间隔层设备由每个间隔的控制、保护或监视单元组成，利用本间隔的数据对本间隔的一次设备产生作用，如线路保护设备或间隔单元控制设备就属于这一层。间隔层通过逻辑接口 4 和 5 与过程层通信，通过逻辑接口 3 完成间隔层内部的通信功能。

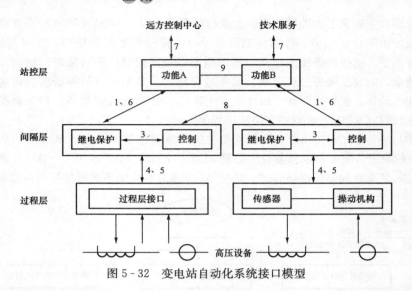

图 5-32 变电站自动化系统接口模型

（3）站控层设备由带数据库的计算机、工作员操作站、远方通信接口等组成，功能分为两类：①与过程相关的功能，主要指利用各个间隔或全站的信息对多个间隔或全站的一次设备发生作用的功能（如母线保护或全站范围内的闭锁等），站控层通过逻辑接口 8 完成通信功能。②与接口相关的功能，主要指与远方控制中心、工程师站和人机界面的通信，通过逻辑接口 1、6、7 完成通信功能。

IEC 61850 的分层模式与现有的自动化体系不同，现有的过程层的功能都是在间隔层设备中实现的，因此没有独立的逻辑接口 4 和 5，随着光电压互感器、电流互感器的使用，越来越多的间隔层功能下放到过程层中去。所以，IEC 61850 是个面向未来的开放标准。

3. 特点

IEC 61850 是关于变电站自动化系统的第 1 个完整的通信标准体系。与传统的通信协议相比，在技术上具有如下突出优点：

（1）使用面向对象的建模技术。

（2）使用分布、分层体系。

（3）使用抽象通信服务接口（ACSI）、特殊服务映射 SCSM 技术。

（4）使用 MMS 技术。

（5）具有互操作性。

（6）具有面向未来的、开放的体系结构。

随着 IEC 61850 的完善与实施，必将对变电站自动化技术的发展产生重大影响。

5.4 网络型厂站微机监控系统的体系结构及应用

5.4.1 概述

在工业自动控制系统中，一般都是由多种类、异构、分散式的资源加以系统集成和组态，其中开放的、多平台的、彼此协作的，能及时响应客户需求的网络资源是不可或缺的。

对于大多数工业企业来说，自动化控制系统一般由三层网络来构成，如图 5-33 所示。系统的最高层，称之为信息层或管理层，这一层的主要功能侧重于管理以及信息的交换；中间层称为控制层或监控层，其功能主要在于控制；底层称为现场层，其主要功能在于现场实时数据的采集以及仪器仪表，执行机构的控制与调节。由于每层的功能不一样，其网络配置一般也不相同，上层、中间层一般均采用以太网，底层的选择比较灵活，不外乎以太网或现场总线。

目前发电厂的过程层由于普遍采用 DCS 而纳入了技术规范之中，但是其网控部分以及变电站的过程层目前基本上还没有普遍应用智能电子装置（IED），只是在间隔层开始了实际性地应用，这样对于发电厂的网控系统和变电站的监控系统而言，一般均不采用上面所述的三层体系结构，仅采用两层甚至单层来构建监控系统，这是必须要加以注意的。

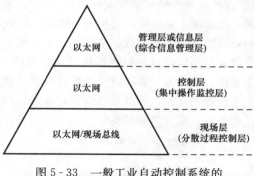

图 5-33 一般工业自动控制系统的
三层次结构模型

5.4.2 网络型厂站微机监控系统的结构分析

1. 单层次网络结构

单层次网络结构意味着在监控系统内只使用了一种网络、一个层次，这样就把站控层与间隔层甚至过程层通过网络合为一个层次，结构简洁、清晰。网络的种类可以是以太网，也可以是某一种现场总线。这种结构的系统再细分，又有单层单网和单层双网两种。

（1）单层单网。单层单网的结构如图 5-34 所示，从图中可以看出，属于站控层的后台系统和主单元及属于间隔层的测控单元 B1～Bn 全部经由以太网 LAN 连接在一起，构成了一个单层单网的系统。也可以使用某种现场总线把它们连接在一起，此时网络的种类发生了改变，但是系统的结构仍然是单层单网结构，没有发生变化。

这种体系结构的优点是简洁、明了，可靠性相对较高；缺点是网架相对薄弱，缺乏冗余性，任何地方发生故障就有可能导致系统的局部瘫痪甚至整个系统的瓦解。

（2）单层双网。为了克服单层单网的弊病，针对其弱点把单网改为双网，增加了网络的冗余性，这样，当一个网络发生故障时，另一个网络可以良好运行，不对系统产生大的影响，也提高了系统的可靠性，但是目前国内或国外的间隔层单元具有两个网口的产品不多，一般只提供一个网口，有的产品还没有网口，须加以转换。单层双网结构示意图如图 5-35 所示。

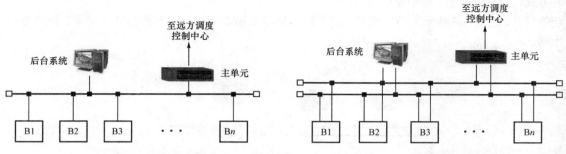

图 5-34 单层单网的结构示意图
注 B1～Bn 为 n 个带网络口的间隔单元。

图 5-35 单层双网的结构示意图

2. 双层次网络结构

双层次网络结构是目前发电厂和变电站监控与自动化系统中使用较为普遍的一种网络结构模式，实际上是由早先的后台系统的一层网络加间隔层与主单元的点对点结构发展演化而来的

（即把这种点对点结构演变成网络结构），普遍采用的是现场总线；而后台系统网络仍然沿用以太网，这实际上是双层次异构网络模式。但是，目前逐渐趋向于用以太网来替代现场总线。

双层次网络结构的优点是层次分明，比较符合且对应 IEC 相关的厂站分层结构的规范。IEC 的分层是根据厂站对象的物理特性而划分的。双层次结构的另一个优点是系统结构比较灵活、富于变化，这就为厂家在设计系统时提供了较为丰富的配置选择和想象空间。双层次结构的缺陷也是比较明显的，那就是结构相对复杂且缺乏冗余性，容易给系统的可靠性与稳定性带来影响。此外，双层次之间的类似于网关的主单元设计要求也较高，否则容易造成信息交换的瓶颈。

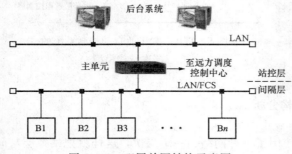

图 5 - 36　双层单网结构示意图

（1）双层单网。双层单网结构示意图如图 5 - 36 所示，从图中可以看到，属于站控层的后台系统和属于间隔层的间隔单元分属两个不同的网络，而主单元跨接于两网之间，扮演了网关的角色。这两层网络都是单网，没有冗余，对于上层网络，一般均使用以太网而不使用现场总线。对于下层网络，以前大多使用现场总线（例如 CAN 网、PROFIBUS-DP、Lonworks 等），也有采用 RS 485，现在倾向于下层网也使用以太网。

图中的主单元是单个装置，缺乏冗余，但系统结构简洁，主单元仍然属于站控层。

（2）双层双网。为了提高双层次结构的可靠性，把双层单网升级为双层双网，从而增加了网络的冗余度，提高了网络的坚固性，如图 5 - 37 所示，但是增加了系统的复杂性。

3. 双层混合结构

理论上说，双层混合结构可能有 4 种方式，但是在实际工程中使用最为广

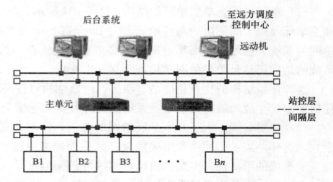

图 5 - 37　双层双网结构示意图

泛的只有如图 5 - 38 所示的结构模式，即上层选用双高速以太网，而下层选用单现场总线或单以太网。

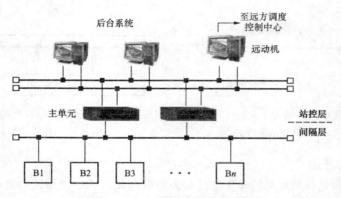

图 5 - 38　双层混合结构示意图

4．未来的发展方向

数字化、智能化技术及 IEC 61850 通信标准的应用与普及可以认为是未来网络型厂站监控与自动化系统发展的重要方向，它们是以变电站一、二次设备为数字化智能化对象，以高速网络通信平台为基础，对数字化信息进行标准化，实现信息共享和互操作，并以网络信息为基础，实现测量控制、继电保护、数据管理、人机交互等功能，满足安全稳定、经济实用等建设现代化变电站的要求。

未来厂站监控与自动化系统中，网络是不可缺少的重要一环，而且会朝着更高速、更可靠的方向发展，其中万兆以太网已经成为应用的主流。万兆以太网使用 IEEE 802.3 以太网介质接入控制（MAC）协议、IEEE 802.3 以太网帧格式，能够支持所有网络的上层服务，包括在 OSI 7 层模型的第 2/3 层或更高层次上运行的智能网络服务，可用性强。万兆以太网技术突破了传统以太网近距离传输的限制，它的带宽、响应速度、性价比都将大幅度提高，除了应用在局域网和园区网外，也能够方便地应用在城域甚至广域范围，未来将成为构建高性能厂站监控与自动化的核心技术。

5.4.3　网络型厂站微机监控系统的应用

5.4.3.1　基于以太网的变电站监控系统的应用举例

1．系统概况

系统的结构如图 5 - 39 所示，它实际上是单层单网结构，特别适用于中低压变电站。在本应用中，间隔层单元选用测控保护综合装置 7SJ68，而主单元选用 NSC 2200，后台系统由单台计算机构成。

2．具有以太网口的间隔层测控保护综合单元 7SJ68

网络型厂站微机监控系统应用的关键是间隔层单元必须是有网络接口，当然如果间隔层单元不具备网络接口而只有诸如 RS

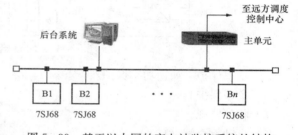

图 5 - 39　基于以太网的变电站监控系统的结构

232/485/422 等串行接口，也可以附加转换设备将其转换为以太网口，还可提供两个基于 IEC 61850 协议的以太网口，该装置的外观图如图 5 - 40 所示，其电气接线图如图 5 - 41 所示。

（1）7SJ68 的继电保护功能如下：

1）时限过流保护。

2）方向时限过流保护。

3）涌流制动。

4）冷负荷启动/动态定值调整。

5）灵敏直接/非直接接地故障检测。

6）零序电压保护。

7）启动时间监视，转子堵转。

8）重启动抑制。

9）温度监视。

10）欠压/过压保护。

11）低频/高频保护。

12）频率变化率保护。

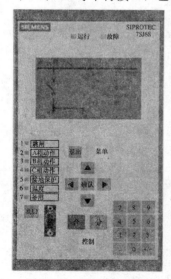

图 5 - 40　7SJ68 外观图

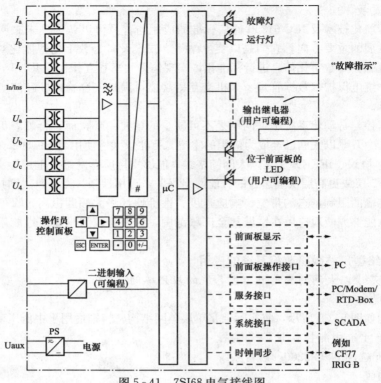

图 5-41　7SJ68 电气接线图

13）功率保护（如逆功率保护）。

14）负序保护。

15）相序监视。

16）自动重合闸（1 次）。

（2）7SJ68 的控制功能如下：

1）灵活配置控制开关装置数量。

2）开关元件位置的图形显示和控制。

3）可通过按键、二进制输入、DIGSI 或 SCADA 控制。

4）利用 CFC 实现扩展的用户自定义逻辑。

（3）7SJ68 的测量功能，有如下测量值：

1）全面的运行测量值 U、I、P、Q、f 等。

2）电能测量值 W_p、W_q。

3）计算值。

4）自定义限值。

（4）故障分析功能：

1）事件和故障记录。

2）故障录波。

（5）监视功能：

1）二次回路监视功能。

2）熔断器故障监视。

3）跳闸回路监视。

（6）通信功能，包括以下接口和用途：

1）系统接口 IEC 60870-5-103。

2）以太网 IEC 61850。

3）服务接口用于服务工具 DIGSI 4（Modem）/温度检测（RTD-盒）。

4）前端接口用于服务工具 DIGSI 4。

5）时间同步接口通过 IRIG B/DCF77。

（7）诊断功能：

1）上电诊断。

2）运行中不间断的自检。

3）方便用户的测试功能。

（8）软件支持：

1）可通过 DIGSI 调试维护软件。

2）查看和修改定值。

3）编辑 CFC 自定义逻辑。

4）查看测量值。

5）查看故障记录。

6）读取和分析故障录波。

5.4.3.2　基于 PROFIBUS 现场总线在工厂配电监控系统中的应用

1. 工程概况

这是基于现场总线 PROFIBUS 的网络型厂站微机监控系统在某地区大型卷烟厂的配电系统中的应用的一个工程实例。配电一次系统规模如下：

该卷烟厂新厂共设 10kV 中心变配电站一座，为 10kV 双电源供电，两路电源分别从上级 110kV 区域变配电站 I、II 段母线通过架空线引至厂区周界，再通过电缆引入 10kV 进线柜，10kV 母线按单母线分段接线方式运行。该工程实施的 10kV 开关站两段母线共设 5 回路主变压器出线（变压器为 10/0.4kV 干式有载调压变压器）：其中 1 台 2000kVA 变压器供中控室动力车间 400V 低压配电室使用；2 台 2000kVA 变压器供制丝车间 400V 低压配电室使用；2 台 2000kVA 变压器供卷包车间 400V 低压配电室使用。

2. 监控系统结构

监控系统结构如图 5-42 所示，变配电计算机监控自动化系统采用分层分布布置方式，为集中与分散相结合的系统结构。系统由三层构成，分别为间隔层、前端从站通信层、计算机监控主站层。

系统三层之间相对独立，如果计算机监控主站层故障，可通过前端从站层控制现场间隔层；如果计算机监控主站层和前端从站层全部故障，不影响现场间隔层测控保护装置及智能配电装置等智能设备的正常运行。

（1）间隔层测控保护系统。间隔层由 10kV 和 400V 两部分构成。

10kV 测控保护层采用 SIPROTEC 4 微机测控保护综合单元，分散安装在 10kV 开关柜上；400V 配电层采用 DIRIS AP 智能配电仪表，分散安装在 400V 开关柜上。现场间隔层测控保护装置通过 PROFIBUS DP 通信接口连接到 PROFIBUS 现场总线，通信介质采用屏蔽双绞线，形成分散分布式现场总线结构，通过现场总线与前端从站通信层 PLC S7-400 相互通信，DIRIS AP 智能配电仪表和其他的智能设备通过 RS 485 总线与前端从站通信层 PLC S7-400 相互通信。

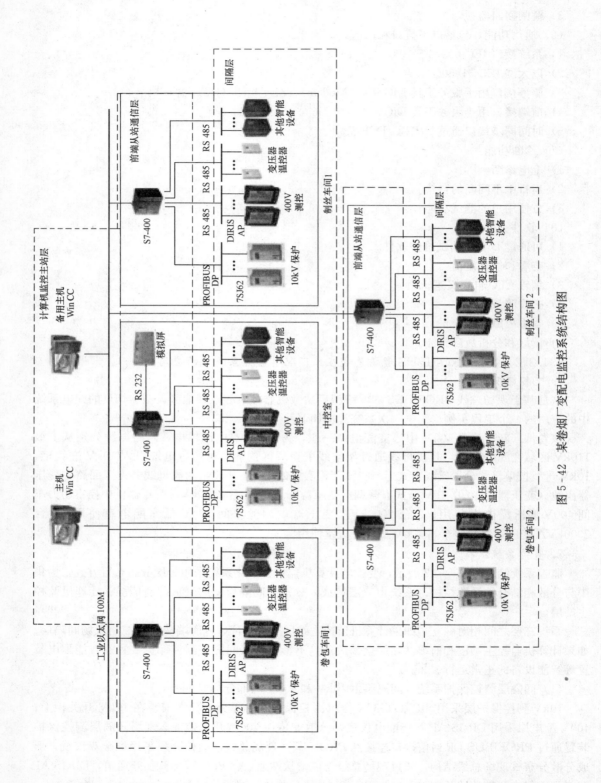

图 5 - 42 某卷烟厂变配电监控系统结构图

（2）前端从站层通信系统。前端从站通信层采用 PLC S7-400（PROFIBUS DP 接口、以太网接口以及 RS 485 总线），通过 S7-400 完成变配电现场间隔层智能配电仪表和测控保护单元的控制、远动、通信、信息处理、信息上传等功能，这是整个通信系统的核心。前端从站通信层通过现场总线和现场间隔层装置相互通信，通信介质采用双绞线或光纤；前端从站通信层通过工业以太网将信息送到计算机监控主站、能源中心等，同时进行相互通信。

（3）计算机监控主站层。计算机监控主站层采用 2 台计算机，基于 Windows NT/2000 平台并应用成熟的 Win CC SCADA 操作系统实现变配电计算机管理监控功能。通信网络采用高速以太局域网，传输速率为 100Mbit/s，其拓扑结构采用总线型，预留接口可以与广域网连接。

本监控系统的后台系统通过 Win CC 软件实现。Win CC 软件比较成熟且组态性能优良，比较适合工业企业的监控与人机联系的应用。

3. 应用范围

如上所述，本系统由于采用了分层的现场总线结构，适用于工业企业的供配电系统。这种现场总线在工业自动化领域有着广泛的应用，可以与工业以太网很好地结合起来，广泛的应用在供水行业、石油化工、冶金采矿等行业。在这些行业中，一方面其主业的自动化要将可编程控制器 PLC 和各种现场总线构成 DCS 系统或 FCS 系统，另一方面它们的辅业（即供配电部分）又必须适合电力系统自动化所要求的技术规范与行业标准，因此在供、配电部分就采用了各种电力系统厂站监控与自动化的设备和系统。尽管二者涉及的领域并不完全一样，但是在技术上却有许多相同的地方，所以在构建厂矿企业的实时信息系统时，这两部分的内容应该综合考虑与规划，以实现对整个企业的技术改造与升级。

第 **6** 章

数 字 化 变 电 站

6.1 概 述

数字化技术是当今科技发展的前沿领域之一，变电站数字化对进一步提升变电站自动化水平将起到极大的促进作用，是变电站设计、施工、建设的方向。随着智能化电气技术的发展，特别是智能化开关、电子式互感器等机电一体化设备的出现，一次设备在线状态检测、变电站运行操作培训仿真等技术的日渐成熟，以及计算机高速网络在实时系统中的开发利用，变电站进入数字化阶段势成必然。目前国内主流厂家已开展了数字化变电站的研究工作，数字化变电站技术已逐步进入实际工程应用阶段。

6.1.1 数字化变电站的发展历程

6.1.1.1 数字化变电站的研究背景

变电站监控与自动化技术在我国电力行业已经得到了广泛的应用。自 20 世纪 90 年代以来，随着相关技术的发展，变电站监控与自动化系统由最初的 RTU 模式、集中式、分散式、网络式监控系统等模式逐渐步入全数字化时代。目前，变电站监控与自动化技术存在的主要问题是：

（1）一个变电站存在多套系统。

（2）系统和装置存在多种通信规约。

（3）变电站设计复杂、耗费资源。

（4）信息杂乱。

所有这些都影响了变电站生产运行的效率，也影响了 EMS 等主站系统的信息采集，不利于运行人员综合利用电网运行的各种信息对电网运行中出现的问题快速做出判断和决策。因此，提出并实现一整套变电站自动化信息集成的解决方案显得非常必要。

数字化变电站是变电站监控与自动化技术发展的下一个阶段，众多科研、生产单位在数字化变电站和电力生产数字化建设方面积极探索并开展了卓有成效的应用实践。数字化变电站已经成为当前建设的一大热点，一些数字化变电站的试点应用工程已经建成并投入试运行。基于 IEC 61850 系列标准的变电站监控与自动化系统产品也已经开始试点应用，相关部门已着手制定工程实施规范。基于不同原理的数字式互感器和智能化高压电器，在不同地区的多座变电站已经开始试用。

6.1.1.2 国内外数字化变电站的研究现状

IEC 61850 系列标准、电子式互感器、智能开关设备等新技术领域的创新推动着逐渐成熟的变电站监控与自动化系统进入到全新的数字化变电站发展阶段。

1. IEC 61850 系列标准的研究现状

国外针对 IEC 61850 标准的应用和研究开始较早，以 ABB、西门子、阿海珐等为代表的制造商和以 KEMA 为代表的咨询机构为 IEC 61850 的研究、制定及相关产品的研发投入了大量的人力、物力、财力，甚至在欧洲建造了数座实验变电站。美国、德国、荷兰等国都有示范工程，用以验证标准，促进标准的进一步完善。国外大公司对 IEC 61850 的研究，在理论上已经成熟，并已初步推出支持 IEC 61850 的工程。

到 2006 年底，国内主流厂家都在研究 IEC 61850 标准及应用，国家电力调度通信中心组织了 6 次基于 IEC 61850 标准的自动化系统的互操作试验，使这些厂家不仅实现了互联互通，还与西门子、阿尔斯通等国外公司的产品进行了互联互通。

2. 电子式互感器的研究现状

电子式互感器技术的出现，对变电站的二次设备产生了革命性的影响。结合网络通信技术，保护装置、测控装置及站控层设备需要适应这种前端过程层信息采集的变化。

国外一些大公司凭借其强大的技术和经济实力，早已涉足电子式互感器的研制领域，并已实现产品化，将这些产品在一些变电站投入使用。

在国内，目前研究较为成熟并投入变电站运行的主要是有源电子式互感器，应用场合主要有高压直流输电、SF_6 气体绝缘开关（GIS）及中低压开关柜等。无源光电互感器因其一次侧光学电流、电压传感器无需工作电源，具有较大的优势，但光学传感器的制作工艺复杂，稳定性及一致性不易控制，因此，国内在这方面也只有为数不多的厂家在进行商业化产品生产。

3. 智能开关设备的研究现状

智能开关设备的研究、开发需要多学科、跨学科的合作与协调，任何一个相关门类学科的发展都会对其产生推动作用。因此，国外不少公司涉足其中，使之成为商业化产品，如西门子公司最新型 8DN9GIS 产品、东芝公司第 2 代 C·GIS 产品等。

目前国内智能开关设备的研究起步较晚，还处于初级阶段，但是随着一些大公司在智能化研究和应用方面的大量投入，该技术发展迅速，相信很快就会有相关成熟的商业产品投入使用。

6.1.2 数字化变电站的一般概念

1. 数字化变电站的定义

数字化变电站是一个不断发展的概念，到目前为止，并没有形成"数字化变电站"的严格的完整定义。但是经过多年的摸索、实践及交流讨论，业界对于"数字化变电站"的含义正在逐步达成一致。目前，普遍认为数字化变电站是以变电站一、二次设备为数字化对象，以高速网络通信平台为基础，对数字化信息进行标准化，实现信息共享和互操作，并以网络数据为基础，实现测量控制、继电保护、数据管理、人机交互等功能，满足安全稳定、经济实用等建设现代化变电站的要求。

从长远发展来看，面向数字化电网的需求，数字化变电站技术还将涉及的内容有变电站之间、变电站与控制中心之间的信息交互技术、信息安全技术、广域同步采样技术、实时动态监测技术、电能质量在线监测技术、实时分析技术及一、二次系统的技术融合。

2. 数字化变电站的组成要素

就目前而言，符合 IEC 61850 标准的变电站通信网络和系统、智能化的一次设备（如电子式互感器、智能化开关等）、网络化的二次设备、自动化的运行管理系统，为其最主要的组成要素。

（1）符合 IEC 61850 标准的变电站通信网络和系统。对变电站自动化系统中对象统一建模，采用面向对象技术和独立于网络结构的抽象通信服务接口，增强设备之间的互操作性，可以在不同厂家的设备之间进行无缝连接，实现信息的快速传输和交换。

（2）智能化的一次设备。一次设备被检测的信号回路和被控制的操作驱动回路，采用微处理器和光电技术设计，变电站二次回路中常规的继电器及其逻辑回路被可编程控制器代替，常规的强电模拟信号和控制电缆被光电数字信号和光纤代替。

（3）网络化的二次设备。变电站内常规的二次设备，如继电保护装置、测量控制装置、防误闭锁装置、远动装置、故障录波装置、电压无功控制装置、同期操作装置及正在发展中的在线状态检测装置等全部基于标准化、模块化的微处理机设计制造，设备之间的连接全部采用高速的网络通信，二次设备不再出现功能装置重复的 I/O 现场接口，通过网络真正实现数据共享、资源共享，常规的功能装置变成了逻辑的功能模块。

（4）自动化的运行管理系统。变电站运行管理自动化系统应包括电力生产运行数据、状态记录统计无纸化、自动化；变电站运行发生故障时，能及时提供故障分析报告，指出故障原因及处理意见；系统能自动发出变电站设备检修报告，即将常规的变电站设备"定期检修"改为"状态检修"。

6.1.3 数字化变电站的特征

数字化变电站的系统结构继承并发展了分层分布式变电站结构的特点，同时随着电子式互感器、智能开关技术的应用，使得数字化变电站的系统结构又有了不同于常规变电站的革命性变化，也呈现了与常规变电站迥异的技术特征。

1. 数据采集数字化

数字化变电站的主要标志是采用数字化电气量测系统（如电子式互感器）采集电流、电压等电气量，实现了一、二次系统在电气上的有效隔离，增大了电气量的动态测量范围并提高了测量精度，从而为实现常规变电站装置冗余向信息冗余的转变以及为信息集成化应用提供了基础。

2. 系统分层分布化

变电站监控与自动化系统的发展经历了从集中式向分布式的转变，第二代分层分布式变电站监控与自动化系统大多采用成熟的网络通信技术和开放式互联规约，能够更完整地记录设备信息并显著地提高系统的响应速度。

IEC 61850 标准提出了变电站过程层、间隔层、站控层的三层结构模型，建议采用面向对象建模、软件复用、高速以太网、嵌入式实时操作系统（Embedded Real-Time-Operating System，RTOS）及可扩展标记语言（Extensible Markup Language，XML）等技术，以便满足电力系统对实时性、可靠性的要求，同时有效地解决异构系统之间的信息互通、装置的自我描述和互操作及系统的扩展性等问题，为实施变电站分层分布式方案提供了可靠的技术基础。

3. 系统结构紧凑化

数字化电气量测系统具有体积小、质量轻等特点，可以将其集成在智能开关设备系统中，按变电站机电一体化设计理念进行功能优化组合和设备布置。在高压和超高压变电站中，保护装置、测控装置、故障录波及其他自动装置的 I/O 单元（如 A/D 变换、光隔离器件、控制操作回路等）作为一次智能设备的一部分，实现了 IED 的近过程化（process-close）设计；在中低压变电站，可将保护及监控装置小型化、紧凑化，并完整地安装在开关柜上。

4. 系统建模标准化

IEC 61850 标准确立了电力系统的建模标准，为变电站自动化系统定义了统一、标准的信息模型和信息交换模型，其意义主要体现在：

（1）实现智能设备的互操作性。采用对象建模、抽象通信服务接口（Abstract Communication Service Interface，ACSI）及设备自我描述规范，使变电站自动化功能在语法及语义上都得以标准化，并使功能完全独立于具体的网络协议，进而实现了智能设备的真正的互操作。

（2）实现变电站的信息共享。对一、二次设备统一建模，采用全局统一规则命名资源，使变电站内及变电站与控制中心之间实现了无缝通信。

（3）简化系统的维护、配置和工程实施。设备功能、系统配置及网络连接都可采用基于 XML 的变电站配置语言（Substation Configuration Language，SCL）进行描述、存储、交换、配置和管理。

5. 信息交互网络化

数字化变电站采用低功率、数字化的新型互感器代替常规互感器，将高电压、大电流直接变换为数字信号。变电站内设备之间通过高速网络进行信息交互，二次设备不再出现功能重复的 I/O 接口，常规的功能装置变成了逻辑的功能模块，即通过采用标准以太网技术真正实现了数据及资源共享。

信息交互网络化的主要优点表现在：

（1）能根据实际需要灵活选择网络拓扑结构，易于利用冗余技术提高系统可靠性，网络拓扑结构的改变不会影响变电站功能的实现。

（2）当过程层采用基于 IEC 61850-9-2 的过程总线时，传感器的采样数据可利用多播（multicasting）技术同时发送至测控、保护、故障录波及相角测量等单元，进而实现了数据共享。

（3）利用网线代替导线可有效减少变电站内二次回路的连接线数量，从而提高系统的可靠性。

6. 信息应用集成化

常规变电站的监视、控制、保护、故障录波、量测与计量等装置几乎都是功能单一、相互独立的系统，这些系统往往存在硬件配置重复、信息不共享及投资成本大等缺点。而数字化变电站则对原来分散的二次系统装置进行了信息集成及功能优化处理，从而有效地避免了上述问题的发生。

数字化变电站将是未来"数字化电力系统"中的功能和信息节点。IEC 针对电力系统操作与运行制定了一整套标准，以逐步统一电力系统内各自动化系统的信息模型和信息交换模型，消除由于缺乏统一建模和系统异构而导致的各种"信息孤岛"。

7. 设备检修状态化

以往的设备状态检修主要是针对一次设备，二次设备的状态监测对象不是单一的元件，而是一个单元或系统。虽然 IED 装置本身具备状态检修的实施基础，但二次设备的状态检修必须作为一个系统性的问题来考虑，状态监测环节应包含交流输入、直流输入及操作回路等，因此在常规变电站内很难实施二次系统的状态检修。

在数字化变电站中，可以有效地获取电网运行状态数据以及各种 IED 装置的故障和动作信息，实现对操作及信号回路状态的有效监视。数字化变电站中不存在未被监视的功能单元，设备状态特征量的采集没有盲区。设备检修策略可以从常规变电站设备的定期检修变成状态检修，从而提高了系统的可用性。

8. 设备操作智能化

新型高压断路器二次系统是采用微机、电力电子技术和新型传感器建立起来的［如 ABB 公司的 PASS（plug and switch system）和西门子公司的 HIS（Highly Integrated Switchgear）等］，其主要特点包括：

（1）执行单元采用微机控制及电力电子技术代替常规机械结构的辅助开关和辅助继电器，按电压波形控制跳、合闸角度，精确控制跳、合闸的时间，减小暂态过电压幅值。

（2）断路器内部的微机可直接处理设备信息并独立执行本地功能，而不依赖于变电站级别的控制系统。

（3）非常规传感器采用微机技术，可独立采集运行数据并早期检测设备缺陷和故障。

（4）具有自检功能，可监视断路器设备的一次和二次系统，发现缺陷时能及时报警，并为状态检修提供参考。

断路器系统的智能性由微机控制的二次系统、IED 和相应的智能软件来实现，保护和控制命令可以通过光纤网络到达非常规变电站的二次回路系统，从而实现与断路器操作机构的数字化接口。

6.2 数字化变电站监控与自动化系统的结构

6.2.1 系统结构概述

在逻辑结构上，数字化变电站的监控与自动化系统按照 IEC 的相关规范，仍然分为站控层、间隔层、过程层三个层次，各层内部及各层之间采用高速网络通信。整个系统的通信网络可以分为站控层和间隔层之间的间隔层通信网及间隔层和过程层之间的过程层通信网。三个层次的关系如图 6-1 所示。

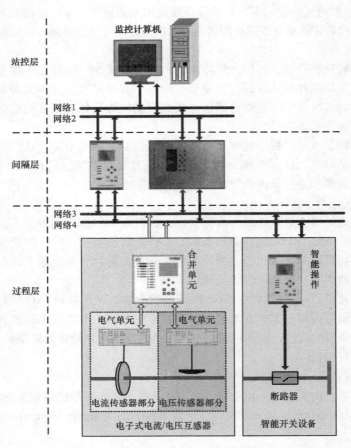

图 6-1 数字化变电站监控与自动化系统结构示意图

6.2.2 站控层与间隔层的组成

1. 站控层

站控层包括监控主机、保护管理机、远动通信机等。

站控层的主要任务是：通过两级高速网络汇总全站的实时数据信息，不断刷新实时数据库，按时登录历史数据库；按既定协议将有关数据信息送往远方调度或控制中心；接收调度或控制中心的有关控制命令并转至间隔层、过程层执行。

站控层的功能包括：在线可编程的全站操作闭锁控制功能；站内当地监控、人机联系功能，如显示、操作、打印、报警等功能及图像、声音等多媒体功能；对间隔层、过程层诸设备的在线维护、在线组态、在线修改参数的功能；变电站故障自动分析和操作培训功能。

站控层通信全面采用 IEC 61850 标准，监控后台、远动通信管理机和保护信息子站均可直接接入符合 IEC 61850 标准的装置。同时提供了完备的工程配置工具，用以生成符合 IEC 61850-6 规范的 SCL 文件，在不同厂家的工程工具之间进行数据信息交互。图 6-2 是一个典型数字化变电站站控层的模型组态流程。

（1）各装置厂家通过其相应工具生成与 IED 对应的 ICD（IED Capability Description）文件。ICD 文件提供和装置类型关联的预定义装置模板配置，其内容包括 LD、LN、DO、DA 定义及 LN 类型模板的定义，数据集定义和控制块定义。

（2）设计部门提供描述系统规模的 SSD（System Specification Description）文件，其内容包括数据类型模板、逻辑节点类型定义等，还包括系统一次主接线图的对象实例定义。

（3）将准备好的 ICD 文件、SSD 文件导入系统配置工具中，进行相应的配置后生成整个变电站的系统配置 SCD（Substation Configuration Description）文件。SCD 文件提供描述全站所有配置，其内容包括

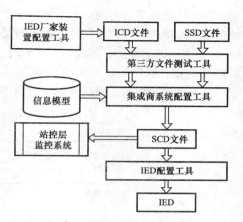

图 6-2　站控层模型组态流程

HEAD、一个 Communication 元素，一个 Substation 元素，N 个 IED 元素，一个 DataTypeTemplates 元素。

（4）站控层监控系统根据 SCD 文件进行参数化配置，在实时运行时解析 SCD 文件生成参数库和实时数据库。

2. 间隔层

间隔层一般按断路器间隔和一次电气元件（如变压器等）划分，包含测量单元、控制单元或继电保护单元等。测量、控制单元负责该间隔的测量、监视，断路器的操作控制、联锁、闭锁，以及事件顺序记录等；保护单元负责该间隔线路、变压器、电抗器等设备的保护、故障记录等。

间隔层的主要功能是：汇总本间隔的实时数据信息；实施对一次设备的保护、控制功能；实施本间隔操作闭锁功能；实施操作同期及其他控制功能；对数据采集、统计运算及控制命令的发出具有优先级别的控制；承上启下的通信功能，即同时高速完成与过程层及站控层的网络通信功能，必要时，上下网络接口具备双口全双工方式以提高信息通道的冗余度，保证网络通信的可靠性。

间隔层通信网采用多种网络拓扑架构，在该网络上同时实现跨间隔的横向联锁功能。110kV 及以下电压等级的变电站监控与自动化系统可采用单以太网，110kV 以上电压等级的变电站监控与自动化系统需采用双以太网。网络采用 IEC 61850 标准进行通信，非 IEC 61850 标准的设备需经规约转换后接入。考虑到传输距离和抗干扰要求，各继电小室与主控室之间应采用

光纤通信，而在各小室内部设备之间的通信则可采用屏蔽双绞线。

间隔层装置采用 IEC 61850 标准建立 IED 的对象模型，需要对 IED 的功能进行定义、分解和分配。以数字式变压器保护装置为例，尽管各厂家产品的功能不完全相同，但都包含 5 个方面的功能。

（1）保护功能：差动速断保护、谐波制动的比率差动保护、电流速断保护。

（2）测量功能：测量各侧电流、有功、无功及功率因数。

（3）控制功能：断路器控制。

（4）故障录波。

（5）人机接口：就地人机交互和手动操作。

IEC 61850 标准用逻辑节点（Logical Node，LN）描述设备的功能，实际设备的每个功能都定义为相应逻辑节点类的一个实例。一个典型变压器保护装置的功能可由 IEC 61850-7-4 中对应的逻辑节点描述，并按功能分配在不同层，如图 6-3 所示。图中，逻辑节点 PDIF、PHAR、PIOC 分别表示差动保护、谐波制动、瞬时过流保护功能；RADR 表示扰动记录功能；MMXU 表示测量功能；CSWI 表示断路器控制功能；IHMI 表示就地设定和手动操作功能；TCTR、TVTR 分别表示电流、电压互感器；XCBR 表示断路器。

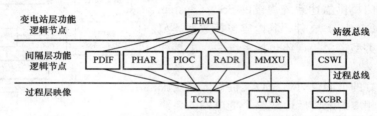

图 6-3 数字式变压器保护功能分解及分配

6.2.3 过程层的组成与分析

6.2.3.1 过程层概述

过程层通常又称为设备层，主要是指变电站内的变压器、断路器、隔离开关及其辅助触点、电流互感器、电压互感器等一次设备。

过程层是一次设备与二次设备的结合面，也是智能化电气设备的智能化部分。过程层的主要功能分三类。

1. 电力运行实时的电气量检测

与传统的功能一样，主要是电流、电压、相位以及谐波分量的检测，其他电气量如有功、无功、电能可通过间隔层的设备运算得到。与常规方式不同的是传统的电磁式电流互感器、电压互感器被非常规互感器取代，采集传统模拟量被直接采集数字量所取代。

2. 运行设备的状态参数检测

变电站需要进行状态参数检测的设备主要有变压器、断路器、隔离开关、母线、电容器、电抗器及直流电源系统等。在线检测的主要内容有温度、压力、密度、绝缘性、机械特性及工作状态等数据。

3. 操作控制的执行与驱动

操作控制命令的执行包括变压器的分接头调节控制，电容、电抗器投切控制，断路器、隔离开关分合控制，以及直流电源充放电控制等。过程层控制命令的执行大部分是被动的，即按上层控制指令而动作，并具有一定的智能性，能判断命令的真伪及合理性，使断路器定相合闸、选相分闸,在选定的相角下实现断路器的关合和开断等。

与常规变电站的监控与自动化系统相比,数字化变电站间隔层和站控层的设备在本质上没有太大变化,只是网络接口和通信模型有一些改变。变化最大的是过程层,由传统的电流、电压互感器,一次设备及一次设备与二次设备之间的电缆连接,逐步变为电子式互感器、智能化一次设备、合并单元、光纤连接等。分层结构也由原来的二层次变成三层次,形成了真正的过程层。其中,电子式互感器是过程层的重要组成部分。

6.2.3.2 电子式互感器

1. 常规互感器存在的问题

电力互感器包括电流互感器和电压互感器,是电力系统中进行电能计量、电气测量和继电保护的重要设备,其作用就是按一定的比例关系,将输电线路上的高电压和大电流的数值降到可以用仪表直接测量的标准数值,以便用仪表直接进行测量。其精度及可靠性与电力系统的安全、可靠和经济运行密切相关。长期以来,传统电磁式电流、电压互感器在继电保护和电流、电压测量中一直占主导地位,其主要优点在于简单、可靠性高、输出容量大,同时性能比较稳定,适合长期运行。随着电力传输容量的不断增长和电网电压的提高,对电力设备提出了小型化、数字化、高可靠性的要求,传统电磁式结构的互感器已不能适应这个发展趋势,暴露出许多弊端,主要体现在:

(1) 以前的高压、超高压互感器,绝缘技术要求复杂,体积大而且重,要耗费大量铜、铁等金属材料;采用模拟强电输出(5A 或 1A,100V),输出容量大,传输距离短,暂态特性不好。

(2) 传统的电磁式互感器中都有铁芯,在工作电流较大或短路时,存在着磁饱和、磁滞、涡流及铁磁谐振等效应。电流互感器线性度低,在短路时容易饱和,静态和动态线性范围小。特别是用于超高压系统并考虑暂态工作的性能时,由于铁芯磁饱和及磁滞回线的影响,TA 的暂态输出电流严重畸变,为克服这一畸变增加了继电保护装置的复杂性。

(3) 每相需要单独的电缆芯一对一的传输电流信号,电缆用量大且易受电磁干扰,在故障情况下,本身又是一个干扰源。

(4) 为提高绝缘等级,高压互感器内部充油,由于密封要求高,易发生漏油、绝缘击穿,导致燃烧、爆炸等危险。

(5) 通过特设的小型电压互感器和电流互感器将(5A 或 1A,100V)的强电信号转换为更小电压、电流的小电气信号,以满足各类自动化装置的模拟量输入要求,增加了额外的功耗,也消耗了更多的资源。

(6) 互感器输出的连接必须注意:电流互感器输出端不能开路,否则将产生高电压,危及电气设备和人身安全;电压互感器的二次侧不能短路。

2. 电子式互感器的优点

近年来,基于光学原理的电流/电压互感器(OCT/OVT)和电子学原理的电流/电压互感器(ECT/EVT),统称为电子式互感器。与电磁式互感器相比,电子式互感器具有如下的一系列优点:

(1) 体积小、质量轻。因无铁芯、绝缘油等,一般电子式互感器的质量只有电磁式互感器质量的 1/10,不仅便于运输和安装,更是节省了大量自然资源,对环境保护十分有利。电子式互感器传感头本身的质量一般比较小。

(2) 绝缘性能优良,绝缘结构简单,随电压等级的升高,其造价优势更加明显。

(3) 在不含铁芯的电子式互感器中,解决了磁饱和、铁磁谐振等问题。

（4）电子式互感器的高压侧与低压侧之间只存在光纤联系，抗电磁干扰性能好。

（5）采用光纤传输方式实现高电压回路与二次侧低压回路在电气上的完全隔离，不存在传统互感器在低压侧会产生的危险（如电磁式电流互感器在低压侧开路会产生高压的危险），保护了二次设备和工作人员的人身安全。

（6）动态范围大，测量精度高。电磁感应式电流互感器因存在磁饱和问题，难以实现大范围测量，不能满足高精度计量和继电保护的需要。电子式电流互感器有很宽的动态范围，额定电流可测到几十至几千安，过电流范围可达几万安。

（7）频率响应范围宽。电子式电流互感器可以测出高压电力线上的谐波，还可进行暂态电流、高频大电流与直流电流的测量。

（8）电子式互感器一般不采用油绝缘解决绝缘问题，避免了易燃、易爆等危险。

（9）可以和计算机灵活接口，满足多功能、智能化的要求，适应电力系统大容量、高电压，现代电网小型化、紧凑化和计量与输配电系统数字化、微机化、自动化、智能化发展的潮流。

3. 电子式互感器的通信特点

电子式互感器的应用对通信系统的影响和改进主要体现在两个方面：

（1）电子式互感器具有数字输出、接口方便、通信能力强的天然特性，其应用将直接改变变电站通信系统的通信方式，特别是一次设备与间隔层二次设备间的通信方式。利用电子式互感器输出的数字信号，使用现场总线技术或工业以太网技术实现点对点/多个点对点或过程总线通信方式，将完全取代大量的二次电缆线，彻底解决二次侧接线复杂的现象，可以简化测量和保护的系统结构，减少误差源，有利于提高整个系统的准确度和稳定性，实现真正意义上的信息共享。

（2）由于通信方式的改变，加上数字断路器控制和电子开关装置等智能电子设备的采用，使得功能不断下放，变电站自动化系统由两层结构逐渐向三层结构（即过程层、间隔层、站控层）转化。

4. 电子式互感器在工业化应用中面临的主要问题

电子式互感器改变了原有的装配应用方式，例如微电子器件被前移至户外环境的高压线、隔离开关、断路器等强干扰源附近，必须经受恶劣气候条件及不规则强电磁干扰的考验，所以目前电子式互感器研发和应用中面临的主要问题是：电磁干扰防护、通信差错控制、可靠电源方式及适应户外环境等，如果措施不当，易引发信号失效、保护误判、锈蚀老化等。

解决这些问题，需要尽快完善试验、检验相关标准，促进电子式互感器下一步研发的关注点向高可靠性、高稳定性方向倾斜。

6.2.3.3　合并单元

1. 合并单元概述

电子式互感器采用合并单元作为其数据接口。合并单元（Merging Unit，MU）是针对数字化输出的电子式互感器而定义的，连接了电子式互感器二次转换器与变电站二次设备。采用一台合并单元（MU）汇集多达 12 路二次转换器数据通道。一个数据通道承载一台电子式互感器采样值的单一数据流。在多相或组合单元时，多个数据通道可以通过一个实体接口从二次转换器传输到合并单元。合并单元对二次设备提供一组时间相关的电流和电压样本。二次转换器也可以从常规电压互感器获取信号，并可汇集到合并单元。合并单元的主要功能是同步采集三相电流电压输出的数字信息并汇总后按照一定的格式输出给二次保护控制设备。

合并单元与二次设备的接口是串行单向多路点对点连接，它将 7 个（3 个测量、3 个保护、

1 个中性点）以上的电流互感器和 5 个（3 个测量、保护，1 个母线，1 个中性点）以上的电压互感器合并为一个单元组，并将输出的瞬时数填入到同一个数据帧中，如图 6-4 所示。

图 6-4 中 ECTa 是指电子式电流互感器 a相，EVTa 是指电子式电压互感器 a 相，其余类推，SC 是指二次转换器。合并单元将这些信息组帧发送给二次保护、控制设备，报文内主要包括了各路电流、电压量及其有效性标志，此外还添加了一些反映开关状态的二进制输入信息和时间标签信息。

从以上分析可以看出，电子式互感器采用合并单元作为其数据接口。合并单元有两个方向的接口：一个是与二次设备之间的接口；一个是与二次转换器之间的接口，即多路数字信号采集问题。目前可选择的通信标准有 IEC 60044-7/8 和 IEC 61850-9-1/2。

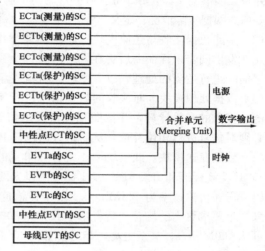

2. 合并单元的通信特点

合并单元与电子式互感器的数字输出接口通信具有以下几个重要特点：

（1）同时处理的任务多。合并单元需同时接收各自独立的多路数据，并对各路数据在传输过程中是否发生畸变进行检验，以防止提供错误数据给保护、测控设备。

（2）高可靠性和强实时性。合并单元所

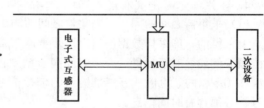

图 6-4 电子式互感器数字接口框图

接收的电流、电压信息是保护动作判据需要的信息，接口通信处理时间的快慢将直接影响到保护的动作时间。此数据通信位于开关附近，故对其抗干扰性要求很高，需保证数据安全、可靠地传输给保护等设备。

（3）通信信息流量大。合并单元需要采集三相电流、电压信息，电流信息又分保护和测量两种，这些信息均是周期性（非突发性）的，接口通信流量较大。在对采样率要求较高的线路差动保护和计量等应用中，通信流量会更大。

（4）通信速度较高。由于接口的通信环境恶劣，故合并单元与各路数据通信一般采用光纤通信，选择串行通信的方式更为合理，这就对通信速度提出了较高的要求。

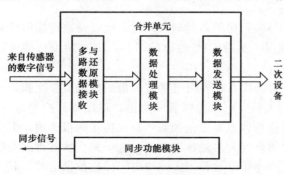

图 6-5 合并单元功能划分

3. 合并单元功能划分

合并单元应实现的功能：能够实时接收从高压侧数据采集系统传送的采样数据，并对其进行相应的处理；能够接收站端同步时钟输入信号，从而向高压侧各路 A/D 发送同步转换信号；接收并处理采样数据后，通过以太网卡接口向二次设备提供数据采集信号。根据 IEC 60044-7/8 对合并单元的定义及其所需要实现的功能，把它细分为四个部分，如图 6-5 所示：

（1）同步功能模块。同步功能模块是用来同步与合并单元连接的三相保护电流、测量电流、三相电压、中性点电流、电压、母线电压的通路，共 12 路一次侧 A/D 转换电路，并保证使全站的合并单元能够同步。合并单元接收外部的同步输入信号，根据采样率的要求产生同步采样命令，其命令格式根据实际情况自定义。

（2）多路数据接收与还原模块。此模块是合并单元和电子式互感器二次转换器的接口，合并单元在发出同步采样命令后将在同一时段内收到 12 路 A/D 转换器输出的数字信号，并及时将数字信号进行适当的处理，以方便后续间隔装置通信模块的使用。

（3）数据处理模块。对接收的数据信号进行相应的数字滤波，然后对接收到的数据进行均方根值、相角的有关计算，并按照相关格式组帧编码；相位误差相对幅值误差而言影响较大，因此必须对信号进行相位补偿，从而给数据包打上正确的时标。

（4）数据发送模块。此模块用于将合并单元的数据发送给二次设备。有两种通信方式，即IEC 60044-7/8 标准和 IEC 61850-9-1 标准的以太网通信方式。前者是基于 FT3 格式进行曼彻斯特编码发送，传输速率为 2.5Mbit/s。由于传输速率比较慢，限制了采样率 5kbit/s，不适合用于对采样率要求更高的场合。后者基于 IEEE 8802 和 ISO/IEC 8802-3，即通过以太网进行发送，速度可达 100Mbit/s，甚至更高，相对于 IEC 60044-7/8，其应用可以更为广泛。

4. 合并单元的技术难点

（1）采集器之间的同步。采集器之间的同步问题是指二次设备需要的采样数据是在同一时间点上采得的，即采样数据的时间同步要求较高，以避免相位和幅值产生的误差超过规定的标准范围。例如，对于计量，要求时间同步精度控制在 $1\mu s$ 以内，一般的线路保护，时间同步精度应在 $4\mu s$ 以内。电磁式互感器输出的模拟信号不存在这个问题，而电子式互感器输出的数字信号就必须含有时间信息。

解决采集器之间时间同步问题有插值计算和使用公共时钟脉冲同步两种方法。

1）插值计算是由二次设备完成的，根据需要可以在合并单元中进行。其原理是采集器以设定频率各自独立采样，采样数据按固定延时发送至合并单元，合并单元对各采集器的数据进行插值重采样，通过插值计算得到需要的时间点上的电压、电流值。优点如下：①同一间隔内的采样数据也为已同步数据，各采集器硬件设计简单，同步效果可以满足工程应用的要求；②重采样算法使用同源的 FPGA 时钟对采集器数据进行插值运算，采用抛物线插值算法，具有很高的精确度，当采样率为每周波 80 点时，基波的误差小于万分之一，完全满足电力系统数据精度要求。

2）采用公共时钟脉冲同步方法时，互感器中接收模块接收全站公用的精确秒时钟脉冲，使自身的内部时钟与公用时钟同步。互感器在送出的采样值中打上时标，提供给二次设备。同步脉冲可以通过主时钟获得，如 GPS 接收器。

实际应用中可将两种方案结合起来，当 GPS 接收机失效的时候，由二次设备进行插值计算得到需要的时间点上的采样值；当传统设备数据不具有 GPS 时标的时候，则必须进行插值计算，以满足系统测量和控制的需要。

（2）数据的实时传输。通常变电站监控与自动化系统各层之间有大量的数据需要交换，其中间隔层和过程层需要交换的数据有互感器的电流、电压采样实时数据，对设备的控制命令，对设备的监测和诊断数据。这两层之间的数据通信特点是通信频繁，每次传送的报文短，但是通信量大，对实时性要求严格。现代变电站内的装置大多是数字装置，电子式互感器直接提供数字信号，简化了数字装置的硬件结构。因此，合并单元和二次设备之间传输数据组帧及其实时性也是要重视的问题。

6.2.3.4 智能操作箱

智能操作箱是支持数字化智能变电站的新一代智能终端设备，一般与 110kV 及以上电压等级分相或三相操作的断路器配合使用。它具有传统操作箱的功能和部分测控功能，既支持网络 GOOSE 方式的跳合闸命令，同时又保留了传统的硬接点跳合闸方式。

现阶段各大厂家都研发了自己的智能操作箱，下面以 NSR351D 智能操作箱为例进行说明，从而使读者能够对智能操作箱有直观的认识。

1. 主要功能

(1) 支持实时 GOOSE 通信，配备光纤 100M 以太网口，且参数可配置。

(2) 支持 IEC 1588 网络对时。

(3) 装置支持 IEC 61850 标准，实现设备无缝连接、即插即用。

(4) 装置具有分相或三相跳合闸控制；能够接收保护跳合闸，测控遥合、遥跳及隔离开关合分的 GOOSE 命令，并输出相应动作触点；能够采集并上送断路器位置信号、隔离开关及接地开关位置信号、开关本体信号；具有电流自保持功能。

(5) 装置保留了传统的硬触点方式，可与传统保护和测控装置相配合，满足各类现场应用。

(6) 装置采用双 CPU 自检与互检，具有 PPC 与 DSP 双 CPU 启动防误功能，有效保证装置动作的可靠性。电源插件与 CPU 插件上有测温点，可通过网络上送装置工作温度。

(7) 装置对时采用国际通用时间格式码 IRIG-B，精确可靠。

(8) 装置面板设置多种信号指示灯，反应装置及断路器运行状态。面板配有一个 RS 232 调试口，便于现场调试及检测。

(9) 装置选用全密封进口继电器，动作快、耐压高、功耗低，保证了整套装置的优良性能。

(10) 装置采用插件组合结构。各插件采用背插方式，插件间的连线用正面总线印制板连接；强弱电回路严格分开。装置抗干扰能力强，满足户外安装需求。

2. 软件主要工作原理

(1) 跳闸逻辑。智能操作箱能够接收保护测控装置通过 GOOSE 报文送来的跳闸信号，同时支持手跳触点输入。下面以跳闸逻辑为例，说明软件主要工作原理。

图 6-6 所示为一组跳闸回路的所有输入信号转换成 A、B、C 分相跳闸命令的逻辑图。

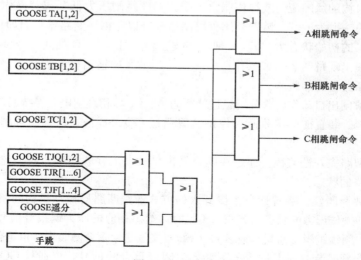

图 6-6 跳闸命令

1）保护分相跳闸 GOOSE 输入。

GOOSE TA：A 相跳闸输入信号；

GOOSE TB：B 相跳闸输入信号；

GOOSE TC：C 相跳闸输入信号。

2）保护三跳 GOOSE 输入。

GOOSE TJQ1、GOOSE TJQ2：两个三相跳闸启动重合闸的输入信号；

GOOSE TJR1～GOOSE TJR6：六个三相跳闸不启动重合闸而启动失灵保护的输入信号；

GOOSE TJF1～GOOSE TJF4：四个三相跳闸既不启动重合闸、又不启动失灵保护的输入信号。

3）测控 GOOSE 遥分输入。

图 6-7 所示为装置的跳闸逻辑，其中"跳闸压力低"、"操作压力低"是装置通过光耦开入方式监视到的断路器操作机构的跳闸压力和操作压力不足信号。

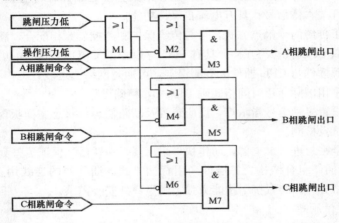

图 6-7　跳闸逻辑

以 A 相为例，M1、M2 和 M3 构成跳闸压力闭锁功能，其作用是：在跳闸命令到来之前，如果断路器操动机构的跳闸压力或操作压力不足，即"跳闸压力低"或"操作压力低"的状态为"1"，"M2"的输出为"0"，装置会闭锁跳闸命令，以免损坏断路器；而如果"跳闸压力低"或"操作压力低"的初始状态为"0"，"M2"的输出为"1"，一旦跳闸命令到来，跳闸出口立即动作，之后即使出现跳闸压力或操作压力降低，"M2"的输出仍然为"1"，装置也不会闭锁跳闸命令，保证断路器可靠跳闸。

A、B、C 相跳闸出口动作后再分别经过装置的 A、B、C 相跳闸电流保持回路使断路器跳闸。

（2）合闸逻辑。装置能够接收测控保护装置通过 GOOSE 报文送来的合闸信号，同时支持手合触点输入。

（3）跳合闸回路完好性监视。通过在跳合闸出口触点上并联光耦监视回路，装置能够监视断路器跳合闸回路的状态。

（4）压力监视及闭锁。装置通过光耦开入的方式监视断路器操动机构的跳闸压力、合闸压力、重合闸压力和操作压力的状态，当压力不足时，给出相应的压力低报警信号。重合闸压力不参与操作箱的压力闭锁逻辑，而只是通过 GOOSE 报文发送给重合闸装置，由重合闸装置来处理。

（5）闭锁重合闸。装置在下述情况下会产生闭锁重合闸信号，可通过 GOOSE 发送给重合闸装置。

1）收到测控的 GOOSE 遥分命令或手跳开入动作时会产生闭锁重合闸信号，并且该信号在 GOOSE 遥分命令或手跳开入返回后仍会一直保持，直到收到 GOOSE 遥合命令或手合开入动作才返回。

2）收到测控的 GOOSE 遥合命令或手合开入动作。

3）收到保护的 GOOSE TJR、GOOSE TJF 三相跳闸命令或 TJF 三相跳闸开入动作。

4）收到保护的 GOOSE 闭锁重合闸命令，或闭锁重合闸开入动作。

3．硬件组成

（1）硬件结构。NSR351D 智能操作箱采用 4U 标准机箱，由电源模件、CPU 模件、智能开入模件、智能开出模件、智能操作回路模件和电流保持模件组成。

CPU 模件一方面负责 GOOSE 通信，另一方面完成动作逻辑，开放出口继电器的正电源；智能开入模件负责采集断路器、隔离开关等一次设备的开关量信息，然后交由 DSP 模件发送给保护和测控装置；智能开出模件驱动隔离开关、接地开关分合控制的出口继电器；智能操作回路模件驱动断路器跳合闸出口继电器，并监视跳合闸回路的完好性；电流保持模件完成断路器跳合闸电流自保持功能。

装置通用硬件框图如图 6-8 所示。

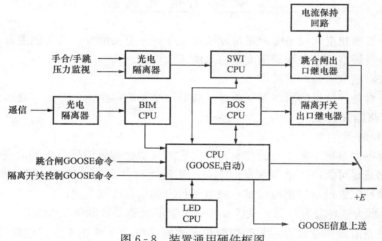

图 6-8　装置通用硬件框图

（2）面板布置。图 6-9 是装置的正面面板布置图。

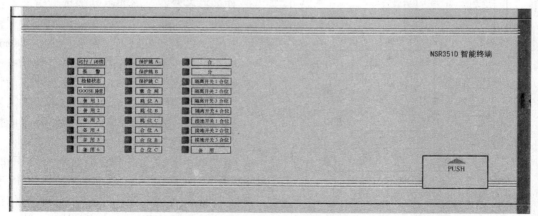

图 6-9　装置正面面板布置图

（3）背板布置。图 6-10 是通用的装置背板布置图。

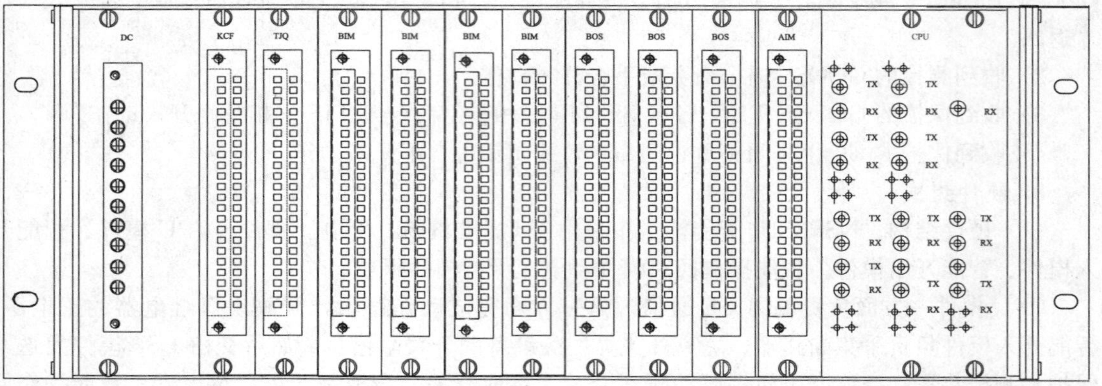

图 6-10　装置背板布置图

6.3 智能化电气设备

一般来说，智能化电气设备除满足常规电器设备的原有功能外，其功能主要表现为：
（1）应具有灵敏准确地获取周围大量信息的感知功能。
（2）应具有对获取信息的处理能力。
（3）应具有对处理结果的思维判断能力，对处理结果的再生信息实施有效操作的功能。

6.3.1　断路器及开关柜

1. 智能化断路器

断路器作为电力系统中最重要的控制元件，它的自动化和智能化是电气设备智能化的基础。断路器的智能化是尽可能应用电弧自身的能量，实现运行状态的自诊断、操动机构的灵活控制与可靠动作，并且配置最新传感器技术、微电子技术和信息传输技术。

图 6-11 所示为一种兼有计算机系统和传感装置的断路器智能化工作原理。

智能化断路器的操作过程为：智能控制单元不断从电力系统中采集某些特定信息，据此来判别断路器当前的工作状态，同时处于操作的准备状态。当变电站的主控室因系统故障由继电保护装置发出分闸信号或正常操作向断路器发出操作命令后，控制单元根据一定的算法求得与断路器工作状态对应的操动机构预定的最佳状态，并驱动执行机构调整至该状态，从而实现最优操作。显然，智能控制单元是断路器智能操作实现的核心部件。

近年来已有很多智能化断路器面市。高压领域典型的有东芝公司的 C-GIS 和 ABB 公司的 EXK 型智能化 GIS，它们的特点都是采用先进的传感器技术和微机处

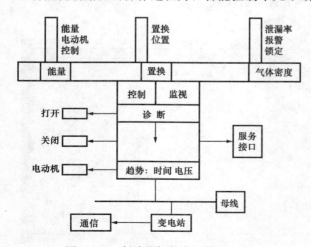

图 6-11　断路器智能化工作原理图

理技术，使整个组合电器的在线监测与二次系统在一个计算机控制平台上。在中压领域较典型的有 20 世纪 90 年代初的富士公司的智能式真空断路器及 ABB 公司近年来推出的 VM1 型真空断路器。日本富士公司在原来的真空断路器上添加了过电流继电器、检测用电流互感器及各种传感器，使断路器具备了自诊断功能及传输功能，构成了集监视、通信、控制和保护为一体的智能单元，从而强化了断路器的功能，提高了可靠性。

VM1 型真空断路器是 ABB 公司的最新产品，除了新颖的一体化绝缘结构，最显著的特色就是它的二次控制无触点化和采用新型传感器。开关的位置传感器和辅助触点均为无触点的邻近开关或光开关，新型号电能传感器信号可以直接变换成数字信号，取代传统的电磁式电压和电流互感器。

ABB 公司推出的 CAT，具有人工智能技术的断路器，在一定程度上实现了对断路器的受控操作。

2. 智能化高压开关柜

在电气元件智能化的同时，高压开关柜也不断向智能化方向推进，目前在国际上处于领先地位的高压开关柜产品均具有脱扣回路断线监测、动作时间检测、接触部件检测、弹簧的储能时间检测、温度/湿度检测和柜门的监视等功能。综合这些功能就构成了智能化高压开关柜。

ABB 公司近期推出的高压开关柜智能化集中控制及保护单元，将控制、信号、保护、测量和监视等功能组合起来，使高压开关柜具有连续自监视及与电站控制系统直接连接等功能。智能化集中控制及保护单元具有限流、过电压、欠电压、过热及接地故障等多种保护功能，并能根据需要任意组合。集中控制及保护单元还具有智能诊断能力，能对其所监测到的数据进行分析和处理、故障预测，判断开关的剩余使用寿命和计算出维修期限。

6.3.2 气体绝缘全封闭组合电器（GIS）

在具有智能化技术的 GIS 中，所有一次回路与二次回路之间的连接均通过串行光纤总线接到控制箱中，完全淘汰了传统的硬导线连接方式。每个一次装置（互感器）均配备 PISA（传感器和执行器处理接口）电子接口，其主要任务有：进行 A/D 变换；测量信号的预处理；通过总线执行控制和保护命令。由于采用了 PISA 技术，脱扣、联锁、电压、电流等信号的传递时间大大减少，能迅速作出控制或保护等操作的判断，使保护和监控更为及时、可靠。

6.3.3 智能熔断器

美国通用公司研制出的额定电压为 5.5～26kV、额定电流为 65～175A 的高压限流熔断器，不但尺寸小、额定电流大、分断能力强，而且还能够智能控制熔断器的时间—电流特性。智能化熔断器熔体的中部有一个过电流传感器，数个化学炸药包沿着熔体长度方向布置。在正常工作情况下，触发电路由空气间隙隔离。当主熔体在某种情况下任意一处熔断时，断开处的电弧电压使间隙击穿，引起电流流过触发电路，从而在低过载电流下点燃化学炸药包，在熔体上产生多个串联电弧来开断电流。在大电流情况下，其开断与一般限流熔断器相似。

智能化熔断器的保护系统由多个智能化熔断器和一个保护控制中心（PCC）组成。以往的熔断器电弧是靠低熔点的"M"效应和特殊的熔体狭颈设计来实现的，因而其时间—电流特性是固定不变的，而智能化的熔断器沿熔体长度方向多处布置有化学炸药包，并设有智能检测单元对线路供电状况进行检测和判定，再通过触发化学炸药包按要求动作，实现熔断器时间—电流特性的智能控制。

6.3.4 智能化变压器

1. 智能变压器的结构

图 6-12 所示为典型的智能变压器的结构简图。

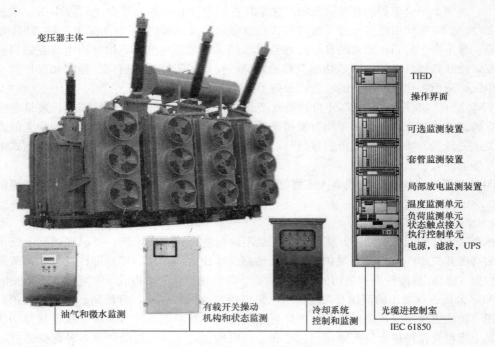

图 6-12　智能变压器结构图

从图中可看出，智能变压器由变压器主体、变压器智能化单元（TIED）、各种监测设备状态接入单元、执行控制单元及各种智能化辅助设备等组成。变压器智能化单元，接收各种状态监测设备、智能化辅助设备、合并单元的数据，完成数据管理、综合统计分析、推理判断、状态评估、问题决策、信息交互等全部功能。变压器出厂时将各种技术参数、极限参数、结构数据、推理判据等，通过知识库的数据组织形式植入智能化单元，用标准协议与其他智能系统交换信息。各种传感器、执行器通过各自的数字化或智能化单元接入，一些简单的模拟量、开关量可直接接入 TIED。与传统变压器相比，智能变压器提供了更多实时测量、保护和通信等功能。

2. 智能变压器的功能

变压器应具有变压传输电能、稳定电压的基本功能。智能变压器相比于常规的变压器，其智能化主要体现在：通过集中或者分布式 CPU 和数据采集单元实现资源共享、智能管理。

智能变压器各部分的功能简单如下：

（1）运行数据监测。实现遥信、遥测、遥控功能，并实时发送运行数据；主要处理的数据有电流、电压、有功、无功、功率因数、温度、油位及其他必要的统计数据。

（2）继电保护功能。对于过压、过流以及内部器件损坏引起的故障，应有完善的继电保护，并与系统的微机保护装置进行接口通信，实现保护智能化。

（3）故障报警。在变压器供电区域内发生故障时，向上级检修管理部门发送故障数据，在上级管理系统中显示故障点、故障类型、故障数据等，帮助检修人员快速定位故障和安排检修计划。

（4）状态诊断与评估。可智能在线动态检测（监测变压器绝缘强度、局部放电等）、故障诊断，实现状态检修，减少人力维护成本，提高设备可靠率。

（5）信息管理。记录设备运行参数，进行变压器使用寿命计算，为检修和设备管理提供信息。

（6）通信接口。采用电口 RS 485/232 或者光纤口、GPRS 接口等，通信规约应符合 IEC 61850 标准；满足与主控室及 SCADA 系统交换数据的实时性和可靠性要求。

（7）高级功能。高级功能包括智能温控、运行控制、负荷控制、防窃电、良好的自适应能力（如电压自动调整—VQC）、自动补偿等功能，以及通过优化运行方式实现系统经济运行（如按照负荷情况选择变压器运行方式，按照最优经济运行曲线运行实现损耗最低）等。

3. 智能变压器的发展趋势

智能变压器的发展与自动控制水平、所用器件及材料的发展是密切相关的。变压器本身的制造技术也在不断发展，例如，未来的变压器可能开发成小铁芯带大的超导绕组，或大的非晶铁芯带小绕组。对于变压器智能化的发展，至少有以下两种发展路线：

（1）采用组合集成技术形成智能组合式变压器。智能组合式变压器是一种将传统变压器器身、开关设备、熔断器、分接开关及相应辅助设备进行组合的变压器。目前它已从只具有单一变电功能向带有强迫风冷、功率计量、计算机接口等多功能集成方向发展，它在高压回路实现电压自动控制、继电保护，低压回路完成自动投切、无功补偿等功能，采用计算机智能控制，使其具有远程全自动功能。它采用新型电子式有载分接开关，引入智能化接口，具有设备保护、数据处理、状态控制、优化运行、状态显示等功能，从而使变压器成为一种多功能智能化、随时处于最佳运行状态的电气设备。

（2）采用电力电子技术形成智能通用变压器（IUT）。目前大功率电子器件已经成功应用于灵活的交流输电（FACTS）、定制电力技术（CP）及新一代直流输电技术。采用电力电子技术制造的智能通用变压器实质是一种用于配电系统的多功能变换器，适合于有较特殊要求的中小容量用电场所使用。

6.3.5　电子式互感器

1. 电子式互感器分类

电子式互感器有别于传统电磁感应式互感器，它是光电技术和计算机技术在强电系统测量领域的成果之一。电子式互感器有两种基本类型：一种是基于电子学原理的电子式互感器，即电子式电流互感器（Electronic Current Transformer，ECT）和电子式电压互感器（Electronic Voltage Transformer，EVT）；另一种是基于光学原理的光电效应互感器，即光电电流互感器（Optical Current Transformer，OCT）和光电电压互感器（Optical Voltage Transformer，OVT）。为了叙述上方便，采用电子式互感器这一说法，只有在特定场合才突出光电互感器。电子式互感器的最大特点是绝缘性能良好，抗电磁干扰能力较强，测量频带宽，动态范围大。

电子式互感器根据传感原理分类，可分为电子式电流互感器和电子式电压互感器两大类型，每种类型又细分成多种子类型，如图 6-13 所示。

（1）电子式电流互感器，按高压侧是否需要电源供电可分为有源式和无源式。

有源式：高压侧采用 Rogowsk 罗氏线圈或低功率电流互感器（LPCT）感应电流，经过 A/D 转换之后用光模块发送到低压侧的数据处理单元。高压侧的电源来自小 TA 取电或激光供电，小 TA 取电通过从线路上感应取能，激光供电通过光纤将大功率激光器发出的光传送到传感头部分，然后用光电池转化为电能，为高压侧采集电路供电。

无源式有全光纤式、磁光玻璃式。全光纤式：在待测电流的线路上环绕光纤，待测电流产生的磁场使光纤中传输的光偏振面旋转，通过检偏器检出的光强变化或者相位变化，计算偏振变化及对应的线路电流。磁光玻璃式：在待测电流的线路周围环绕磁光玻璃环，待测电流产生

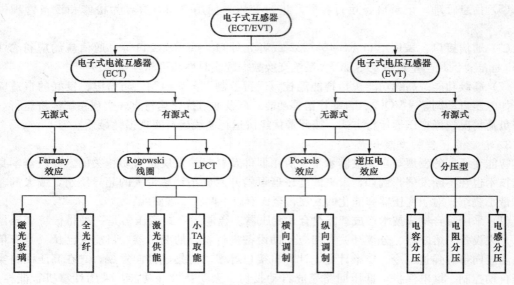

图 6-13　电子式互感器的分类示意图

的磁场使光偏振面旋转，通过检偏器检出的光强变化计算偏振变化及对应的线路电流。

（2）电子式电压互感器，可分两类：一类是无源式，即光学电子式电压互感器；一类是有源式。无源式技术还未完全实用化，目前只有少量站点在试运行阶段，而有源方案产品已很成熟，并在实际工程中有大量应用。

在有源方案中，高压分压一般采用电阻分压、电容分压、电感分压三种。电阻分压和电感分压一般用于低电压等级中，而电容分压在传统的高压电压互感器应用已很成熟。

2. 电子式互感器的原理

电子式互感器种类很多，其原理也大不相同。下面以较先进的光学感应原理和最常用的罗氏线圈原理进行简单介绍。

（1）法拉第（Faraday）磁光效应原理。Faraday（法拉第）磁光效应原理如图 6-14 所示。

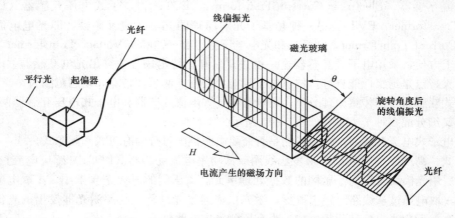

图 6-14　Faraday（法拉第）磁光效应原理

Faraday 效应是指当一束线偏振光通过置于磁场中的磁光材料时，线偏振光的偏振面就会线性地随着平行于光学方向的磁场大小旋转一个角度 θ，即

$$\theta = \nu \int \boldsymbol{H} \cdot d\boldsymbol{l}$$

式中：θ 为线偏振光偏振面的旋转角度；ν 为磁光材料的费尔德（Verdet）常数；l 为光通过的路径；$\boldsymbol{H}$ 为被测电流在光路上产生的磁场强度。

为了使实际测量电流时不受载流母线位置变化及另外两相电流产生的磁场影响，依安培环路定律使磁光材料内的光束在被测电流周围形成环路，此时

$$\theta = \nu \oint \boldsymbol{H} \cdot d\boldsymbol{l} = \nu i$$

式中：i 为载流导体中流过的交流电流。

利用 Faraday 效应实现电流传感可能有多种方式，如全光纤式、光电混合式和块状玻璃式。

由于目前尚无高精确度测量偏振面旋转的检测器，通常利用检偏器将旋转角度 θ 的变化转化为光强变化的信息。调节起偏器和检偏器的偏振轴夹角为 45°以获得最大的测量灵敏度。当有电流通过母线棒，且当 θ 很小时，根据马吕斯定律，有

$$\begin{aligned} P &= P_0 \cos^2(45° - \theta) \\ &= P_0(1 + \sin 2\theta)/2 \\ &\approx P_0(1 + 2\theta)/2 \\ &= P_0(1 + 2\nu i)/2 \end{aligned}$$

式中：P_0 为入射光经过起偏器后的光强；P 为检偏器输出光强。经光电变换、滤波等环节，式中 P 可分解为直流分量 $P_{DC} = P_0/2$ 和交流分量 $P_{AC} = P_0 \nu i$，假设一变量 g，令 $g = P_{AC}/P_{DC}$，则

$$g = ki$$

式中：k 为比例系数，与所采用的电路有关。可见 g 与被测电流呈线性关系，这样就可以利用偏光干涉原理来实现对电流信号的测量。

（2）普克尔斯（Pockels）电光效应原理。Pokels 电光效应原理图如图 6-15 所示。

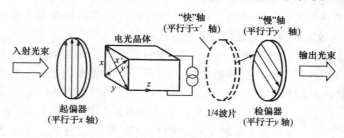

图 6-15　Pockels 电光效应原理

Pockels 效应是指在外加电场作用下透过某些物质（如电光晶体）的光会发生双折射，沿感生主轴方向分解的两束光由于折射率不同导致在晶体内的传播速度不一样，从而形成了相位差 $\Delta\varphi$。

$$\Delta\varphi = \frac{\pi U}{U_\pi}$$

式中：U_π 为使得两束光产生 π 相位所需要施加的电压，称为半波电压；U 为待测的电压，与 $\Delta\varphi$ 成正比。

根据电光晶体中外加电场方向与通光方向之间的几何关系，基于 Pockels 效应的电压光学互感器可以分为横向调制电压传感器和纵向调制电压传感器。

横向调制型通光方向与电场方向垂直，如图 6-16 所示。

其半波电压为

$$U_\pi = \frac{\lambda d}{2n_0^3 \gamma l}$$

式中：λ 为光波长；d 为晶体的厚度；l 为光在晶体内传播的光程；n_0 为晶体的寻常折射率；γ 为晶体的电光系数。可知相位差与晶体的形状（即 l 和 d）有关。

纵向调制型通光方向与电场方向一致，当一束线偏振光沿与外加电场 **E** 平行的方向入射处于此电场中的电光晶体时，折射光束产生的相位差与外加电场的强度成正比，利用检偏器等光学元件将相位变化转换为光强变化，即可实现对外加电场（或电压）的测量，如图 6-17 所示。

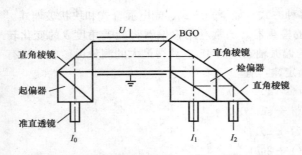

图 6-16　横向调制型光电电压传感器示意图

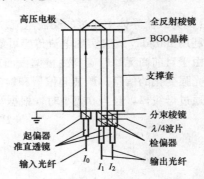

图 6-17　纵向调制型光电电压传感器示意图

其半波电压为

$$U_\pi = \frac{\lambda}{2n_0^3 \gamma}$$

可知纵向调制的相位差与晶体的形状（即 l 和 d）无关。

在目前的技术条件下，要对相位差进行精确的直接测量是困难的，故一般采用干涉的方法将通过晶体的相位调制光变成振幅调制光，通过光强的检测来间接达到相位检测的目的，其解调过程与基于 Farady 效应的电流互感器的解调过程相似。

（3）罗氏（Rogowski）线圈原理。Rogowski 线圈是将导线均匀密绕在环形等截面非磁性骨架上而形成的一种空心电感线圈，又称磁位计。理想情况下线圈满足：①线圈所有匝数的截面面积相等；②每匝线圈沿圆环均匀分布。Rogowski 线圈原理图如图 6-18 所示。

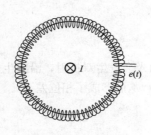

图 6-18　Rogowski
　　　　线圈原理图

设载流导体垂直于线圈平面并位于线圈的中心，线圈的内半径、外半径、中心半径、横截面积及匝数分别为 R_i、R_a、R、A 和 N_w。根据安培定理，线圈中心圆上的磁感应强度 B 为

$$B = \mu_0 H = \frac{\mu_0 i}{2\pi r}$$

式中：μ_0 为真空磁导率。当 $R_a - R_i < R$ 时，线圈中心圆上的磁感应强度近似等于线圈横截面 A 内的平均磁感应强度，线圈横截面积 A 内的磁通近似为

$$\Phi \approx BA = \frac{\mu_0 A i}{2\pi r}$$

N_w 匝线圈感应的总电动势为

$$e(t) = -M\frac{\mathrm{d}i}{\mathrm{d}t} \approx -\frac{\mu_0 N_w A}{2\pi r}\frac{\mathrm{d}i}{\mathrm{d}t} = -\mu_0 N A\frac{\mathrm{d}i}{\mathrm{d}t}$$

式中：M 为线圈的互感；N 为线圈的匝密度。利用公式可以近似的计算任意截面 Rogowski 线圈

的感应电动势。对于骨架为环形、截面为矩形或圆形的线圈，则可以精确地计算它们的互感。

矩形截面线圈的互感为

$$M = \frac{\mu_0 N_w h}{2\pi} \ln \frac{R_a}{R_i}$$

式中：h 为矩形线圈的高度。

圆形截面线圈的互感为

$$M = \frac{\mu_0 N_w (R_a + R_i - 2\sqrt{R_a \cdot R_i})}{2}$$

由此可通过 $e(t)$ 反应一次电流的大小。

3. 电子式互感器应用举例

以下以 NAE-GL 系列全光纤电流互感器（FOCT）为例，描述电子式互感器的具体结构及其应用。

NAE-GL 系列全光纤电流互感器由高压侧的光纤敏感环及处于零电位的电气单元组成，并通过一根光纤同时完成上传和下传光路信息。其实现方案如图 6-19 所示。

全光纤电流互感器采用了法拉第磁光效应原理。光源发出的连续光到达偏振器后被转化为线偏振光，并进入相位调制器。在相位调制器上施加合适的调制算法，两束正交的线偏振光的相位会发生预期的改变，两束受到调制的光波进入了光纤线圈，在电流产生的磁场的作用下，两束光波之间产生正比于载体电流的相位角。经反射镜反射后两束光波返回到相位调制器、偏振器、耦合器，最后进入光电探测器，输出的电压信号被信号处理电路接收并运算，运算结果通过数字接口输出。

（1）由于在系统中传输的光通过了完全相同的光路，因此该方案具有优良的互易性，这也意味着 FOCT 具有更好的环境抗干扰能力。此方案的优点如下：

1）闭环控制（负反馈）技术扩大了准确度下的动态范围。NAE 系列 FOCT 采用的是全数字闭环控制技术（如图 6-20 所示），对各种可能出现的偏差进行校正，真正成为一个完善的自适应控制系统，从原理和实现的手段上保证了全光纤电流互感器的精度和动态范围，并且基于负反馈的闭环控制还保证了整个系统的稳定性。

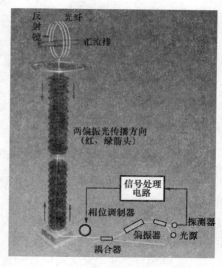

图 6-19　NAE-GL 系列全光纤
电流互感器

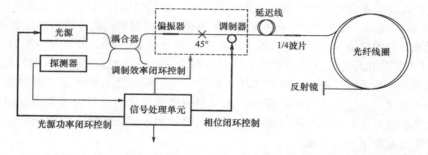

图 6-20　NAE-GL 系列全光纤电流互感器闭环控制工作原理图

2）共光路、差动信号解调方式提高了抗干扰能力。NAE 系列 FOCT 光信号输入输出端在同一点，采用完全互易的同一个光路，即使来自外界的温度变化、振动以及电磁场辐射等因素的干扰，同一光路路径受干扰源的影响出现的误差也会互相抵消，从而提高了产品的稳定性。

3）全光纤结构提高了系统的可靠性。NAE 系列 FOCT 中敏感元件和传输元件都为光纤，采用熔接连接，不受外界环境温度的影响，真正做到了敏感元件的长期稳定性和免维护，提高了系统的可靠性。

该系列产品已经在国内多个变电站监控与自动化系统中投入运行。

（2）NAE-GL 系列全光纤电流互感器的结构及其安装

1）NAE-GL 全光纤电流互感器的物理结构如图 6‑21 所示。NAE-GL 全光纤电流互感器分为两个主要部分：第一部分为安装在一次电气设备部分的敏感元件，如图 6‑21 所示为 3 个敏感环（分别对应 A、B、C 三相）；第二部分为二次电气处理部分，又称为电气单元。两部分之间通过光纤连接。图 6‑21 中的安装法兰为安装在 GIS 组合电气中的安装附件。

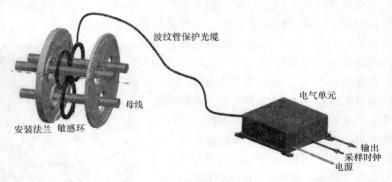

图 6‑21　NAE-GL 全光纤电流互感器安装在三相共箱 GIS 中的模型图

a）电气单元。电气单元介于光纤敏感环和合并单元（MU）之间，实现光探测信号的发送、电流信息的采集和处理及与合并单元的通信等功能，是全光纤电流互感器的重要组成部分。电气单元由解调模块、电源模块、通信模块及电气母板组成。光纤敏感环和解调模块一起构成一组全光纤电流互感器。

电气单元与合并单元之间的数据传输目前有两种方式。方式一：合并单元为电气单元提供同步采样脉冲。这种做法比较容易实现全站的数据采样同步，但是一旦失去同步采样脉冲，电气单元将无有效数据输出。方式二：电气单元按照一定的采样速率进行数据采集并主动上送，由合并单元根据与电气单元之间传输的时间采用差值算法补偿后将电流值送给后端的保护、测量装置。差值算法可以实现采样数据相对独立，不依赖于外部的同步装置，对于保护的可靠性提供了一定的保证。差值算法会带来一定的精度误差，但是可以控制在允许的范围内。

b）敏感环的结构。图 6‑21 中敏感环的尺寸可根据一次设备的大小进行相应的调整。但是，由于光纤要求一定的弯曲半径，敏感环的内直径一般不小于 280mm，其厚度一般为 19～25mm。

2）NAE-GL 全光纤电流互感器柔性化的安装方式。由于 FOCT 先进的原理，稳定可靠的特性，其安装方式非常灵活。安培环路定律从原理上保证了全光纤电流互感器的敏感环不需要导体从其中心垂直穿过，导体可以偏心安装，相与相的敏感环之间也可以适当叠加，只要保证每个敏感头只完全通过一相导体即可。根据电力一次设备的不同，NAE-GL 系列全光纤电流互感器目前工程实施有以下安装方案：

a）独立支柱式。独立支柱式安装方式与传统电流互感器相同，需要绝缘子、大电流端子、均压环等高压附件，在敞开式变电站中需要一定的配电装置间隔长度和占地面积，如图 6-22 所示。

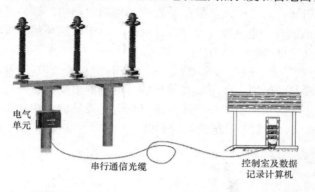

图 6-22 独立支柱式 FOCT

b）与一次开关组合式。全光纤电流互感器可以与多种一次设备组合安装。图 6-23 为与隔离开关组合方式。FOCT 的敏感环选择安装在隔离开关的静止触头上，敏感环与电气单元之间的光纤借助隔离开关的绝缘子引出。

此方案充分利用 FOCT 的优势，不需要单独的占用间隔长度，尤其对于城市变电站减少占地面积具有更大的优势与经济和社会效益，是未来敞开式变电站的发展趋势。

c）三相共箱 GIS 安装方式。FOCT 的敏感环内嵌在 GIS 两个气室之间连接的法兰内，110kV 三相共体 GIS 的安装如图 6-24 所示。这种安装方式中 FOCT 不需像传统互感器一样每相安装磁屏蔽套筒，结构大为简化。而且 FOCT 的敏感环和电气单元都处在零电位，方便维护。这种方式很好地解决了与 GIS 的配合问题，不但不影响 GIS 的气室的气密性，GIS 气室还可以缩小。它对于 GIS 的基础结构影响不大，只需要

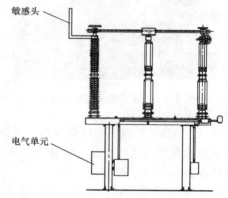

图 6-23 与隔离开关组合式 FOCT

将相关的 GIS 的法兰更换为适于安装 FOCT 的法兰即可。尤其对于将 GIS 的老站改造为智能变电站更加有利。

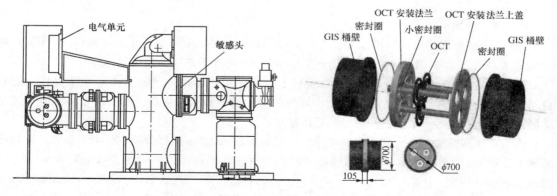

图 6-24 110kV 三相共体 GIS 的安装示意图

d）罐式断路器安装。全光纤电流互感器的敏感环安装在断路器绝缘支柱的升高座内，与传统互感器的安装位置相同，电气单元安装在就近的就地端子箱内。罐式断路器的安装方式如图6-25所示。FOCT 的敏感环和电气单元都处在零电位。由于敏感环的厚度较传统互感器体积小很多，绝缘支柱的升高座可以相应减小。

e）中低压开关柜内安装。根据国家电网公司 Q/GDW 441—2010《智能变电站继电保护技术规范》要求：母线差动保护、变压器差动保护、电抗器差动保护用电子式电流互感器相关特性宜相同，在中低压开关柜内安装全光纤电流互感器，设计时要满足不同电压等级的空气绝缘距离，如图6-26所示，无需考虑相间电磁干扰。

全光纤电流互感器

图 6-25　罐式断路器安装方式

图 6-26　中低压开关柜内安装方式

现在 35kV 及以下电压等级的开关柜的体积已经压缩得非常小，NAE-GL 系列全光纤电流互感器的敏感环已经可以采用完全绝缘的材料了，这对于 35kV 及以下电压等级的开关柜内安装敏感环提供了很好的解决方案。

f）管母线悬吊式安装。FOCT 敏感环采用母线金具连接，管母线直接从传感头中心穿过。整个 FOCT 敏感环的质量基本由管母线承担，连接光纤埋在柔性复合绝缘子中，从高压侧悬吊下来。这种安装方式尤其适用于高压直流换流站。

6.4 数字化变电站 IEC 61850 标准

6.4.1　概述

IEC 61850 标准是由国际电工委员会（International Electro-technical Commission，IEC）第57 技术委员会于 2004 年颁布的，应用于变电站通信网络和系统的国际通信标准。

IEC 61850 标准基于网络通信平台，实现了电力系统从调度中心到变电站、变电站内、配电自动化等的无缝连接，不但规范了保护、测控装置的模型和通信接口，而且还定义了电子式互感器、智能化开关等一次设备的模型和通信接口。

作为基于网络通信平台的变电站唯一的国际标准，IEC 61850 标准吸收了 IEC 60870 系列标准和 UCA 协议体系的经验，参考和吸收了已有的许多相关标准，其中主要有 IEC 60870-5-101远动通信协议标准，IEC 60870-5-103 继电保护信息接口标准，UCA 2.0（Utility Communication Architecture 2.0）由美国电科院制定的变电站和馈线设备通信协议体系，ISO/IEC 9506 制造商信息规范（Manufacturing Message Specification，MMS）等。

IEC 61850 标准对保护和控制等自动化产品和变电站监控及自动化系统（SAS）的设计产生深刻的影响。它不仅应用在变电站内，还运用于变电站与远方调度中心之间及各级调度中心之间。由于该标准内容庞大、复杂，本节仅涉及与变电站相关的内容。

6.4.2 IEC 61850 标准的几个重要术语

1. 功能（F）

功能就是变电站监控与自动化系统执行的任务，如继电保护、监视、控制等。一个功能由称作逻辑节点的子功能组成，它们之间相互交换数据。

2. 逻辑节点（LN）

逻辑节点是用来交换数据的功能最小单元，一个逻辑节点表示一个物理设备内的某个功能，它执行一些特定的操作，逻辑节点之间通过逻辑连接交换数据。

3. 逻辑设备（LD）

逻辑设备是一种虚拟设备，为了通信目的能够聚集相关的逻辑节点和数据。另外，逻辑设备往往包含经常被访问和引用的信息的列表，如数据集。

4. 通信信息片（PICOM）

通信信息片是在两个逻辑节点之间通过确定的逻辑路径进行传输，且带有确定通信属性的交换数据的描述。一个物理设备（即 IED）可完成多个功能，可分解为多个逻辑节点。各个逻辑节点建立的通信可用上千个通信信息片 PICOM 来描述。

5. 服务器（SERVER）

一个服务器用来表示一个设备外部可见的行为，在通信网络中一个服务器就是一个功能结点，它能够提供数据，或允许其他功能节点访问它的资源。

有关上面几个概念或定义的层次关系如图 6-27 所示。

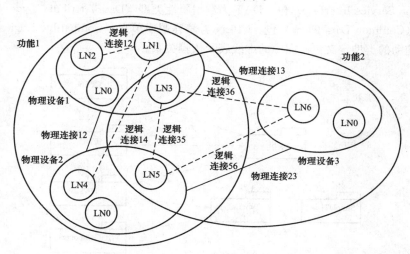

图 6-27　功能、逻辑节点和物理设备的关系

6.4.3 IEC 61850 标准的特点

1. 使用面向对象建模技术

IEC 采用统一建模语言（UML）作为 IEC 61850 的建模语言。UML 是一种定义良好、易于表达、功能强大且普遍适应的可视化建模语言。它融入了软件工程领域的新思想、新方法和新

技术，不仅可以支持面向对象的分析和设计，更重要的是能够强有力地支持从需求分析开始的软件开发全过程。UML 帮助人们对现实世界问题进行科学地抽象，进而建立简单准确的模型。这些模型成为标准后，电力系统的各种应用就不再依赖信息的内部表示，大家共用一种"语言"讲话，各种异构系统的集成将变得简单有效。

IEC 61850 标准采用 UML 建模技术，定义了基于客户机/服务器结构数据模型，如图 6-28 所示。每个 IED 包含一个或多个服务器，每个服务器本身又包含一个或多个逻辑设备。逻辑设备包含逻辑节点，逻辑节点包含数据对象。数据对象则是由数据属性构成的公用数据类的命名实例。对通信而言，IED 同时也扮演客户的角色。任何一个客户可通过抽象通信服务接口（ACSI）和服务器通信并访问数据对象。

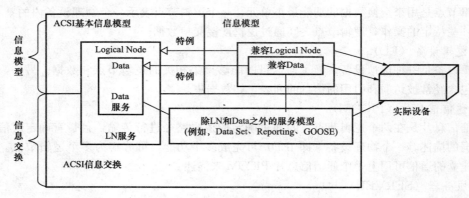

图 6-28　IEC 61850 数据模型

图 6-29 所示为 IEC 61850 顶层 UML 包图。图中，ACSI 是抽象通信服务接口（Abstract Communication Service Interface）包，DAT 为数据属性类型（Data Attribute Type）包，CDC 为公共数据类（Common Data Class）包，CPLN 为兼容逻辑节点（Compatible Logical Node）包，其余为一些辅助的类型定义包。图中的虚线表示依赖关系。

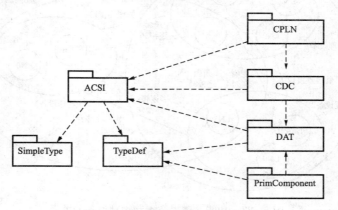

图 6-29　IEC 61850 顶层 UML 包图

2. 使用分布、分层体系

变电站通信网络和系统协议 IEC 61850 标准草案提出了变电站内信息分层的概念，无论从逻辑概念上还是从物理概念上，都将变电站的通信体系分为 3 个层次，即变电站层（亦称站控层）、间隔层和过程层，并且定义了层和层之间的通信接口，如图 6-30 所示。

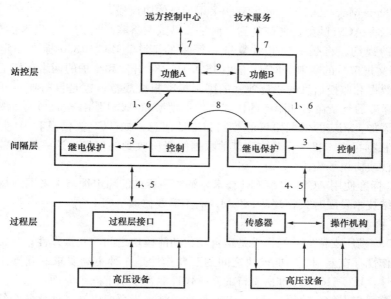

图 6-30　IEC 61850 通信接口

1—间隔层和站控层之间保护数据交换；3—间隔层内数据交换；4—过程层和间隔层之间电流和电压
瞬时数据交换；5—过程层和间隔层之间控制数据交换；6—间隔层和站控层之间控制数据交换；
7—站控层与远方工程师办公地数据交换；8—间隔层之间直接数据交换；9—站控层内数据交换

　　过程层通常又称为设备层，主要是指变电站内的变压器和断路器、隔离开关及其辅助触点，电流、电压互感器等一次设备。变电站自动化系统早期主要涉及间隔层和站控层。间隔层一般按断路器间隔划分，包括测量、控制元件或继电保护元件。测量、控制元件负责该间隔的测量、监视、断路器的操作控制和联/闭锁及时间顺序记录等；继电保护元件负责该间隔线路、变压器等设备的保护、故障记录等。因此，间隔层由各种不同间隔的装置组成，这些装置直接通过局域网络或者串行总线与站控层联系；也可设有数据管理机或保护管理机，分别管理各测量、监视元件和各继电保护元件，然后集中由数据管理机和保护机与站控层通信。站控层包括监控主机、远动通信机等。站控层设现场总线或局域网，实现各主机之间、监控主机与间隔层之间的信息交换。

　　分层分布式系统按站内一次设备（变压器或线路等）实现面向对象的分布式配置，其主要特点是：

　　（1）不同电气设备均单独安装具有测量、控制和保护功能的元件（如数字式保护和测控单元等），任一元件出现故障，不会影响整个系统的正常运行。

　　（2）分布式系统实现多 CPU 工作模式，每个单独的装置都具有一定的数据处理能力，从而减轻了主控单元的负担。

　　（3）系统自诊断能力强，能自动对系统内所有装置进行巡查，及时发现故障并加以隔离。

　　（4）系统扩充灵活、方便。

　　3.使用抽象通信服务接口（ACSI）、特殊通信服务映射（SCSM）技术

　　IEC 61850 标准总结了变电站内信息传输所必需的通信服务，设计 ACSI。在 IEC 61850-7-2 中，建立了标准兼容服务器所必须提供的通信服务的模型，包括服务器模型、逻辑设备模型、逻辑节点模型、数据模型和数据集模型。客户通过 ACSI，由特殊通信服务映射（Specific Communi-cation Service Map，SCSM）映射到所采用的具体协议栈。

理论上可以将 ACSI 映射到任何规约，但是如果试图将其映射到一个只提供对简单变量读、写、报表服务的规约，将是一项非常复杂和繁重的工作。IEC 61850 标准中定义了 ACSI 到 MMS（制造报文规范）的映射。MMS 是由 ISO/TC 184 开发和维护的网络环境下计算机或 IED 之间交换实时数据和监控信息的一套独立的国际标准报文规范，也是目前唯一可以很方便的支持 IEC 61850 标准的复杂命名和服务的协议。信息模型和 ACSI 服务被映射到 MMS 中，然后根据采用的网络添加上相应的低层协议的控制和地址信息，如 TCP 头信息和 IP 头信息。接收报文的 IED 能够根据标志、长度、名称和其他数据解释所收到的信息。这一解释需要通信双方采用相同的通信栈或协议子集。

IEC 61850 标准使用 ACSI 和 SCSM 技术，解决了标准的稳定性与未来网络技术发展之间的矛盾，即当网络技术发展时只要改动 SCSM，而不需要修改 ACSI。

4. 具有互操作性

IEC 61850 标准所支持的互操作性是指自动化功能模块之间的互操作性，与常规的自动化装置之间的互操作性存在差别。功能模块之间的互操作性是一种更高要求的互操作性，包括装置之间的互操作性。IEC 61850 标准所支持的互操作性涵盖了以下三个方面：

（1）信息模型应用的一致性。IEC 61850 标准总结了当今变电站自动化各个领域的所有功能（包括自动化监控、继电保护、故障录波等），并由电力系统的行业专家对这些功能进行逻辑抽象和细分，将这些功能按照适当的粒度分解成能够进行信息交换的最小单位。XCBR、Pos、ctlVal 等在 IEC 61850 标准中作为保留字应用，已经在标准中被赋予了特定的信息语义，这种语义可以在所有的应用 IEC 61850 信息模型的 IED 设备中被惟一的理解，工程师对设备进行信息建模时不能修改这些保留字。工程师可以利用 IEC 61850-6 部分定义的变电站配置语言 SCL 语言描述和发布自己设备的信息模型，通过以上所述的信息建模的方法，信息语义的定义和对于信息模型描述语言的定义保证了整个信息模型应用的一致性。

（2）通信服务应用的一致性。设备的通信服务模型也必须通过 SCL 语言描述和发布。IEC 61850-7-2 部分标准定义了各个服务采用的数据结构和标准的输入/输出，又可以通过 SCL 语言发布该设备所支持的服务，从而为各设备之间的互操作提供了基础。一个厂家的 IED 设备声明支持该服务，其他厂家的设备只要按照标准的要求提供适当的服务请求，该设备就能够根据当前状态给出相应的服务响应，这就是各不同厂家设备之间信息交互的互操作性。

（3）通信服务映射和通信协议栈实现的一致性。IEC 61850 标准为实现无缝的通信网络，提出抽象通信服务接口（ACSI）。接口技术独立于具体的网络应用层协议，与采用何种网络无关，可充分适应 TCP/IP 及现场总线等各类通信体系，而且客户只需改动特定通信服务映射（SCSM），即可完成网络转换，从而适应了电力系统网络复杂多样的特点。

5. 具有面向未来的、开放的体系结构

IEC 61850 标准是为了适应变电站监控与自动化的发展而制定的国际标准，它充分考虑了采用新型电压、电流互感器后变电站自动化技术的发展趋势。随着光纤通信更广泛地应用于变电站自动化，间隔层中与一次设备直接相关的功能将越来越多地下放到过程层。因此，IEC 61850 标准是充分考虑未来技术发展的开放性标准。

6.4.4 面向通用对象的变电站事件模型（GOOSE）

1. GOOSE 概述

GOOSE（Generic Object Oriented Substation Event）是通用面向对象的变电站事件的简称，是 IEC 61850-7 系列标准中定义的一种派生于 GSE 类的通用变电站事件模型类。在数字化变电站中，GOOSE 报文主要用于传送间隔闭锁信号和实时跳闸信号。

与其他报文传输映射实现不同，GOOSE 报文的映射实现不经 TCP/IP 协议，而只用了国际标准化组织开放系统互联（ISO/OSI）中的 4 层，即由应用层到表示层（ASN.1 编码）后，直接映射到底层（数据链路层和物理层）。在数据链路层中，为了提高报文传输速度，采用了 IEC 802.1Q，在数据中增加了优先级内容。这种映射方式的目的是避免通信堆栈造成传输延迟，从而保证报文传输、处理的高效性。

2. GOOSE 的实现

（1）组网。GOOSE 组网时，在交换机的选择上要求支持 IEEE 802.1P 和 IEEE 802.1Q 协议，以支持 GOOSE 对报文优先级和虚拟局域网的需求。

正常运行时 GOOSE 的数据量并不大，且每帧 GOOSE 报文的长度要求不大于数据链路层的最大帧长度，只要交换机支持优先级，GOOSE 报文总会被优先传送，因此理论上来说 GOOSE 可以和间隔层共用一个网络。但是，在实际应用中，为保证 GOOSE 报文传输的高可靠性和高实时性，建议单独建立 GOOSE 子网，防止其他应用数据阻塞网络，造成不可预料的 GOOSE 传输延时。有较多 GOOSE 设备连接到一个子网中时，可按装置保护、控制功能之间的配合需要划分虚拟局域网（VLAN），减少接收端过滤报文的压力。同时，根据信号的重要性给 GOOSE 报文划分不同的优先级，保证高优先级 GOOSE 传输的实时性。

在高电压等级的应用中，可采用双网互备方式提高网络的可靠性。过滤报文有两种方式，一种是根据 MAC 地址判断备通道数据，主通道正常时直接扔掉备通道数据，发现主通道通信异常后把备通道切换为主通道；另一种是同时接收解析两个通道上送的数据，根据报文中的参数 stNum 和 sqNum 来过滤冗余数据。

（2）配置。SCD 文件包含了全站设备所有 IEC 61850 通信配置，站内每个 GOOSE 发布者的 GOOSE 内容在 SCD 文件中也有详细配置说明，包括 mac 地址、APPID、数据集及每个成员的数据类型配置。GOOSE 订阅者通过解析 SCD 文件，提取其订阅的 GOOSE 配置信息，把数据集中的数据成员映射到本地数据。GOOSE 发布者可只解析其自身的 CID 文件，获取数据映射信息和数据集配置信息。

（3）ASN.1 编码。GOOSE 的 sendGOOSEMessage 服务在表达层使用 ASN.1 的 BER 规则编码，省略了传输层和网络层，直接在链路层上收发数据，最大限度地节省协议处理时间。从报文结构上看，链路层的报文编码很简单，各个区域的数据相对比较固定，每次发送时基本不会改变，其余大部分时间消耗都在采用 ASN.1 规范的 APDU 的编解码上。

3. GOOSE 在数字化变电站中的应用

（1）应用范围。GOOSE 机制是分布式保护或分布式自动化功能赖以实现的基础，其可靠性和实时性的优点使得 GOOSE 机制具有广阔的应用前景。不仅可用于间隔层与过程层设备之间的纵向联系（如跳闸信息等），还可用于间隔层设备的横向联系，保护和测控等智能 IED 之间可以互相交换信息，更好地满足未来数字化变电站的互操作和功能自由分布的要求。

（2）注意事项。为保证跳闸命令传输的实时可靠，实际应用中应注意以下几点：

1）构建过程总线通信网络时，必须采用支持优先级和虚拟局域网（VLAN）功能的交换机。考虑到过程层设备所处的恶劣电磁环境，交换机应是工业级的。

2）除了保护跳闸命令传送采用 GOOSE 报文外，开关位置信号、一次设备状态信号也同样采用 GOOSE 报文。因此，应对这些报文采用不同的优先级。一般来说，将保护跳闸命令和闭锁命令设为最高级，而遥控分合闸、断路器位置信号等设为次高级，隔离开关位置信号和一次设备状态信号设为普通级。

3）考虑到采样值数据量较大，建议采样值网络和 GOOSE 网分开组网。

4）对于重要变电站，考虑到系统的可靠性，GOOSE 网可以采用双网结构。

（3）应用举例。某数字化变电站采用 GOOSE 实现变电站间隔层设备间的安全防误闭锁功能。接入 IEC 61850 网络的所有保护、测控一体化装置通过独立的 GOOSE 端口进行快速报文交互，实时得到其他间隔的相关数据，然后在本装置 CFC 逻辑模块内完成相应的逻辑判断，从而实现了系统的安全闭锁。

图 6-31 所示为通过 GOOSE 实现的馈线保护动作逻辑图。

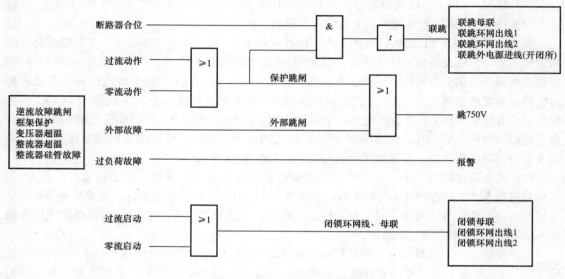

图 6-31　馈线保护动作逻辑图

6.4.5　变电站配置描述语言（SCL）

1. SCL 概述

IEC 61850 系列标准的目的是为来自不同厂家的 IED 产品提供互操作性，所讨论的焦点是为变电站通信管理提供一套能够满足互操作性要求的变电站通信系统。为了在应用层屏蔽不同厂家装置的差异性，通过网络远程安全地进行信息交换和系统配置，统一使用严格规范的 SCL。

SCL 是利用可扩展标记语言（XML）的可扩展性，根据变电站配置的特殊要求定义的一种行业专用语言，作为变电站配置的专用描述语言，在语法上遵循 XML 的语法规定，在语义上尽可能包含变电站配置所涉及的各类对象。SCL 文件的根元素是 SCL。SCL 包含 5 个子元素，即 Header、Substation、Communication、IED、DataTypeTemplates。每个子元素下配置相应的模型信息。

（1）Header 部分：包含 SCL 文件的版本信息和修订信息、文件书写工具标识及名称映射信息，用来描述文件自身的信息。

（2）Substation 部分：即变电站模型，包含变电站的功能结构、主元件和电气连接及相应的功能节点，主要用在 SSD 文件和 SCD 文件中，在 ICD 文件和 CID 文件中是可选的。

（3）Communication 部分：即通信模型，定义了子网中 IED 接入点的相关通信信息，包括设备的网络地址和各层物理地址。

（4）IED 部分：即 IED 模型，描述了 IED 的配置情况及其所包含的逻辑装置、逻辑节点、数据对象和所具备的通信服务能力，涵盖了功能和通信两方面的内容。

（5）DataTypeTemplates 部分：即可实例化的逻辑节点类定义模型，详细定义了在文件中出现的逻辑节点类型及该逻辑节点所包含的数据对象和数据属性。

2. SCL 在数字化变电站中的应用

IEC 61850-6 标准中，用 XML Schema 来定义 SCL 文件的结构。标准中使用了 8 个 Schema 文件，其中 SCL. xsd 是主文件，它引用或包含其他 7 个 Schema 文件。各 Schema 文件及其相互关系见表 6 - 1。各 Schema 文件通过定义各种简单或复杂类型来定义 SCL 文件中的各种元素及其属性值的类型，保证配置信息交换格式统一规范。

表 6 - 1 Schema 文件及其相互关系

文件名	描　　述	与其他文件的关系
SCL _ BaseSimpleTypes. xsd	其他部分中用到的基本简单类型定义	
SCL _ Enums. xsd	其他部分中用到的 XML Schema 枚举类型	包含 SCL _ BaseSimpleTypes. xsd
SCL _ BaseTypes. xsd	其他部分中用到的基本复杂类型定义	包含 SCL _ Enums. xsd
SCL _ Substation. xsd	变电站相关的语法定义	包含 SCL _ BaseTypes. xsd
SCL _ Communication. xsd	通信相关的语法定义	包含 SCL _ BaseTypes. xsd
SCL _ IED. xsd	IED 相关的语法定义	包含 SCL _ BaseTypes. xsd
SCL _ DataTypeTemplates. xsd	数据类型模版相关的语法定义	包含 SCL _ BaseTypes. xsd
SCL. xsd	主要的 SCL Schema 语法定义，其中定义了 SCL 文件的根元素	包含 SCL _ Substation. xsd、SCL _ Communication. xsd、SCL _ IED. xsd 及 SCL _ DataTypeTemplates. xsd

6.4.6 制造报文规范（MMS）

1. MMS 概述

MMS 标准即 ISO/IEC 9506，是由 ISO/TC 184 提出解决在异构网络环境下智能设备装置之间实现实时数据交换与监控信息的一套国际报文规范。它提供适用于多种智能设备（IED）和控制设备的服务。MMS 所提供的服务有很强的通用性，已经广泛运用于汽车制造、航空、化工、电力等工业自动化领域。IEC 61850 标准中采纳了 ISO/IEC 9506-1 和 ISO/IEC 9506-2 部分，制定了 ACSI 到 MMS 的映射。

MMS 由两部分组成：服务定义（Service Definition）和协议规范（Protocol Specification）。前一部分定义了 MMS 所提供的服务，包括虚拟制造设备（VMD）的模型及其所提供的服务，数据交换的服务；后一部分规定了具体实现的协议，协议具体规定了报文的格式、数据帧的次序和 OSI 的关系及接口。

2. MMS 的优势

MMS 具有以下三大优势：

（1）实现互操作。互操作指的是网络上的设备具有相互交换优先控制和进程等数据信息的能力，以往也有一些通信协议提供某种程度的互操作，但是这些协议对网络连接、设备型号、功能的执行等都做了过多限制；而有些则又规范得不足，直到 MMS 协议的产生才改变了这种局面。

（2）实现独立。MMS 实现了独立性，使用户不再受限于固定的设备提供商，只要是符合 MMS 标准能实现相同功能的设备就可以进行设备替换，并做到设备的互操作。这种独立性还体现在网络联结和功能的实现。

（3）实现异构环境下数据访问。MMS还实现了异构环境下数据访问，虽然很多通信机制也支持这一点，但是它们又往往缺乏独立性，提供的只是一种简单的字节队列信息在网络中传输的机制；而 MMS 则对传递的信息提供了更多的限定和结构化抽象，屏蔽了实际设备内部特性，在表示层采用 ASN.1 的 BER 编码，这意味着拥有相同功能但来自不同厂家的设备可以使用相同的信息表达来实现互操作。

3．MMS 协议的描述及编码规则

在 MMS 中，所有的服务原语、数据、错误信息都通过 PDU 进行传递，MMS 标准规定任何遵循 MMS 协议的系统都必须采用 ASN.1 基本编码规则形成传递语法来支持 MMS PDU，即由 ASN.1 编码/解码器来实现 MMS 语法和传递语法的转换。

（1）ASN.1 基本编码规则：

ASN.1（Abstract Syntax Notation One）是由 ITU-T 制定的描述应用层协议的形式化描述工具，提供一种独立于程序语言的定义数据结构的方法，但是它并没有定义实际用于发送的数据格式。ASN.1 可以有多种传输语法的支持，如 BER（基本编码规则）、CER（正规编码规则）、DER（特异编码规则）、PER（紧缩编码规则），而一般采用 BER 或 PER。MMS 在表示层采用 ASN.1 的 BER 编码，使拥有相同功能但来自不同厂家的设备可以使用相同的信息表达来实现互操作。

BER 编码规定每个传输的数据值，不管是简单类型还是复合类型，都由 TLC 三个字段构成，如图 6-32 所示。

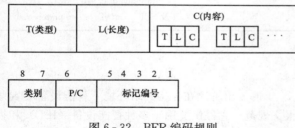

图 6-32 BER 编码规则

其中，T 是标识类型的八位数组（Tag）；L 是数据字段的长度（Length），以字节为单位；C 是数据字段的内容（Content）。每个数据项的第一个字节都是 T（类型）字段，该字段又可分为 3 部分，其中比特 8～7 代表类别，规定用 00、01、10、11 分别代表通用类、应用类、上下文类和专用类。比特 6 代表 P/C 比特，该项为 0 表示为简单类型，该项为 1 表示为复合类型。比特 5～1 表示类型的编号，如 BOOLEAN 为 1，IN-TEGER 为 2，BITSTRING 为 3。

L 字段标识数据占据了多少字节。若长度小于 128 字节，则直接用 1 个字节编码。该字节最高位为 0。长度大于 128 个字节的数据的长度段则包括了多个字节。其中，第一个字节的最高位为 1，低 7 位为长度段所占用的字节数。C 字段的内容则依赖于当前数据的类型，这些类型的编码都是根据 X690 的规定来的。每种数据类型都有自己的编码规则，在此不再一一赘述。

需要指出的是这种 TLC 结构是可以嵌套的。在 C 字段中又可以包含其他数据的 TLC 字段。譬如，若 SEQUECE 类型中包含了另一个 SEQUENCE 类型，则编码时后者的编码将嵌入到前者里去，这种嵌套还可以一层一层地进行。

（2）MMS PDU 的 ASN.1 编码。MMS 以形式语言的格式定义了近百种 PDU 格式，其中与 IEC 61850 标准映射相关的 PDU 也有几十种之多。每种 PDU 都遵循 ASN.1 的格式进行编码。以下以 Read 服务为例进行说明。

假设客户端发出一个 GetDataValue 的请求，想要获得 Reference = IED _ 0001CTRL/

Q0CSWI1. CO. P-OS 这个 IEC 61850 数据节点的值。根据 IEC 61850-8-1，GetDataValue 应映射到 MMS 的 Read 服务。Read 服务的 PDU 结构如图 6 - 33 左半部分所示。按照 ASN.1 的编码规则，对 PDU 的各层分别编码，最终得到图 6 - 33 右半部分的编码结果。

```
Read-PDU ::=                                    TAG/Length Value
{
  [0] IMPLICIT SEQUENCE                         A0 2D
  {
    invokeID,                                   02 01      74
    [4] IMPLICIT SEQUENCE                       A4 28
    {
      [1] VariableAccessSpecification           A1 26
      {
        [0] IMPLICIT SEQUENCE of SEQUENCE       A0 24
        {
          SEQUENCE                              30 22
          {
            [0] ObjectName                      A0 20
            {
              [1] IMPLICIT SEQUENCE             A1 1E
              {
                Identifier                      1A 0C   49 45 44 5f 30 30 30 31
                                                        43 54 52 4c
                Identifier                      1A 0E   51 30 43 53 57 49 31 24
                                                        43 4f 24 50 6f 73
              }
            }
          }
        }
      }
    }
  }
}
```

图 6 - 33　Read 服务 PDU 格式及编码结果

服务器端收到上述报文后，按照 PDU 格式反向解码，即可从上述报文中得到如下信息
invokeID：: = 74

　Identifier (name of variable to read) " IED _ 0001CTRL $ Q0CSWI1 $ CO $ POS"。

　4. MMS 在 IEC 61850 标准中的应用

　IEC 61850 在映射到 MMS 时，只是采用了其中的一部分模型及服务，即 IEC 61850 采用了 MMS 的一个协议子集。下面把在 IEC 61850 中用到的 MMS 信息模型及其服务进行介绍。

　（1）环境服务。环境服务主要用于建立和中止 MMS 用户之间的连接，包括：在 MMS 环境中以正常方式结束与另一用户的通信，在 MMS 环境中以中断方式停止与另一用户的通信，取消服务请求（用户撤消已经发出，但尚未执行的请求），拒绝服务（当协议错误时，MMS 提供者通知 MMS 用户拒绝服务）。只有建立了连接，才可应用其他的服务。在建立通信服务时需要建立支持该通信的需求和能力。例如：基本细目（表示呼叫程序的信息、版本号、一致性构造块 CBB）的获得，商定允许呼叫的最大服务量，商定允许受叫最大服务量，商定数据结构嵌套级，商定支持呼叫的服务。这部分服务对于 IEC 61850 标准来说很重要，IEC 61850 标准通信环境的建立、维护、退出都是由这些服务来执行的。并且通信环境建立时的通信环境细目的协商对于 IEC 61850 标准的正常运行具有很重要的意义。例如，数据结构嵌套级的多少决定了通信双方能否正常交换数据，支持呼叫服务的商定又可以使得通信双方可以使用的服务等。

　（2）VMD 服务。VMD 服务允许用户获取 VMD 的状态，用户可以通过这类服务查询 VMD 的各种特征，包括 VMD 服务的内容、级别和可以申请的资源等。服务有 3 种，即获得 VMD 的逻辑状态或者物理状态，获得 VMD 定义的对象名称表，获得 VMD 具有的能力的描述。IEC

61850 标准主要使用了获得 VMD 定义的对象名称表的服务来实现 GetServerDirectory、GetLogicalDeviceDirectory、GetLogicalNodDirectory 服务。这些都是 IEC 61850 标准中比较重要的服务。通过这些服务支持 IEC 61850 标准的客户端可以获得 IEC 61850 SERVER 的整个的模型结构。

（3）域（Domain）管理服务。域是 MMS 中的一个重要概念，表示了某种特定应用的 VMD 的资源子集。每个域可以包含一些与操作有关的资源和信息（如程序指令、数值和其他数据等），因此，域不仅划分了 VMD 的物理资源，也划分了 VMD 所映射的设备的物理功能。域可以是动态的，也可以是静态的。动态的域由 MMS 服务或者局部动作进行创建和删除。在 IEC 61850标准中，域对应 LD（Logical Device），用来表示组成逻辑设备的对象和服务的集合，一个 LD 对应一个域。这里主要应用了域的概念，并没有用到多少域的相关服务。其最主要的原因是 IEC 61850 标准具有自己的模型，而基本没有使用 MMS 的模型。

（4）变量访问服务。变量访问服务用于 MMS 客户访问 VMD 中定义的变量。VMD 中的变量分为 5 类，包括无名变量、有名变量、分散变量、有名变量列表和有名类型。IEC 61850 标准中应用的只是有名变量、有名变量列表和有名类型。MMS 所提供的对变量的服务主要为读变量（Read）、写变量（Write）、信息报告（Information Report）、定义有名变量（Define Named Variable）、得到变量存取属性（Get Variable Access Attributes）、获得有名变量列表的属性（GetVariable List Attributes）、定义有名变量列表。这一部分是 IEC 61850 标准应用的基础，变量类型的获取、IEC 61850 标准中数据的存取、信息报告服务的实现、变量列表的定义和删除，都是通过这些服务来实现的。

（5）日志管理服务。日志管理服务向 MMS 客户提供对日志进行操作的能力，允许客户记录和检索按时间顺序发生的有关事件及有关的变量，从而可以使 MMS 客户了解事件之间的关系。日志的执行是由事件引发的。MMS 提供的日志管理服务有读日志（Read Journal）、写日志（Write Journal）、初始化日志、创建日志。IEC 61850 标准的日志服务是通过 MMS 的日志管理服务来实现的。

（6）文件服务。MMS 提供了对文件的打开、关闭、读、写、获得、重新命名、删除等服务。在 IEC 61850 标准中对于录波波形文件，配置文件的传输可以使用此服务。

6.5 数字化变电站应用举例

6.5.1 工程规模

某数字化 110kV 变电站的建设按终期规模一次建成：建设 2 台 50MVA 有载调压主变压器，电压比为 110kV/10kV。该变电站 110kV 出线 2 回，内桥接线；10kV 出线 24 回，单母线分段接线。10kV 电容器 4 组，接地兼站用变压器 2 台。110kV 配电装置采用户内 GIS 布置，主变压器户内布置；10kV 采用户内开关柜布置。图 6-34 所示为某 110kV 数字化变电站的主接线示意图。

6.5.2 系统结构和配置原则

6.5.2.1 系统结构

该系统采用 NS 3000 数字化变电站监控与自动化系统来完成所要求的各项功能。图 6-35 所示为该数字化变电站工程 NS 3000 监控与自动化系统网络结构示意图。

NS 3000 数字化变电站监控与自动化系统采用分层分布式结构，分为站控层、间隔层和过程层三层。全站采用 IEC 61850 标准。

站控层网络采用双以太网结构，传输 MMS 报文。

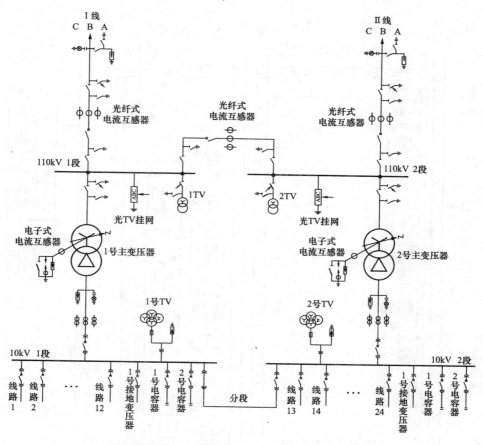

图 6-34　某 110kV 数字化变电站的主接线示意图

　　过程层组双网，采样值采用直采方式，跳合闸及智能终端开关量采用网络方式。

　　过程层采样值采用点对点方式传输至相应测控保护一体化装置。过程层组 GOOSE 双网，接入过程层网络的设备有智能终端，间隔层测控保护一体化装置和 110kV 1 号、2 号 TV 合并单元。过程层网络传输 GOOSE 跳闸、开关量、闭锁信号报文。同时，与 110kV TV 并列的开关量信号也从 GOOSE 网络取得。主变压器测控保护装置跳主变高低、压侧及内桥、10kV 分段断路器均使用光缆直接接至各侧断路器智能终端，均采用网络跳闸方式。

　　自动化系统集成变电站高级应用功能，实现程序化控制、状态检修、智能告警及分析决策、事故信息综合分析辅助决策、经济运行与优化控制、安全状态评估等功能。

　　在站控层采用 SNTP 网络对时方式实现时间同步。间隔层和过程层设备全部采用 RS 485 物理通道模式的 IRIG-B 对时。

6.5.2.2　配置原则

1. 站控层设备

该层配置主机 1 台、远动通信装置 1 套（包含两台远动工作站及一台通道切换装置）、网络通信记录分析系统 1 套（含记录仪 1 台、分析仪 1 台）、智能规约转换器 1 台。

2. 间隔层设备

该层配置双重化的主变压器测控保护装置（非电量保护单套配置），110kV 线路、内桥不再

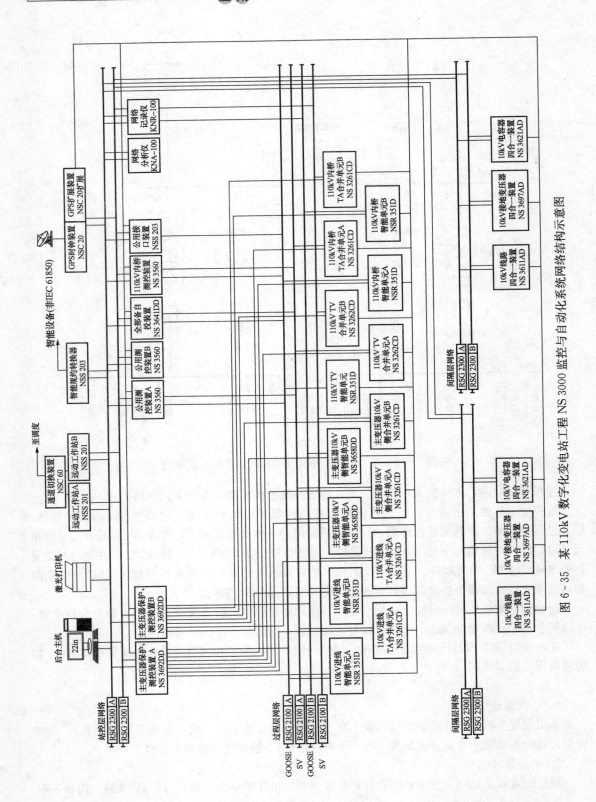

图 6-35 某 110kV 数字化变电站工程 NS 3000 监控与自动化系统网络结构示意图

另设独立的测控装置，110kV 线路测控纳入主变压器测控保护装置范围、桥测控纳入集中式处理控制装置范围。

配置公用测控装置 2 台，用于 TV 并列开关、挂网运行光 TV 采样值信号及故障信号等非 IEC 61850 标准的智能设备接入。

集中式处理装置 1 套，实现全站备自投测控保护功能、区域稳定控制、低频减载功能。

3. 过程层设备

电子式互感器配置：主变压器各侧均配置单绕组光纤式电流互感器，110kV 1 段、2 段 TV 采用电子式电压互感器。10kV（除主变压器进线外）均配置常规电磁式电流互感器，10kV 1 段、2 段 TV 采用常规电压互感器。

合并单元配置：110kV 进线、内桥、主变压器 10kV 侧间隔合并单元全部按双重化冗余配置。其他合并单元按单套配置。

智能终端配置：110kV 进线、内桥、主变压器 10kV 侧间隔、10kV 分段智能终端全部按双重化冗余配置。

4. 网络交换机

站控层与间隔层网络（含 MMS、GOOSE）交换机 2 台，每台 24 口，用于站控层及间隔层设备组网。

间隔层与站控层级联网络（含 MMS、GOOSE）交换机 4 台，每台 16 口，用于 10kV 下放的常规测控保护装置与站控层组网。

间隔层与过程层网络（含 MMS、GOOSE）交换机 4 台，每台 16 口，用于过程层智能终端与间隔层测控保护装置的组网。

以上组网方式网络介质配置为：二次设备室内采用屏蔽双绞线，采样值和保护 GOOSE 等可靠性要求较高的信息传输均采用光纤。

6.5.3 系统的运行状况和分析

该 110kV 数字化变电站工程的 NS 3000 监控与自动化系统于 2010 年 11 月份交货到工程现场，年底投入运行。目前为止系统已整体运行近两年时间。根据现场反馈情况，GOOSE、采样值及站控层四遥通信功能均可靠稳定。

第7章

厂 站 视 频 监 控 系 统

7.1 概　　述

随着电力事业的飞速发展，特别是无人值班管理模式的推广，对发电厂和变电站内设备的监控已不仅仅满足于"四遥"功能中所涉及的数字式和简单图形化的监控，人们越来越迫切希望能够通过视频图像实现对发电厂与变电站内设备及周边环境的监视，以及实现无人值班环境下的安全防卫。基于上述原因，"遥视"这一概念便应运而生。它弥补了以前"四遥"技术对环境监控无能为力的缺陷，并迅速成为发电厂和变电站监控与自动化系统"五遥"中一个重要的组成部分。

由于发电厂和变电站分布范围较大，要实现在监控中心对各个分站的统一监视，就必须利用有效的传输媒介将各个分站图像实时地传输到监控中心，并将各种控制信号下发到各个分站。而各种宽带通信媒介的铺设，特别是光纤网的推广，为实时、高质量的视频图像传输提供了必要的前提条件；多媒体压缩技术和网络视频传输技术的发展又为"遥视"提供了可靠的技术保证。

7.1.1 厂站视频监控系统的基本概念

网络数字式厂站视频监控系统是由一个监控中心、若干个监控前端和通信网络构成的分布式多媒体信息系统。监控前端采集和处理本地多媒体信息，经通信网络将必要的信息发送到监控中心；同时接收监控中心的控制指令，控制摄像头、云台和灯光。监控中心接受各监控前端发送的多媒体信息，对其进行处理以实现监控人员对远方厂站的监控，同时完成对整个系统的用户管理、系统配置及报警记录的管理等。从资源和信息分布来看，监控前端拥有监控中心所不具备的硬件资源和信息，而监控中心从监控前端获得信息；从通信连接来看，一般监控中心主动连通监控前端。因此在网络数字视频监控系统中，整个系统的体系结构采用客户机/服务器模式，监控中心应作为客户机，而监控前端应作为服务器。

1. 视频信号的采集

视频监控系统在监控前端通过摄像机和话筒采集图像和声音信息；在网络摄像机问世之前，视频信号通过同轴电缆和双绞线将信号传输给监控主机，主机使用采集卡接收这些模拟信号；在使用网络摄像机时，视频信号直接由该设备处理。

2. 视频信号的处理

在监控前端，摄像机采集的信号图像和话筒采集的声音信息是模拟信号，数据量巨大，不利于存储和传输，对于视频监控系统来说，必须对其进行处理、压缩。由于视频信号与声音信号具有不同的特征，它们的压缩过程也不相同，如图7-1和图7-2所示。

在监控中心和分控中心，需要将压缩后的视频码流和音频码流解压，解压实际上是压缩的

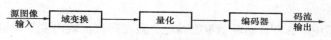

图 7-1 视频信号压缩的示意框图

逆过程。

3. 视频信号的传输

在传统闭路电视监视系统中，视频信号是未调制的模拟信号，数据量更大，传输信号的线路是同轴电缆。在第一代网络数字式厂站视频监控系统

图 7-2 声音信号压缩的示意框图

中，从摄像机到监控前端（服务器）传输的信号是模拟信号，传输的介质同样是同轴电缆；而从监控前端到监控中心（客户端）传输的是数字信号，这种信号是按特定国际视频标准压缩处理的数字信号，压缩比一般在 50～100 之间，有时甚至更高。普通复杂度的视频数据量约为 400kbit/s，完全可以利用用户现有的网络系统进行传输，传输的通道可用光纤或大微波提供的 2M 口（即 E1 通道）、$N \times 64$kbit/s 信道（微波、ISDN、DDN、无线扩展等设备提供）、普通电话线和网络。在第二代网络数字式厂站视频监控系统中，由于摄像机已对模拟视频信号进行了压缩处理，向网络传送的视频信号是数字信号，更准确地说传输的是含有视频压缩信号的 IP 包。

4. 视频信号的显示

在第一代网络数字式厂站视频监控系统中，服务器端（监控前端）接收的信号是模拟信号，可以直接上屏显示，图像基本上没有延时；在第二代网络数字式厂站视频监控系统中，服务器端（监控前端）弱化了显示功能，也可以说不再具有显示功能，视频信息和远程客户端一样经过数字压缩处理、网络传输再解压，因此也将这里的显示部分称为客户端。在客户端，网络传来的信号是压缩过的数字信号，必须经过解压才能上屏显示。由于视频信号要经过网络传输，并且需要解压，所以有一定的延时。延时与网络的工作状态有关，与网络的带宽和解压的画面数均成反比，硬件解压比软件解压的速度快得多。视频信号的解压是压缩的逆过程，采用的视频压缩标准必须相同。

在大多数情况下，用户还需要同时观测多个画面，且在多个画面之间切换。在服务器端的基于非 PC 的系统中，可使用视频矩阵或多画面分割器；在基于 PC 的系统中，由软件分割出多个窗口来显示不同的画面。在客户端，则需要同时接收多路视频信号，并同时解压，在显示屏上同时显示，值得注意的是，这时占用的计算机资源较多，能够显示的画面却有限，画面太多会影响系统的处理速度。一个终端能显示多少画面与计算机的配置、性能有关。

另外，在第二代网络数字式厂站视频监控系统中，允许用户在自己的 PC 机使用标准的浏览器根据网络摄像机的 IP 地址对网络摄像机进行访问，观看实时图像，控制摄像机的镜头和云台。

5. 录像

一个完善的视频监控系统除了能够实时显示图像外，还必须具有录像功能，以便在日后需要时用户可以调出记录文件，进行察看分析。

一般来说，录像具有定时自动录像、报警自动录像和人工手动录像三种方式。定时自动录像就是在指定的起始时间和时间段内对现场进行录像，无论此时的场景有无变化，有无报警。报警自动录像是在监视现场有报警时系统自启动录像功能，将报警现场情况记录下来以便事后分析。人工手动录像则是操作人员发现现场有可疑情况，人工启动录像功能。

6. 报警

厂站视频监控系统应具有自动联动报警功能。当在防范区域内发生警情时，系统可以自动识别，启动灯光和声音报警。通常情况下，报警可分为移动物体报警、红外图像测温报警、红外移动报警、防盗报警、温度报警、防火报警等。

随着计算机技术和视频压缩技术的发展，完全可以实时地检测到图像中的变化，并以此作为场景中有无移动物体的依据，发现有移动物体立刻报警。不过，对于由于日照和天气变化的缘故而导致所监视的场景发生的变化，视频监控系统应能够忽略这种变化，不应报警。这一功能是对视频数据进行处理，如果用软件来处理，占用主机 CPU 的时间长，内存量大，目前多数情况下由视频采集卡来完成。

红外图像测温报警是对重要的设备（如输电线路中的开关和接头）进行红外图像和温度监视，可以通过对红外图像进行分析得出设备的温度分布图，对这些设备的运行状态和负载有着较直观的监测。目前这类红外摄像机价格较高。

其他的几种报警分别是由相应的外部报警设备提供报警触点（开关量），主控计算机根据其状态做相应的判断。

7. 监控前端

在厂站的监控现场，监控前端由计算机、摄像机、采集卡等硬件构成，具有音频、视频信号采集、压缩、传输等功能。在第二代网络视频监控系统中，监控前端发生较大变化，一台网络摄像机集成了计算机、视频捕捉卡、CCD 普通摄像机、网卡、操作系统、相关功能软件等多种硬件和软件的功能，由此构成了监控前端。

8. 监控中心

监控中心建立在厂站的上一级单位，接收各监控前端通过局域网传来的视频压缩数据，并存储、解压显示，相当于视频数据的客户端；另外，它也是整个视频监控系统的管理和通信中心。

9. 分控

分控在硬件组成上和对音频、视频数据的处理方式上与监控中心相同。不同的是，分控是被管理者，权限最低，设计它的目的是让除了监控中心以外的其他客户也能观看现场情况，增加监视视点。在厂站视频监控系统建设中，可根据用户的需求，设置或不设置分控。

7.1.2 厂站视频监控系统的发展

厂站视频监控系统的发展大致经历了三个阶段。在 20 世纪 90 年代以前，主要是以模拟设备为主的闭路电视监控系统，称为第一代监控系统，即模拟监控系统。这种视频监控系统多以摄像机、视频矩阵、分割器、录像机为核心，采用手动方式对各个监控点的情况进行切换，数据的存储会耗费大量的存储介质，查询取证十分繁琐，系统的功能简单、可靠性差。20 世纪 90 年代中期，随着计算机处理能力的提高和视频技术的发展，人们利用计算机的高速数据处理能力进行视频的采集和处理，利用显示器的高分辨率实现图像的多画面显示，从而大大提高了图像质量，这种基于 PC 机的多媒体主控台系统称为第二代视频监控系统，即数字化本地视频监控系统。20 世纪 90 年代末，随着网络带宽、计算机处理能力和存储容量的快速提高，以及各种实用视频处理技术的出现，视频监控步入了全数字化的网络时代，即进入第三代视频监控系统——网络数字式视频监控系统。它以网络为依托，以数字视频的压缩、传输、存储和播放为核心，以智能、实用的图像分析为特色，引发了视频监控行业的技术革命，受到了学术界、产业界和使用部门的高度重视。

厂站视频监控系统的发展与计算机技术、通信技术、多媒体技术及厂站自动化技术是息息相关的。就计算机而言,CPU 的运算速度已接近 3G,单片内存的存储量达到 1G 以上;通信方面,ATM 技术正在普及推广,网络的速度必将得到很大的提高;第二代视频压缩技术 MPEG-4 标准使得视频数据的压缩率比以前的技术要大得多,并且压缩后的数据更适合于网络传输。未来的视频监控处理数据的能力(包括压缩、解压、移动物体的监测、开关量的输入/输出)会有较大的增强,速度也会快得多。网络的带宽一直是视频监控发展的瓶颈,在客户端出现的马赛克和画面的停顿,其中部分原因是网络传输的速度不够快;当网络的带宽足够大时,客户端的画面质量将得到很大的改善。应用 MPEG-4 技术使得数据量大大减少,MPEG-7 将会使视频监控系统增强管理和检索记录文件的能力。网络摄像机的出现,使得视频监控系统架构更为简洁,安装维护更为简单,使用更方便,应用范围更广。未来的厂站视频监控系统必将是图像更清晰、压缩比更高、传输速度更快、功能更强的监控系统,必将为厂站自动化发挥更大的作用。

7.2 厂站视频监控系统的硬件组成及其功能

从硬件资源来看,网络数字式厂站视频监控系统由四大部分组成:监控前端(服务器)、监控中心(客户端)、通信网络和分控(客户端)。前三个部分是系统不可或缺的子系统,其中,监控前端采集音频、视频信号,并对其进行压缩,实现网络传输,这是实现系统功能的前提条件;监控中心是系统的核心,具有控制系统的功能,并承担整个系统的通信责任;通信网络是数据传输的载体。分控在整个系统中的地位相对较低,是为满足多用户监视同一现场而设置,不是系统必需的部分。网络视频监控系统的硬件结构如图 7-3 所示。

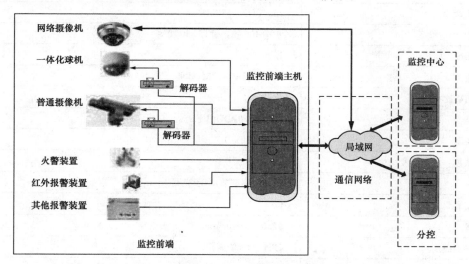

图 7-3 网络数字视频监控系统硬件结构示意图

7.2.1 硬件组成
7.2.1.1 监控前端
监控前端的设备包括摄像机、云台、视音频采集卡、直流电源、RS 232—RS 485 转换器、报警设备和一台配置较高的多媒体计算机(监控前端主机)或者网络摄像机。

1. 摄像机

目前所应用的大多数摄像机都是电荷耦合器件(Charge-Coupled Device,CCD)摄像机。CCD 通过光电效应收集电荷,每行像素的电荷随时钟信号被送到模拟移位寄存器上,然后串行转换为电压。大多数硅片面积用于光线的收集，光线收集得越多，释放的电荷越多。在设计中，CCD 要有极高的信噪比、感光灵敏度和良好的动态范围。CCD 生产过程复杂，因此产量低，成品率低，价格昂贵。

随着 CCD 技术的不断提高，近年来出现了一种超级 CCD 技术。超级 CCD 把无助于影像记录的空间减少到最低限度，集光效率、感光度和信噪比都得到提高，动态范围得以扩大。超级 CCD 和新的信号处理器一起工作，把有效分辨率在原先的水平上提高 60%，也就是说只有 190 万像素的超级 CCD，其性能相当于有 300 万像素的普通 CCD。

目前常用的摄像机还有 CMOS 摄像机。CMOS（Complementary Metal Oxide Semiconductor，即互补金属氧化物半导体）器件是一种可大规模生产的集成电路，具有成品率高、价格低等特点。相对于 CCD 而言，CMOS 技术的优点是集成度高、价格低廉；缺点是对光线的灵敏度不好，信噪比也很低。

相对于胶片感光技术而言，CCD 技术和 CMOS 技术都属于数码摄像技术。

在厂站视频监控系统的设计中，摄像机的选择直接影响系统的效果，必须考虑摄像机与监视物体的距离、所需的清晰度、是否需要控制摄像机以及摄像机的安装位置等。这就需要用户根据自己的需求和摄像机的性能参数进行选择。某型号摄像机的性能参数列出，见表 7-1。

表 7-1   **某一型号摄像机性能参数表**

扫描系统	PAL 标准 625 线　25 帧/线
图像传感器	1/3 智能感应 CCD
画面像素	753 (H)×582 (V)
解像度	水平 480 线，垂直 350 线
最低照度	1.0lx
视频输出	1.0V (P-P)，75Ω BNC
视频信噪比	48dB
白平衡	TTL 自动跟踪白平衡
增益控制	开（自动）/关
灰度系数	$\gamma = 0.45$
光控	自动光圈调节/电子光圈
镜头安装	CS
法兰盘	12.5mm±0.5mm
镜头光圈级别	L-HVR（侧面）
电子光圈范围	1~70 000lx (F1.2)，2~100 000lx (F1.4)
同步系统	LINE PHASE
操作环境	-10~50℃，湿度低于 90%
电源	24V AC 50Hz，12V DC
功率	4.0W
尺寸	63 (W)×68 (H)×51 (D)
质量	160g

注   L-HVR 为高质量、高速、防抖。

2. 镜头

采集到的视频信号的效果与镜头的选择有很大关系。下面简要介绍一下固定镜头焦距选择的经验公式，以后读者可根据现场的情况，自己确定应选择固定镜头的焦距。

镜头焦距一般可分为 25.4mm（1in）、16.9mm（2/3in）、12.7mm（1/2in）和 8.47mm（1/3in）等几种规格，它们分别对应着不同的成像尺寸。选用镜头时，应使镜头的成像尺寸与摄像机的靶面尺寸大小相吻合。常用的镜头包括 1/2in 和 1/3in，它们分别对应着摄像机的靶面（垂直×水平）：4.8mm×6.4mm 和 3.6mm×4.8mm。

选配镜头焦距的经验公式为

$$f = hD/H \text{ 和 } f = vD/V$$

式中：D 为镜头中心与被摄物体的距离；H 和 V 分别为被摄物体的水平尺寸和垂直尺寸；h 和 v 是摄像机垂直靶面的尺寸。

举例说明：已知被摄物体与镜头中心的距离为 3m，物体的高度为 1.8m，所用摄像机 CCD 靶面为 1/2in（即 4.8mm×6.4mm），垂直靶面为 4.8mm，则镜头的焦距 f 为 $f = hD/H = 4.8 \times 3000/1800 = 8.02$（mm）。

于是该现场摄像机的镜头可选配焦距为 1/2in 8mm 的镜头。

如果摄像机 CCD 靶面为 1/3in（即 3.6mm×4.8mm），垂直靶面为 3.6mm，则镜头的焦距为 $f = hD/H = 3.6 \times 3000/1800 = 6$(mm)。

所以该现场摄像机的镜头可选配焦距为 1/3in 6mm 的镜头。

3. 云台

云台其实就是两个交流电动机组成的安装平台，可以作水平和垂直方向上的运动。该云台区别于照相器材中的云台，照相器材的云台一般来说只是一个三脚架，只能通过手来调节方位；而监控系统所说的云台是通过控制系统在远端控制其转动方向的。云台有多种类型：按使用环境分为室内型和室外型，室外型比室内型密封性能好，防水、防尘，负载大；按安装方式分为侧装和吊装，即云台是安装在天花板上还是安装在墙壁上；按外形分为普通型和球型，球型云台是把云台安置在一个半球形、球形防护罩中，除了防止灰尘干扰图像外，还隐蔽、美观、快速。在挑选云台时要考虑安装环境、安装方式、工作电压、负载大小，也要考虑性价比和外形是否美观。

4. 解码器

解码器是指将主机产生的摄像机控制信号转换成摄像机能够识别的电信号，以控制云台、镜头和光圈的电子设备或模块。解码器有两种安装形式：一种集成在一体化球机内，另一种安装在摄像机外。

5. 采集卡

视音频信号的压缩处理过程工作量巨大，多采用硬件压缩，由视音频采集卡来完成。视音频采集卡安装在计算机内，采用 PCI 接口。

到目前为止，视音频采集卡的发展大致可分为三代。第一代产品功能单一，采用 MPEG-1、MPEG-2 国际标准实现视频信号的压缩，满足用户的基本需求；第二代产品除了具有视频压缩功能以外，还具有 VBR 模式处理视频数据、移动物体监测、开关量的输入/输出等功能；第三代产品采用第二代视频编码技术 MPEG-4 处理数据。

VBR 模式即可变码流控制，是根据输入图像变化的复杂程度来自动调节压缩比大小的一种技术，图像变化复杂时，自动减小压缩比；图像变化简单时，自动加大压缩比。与 CBR 模式相比，图像变化复杂时，压缩比相当；一般复杂图像时，码流降低 45%；图像静止时，码流降低 75%。

在选择视音频采集卡时，应用环境、支持的操作系统、压缩标准、图像的码流、数据的输入/输出硬件接口以及提供的 SDK（开发软件包）是卡的重要参数。国产某视音频采集卡的主要参数见表 7-2。

表 7-2 　　　　　　　　　　　　　　某视音频采集卡的主要参数表

产品型号		××××
数据输入路数		视频 4 路，音频 4 路，开关量 4 路
视频压缩标准		MPEG 4 ISO/IEC 14496-2 Simple Profiles
视频数据输入接口		BNC
视频制式		PAL
视频分辨率		CIF：NTSC（320×240）、PAL（352×288）
图像码流	静止图像	100kbit/s
	一般复杂图像	4000kbit/s
	复杂图像	760kbit/s
音频压缩标准		G.723.1
音频采样率		8K×16bit
音频监听		软件监听方式
文件格式		系统流
开发包	运行平台	Windows 2000
	提供形式	DLL、OCX

6. 主机

监控前端的主机通常采用商用机或工控机。一般来说，商用机的稳定性比工控机好，但是商用机的 PCI 槽较少，并且采集卡的尺寸较大，因此能够用于采集卡的更少。例如，DELL 8250 有 4 个 PCI 槽，这样的 PCI 槽数在商用机中可能是最多了，但是能够用于采集卡的只有 3 个，而工控机中可能会有 8 个以上的 PCI 槽。另外，目前的采集卡同时处理的视频路数最多为 4 路。因此，当视频路数小于 12 时，可以选择使用商用机，反之，就必须使用工控机。如果用户希望系统更为稳定，也可以用多台商用机代替工控机。

7. 网络摄像机

网络摄像机一般由镜头、图像传感器、声音传感器、A/D 转换器、图像控制器、声音控制器、网络服务器、外部报警器、控制接口等部分组成。

监控前端的主机通常需要多画面显示，画面数有 4 个、9 个，甚至 16 个，所以对显卡的要求较高，目前的 Geforce4 类型主流显卡就可以满足要求。

主机除了多画面显示，还需要同时记录、传输多路视频信号，并对多路报警信号进行实时处理，因此对 CPU 的处理速度、内存的容量要求较苛刻。

主机中硬盘配置与记录的视频信号路数、视频信号的内容、用户需要保留的时间以及视频信号采用的压缩标准有关。例如，对于一般复杂的运动图像采用 MPEG-4 标准压缩，它的码流为 215kbit/s，每小时占用硬盘的空间为 96MB；如果用户要对 10 路这样的视频数据保存 10 天，每天以 8h 计算的话，硬盘存储的容量应大于 96×10×10×8＝76 800MB。

考虑到上述要求，监控前端的主机典型的配置为：CPU P4 1.7GHz, RAM 512MB, 硬盘 80GB。

7.2.1.2 通信网络

网络数字式厂站视频监控系统是由一个监控中心、多个监控前端与高速数据通信网络构成的分布式多媒体信息系统。通信网络是系统中的重要组成部分，是监控中心与监控前端传输信息的硬件设施，是传输信息的载体。

系统可以根据用户的不同要求，采用不同的通信网络传输数据，常用的有电话专线、DDN、ISDN、光纤、微波、无线扩频或卫星线路等。这些线路构成通信网络在服务器（监控前端）和用户（主控、分控）之间建立起数据传输通道。下面简单介绍几种常用的方案：

1. 电话线方案

当服务器和用户之间的通信介质是专用电话线时，利用基带 Modem 接 1～2 对电话线。两对电话线在 5km 内可达到 256kbit/s 的通信速率，在 7.5～10km 之间可达到 128kbit/s 的通信速率，这时高分辨率图像传输速度在 10 帧/s 以上。电话线方案特点是传输的距离较近、费用低。

2. 无线通信方案

无线扩频微波通信传输距离较远，可达几十千米，且造价比光纤费用低。如果视频监控系统占用 64KB 的带宽，传输高分辨率图像的速度为 10 帧/s 左右；若用复用器占用两个 64KB 的带宽，则图像传输速度为 12 帧/s 以上；无运动图像的传输速度为 25～30 帧/s。

3. 2M 数据口（E1 口）方案

E1 口由 10 根通信线组成，每根线的传输速率为 64kbit/s，总的带宽为 2M。传输 MPEG-1 格式的图像数据，传输速率为 25 帧/s 左右。

4. 光纤通信方案

以上的几种方案只是针对单路的视频信号而言，由于其带宽的缘故，对多路信号是不适用的。随着近年来网络的飞速发展，组建 10M、100M，甚至 1000M 的企业局域网成为现实。一般来说，用户不会为视频监控系统单独组建一个宽带网络，而是使用原有的 MIS 网，因此视频信号的传输只能够使用原 MIS 网剩余的带宽，此时视频监控系统不得妨碍 MIS 的工作。

7.2.1.3 监控中心

监控中心的设备是一台或多台配置较高的多媒体计算机和一台彩色显示器。鉴于目前大多数视频采集卡生产厂家都无相应的视频解压卡产品，监控中心对视频压缩信号多采用软解压。当同时对多路信号进行处理时，视频监控系统会占用大量计算机资源，另外如果解压的速度低于网络传输的速度，会造成丢帧现象，导致播放图像不连续。系统还需要性能良好、具有较大显存的显卡，可以正常显示多幅画面。同时，因为要接收大量的视频数据，最好安装传输速率在 10Mbit/s 以上的网卡。某视频监控系统监控中心硬件的典型配置见表 7-3。

表 7-3 监控中心硬件的典型配置

设 备 名 称	设 备 型 号
计算机	DELL GX260 P4 2.0G
硬盘	40G×2
RAM	256M
网卡	Intel® PRO 10/100M MT NetWork Connetion

7.2.1.4 分控

与监控中心类似，分控通过局域网与各监控前端及监控中心相连接，根据需要有选择地接收各监控前端的视频压缩信号，加以处理；同时能够时刻侦听所有监控前端和监控中心发来的信息，并且通过监控中心能够向监控前端发送摄像机控制命令。

分控的设备是一台或多台配置较高的多媒体计算机和一台彩色显示器，要求基本上与监控中心相同。

7.2.2 硬件功能

7.2.2.1 监控前端功能

监控前端硬件主要完成视、音频数据的采集、重现，视、音频信号的压缩、存储，以及移动物体的监测。

1. 视、音频数据的采集

在监控前端，摄像机将光信号转换成电信号，这种电信号是模拟信号，频率分量丰富，应使用屏蔽性能好的同轴电缆传输。麦克风将声音信号转换成模拟电信号，声音信号的频率较低，可使用普通的双绞线传输。采集卡有视频信号和音频信号的输入接口，以接收相应的数据。

2. 视、音频数据的重现

在监控前端，需要将视、音频数据实时地重现。在采集卡发展的初始阶段，通常是先用一个压缩卡完成压缩，再用另一个解压卡解压显示，浪费资源，速度慢。现在大多数采集卡都采用先进的 Bus Master 总线传输技术，将采集到的视频模拟信号直接传输到显卡的存储区，然后上屏显示，一块卡就可以完成以前两块卡的功能，且速度快；对于音频信号，则直接传输到声卡。

3. 视、音频信号的压缩

采集卡的主要功能就是将视、音频的模拟信号压缩成数字信号。视、音频信号的压缩是非常复杂的过程。

（1）视、音频信号压缩的理论基础。根据香农信息论，信号由信息和冗余度构成，信号压缩的本质就是剔除冗余度，保留信息。在该理论中，信息量可利用信源值的概率计算得到。下面以视频信号压缩为例介绍这一理论。

彩色电视信号可分解为红、绿、蓝（R、G、B）三种基色，将每种基色看作一个信源 X，假定它每个可能的值 x_i 出现的概率为 $P(x_i)$，则 x_i 的自信息量为

$$I(x_i) = -\log P(x_i) \qquad (7-1)$$

它的熵为

$$H(x_i) = \sum_{i=1}^{m} P(x_i) I(x_i) = -\sum_{i=1}^{m} P(x_i) \log P(x_i) \qquad (7-2)$$

当所有的 x_i 值出现的概率相同时，熵为最大，即

$$H_{\max}(x_i) = \log m \qquad (7-3)$$

则信源所含的冗余度 r 为

$$r = H_{\max}(x_i) - H(x_i) = \log m - H(x_i) \qquad (7-4)$$

可以看出，只要信源不是等概率分布的，就存在着信号压缩的可能性，熵是无损压缩的极限。

彩色电视信源由 R、G、B 三个信源构成联合信源（R，G，B），假定 R 可能的值 r_i、G 可能的值 g_j、B 可能的值 b_k 同时出现的概率为 $P(r_i, g_j, b_k)$，则它们的联合熵为

$$H(R,G,B) = -\sum_{i=1}^{l} \sum_{j=1}^{m} \sum_{k=1}^{n} P(r_i, g_j, b_k) \qquad (7-5)$$

另外，香农信息论还指出，联合信息熵必不大于各分量信息熵，即

$$H(R,G,B) \leqslant H(R) + H(G) + H(B) = H_{\max}(R,G,B) \qquad (7-6)$$

因此，彩色电视信源（R，G，B）的特征为：①其冗余度隐含在信源间的相关性之中；②压缩时应尽量去除各分量之间的相关性，再对各独立分量进行编码。

视频信号本身的冗余度主要体现在空间相关性、时间相关性和色度空间表示上的相关性几

个方面。一帧电视信号就是一幅图像，它在空间上（帧内）具有较大的相关性。而对于每秒 25 帧组成的电视信号，其相邻帧之间一般也具有较强的相关性，这种相关性被称为帧间相关性，与帧内相关性不同，它是电视图像信号在时间上的相关性。

为去除电视信号空间上的相关性，通常采用帧内预测编码，即将一幅图像看作一个平面点阵，利用空间上多个相邻的像素预测当前的像素值。

为去除电视信号时间上的相关性而采用的压缩编码方法称之为帧间编码。相邻帧之间一般只有细微的差别，即帧间差值是指在活动图像序列的某一固定像素位置 (m, n) 上，当前帧的图像亮度值 $x_\tau(m, n)$ 与上一帧的亮度值 $x_{\tau-1}(m, n)$ 之差，即

$$d_\tau(m,n) = x_\tau(m,n) - x_{\tau-1}(m,n) \tag{7-7}$$

在一帧时间间隔内，对于缓慢变化的 256 级灰度的黑白图像序列，帧间差值超过 3 的像素数不到 4%；对于变化较为剧烈的彩色图像序列，亮度信号（256 级）帧间差值超过 6 的像素平均只有 7.5%；而色度信号平均只有 7.5‰。视频信号帧间差值的这些统计特性是帧间压缩编码的基本依据。

另外，因为人类的视觉特性系统（Human Visual System，HVS）具有亮度掩蔽特性、空间掩蔽特性和时间掩蔽特性，在某些条件下，有些失真人眼根本辨别不出来，超过视觉分辨能力的高保真度要求就没有必要，由于这样做并未涉及视频信号内在的相关性，因此又称为非相关压缩或称为视觉生理-心理压缩。

（2）视、音频信号压缩过程简介。现在流行的视频信号压缩采用的是预测编码技术，其主体技术框架为"简单帧间预测＋运动补偿（Motion Compensation，MC）"或有条件地切换为"帧内编码＋离散余弦变换（Discrete Cosine Transform，DCT）"。其中最常用的叫运动补偿帧间编码，它被目前多个视频压缩国际标准所采纳，是目前最实用的高效混合编码方法，其编码器的框图如图 7-4 所示。

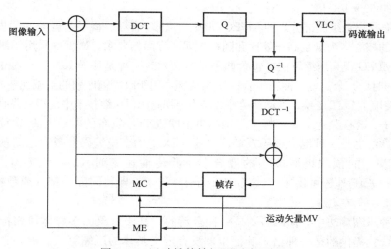

图 7-4　运动补偿帧间预测编码框图

图中，可变长编码（Variable Length Coding，VLC）对不同的信息采用不同的长度的码字来表示，以提高编码效率。离散余弦变换 DCT 是图像编码中经常使用的正交变换。基于大多数自然图像的高频分量相对幅值可能较低，可完全舍弃或者只用少数编码而失真不大的认识，提出不对图像本身直接编码，而对其数据进行正交变换，再编码和传输。DCT 的变换矩阵的基向量体现了人类语言和图像信号的相关性，因此 DCT 被认为是对语音和图像的准最佳变换（特征向量变换 KLT—Karhunen-Loeve Transformation 是最佳变换，但计算复杂，难以满足实时处理的要求）。

视频图像 $x(m,n)$ 可看作为一个 $M \times N$ 的矩阵，借助于二维 DCT，可以将图像从空间域（即 mn 平面）变换到 DCT 域（即 kl 平面），以求和形式定义的二维 DCT 为

$$X(k,l) = \frac{2}{\sqrt{MN}}c(k)c(l)\sum_{m=0}^{M-1}\sum_{n=0}^{N-1}x(m,n)\cos\frac{(2m+1)k\pi}{2M}\cos\frac{(2n+1)l\pi}{2N}$$

其中，

$$c(l) = \begin{cases} \frac{1}{\sqrt{2}}, l=0 \\ 1, l=1,2,\cdots,N-1 \end{cases} \qquad c(k) = \begin{cases} \frac{1}{\sqrt{2}}, k=0 \\ 1, k=1,2,\cdots,M-1 \end{cases}$$

实际上，二维 DCT 可以分解为两个一维 DCT，实现行列分离，这样做的好处是结构简单，可以直接利用一维 DCT 快速运算子程序或硬件结构。

音频压缩过程相对于视频来说要简单得多，不再详细介绍。

(3) 视频压缩国际标准简介。目前应用在监控系统中的视频压缩标准主要有 MJPEG、MPEG-1、MPEG-2、MPEG-4、H.261 和 H.263。

MJPEG (Motion JPEG) 是国际标准化组织 (ISO) 和国际电报电话咨询委员会 (CCITT) 联合成立的专家组 JPEG (Joint Photographic Experts Group) 发布的视频压缩标准。它适用于彩色和单色多灰度或连续色调静止数字图像，不使用帧间编码。基本算法操作有以下三个步骤：通过离散余弦变换 (DCT) 去除数据冗余；使用量化表对 DCT 系数进行量化；对量化后的 DCT 系数进行编码使其熵达到最小，熵编码采用哈夫曼可变字长编码。

MPEG-1、MPEG-2 和 MPEG-4 是 ISO 的 MPEG (Moving Pictures Experts Group) 小组发布的视频压缩标准。MPEG 算法除了对单幅图像进行编码外，还利用图像序列的相关特性去除帧间图像冗余，大大提高了视频图像的压缩比，在保持较好的图像视觉效果的前提下，压缩比可以达到原来的 60～100 倍。

MPEG 标准有三个组成部分，即 MPEG 视频、MPEG 音频、视频与音频的同步。MPEG 视频是 MPEG 标准的核心。为满足高压缩比和随机访问两方面的要求，MPEG 采用预测和插补两种帧间编码技术。MPEG 视频压缩算法中包含两种基本技术：一种是基于 16×16 子块的运动补偿，用来减少帧序列的时域冗余；另一种是基于 DCT 的压缩，用于减少帧序列的空域冗余，在帧内压缩及帧间预测中均使用了 DCT 变换。运动补偿算法是当前视频图像压缩技术中使用最普遍的方法之一。

H.261、H.263 视频通信编码标准是国际电信联盟 ITU 发布的电视电话/会议电视的建议标准。视频压缩算法也是一种混合编码方案，即基于 DCT 的变换编码和带有运动预测差分脉冲编码调制 (IDPCM) 的预测编码方法的混合。在低传输速率时 (P=1 或 2，即 64kbit/s 或 128kbit/s)，除 QCIF 外还可使用亚帧 (sub-frame) 技术，即每间隔一帧（或数帧）处理一帧，压缩比可高达 50：1 左右。

在上述数种压缩算法中，MPEG-4 是一种全新的、基于对象的多媒体压缩标准，面向多种多媒体的应用，它提供的是一种格式和框架，没有定义具体的压缩算法。由于它将不同的对象作不同的处理，它的压缩比得到很大的提高，并且它与以前的其他标准有着本质的差别，属于第二代视频编码技术。

另外，每一种国际视频标准都有相应的音频部分对音频压缩作出规范。例如，日常提到的 MP3 就是 MPEG-1 的第三层音频编码规范。

4. 移动物体的监测

视频监控的一个重要功能是要观测画面中景象的变化。网络数字视频监控系统使用先进的视频运动检测技术，监测的灵敏度大范围可调，以适应不同场合下的需求，运动门槛值可在一

定的范围内变化。运动门槛值就是指物体运动剧烈程度的下限值，通常物体运动的剧烈程度以运动速率来表示。

视频运动检测技术是估算相邻的两帧图像的运动矢量，运动矢量的估算有多种方法：二维运动估算有光流分析法、基于块的分析法、像素递归法和贝叶斯法；三维运动估算有点对应法、光流法、直接法及运动的分割法等。

在众多的运动矢量算法中，基于块的块匹配法最为简单，复杂度最低，因此最常用，尤其常用于实时系统中。

块匹配的基本思想是：当前帧 k 中的像素（n1，n2）的位移通过考虑一个中心定位在（n1，n2）的 N1×N2 块（以像素为单位，N1、N2 的典型值为 16 或 8），同时搜索下一帧 $k+1$，找出同样大小最佳匹配块的位置来确定。最佳匹配块即是依据一定的匹配准则与当前帧 k 的块误差最小的块。块匹配准则包括最大相关函数、最小均方误差函数（MSE）、最小平均绝对差值函数（MAD）、最大匹配像素统计（PAC）。搜索的方法有全面搜索、三步搜索、交叉搜索，其中全面搜索法可以得到最优解，但速度慢；三步搜索和交叉搜索只能得到次优解，而速度要快得多。

移动物体监测是在视频压缩过程中实现的，由硬件采集卡完成，这样的好处在于系统在进行运动监测时，占用 CPU 的时间极少，不影响整个系统运行的速度。

5. 视音频数据的存储

采集卡将压缩后的视频、音频数据复合成完整的视音频码流，根据需要存储在主机的硬盘上。

7.2.2.2 通信网络

通信网络是网络数字式厂站视频监控系统的重要组成部分，是数据传输的载体。系统在网络中传输的数据主要有视频数据、报警信息、控制命令。其中，视频数据占传输数据总量的绝大部分。对于一帧普通复杂度、大小为 352 像素×288 像素的 CIF 格式图像，采用 MPEG-1 压缩标准和 VBR（可变码率）模式，经过系统处理后的大小大约为 400kbit/s。

视频数据有以下特点：①数据量巨大；②对数据传输的要求较高；③对数据处理的时间要求严格，编解码必须按照一定的时间次序进行。因此，视频信号的传输对网络的要求包括吞吐量、传输的延时、错误率等。

视频信号在网络中传输时，需要有 QoS（Quality of Service）控制机制来最大限度地保证视频质量。QoS 控制机制的方法有基于网络和基于终端系统两种：基于网络的方法是由网络中的路由器、交换机等提供 QoS 支持；基于终端系统的方法是由服务器和客户端采用 QoS 控制措施来提高视频质量，而不需要网络的参与。通常基于网络的方法成本较高，目前的 Internet 还无法在很大范围内支持此方法。基于终端系统的方法不需要网络的参与，适应于现有的网络。基于终端系统的 QoS 控制有阻塞控制和差错控制两类。

目前的 Internet 不能在大范围内支持资源预留协议，网络的可用带宽是时变的。视频流传输速率高于网络可用的带宽时会发生阻塞，造成突发的丢包和延时过大；而如果视频流传输速率低于网络可用带宽，就无法有效的利用网络资源。采用阻塞控制的目的是通过视频流域的传输速率与网络可用带宽匹配来防止阻塞的发生，减少丢包，降低延时。阻塞控制技术包括对网络可用带宽的估计和码率自适应两个方面，阻塞控制机制通常采用码率控制的形式。

差错控制的目的是为了解决丢包问题，它包括应用层和传输层的差错控制。应用层的差错控制包括从视频压缩角度考虑的抗丢包能力及客户端的丢包监测与恢复，传输层的差错控制包括打包算法的设计及 FEC、重传等。

由于网络的带宽是动态变化的，各个视频包选择的路由不尽相同，到达客户端的延时不同，因此需要有足够的缓存来弥补延时波动的影响，保证视频播放的流畅进行，而不会因为网络的阻塞而中断播放。

7.2.2.3 监控中心

监控中心是整个视频监控系统的控制、通信中心。各监控前端的视频压缩信号经局域网传输到监控中心，监控中心根据需要有选择地接收、解压、显示及存储。监控中心必须建立与各监控前端及分控的永久性连接，时刻侦听所有监控前端、分控发来的信息，包括监控前端的状态、报警信息和分控的请求，根据监控前端的上传信息作相应的处理，并且能够向监控前端摄像机发送控制命令。它有权对分控的报警信号做出处理，审核分控用户的权限，负责分控与监控前端的控制命令的转发，提高系统的安全性。在监控前端照明效果不好的情况下，监控中心可以向它发送灯光控制命令，启动照明设备，增强图像的亮度。

如果在监控中心使用视频解压卡则解压和显示的速度将会得到大幅度地提高，并且节省大量的计算机资源，增强系统的性能和稳定性。

7.2.2.4 分控

分控是为增强系统监控效果而设计的一个子系统，满足多用户同时监视某一监控点的需求，它可以接收各监控前端发来的视、音频信号和报警信号，也可以向监控前端发送控制信号，但是，都必须经过监控中心的审核。

一般情况下，需要建立分控的场合大致有两种：①企业的某个领导需要在其办公室查看现场情况；②企业为提高监控效果，需要在非监控中心的地方监视现场。

7.3 厂站视频监控系统的软件设计

视频监控系统工程是一种系统集成工程，基本上所有硬件都是通用型的。开发者在选定硬件之后，就需要根据开发方案配置系统，再根据所配置的系统结构编制软件，将各部分硬件有机地连接起来，形成软硬件协调、统一的系统。软件设计应采用自顶而下、面向对象的软件设计思想，各软件模块应按功能划分，具有较强的软件复用性、可靠性、可维护性和可扩充性。

7.3.1 系统的软件结构

通常情况下，开发者会根据实现的功能划分软件模块。以 NSV 2000 视频监控系统为例，软件模块如下：

（1）监控前端（服务器）。监控前端包括预览、录像、回放、单画面、四画面、视频切换、摄像机控制、单帧捕获及打印、视频数据发送、报警联动、操作保护、运行日志、远程用户注册登录等功能。

（2）监控中心（客户端）。监控中心包括视频数据接收、视频数据解码、播放、录像、回放、单画面、四画面、视频切换、摄像机控制、单帧捕获及打印、报警联动、操作保护、运行日志、用户管理等功能。

（3）分控（客户端）。分控的功能与监控中心相同。

网络数字视频监控应用软件结构如图 7-5 所示，从图中可以清楚地看出监控前端、监控中心和分控三者之间的关系。尽管监控中心与分控从概念上讲都是客户端，但它们在系统中的地位是不同的，分控对监控前端的控制必须通过监控中心，这样做的目的是便于监控中心更好地管理用户，防止误操作。

7.3.2 系统的各软件模块功能

1. 预览

网络数字视频监控系统的主要功能是监视运行设备的状态及其周围的环境。预览即是将视

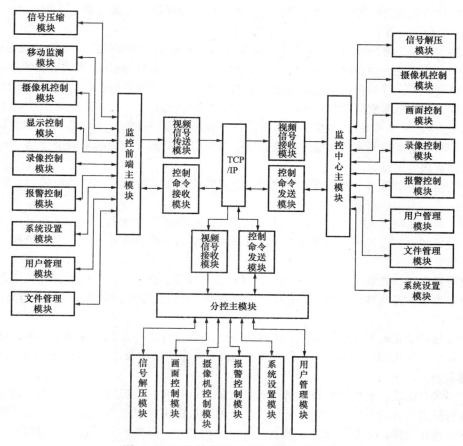

图 7-5 网络数字视频监控应用软件结构

频信号不经过压缩直接上屏显示的方法，它有多种显示方式，包括单画面、四画面、十六画面和全屏。

当在一个屏幕中未能显示所有的画面时，系统应采用轮流显示方式，有两种模式可以选择，即自动循环显示和人工选择显示。其中，自动循环显示可以设定每幅图像在屏幕上停留的时间；人工选择显示能够自由选择、任意组合显示画面，不但可以将同一站点的画面显示在同画面上，也可以将不同站点的画面显示在一起，逻辑上缩短了摄像机之间的空间距离。

在所有的显示方式中，都可以对画面进行操作。对画面的操作有两种，即对于该画面相对应的视频数据的操作和对摄像机 PTZ 的操作。对视频数据的操作有录像和单帧捕获。对摄像机 PTZ 操作的前提是与该画面相对应的摄像机应是可控的，即该摄像机带云台和三可变镜头或两可变镜头。一般情况下每次只可以操作一个摄像机。

在预置点发生报警时，画面自动切换到报警现场，监视所发生的情况。

2. 报警

网络数字视频监控系统应具有较为完善的联动报警系统。通常报警的类型有：

（1）移动物体报警。系统可检测到所监视场景中有无移动物体，当发现有移动物体时，就发生相应的动作，向用户发送移动物体报警信息。

（2）红外图像测温报警。系统装设红外摄像机监测变压器、发电机等重要设备，并集成相

265

应的红外成像分析软件，测试、分析设备的红外图像。如果设备温度异常，系统向用户发温度报警信息。

（3）防盗报警。将现场防盗设备的开关量输出接口连接到厂站视频监控系统的报警输入端，当有盗窃警情发生时，防盗设备向主机传送报警信号，系统确认后向用户发防盗报警信息。

（4）温度报警。厂站视频监控系统通过采集现场温度检测设备输出的信号，确定现场的温度是否正常。当现场温度异常时，系统向用户发温度报警信息。

（5）防火报警。厂站视频监控系统不仅需要通过图像监视现场有无异常明火和烟雾，而且还应该读取现场防火检测设备的输出信号。当系统读取到由该设备传送来的报警信号时，立即向用户发防火报警信息。

（6）主监控前端退出报警。当监控前端或监控中心退出运行或发生通信故障，正常运行的一端会报另一端退出运行报警。

例如，有人非法进入变电站时，摄像机立即自动切换到报警现场，同时启动录像功能，联网报警，把现场情况传到相应的接警中心。系统对设备的油温以及触点进行红外监视，发生异常时启动报警。

有报警发生时，当地主机在 1s 内响应，自动弹出报警信息窗口，显示并存储报警点的具体位置、报警类型；自动显示并存储相关摄像机的图像，有红色报警图样显示；联动声光报警。

3．录像

用于厂站自动化的视频监控系统，不仅应具有实时监控功能，还应有录像功能。现有的视频监控系统的录像功能较为丰富，共有四种录像模式：①手动录像；②自动录像；③定时录像；④单帧捕获。

手动录像是由操作人员对当前激活画面进行录像，时间的长短完全由操作人员确定。自动录像是在有报警的情况下对报警画面进行自动录像，且在报警源消除并由操作人员停止报警的情况下才能停止录像。定时录像是对以上两种模式的补充，操作人员可以设置时间段，在此时间段内无论有无报警都进行录像。

这三种模式可以共存，且无优先级的关系，只要其中的一种在工作，其他两种便暂时不能工作，直到一种模式停止工作。这样避免对同一路视频同时重复录像。

为进一步提高视频数据的压缩比，可以只对有变化的画面进行录像，只记录有移动物体的画面，为避免因自然光线的变化而造成的误判，可以适当提高移动的门槛值来提高可靠性。

单帧捕获是一种比较特殊的记录方式，它以位图的方式记录一帧画面，占用的存储空间少，更便于事后分析。

所有这四种录像模式产生的文件名应直观，一目了然，如由"地点＋时间"构成；检索文件方法应简单，文件可由列表形式给出，文件回放采用性能良好的媒体播放器，保证回放质量、使用方便、人机界面友好。

4．用户管理

在网络数字视频监控系统中，考虑到系统的安全性，操作人员由上而下分不同的管理等级：①系统管理员；②操作员；③低级操作员。

不同管理等级的操作人员具有不同的管理权限。系统管理员可以更改软件系统的配置文件以及参数，设置用户名和初始口令，并具有操作员和低级操作员所拥有的所有权限。

操作员具有进入和退出监控软件、修改口令、连接远端和撤防、接收和处理报警信号、设置图像自动切换的方式和时间等权限，不能更改配置和参数。

低级操作员只有控制云台和手动录像等权限。

各监控终端所能监控的站点和摄像机数目由系统管理员指定，有多个优先级之分。

系统管理员具有最高优先权，能对相关人员的权限和初始口令进行设置，具有配置和控制系统的权利，还可以设置分控的连接权限、操作人员的操作权限等。

在监控系统中对所有的操作人员的重要操作都有记录，以便日后查证。

5. 文件管理

网络数字视频监控系统具有较完备的文件管理系统，文件名都以列表的形式给出。只有系统管理员才能对这些文件进行修改或删除。存档文件分为三种类型：①数据库文件；②视频流文件；③BMP文件。

数据库可以采用 Microsoft Access 2000、SQL Server。这几种数据库因其易于操作、直观、运行效率高，而受到用户的广泛欢迎。系统配置文件、用户配置文件和运行日志文件都由数据库建立。

视频流文件是连续帧的视频压缩文件，可以采用国际标准化组织移动图像小组发布的 MPEG-1 标准。MPEG-1 标准已非常成熟，按照这种标准记录的文件，播放的图像比较清晰，压缩比较高，实现的成本低，且考虑到网络带宽及视频监控系统在整个厂站自动化系统中的地位，MPEG-1 技术可以满足大多数用户的需求。当然，MPEG-2、MPEG-4 和 H263 格式的文件也是常用的。

BMP 文件是单帧视频压缩文件，采用位图方式。

对一个系统来说，存储空间总是有限的，随着时间的流失，记录文件越来越多，可用的存储空间会越来越小，有必要在适当的时候对不再需要的文件进行删除，其删除文件的方式有两种：①手动方式；②自动方式。

为防止误删除，系统应具有确认机制，以提醒操作人员再次确认，然后再真正删除文件。

6. 运行日志

为了方便事后分析和查证，网络数字视频监控系统记录系统运行过程中发生的重大事件，如打开与关闭的时间、发生报警的位置、对远端进行查看的用户名等，并将所有用户的登录、退出、操作以及报警都以运行日志的形式记录下来。记录的数据如是用户操作数据，则包括用户的姓名、时间、地点、用户当前的位置；如果是报警数据，则包括报警的位置、类型、时间、地点。用户查询时，数据以表格的形式给出。日志文件只有系统管理员才有权限删除。

7. 操作保护

当系统运行时，操作人员难免会离开岗位一段时间，为防止无关人员对系统进行非法操作，网络数字式厂站视频监控系统专门设立操作保护功能，防止非操作人员对系统的操作。启动操作保护有两种方式：①当操作人员在一定的时间内未对系统作任何操作，系统即进入操作保护状态；②当前操作人员也可以通过设置窗口，人工启动操作保护。

当系统进入操作保护状态后，操作人员必须输入用户名和密码，才能操作系统。

8. 安全子系统

为了能够安全稳定地工作，网络数字视频监控系统应具有较强的安全保护措施，系统提供统一的管理工具，操作人员可以修改自己的密码，确保自己的权限不被他人误用。另外，系统的安全性还包括：将操作员按等级管理，具有权限的操作员才能作相应的操作。

9. 网络传输

网络数字式厂站视频监控系统是由一个监控中心和多个监控前端与高速数据通信网络构成的分布式多媒体信息系统。系统主要采用标准的 TCP/IP 通信协议。

在网络中传输的数据主要有三种：①视频数据；②报警信息；③控制命令。其中，视频数据占传输数据总量的绝大部分。对于普通复杂度、分辨率大小为 352 像素×288 像素的 CIF 格式图像，经过系统处理后数据流的大小大约为 400kbit/s，会占用大量的计算机资源。

数据的传输方式有：TCP 和 UDP。传输控制协议（Transfer Control Protocol，TCP）是一个面向字节流的数据传输协议，提供一种面向连接的、可靠的字节流服务。用户数据报传输协议（User Datagram Protocol，UDP）是一个简单的面向数据报的数据传输协议，提供无连接的、不可靠性的服务，无法保证传送的数据能到达目的地，也无法保证它们到达的次序。

TCP 方式使用确认和重发等机制来保证数据传输的可靠性，而 UDP 方式发送数据时，不提供数据传输的可靠性，不需等待接收端返回确认，也不重发数据。因此，前者要比后者耗时，采用前一种方式传输视频数据比后一种方式出现的停等时间更多。对于接收端来说，丢失一、二个数据包，并无太大的影响；对操作人员来说，图像的连续性比图像的质量更为重要，因此系统一般采用 UDP 方式进行视频数据传输。

而对于报警信息和控制命令，接收端必须接收到，并及时处理。所以，系统采用 TCP 方式传输，提高了可靠性和实时性。系统数据传输逻辑图如图 7-6 所示。

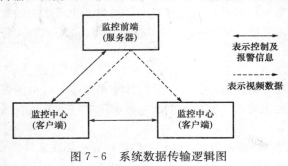

图 7-6　系统数据传输逻辑图

7.3.3　典型软件模块流程框图

在网络数字式厂站视频监控系统中，应用软件控制系统中所有的硬件，使它们能够有条不紊、相互协调地工作，实现各自的功能。应用软件涉及的编程技术主要有数据库存取技术、多线程技术、图像显示技术、网络传输技术以及串口通信技术等，使用的编程语言有 C++、VB 等。为保证软件的高质量、高可靠性和可重用性，应遵循软件工程的规范设计软件结构，按照自顶而下的原则划分软件模块，再依据设计模式的相关规定，实现各软件模块功能。下面以应用软件中的显示控制模块和录像控制模块为例，说明软件模块的实现。

1. 显示控制模块

显示控制模块在应用软件中的地位非常重要，多种显示方式之间切换的逻辑也比较复杂。显示方式主要有单画面、四画面、十六画面和全屏，每一种显示方式有静态和动态。静态显示是指每个画面对应的视频信号源不变，而动态显示是一种循环显示方式，每个画面对应的视频信号源随时间变化，这种技术主要应用在视频信号源数多于显示的画面数的时候。

为实现多种显示方式，首先要在主显示窗口内创建多个用于显示的子窗口，存储这些子窗口的位置。在切换显示方式时，将前一种显示方式下的可见子窗口隐藏，使得在当前方式需要显示画面的子窗口可见，取得子窗口与视频信号源的对应关系，将相应的视频图像在各自对应的子窗口显示。全屏与其他方式有所不同，图像大小与显示屏相同。为了对摄像头进行必要的控制，需要在屏幕的角落添加相关的控制按钮，如上、下、左、右等。

当显示的画面数小于视频信号源数时，可以采用循环显示方式，将每一路的视频图像按一定的时间间隔依次在屏幕上显示，此时子窗口与视频信号源的对应关系只在某一时刻是固定的，在整个循环期间其对应关系不固定，编程时需要注意。

当系统发生报警时，报警信号所对应的画面应自动全屏显示。当有多个报警时，它们所对应的画面应以全屏方式循环显示。

当显示状态为静态时，用户可能在某时间段内对某些现场情况更感兴趣，从而对画面重新组合，使这些画面可见或处在更显眼的位置。显示控制模块应实现画面重组功能。

在系统运行过程中，用户常常需要对某一画面进行操作，比如对画面中的内容进行录像、控制画面对应摄像头的焦距和方向等，所以应该对所需操作的画面做标识。

显示控制模块的简化实现如图 7-7 所示。

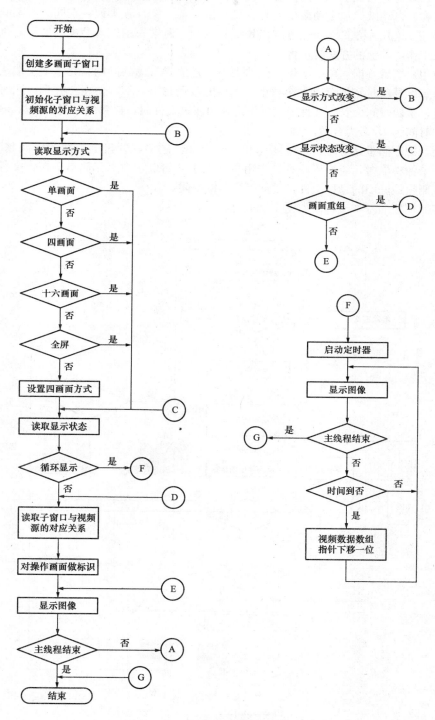

图 7-7　显示控制模块的流程图

2. 录像控制模块

在厂站视频监控系统中,录像控制模块是应用软件另一个重要的组成部分。如前所述,录像有定时录像、自动录像和手动录像几种方式,但对某一路视频来说,在同一时刻只需一种方式工作;另外,这几种方式之间也没有优先级的差别,通常采用先入为主的原则,也就是当一种方式已在工作,其他的方式就不再工作。

为方便用户事后查询,单个录像文件的大小也是值得考虑的问题,它基本上取决于一次录像时间的长短。录像时间越短,文件越小,文件的数量越多,不方便用户查询,同时也增加主机的工作量;录像时间太长,文件很大,用户在回放该文件时,耗费的时间长。从经验上来看,单次录像的时间为 1h 最为合适。

主机硬盘的存储量是有限的,时间越长,录像文件越多,硬盘上未用的空间越小。因此,系统在实现录像功能时,应检测硬盘的未用空间大小,如果它小于存储单个录像文件所需的空间,则应该删除最陈旧的录像文件,增加可用存储空间。

录像控制模块的基本流程图如图 7-8 所示。

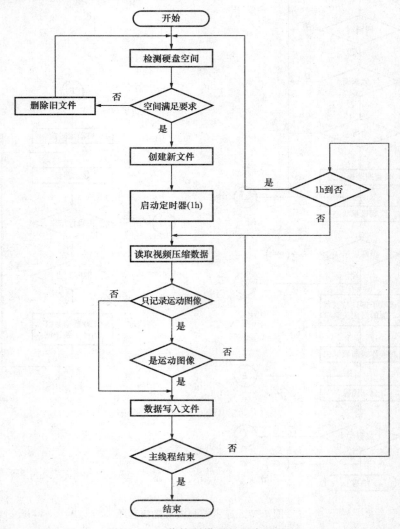

图 7-8　录像控制模块的基本流程图

7.4 视频监控系统的应用举例

随着经济、技术的发展，视频监控系统广泛地应用于各行各业，成为包括厂站监控系统在内的、企事业单位和家庭安全自动化重要的组成部分。

7.4.1 厂站视频监控系统在变电站的应用

以某变电站视频监控工程为例。该变电站在郊外，有一栋主楼，一楼是开关室，二楼是主控室；该站的四周有围墙，两台变压器安装在院内，距主楼 20m。

1. 工程的主要目的

工程的主要目的是监视设备的运行状态，提高变电站的安全性，包括防盗、防火。

2. 工程要求

(1) 清晰监视户内外所有设备的运行情况，如主变压器等充油设备的漏油情况，油位的指示，隔离开关的分合指示及操作人员的操作情况。

(2) 清晰监视主控室内的环境，包括室内的保护设备、监控设备、控制盘和仪表。

(3) 清晰监视开关室内的环境，包括防盗、防烟、防火等。

(4) 在夜晚或光线不好的情况下，启动照明设备。

(5) 监视变电站出入口人员的出入，以及四周围墙有无非法出入。

(6) 站内消防系统区域报警联动。

(7) 非法进入报警联动。

(8) 在 10M 带宽的局域网上实现视频信号和控制信号的传输。

(9) 发生报警时，自动录像。

(10) 系统人机界面友好，易操作。

(11) 可靠性高，正常运行的时间不小于 20 000h。

3. 工程设计方案

工程采用 NSV 2000 视频监控系统，配置高性能视频采集卡 AVE 2000XQ、PELCO 系列一体化球机或枪机的摄像机、DELL 商用机。软件设计按照要求，采用自顶而下、面向对象的软件设计思想，采用 VC++6.0 编程，数据库采用 ADO，数据传输采用 TCP/IP 协议，运用 Winsock 实现。整个系统设计合理，性能良好，可靠性高。

(1) 硬件的配置：

1) 摄像机：在主控室、开关室各装设两个一体化摄像机，在每个主变压器的前上方各装设一台一体化摄像机，在大门处、每一方围墙院内侧各安装一个数码相机，共 11 个摄像机。

2) 音频、视频采集卡：使用 2 块有 8 路视频输入的采集卡 AVE 6800E。

3) 音频、视频解压卡：使用 1 块有 32 路的解压卡 AVE 8000。

4) 计算机：①变电站主机采用 ThinkCentre M6000t，E7500 2.93G、320G，RAM 为 1G；②监控中心主机采用 ThinkCentre M8000t，Q9500 2.83G、320G，RAM 为 2G。

(2) 摄像机的安装。主控室和开关室内的 4 台摄像机为了实用、美观采用吸顶方式安装；主变压器的两台摄像机和围墙四周的 4 个摄像机采用柱式安装；大门的摄像机采用壁式安装。

某变电站视频监控系统的硬件结构图如图 7-9 所示。

7.4.2 视频监控系统在普通企业的应用

下面就以某视频监控工程为例加以说明。该建筑结构中，管理、市场和研发部门在同一幢

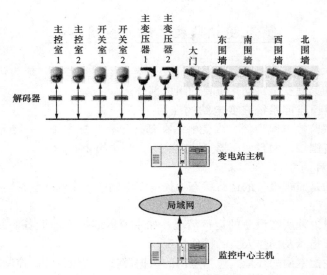

图7-9 某变电站视频监控系统硬件结构图

楼上,而调试生产在另一幢楼上。

1. 工程的主要目的

工程的主要目的是加强公司的经济、技术安全,为集体、个人提供更好的安全保障。

2. 工程要求

(1) 能够清晰地监视公司的大门、各楼层的走廊,看清往来人员。

(2) 看清财务科的保险柜的情况。

(3) 当监视的范围内有移动物体时,系统可以自动报警,并启动录像功能。

(4) 录像功能有定时录像、手动录像和报警自动录像三种方式。

(5) 能够播放记录文件。

(6) 能够自动删除过期的录像文件。

(7) 对报警和重要的操作要有记录。

(8) 无关人员不得对系统操作。

(9) 门卫室有一台计算机作为监控前端,办公室有一台计算机作为监控中心,通过局域网观看各监视点图像。

(10) 系统人机界面友好,易操作。

(11) 可靠性高,正常运行的时间不小于20 000h。

3. 工程设计方案

采用NSV 2000视频监控系统。

(1) 硬件的配置:

1) 摄像机:在办公的二楼走廊装设2个普通摄像机,3个走廊装设3个普通摄像机,财务科装设1个普通摄像机;在六楼调试人员办公室装设2台普通摄像机,仓库装设1台普通摄像机;在七楼调试间装设2个普通摄像机和1个一体化球机。共装设12个摄像机,采用Honey-Well产品。

2) 音频、视频采集卡:使用2块有8路视频输入的采集卡AVE 6800E。

3) 音频、视频解压卡:使用1块有32路的解压卡AVE 8000。

4）计算机：①监控主机采用 ThinkCentre M6000t，E7500 2.93G、320G，RAM 为 1G；②主控主机采用 ThinkCentre M8000t，Q9500 2.83G、320G，RAM 为 2G。

（2）摄像机的安装。普通摄像机采用壁式安装，一体化球机采用吸顶安装。

硬件结构与图 7-9 相似。

第8章

发电厂电气监控系统

8.1 发电厂概述

发电厂又称发电站，是将自然界蕴藏的各种一次能源转换为电能（二次能源）的工厂，是电力系统的重要环节。19世纪末，随着电力需求的增长，人们开始提出建立电力生产中心的设想，随着电机制造技术的发展，电能应用范围的扩大，生产对电的需要迅速增长，发电厂随之应运而生。现在的发电厂有多种途径的发电技术：靠燃煤或石油驱动涡轮机发电的称火电厂，靠水力发电的称水电厂，还有些靠太阳能、风力和潮汐发电的小型电站，而以核燃料为能源的核电站已在世界许多国家发挥越来越大的作用。

8.1.1 发电厂的分类

根据一次能源的不同，发电厂可以分为火力发电厂、水力发电厂、核能发电厂和风力发电场等。按发电厂的规模和供电范围不同，又可以分为区域性发电厂、地方发电厂和自备专用发电厂等。

1. 火力发电厂

火力发电厂是将燃料（如煤、石油、天然气、油页岩等）的化学能转换成电能的工厂。根据动力设备的类型，火电厂可分为蒸汽动力发电厂、燃气轮机发电厂和内燃机发电厂。占据主要地位的蒸汽动力发电厂工作原理是利用燃料的化学能使锅炉内的水产生蒸汽，蒸汽进入汽轮机做功，推动汽轮机转子转动，将热能转变为机械能，汽轮机转动带动发电机转子旋转，在发电机内将机械能转换成电能。能量的转换过程是：化学能→热能→机械能→电能。通常将锅炉、汽轮机和发电机称为火力发电厂的三大主机，其中汽轮机又被称为原动机。燃气轮机发电厂和内燃机发电厂则分别使用燃汽轮机、柴油机作为原动机。目前，我国火力发电厂主要是以煤为燃料的蒸汽动力发电厂，它分为凝汽式火力发电厂（通常称火电厂）和供热式火力发电厂（通常称热电厂）。

（1）凝汽式火力发电厂。凝汽式火力发电厂只向用户提供电能。在汽轮机中做过功的蒸汽进入汽轮机末端的凝结器，在凝结器中被冷却水还原为水，然后再送回锅炉。因此，大量的热量被冷却水带走，使得热效率只有30%～40%。一般情况下，大容量的凝汽式发电厂建在煤矿基地及其附近，通常被称为坑口电厂。

（2）热电厂。热电厂与凝汽式发电厂不同，它既生产电能，又向用户供给热能。热电厂把在汽轮机中做过功的一部分蒸汽从汽轮机中段抽出供给热能用户，或将抽出的蒸汽经热交换器把水加热后，将热水供给用户。由于减少了进入凝结器的排汽量，也就减少了被冷却水带走的热量，提高了热效率，现代热电厂的热效率高达60%～70%。考虑到压力和温度参数的要求，热电厂必须建在热力用户附近。

2. 水力发电厂

水力发电厂又简称为水电厂。水电厂就是把水的位能和动能转变成电能的工厂，发电机的原动机是水轮机。它是利用水的能量推动水轮机转动，再带动发电机发电。能量的转换过程是：水能→机械能→电能。根据集中落差的方式可分为堤坝式、引水式和混合式；按运行方式的不同又可分为有调节水电厂、无调节水电厂和抽水蓄能水电厂。波浪发电和潮汐发电也应该算作水电的范畴。

（1）堤坝式水电厂。在河流的适当位置上修建拦河水坝，形成水库，抬高上游水位，利用坝的上下游水位形成的较大落差，引水发电。堤坝式水电厂可以分为坝后式和河床式两种。坝后式水电厂的厂房建筑在大坝的后面，不承受水的压力，全部水头由坝体承受，由压力水管将水库的水引入厂房，转动水轮发电机组发电。这种发电方式适合于高、中水头的水电厂，如刘家峡、丹江口水电厂。河床式水电厂的厂房和大坝连成一体，厂房是大坝的一个组成部分，要承受水的压力，因厂房修建在河床中，故名河床式。这种发电方式适合于中、低水头的水电厂，如葛洲坝水电厂。

（2）引水式水电厂。水电厂建在水流湍急的河道上，或河床坡度较陡的地方，由引水管道引入厂房。这种水电厂一般不需修坝或只修低堰。

（3）抽水蓄能电厂。这种水电厂由高落差的上下两个水库和具备水轮机—发电机或电动机—水泵两种工作方式的可逆机组组成。抽水蓄能电厂一般作为调峰电厂运行。当电力系统处于高负荷、电力不足时，机组按水轮机—发电机方式运行，使上水库储蓄的水用于发电，发电后的水流入下水库，以满足系统调峰的需要；当系统处于低负荷时，系统尚有富裕的电力，此时机组按电动机—水泵方式运行，将下水库的水抽到上水库中储存起来，留待下次发电使用。此外，抽水蓄能电厂还可以作系统的备用容量、调频、调相等用途。

3. 核能发电厂

以核能发电为主的发电厂称为核能发电厂，简称核电厂。这是一种大有发展前途的新能源，一般建在自然资源匮乏的缺电地区。核能发电是利用原子反应堆中核燃料（例如铀）慢慢裂变所放出的热能产生蒸汽（代替了火力发电厂中的锅炉）驱动汽轮机再带动发电机旋转发电。核电机组与普通火力发电机组不同的是以核反应堆和蒸汽发生器替代了锅炉设备，而汽轮机和发电机部分则基本相同。根据核反应堆的类型，核电站可分为压水堆式、沸水堆式、气冷堆式、重水堆式、快中子增殖堆式等。

原子核反应堆是核电厂的核心部分，它是一个可以被控制的核裂变装置，以铀-235 或铀-238（或铀-239）为燃料。前者是用减速后的低中子（热中子）撞击原子核产生裂变，称为热中子反应堆；后者利用裂变产生的高速高能中子引起原子核裂变，称为快中子反应堆（增殖堆）。

目前世界上普遍采用的是热中子反应堆。核裂变时产生的是快速、高能中子，为了使其变为慢中子以便控制核反应的速度，常利用轻水（压水）、重水等作为慢化剂和冷却剂，因此，核反应堆又分为压水堆、重水堆、石墨堆等类型。

核电厂的建设费用虽然高于火电厂，但其燃料费用远低于火电厂，因此，核电厂的综合发电成本普遍比火电厂低，能取得较大的经济效益。我国已建成发电的核电厂有大亚湾和秦山核电厂。

4. 其他发电厂

除了以上三种主要的能源用于发电外，还有其他形式的一次能源被用来发电，如风力发电、太阳能发电、地热发电、生物质发电等，这些发电方式在我国都有极其广阔的发展前景。

利用风力吹动建造在塔顶上的大型桨叶旋转带动发电机发电称为风力发电，由数座风力发电机组成的发电场地称为风力发电场。

太阳能发电厂是用太阳能来发电的工厂，它利用光电或光热技术把太阳能转换为电能。

生物质发电是利用生物质所具有的生物质能进行的发电，是可再生能源发电的一种，包括农林废弃物直接燃烧发电、农林废弃物气化发电、垃圾焚烧发电、垃圾填埋气发电、沼气发电等。

8.1.2 发电厂电气监控系统的组成与功能

随着技术的发展和能源政策的调整，现在发电厂的形式多样，采取的原理和由此导致的发电厂电气结构也不尽相同。随着机组容量的增大，大型发电厂电气一、二次设备的系统及其接线型式日趋复杂，由此导致的相关监视与控制系统也日益繁复，电气监控系统所起到的作用也更加重要，逐渐成为发电厂控制系统一个重要的分支，对大型发电厂和电力系统的安全稳定运行具有至关重要的意义。

1. 发电厂电气监控系统的监控对象

发电厂电气监控系统的监控对象主要包括发电机—变压器组、升压站和厂用电三大部分，涵盖的主要电气设备包括发电机、发电机—变压器组（包括发电机—变压器组断路器、发电机励磁等）、各电压等级升压变压器、厂用电变压器（包括各电压等级的变压器、各侧断路器、隔离开关、主变压器冷却器和有载调压装置）、各电压等级母线、各电压等级进出线（包括线路断路器和隔离开关）、直流系统、同步电动机、其他智能设备（如电能表等）。在火电厂中，主要监控升压站和发电机—变压器组控制部分的系统称为发电厂网络控制系统（NCS，简称网控系统），主要监控厂用变压器、厂用电源、备用电源、同步电动机等设备的系统称为发电厂电气自动化系统（ECS）。

2. 发电厂电气监控系统的组成

由于发电厂的发电原理不同，电气监控对象不同，电气监控系统的组成也不完全相同。发电厂电气监控系统一般可以分为厂站层（站控层）和控制设备层（间隔设备层），它们之间采用通信网络相连，如图8-1所示。

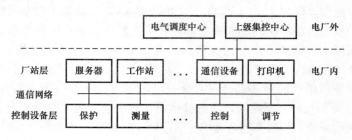

图8-1 发电厂电气监控系统的组成

厂站层设备一般包括数据服务器、操作员工作站、工程师工作站、通信设备、打印机等，负责对全厂的电气设备进行集中监控，并与调度中心、上级集控中心监控系统进行通信，把站内信息上传并接受控制指令。控制设备层设备一般包括保护设备、测控设备、调节单元、自动装置等。

3. 发电厂电气监控系统的功能

（1）数据量的采集。通过间隔层装置对各元件的模拟量、开关量、脉冲量等实时数据进行采集并存入数据库。

（2）画面显示。监控画面一般包括电气主接线图、发电机接线图、励磁系统接线图、启动备用变接线图、6kV 厂用电系统图、380V 厂用电系统图、直流电源系统图、UPS 电源系统图等，并有电压棒图、负荷曲线显示。

（3）报表管理。对所需的报表进行操作，具有报表定义、编辑、显示、存储、查询、打印等功能。

（4）控制操作。通过间隔层装置对断路器、隔离开关等设备进行操作。

（5）自动功率控制。自动功率控制包括有功功率控制（Automatic Generation Control，AGC）和无功电压控制（Automatic Voltage Control，AVC）两部分。

有功功率控制（AGC）是指根据系统频率、输电线负荷变化或它们之间关系的变化，对某一规定地区内发电机有功功率进行调节，以维持计划预定的系统频率或其他地区商定的交换功率在一定限制之内。它是以控制调整发电机组输出功率来适应负荷波动的反馈控制，是一个小型的计算机闭环控制系统。

自动电压控制（AVC）是指针对负荷波动造成的电压变化动作来控制调节各发电机无功功率，以快速准确跟踪调度的电压目标值，提高发电厂高压母线的电压合格率，从而达到提高区域供电电压水平、改善电网电能质量的目的。

8.1.3 发电厂电气监控系统的发展趋势

基于我国能源结构和技术发展水平，目前火电厂在我国发电市场占据绝对优势，但是随着能源价格的上涨和环境压力，我国逐渐增大了节能减排力度，今后的发电厂更趋向采用可再生能源进行发电。发电厂电气监控系统技术逐渐朝着综合化、远程化、智能化方向发展。

（1）综合监控。随着计算机和网络技术的进步，监控系统的功能越来越强大，过去多个孤立的监控或自动化系统通过通信连接和功能融合，逐步向综合监控方式发展。一套发电厂监控系统能够包含了发电机组、升压站、厂用电的监控内容，并能与省调的功率控制系统结合在一起，实现电厂的自动功率控制。

（2）远程监控。随着发电厂就地电气监控系统的完善，对某个区域内的多个电厂实行远程监控成为可能。远程监控中心可以监控多个发电厂的运行，几乎可以实现每个发电厂的所有当地监控功能，发电厂可以实现少人或无人值班运行，起到减员增效的作用。这种远程监控方式在水电厂、风电场都已经有很多成功的应用。

（3）智能化、数字化。随着计算机软硬件技术、网络技术、通信技术、电力电子技术、自动控制技术、嵌入式技术的发展进步，电气设备也在向数字化、智能化方向发展。发电厂电气监控系统也不断应用这些先进的技术，总体结构发展为分层、分布、开放，具有可靠性高、组态灵活等优点。

（4）可再生能源。随着我国可再生能源的利用成为热点，对可再生能源发电的技术研究取得了很大进步。由于风能、太阳能等能源具有不稳定的特性，如何确保新能源发电对电网的冲击减至最少、最大程度进行新能源发电的开发与利用成为研究热门课题，功率控制、静态无功补偿（Static Voltage Control，SVC）等电力电子技术取得了很大进展。

（5）分布式发电。分布式发电（Distributed Generation，DG）通常是指发电功率在几千瓦至数百兆瓦的小型模块化、分散式、布置在用户附近的高效、可靠的发电单元。主要包括以液体或气体为燃料的内燃机、微型燃气轮机、太阳能发电、风力发电、生物质能发电等。分布式发电的优势在于可以充分开发利用各种可用的分散存在的能源，包括本地可方便获取的化石类燃料和可再生能源，并提高能源的利用效率。分布式电源通常接入中压或低压配电系统，由于具有分散、随机变动等特点，大量的分布式电源的接入，将对配电系统的安全稳定运行产生极大的影响。

8.2 火力发电厂电气监控系统

8.2.1 概述

火力发电厂通常是指以汽轮发电机组为主的发电厂。目前，我国火力发电机组容量越来越大，自动化程度越来越高，热工控制普遍采用分散控制系统（Distributed Control System, DCS），随着计算机技术的发展，计算机监控电气设备在火电厂获得了越来越多的应用。

1. 电气监控系统基本构成

火力发电厂自动化系统主要包括 DCS（Distributed Control System，分散控制系统）、ECS（Electric Control System，电气自动化系统）、NCS（Network Control System，升压站网控系统）、SIS（Supervisory Information System，管理监控信息系统）、除灰系统、水处理系统等，其中电气监控相关的主要包括 DCS、ECS、NCS，如图 8-2 所示。

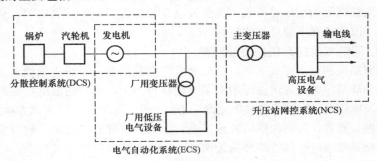

图 8-2 火电厂电气监控系统的组成

2. 分散控制系统（DCS）

分散控制系统（DCS）是采用计算机、通信和屏幕显示技术，实现火电厂发电过程的数据采集、控制和保护等功能，利用通信技术实现数据共享的多计算机监控系统，其主要特点是功能分散，操作显示集中，数据共享，可靠性高。根据具体情况也可以是硬件布置上的分散。

DCS通过开放、先进、适应管控一体化的设计，能满足电网的负荷要求，实现电厂内锅炉、汽轮机、发电机、升压变压器以及厂用电和电气公用系统的统一监控与管理，提高火电厂自动化水平。在集中控制室内，单元机组、DCS操作员站及大屏幕显示器为主要的监视和控制手段。DCS能够满足功能组级自动化水平要求，在全负荷范围内自动投入，使机组的主要参数在全负荷范围处于最佳区域内。

DCS的结构是一个分布式系统，电厂的不同子系统的控制由单独的子控制器完成，各子控制器之间的协调与监视、控制，由总控制器完成，相互之间通过网络连接并传递信息。这些子模块控制器和总控制器一起组成了DCS。DCS包含部分电气监控，随着技术的发展，一般把发电厂电气监控和升压站电气监控独立出来，实现电气设备的全面监控。

3. 电气自动化系统（ECS）

电气自动化系统（ECS）是采用网络通信技术实现发电机组、厂用电系统的保护与监控，实现全厂电气数字化。采用ECS可减少电气系统硬接线电缆、测量变送器、I/O接口柜等设备的一次性投资，降低用户维护工作量。

ECS接入不同厂家的保护测控装置及用户现有的自动化系统，实现发电厂电气系统的运行、保护、控制、故障信息管理及故障诊断、电气性能优化等功能的综合自动化。电气设备保护测控功能分散在就地实现，提高了整个发电厂电气系统的可靠性，拓宽和完善了 DCS 的监控范围和自动化程度。

ECS 采用分层分布的方式，对电气系统组成一套单独的监控系统，作为对电厂 DCS 的辅助监控，实现对电厂高压、低压厂用电部分的监控，对启动备用变压器、厂用变压器的监控，对直流屏、UPS 等智能设备的监控，把 DCS 关心的厂用电部分的信息传送给 DCS。

4. 升压站网控系统（NCS）

升压站是把电厂发出的电进行电压等级转换，接入到电网中。升压站网控系统（NCS）与普通变电站自动化系统的结构近似，实现普通变电站的"四遥"功能，除此之外，还能够根据电网调度中心的负荷控制命令，给 DCS 系统发送指令，对发电厂的有功、无功进行调节，使电网的频率和电压处在一个合理的区间，实现电网的安全经济运行。

8.2.2 分散控制系统（DCS）

分散控制系统（Distributed Control System，DCS）是以微处理器及微型计算机为基础，融合计算机技术、数据通信技术、CRT 或 LCD 屏幕显示技术和可编程控制技术为一体的计算机控制系统，对生产过程进行集中操作管理和分散控制。分布于生产过程各部分的以微处理器为核心的过程控制站，分别对火力发电各部分工艺流程进行控制，又通过数据通信系统与中央控制室的各监控操作站联网。操作员通过监控站的显示终端，可以对火电厂的全部生产过程工况进行监视和操作。

1. 系统组成

DCS 利用计算机、通信、测量和控制技术对火力发电厂生产过程进行集中监视、操作、管理和分散控制，涵盖了机、炉、电、辅机，可大大促进发电厂安全、经济、高效运行。

分散控制系统可以是分级系统，通常可分为过程级、监控级和管理级。分散控制系统由具有自治功能的多种工作站组成，如数据采集站（Data Acquisition Station，DAS）、工程师站（Engineer Station，ES）、历史数据站（History data Storage & Research，HSR）、运行操作员站（Operation Station，OS）、过程控制单元（Processing Control Unit，PCU）等。这些工作站可独立或配合完成数据采集与处理、控制、计算、存储以及检索等功能，便于实现功能、地理位置和负载上的分散。当个别工作站故障时，不会影响整个系统的运行，使危险分散。

典型的 DCS 组成如图 8-3 所示。

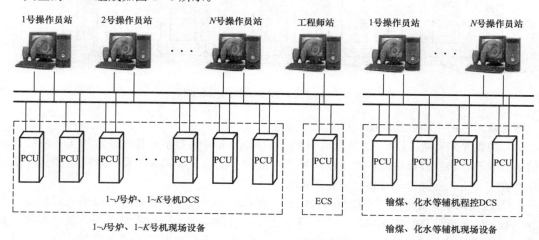

图 8-3　DCS 的组成示意图

DCS组成包括三部分：

（1）过程控制单元PCU。包括完成过程控制所必需的所有硬件，如控制器、I/O模件、端子单元和电源系统。

（2）操作员站OS。提供运行人员与控制系统之间的交流界面。

（3）工程师工作站ES。供工程师使用，对控制系统进行设计、组态、调试、维修管理等。

DCS是火力发电厂的主要控制系统，包括锅炉、汽轮发电机组、除氧、给水、减温、减压等主要控制对象，可分为针对电厂锅炉、汽轮机和发电机几大主机的主机控制和针对水务系统、输煤系统、除灰渣系统、脱硫系统等的辅机控制。

2. 主机监控系统

发电厂DCS是指主机监控系统，一般包括DAS（Date Acquisition System，数据采集系统）、MCS（Modulation Control System，模拟量控制系统）、SCS（Sequence Control System，顺序控制系统）、FSSS（Furnace Safeguard Supervisory System，炉膛安全监控系统）、DEH（Digital Electro-Hydraulic Control，汽轮机数字电液控制系统）、CCS（Coordinated Control System，协调控制系统）等功能，可以满足各种运行工况的要求，确保机组安全稳定运行。常见的结构如图8-4所示。

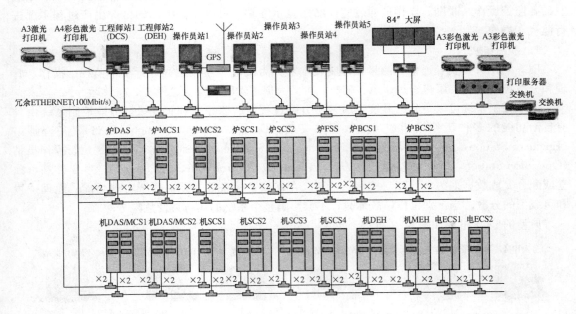

图8-4 主机监控系统结构示意图

随着新工艺的不断成功应用，DCS的应用范围也不断扩展。

（1）数据采集系统（DAS）。数据采集系统（DAS）是采用数字计算机系统对工艺系统和设备的运行参数、状态进行检测，对检测结果进行处理、记录、显示和报警，对机组的运行情况进行计算和分析，并提出运行指导的监视系统。

DAS连续采集和处理所有与机组有关的主要测点信号及设备状态信号，以便及时向操作人员提供有关的运行信息，实现机组安全经济运行。一旦机组发生任何异常工况，及时报警，提醒操作人员随时留心发生异常工况的相关设备运行状态，避免出现重大设备事故，提高设备的安全利用率。

280

（2）模拟量控制系统（MCS）。模拟量控制系统（MCS）是实现锅炉、汽轮机及辅助系统参数自动控制的总称。在这种系统中，常包含参数自动控制及偏差报警功能，对前者，其输出量为输入量的连续函数。

MCS 主要包括锅炉侧调节系统（机炉协调控制系统、燃料控制系统、送风控制系统、引风控制系统）、汽轮机侧调节系统（除氧器水位、压力控制系统、凝汽器热井水位控制系统、高压加热器水位控制系统、低压加热器水位控制系统、轴封蒸汽压力、温度控制系统）、汽温控制系统（过热汽温控制系统、再热汽温控制系统）、汽包水位控制系统和其他单回路控制系统等，完成对单元机组及辅机状态的调节控制，将锅炉、汽轮机、发电机组作为一个整体单元进行控制，使锅炉和汽轮机同时响应控制要求，确保机组快速和稳定地满足负荷的变化，并保持锅炉、汽轮机的协调与稳定运行。

（3）顺序控制系统（SCS）。顺序控制系统（SCS）是对机组的某一工艺系统或主要辅机按一定规律（输入信号条件顺序、动作顺序或时间顺序）进行控制的控制系统。

SCS 主要包括锅炉侧 SCS（锅炉烟气、省煤器、空气预热器、送风机、引风机、给煤机、磨煤机、排粉机、排污疏水、锅炉排气等顺控功能组）和汽轮机侧 SCS（给水泵、凝结水系统、排污疏水、高压、低压加热器、冷却水系统、真空泵、润滑油系统、EH 油系统等顺控功能组），完成锅炉及其辅机系统、汽轮机及其辅机系统的启停顺序控制，目的是为了在机组启停时减少操作人员的常规操作，提高运行安全和操作效率。

（4）炉膛安全监控系统（FSSS）。炉膛安全监控系统（FSSS）是对锅炉点火、燃烧器和油枪进行程序自动控制，防止锅炉炉膛由于燃烧熄火、过压等原因引起炉膛爆炸（外爆或内爆）而采取的监视和控制措施的自动系统。FSSS 包括燃烧器控制系统（Burner Control System，BCS）和炉膛安全系统（Furnace Safety System，FSS）。

FSSS 是现代大型火电机组必须具备的一种监控系统，能在锅炉正常工作和启动、停止等各种运行方式下，连续监视燃烧系统的大量参数与状态，不断进行逻辑判断和运算，必要时发出动作指令，通过种种联锁装置，使燃烧设备中的有关部件严格按照既定的合理程序完成必要的操作或处理，以保证锅炉燃烧系统的安全。

（5）数字电液控制系统（DEH）。汽轮机数字电液控制系统（DEH）是按电气原理设计的敏感元件、数字电路（计算机），按液压原理设计的放大元件及液压伺服机构构成的汽轮机控制系统。

DEH 主要控制汽轮发电机组的转速和功率，从而满足电厂供电的要求。它可以控制汽轮机从挂闸、冲转、暖机、同期并网、带初始负荷至带满负荷的全过程。DEH 投入锅炉自动（即汽轮机远控）时，从模拟量控制系统（MCS）接收负荷指令，此时 DEH 仅作为 MCS 的执行机构。

（6）协调控制系统（CCS）。将锅炉、汽轮发电机组作为一个整体进行控制，通过控制回路协调锅炉与汽轮机组在自动状态的工作，给锅炉、汽轮机的自动控制系统发出指令，以适应负荷变化的需要，尽最大可能发挥机组调频、调峰的能力，它直接作用的执行级是锅炉燃烧控制系统和汽轮机控制系统。

3. 辅机控制系统

辅机控制系统主要是针对水务系统、输煤系统、除灰渣系统、脱硫脱硝系统等，实现化学水处理、锅炉除灰、冲渣、吹灰、定期排污、燃料输送、原料输送等发电厂辅机系统生产过程的程序控制与监视。

火力发电厂传统的辅机控制系统是由多套独立的系统组成的，分别完成相应的工作，彼此之间联系较少，所以存在以下问题：

(1) 按照工艺系统的划分，形成了多个相互独立信息孤岛。

(2) 各个辅助控制系统物理位置上较为分散。

(3) 各个辅助控制系统不能实现统一监控，运行人员配置较多。

(4) 系统种类多，维护困难。

(5) 与电厂主机 DCS、SIS、MIS 的信息共享困难。

因为传统辅机控制系统表现出来的以上问题，在信息化技术和控制技术日益成熟今天，辅机控制系统的一体化设计已经成为电厂辅控系统的发展趋势，典型的辅机一体化系统结构如图8-5所示。辅机一体化系统与传统系统相比具有以下特点：

(1) 各分系统通过高速网络相联，信息共享便捷，便于系统间协调配合。

(2) 集控运行统一布置，运行人员配置少，减员增效明显。

(3) 各系统的一体化选型和设置减少了热工人员的维护工作量。

(4) 可以通过单一接口与 DCS、SIS 等系统相连，接口配置简化，减少了投资。

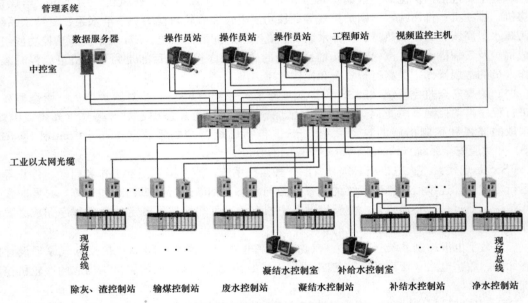

图 8-5　典型的辅机监控系统结构示意图

通过辅控系统的一体化设计，可以完成以下系统功能：

(1) 实现工业生产过程信息的采集、处理与计算。

(2) 通过工程师站/运行员站对系统进行在线或离线组态生成和修改。

(3) 监控系统实现了网络化，可对工艺参数和设备进行集中监控，实现少人值班或无人值守。

(4) 能实现自动控制、计算机远程操作和就地操作等多种控制方式。

(5) 具备生产过程的自动顺序控制、逻辑保护联锁控制和自动调节功能。

(6) 能够实现画面显示、制表打印、报警打印、实时趋势分析、历史数据分析以及事件顺序记录等功能。

8.2.3　电气自动化系统（ECS）

随着电厂自动化水平的提高和多种电气智能装置的出现，原有的 DCS 监控系统显现出了硬接线比较多、所能监控的信息有限的缺点，因此一些电厂开始采用对电气系统单独组成一套电气自动化系统（ECS），采用通信方式接入不同厂家的保护测控装置及用户现有的自动化系统，实现发电厂电气系统的运行、保护、控制、故障信息管理及故障诊断、电气性能优化等功能的综合自动化。

1. 系统结构

ECS 为分层分布式结构，包括站控层、通信控制层、间隔设备层，如图 8-6 所示。

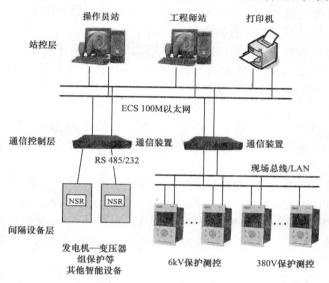

图 8-6　ECS 结构示意图

（1）站控层。站控层由各个主站系统构成，是整个 ECS 的控制管理中心，完成对整个 ECS 的数据收集、处理、显示、监视功能，并且经过相应授权，能对相应的设备进行控制。站控层的所有数据和操作通过接口对 DCS 开放，同时为运行人员提供对厂用电系统的控制、管理功能。这一层主要包括后台监控系统计算机硬件和各种专业应用软件，硬件有服务器、工作站等，应用软件包括 SCADA（数据采集和监控）、各种基础应用软件、高级应用功能软件，以及后台系统与发电厂其他管理系统（如 MIS）间的通信接口软件。

（2）通信控制层。通信控制层主要完成通信和控制两个功能，由各个通信装置和网络、接口等组成。通信功能包括将间隔层各种通信接口、通信规约装置的信息转换成统一的站控层的通信规约，同时将一些重要的信息与 DCS 的分布式处理控制单元（Distribution Processing Unit，DPU）来实现信息交换，这些信息交换包括开关量、模拟量信息，由 ECS 传给 DCS，也包括由 DCS 对 ECS 实现一些控制操作；控制功能则是将一些与厂用电相关的控制逻辑放在这一层来实现。其中控制功能对稳定性、可靠性要求很高，而通信功能对灵活性、多样性要求很高。

（3）间隔设备层。间隔设备层由众多的保护和自动装置构成，具有测量、控制、保护、信号、通信等基本功能，为低压及厂用电系统的保护与控制提供了完整的解决方案，可有力地保障低压电网及厂用电系统的安全稳定运行。主要包括：发电机保护装置；主变压器保护装置；励磁调节装置；厂用电快速切换装置；自动准同期装置；6kV 厂用电综合保护测量控制装置（含电动机、变压器、馈线等）；380V 综合保护测控装置；直流系统的监控装置；UPS 的监控装置等。

2. 主要功能

(1) 实现发电厂厂用电自动化。使用综合保护测控一体化智能设备,实现高压厂用电、低压厂用电、厂用电快切及公共部分的继电保护、监控、信息管理和设备维护。

(2) 实现发电厂机组电气自动化(机组 ECS),包括发电机—变电器组保护、发电机录波、励磁、同期、UPS、直流系统、电能表等的监控和管理。

(3) 实现对柴油发电机组和启动变压器、厂用变压器的监控和管理。

(4) 对直流屏、UPS 等智能设备的监控。

(5) 实现电厂电气控制系统的防误操作、防误闭锁及操作票等的管理。

(6) 将 DCS 所关心的厂用电部分的信息传送 DCS,实现与电厂 DCS 的无缝连接,使电气与 DCS 的控制水平相一致,协调发展。

3. 与 DCS 组网方式

可以把 ECS 看成 DCS 的一个独立子系统,ECS 一般是独立组网,然后与 DCS 联网实现信息共享。随着技术的不断发展,ECS 与 DCS 的组网方式也在不断发展变化中,常见的组网方式如下:

(1) 组网方式 1。厂用电保护测控装置通过现场总线或以太网组成双网,经通信装置的 RS 485/RS 232 通信接口与 DCS 连接,经通信装置的以太网口与 ECS 站控层连接。DCS 对分支、电动机等开关进行操作控制时,仍采用硬接线的方法,其他信息如保护动作事件、测量数据等通过通信单元采用 RS 485/232 串口通信方式传送至 DCS。具体连接方式如图 8 - 7 所示。

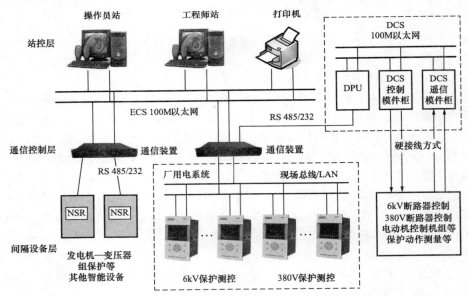

图 8 - 7　ECS 与 DCS 组网方式 1

(2) 组网方式 2。与 DCS 的连接全部采用通信方式实现,不保留或保留很少的硬接线,这种方案对网络通信的要求很高。可以在两个层面与 DCS 实现数据交换。在通信管理层,通过通信装置的 RS 485/232 串口与 DCS 交换重要数据,通信管理单元根据需要可以采用双机配置提高可靠性。在站控层,通过主站通信装置的以太网接口与 DCS 交换大量数据,保证了与 DCS 通信的实时性和可靠性。具体连接方式如图 8 - 8 所示。

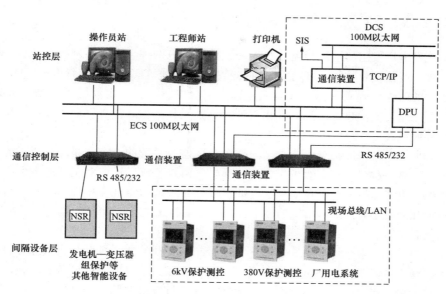

图 8-8 ECS 与 DCS 组网方式 2

（3）组网方式 3。高压厂用电保护测控装置采用双以太网结构进行通信，直接接于站控层以太网交换机。其他采用非以太网接口的智能装置接于通信装置，经通信装置的以太网接口上送 ECS 站控层主站监控系统。DPU 不再与通信管理层的通信装置进行通信，而是直接和站控层的通信装置进行通信，站控层的通信装置可以直接采用以太网与高压厂用电保护测控装置进行通信。这种方式相比于组网方式 2，减少了两台通信装置，也减少了站控层通信装置与高压厂用电保护测控装置的通信层级，得到的信息也更及时。具体连接方式如图 8-9 所示。

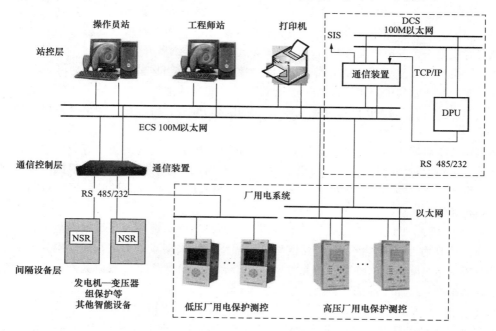

图 8-9 ECS 与 DCS 组网方式 3

285

8.2.4 升压站网控系统（NCS）

1. 概述

升压站把发电厂发出的电进行电压等级转换接入到电网中。升压站网控系统（NCS）是指采用测控装置、通信接口装置、自动准同期装置、监控系统等实现对大容量火电厂的110、220、500kV升压站的监控和远动功能，既实现与远方调度控制中心交换数据，又实现与DCS的接口，完成升压站相关保护装置信息的采集与处理，接入其他智能设备（如电能计量管理、直流系统、无功补偿装置、UPS等）。

新建火电厂升压站一般都会设计NCS，作为全厂监控系统的一个子系统，通过光纤以太网与DCS、ECS联成一体，构成完整的发电厂全厂电气监控系统，形成对全厂的电力生产管理与发电进行控制。电气运行人员可在集控室直接完成对升压站的监视与操控。并将"五防"闭锁功能直接集成在系统中，使"五防"功能可根据升压站的具体特点，结合电厂运行方式的变化，方便灵活地组态实现。

升压站网控系统一般采用成熟先进的全分层分布式、开放式系统结构，具有多种网络结构和设备配置选择，保证系统的高可靠性和灵活的可扩充性。站级控制层设备有单机系统或双机冗余系统两种配置选择，网络结构也有单以太网结构或双以太网结构两种结构选择。间隔层设备原则上按一次电气间隔配置，实现信息采集和控制等自动化功能，对断路器、电动隔离开关和电动接地开关等进行可靠控制。

升压站网控系统具有数据采集、安全监视测量、控制操作、自动电压无功控制（AVQC）、防误操作联锁、事件记录、事故追忆、统计制表、事故画面自动推出、系统自诊断等多种功能，人机接口功能强，界面友好，操作方便。升压站网控系统提供与各种微机保护装置、直流系统等智能设备的通信接口，接口方式灵活。

2. 系统的网络构成

NCS的组网方案比较成熟，由站控层的当地后台系统、数据处理及通信装置、网络设备和间隔层的保护装置、测控装置等设备及相关软件组成。由于和变电站系统较为相似，实际上仍可以把它看成是一个变电站监控与自动化系统，此处不再详细展开。

站控层设备负责整个升压站网络系统的集中监控，实现当地的SCADA功能，布置于机组单元控制室或升压站集中控制室内，一般由双重冗余配置的主机、操作员工作站、工程师站兼维护站、"五防"及培训工作站、网关工作站、公用接口设备、打印机、网络交换机及通信接口设备等组成。

间隔层负责各间隔就地监控，其设备主要由间隔测控单元及网络接口等设备组成，就地安装在开关柜上，通过网络接口连接到间隔层网络交换机，间隔层网络交换机根据传输距离通过光纤或者屏蔽网络线与站级控制层网络交换机相连。控制室组屏安装的间隔层设备与站控层的网络交换机相连。

图8-10为某大型电厂500kV升压站网控系统网络结构示意图。该组网方案中站控层的工作站、通信机等均为双机热备，站控层网络与间隔层网络采用双以太网，即双网并行的工作方式；站控层网络与间隔层网络通过双光纤网络连接。该系统整体采用双以太网结构，通信网络实现了冗余结构，提高了通信和整个系统的可靠性。

3. 系统的功能

NCS通过远动机与调度系统进行通信，除了常规的"四遥"功能，还要接受调度的命令，实现功率控制（AGC/AVC）功能。

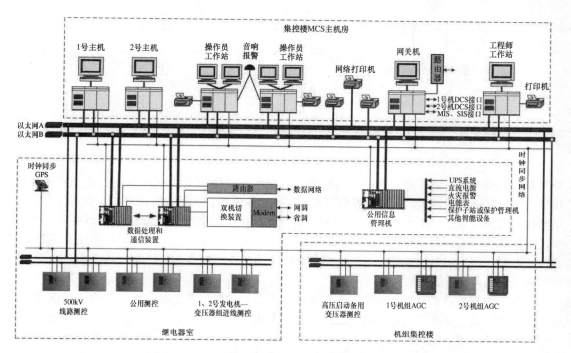

图 8-10 某大型电厂 500kV 升压站网络结构示意图

8.2.5 火电厂功率控制

发电厂功率控制包括自动发电控制（AGC）和自动电压控制（AVC）。

自动发电控制（AGC）是指按照电网调度中心的控制目标，通过电厂或机组的自动控制调节装置，实现对发电机功率的闭环自动控制。它在电网运行时不仅能实现自动调频和调峰，而且能使电网更加安全、经济、高效运行。

自动电压控制（AVC）是指在正常运行情况下，调度自动化主站实时监视电网无功电压，进行在线优化计算，通过与发电厂 NCS 的配合，对接入同一电压等级电网的各节点的可控设备进行实时最优闭环控制，分层调节控制电压无功电源及变压器分接头，满足全网安全电压约束条件下的优化无功潮流运行，达到电压优质和网损最小。

1. 自动发电控制（AGC）

（1）AGC 系统的组成。AGC 系统主要由电网调度中心主站控制系统、信息传输通道、升压站网控系统（NCS）、单元机组控制系统组成。电网调度中心利用控制软件对整个电网的用电负荷情况、机组运行情况进行监视，然后对掌握的数据进行分析，并对电厂的机组进行负荷分配，产生 AGC 指令。AGC 指令先通过信息传输通道传送到电厂的 NCS，再由 NCS 传送到电厂的机组控制系统，从而对发电机组的出力进行调节和控制。同时，电厂将机组的运行状况及相关信息通过 NCS 和信息传输通道送至电网调度中心的主站控制系统中，如图 8-11 所示。

（2）机组协调控制系统（CCS）。AGC 投运的前提条件是机组协调控制系统（CCS）正常运行。协调控制系统的基本特点是：汽轮机调节器和锅炉调节器同时承担功率和机前压力调节任务，而且它们协调工作，故也称为协调控制系统。其主要输入信号为汽轮机调节阀开度和燃烧率，输出信号为机前压力和发电机实发功率。

当要求负荷增加时，功率定值大于实发功率，出现正的功率偏差信号，此信号送到汽轮机

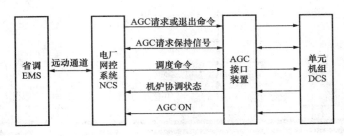

图 8-11　AGC 系统结构图

调节器开大调节阀，增加实发功率。同时这个信号作为前馈信号按正方向作用到锅炉调节器，增加燃烧率，提高蒸发量，满足外界负荷要求。当汽轮机调节阀开大时，会引起机前压力下降，虽然这时前馈信号已通过锅炉调节器增加燃烧率，但由于燃烧率到机前压力通道有一定惯性，所产生的蒸汽量不会满足外界负荷要求，机前压力仍会低于压力定值，这时正的压力偏差信号会按正方向作用于锅炉调节器，继续增加燃烧率，同时反方向作用于汽轮机调节器，力图关小调节阀，使压力恢复到定值。

对于锅炉调节器来说，正的功率偏差和压力偏差均使燃烧率增加；而对于汽轮机调节器来说，正的功率偏差要求开大调节阀，而反向的压力偏差要求关小调节阀，正反两个作用的结果会使调节阀调节到一定程度后暂时停下来，但是这种状态是暂时的，随着燃烧率增加，机前压力逐渐提高，压力偏差逐渐减小，压力偏差信号通过汽轮机调节器对调节阀的抑制作用逐步减小，在正的功率偏差信号作用下，调节阀逐步开大，直到满足负荷要求，达到新的平衡状态为止。

（3）AGC 接口装置。自动发电控制（AGC）接口装置用于接收 NCS 转发的调度调节指令，经规约转换后输出电流或脉冲，控制发电机功率自动调节装置。

模拟量输出模块把远方调度的调节指令转换成控制需要的模拟量信号，一般电流输出范围为 0～20mA/4～20mA/±20mA，电压输出范围为 0～10V/±10V。模拟量输入模块则把 DCS 返回的模拟信号转换成数字信号，然后通过 NCS 以通信方式传给远方调度。一般电流输入范围为 0～20mA/4～20mA/±20mA，电压输入范围为 0～10V/±10V。

2. 自动电压控制（AVC）

无功功率优化和补偿是电力系统安全经济运行的一个重要组成部分。通过对电力系统无功电源的合理控制和对无功负荷的补偿，不仅可以维持电压水平，提高电力系统运行的稳定性，而且可以降低网损，使电力系统安全经济运行。AVC 系统接收调度主站系统下发的全厂控制目标（高压母线电压、总无功等），按照控制策略合理分配给每台发电机组、无功补偿装置等，通过调节机组、无功补偿装置的无功出力，达到全厂目标控制值，实现电压无功自动控制。

（1）AVC 系统的组成。电厂侧电压无功控制由调度或者当地后台、远动机、AVC 功能模块和多个下位机组成，很多情况下可以在远动机里实现 AVC 功能，合二为一。AVC 系统典型的构成见图 8-12。

AVC 功能模块可集成在远动机里，也可作为独立模块。它接收下位机采集到的发电机组及母线模拟量信息和反映运行状态的开关量信息，也接收调度或后台发出的命令和母线电压目标值。AVC 功能模块根据采集到的信息进行运算，预测出母线上需要送出的总无功，然后对母线上的发电机组进行无功合理分配，输出控制命令传送至下位机来控制发电机的励磁系统，实现

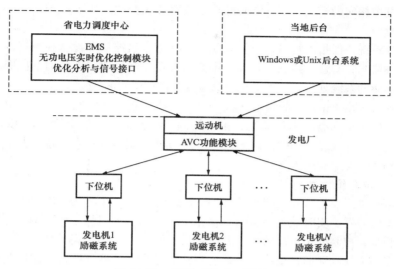

图 8-12　AVC 系统典型结构图

对各发电机的无功调节。

下位机将模拟量和开关量等所采集的数据上传给 AVC 功能模块进行分析处理,同时接收 AVC 功能模块的控制命令,按照控制命令执行操作,并负责将每个机组的无功调整到目标值。在调节机组励磁时,要保证机组运行在安全合理的范围内。

(2) AVC 控制的原理。AVC 系统通过采集母线电压、母线无功(主变压器高压侧无功)、机组有功、机组无功等实时数据,通过设定的目标电压值和特定算法预测出母线无功,并将预测出母线无功通过一定的算法合理地分配至各在线可调机组。

对计算得到的全厂无功在各机组之间进行分配。常用的分配原则有三种:

1) 相似的功率因数。根据各参与调节发电机的功率因数进行无功功率分配。

2) 相似的调整裕度。根据各参与调节发电机的无功裕量大小进行无功功率分配。

3) 与容量成比例。根据各参与调节发电机的最大无功容量大小进行无功功率分配。

(3) AVC 控制的策略。AVC 控制常见的策略包括两大类:

1) 定值方式。定值方式是指按照调度给定的值进行计算和调节,由于给定值的不同,又可分为三类:①按照中调/当地给定全厂总无功方式控制全厂无功负荷分配;②按照中调/当地给定的母线电压值,对全厂无功进行分配,使母线电压维持在给定水平;③按照中调给定的母线电压增量,对全厂无功进行分配,使母线电压维持在给定水平。

2) 曲线方式。按照中调/当地设定的电压曲线的当前值,对全厂无功进行分配,使母线电压维持在曲线设定值水平。

8.3　水力发电厂电气监控系统

8.3.1　概述

水力发电是将高处的河水(或湖水、江水)通过导流引到下游形成落差推动水轮机旋转带动发电机发电。以水轮发电机组发电的发电厂称为水力发电厂(简称水电厂)。

水电厂监控系统是水电厂生产运行和管理的中枢,把检测到的数据集中起来进行分析处理,然后由中控室发出相应的控制命令；同时监控系统将相关数据发给上级调度中心，并接收和执行调度中心的命令。

水电厂监控系统一般指的是当地监控系统，包括综合监控层和设备控制层两部分。综合监控层为全站设备监视、测量、控制、管理的中心，设备控制层按照不同的电压等级、电气间隔单元以及不同功能的系统划分，以相对独立的方式分散在不同区域。

如果流域内有多个水电厂，还会有集控中心计算机监控系统。它接受上级电网调度的调度指令，对流域内的多个水电厂集中监视、集中控制、集中调度、集中管理，实现遥控、遥调、遥测、遥信、遥视及梯级经济调度控制 EDC 功能，实现水资源优化和效益最大化。

8.3.2 水电厂当地监控系统

1. 水电厂监控系统的结构

典型的大型水电厂监控系统如图 8-13 所示。系统分为综合监控层和设备控制层，综合监控层包括历史数据服务器、实时数据服务器、操作员工作站、工程师工作站等，主要完成数据采集、安全监视测量、控制操作、自动电压无功控制（AVQC）、防误操作联锁、事件记录、事故追忆、统计制表、事故画面的自动推出、系统自诊断等多种功能。设备控制层是监控系统的底层控制系统部分，是面向对象分布的控制设备。它们之间一般通过网络来进行连接，可采用双以太网或冗余光纤环网，以保证通信的可靠性和快速性。

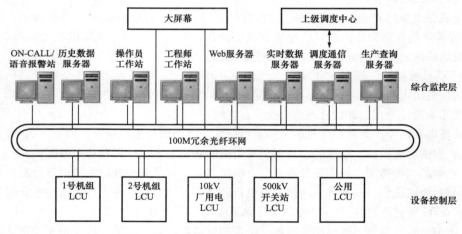

图 8-13　典型大型水电厂监控系统结构图

（1）综合监控层。水电厂的综合监控层类似于变电站的站控层，主要负责全厂的数据采集、存储、显示及控制功能，并负责与上级调度部门通信，传送当地信息，接受调度指令。大型的水电厂综合监控层的设备类型很齐全，小型水电厂的监控系统可能会把多个功能集成在一台计算机中。

1）历史数据服务器。监控系统采集的数据存放在磁盘阵列中，以保证系统数据的安全、可靠。服务器采用双机热备用工作方式，任何一台计算机故障，系统仍可正常运行，提高了系统的安全可靠性。历史数据服务器集群完成历史数据库管理功能。

2）系统实时服务器。系统实时服务器一般采用双机热备用工作方式，完成整个电厂的实时数据管理、数据库管理、综合计算、AGC 及 AVC 计算和处理、事故故障信号的分析处理等。

3）操作员工作站。操作员工作站的功能包括图形显示、定值设定及变更工作方式等。运行值班人员通过液晶显示器可以对电厂的生产、设备运行进行实时监视，取得所需的各种信息。

电厂所有的操作控制都可以通过鼠标及键盘实现。操作员工作站配置声卡和语音软件，用于当被监控对象发生事故或故障时，发出语音报警提醒运行人员。

4）工程师工作站。系统维护和管理人员修改系统参数，修改定值，增加和修改数据库、画面和报表。

5）仿真培训和专家系统工作站。负责运行人员的操作培训等工作。

6）生产信息查询服务器。主要负责用于电厂生产管理、状态检修用途的数据采集、处理、归档、历史数据库的生成、转储等，并为 MIS 提供数据。

7）ON-CALL 及语音报警服务器。主要负责语音/电话报警、电话查询、事故自动寻呼（ON-CALL）及手机短信报警；实现电厂设备启停等重大事件在全厂自动广播功能，此功能的音频输出可接入在消防报警广播系统中。

8）Web 服务器。Web 服务器通过设置正向物理隔离装置与监控系统连接，授权对象可通过 Internet 浏览电厂设备的运行情况。

9）通信服务器。调度通信服务器用于与网省电力系统调度中心、上级水调中心通信，在每套通信服务器的出口处可配置纵向安全隔离装置。

厂内通信服务器分别与电厂 MIS、大坝闸门控制系统、机组状态监测系统、保护信息管理系统等进行通信。

10）外设服务器。外设服务器内配置串口扩展板，用于与电厂内其他自动化设备通信。

11）打印机。完成监控系统的各种打印服务功能。

12）GPS。GPS 通过天线寻找天空中的时钟同步卫星，保证随时都可接收到时钟同步信号。GPS 主机将 GPS 同步信号，如同步脉冲信号、DCF77 规约同步信号、RS 232 串口通信同步信号等安全、准确、及时地传输到各装置中。

13）电源系统。电源系统是整个综合监控正常工作的关键设备。为了可靠，可采用双电源主机同时运行，当其中一台电源主机出现故障时，另外一台电源主机将自动带全部负荷。两台电源主机的切换为无扰动切换，不会影响监控系统中设备的运行。

14）大屏幕。大屏幕控制系统从监控系统中得到信息并在大屏幕上显示。

（2）设备控制层。设备控制层主要是指现地 LCU 单元。LCU 作为水电厂计算机监控系统中的现地层控制单元，一般布置在发电机层、水轮机层、辅机设备层、闸门控制室、开关站控制室等距离被控设备较近的地方，是计算机监控系统的底层控制系统部分，是面向对象分布的控制设备，典型的发电机组 LCU 单元结构如图 8-14 所示。

LCU 一般根据监控对象及其地理位置而划分，典型的 LCU 单元分类如图 8-15 所示。按照对象配置 LCU 的优点为：可就近采集各种数据、就近监控设备，缩短电缆，节省费用。各台 LCU 是可独立运行的，某台 LCU 发生故障不会影响到其他 LCU 的正常运行，也不会影响到综合监控系统的正常运行。现地 LCU 单元分别与触摸屏、调速、励磁、电能表、保护等装置进行通信。

（3）网络设备。网络设备是实现监控系统通信的关键设备，根据不同重要性可采用不同的组网方式。综合监控层与设备控制层之间的主网可通过 1Gbit/s 或 100Mbit/s 光口形成冗余光纤环网结构（如图 8-12 所示），也可采用冗余双星形以太网。厂房控制室内的交换机与各个现地控制单元的 PLC 可组成 100Mbit/s 冗余双星型网络结构，保证数据的高效性，各个 100Mbit/s 多模光口模块将连接各个现地控制单元的 PLC 以太网接口。

2．监控系统功能

计算机监控系统能实时、准确、有效地完成对水电厂被控对象的安全监控。其主要功能

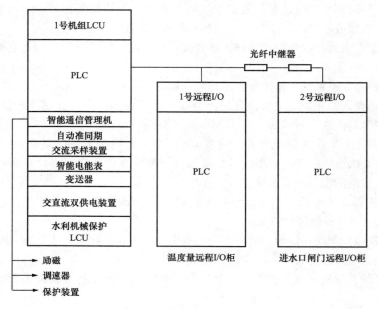

图 8-14　典型发电机组 LCU 单元结构示意图

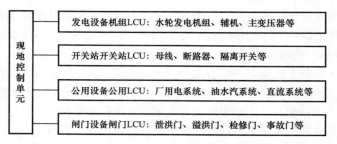

图 8-15　典型 LCU 单元分类示意图

包括:

(1) 数据采集和处理。现地 LCU 对全厂主要设备的运行状态和运行参数自动定时进行采集,并进行必要的预处理,然后实时送至综合监控层进行进一步处理,存入系统实时数据库。计算机系统实现画面显示、制表打印及完成各种计算、控制等功能。对采集的数据点可通过人机界面设置投入与退出标志、报警功能与禁止标志,可对参数、限值进行修改,并可用人工设定值取代采集值,以剔除坏点。

(2) 人机联系。监控窗口为计算机监控系统的主要人机界面,完成各种监控功能,为运行值班人员服务。可对各机组的水力机械系统、发送电系统、厂用电系统、油水气系统、闸门系统的实时运行参数和设备运行状态以召唤方式进行实时监视显示。当发生事故或某些重要故障时,则自动转入事故、故障显示,并推出相应事故、故障环境画面。当进行某项设备操作时,自动推出相应操作控制画面与过程监视画面。

中控室值班运行人员借助监控系统人机接口设备,监视水电厂的生产过程和运行情况、各点参数及其变化趋势、设备的运行状态,在运行状态发生变更时能及时进行分析和处理。报警窗口含有各种类型的报警标志区,当某种报警信号发生时,相应的报警标志闪烁,选择某种标志时，即可调出相应类型的报警语句汇总表。事故报警时，发出语音报警信息，并对相关模拟量作追忆记录。

（3）实时控制和功率调节。根据运行方式选择，可由中控室运行人员通过计算机监控系统人机接口向现地控制单元 LCU 发出各种生产过程的控制操作命令，并监视操作的全部流程，如机组启停、工况转换、有功功率调节、无功功率调节及断路器、隔离开关的分、合闸等自动操作。

（4）光字牌。光字牌是电厂运行人员比较熟悉的运行设备。监控系统一般提供两种形式的光字牌，一种以硬件的方式设置在 LCU 的屏柜上，另一种在上位机工作站以画面的方式模拟光字牌。

（5）事故追忆。电厂发生事故时，需对事故发生前后的某些重要参数进行追忆记录，以供运行人员事故分析。系统根据设定的事故追忆采样周期，对追忆量进行前 40s 追忆、后 40s 记录，形成事故追忆记录。

（6）运行管理。运行管理包括水电厂主要设备的操作记录，状态改变后的变位记录，以及事故、故障统计记录、参数越限复限统计记录、定值变更统计记录，以时、日、月形成运行日志，通过召唤打印，也可定时打印。事故发生时，计算机会按顺序把事故报警信息、事故的名称及相应追忆数据保存于磁盘中，形成历史数据。通过监控系统人机接口画面，运行人员可随时对事故追忆的参数点进行增、减设定，并可实时显示追忆各点的变化趋势曲线。对事故追忆历史数据可随时召唤显示与打印。

（7）运行专家指导。运行专家指导是计算机控制系统有别于一般常规控制系统的一个特殊功能。可以将水电厂的一些重要而又复杂的操作需要的操作条件以及进行这些操作形成的专家经验输入计算机形成专家库，当进行这些操作时，计算机根据当前的状态进行条件判断，提出操作指导意见，减轻运行人员的误操作，提高水电厂的安全运行水平。

（8）系统自诊断与自恢复。系统自诊断与自恢复功能是实现无人值班（少人值守）的重要条件，系统是由多个设备构成，每个设备不仅进行内部自检，而且可实现互检，形成系统检测诊断报告，并将异常情况及时报警，通知运行或值守人员，以便及时进行处理，并对某些异常情况进行自动隔离与自恢复处理，保证系统的连续运行。

（9）系统实时时钟管理。计算机监控系统设有统一的卫星时钟系统，以 GPS 或北斗卫星时钟的时间为基准，定时向主控级计算机和各 LCU 发同步信号，再由主控级计算机定时校对系统内各设备的时间，从而实现整个系统时间同步。

（10）系统授权管理。系统对不同的用户（如系统管理员、运行操作员、一般监视人员建立用户）进行授权管理，如运行操作员具有对现场设备的操作控制权，系统管理员可进行授权系统管理，只有具有控制权的用户方可发出控制命令。

（11）防误操作功能。系统具有完善的防误操作功能，可以确保由计算机系统发出的命令安全可靠。自动对计算机系统的各项指令进行条件判断，满足条件则执行，不满足条件则闭锁，并给运行人员进行闭锁原因提示。LCU 收到命令后需进行条件判断后再执行命令。

3. 水电厂的控制过程

水电厂监控系统是水电厂生产运行和管理的中枢，需将检测到的数据集中起来进行分析处理，然后由中控室发出相应的控制命令；同时监控系统将相关数据发给上级调度中心，并接收和执行调度中心的命令。

水电厂监控系统的通信体系结构如图 8-16 所示。

水电厂计算机控制一般可分为大区网调中心控制、省调控制、集控中心控制、上级水调中

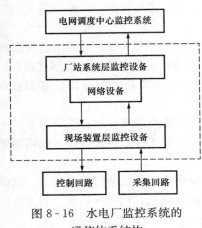

图 8-16　水电厂监控系统的
通信体系结构

心控制、电厂控制及现地控制。

网省调度中心、集控中心、上级水调控制中心的值班人员，通过控制中心的调度计算机系统，经通信通道与厂级计算机监控系统通信，实现遥测、遥信、遥控、遥调。厂级监控系统在收到调度传送的 AGC/AVC 命令后完成最优发电计算，根据电厂各个设备的状况和约束条件，确定开机台数、机组组合和机组间负荷分配，并执行闭环或开环操作。

现地控制单元（LCU）既作为电厂监控系统的现地控制层，向电厂级、网省调度中心、上级水调中心发送采集的各种数据和事件信息，接收电厂级、网省调度中心、上级水调中心的下行命令对设备进行监控，又能脱离电厂级、网省调度中心、上级水调中心控制独立工作，因此在系统总体功能分配上，数据采集和控制操作的主要功能均由 LCU 完成，其他的功能（如电厂运行监视、事件报警、AGC、AVC、与外系统通信、统计记录等功能）则由电厂综合监控系统完成。

LCU 设有"现地/远方"切换开关。在"现地"控制方式下，现地控制单元只接收通过现地级人机界面、现地操作开关、按钮等发布的控制及调节命令，厂站级及梯调级等远方监控系统只能采集、监视来自电厂的运行信息和数据，而不能直接对电厂的控制对象进行远方控制与操作。在"远方"控制方式下，现地控制单元负责执行命令，厂站级及梯调级等远方监控系统可进行采集、监视、控制、调节等操作。LCU 的"现地/远方"切换开关对应权限说明见表 8-1。

表 8-1　　　　　　　　LCU"现地/远方"切换开关对应的权限说明

LCU 切换开关状态	"就地"状态	"远方"状态
就地操作界面权限	控制、调节	执行远方监控系统的操作
远方监控系统权限	采集、监视	采集、监视、控制、调节

　　注　就地操作界面包括现地级人机界面、现地操作开关、按钮等，远方监控系统包括电厂级、网省调度中心、上级水调中心监控系统。

厂站级设有"电厂控制/集控控制/省调控制/网调控制"软切换开关和"电厂调节/集控调节/省调调节/网调调节"软切换开关。

当监控系统处于"电厂控制"和"电厂调节"方式且有现地控制单元处于"远方控制"方式时，厂站级可对电厂主辅设备发布控制和调节命令，调度级则只能用于监视；当监控系统处于"电厂控制"和"网调调节"、"省调调节"或"集控中心调节"方式且有现地控制单元处于"远方控制"方式时，厂站级只能对电厂主辅设备发布控制命令，网调级、省调级或集控中心级则只能发布调节命令；当监控系统处于"网调控制"、"省调控制"或"集控中心控制"和"电厂调节"方式且现地控制单元也处于"远方控制"方式时，网调级、省调级或集控中心级只能对电厂主要设备发布控制命令，厂站级则只能发布调节命令；当监控系统处于"网调控制和调节"、"省调控制和调节"或"集控中心控制和调节"方式且现地控制单元也处于"远方控制"方式时，网调级、省调级或远方级可对电厂主要设备发布控制和调节命令，厂站级则只能用于监视。具体权限分配参见表 8-2。

表 8 - 2   厂站级切换开关对应的权限说明

"电厂调节/集控调节/省调调节/网调调节"软切换开关 ＼ "电厂控制/集控控制/省调控制/网调控制"软切换开关	电厂控制	集控控制	省调控制	网调控制
电厂调节	厂站级控制和调节，其他监视	厂站级调节，集控控制，其他监视	厂站级调节，省调控制，其他监视	厂站级调节，网调控制，其他监视
集控调节	厂站级控制，集控调节，其他监视	集控可控制和调节，其他监视	集控调节，省调控制，其他监视	集控调节，网调控制，其他监视
省调调节	厂站级控制，省调调节，其他监视	省调调节，集控控制，其他监视	省调可控制和调节，其他监视	省调调节，网调控制，其他监视
网调调节	厂站级控制，网调调节，其他监视	网调调节，集控控制，其他监视	网调调节，省调控制，其他监视	网调控制和调节，其他监视

控制调节方式的优先级依次为现地控制级、厂站控制级、集控中心控制级、省调控制级、网调控制级。

8.3.3 水电厂集控系统

1. 集控系统的定义

为了充分利用一条河流的水力资源，人们往往在河流的不同地点建设水电厂，沿河流的落差形成梯级状态，这些梯级电厂独立运营。而梯级集控中心一般不独立另外建设，而是建设在梯级某个电厂内，负责对梯级各电厂进行集中监控。梯级集控中心是电力系统中电源端和电网端之间的重要环节和联系纽带，与上下级的层次结构如图 8 - 17 所示。

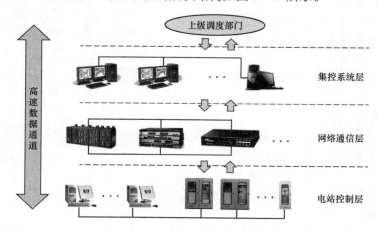

图 8 - 17   梯级集控中心结构图

梯级集控中心计算机监控系统（简称集控系统）是对同一流域内的多个水电厂进行集中监视与控制的计算机系统，是一种新型、先进、高效的调度和管理模式及平台。集控系统接受上级电网调度的调度指令，对相关水电厂进行集中监视、集中控制、集中调度、集中管理，实现遥控、遥调、遥测、遥信、遥视及梯级经济调度控制 EDC 功能，实现水资源优化和效益最大化。

2. 集控系统的常见模式

根据水电厂的实际情况，集控系统有集中监控模式和扩大厂站模式两种常见模式。

（1）集中监控模式。集中监控模式是指在各个水电厂都有独立的厂站级监控系统，再建立一个独立的集中监控中心，实现对多个水电厂的集中监控。集控系统与电厂侧监控系统通信，不直接连接现地 LCU。在这种模式下，各个水电厂在脱离集控后可由现地监控系统控制，各水电厂可自成体系独立运行。集中监控模式的结构图见图 8-18。

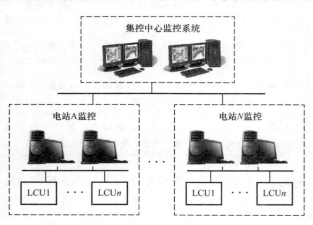

图 8-18　集中监控模式结构图

集中监控模式缺点是建立了多套监控系统，投资相对较高，每个电厂都要有一组人员进行运行维护工作，比扩大厂站模式多了厂站级监控，调度方式复杂，调度权审批较繁琐，适用于各个水电厂分布相对分散、数量众多、距离较远、交通不便、不易快速到达现场的场合。

（2）扩大厂站模式。扩大厂站模式是指在水电厂可以选择不设监控系统，由集中监控中心与现地 LCU 直接通信来实现对多个水电厂的集中监控。这种方式投资较低，适用于各个水电厂位置相对集中、数量较少的情况，多个距离较近的水电厂对于上级调度来说可以等值为一个水电厂。扩大厂站模式的结构图见图 8-19。

扩大厂站模式的缺点是在集控退出后，各个水电厂。如无监控系统，则厂内的设备处于不可控状态。由于容量和距离的限制，也不适宜接入大量水电厂，只适用于各个水电厂位置相对集中，数量较少的情况，可方便快速地到达现场进行厂内维护工作。

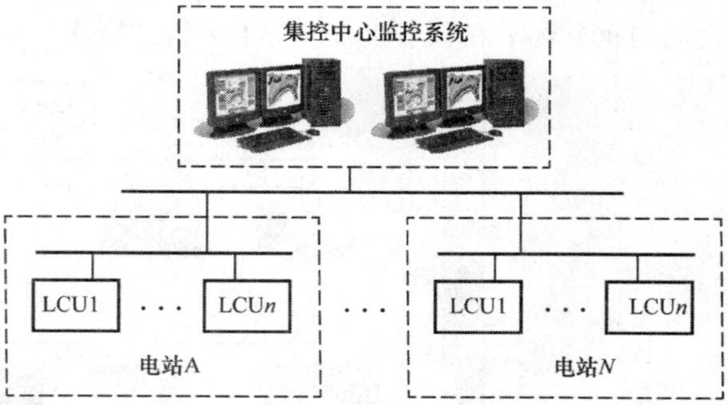

图 8-19　扩大厂站模式结构图

3. 集控系统的功能

（1）基本功能。集控中心计算机监控系统具备实时数据采集和处理，综合数据计算、控制与调节、安全运行监视和事故追忆等基本功能。

（2）高级功能。

1）AGC。自动发电控制（AGC）是在满足各种安全发电的约束条件下，在运行机组间实现经济负荷分配，以迅速、经济的方式调整整个电厂的有功功率以满足电力系统多方面的要求，最终实现二次调频。

由于水电厂调节性能好，调节速度快，一般情况下由水电厂来承担电力系统日负荷图中的峰荷和腰荷。电网负荷给定的方式有两种：①瞬间负荷给定值方式，即按电网 AGC 定时计算出的给定值，即时下达给电厂执行。水库大，调节性能好，机组容量大，在电网中担任调峰、调频的水电厂一般采用这种调节方式。②日负荷曲线方式，即电网调度中心前一日即下达某电厂一天的负荷曲线，到当天 0 时计算机监控系统即自动将预先给定的日负荷曲线加载到当天执行的日负荷曲线。

水电厂 AGC 的最终目的是在保证机组安全可靠运行的前提下，以最少的耗水量发出最大的电能。在水电厂中，由于每台机组的容量、运行特性等因素，使得在同一水情条件下，以同样的功率发电时，所消耗的水量有所不同。因此，应综合考虑水情、机组容量、机组不可运行区（汽蚀区、振动区）、机组耗量特性、运行工况等多方面因素，进行水电厂的自动发电控制，以达到经济运行的目的。

2）AVC。自动电压控制（AVC）是在满足电厂及机组的各种安全约束条件下，对机组做出实时的控制决策，以自动维持母线电压或无功功率为要求的设定值，并合理分配机组的无功功率，提高电厂整体安全运行水平。

3）EDC。经济调度控制系统（EDC）是根据水库调度系统的优化调度结果，考虑电量、水量要求和机组特性等众多安全和工程因素，制订各梯级水电厂所有机组的启停计划，并实时自动调整各电厂、各机组的出力，使梯级发电总功率在各梯级电厂间进行分配。其目标是使梯级发电耗水量或弃水量最少。EDC 功能实现的流程见图 8-20。

梯级水电厂之间不仅存在着电力联系，而且存在着水力联系。约束条件较多，既有电网负荷平衡、机组躲避振动区、机组出力限制等电力方面约束，又有防洪、灌溉、航运、渔业养殖、生活用水、工业用水等综合利用方面要求，数学模型较复杂。通常在电力系统预先给定梯级水电厂需发的日负荷计划或即

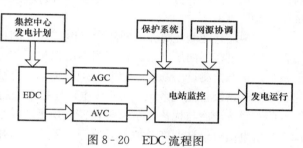

图 8-20 EDC 流程图

时需发功率时，梯级水电厂 EDC 的优化准则是在遵守各项限制条件的前提下，梯级水电厂各级水库总耗能（水）量最小，或各级水库在计算期末总蓄能（水）量最大。

4）视频联动功能。视频系统能接受监控的操作信号，自动对操作对象进行跟踪监视，实现高级顺控功能。现场的流程执行与视频显示同步。

5）状态监测。监控系统可实时从状监系统获取机组的实时振动区，AGC 自动跟踪，动态修订可调出力范围，减少机组损失。

6）与培训仿真结合。监控系统可向培训仿真系统实时发送真实数据，能最大限度提高仿真系统的真实性和可用性。

8.3.4 智能化水电厂

1. 背景

随着时代的发展，现有水电厂自动化系统逐渐显露出一体化程度低、标准差异性大、网厂协调能力差、电力安全防护较弱、信号孤岛等问题，智能决策能力不足，难以实现效率和效益的最大化。

智能化水电厂以先进、可靠、环保的智能设备为基础，以厂网协调发展的"无人值班"（少人值守）模式为基本要求，自动完成信息采集、测量、控制、保护、计量和检测等基本功能，以一体化管控平台为基础，实现水电厂各自动化或信息化系统的整合，支持各类高级应用。通过智能化水电厂建设，实现与电网的深层次协调，配合智能电网实现水电、抽水蓄能、火电及风电的协调并举，提高电网调峰调频能力，确保电网安全稳定运行，提高电网接纳新能源的能力。

2. 功能框架

智能化水电厂建立在可靠、高速的通信网络的基础上，通过应用先进的传感和测量技术、稳定的设备、一体化的平台以及智能化的决策支持技术，实现水电厂的可靠、经济、高效、环境友好和运行安全的目标。它以提高安全稳定性、资源利用率、经济运行水平、辅助决策能力、网厂协调能力为目标，满足社会经济发展的需要，提高供电可靠性和供电质量，更好地体现社会效益和企业效益。

智能化水电厂采用标准通信总线和公共信息模型，建立水电厂过程层、现地控制层和管控层三层结构，建立横跨安全Ⅰ区、安全Ⅱ区和信息管理大区的管控一体化平台，解决水电厂各专业相对独立、互联互通困难、信息共享率低、智能决策水平差等问题，不仅适用于各大中小型水电厂，对流域集控、跨流域发电集团同样适用。智能水电厂功能框架主要包括：

（1）一体化管控平台。一体化管控平台作为智能化水电厂的基础与核心，包括数据共享平台、智能化基础平台、智能化应用平台三部分，采用分布式的应用管理部署，平台可覆盖安全Ⅰ区、安全Ⅱ区、信息管理大区、厂站和集控中心。智能化水电厂系统平台的开发采用层次化的模式，利用分层的方式系统可方便地集成各种水电厂业务逻辑，支持规模化的系统开发与扩展。

（2）现地智能测控单元。智能化水电厂现地测控单元的总线通信符合 IEC 61850 标准，采用管控层、过程层两层网络，在厂内继电保护系统、稳控系统、监控系统、机组调速系统、励磁系统、状态监测诊断系统、辅助设备系统间建立统一的厂站级数据总线，实现信息共享，构建水电厂厂站级智能化系统，实现水电厂监控系统的信息化、自动化、互动化。

（3）经济调度与优化。系统包含径流预报、发电调度、效益考核及分析、风险分析、防洪调度、水电站群经济调度及控制等部分，采用一体化经济运行技术，并且与上级省调之间的信息交互，形成统一的流域水电站群水电联合优化闭环调度控制体系，为保证电网安全、发挥水电厂经济效益、提高防洪减灾能力以及发挥节能减排作用提供了重要支撑，可提高效率，增加发电量。

（4）状态监测与状态检修决策支持。根据水电厂状态监测装置和生产管理信息系统提供的设备运行状态信息及基础信息，以及设备运行实时、历史信息，来评估设备的运行状况，为不同设备提供统一的数据接入模型和分析诊断模型，实现对设备运行状态及健康状况的分析、评估、推理及诊断，在此基础上，为制定合理的水力发电主设备的检修维护策略提供分析诊断及辅助决策支持手段。

通过设备全寿命周期管理，可提高设备的使用效率，延长设备的使用寿命，提高水电厂状态监测与故障诊断水平，提高设备检修效率效益。

（5）大坝安全信息管理与分析评估。以现地安全监测自动化系统和安全管理系统为基础，大坝及工程运行安全评估专家系统通过对安全监测数据的大规模自动化处理、分析、统计、比较、判断，对大坝等建筑物安全状况进行综合评价，使安全监测成果及时发挥应有的作用，为大坝的工程运行管理提供专家决策支持。

（6）防汛决策支持。系统对防汛相关信息进行全面汇聚整合，完成防汛相关信息的处理、查询、分析和防汛决策指挥调度管理，为防汛指挥决策提供有力的技术支持和保障。

（7）安全防护多系统联动。通过合理规划相关设备及系统的联动模式及联动策略，并在一体化管控平台联动策略控制服务的基础上，实现计算机监控、工业电视、巡检、"五防"、门禁、消防、生产管理等多系统的联动功能。

3. 前景展望

智能化水电厂是水电领域的新兴概念，涉及水电厂多个自动化专业，仍在不断发展当中。通过智能化水电厂的建设，可实现流域/跨流域梯级水电厂电力调度和水库调度的统一管理，提高劳动生产率；实现网厂协调控制，提高水电厂对电网调频、调峰、事故备用的支撑能力；提高梯级水库的综合调节能力，对社会经济发展、节能减排、生态环境、城市和农业用水、水产养殖、旅游资源开发及利用也会产生重要影响。

8.4 风电场电气监控系统

8.4.1 概述

利用风力吹动建造在塔顶上的大型桨叶旋转带动发电机发电称为风力发电，由数座、十数座甚至数十座风力发电机组成的发电场地称为风力发电场，简称风电场。

我国风能资源丰富，在陆地离地面 10m 高处，可开发储量为 2.53 亿 kW，海上可开发储量为 7.5 亿 kW。同时，在风机大型化的发展趋势下，如果考虑距地面 50m 或更高处的风能资源，我国风电资源估计将超过 20 亿 kW，具有商业化、规模化发展的潜力。

8.4.1.1 风电场的基本组成

风电场电气监控的对象主要有风机系统、箱式变和升压站。图 8-21 示出了风电场布置参考示意图。

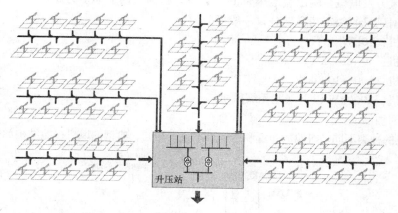

图 8-21　风电场布置参考示意图

8.4.1.2 风机系统

风机系统是风电场的发电设备，地位十分重要。

1. 风力发电机组的分类

风力发电机组主要由两大部分组成：①风力机部分，它将风能转换为机械能。②发电机部分，它将机械能转换为电能。根据风机这两大部分采用的不同结构类型以及它们分别采用的技术方案的不同特征，再加上它们的不同组合，风力发电机组可以有多种多样的分类。

（1）按照风机旋转主轴的方向（即主轴与地面相对位置）分类，可分为：

1）水平轴式风机。转动轴与地面平行，叶轮需随风向变化而调整位置。

2）垂直轴式风机。转动轴与地面垂直，设计较简单，叶轮不必随风向改变而调整方向。

（2）按照桨叶受力方式可分成升力型风机或阻力型风机。

（3）按照桨叶数量分类可分为单叶片、双叶片、三叶片和多叶片型风机。

（4）按照风机接受风的方向分类，则有：

1）上风向型。叶轮正面迎着风向（即在塔架的前面迎风旋转）。

2）下风向型。叶轮背顺着风向。

（5）按照功率传递的机械连接方式的不同，可分为：

1）有齿轮箱型风机。

2）无齿轮箱的直驱型风机。

（6）根据按桨叶接受风能的功率调节方式可分为：

1）定桨距（失速型）机组。桨叶与轮毂的连接是固定的，当风速变化时，桨叶的迎风角度不能随之变化。

2）变桨距机组。叶片可以绕叶片中心轴旋转，使叶片功角可在一定范围内（一般 0°～90°）调节变化。

（7）按照叶轮转速是否恒定可分为恒速风力发电机组和变速风力发电机组。

（8）根据风力发电机组的发电机类型分类，可分为异步发电机型和同步发电机型。

（9）根据风机的输出端电压高低划分，一般可分为：

1）高压风力发电机。风力发电机输出端电压为 10～20kV，甚至 40kV，可省掉风机的升压变压器直接并网。

2）低压风力发电机。输出端电压为 1kV 以下，目前市面上大多为此机型。

（10）根据风机的额定功率划分，一般可分为：

1）微型机：10kW 以下。

2）小型机：10～100kW。

3）中型机：100～1000kW。

4）大型机：1000kW 以上（兆瓦级风机）。

2. 风机的组成

根据风机的种类不同，机舱的布置和结构也不完全相同。典型的风机机舱结构如图 8-22 所示。

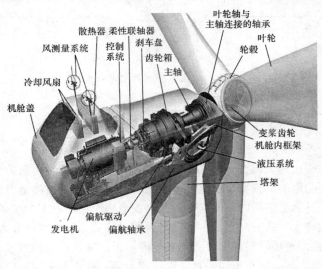

图 8-22 典型风机机舱结构图

第 **8** 章 发电厂电气监控系统

（1）叶轮。叶片使用可塑加强玻璃纤维制造，属变桨距调节型。

（2）轮毂。固定叶轮，和它一起捕获风并将风力传送到转子轴心。

（3）机舱内框架。增加机舱强度，减少风机产生的振动和噪声。

（4）叶轮轴与主轴连接轴承。使用带有柔性钢制外套的双球滚筒轴承。

（5）主轴。将转子轴心与齿轮箱连接在一起。

（6）齿轮箱。将高速轴的转速提高至低速轴的很多倍。

（7）刹车盘。位于齿轮箱高速轴侧。

（8）发电机的连接。柔性联轴器具有很好的吸收阻尼和震动的特性。

（9）发电机。异步发电机。

（10）散热器。齿轮箱冷却系统的一部分。

（11）冷却风扇。发电机的冷却系统。

（12）风测量系统。包括风速仪和风向标，监测即时风况，将信号传给风机控制系统。

（13）控制系统。监测和控制风机的运行。

（14）液压系统。维持和控制高速闸、偏航闸的液压压力。

（15）偏航驱动。借助电动机转动机舱，以使转子正对着风。

（16）偏航轴承。偏航系统轴承。

（17）机舱盖。在钢架上用加强可塑玻璃纤维覆盖。

（18）塔架。钢架结构，支撑机舱。

（19）变桨齿轮。电动机驱动三个独立的变桨齿轮。

3. 风机控制系统

风机控制系统包括电气控制子系统和机械控制子系统两部分，电气控制子系统主要是控制电网侧变流器的驱动、机端侧变流器的驱动、无功电容器组的投切和机端侧并网开关的投切等。机械控制子系统主要功能是：调节桨距角、并网控制、偏航控制、制动和刹车等。风力发电机本身装有较全的保护系统，风机的出口还装设带有速断和过流保护功能的开关，用来保护风机的安全运行。风机的控制子系统一般由风机制造商提供。

8.4.1.3 箱式变

与风机连接的箱式变电站一般就地布置在相应的风机旁边，风机输出电压（一般为0.69kV），主要是通过集电变压器将风机出口电压变换到升压站的低压侧电压（一般是10kV或35kV），再通过电缆连接到汇流排。风机和箱式变电站连接如图8-23所示。

箱式变电站的类型基本有两种：一种类型的箱式变电站高压侧是带负荷开关的。这种类型比较普遍，其优点就是接线简单、投资成本少，缺点是当箱式变电站发生故障或风机输出不稳定状况时，单靠负荷开关无法切除故障时，只能靠升压站低压侧线路开关来断开故障点，这样就会使得该汇流排上的风机组全部退出运行，导致风机的运行很不经济而造成资源浪费，如图8-24所示。

另一种类型的箱式变电站高压侧是带断路器的，这种方式的优点就是当本箱式变电站内部发生故障或风机输出不稳定状况时，由保护跳开高压断路器，切断该风机回路，而无需将该汇流排上连接的风机组全部切除，保证了无故障的风机组安全运行，但这种方式的缺点是投资成本加大。

8.4.1.4 升压站

升压站与电力系统中的变电站自动化系统非常类似，除了与风电机组连接线路的保护有些差异以外，基本上可以按照电力系统的要求来实施。

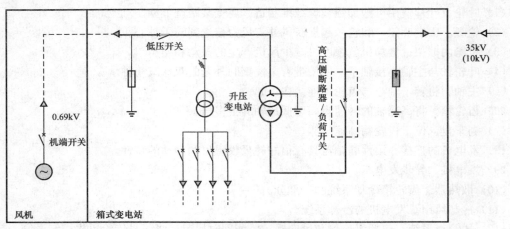

图 8-23　风机和箱式变电站连接参考示意图

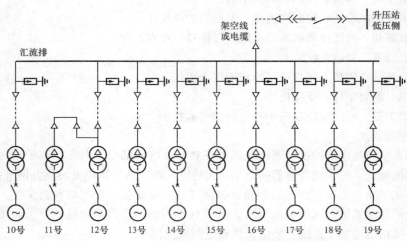

图 8-24　风机及箱式变电站单元汇流连接参考示意图

8.4.1.5　风电场监控系统

风电场监控系统包括风电场当地综合监控系统和风电场远程监控系统，其中涵盖的信息内容主要包括风机控制系统、箱式变电站监控系统和升压站自动化系统三个部分。

风电场当地综合监控系统是将风机控制系统、箱式变电站监控系统和升压站自动化系统融合成一个综合监控系统平台，实现不同风机厂家风机控制系统、箱式变电站监控系统和升压站自动化系统的信息统一采集处理和控制，为实现风电场远程监控系统提供数据基础。在风电场当地综合监控系统内布置 Web 服务器，用户可在办公室或者任意地点通过网页浏览的方式获取风电场内风机、箱式变电站及升压站的实时信息和历史记录。短信发送装置可以通过短信方式将指定信息发送到指定的手机上。

风电场远程监控系统是将多个风电场的当地信息通过专用网络上送到风电远程监控中心，实现对多个风电场的集中监控与管理，为风能预测系统和 MIS 提供原始数据。另外可通过专用网络将风电场当地的视频信号和"安全防护"系统信号上送至风电远程控制中心。

8.4.2　风电场当地综合监控系统

风电场当地综合监控系统可以帮助工作人员对风电场的生产环节实施统一操作、集中监控、统一调度，实现风电场的生产信息、管理信息的集成化管理，能够准确、及时、全面地收集风电场运行管理所需的各种信息，包括风机运行信息、升压站设备信息、继电保护及故障信息等，并对所收集的信息进行分析、处理、存储，确保风电场所有机电设备安全、可靠运行。

风电场当地综合监控系统的实施，消除了风电场中原有的升压站监控系统、箱式变电站监控系统和风机监控系统各自为政、多个系统并存的局面，实现了对风电场设备集中监视、控制及管理，满足运行要求。同时，它还大大减少了软硬件投入，降低了风电场工作人员的工作量。风电场当地综合监控系统的物理结构如图 8-25 所示。

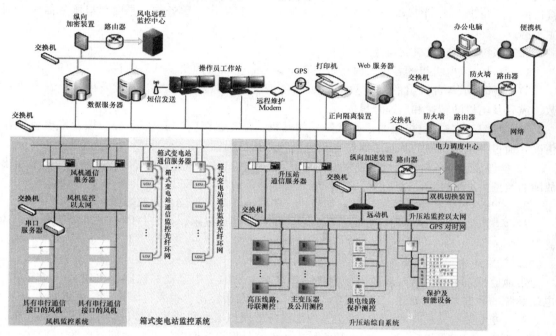

图 8-25　风电场当地监控系统结构图

操作员工作站完成对风电场、箱式变电站和升压站的实时监控和操作功能，显示各种图形和数据，并进行人机交互，可选用双屏。它为操作员提供了所有功能的入口：显示各种画面、表格、告警信息和管理信息；提供遥控、遥调等操作界面。

通信服务器负责接收各台风机、箱式变电站、升压站的实时数据，进行相应的规约转换和预处理，通过网络传输给后台机系统，发送相应的控制命令。系统主网采用单/双 100/1000M 以太网结构，通过 100/1000M 交换机构建，采用国际标准网络协议。SCADA 功能采用双机热备用，完成网络数据同步功能，其他主网节点，依据重要性和应用需要，选用双节点备用或多节点备用方式运行。

主网的双网配置是完成负荷平衡及热备用双重功能。在双网正常情况下，双网以负荷平衡方式工作，一旦某一网络故障，另一网就接替全部通信负荷，保证实时系统的 100% 可靠性。

由于监控对象的不同，风机、箱式变电站和升压站监控组网方式和功能也不同，下面结合图 8-25 进行论述。

1. 风机监控系统

限于风力发电的自身特点，风力发电机要在恶劣的环境下长年运行，并且往往是无人值守的，因而更要对其进行实时、可靠的监视和控制，特别是在大型风力发电场，通常需要对几十台或上百台风力发电机进行集群控制，这就要求采用先进的控制技术和通信手段，把计算机技术、信息技术、网络技术和通信传感技术进行集成，实现风力发电机的数据采集与集中控制。

（1）网络结构。对于一个风电场来说，有可能采用几个不同风机厂家生产的不同型号的风机，其建设是分阶段实施的，而且风机的分布比较分散。

风机监控系统的网络结构要结合实际情况，选择经济、适合的光纤环网的通信方式来实施。不同风机可能会采用不同的通信接口，有的使用网络接口，有的会使用串行通信接口。对于具有网络接口的，可将15～20个风机组成一个光纤自愈环网后直接连接到主干网，对于使用串行接口的，可将15～20个风机组成一个串行光纤环网后接入串口服务器，再由串口服务器接入到主干网。

（2）系统功能。风机的监控要实现如下功能：

1）通过对风电机组的各种实时运行参数的采集，实现对风机的状态监视。

a）能够显示各台机组的运行数据，如每台机组的瞬时发电功率、累计发电量、发电小时数、风轮及电机的转速和风速、风向等。

b）能够显示各风电机组的运行状态，如开机、停车、调向、手/自动控制以及发电机工作情况，通过各风电机组的状态了解整个风电场的运行情况。

c）能够显示各机组运行过程中发生的故障，在风机故障时报警。在显示故障时，应能显示出故障的类型及发生时间，以便运行人员及时处理和消除故障，保证风电机组的安全和持续运行。

2）实现对风电机组的远程控制，如启机、停机、测试、复位、偏航等操作。

3）实现风机数据统计和计算功能，如故障统计、图形显示、报表打印和风机的可利用率计算等。

2. 箱式变电站监控系统

当地监控系统中可实现对风电场内各个箱式变电站的集中监视和控制，实现风电场箱式变电站系统的数据采集与处理、运行计算、数据交换、画面监视、报表打印等多种功能。

箱式变电站监控主要是对箱式变电站内部设备的模拟信号和开关信号进行采集和控制，并上传到当地的监控后台和升压站的自动化系统中。也就是将箱式变电站的现地控制单元LCU（有的是带保护功能的现地保护控制单元LPCU）通过光纤环网组成多个子网络，再将各个子网络和当地主控层设备组成主干网，并与升压站自动化系统通信。在过去的工程实际中，也有少数不单独配置箱式变电站当地控制单元，而是将箱式变电站的控制功能纳入风机控制系统中，但是这种功能合并的方式由于箱式变电站和风机的制造商为不同的厂家，实施起来比较麻烦，也带来了职能划分不清晰的弊端。事实上，风电场一般地处人迹稀少环境复杂的山坡、戈壁、岛屿、滩涂、近海等地，人为巡视和监控及维护相对困难，并且风机制造厂家也很难全面了解该系统的全部功能，所以单独采用一个现地控制单元来监控箱式变电站，同时单独组成一个系统的方式是必要的。

（1）网络结构。对于一个风电场来说，其建设是分阶段实施的，而且风机的分布比较分散，一般来说，距离中控室最近的有几十米或几百米，最远的可达几十千米，并且每个风机之间的距离也有500～1000m。

基于风电场这样的具体情况，箱式变电站监控系统的网络结构考虑选择经济、适合的光纤环网的通信方式来实施。根据风机和箱式变电站的具体位置，一般将15～20个箱式变电站LCU（或LPCU）组成一个自愈合环的光纤网，再将每个光纤环网和箱式变电站监控系统的主控级设备再组成一个主干网，从而构成完整的箱式变电站监控系统。即使当网络上的设备出现故障时，也不会影响环网上的设备正常运行，环网可以在极短的时间内快速恢复，并能够自动识别故障点。

（2）系统功能。箱式变电站监控系统具有对箱式变电站进行监控、数据采集与处理、运行计算和数据交换、操作培训等多方面功能。

1）控制和调节权管理功能。箱式变电站监控系统控制方式包括现地控制和远方控制方式两种。

a）现地控制单元设有"现地/远方"切换开关。在现地控制方式下，现地控制单元只接受通过现地控制单元级人机界面、现地操作开关、按钮等发布的控制及调节命令。监控中心只能采集、监视运行信息和数据，而不能直接对被控制对象进行远方控制与操作。

b）当监控系统处于"远方"控制方式且有现地控制单元处于"远方"控制方式时，监控中心可对箱式变电站设备发布控制命令。

控制调节方式的优先级依次为现地控制级、远方控制级。

2）主控制级功能。箱式变电站监控系统能够迅速、准确有效地完成对各箱式变电站被控对象的安全监控。监控系统具有数据采集与处理、实时控制和调节、参数设定、监视、记录、报表、运行参数计算、通信控制、系统诊断、软件开发和画面生成、系统扩充（包括硬件、软件）、运行管理和操作指导等功能。

3．升压站自动化系统

风电场的升压站一般是根据当地的电网规划来建设的，就风电场规模的大小和电网接入的便利，主要有 330/35kV、220/35kV 和 110/10kV 等几种升压模式，甚至有的还用直流方式与主网连接。

（1）网络构成。风电场升压站自动化系统与火电厂升压站基本类似，采用成熟先进的全分层分布式结构，具有多种网络结构和设备配置选择，保证系统的高可靠性和灵活的可扩充性。系统由站控层的当地后台系统、数据处理及通信装置、网络设备和间隔层的保护装置、测控装置等设备及相关软件组成。

1）站控层后台系统的硬件设备一般采用品牌计算机，配置液晶显示器，并冗余配置，实现当地的 SCADA 功能。

2）站控层的数据处理及通信装置一般采用专用装置，无风扇、无硬盘，具备灵活多变的数据处理能力和接口能力，既可以作为与调度通信的数据处理装置，又可以作为智能设备的接口装置，支持 CDT、SC1801、DNP、IEC 60870-5-101、IEC 60870-5-103、IEC 60870-5-104 等常见规约，并能提供满足用户需要的通信协议以及通信驱动方式。

3）间隔层测控、保护装置采用 32 位信号处理器的双 CPU 结构，实时处理能力强，可靠性高，抗干扰能力强。测控装置或保护测控一体化装置一般具有大屏幕的液晶显示，可以显示实时参数、状态和接线图，便于现场运行值班人员操作监视，具有设定、维护软件可以方便地进行装置的参数设定及维护。

4）就地安装在开关柜上的间隔层设备通过网络接口连接到间隔层网络交换机，间隔层网络交换机根据传输距离通过光纤或者屏蔽网络线与站控层网络交换机级连。控制室组屏安装的间隔层设备与站级控制层的网络交换机相连。

（2）系统功能。升压站自动化系统具有数据采集、安全监视测量、控制操作、自动功率控制（AGC/AVC）、防误操作联锁、事件记录、事故追忆、统计制表、事故画面的自动推出、系统自诊断等多种功能，人机接口功能强，界面友好，操作方便。升压站自动化系统提供与各种微机保护装置、直流系统等智能设备的通信接口，接口灵活。

8.4.3 风电场远程监控系统

风电场远程监控系统将风电企业监控中心到所辖各风场组成一个一体化的管理网络，调度管理人员可以对所辖各风电场进行统一调度和决策指挥，实现了风电场的集中式管理和监控。

1．远程监控系统的作用

风电场远程监控系统实现了多个风电场的集中监视和控制，帮助风电企业从更加宏观的视野去管理风电场，协调风力发电的并网。调度管理人员可以监视任一场站的设备运行状态和数据情况。在任何风电场的某处监控出现险情，系统会自动报警，使相关管理人员可以实时掌握各风电场的运行情况，及时做出相应的决策和协调处理。风电场远程监控系统的存在，将使得风力发电厂的无人值班成为可能，大大地降低风电企业的生产和运营成本，拉低风电上网电价，提高风力发电在整个发电行业的竞争力，进一步促进风力发电的发展，为环保节能做出贡献。

2. 远程监控系统的硬件组成

远程风电监控系统采用开放分布式体系结构，系统功能分布配置，主要设备采用冗余配置。硬件设备主要包括服务器、工作站、网络设备和采集设备。根据不同的功能，服务器可分为前置服务器、数据库服务器和应用服务器，前置服务器既可采集专用通道数据又可接收网络通道数据，起到通信服务器的双重作用；数据库服务器用于历史数据和风机模型等静态数据的管理；应用服务器可根据需要分别配置 SCADA、流程服务器等服务器。工作站是使用、维护远程监控系统的窗口，可根据运行需要配置，如操作员工作站、计划检修工作站、维护工作站等。服务器和工作站的功能可任意合并和组合，具体配置方案与系统规模、性能约束和功能要求有关。网络部分除了主局域网外还包括数据采集网和 Web 服务器网等，各局域网之间通过防火墙或物理隔离装置进行安全隔离。所有设备根据安全防护要求分布在不同的安全区中。

典型的远程监控中心组成如图 8-26 所示。

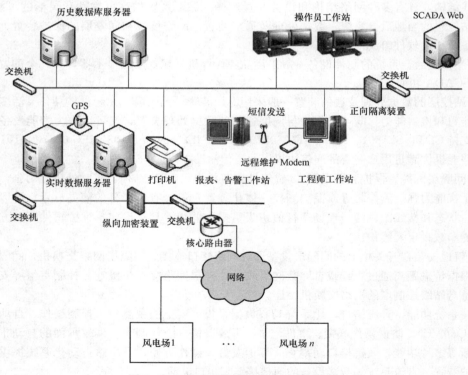

图 8-26 典型远程监控中心系统组成图

3. 远程监控系统的软件配置

风电远程监控系统软件构架由操作系统、支撑平台、应用功能共三个层次组成，层次结构图见图 8-27。

（1）操作系统：作为底层的支撑，一般选用 Unix/Windows 混合平台架构。

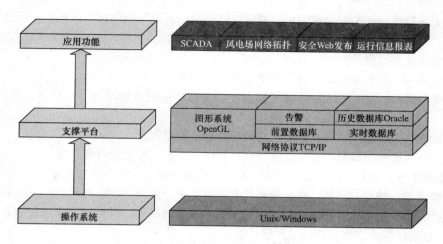

图 8 - 27　远程监控系统软件层次结构图

（2）支撑平台：提供的通用服务功能包括网络数据传输、实时数据处理、历史数据处理、图形界面、系统管理、权限管理、告警、计算等。

（3）应用功能：包括 SCADA 功能、风电场网络拓扑功能、安全 Web 数据发布功能、风场运行信息报表。

支撑平台位于操作系统与应用功能之间，实现对应用功能的通用服务和支撑，为应用功能的一体化集成提供平台。支撑平台提供标准的服务访问或编程接口，支持用户应用软件的开发。

4. 远程监控系统的功能

（1）数据收发。远程监控系统前置机从各个风电场侧 SCADA 子系统接收风电机组、箱式变电站及升压站的运行数据，再以网络点对点通信方式将接收到的数据写入系统的实时数据库，实现对风电场运行信息的监测。同时，前置机从实时数据库获得控制命令，向风电场通信终端下发控制报文，实现对风电场设备的遥控功能。

（2）数据存储。数据存储主要是将采集的风场运行信息存入数据库。监控中心侧 SCADA 配置了实时数据库和历史数据库，借鉴 IEC 61970 CIM 数据模型标准，支持多应用，便于数据结构的扩展。

1）实时数据库提供实时信息，定时存入历史数据库（测量量按照采样周期定时存入历史数据库，事件信息、告警信息、变位信息实时存入历史数据库）。

2）历史数据库为风电场运行统计和分析提供数据支持。

（3）数据处理。

1）模拟量处理。模拟量处理包括：

a）根据不同的时间或其他条件设置多组限值，提供方便的界面，允许用户手动切换。

b）允许人工设置数据，画面数据用颜色加以区分。

c）自动统计记录升压站模拟量的极值及其发生时间，并作为历史数据供查阅和再加工。

d）提供遥测值越限延时处理功能，如某一遥测值越限并保持设置的时间后，才进行告警。

e）提供丰富的实时、历史生产曲线，实现对风机状态变化的趋势分析，及早发现设备故障的先兆，必要时通过查看历史曲线分析故障原因。生产曲线包括风机的风功率曲线，风速曲线（了解不同季节不同月份的风速情况），发电量的日、月、年曲线。

f）提供风玫瑰图，掌握风场的风况规律，为制订风场生产计划提供数据参考。

2）开关量处理。开关量处理采用"遥信变位＋周期刷新"的信息传送机制，保证信息及时准确传送。

a）可实现分类报警。

b）事故判别：根据保护信号与开关变位判断事故类别。

c）开关量操作。对升压站设备可实现人工置数，使用颜色加以区分；具备告警确认/复位功能。

d）自动统计开关事故跳闸次数，超过设定次数给出报警。

e）开关量变位和模拟量的变化曲线在同一张图上显示，方便使用和分析。

（4）报表服务。具有报表定义、编辑、显示、存储、查询、打印等功能。

1）电量报表。按照日、月、年统计累计发电量、累计上网电量、利用小时数、平均风速。

2）生产报表。包括风机实时负荷报表、风机平均负荷报表、风机平均风速报表、风机平均转速报表，以及风场生产指标日报、月报、年报。

3）风场运行信息统计。包括风场运行日报、月报、年报。

（5）权限管理。

1）按照功能、角色、用户、组和属性来构建权限体系。

2）系统管理员默认情况下不具有遥控权限。

3）可通过软连接片或硬连接片、操作把手等方式，确保远程风电监控系统对现场设备的控制权限。建议采用在风电场通信控制屏增加操作把手的方式，可靠性较高。

（6）人机界面。人机界面可以为用户提供风场信息查询、风机信息查询、实时数据查询、历史数据查询、故障查询、数据检索、简报检索、报表管理等功能。

1）风场信息。风场信息界面可以提供所查询风电场地理位置、运行情况及风电场的基本信息。

2）风机信息。可以提供各台风机的参数和运行状态，典型的风机信息如图 8-28 所示。

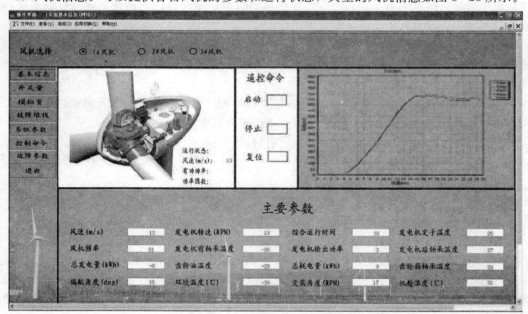

图 8-28　远程监控系统风机信息界面

3）查询。提供实时数据检索功能，在检索时可以选择查询风机的序号、查询数据的类型（模拟量、开关量），也可查询故障发生的类别和时间。

（7）报警及事件顺序记录（SOE）。

1）报警。报警分为不同的类型，并提供画面、音响、语音等多种报警方式。对报警方式、限值可以在线修改。

2）事件顺序记录（SOE）。SOE 信息由风电场侧 SCADA 子系统上送，监控中心侧 SCADA 子系统接收 SOE 信息，按照毫秒级分辨率写入历史数据库。

（8）遥控功能。

1）遥控内容包括风机的启动/停止/复位、35kV 及以下等级断路器分/合、变压器分接头挡位等。

2）遥控的安全性措施。遥控操作只能在操作员工作站上进行，操作人员必须具有权限和登录口令才能实施操作，应输入站名、设备编号，以防误选点。操作过程有记录，可查阅、打印。遥控必须有返送校核，同时按选点、校验、执行三个步骤进行。操作的起始和结束通过画面和信息窗口提供相应提示。

3）遥控功能的实施规划。根据遥控内容形成遥控表存入历史数据库，定义遥控的约束条件，定义遥控属性及权限，将数据库的遥控表逐项关联至画面。

（9）时钟同步。在远程监控中心和风电场侧同时配置全球定位系统（GPS）时钟，与主要设备采用硬件对时或者通信对时的方式，为远程风电监控系统提供标准时间，保证整个系统时钟的一致性。提供时钟监视手段，可将时钟信息在系统中所有平台上显示。

风电场侧风机机组通信控制器、箱式变电站监控系统及风电场升压站监控系统上送的 SOE 事件记录带有精确时间，在 SCADA 数据库中保存供查询。

8.4.4 风电场功率控制

由于风资源的间歇性和不稳定性，随着大量风电场接入电力系统，为保证电力系统安全稳定运行、提高大型风电场的经济性、可靠性，要实现风电场电压无功综合控制和有功控制。

功率控制系统可作为一套独立的系统，与风电场监控系统主机进行数据通信，实现风电机组的运行信息及控制命令的数据交互，也可以集成在监控系统中成为一个子系统。它向调度主站上送风电场 AGC/AVC 状态（功能投入、运行状态、超出调节能力）等信息，同时接收调度主站的有功、无功控制和调节指令，按照预定的规则和策略进行负荷分配，最终实现有功、无功功率的可监测、可控制，达到电力系统并网技术要求。风电场功率控制系统结构如图 8-29 所示。

功率控制前置机是功率自动控制系统的核心，负责与监控系统的数据交互和通信、AGC/AVC 高级应用功能等，主要包括：

（1）监控系统实时数据的采集与管理。

（2）实现风机启机、停机，有功、无功功率调节命令下发，以及有载调压变压器分接头切换。

（3）实现风电场 AGC、AVC 运行。

（4）实现系统对时功能。

操作员工作站的功能包括图形显示、定值设定及变更工作方式等。运行值班人员通过工作站可以对风电场的生产、设备运行进行实时监视，取得所需的各种信息。风电场所有的操作控制都可以通过鼠标及键盘实现。操作员工作站配置声卡和语音软件，用于当被监控对象发生事故或故障时，发出语音报警提醒运行人员。

数据服务器的功能主要是数据处理和管理，包括历史数据库的生成转储、参数越复限记录、限值存储、各类报表生成和储存等。系统按指定的周期存储实时数据库缓冲区中的数据，实现

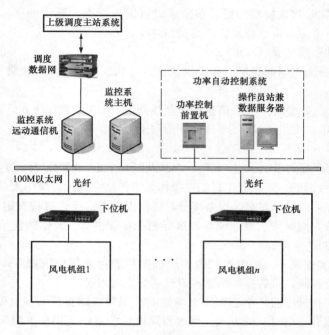

图 8-29　风电场功率控制系统结构图

历史数据的长期存档。

1. 自动发电控制（AGC）

自动发电控制（AGC）已在电力调度系统得到广泛应用，在确保电网频率稳定方面发挥了重要作用。风电 AGC 系统根据电网 EMS 和风电场实时数据采集系统的实时信息、系统发电计划以及风电场功率预测系统信息，通过对风电场有功功率的控制调节，达到对风电场机组有功功率控制、并网及机组有功功率变化率控制的目的。

自动发电控制实现对风电场机组有功功率控制，主要包括负荷控制模式和开停机控制模式，分别通过风机控制系统调节和开、关机等手段实现对发出的有功进行控制。

（1）负荷控制模式。AGC 负荷控制模式有风电场定值方式、风电场曲线方式、调度定值方式三种。通过负荷控制方式切换实现调度和风电场的控制，通过负荷给定方式切换选择定值或曲线方式。

其中风电场定值方式下，运行人员可直接在 AGC 画面上设置风电场总有功目标值，而后 AGC 模块依据预定分配原则将这个目标值分配到各台参加 AGC 的机组；调度定值方式下，调度 EMS 通过风电场远动通信定时下发风电场总有功目标值，而后 AGC 模块依据预定分配原则将这个目标值分配到各台参加 AGC 的机组；风电场曲线方式下，AGC 程序依据调度预先下发的风电场日负荷曲线计算出各个时间点风电场总有功目标值，而后再按预定分配原则将这个目标值分配到各台参加 AGC 的机组。

（2）开停机控制模式。AGC 程序还支持依据负荷水平自动选择风电场运行机组数量，并进行自动开、停机的功能。为避免机组频繁启停，须在理论开停机台数对应的调节范围两侧设置覆盖区。

考虑风电场负荷变化趋势，尽量避免刚开不久的机组又马上安排停机，或停下的机组又马上安排开机。根据预测的负荷曲线计算下一时段的各类机组的最佳运行机组数，然后比较目前已经运行的机组台数、本时段需要运行的最佳运行机组台数和下一时段应运行的最佳运行机组台数。如果发现本时段有机组要停机而下一时段又有机组要开机时，则本时段的最佳运行机组台数就等于下一时段的最佳运行机组台数。

2. 自动电压控制（AVC）

电力系统无功功率优化和补偿是电力系统安全经济运行的一个重要组成部分。通过对电力系统无功电源的合理控制和对无功负荷的补偿，不仅可以维持电压水平和提高电力系统运行的稳定性，而且可以降低网损，使电力系统安全经济地运行。风电 AVC 系统接收调度系统下发的全厂控制目标（高压母线电压、总无功等），按照控制策略（电压曲线、恒母线电压、恒无功）合理分配给每台风电机组、无功补偿装置等，通过调节风电机组、无功补偿装置的无功出力，达到全厂目标控制值，实现风电场的电压无功自动控制。

自动电压控制实现对风电场无功电压控制，主要包括定值方式和曲线方式。

（1）定值方式。

1）按照中调/当地给定的总无功，控制风电场内无功负荷分配。

2）按照中调/当地给定的母线电压值，对无功进行分配，使母线电压维持在给定水平。

3）按照中调给定的母线电压增量，对无功进行分配，使母线电压维持在给定水平。

（2）曲线方式。按照中调/当地设定的电压曲线的当前值，对风电场无功设备进行分配，使母线电压维持在曲线设定值水平。

8.5 光伏电站监控系统

8.5.1 概述

我国 76% 的国土光照充沛，光能资源分布较为均匀，资源优势得天独厚，太阳能发电应用前景十分广阔。与水电、风电、核电等相比，太阳能发电拥有无噪声、无污染、制约少、故障率低、维护简便等优点，并且应用技术逐渐成熟，安全可靠。除大规模并网发电和离网应用外，太阳能还可以通过抽水、超导、蓄电池、制氢等多种方式储存，太阳能和蓄能几乎可以满足中国未来稳定的能源需求。

1. 太阳能发电的形式

目前成熟的太阳能发电技术主要有光热发电和光伏发电两种。前者是利用光学系统聚集太阳辐射能，用以加热工质产生高温蒸汽，驱动汽轮机发电；后者是通过光电转换直接把光能转化成电能。

（1）太阳能光热发电。由于地球表面接收太阳能辐射分散（≤1000W/m²），利用太阳能发电时需要把分散的太阳能集中在一起，变成高品质热能提高利用效率。可采用聚光系统进行聚光，国内外目前采用的聚光方式以塔式、槽式和碟式三种为主；也有直接利用太阳热能的聚热式，如太阳烟囱和太阳池等发电技术。太阳能光热发电系统主要由聚光系统（聚热式没有此系统）、集热系统、热传输系统、蓄热贮存系统、汽轮机等组成。集热系统接收聚光系统聚集的太阳能，通过管内热载体将水加热成蒸汽，推动汽轮机发电。

（2）太阳能光伏发电。光伏（PV Photovoltaic）是利用太阳能电池半导体材料的光伏效应，将太阳光辐射能直接转换为电能的一种新型发电模式。

太阳能光伏发电技术最先应用于航空领域，由于过高的成本，其发展受到限制。近年来由于一些关键技术的解决和光伏电池产业规模扩大，太阳能光伏发电成本大大降低，促进光伏发电快速发展，全球光伏系统装机量变化见图 8-30。

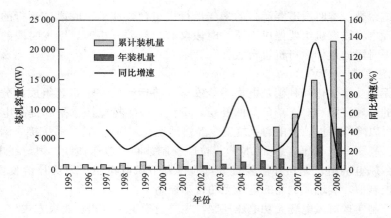

图 8-30　全球光伏系统装机量

我国目前光热发电还在实验示范阶段，商业化运营的基本上是光伏电站。我国太阳能发电基本采取"分散开发、低压就地接入"与"大规模集中开发、中高压接入"两种形式，以屋顶发电和大型荒漠电站为代表。屋顶发电规模小，分散布置，可以构成典型的分布式发电系统，接入低压配网。大型荒漠电站主要是向电网输送电能，与传统意义上的发电厂更为接近，是目前光伏电站建设的主要形式。下面主要论述大型光伏发电站的监控系统。

2. 光伏电站组成

光伏电站主要包括光伏阵列、汇流箱、直流屏、逆变器、升压变压器等部分，典型的大型并网型光伏电站结构如图 8-31 所示。

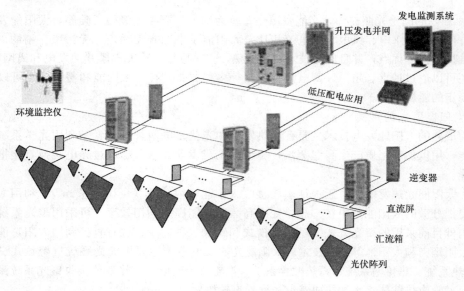

图 8-31　大型并网型光伏电站结构图

（1）光伏阵列。单体太阳能电池的输出电压、电流和功率都很小，一般其输出电压只有约 0.45V，不能满足作为电源应用的要求，一般由多个太阳能单体串联封装成组件，多个电池组件串联为一个光伏阵列，如图 8-32 所示。

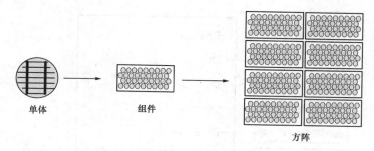

图 8-32　光伏阵列

（2）防雷汇流箱。为了减少光伏阵列到逆变器之间的连接线及方便日后维护，在室外配置光伏阵列防雷汇流箱。多组电池串并联接入一个光伏阵列防雷汇流箱进行汇流，如图 8-33 所示。（图中 PV1～PV8 即为光伏阵列）

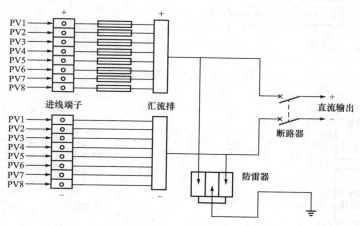

图 8-33　防雷汇流箱结构图

（3）直流配电柜。多个光伏阵列防雷汇流箱通过电缆接至配电房的直流防雷配电柜再进行一次总汇流，每个 500kW 并网单元配置 1 台直流防雷配电柜。直流防雷配电柜的每个配电单元都具有可分断的直流断路器、防反二极管和防雷器，其电气原理接线图如图 8-34 所示。

（4）逆变器。并网逆变器用于将直流配电柜输出的直流电变换为交流电，再通过变压器升到 10/35kV，最后传送至升压站升压后并网。典型的光伏并网逆变器电路框图如图 8-35 所示。通过三相桥式变换器，将光伏阵列的直流电压变换为高频的三相斩波电压，并通过滤波器滤波变成正弦波电流。

（5）箱式变电站。为降低输出损耗，光伏并网逆变器输出交流电压会经过箱式变电站升压至 10/35kV，然后传送至升压站。典型的箱式变电站内变压器结构为双分裂变压器，如图 8-36 所示。

（6）升压站。升压站自动化系统与电力系统中的变电站自动化系统非常类似，基本上可以按照电力系统的要求来实施。

3. 光伏电站监控系统现状

IEEE1547 规定，功率超过 250kW 的分布式电源必须安装监测系统。随着规模性的太阳能电站在中国开始陆续建设和投入运行，如何实时了解电站的运行状况，如何满足上一级系统或

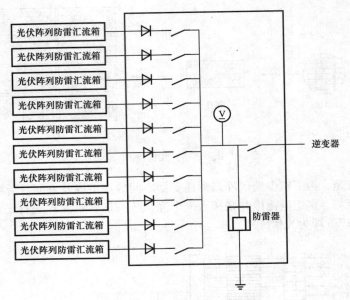

图 8-34　直流配电柜结构图

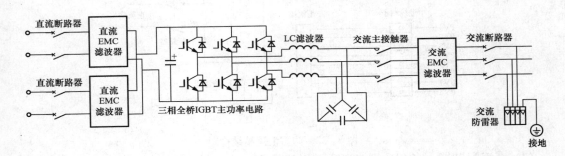

图 8-35　光伏并网逆变器原理示意图

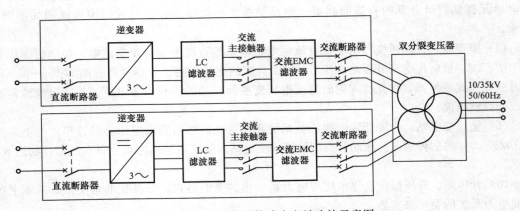

图 8-36　逆变器与箱式变电站连接示意图

电网调度系统的监控需求，是电站业主和电网公司所共同关心的问题。

而现有光伏电站监控系统主要由逆变器厂商随设备提供，主要从该厂逆变器出发，对电站运行的一些参数进行监测，难以或不能直接控制逆变器的运行状态，也无法获取电站中的其他设备的信息及控制这些设备，更无法满足电网调度系统对电站的实时监控要求。另外，大型电站均会采用不同厂商的产品，这些不同厂商的产品彼此无法兼容，造成一个个"孤岛"系统，无法形成统一的监控体系。

因此，迫切需要统一的监控平台，能够对不同厂商、不同类别、不同型号的逆变器及其他设备进行管理，实现对光伏电站完整、统一的实时监测和控制。

4. 光伏电站监控系统总体目标

(1) 建设光伏电站监控设备的统一管理平台。

1) 实现电站设备的统一运行监控及数据的集中管理，给运行人员、检修人员、管理人员等提供全面、便捷、差异化的数据和服务。

2) 成为电站设备的承载系统，为电站设备的规划、新设备的接入提供载体。

3) 建立统一的数据库，为监控平台和其他各种专业监控系统提供数据服务。

(2) 整合各类监测数据，实现对不同人员的差异化服务。

1) 对运行人员、管理人员、检修人员、领导等不同人员提供不同的用户界面、展现方式、数据信息等。在各类人员登录后，即可看到各自最关心的内容，提供差异化服务。

2) 为运行人员提供设备的状态信息、告警信息、实时数据等数据应用服务。

3) 为管理人员提供各类监测数据的统计、变化趋势、状态信息等应用服务。

4) 为检修人员提供告警信息、变化趋势、故障录波数据等应用服务。

8.5.2 光伏电站监控系统的架构

1. 光伏电站监控系统的网络架构

大型光伏电站监控系统主要由硬件和软件两部分组成，硬件部分包括测控设备、计算机工作站、网络设备、现场总线设备、设备终端等，软件部分主要包括监控系统操作系统、监控系统软件平台、通信规约、控制功能软件模块、显示与记录等常规软件模块。典型的大型光伏电站监控系统由监控中心、光纤环网、监控子网等部分组成，系统整体拓扑结构如图 8-37 所示。监控子网是由单台光纤交换机所接的设备组成的子系统。

监控中心是整个监控系统的核心。监控中心通过通信前置机和光纤环网所组成的通信系统与各现场系统进行信息交互，完成运行监测、命令下达、数据分析、状态显示、统计分析等功能，并接受调度指令，进行光伏电站的有功/无功功率控制。为了解决监测设备分散独立、无法进行远程集中监控和诊断的问题，监控系统接入所有的光伏电站在线监测设备，进行设备统一管理，设备运行数据统一采集、查看和分析，提供综合全面的运行状态监测、运行告警发现与通知、数据查询分析、设备运行管理。

光伏电站监控系统的网络结构选择光纤环网的通信方式，可将 15～20 个光伏逆变器通信控制器组成一个光纤自愈环网后直接连接到主干网，具有速度快、实时性好、可靠性高的优点，可配置为单环网或双环网形式，监控中心和各现场系统通过工业以太网交换机接入光纤环网。

监控子网是由各种测控终端、现场通信网络以及安防系统单元组成，一同接入光纤环网交换机的监控子系统。大型光伏电站一般以 500kW 或 1MW 容量为一个光伏发电单元，监控子网的功能范围就是以光伏发电单元为依据来界定的。监控子网的拓扑结构如图 8-38 所示，其中光伏汇流箱的测控终端以电力线载波方式通过直流电缆通信，直流防雷配电柜内的测控终端接收载波信号，并通过双绞线将光伏汇流箱与自身的监测数据一起发送到现场总线上。

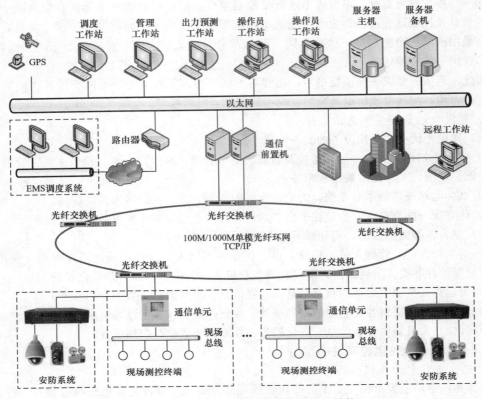

图 8-37 光伏电站监控系统典型拓扑结构

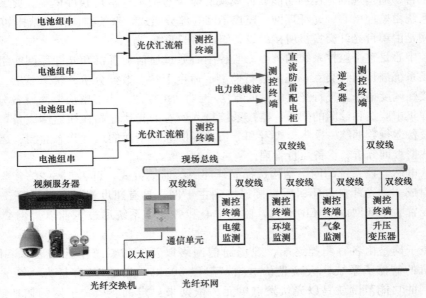

图 8-38 典型监控系统监控子网拓扑结构

通信单元负责完成数据预处理和规约转换，是信息上传下达的关键设备。监控子网的现场总线协议和其他通信协议将通过规约转换和隧道技术在 TCP/IP 网络上完成传送。

测控终端是监控系统中最基本的设备，负责完成末端的数据采集与命令下达，并与通信单元进行交互。根据测控对象、处理能力和通信介质的不同，测控终端也分为不同类型，以达到灵活部署、降低成本的目的。

2. 光伏电站监控系统的软件架构

监控系统整体设计方案应采用 SOA（面向服务架构）设计思想，自下而上提供应用服务。下层应用不需关心上层应用的逻辑，只需提供本层应用的数据接口，所有交互由上层应用发起。采用 SOA 为监控系统的分层应用提供很好的扩展性，也为监控系统外的其他应用提供了不同级别的数据服务和功能接口。

一体化监控平台的核心应用是数据分类处理与分层应用，解决不同设备监测数据及应用的差异化需求，具体包括实时数据与应用、周期采样数据与应用、事件数据与应用。

监测数据分类分层应用架构如图 8-39 所示。

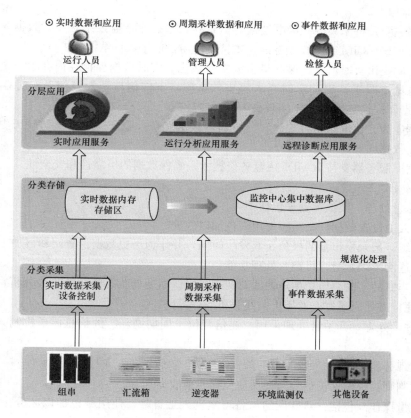

图 8-39　监测数据分类分层应用架构图

实时、周期采样与事件等三类数据采集与应用基本都包括分类采集、分类存储、分类处理、分层应用四部分。

（1）实时数据与应用。设备驱动层通过设备进行状态数据的实时性采集，采集的实时数据进行分类存储后，最后通过实时应用服务向运行人员提供状态监控、告警处理、实时数据显示等应用服务。

（2）周期采样数据与应用。设备驱动层通过设备进行运行数据的周期性采集，对采集的周期采样数据进行分类存储后，再进行格式化规约处理，最后通过运行分析应用服务向技术管理人员和领导提供运行分析、状态监测、在线评估、在线预警、报表分析等服务。

（3）事件数据与应用。当设备出现故障时，设备驱动层通过设备进行事件数据的触发性采集，采集的事件数据进行分类存储和解析处理后，最后通过远程诊断应用服务向检修人员提供远程诊断、查看事件历史等服务。

8.5.3 光伏电站监控系统的功能

1. 数据接收

通过以太网从光伏电站通信子系统接收光伏逆变器、汇流箱、箱式变电站及升压站的运行数据，再以网络点对点通信方式将接收到的数据写入系统的实时数据库，实现对光伏电站运行信息的监测。同时，从当地监控人员或调度系统获得控制命令，向光伏电站通信终端下发控制报文，实现对光伏电站设备的遥控功能。

2. 数据存储

数据存储主要是将采集的光伏电站运行信息存入数据库。监控系统实时数据库和历史数据库，借鉴 IEC 61970 CIM 数据模型标准，支持多应用，便于数据结构的扩展。

实时数据库提供实时信息，保存最新的实时数据。实时数据保存在内存中，定时存入历史数据库（测量量按照采样周期定时存入历史数据库，事件信息、告警信息实时存入历史数据库）。实时数据库提供 API 接口，实现高效的实时数据处理。

历史数据库为光伏电站运行统计和分析提供数据支持。服务进程提供访问历史数据库的接口，进行历史数据的查询和处理。

历史数据库服务器支持 RAID5 磁盘备份技术，确保数据的可靠性和安全性。

3. 数据处理

（1）模拟量处理。模拟量处理包括：

1）允许人工设置数据，画面数据用颜色加以区分。

2）自动统计记录模拟量的极值及其发生时间，并作为历史数据供查阅和再加工。

3）提供遥测越限延时（可调）处理功能。

4）提供丰富的实时、历史生产曲线，实现对光伏逆变器状态变化的趋势分析，及早发现设备故障的先兆，必要时通过查看历史曲线分析故障原因。

（2）开关量处理。开关量处理采用"遥信变位＋周期刷新"的信息传送机制，保证信息及时准确传送。

1）可实现分类报警。

2）事故判别。根据保护信号与开关变位判断事故类别。

3）开关量操作。包括：对升压站设备可实现人工置数，使用颜色加以区分；告警确认/复位功能。

4）自动统计开关事故跳闸次数，超过设定次数给出报警。

（3）SCADA 子系统内数据传输。SCADA 通过专网接收由光伏电站侧上送的光伏逆变器运行信息，将其存入数据库，各工作站通过以太网从数据库提取所需数据信息。在进行数据交换时采用网络中间件技术对底层网络数据传输进行封装，实现透明的网络数据传输。

4. 操作票功能

可按照用户指定的格式编辑生成操作票，支持操作票的审核、预演、打印、查询功能。

5. 报表服务

具有报表定义、编辑、显示、存储、查询、打印等功能。提供如下统计报表：

（1）电量报表。

1）按照日、月、年统计累计发电量。

2）累计上网电量。

3）利用小时数。

（2）生产报表。

1）光伏逆变器实时负荷报表。

2）光伏逆变器平均负荷报表。

3）光伏逆变器生产指标日报、月报、年报。

（3）光伏逆变器运行信息统计。光伏逆变器运行日报、月报、年报。

6. 权限管理

权限管理分为操作、监护、保护设置、画面报表维护、数据库维护、历史数据维护、运行维护、超级用户。

7. 人机界面

人机界面可以为用户提供光伏电站信息查询、光伏逆变器信息查询、实时数据查询、历史数据查询、故障查询、数据检索、简报检索、报表管理等功能。

（1）光伏电站信息。光伏电站信息界面可以提供所查询光伏电站地理位置、运行情况及光伏电站的基本信息。

（2）逆变器信息。显示逆变器小室和逆变器的信息。

（3）实时数据检索。提供实时数据检索功能，在检索时可以选择查询光伏逆变器的序号、查询数据的类型（模拟量、开关量）。

8. 报警及事件顺序记录（SOE）

（1）报警。报警分为不同的类型，并提供画面、音响、语音等多种报警方式。对报警方式、限值可以在线修改。提供灵活、方便的手段定义报警的发生和报警引发的后续事件，支持报警分类定义，如系统级、进程管理级等分类定义。

（2）事件顺序记录（SOE）。SCADA 系统接收 SOE 信息，按照毫秒级分辨率写入历史数据库。

9. 遥控功能

（1）遥控内容包括光伏逆变器的启动/停止/复位、断路器分/合、变压器分接头挡位等。

（2）遥控的安全性措施。

1）遥控操作只能在操作员工作站上进行，操作人员必须具有权限和登录口令才能实施操作，应输入站名、设备编号，以防误选点。操作过程有记录，可查阅、打印。

2）遥控必须有返送校核，同时按选点、校验、执行三个步骤进行。操作的起始和结束通过画面和信息窗口提供相应提示。

（3）遥控功能的实施规划。根据遥控内容形成遥控表存入历史数据库，定义遥控的约束条件，定义遥控属性及权限，将数据库的遥控表逐项关联至画面。

10. 时钟同步

光伏电站 GPS 与主要设备采用硬件对时或者通信对时的方式，保证整个系统时钟的一致性。提供时钟监视手段，可将时钟信息在系统中所有平台上显示。可提供人机界面，方便用户设置日期和时间。

8.5.4 光伏电站功率控制

随着大量光伏发电接入电力系统，为保证电力系统安全稳定运行、提高大型光伏电站的经济性、可靠性，需要实现光伏电站的功率控制，主要包括有功控制和电压无功综合控制。

光伏电站功率控制系统与光伏电站监控系统、无功补偿装置（SVC/SVG）通信，将采集的光伏逆变器和无功补偿装置实时运行数据上传调度主站系统，同时接收调度主站系统（或当地）下发的 AGC 有功控制指令和 AVC 电压控制指令，通过对光伏逆变器、无功补偿装置（SVC/SVG）、有载调压变压器分接头等调节手段的统一协调控制，实现光伏电站并网点有功功率和电压的闭环控制。光伏电站功率控制系统既可作为独立系统，也可作为电站监控系统的一个子系统，其结构如图 8-40 所示。

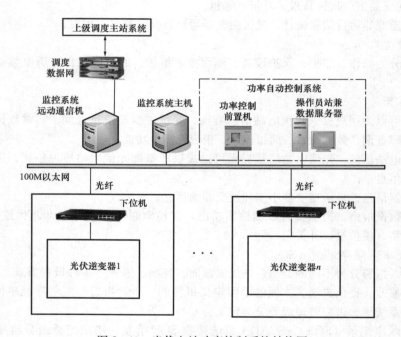

图 8-40　光伏电站功率控制系统结构图

1. 自动发电控制（AGC）

受制于太阳能资源的间歇性和不稳定性，光伏发电输出功率不稳定，实现功率稳定控制存在较大难度。借鉴电网调度原 EMS 中 AGC 模块成功的运行经验，光伏发电 AGC 系统应根据电网 EMS 和光伏电站实时数据采集系统的实时信息、系统发电计划以及光伏电站功率预测系统信息，通过对光伏电站有功功率的控制调节，达到对光伏电站有功功率及有功功率变化率控制的目的。

AGC 接收调度主站系统（或当地）下发的光伏电站有功控制指令，根据光伏逆变器的不同的运行、控制特性和实时运行工况，综合运用光伏逆变器监控系统提供的集群控制、单机功率控制、单机启停等控制手段，将目标出力在具体光伏逆变器上进行优化分配。

AGC 主要包含负荷控制和开停机两种方式，分别通过控制逆变器的输出功率和开、停逆变器的方式控制有功输出。

（1）负荷控制方式。AGC 根据全站有功目标值，按预定分配原则将这个目标值分配到各台参加有功控制的光伏逆变器。分配的总值是有功目标值减去不参加有功控制光伏逆变器的有功总和，然后按照一定策略分配到各个参加有功控制的光伏逆变器。有功功率目标值在光伏逆变器间的分配通常采用相似调整裕度、与有功容量等比例等分配原则。

（2）开停机方式。AGC 根据负荷水平自动选择全站运行光伏逆变器数量，并进行自动开、停机。

通过光伏电站 AGC 系统的建设，电网调度端可以实现大型光伏电站有功功率自动调节，达到控制光伏发电有序并网的目的。具体功能包括：

1）实现光伏电站有功功率控制目标的下发。

2）与光伏电站功率预测系统结合，实现光伏电站定功率控制。

3）实现对光伏电站并网的远方控制。

4）根据断面稳定要求自动控制相关光伏电站的最大出力。

5）自动控制各光伏电站出力，协助电网调峰。

6）远期实现监视系统频率，控制光伏电站出力，支持电网调频。

7）限制光伏电站有功功率变化率。

调度系统把每个光伏电站看成一台机组，作为系统的控制对象。在实际运行中，AGC 系统调度端参考发电计划和光伏发电功率预测结果进行指令计算，然后发送功率指令到光伏电站功率控制系统进行光伏发电功率的调节。

2. 无功电压综合优化控制（AVC）

光伏电站电压无功控制系统自动接收调度主站系统下发的母线电压曲线或者实时调节指令，在充分考虑各种约束条件后分析、计算出各光伏逆变器、无功补偿装置（SVC/SVG）等无功出力目标、主变压器分接头位置，并将调控命令下发至光伏逆变器监控系统、无功补偿设备和升压站监控系统执行，实现整个光伏电站优化控制。输入信号包括调度的指令，并网点的有功功率、无功功率，电压等，控制目标为保持光伏电站的无功、电压等在调度要求的范围内。

目前，分层、分区、就地平衡是电网无功优化控制的基本原则，从全局来看，电网 AVC 系统实质是解决无功潮流的最优化问题。依据电压三级控制的理念，并结合光伏电站接入的实际情况，如果把全网 AVC 作为电压控制的第三级，则光伏电站汇流接入的变电站可以看做电压控制的第二级，光伏电站则是无功控制的第一级。光伏电站无功出力的主要调节对象是各光伏逆变器及光伏电站配置的各类无功补偿设备。电网的调度指令通常为光伏电站电压目标或接入变电站、总无功出力目标或功率因数，同传统火电厂相比，由于受穿透功率的影响，光伏电站的无功出力受有功的影响较大，在考虑无功出力约束的时候必须考虑有功的影响，有功、无功的控制必须做到协调控制。系统的控制对象上，既包括厂站或光伏电站并网点电容器、电抗器的投切、SVC 的控制，也包括光伏逆变器的控制。光伏逆变器的控制一般通过光伏电站监控系统，功率控制系统通过和光伏电站监控系统通信，下达全站无功目标，由监控系统来协调场内各光伏逆变器的无功控制。

目前光伏电站内的无功调节装置主要有并联电容器、静止无功补偿装置、静止无功发生器等，同时考虑光伏逆变器的无功调节能力。其中并联电容器和同步调相机作为传统的无功补偿手段，技术相对成熟并在电力系统中得到了广泛的应用。而以晶闸管为基础的静止无功补偿装置（SVC）其补偿过程是动态的，既可以根据负载无功功率的需求完成调节或投切功能，又采用模拟式控制器，远比机械设备的动作要快。目前该技术的研究已相对成熟，并且已经实现国产化。静止无功发生器（SVG）与静止无功补偿器补偿方式不同，该装置采用自换相变流电路为主体，具有体积小、响应速度快等特点，可以在感性到容性的整个范围内进行连续的无级调节、在欠压条件下仍然可以有效地发出无功功率等优点。然而，目前随着大规模光伏电站的集群开发、集中接入，对无功补偿装置的容量和响应速度等提出了更高的要求，因此，需要对无功电压调节技术进行更深入的研究。

第 **9** 章

厂站微机监控系统的后台系统

9.1 概　　述

9.1.1 厂站后台监控系统的定义

众所周知，发电厂和变电站是电力系统的重要组成部分，对于保证发、输、配电的可靠性与经济性起着关键的作用。早期的厂站监控方式主要借助于二次设备及其相应的控制屏、台结构。它们一般都位于厂站的中央控制室内。图 9 - 1 所示为某大型火力发电厂的网控室平面布置图。图中 1～21 为控制屏。水电厂、变电站也有类似的控制屏台。后来微机技术逐渐在厂站的监控系统得到应用与推广，加上各级调度自动化系统的完善与实用化，远动 RTU 已经成为厂站数据采集的重要设备，并且起到了联系厂站与远方调度控制中心的作用。

由于远动 RTU 主要面向远方调度控制中心，其硬件设计中的人机联系部分一般仅为数码显示器和 LED 指示灯，对于当地厂站的运行值班人员的帮助有限。直到 20 世纪 80 年代 PC 机的出现及其应用才逐渐改变了这一状况。

随着 PC 机技术以及网络技术的发展，远动 RTU 不仅用于发电厂，也大量用于变电站，尤其是高压和超高压变电站。在这一过程中，调度自动化系统也获得了长足的进步，比照调度端计算机监控系统有前台（前置）、后台之分，习惯上就把这种基于 PC 机或工作站，用于厂站监控与自动化系统的后台部

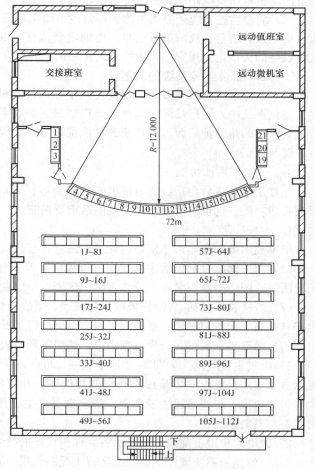

图 9 - 1　网络控制室平面布置图

1～21—控制屏；1J—112J—继电保护、变送器及电能表屏

分，以加强、补充或取代传统控制屏台的部分称为厂站微机监控系统的后台系统，行业内也有人称为厂站计算机系统。

9.1.2 厂站后台监控系统的特点

尽管后台监控系统类似于调度控制中心的后台计算机系统，但是也有其自身的特点：

（1）厂站后台监控系统一般仅针对一个发电厂或一座变电站，而不是像调度端那样要针对几十个甚至上百个厂站。因此，它的数据库的规模相对说来就要小得多。

（2）厂站后台系统在逻辑上属于厂站的站控层这一范畴，而且还处在这一层次的高端，即后台部位，因此它不可能与厂站过程层发生物理上的直接联系，即它的数据来源都是间接的而非直接采集得来的。

（3）后台监控系统不必具有诸如状态估计、安全分析那样的调度系统高级功能，但是它必须提供一些适合厂站运行特点的功能，例如无功电压调节、开关联锁、母线旁路代送等。

（4）由于无人值守厂站逐年增多，这就要求厂站后台监控系统具有相对灵活的配置方式，对于大量中低压厂站或部分高压站，考虑到无人值班的现实情况，从节约成本出发，可以配置较为简略的单机系统以备定期查询时使用，平时则可长期处于关机状态。对于还无法做到无人值班的高压枢纽变电站和超高压变电站以及大中型发电厂，可配置相对复杂的后台监控系统。

（5）后台监控系统还必须考虑到厂站内可能出现的传统上不属于监控的信息或系统，例如大量继电保护信息、故障录波信息、电能质量信息，以及视频监控信息及其系统，应处理好同这些设备的关系，实现资源利用的最大化和信息的高度共享。

9.1.3 后台监控系统的功能

后台监控系统在若干方面同调度控制中心的计算机系统相类似，其功能也大致相同。在厂站自动化系统中，同厂站运行值班人员接触最多、联系最密切的应是后台监控系统。我们从运行值班人员的角度把后台监控系统的功能加以分类。而不采取传统的描述方法，可能更方便读者理解与记忆。

9.1.3.1 显性功能

显性功能是指后台系统所表现出来的能为运行人员看得见的功能，主要是屏幕显示功能和报表打印功能。这也是后台监控系统的最重要功能。

1. 屏幕显示

屏幕显示的内容非常丰富，包含了厂站监控与自动化系统的大量信息。

（1）图形画面显示包括主接线图、母线电压及其他测量值的趋势图、曲线图、棒图、系统工况图等，图中的画面名称、设备名称、告警提示信息等均应用汉字显示。

（2）表格显示包括事件/告警顺序记录表、事故追忆表（PDR）、电量统计表、各种限值表、生产日报表、操作记录表、系统配置表、系统运行工况统计表、历史记录表和运行参数表等。

（3）图形显示的形式分为过程图形、趋势图形与表格图形等。

1）电气主接线图。如图 9-2 所示为一 220kV 站的电气主接线图显示画面。以移屏和分幅显示方式显示厂站电气主接线图或局部接线图，并可按不同的详细程度多层显示、局部缩放，内容包括出线、母线及相关断路器、隔离开关、主变压器、电容器、电抗器、站用变压器等实时状态与参数值。

2）继电保护设备配置图显示出各套保护设备的投切情况、定值、连接片位置等。

3）厂站监控系统硬件配置图及运行工况图，用不同颜色表示出设备状态的变化，如联机或脱机、通道故障或正常等。

4）直流电源系统状况图及实时运行数据。

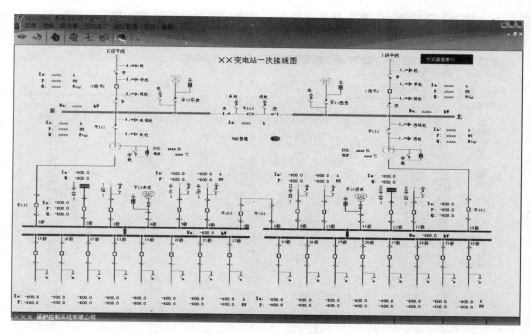

图 9-2　220kV 站的电气主接线图显示画面

5）站用电或厂用电系统状态图及实时运行数据。

6）UPS 配置及运行工况图。

7）电气设备控制画面图。

8）报警显示，要求具有模拟光字牌分类告警画面显示与确认。

9）开关量状态表、实时电气参数测量表、历史事件数据表等。

10）定时报表显示。

11）日报显示。

12）月报显示。

13）趋势曲线显示。

14）操作票显示。

15）统计显示等。

2. 记录与打印

（1）屏幕显示的内容均可通过复制加以打印记录。打印形式有实时、召唤与定时三种方式。

（2）事件顺序记录经由实时事件打印机输出，图 9-3 所示为事件顺序记录的打印输出。

（3）状态变化记录。当状态发生变化时，事件打印机应立即打印出变化发生的时间和内容。

（4）数据记录。将电气和非电气测量值按随机、定时、日报、月报等不同形式打印输出。

图 9-4 所示为一变电站后台监控系统的日报打印输出格式。

（5）事故追忆记录。

3. 调试、维护、诊断

通过屏幕显示或打印机输出以及交互式操作能对本系统进行调试、维护与故障诊断。

9.1.3.2　隐性功能

除了看得见的显性功能外，后台监控系统还有相当一部分功能是看不见的，它是依靠计算机的计算、逻辑比较与判断、数据处理等对来自间隔层以及过程层的大量实时数据的加工，生成了系统的数据库。

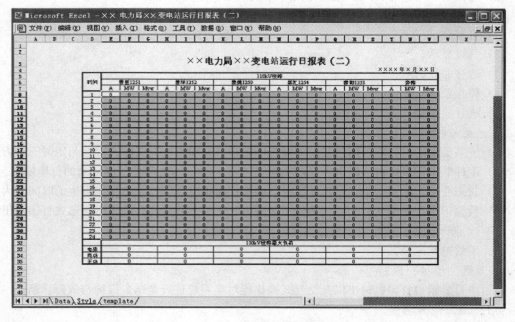

图9-3 事件顺序记录

图9-4 变电站后台监控系统的日报

（1）数据的接收与预处理。

（2）报警处理，这是在报警之前所做的各种数据处理。

（3）操作票生成。

（4）设备档案管理。

（5）操作与控制。

（6）自动电压无功控制（AVQC）。

（7）防误与开关联锁。

（8）通信与数据交换。

9.1.3.3 其他功能

其他功能是指根据系统所要服务的特定对象的某些特殊要求需要个别开发的功能，例如保护管理机功能、操作票专家系统功能、程序化操作功能、Web 功能等特定功能。

9.1.4 后台监控系统的分类

由于实际工程的要求不同，相应的后台监控系统的配置也不完全一样。

1. 按采用计算机数量多少分类

（1）单机系统。单机系统是最简单的一类后台监控系统，如图 9 - 5（a）所示。一般用于 35kV 和 110kV 无人值守变电站以及小型发电厂。个别 220kV 站也有使用。这种配置的优点是成本低、实用。单机后台系统的核心部分是一台计算机、一个大屏幕彩色显示器、一台打印机，数据来源于站控主单元，它们之间一般用串口或网络连接。有的工程为了节约投资以及适应无人值班的环境，不固定配置计算机，仅在主单元处预留一串行接口，当定期维护检查的技术人员到场时，可通过便携式笔记本电脑，配上专用软件与主单元通信，就地查看厂站的运行情况。

（2）双机或多机系统。三机后台监控系统如图 9 - 5（b）所示。若取消工程师工作站，则为双机系统，一般用于 220kV 及以上电压等级的变电站或中型以上发电厂的网控。其数据来源是经过双以太网与主单元交换数据或直接与间隔层测控单元交换数据。

图 9 - 6 为一多机后台监控系统，一般用于 500kV 及以上电压等级的变电站或大型发电厂的升压站或网控。

2. 按采用计算机的类型分类

（1）基于 PC 机的后台监控系统。这是目前应用最多的一类后台监控系统，一般在中低压变电站、高压甚至超高压变电站都有应用，在中小电厂和大型发电厂也有应用。它的特点是一般均使用 Windows 或 Windows NT 操作系统，成本较低，用户易于学习和掌握。缺点是易发生病毒感染导致死机，只要加强管理，做好防火墙，定期杀毒，这一弊病还是可以有效防止的。

（2）基于 RISC 工作站的后台监控系统。这一类后台监控系统由于配置的是精减指令集（RISC）的工作站。一般均使用 Unix 操作系统或 Linux 操作系统，成本高。主要用于部分 500kV 或 500kV 以上电压等级的变电站或大型发电厂网控。优点是不易遭受病毒攻击，缺点是用户学习、掌握不易。

3. 按采用操作系统类型分类

（1）基于 Windows 系列的后台监控系统。

（2）基于 Unix 的后台监控系统。

（3）混合平台后台监控系统。这类系统一般采用 Windows 操作系统作为操作员工作站，方便人机界面的设计。其他设备则采用 Unix 操作系统。这样可以比较充分发挥两个操作系统的优势，而且也可以节约部分开支，但是系统相对要复杂一些。

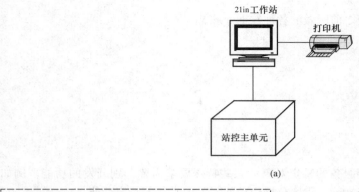

(a)

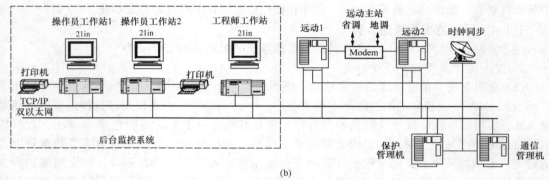

(b)

图 9-5 后台监控系统

（a）单机系统；（b）双机或三机系统

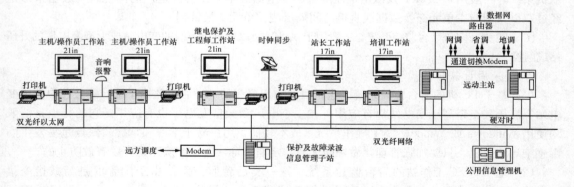

图 9-6 多机后台监控系统

9.1.5 后台监控系统的发展趋势

（1）无人值守厂站的逐步成熟与推广应用将要求厂站后台监控系统的规模进一步简化。

（2）由于继电保护管理系统、故障录波和事故记录系统、厂站视频监控系统以及电能质量监测系统的逐步应用，将对厂站后台监控系统的结构、功能发生影响。

（3）计算机技术的发展会进一步提高后台监控系统的性价比。

9.2 基于 Windows 的厂站后台监控系统的设计

9.2.1 系统的设计原则

我国厂站后台监控系统在功能上已基本成熟，许多厂家提供了各具特色的厂站后台监控系统，用于满足用户对厂站监控的各种基本需求。虽然各个厂家提供的后台监控系统的风格，界面有所不同，但在后台监控系统的设计中，所遵循的设计模式、原则是基本一致的。

1. 系统的开放性

系统的硬件结构体系、接口、通信协议要遵循开放性原则，表现在以下几个方面：

（1）硬件的开放性。表现在选用通用的、主流的计算机硬件，如品牌机、工业计算机。当后台系统的硬件发生故障时，能够及时采购到相应的硬件或配件，使后台系统能够及时恢复到正常的运行状态。

（2）软件的开放性表现在选用先进、实用、成熟的商用数据库，如 SQL Sever、Oracle、Sybase 数据库；选用主流操作系统 Windows、Unix 等；对其他软件系统是否提供程序接口；增加系统功能或程序模块是否方便，连接第三方软件是否容易。

（3）网络应采用像 TCP/IP 协议、IPX/SPX 协议的局域网标准，应用层通信协议应遵循电力系统实时数据应用层协议。通信规约采用国际标准或部颁规约等。

2. 稳定性

在厂站后台监控系统中，稳定性是第一位的，是衡量系统好坏的重要指标，主要体现在以下方面：

（1）系统能够长时间、可靠地运行，不发生程序死机，程序具有自诊断功能。

（2）系统响应要快捷，特别是在大负荷情况下要具有较高的吞吐能力和效率，延迟要低。能够经受突发事件的冲击，不致使系统崩溃。

（3）具有高容错能力，具有抵御外界环境破坏和人为操作失误的能力，任何单点故障不影响整个系统的正常运作。具有故障自愈的能力，应充分考虑容错、冗余、备份、修复、维护、诊断和自愈等功能。

3. 实用性

提供简单方便的用户界面，操作方式人性化，符合运行值班人员日常的操作习惯，使用户通过简单培训就可熟练掌握和操作，日常操作所需的功能必须完备简明，注重实用性和多样性相结合。

4. 可扩性

可扩性可以包括两个方面的内容：

（1）硬件的可扩性。根据用户应用系统的需要和投资状况，系统应能灵活地选择硬件配置，并具有跨多硬件平台的特点，系统的规模可从单台机器到多台机器、单种机型到多种机型任选。

（2）软件的可扩性，后台监控系统在软件建模之初，就应该充分考虑系统的数据结构，以方便系统以后功能模块的添加和与其他软件的接口的扩展。

5. 防误性

防误性有两个方面的含义：

（1）对值班人员本身的误操作的预防，这在设计后台系统的人机联系的画面与软件时，必须加以考虑。例如提示、确认、再确认，操作权限的分级，人机画面设计清楚、易区分，不允许含混不清的画面设计出现。

（2）后台系统中控制软件的设计，要有防误联锁的考虑，以避免当操作人员发出错误命令时，系统可以自身判断出错误并拒绝执行、返回提示告警等。

9.2.2 服务器的设计

1. 服务器体系结构

设计后台监控软件中，服务器是最为重要的核心部分，它担负起通信、数据处理、内存数据库的管理等重要任务，它的结构、信号流程设计得是否合理，直接关系到整个后台系统的性能，目前大多数厂家的后台监控系统都采用客户/服务器（Client/Server）网络体系结构。即逻辑上由服务器系统（Server）和客户机系统（Client）两大部分组成。

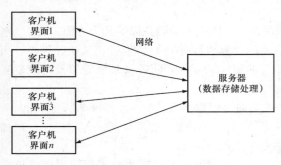

图 9-7　客户/服务器体系结构的一般概念

客户/服务器又称为分布计算，它的含义是程序的数据处理并不像通常在基于主机的计算机系统中那样在单个的计算机上发生，取而代之，程序的不同部分在多台计算机上同时运行。如图 9-7 所示，将数据存储和数据处理放在服务器的计算机上，客户端界面作为程序的另一部分存放于客户端桌面计算机上。客户/服务器系统的这两个部件通过网络连接互相通信，并且可以被扩展到任意规模。

基于客户/服务器体系结构的后台监控系统，它的服务器的基本任务是进行数据接收发送、数据处理与计算和数据维护，并响应客户机（前置机、人机界面）的请求，向客户机传送格式化的数据信息。客户机则负责提供用户界面（如图形、表格甚至声音、动画等）及原始的数据来源（前置机）。服务器是功能意义上的服务器，严格地说应称功能服务器，比之于传统的文件服务器，功能上要强得多，性能上也要优越得多。而且，服务器和客户机一般是进程一级概念上的称谓，它们可以有各自的硬件平台，也可以运行在同一台机器上，这时同一台机器既是服务器又是客户机。图 9-8 是后台监控系统采用客户/服务器体系的模型。

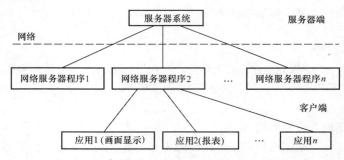

图 9-8　后台监控系统采用客户/服务器体系的模型

服务器是系统的核心，前置机和调度员工作站是系统客户机部分，通过网络链路有机地整合在一起，采用客户/服务器体系结构，符合当今计算机信息处理系统的发展潮流。图 9-9 为后台系统在实际工程的典型应用，主服务器、备服务器完成数据的处理、数据库管理，历史数据的存储，响应前置机、操作员工作站、维护员工作站的数据请求，是服务器系统；前置机同服务器交换数据，操作员工作站和维护员工作站从服务器得到请求的图形数据等是客户机系统。

2. 服务器的软件结构

服务器的设计采用软件工程的思想方法，软件模块按功能划分，一般分为网络服务系统、

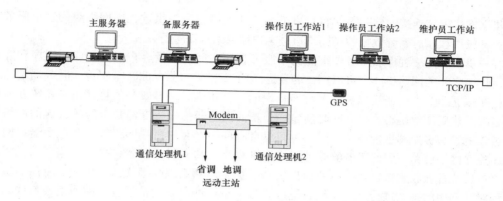

图 9-9 后台系统典型配置

数据库管理系统、数据处理系统、数据采样系统、告警处理系统几部分,各部分自成一体,接口简单。图 9-10 是服务器软件结构图,其中,网络服务系统是服务器的核心部分,提供应用程序接口和网络通信的管理。数据库管理系统负责内存数据库和磁盘数据库的管理和协调工作。数据处理系统负责各种类型的数据处理(遥测、遥信等),进行各种统计工作。数据采样系统完成系统需要的各种数据采样,把采样数据存入磁盘数据库中。告警处理系统完成系统的各种事件的处理存盘。

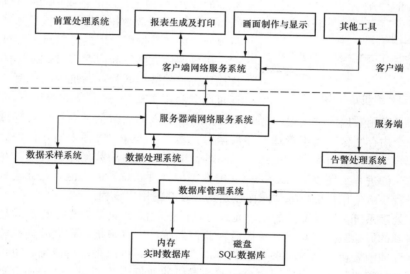

图 9-10 服务器软件结构

(1) 网络服务系统。网络服务系统由服务器端网络程序和客户端网络程序组成。服务器端网络程序负责接受客户机的登录并和客户机建立可靠网络连接。对客户机提出的数据库的访问请求,服务器端网络服务程序将把对实时数据库的访问结果返回发送给客户机。例如,客户机上的画面显示程序需要得到断路器、隔离开关的状态和测量值等实时数据,画面显示程序首先组织好特定的网络报文,通过客户端网络程序,向服务器端网络服务程序发出请求数据要求,服务器端网络服务程序根据收到的报文,进行分析、处理后,发到相应的数据库中,检索相应的数据,并把结果通过客户端网络程序,返回到画面显示程序。

客户机端的网络程序运行在系统的客户机上,首先登录到系统的服务器端网络服务程序上,同时建立网络可靠连接，然后再向客户机上的其他应用程序提供进程间网络级的通信服务。客户机上各应用程序对系统数据的访问均通过客户端网络程序进行。

客户机端的网络程序和服务器端的网络服务程序之间，以及客户机上的应用程序和客户机端网络程序之间的网络链路，可以用命名管道（NamePipe）或 Socket 来实现。服务器端的网络服务程序建立一个专门的线程监听来自客户端的连接请求，一旦收到连接请求，系统就将响应这一请求并建立新的网络连接，同时创建一个新的网络通信线程专门负责维护新建的网络链路并通过该链路和客户端进行通信。同一时间里会有许多个客户机端网络程序和服务器端网络服务程序建立网络链路，因此服务器端的网络服务程序往往同时活动着许多个网络通信线程。各个网络通信线程在收到来自客户机的信息报文后把它放到系统的报文队列中，由专门的报文处理线程对队列中的报文进行处理，然后把应答报文返回给网络通信线程，由网络通信线程发送给客户机。同一时间处理来自客户机的各种请求，根据客户机的各种请求进行分类处理，并把处理的结果返送回客户机。

（2）数据库管理系统。该系统以标准的商用数据库系统为数据库平台，在它的基础上外挂

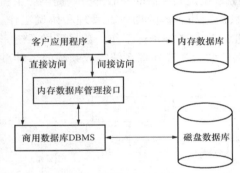

图 9-11　系统数据库的访问

实时内存数据库管理系统，由内存数据库管理系统管理内存实时数据库，图 9-11 是系统数据库访问示意图。客户应用程序通过内存数据库管理接口才能访问内存数据库，对于商用数据库，客户应用程序可以用标准的 SQL 结构化查询语言或 ODBC（Open Database Connectivity，开放数据库互联）接口去直接访问，也可以通过内存数据库管理接口去间接访问。

磁盘商用数据库和内存实时数据库的关系可以这样描述：首先数据库管理系统中的所有二维表格都是通过磁盘商用数据库来定义的，在网络服务器启动时，直接从磁盘商用数据库中读得，把磁盘数据库所定义的实时信息表动态地加载到内存，并在内存中作一个内存镜像，负责管理内存数据库。其次，所有的内存表格，在磁盘商用数据库中均被复制，当用户增删内存表的记录时，同时也增删磁盘商用数据库的记录。在网络服务器中，用一个单一的进程来完成 RTDBMS（实时数据库管理系统）的功能，在此进程中，有常驻的公共服务线程和响应用户数据库请求而创建的非常驻的用户线程。

（3）数据处理系统。厂站监控的主单元或前置机把间隔层的保护测控装置或过程层的电子互感器采集得到的原始数据汇总后，送往后台监控系统，后台系统的数据处理系统担当起同厂站监控的主单元或前置机的通信任务，通信接口方式很多，可以是串行通信，也可以是网络通信，主要根据通信接口而定，完成同主单元或前置机的通信规约处理。另外还有重要的职能就是把监控系统采集的原始数据进行预处理，把采集到的实时数据进行各种分类处理，如遥测数据合理性检验、零漂处理，遥测量二次值根据 TA 和 TV 变比及换算系数转换成实际工程值，遥信量变位处理等。

（4）数据采样系统。采样与间隔层的测控单元的 A/D 采样或过程层的电子互感器不一样，数据采样主要是指后台系统中历史数据的生成，后台系统中每天都需要生成日常所需要的报表数据，事故发生时，一些重要的遥测数据、遥信数据需要保存，作为事故追忆的重要依据，一些重要的遥测数据需要用曲线这种形式显示其发展趋势，这些数据的生成都是由数据采样系统完成，数据采样系统根据曲线、报表、事故追忆及各自预先定义好的采样周期，定时地生成采样数据，并负责把采样生成好的数据保存到相应历史数据库中。

（5）告警处理系统。在监控系统中，后台系统是整个监控系统的窗口，系统的所有信息都是通过后台系统来反映的，监控系统的各种事件都是由后台系统产生的，以便及时地提示运行值班人员，能够及时地处理相关事件，使监控系统能够安全地运行，而告警处理系统在后台监控系统的服务器中，就担当起这部分的任务，对服务器产生的各种事件（如遥信变位、SOE 事件、保护事件、系统的自诊断等）进行分类、分级别地处理、存盘，自动产生一系列报警（如图形报警、文字报警、语音报警、打印报警等）信息，以便实时提醒运行值班人员。

服务器程序流程框图如图 9-12～图 9-16 所示。

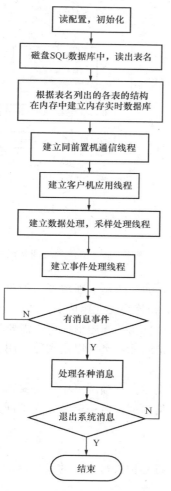

图 9-12　服务器主线程流程图

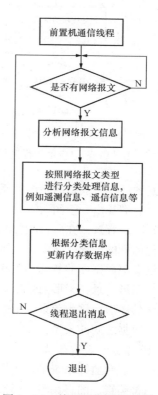

图 9-13　前置机线程流程图

9.2.3　后台系统图形的设计

在厂站后台监控系统中，图形系统是核心所在，是监控系统的门面，图形系统的好坏直接影响到整个厂站监控系统性能，如何设计好图形系统至关重要。在描述图形系统之前，对图形系统的一些基本要素和术语加以说明。

（1）图元：顾名思义，指的是组成图形的最基本的元素，图形中的一条直线、一个矩形、一个圆形、一个扇形、一串文字就是一个图元，它们是组成图形的基石。

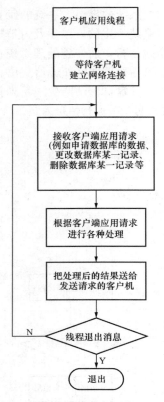

图 9-14 客户应用线程流程图

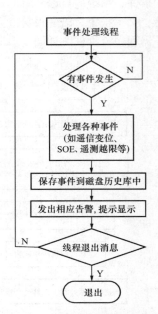

图 9-15 事件处理线程流程图

（2）图符：一般指的是电力系统中专有的图形符号，如变压器、断路器、隔离开关、接地开关等，它们是由一组图元组成，是图元的一个集合体，由许多图元组成一个图形符号。

（3）图形背景：在后台软件的图形系统中，一般指的是在一幅图形中，不需要根据实时数据而变化的死的图形，习惯性地称为背景图形，它可以是图元，也可以是图符。用于背景的图符一般没有跟数据库的数据相关联。

（4）图形前景：图形前景正好与图形背景的属性相反，在一幅图形中，需要随实时数据变化而变化的图形，称为前景图形，可以是图元，也可以是图符，但一定是定义了同实时数据库中的某一数据之间的关系。

1. 图形显示系统组成

在厂站后台监控系统中，图形显示系统是提供给运行维护人员主要的人机界面。图形系统一般由图符编辑、图形编辑、图形显示三部分组成。

（1）图符编辑。图 9-17 所示为图符编辑软件界面，其主要功能为：完成基本图符的生成与显示；完成图符的定义和管理。通过对基本图元进行编辑、修改、无级缩放、显示、平移，删除、恢复操作，可以生成所需要的各种图形符号。图元是最基本的图形要素，它是图形系统的基础，通过对图元的组织和管理，可以生成各种图形，而图符编辑系统又是图形编辑、图形显示的基础，图形编辑、图形显示系统也都由它派生而来。图 9-17 所示的图形符号为三绕组变压器，它由三个圆形图元和六条线段图元组成，可以通过图 9-17 中工具条上的画圆工具和画线工具绘制而成。具体操作步骤如下：

1) 在图 9-17 所示的工具栏中选择画圆工具。

2) 分别选择红、橙、黄三种颜色分别画出变压器图符的三个圆。

3) 在工具栏中选择画线段工具。

4) 分别选择红、橙、黄三种颜色分别画出变压器图符的三个圆内的三角形和星形。

5) 按文件保存工具保存，变压器图符就编辑完成。

(2) 图形编辑。图形编辑在图符编辑软件基础上发展而来，可编辑生成图形显示所需的各种图形文件，图 9-18 所示为图形编辑软件界面。图形文件一般采用矢量存储，可以有效减小图形文件的大小。所谓矢量存储，主要是指采用存储图形的属性和坐标，而不是采用图形的位图方式。文件结构一般由图形属性、背景图形和前景图形三部分组成。图形属性定义画面大小尺寸、背景颜色、图形刷新速率等要素。背景图形一般指死图形，为不需要动态刷新的图形部分，由最基本的图形要素（如直线、椭圆、矩形等图元或图符）组成。如图 9-18 所示图形编辑界面中的线路名称、母线、TV 符号、地线符号等，都不需要根据实时数据刷新，都是背景图形。前景图形是指需要根据实时数据动态刷新的图形，由图符编辑软件生成图形符号或图元数据组成，实现同数据库的定义与连接，如图形编辑界面中的断路器、隔离开关、测量值等。下面以图 9-18 中的

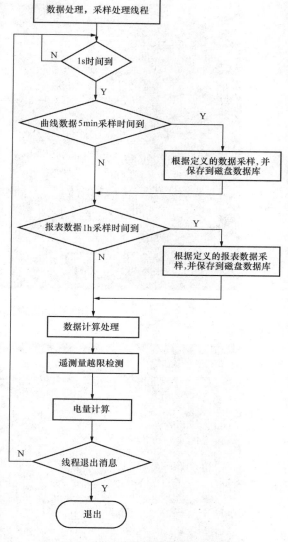

图 9-16　事件处理线程流程图

10kV 出线 1 为例说明生成需要监控的一次接线图的方法。10kV 出线 1 由断路器、手车、接地开关和代表线路的线段、名称组成。其中断路器、手车、接地开关通过图符选择窗口，选择其相对应的图形符号绘制而成，并且定义数据库中相对应的状态量的采集值，通过文字工具、线条工具画上相应的线路名称和表示线路的线段，这条线路图形基本上完成了。采用同样的方式，可以完成画面显示所需要的各种图形的编辑。

(3) 图形显示。图形显示提供主要的人机操作界面，如图 9-19 所示。完成编辑软件所生成图形文件的再现，实现动态数据刷新，完成操作与分析功能，包括：安全性密码的设置和检验；各种电网分析维护和模拟操作的实现；实时动态着色的实现。图形显示系统不仅起到对数据和信息的形象、直观的表达作用，而且是系统生成、维护和控制的主要手段和介质。

2. 图形系统的对象结构

图形系统是一个代码庞大的软件，需要多人的协调开发，如何设计系统的软件结构及其数

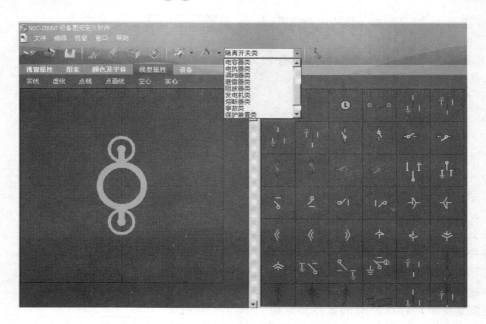

图 9-17 图符编辑软件界面

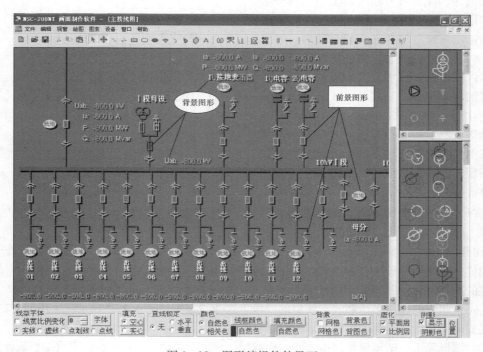

图 9-18 图形编辑软件界面

据结构以及如何合理地进行代码划分非常重要。面向对象技术在大型软件的开发上有着不可比拟的优越性，可以利用面向对象的设计思想设计图形的数据结构，利用C＋＋封装整套图形对象类。

一个图形系统由众多的图元组成，按照图元的特点可以分为基础图元、动态图元和设备图

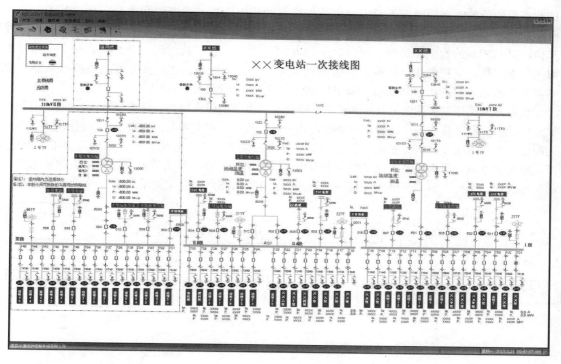

图 9-19 图形显示界面

元三大类。它们的派生关系依次为基础图元、动态图元和设备图元，如图 9-20 所示。

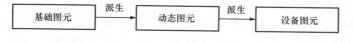

图 9-20 图元派生关系

另外，对应每一类图元对象，又分别设计对它进行定义、修改的图元控制对象，其派生关系与图元基本类似。这样的设计把图元显示与操作代码分开，使得软件的代码重用性很好，降低代码的复杂度，也便于协同开发。

所有的图元都是从图元基类派生出来的图元子类，在图元基类中定义了图元的一些基本属性，如图元的颜色、填充、线型、位置、尺寸、显示顺序等。定义了图元对象的基本操作的虚拟成员函数，可称地归结为创建、修改（移动、旋转、变形等）、删除和显示，图元子类继承了图元基类的基本属性，因而有一些共同的特征，从图元基类派生出来的各子类根据各自的特征对这些虚拟成员函数进行了重载，定义了各自的动作行为和显示方式。

基础图元是从图元基类派生出来的图元类，实现了基本图形结构的生成、修改和显示，包括点、线（包括直线、矩形、多边形、开口折线、闭口折线）、弧（包括正圆、椭圆、斜椭圆、弧线）、字符串、图块和图元组。其中图块实现一种复杂的图元，它主要的用途是用户自定义一种复杂的图形组合对象，并把这种复杂化的组合对象看成一个整体来操作。图元组和图块很相似，主要目的是将表达一个实体的多个图元组合起来进行管理，使得这些图元能成为一个整体对象。

动态图元是在基础图元的基础上增加了图元的动态属性，如闪烁、显示、旋转、伸缩、线条颜色、线条类型、线条宽度、填充颜色、流水线、动态数据值等。这些属性会随着图元绑定的数据源的值的改变而改变，形象地表达出数据的状态信息。动态图元类是一个虚基类，它本身不能用于生成对象。以动态图元为基类派生出曲线、棒图、饼图类和设备图元类。由于曲线和棒图具有相同的数据源属性，只是显示的方式不同，所以把它们用一个类来表示。根据数据源的类型不同，又把曲线、棒图、饼图类分成实时和对比两种。动态文本即动态数据从静态文本类派生而来，它的内容和状态随绑定数据源的状态变化而变化。

设备图元类用以表达电力系统的设备，既要表达设备的图形属性，又要表达设备的物理特性，如运行状态、电气参数等。设备图元随所表达的设备的运行状态和电气参数改变自己的图形属性，因而是一个动态图元。但有些电气状态（如线路上的潮流）则需要用其属性的动态文本来表达，所以动态文本可以作为设备图元类的一个引用或多个引用存在。下面所介绍的图形系统根据设备的拓扑属性，派生出更高一级的设备类。动态图元和设备图元的派生关系如图 9-21 所示。

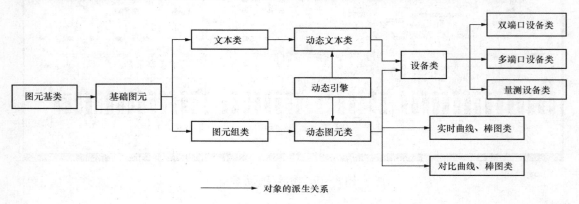

图 9-21 各种图元类的派生关系

对应每一基础图元对象，还有一套与之一一对应的图元事件处理对象，它们的派生关系也和基础图元对象类似，定义了当外界事件作用于图元对象时图元的动作行为，如鼠标的左右键的单击和双击、移动、键盘敲击等事件，使得图元的定义、属性的修改、移动等行为得以实现。

9.2.4 数据库的设计

数据库在后台监控系统中，是最基本的部分，是后台监控系统的基石，也是衡量系统性能的重要指标之一。在后台监控系统开发的早期，由于系统较小，对系统要求不高，数据信息量较少，多数后台监控采用文件数据库这种方式，这种方式最大的缺点就是不开放，各个系统都按自己的标准建立自己数据库，自己要编一套数据库的管理程序，对外提供的接口几乎没有，数据信息的更改一般会引起程序的更改，非常不方便。随着厂站监控系统日趋庞大和复杂，功能不断完善，使待处理的数据信息成为海量，后台监控系统均需对大量数据和信息进行综合处理，高效、高质量地处理这些数据信息，需要高性能的数据库管理作为支持，且对数据信息的可靠性、一致性和共享性也提出了更高的要求。

1. 数据库系统设计原则和策略

（1）数据库系统设计原则。对于后台监控系统的数据库来说，既要保证数据可靠性、一致性和共享性，还要保证实时性。

1）数据可靠性。选用成熟、可靠的商用数据库平台；选用双机数据冗余方式；采用可靠的安全机制，禁止未授权用户的使用，有效地保护数据免遭破坏或误操作而造成的数据损失。

2）数据一致性。数据一致性，即数据的唯一性。对离线库来说，因其位于数据库服务器上，由各子系统、各应用程序通过网络读写，所以，只要离线库设计合理，数据必定满足一致性要求。为满足实时性，实时库要映射至各工作站内存中，这就需要由实时库管理系统进行统一管理，保证实时库同步更新和同步数据刷新。

3）数据共享性。数据共享性不仅指数据"共用"，还应满足：①数据库不依赖于各子系统，即由各子系统共用；②数据与程序严格分离，数据的增删、更改不需更改程序。要实现上述两条，数据库必须具有很好的通用性，即：①包含各子系统所需的所有信息；②数据具有透明性，某应用程序清楚从何去寻找所需信息；③通用的数据操纵语言（如 SQL 及其他通用数据操纵语言），即通用的接口，与其他系统很容易互联。

4）实时性。后台系统中，对一些信息的反应时间有一定要求，即强调信息的实时性，如遥信、遥测、电能等信息，采用内存数据库的方式以保证它们的实时性要求，对于采样数据，其数据量比较大，实时性要求不高，则采用磁盘数据库方式。

（2）数据库系统开发策略。早期的厂站自动化系统接入的信息量较少，大多采用以每个信息接入点作为独立对象来单独描述，相关联数据处理方面显得相对较弱，大多数厂家都采用自行开发自己的数据库，系统比较封闭。随着厂站监控与自动化系统的迅速发展，监控系统接入的信息大量涌现，特别是在高压、超高压厂站监控系统中尤为突出，这样的厂站监控系统已不仅是数据采集与显示，而是数据管理，像电压无功控制、事故自动减载、防误系统（或称"五防"系统）管理等变电站的高级应用软件得以在厂站监控系统的后台系统中广泛应用，若无有效的数据管理模型，复杂的参数定义方式，将给变电站的高级管理功能的使用维护带来困难，而自行开发的数据库在这些方面越来越不适合，随着计算机技术的飞速发展，涌现出许多优秀的商用数据库，而且商用数据库的成本也达到了较低的水平，这为采用这些商用数据库作为厂站后台系统的数据库平台创造了契机，这些关系型数据库通用性好，功能强，存储数据量大，管理功能也十分强大，广泛采用商用数据库已成为工业界数据库应用的潮流，有了商用数据库的管理，才能方便地实现信息共享，现有的商用软件才可以直接使用，与其他系统的互联才能按照标准方式进行，系统才能真正具有完全意义上的开放，但如果全部直接采用商用数据库，由于它的通用性，在处理速度、实时性方面难以满足电力系统的实时性要求，因此，开发后台系统数据库的最为理想的方式是，采用成熟商用数据库系统和实时数据库管理系统相结合的方法。商用数据库采用目前比较流行，具有 Client/Server 模式的 SQL Server 关系型数据库，主要用于数据库的建模、历史数据存储、告警信息的登录、管理信息的保存，以及数据库一致性的检查、一致性和完整性的保证等。实时数据库应设计成商用数据库的快速 Cache，使用户在使用时完全透明，根本感觉不到两套数据库管理系统的存在。许多厂家目前都采用这种方式，其好处是开放性好，通用性强，与其他厂家系统互联容易。

2. 数据库结构设计

电力系统的数据结构具有层次关系型的结构特点，因而采用目前较流行的大型关系型数据库系统（如 SQL Server）开发后台系统数据库非常方便，从全局到厂站具有层次关系，而厂站基本信息到各具体数据是树型的关系。其关系型数据表的主要结构如图 9-22 所示。

（1）基本信息库（库结构库或数据字典库）。描述层次关系及基本信息，包括表名表、厂站信息表、设备类型表、设备表等。

（2）网络管理信息库。包括网络软、硬件配置和通信管理信息等，如计算机配置、网络、RTU 和通道信息等。

（3）实时数据库。包括遥测、遥信、脉冲量、遥控、遥调和报警信息等。

（4）设备及其参数信息库。包括发电机、变压器、线路、母线、电容器、电抗器、负荷、

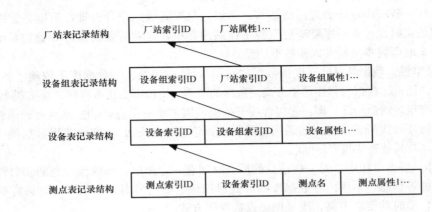

图 9-22　关系型数据表的主要结构

断路器和继电保护信息等。

　　(5) 历史数据库。主要存放定分钟、整点等累计信息及日、月、年等统计信息，为历史曲线及统计报表等提供数据，如定分钟数据、整点数据、月报及统计、年报及统计、事件顺序记录和事故追忆等。

　　(6) 图形信息库。包括图元、图形静态、图形动态、图形定位和图形基本信息（即图形的汇总信息等）。

　　(7) 高级应用数据库。包括网络拓扑库、状态估计库、实时潮流库、负荷控制库和网络分析库等。

　　(8) 信息管理库。如生产管理、办公自动化、物资管理和用电管理等。

9.3　基于 Unix 的厂站后台监控系统的设计

9.3.1　Unix 系统平台

Unix 操作系统是历史比较长、生命力也比较强的多任务分时操作系统。

1. 来源和版本

1965 年，AT&T 贝尔实验室组织开发了一个叫 Multics 的操作系统，1969 年贝尔实验室从 Multics 的计划中撤出，由于缺乏工作平台，就开发出了一个基本文件系统，这一套系统后来逐步发展为 Unix 系统。

　　在 AT&T 发展 Unix 的同时，许多大学也在研究 Unix，Unix 有两个著名的分支版本，即 AT&T 版本以及 BSD 版本。

　　Unix 系统以后发展出许多变体版本，分别由各大公司开发、维护，并且分别和各大公司的硬件平台结合使用。典型的版本如：

　　(1) HP-UX（HP）：用于 HP 工作站和服务器。

　　(2) Solaris（SUN）：由 SUN 开发、维护，用于 SUN 工作站和 PC 机。

　　(3) AIX（IBM）：IBM 公司。

　　(4) BSD：加州大学伯克利分校的版本。

　　(5) Digital Unix：Digital 公司，运行于 Dec Alpha 机上。

　　(6) IRIX（SGI）：Silicon 公司版本。

　　(7) SCO Unix：SCO 公司产品，可运行于普通 PC 机上。

（8）Linux：这是以后发展出来的自由软件，借鉴了 Unix 系统，开放全部源代码，借助 Internet 由许多自由软件的支持者开发完善出来。

2. Unix 系统的特点

作为一种广泛使用的多任务、多用户分时操作系统，Unix 的主要特点为：

（1）多任务多用户分时能力。Unix 系统是一个多任务操作系统，支持多个任务同时运行；也是一个多用户操作系统，支持多个用户同时使用。在对多任务的支持中，最开始是采用多任务分时的机制，后来随着工业应用的需要，有些版本的 Unix 中加入了实时的机制。

（2）天然的网络性。支持众多的网络协议，支持网络文件系统服务，提供数据等应用，功能强大。这种网络操作系统稳定和安全性能非常好。Unix 一般用于大型的网站或大型的企、事业局域网中作为服务器。

（3）强大的安全性。Unix 系统的安全性在于充分利用了硬件平台的硬件支持，在系统设计时就把所有的任务、指令设定了优先级别，充分做到了任务（进程）隔离，保护了不同进程各自的数据区，更保护了整个操作系统的运行环境。这也是 Unix 较少受到病毒侵扰的原因之一。

（4）并行处理能力。Unix 支持多处理系统，允许一个节点机中有多个 CPU，系统自动协调运行，以提高工作效率。

（5）管道功能。简言之，就是允许一个程序的输出作为另一个程序的输入。这样就可以把许多程序串接起来完成一个复杂的任务。后来许多其他操作系统都借鉴了这一功能。

（6）设备的文件性。Unix 的文件系统极有特点，特别是把设备也统一视为文件处理，这一点后来为许多其他的操作系统所采纳。

（7）与 Windows 的比较。Unix 与 Windows 两种系统的优缺点分别如下：

1）Unix：稳定、久经考验，网络性能好，具备大负载吞吐力，易于实现高级网络功能配置，造价较高。较多用于 64 位工作站上，在高档数据库应用上占据一定优势。

2）Windows：用户管理界面好，容易入手，支持软件众多，稳定性参差不齐，易受病毒攻击。较多用于 32 位机器上。

从性价比上，显然是 Windows 较高。随着 PC 工业的发展，硬件水平也不断提升，Microsoft 公司不断完善 Windows 操作系统。可以预见 Windows 操作系统会更加普及，性能会更进一步提升。

Unix 系统的存在时间比 PC 工业本身还要长，并且多年来一直占领着相当的市场份额，特别是在高端应用领域中。时间的考验证明它的设计有相当的合理性。

3. Unix 系统组成

Unix 操作系统结构由 Kernel（内核）、Shell（外壳）、工具及应用程序三大部分组成。图 9-23 给出 Unix 系统的组成，主要是它的内核的构成。

不同版本的 Unix，其内核构成可能有所不同，但从整体看，都是分为内核、外壳和工具应用软件这三大部分（图中的函数库也相当于一块特殊的应用软件）。

（1）Unix Kernel（Unix 内核）是 Unix 操作系统的核心，指挥调度 Unix 机器的运行，直接控制计算机的硬件资源，保护用户程序不受错综复杂的硬件事件细节的影响。同时这一模块也提供了 Unix 操作系统的核心软件支持功能，例如文件管理、进程管理、内存管理、CPU 管理、进程间通信机制等。

（2）Unix Shell（Unix 外壳）是一个 Unix 的特殊程序，是 Unix 内核和用户的接口，是 Unix 的命令解释器，也是一种解释性高级语言。简言之，用户在 Unix 系统下使用命令时实际是在和 Shell 解释程序打交道。目前常见的 Shell 有三种：

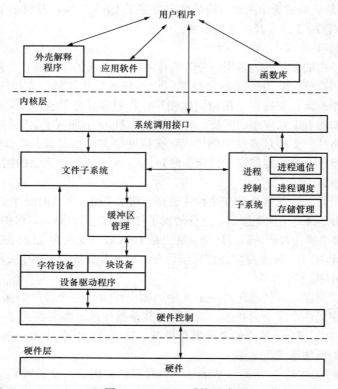

图 9-23　Unix 系统组成

1）BourneShell：最老、使用最广泛，每个 Unix 都提供。

2）KornShell：是对 Bourne Shell 的扩充，兼容 Bourne Shell。

3）C-Shell：格式有点像 C 语言，功能强，命令记忆稍难，在大学和学院中较为流行。

要想将当前 Shell 改为其他 Shell，只需在操作系统提示符下键入相应的 Shell 命令即可。如在其他 Shell 下键输入命令

"ksh"，就进入了 Korn Shell。

（3）工具及应用程序。Unix 提供了很多工具软件和应用程序供用户使用，如 vi 编辑器、文件查找、备份等等。实际上目前许多版本的 Unix 系统已经不仅仅是一个操作系统了，他们都集成了一定的开发环境、特定的应用软件等。

4．Unix 图形用户界面（Graphical User Interfaces，GUI）

随着个人计算机的普及，图形用户界面也越来越得到广大用户的认可和支持，微软公司操作系统的成功很大程度上和它友好的图形用户界面密不可分。

Unix 操作系统的图形用户界面采用 XWindow 底层标准。在 XWindow 标准之上还有不同的界面风格和桌面环境。在界面风格上，主要分为两大阵营，即 OpenLook 和 Motif 两种界面风格，其中 Motif 风格较为普及。至于桌面操作环境，最为普及的是 CDE 桌面环境（Common Desktop Environment，公共桌面环境），它类似一个标准用户使用环境，采用的是 Motif 界面风格。

从 20 世纪 90 年代后期发展起来的 GNOME 和 KDE 桌面环境，也是基于 XWindow 标准的。它们最开始是在 Linux 上用得较多，以后可能会逐渐普及。

图形用户界面的不同，使得在 Unix 下开发程序和在 Windows 下开发程序有很大的不同。

5. Unix 系统常用命令

（1）Unix 系统常用命令格式：

command［flags］［argument1］［argument2］...

其中 flags 以"—"开始，多个 flags 可用"—"连起来，如 ls-l-a 与 ls-la 相同。

根据命令的不同，参数分为可选的或必需的。所有的命令从标准输入接受输入，输出结果显示在标准输出，而错误信息则显示在标准错误输出设备。可使用重定向功能对这些设备进行重定向。

命令在正常执行后返回一个"0"值，如果命令出错或未正常完成，则返回一个非零值（在Shell 中可用变量"$?"查看）。在 Shell script 中可用此返回值作为控制逻辑的一部分。不同的Unix 版本的 flags 可能有所不同。

（2）login 作为终端连接 Unix 时，系统会自动提示"login："字样，让用户输入用户名和密码登录。

（3）rlogin 与 telnet 类似，连接到远程主机。具体格式：

rlogin remotehost［—1 loginname］

（4）telnet 登录到远程的 Unix 机器上，具体格式：

telnet remotehost［port］

（5）passwd 更改口令。

（6）exit 退出当前 Shell。

（7）man 查看命令的用法。例如：man 察看 man 命令本身的帮助，man passwd 察看有关passwd 的帮助。

（8）shutdown 为关机命令，必须要有超级用户权限。

（9）ps 列出当前运行的进程状态，根据选项不同，可列出所有的或部分进程。

（10）文件操作。

chmod：改变文件属性。

chown：改变文件属主。

chgrp：改变文件所在的组。

rm：删除文件。

mv：移动文件或改名。

cp：复制文件。

rcp：远程复制。

ln：默认情况下为硬连接，每个文件具有相同的 inode。

（11）目录操作。

mkdir：创建目录。

rmdir：删除目录。

（12）编辑器 vi。这是 Unix 下用得最为广泛的编辑器，功能强大，但使用它必须记住许多有关的命令。现在一般的 Unix 版本也提供类似 PC 机上使用风格的编辑器，即文本编辑器。

9.3.2 系统功能要求

不论是基于 Windows 的，还是基于 Unix 的厂站监控系统，对其功能上的要求没有什么本质区别，都是以 SCADA 功能为基础，加上一些报表、图形以及简单的数据处理的功能。要求具有以下功能：

（1）实时数据采集与处理报警处理。

（2）报警处理，可能会有语音告警的要求，以及自动过滤不必要的告警信息的要求。

（3）事件顺序记录和事故追忆功能。

（4）控制功能（开关联锁、操作票专家系统）。后台系统的控制功能分为三种：自动调节和控制；当地厂站操作员操作控制；调度集控中心调度运行人员远方控制。自动调节和控制即AVQC功能。

（5）在线统计计算。

（6）画面显示和打印，对于基于 Unix 系统的监控系统，其画面是基于 XWindow 标准的窗口管理系统。XWindow 是 Unix 系统平台下的一个窗口界面标准。

（7）时钟同步。

（8）系统的自诊断和自恢复。

（9）维护功能。维护工程师可以通过工作站对系统进行诊断、管理、维护、监测等工作，可以在工程师工作站配置电话拨号 Modem，并允许远方维护中心工程师授权登录，进行远程故障诊断分析、维护服务。

（10）其他功能。除了以上基本功能外，某些厂站可能会提出一些更加切合当地实际需要的功能，诸如：遥控要有异机监护、编号输入检查，系统要能自动监测三项不平衡等功能。

9.3.3　系统典型结构

一个典型的基于 Unix 的后台监控系统，可以从整体结构、硬件配置和内部模块来考察其结构。图 9-24 所示是一个典型的厂站监控系统配置图。图中的两台服务器、两台运行工作站以及工程师工作站构成了 Unix 后台监控系统。

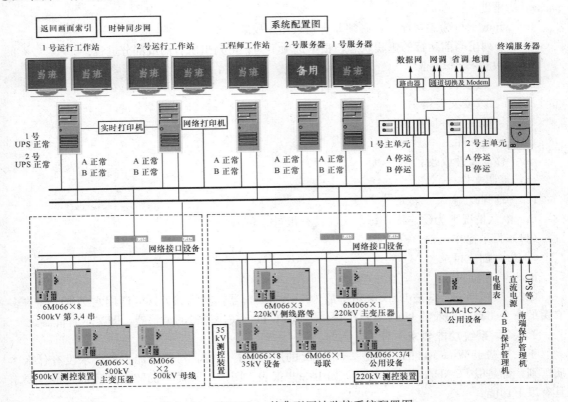

图 9-24　基于 Unix 的典型厂站监控系统配置图

1. 整体结构

从整体外观结构上看，一般采用多机双网结构。

双网即 A 网、B 网，互为备份，既可防止一网故障的情况下，整个系统瘫痪，又可发挥一网负载过重的情况下，双网自动调节的功能。

多机系统是指整个系统基于一种 C/S（Client/Server）模型，整个系统一般有两台或多台服务器，有一定备份关系，多台客户机工作站。

系统的开发趋势是：服务器方面趋向多主机群集机制，整个系统趋向更完善的多机分布式系统。双网的需求一般是变电站中必需的，尤其对于配备 Unix 监控后台的系统。至于究竟有多少台后台监控节点机，则要看系统的规模。

对于较大规模的变电站，可能配有两台（甚至多台）服务器，此外配有若干台报表工作站、作图工作站、值班员人机工作站、工程师工作站等。

对于较小规模的变电站，可以配备两台工作站，这两台工作站既作为热备用的主备服务器，又作为值班员工作站，完成包括报表、作图等客户机功能。

中等规模的变电站，配备的后台监控规模介于以上两者之间。

在某些系统中，可能配有多台服务器，例如两台互为备用的数据库服务器。

2. 硬件选型

从硬件构成来看，后台监控系统的配置可以是全部配为 64 位 RISC（精简指令计算机）工作站，或者服务器配为 RISC 工作站，全部或部分客户机采用普通 PC 机。如采用 PC 机作为客户机，则要利用 SCO Unix 等支持 PC 的 Unix 版本或者其他终端软件，降低硬件成本。表 9-1 给出了几个典型厂家及其 RISC 服务器、工作站产品。

表 9-1　　　　　　　　　　　　典型厂家及其 RISC 服务器、工作站产品

产品	公司	简　单　介　绍
SGI 工作站/服务器	SGI 公司	基于 MIPS 处理器，包括 Indigo、Origin、Onyx 等系列产品
IBM 工作站/服务器	IBM 公司	基于 POWER、PowerPC 处理器，包括 RS/6000、pSeries 等系列产品
Alpha 工作站/服务器	Compaq 公司（收购了 DEC 公司）	基于 Alpha 处理器，包括 AlphaServer 等系列产品
HP 工作站/服务器	惠普公司	基于 PA-RISC 处理器，包括 bx、rx 等系列产品
SUN 工作站/服务器	SUN 公司	基于 ULTRASPARC 处理器，包括 Ultra、Blade、Fire 等系列产品

后台监控系统的硬件还涉及许多附加设备，诸如打印机、扫描仪、调制解调器（MODEM）、终端服务器、磁盘阵列乃至 HUB、网桥、路由器等。

3. 内部结构

后台监控系统的内部结构千差万别。图 9-25 显示的国内某公司的 NSC300UX 系统模块图是一种典型的 C/S 结构设计。

整个系统分为四层，包括基础系统、支撑平台、服务程序、客户程序。其中基础系统包括硬件、操作系统以及磁盘商用数据库等系统软件；支撑平台实际是向上层应用模块屏蔽了基础

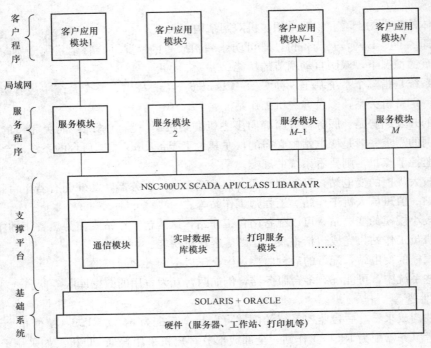

图 9 - 25 模块结构图

系统，也就是把多种多样的底层功能汇集成简单规范的接口提供给应用模块；服务程序和客户程序在支撑平台基础上开发。由于有一个坚固的支撑平台，使系统具有良好的可扩展性，各模块结构清晰，易于维护。

在某些系统的 C/S 结构中采用了中间件技术或其他跨平台软件，此时有一个和 Unix 平台相关的问题浮出水面。Microsoft 公司的 COM/DCOM 中间件标准并不适用于 Unix 平台，要在 Unix 平台上应用中间件技术就要采用符合 CORBA 标准的中间件产品，或者采用 Java 类跨平台语言，但 Java 编译器编译出来的程序只能在 Java 虚拟机上解释执行，这在一定程度上降低了它的执行效率。这些都需要开发者权衡比较。

9.3.4 软件设计特征

以下的软件特征，除（1）、（2）外，后面的与 Unix 并没有直接关系。毕竟，Unix 和 Windows 只是平台基础不同，在这里开发的业务内容和目的是相同的。

（1）开发环境、运行环境的特征。这一点主要是和在 Windows 操作系统下的监控系统比较而言，也可以说是除了硬件选型不同外，与基于 Windows 操作系统的监控系统最大的不同。

在 Unix 系统下，监控程序调用的是标准 C/C++ 接口库函数、Unix 系统本身的系统调用、基于 MOTIF/OPENWIN/QT 的图形接口库以及其他运行在 Unix 系统上的第三方软件支持库。反之，这样的程序也必须在相应的 Unix 系统和图形环境下运行。特殊情况是，采用了中间件技术或者 Java 等开发的监控系统，这时实际是在一定程度上把平台相关性问题留给了第三方软件去完成。

（2）基于 Unix 的后台系统的整体特征。当后台监控系统基于 Unix 操作系统时，也就意味着它也要采用支持 Unix 的硬件环境，基于 Unix 系统的开发工具、图形系统、网络系统和数据库系统等。这样组织起来的后台监控系统有如下几个特点：

1）硬件上采用支持 Unix 系统的硬件平台，一般都是 64 位工作站、服务器，档次高于 PC 机，当然也有一些可在 PC 上运行的 Unix 版本。近年来，由于实际应用的需要，基于 Unix 的后台系统也有一些低成本化的倾向，例如采用 Solaris for PC 在普通 PC 机上运行的后台，虽然这种方式支持的 PC 机型和硬件类型不够广泛，但也客观上提升了基于 Unix 的后台系统的适应性。

2）图形系统采用 Unix 支持的图形库，典型的如 OPENLOOK、MOTIF、GTK、QT 图形库等。

3）采用 Unix 支持的数据库系统，Unix 支持许多业界最优秀的数据库系统，典型的如 Oracle、Sybase、INFORMIX 系统等，这些数据库系统大多是具有某些面向对象特征的关系型数据库系统，功能比较完善。

4）在网络特点上集成了 Unix 的网络功能，Unix 系统已经发展成为典型的网络操作系统，支持各种网络协议和网络接口，稳定，网络性能好，具有大负载吞吐力，易于实现高级网络功能配置。

5）系统稳定性比较高，Unix 的主要优势在于技术比较成熟，经实践证明可靠性能高，在伸缩性、系统稳定性上比 NT 具有明显优势。

6）系统安全性较好，较少受病毒侵害（虽然它并不能完全隔离病毒侵害）。

7）造价相对较高，这也是阻碍 Unix 在全球普及的一个主要因素，但随着各工作站厂家降低低档工作站的价格，也一定程度上缓解了这一矛盾。

（3）系统整体结构上的特征。就系统的结构来看，可以分为如下四种方式：

1）主机终端结构。在主机终端结构中，一切资源开销实际都是在主机上的，这是一种集中式结构，系统总体性能严重受限于主计算机的容量。

2）Client/Server 结构的分布式系统。

3）基于软总线技术的分布式系统。

4）开放式分布式系统。在其他类结构的系统中有时也说开放式系统，只是那里的开放式更多地是指计算机的开放性（POSIX 操作系统标准、MOTIF 图形界面标准、软总线开放接口等等），最多是提供了一些用户二次开发接口。这里的开放式指的是实现整个系统数据结构、应用功能模型、通信方式的开放性，从而使不同厂家产品易于集成、一体化，并且能够在充分利用计算机技术、通信技术进步成果的基础上保持相对的稳定。在这方面，IEC 61850、IEC 61970 从标准的高度给出了全面实现开放性的方案，并且依此标准实现的系统易于升级维护，易于实现不同系统数据共享，使整个系统功能不依赖于某一个具体的平台，值得重点研究。随着数字化变电站、智能电网建设的发展，这方面的要求从最初的试点、提倡，以后也可能发展为市场必需的功能。

（4）对商用数据库的采用。系统所采用的商用数据库情况可以分为如下四种：

1）不采用商用数据库，采用文件方式。

2）采用层次型数据库。

3）采用关系型数据库。

4）采用面向对象型数据库。

如果仅就数据库技术的发展来看，上面四种方式的发展次序依次是：文件方式→层次/网络型数据库→关系型数据库→面向对象数据库。在现实中，关系型数据库占据主导地位，新的面向对象数据库发展有限，占市场主流的数据库供应商都主要是关系型的，但随着面向对象数据库理论的成熟，老牌的关系型数据库中都加入了一些面向对象的技术，但主要还是关系型的。至于层次型/网络型数据库，则是数据库技术发展初期的技术，后来已被淘汰。

关系型数据库与面向对象数据库产品各有一定的适用范围。对于小型的、较简单的数据库应用，关系型比较合适；反之，则是面向对象数据库有优势。它们之间的竞争也有一部分是资金与技术的竞争，是用户保留以往在关系型数据库上的大量投资与采用新的面向对象数据库之间的矛盾发展。

在电力监控与自动化系统中，存在上面情况主要是历史的原因，系统的发展有延续性，旧的系统不可能完全丢掉。虽然现在在电力自动化系统中采用的主要是关系型数据库系统，但面向对象数据库（Object Oriented Data Base，OODB）技术在理论上有很大优势的。甚至 IEC 61970 EMS 标准中的数据库 CIM 模型、IEC 61850 标准中对于逻辑节点及其以下的数据对象，本身就是用面向对象（Object Oriented，OO）方式描述的。

（5）数据的组织方式上的特征。就系统中数据的组织方式来看，主要分如下三种情况：

1）面向类型的数据组织。

2）面向设备的数据组织。

3）面向对象的数据组织。

面向类型的数据组织方式，是电力系统自动化发展早期的做法，典型的如把系统中的数据分为遥信、遥测、遥脉、遥控定义等数据，直到现在这类数据组织方式仍在一定范围内使用。面向设备的数据组织方式是目前较多使用的方式，它是以设备为中心，把数据按不同的设备组织起来，至于组织的方式则是以关系表的方法为主。实际上某些典型功能，如图模库一体化、电路拓扑分析、动态着色等在面向类型的数据组织中是很难实现的，这时，面向设备的数据组织方式就显示了它的优势。面向对象的数据组织方式是新一代电力自动化系统中的数据组织方式，它引入了诸如类、对象、继承、引用、成员、方法等概念，具体的面向对象方法论，读者可以去参考一些专业书籍。在最新的开放式标准中，对数据的描述都是采用面向对象的组织方式。例如 IEC 61970EMS 标准中 CIM 模型的制定就是按照面向对象的方法，把 SCADA/EMS 系统中需要用到的数据模型标准化了，从而提供了前面提到的真正开放的系统结构；IEC 61850 变电站系统和通信标准中，对于通信模型、逻辑节点等数据对象也是采用面向对象的模式描述和定义的。

（6）通信方式上的特征。后台系统的通信方式可以分为传统的前置模式和直采直送模式。这两种模式的优缺点如下：

1）传统的前置模式：简化了后台系统的实现（间隔层装置的通信规约多种多样，实现起来比较麻烦）；系统分层分模块比较清晰；提高了成本（鉴于设备层装置众多，可能需要一到多台前置机）；降低了效率（多出了前置机这个通信中间环节）；降低了系统整体可靠性（一旦通信管理机故障，则当地后台无法实施监控）。

2）直采直送模式：提高了效率和系统可靠性；降低了成本；复杂化了后台系统内部的实现；对后台系统硬件处理能力有一定要求。

实际应用中需要开发者结合具体情况权衡选择。

图 9-26 是一个典型的后台直采直送通信模式图。

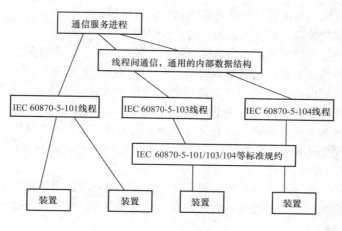

图 9-26 直采直送软件系统结构

9.4 继电保护及故障信息管理系统

9.4.1 概述

电力系统的飞速发展对继电保护不断提出新的要求，电子技术、计算机技术与通信技术的飞速发展又为继电保护技术的发展不断地注入了新的活力，因此，继电保护技术得天独厚，在40余年的时间里完成了发展的三个历史阶段，从早期的晶体管继电保护、集成电路保护到目前蓬勃发展微机保护。电力系统对微机保护的要求不断提高，除了保护的基本功能外，还应具有大容量故障信息和数据的长期存放空间，快速的数据处理功能，强大的通信能力，与其他保护、控制装置和调度联网以共享全系统数据、信息和网络资源的能力等。一些代表性微机保护装置有 RCS 系列、LFP 系列，以及 PSL 系列、NSP 系列等，国外的有 SIEMENS、ABB、AREVA、GE 等。可以说从 20 世纪 90 年代开始我国继电保护技术已进入了微机保护的时代，而如何管理这些微机保护装置，从而更好地发挥这些装置的作用就提上了议事日程。

伴随科技的发展，越来越多的保护设备、故障录波设备和其他一些设备都采用了微处理芯片，实现了智能化，并且已经广泛应用于电力系统。且通信的速度和可靠性也有了很大的提高，使得更多的信息共享成为可能。

传统的保护信息管理解决方案是把各种保护信息以接点或者通信两种方式接入到以处理"四遥"信息为主体的变电站监控与自动化系统中，对保护装置实行保护数据采集、保护定值整定、保护数据远传等一些基本的操作；对于故障录波器来说，由于其数据量较大，一般不接入系统，即使接入也没有完全处理故障录波器的所有信息。从调度端来看，各个站端的保护信息是离散的，没有被有效地充分利用。而且有些保护信息是通过保护转遥信方式上传到调度端，只是起到一个告警作用，已经失去了被高级继电保护事故分析软件处理分析的作用。对于实时性要求很高的以监控功能为主的变电站监控与自动化系统和调度系统来说，很难对继电保护事故进行分析和综合处理。因此建立相对独立的继电保护及故障信息管理系统（简称保信系统）来分析处理系统各类故障信息显得越来越有必要。

保信系统对目前的电网运行管理至少有以下几点改善：

（1）实现变电站内各种设备信息特别是故障信息的集中管理，提高继电保护运行管理的效率和水平。

(2) 实现数据传输的标准化，数据共享更加广泛和便捷。

(3) 提供更准确的故障测距能力，提高故障定位精度。

(4) 提供更多的故障分析工具，为故障分析和事故处理提供更多的支持。

目前，建立保信系统的时机已经基本成熟，主要体现在以下几个方面：

(1) 新建和改造的保护设备几乎全部微机化、通信智能化，无论是中低压变电站、高压变电站还是发电厂，无论是进口设备还是国产设备，均采用微机型保护设备或综合自动化系统，具有强大的通信功能和多种通信规约，为保信系统提供了基础信息采集及传输的条件。

(2) SCADA/EMS/DMS 系统的大量普及以及实用化的经验，为建立保信系统提供了充分的技术支撑。

(3) 电力企业管理水平与人员素质的提高，对建立保信系统提出了迫切需求。

(4) 基础通信设施的完善和提高，为保信系统提供了高速、可靠、便捷的通信手段。

9.4.2 系统结构

1. 设计方案

保信系统一般包括：保护通信管理机，负责保护设备的接入和规约转换；保信后台，负责保信信息的展现及相关保护设备的操作。由于实际工程的要求不同，保护装置的配置、网络结构也不尽相同，对保信系统的具体要求也不一样。

(1) 用于中低压变电站的保信系统的构成。这种类型的变电站，无论是电力系统内部还是工矿企业自身建设，在不影响到系统的安全运行的情况下，考虑投资与收益的性价比。通常保护装置的故障信号、定值读取以及测量值等，往往通过监控主单元采集或通信管理机来完成，然后分别送往监控后台和保信后台进行分析处理，这种类型的配置中，实际上主单元或通信管理机担当起了保护通信管理机的作用，这种结构相对比较简单，如图 9-27 所示，但可以满足中低压变电站的要求。

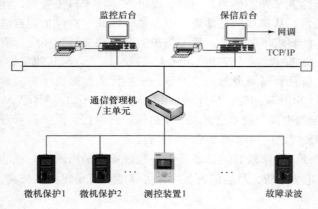

图 9-27 用于中低压变电站的保信系统结构

(2) 用于高电压等级变电站的保信系统的构成。220、500kV 高压与超高压变电站，以及 1000kV 特高压变电站统称高电压等级变电站。在高电压等级变电站，保护装置需要直接与保护通信管理机通信，以便统一管理。以 220kV 变电站为例，一般有 220kV 保护小室、110kV 保护小室、35kV 保护小室三个保护小室，图 9-28 为典型配置，其中 220kV 保护小室中保护装置由一个保护通信管理机负责通信；考虑到投资，110kV 保护小室和 35kV 保护小室一般共用了一台保护通信管理机。保护信息管理机与下面保护装置通信接口可以是多样的，一般是 RS 232、RS 485、RS 422，距离比较远的可以采用网络或光纤通信。保信系统还可以将保护信息转发给调度中心，方便调度值班人员发现问题、分析问题等。

(3) 用于发电厂的保信系统的构成。由于发电厂在整个电力系统中的重要性，特别是发电机保护、变压器保护等，任何保护信息都需要及时反映到当地值班室以及上一级调度。某 600MW 火力发电厂的保信系统如图 9-29 所示。保护通信管理机与下面不同厂家的保护装置通信，收集到的保护信号一方面转发给当地保信后台，另一方面还通过标准的部颁规约向网调转发事件与告警信息。

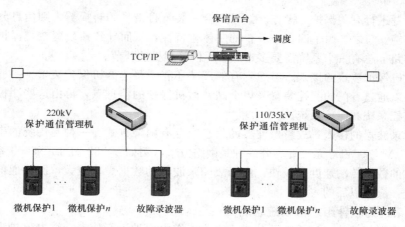

图 9-28 用于高电压等级变电站的保信系统结构

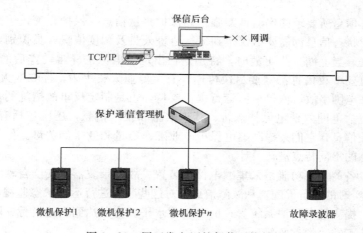

图 9-29 用于发电厂的保信系统结构

2. 接入方式

(1) 保护装置的接入方式。

1) 与保信系统网直连。此种方式保护网与监控网完全各自独立,安全可靠性较好。这种方式一般要求保护装置提供三个通信口,最好都是以太网口,如果做不到,也可以采用 RS 232/485 一类串行通信口,其中一个口给保信系统网,两个口给监控系统网。如果装置只能提供两个通信口,就将一个口提供给保信系统,另外一个口提供给监控系统。上述两种做法已经成为趋势,新建厂站一般都按照上述模式实施。

2) 通过规约转换器接入保信系统网。此种方式是所有的保护装置全部接入站内规约转换器,由规约转换器负责将信号分别转发给监控系统和保信系统。一般来说,规约转换器可以由工业 PC 机担当,或者是厂家自行开发的嵌入式系统,规约转换器的通信功能要求比较强大,支持多种通信接口方式。这样的做法组网简单,可以节省费用。

(2) 四合一装置的接入。四合一装置是保护与测控一体化的装置,如果该装置有两个以上的通信口,可分别提供单独的通信口与监控系统和保信系统直接通信;反之,如果只有一个通信口,考虑到监控系统对实时性要求比较高,一般把该种装置优先放在监控系统之下,由监控系统的通信管理机集中管理,再由通信管理机提供独立的通信口给保信系统,保信系统通过此口对四合一装置进行有关保护的操作。如果四合一装置自带规约转换器，则信息分流由自带的规约转换器实施。总之，由于四合一装置的一体化特性，从而导致该装置在与保护或者是监控系统连接的链路上总有一个系统需要多走一个通信管理机的环节。

（3）非微机保护装置的接入。考虑到有的厂站还有一些非微机保护装置，一般只能提供硬触点信息，可以通过专门的测控装置采集全站非微机保护的信息点，再由这些测控装置将相关信息传送给监控系统和保信系统。

（4）故障录波器的接入。故障录波器的信息交互有两种方式：一种是传统的串口方式，例如 YS-8、YS-8A、京 WDS 系列；另外一种是网络方式，例如 YS-88A、BEN5000 系列。比较而言，网络方式的数据传输速度比较快，由于故障录波器的数据量比较大，网络通信方式将逐步取代串口方式，成为以后的主流。

9.4.3　系统的软件组成与系统功能

继电保护信息从功能与作用上可分为三大类：继电保护运行信息；继电保护事故信息；继电保护管理信息。

继电保护运行信息所要求的实时性最强，如保护测量信息、保护开关量信息，继电保护运行设备本身的运行状态信息都需要尽快得到运行值班人员及调度值班人员识别，并作为电网事故处理的重要依据。当电网发生事故时，特别是在出现继电保护异常动作后的保护动作信息，故障录波数据等重要事故信息都需要尽快传递到有关专业人员手中，经专业人员分析判断后，为调度值班人员在电网事故后恢复电网运行提供支持，也是制定反事故措施的基础。而继电保护管理信息除了包括电网内继电保护运行、管理信息和技术信息，还应包括有关科研、制造、设计和基建的有关信息，它们是提高继电保护专业工作质量和效率的关键。保信系统则是结合上述三个方面信息的不同特点进行设计。

保信系统应具备的主要功能是采集继电保护装置、故障录波器、安全自动装置等厂站内智能装置的实时/非实时的运行、配置和故障信息，对这些装置进行运行状态监视、配置信息管理和动作行为分析，提高继电保护系统管理的自动化水平。为了达到上述目标，除了系统硬件配置外，软件也是不可缺少的重要部分。

1. 保信系统软件组成

保信系统软件一般应由两部分组成：通信管理服务器软件和客户端软件。

（1）通信管理服务器软件。作为保信系统的核心应用软件，管理实时数据库和历史数据库，主要完成与不同厂家制造的、不同型号的、采用不同通信规约的保护装置的统一接入、集中管理，从这些装置中采集数据，分别进行处理，同时响应各客户端的数据请求，向客户机传送格式化的数据信息，并把相应的信息发往厂站后台监控系统和远方调度控制中心。

系统开发时把介质的管理和规约的解释处理分开，使得新规约的加入和新介质的接入处理灵活方便，只需要开发介质或规约的模块就行，而尽量不改动系统的其他部分。

（2）客户机软件。主要提供友好的用户界面，作为保信系统的客户端浏览器，通过网络与服务器进行通信，应可动态显示该保护的测量值（电压、电流、功率、阻抗、频率等）、保护装置的通信状态、故障波形，以及保护的动作信号、连接片投切状态、异常告警信息，可以进行定值召唤、定值修改、定值组切换、连接片投退等保护支持的操作，以及查询、打印历史记录等。

2. 保信系统的主要功能

（1）通信功能。保信系统涉及的通信方式比较繁杂，通信介质、协议种类较多，而且处于不断的发展变化中。系统能支持目前电力系统中使用的各种主要介质和规约，并且根据需要可以方便灵活地增加对新介质、新规约的支持。

保信系统提供通道监视功能，对流经各通道的数据进行监视，以利于用户了解通道工况，确定系统通信是否正常。通道监视对各种通道数据分别管理，同一通道上行下行数据用不同的颜色加以区别，利于观察。通道监视还提供报文过滤功能，有助于用户在通信量很大时轻松获取所需数据。

当主站—子站之间通过电力数据网传输时，网上不但有故障信息数据，还有调度自动化数据等实时性、重要性更高的数据，主站端和子站端的局域网上也常常还有其他系统（如厂站监控系统）这就要求系统能够对其数据在网络上的传输加以控制，不能影响其他系统的正常运行。系统具有增加流量控制功能，可以方便地控制网络数据包的大小及传输间隔，从而达到控制数据流量的目的。

（2）管理功能。

1）保护管理功能。保信系统对各种保护装置进行数据的采集和监测。信息包括设备的当前设定值及状态信息、连接片投切状态、异常告警信息、继电保护测量值（电压、电流、功率、阻抗、频率等）、通信状态等运行信息，这部分信息除了在保护信息管理机上显示外，还可以送往当地厂站监控与自动化系统的后台系统中处理显示。电力系统在发生异常或事故时，保护信息管理机对事故信号、故障时的采样值、保护动作事件等这类故障记录信息优先处理，处理的级别最高，除了保护管理机本身可以通过图形或声光电信号报警外，根据实时性要求有选择、分优先级上送到远方调度和当地厂站监控与自动化系统的后台，以便能够及时地提醒运行人员，使运行人员、调度员能够迅速准确地掌握故障情况，从而加快对电力系统事故及保护异常的处理，保障系统的安全运行。同时这部分信息及时地保存到历史数据库中，供日后查询和分析。为了便于设备管理，保信系统把线路参数、继电保护配置，保护装置的型号、功能、生产厂家、技术参数等非实时的管理数据存于磁盘数据库中，保护管理机提供接口和界面，供运行人员方便查阅。

2）故障录波管理功能。录波管理功能主要实现对各厂家故障录波装置的集中统一管理，保信系统一般会接入不同厂家的故障录波器，正常运行时巡检录波器，获得录波器当前运行状态，在有异常时发出告警信息，当有故障录波记录时，可以由用户手动召唤或自动接收录波器主动上送的数据，并根据设置有选择地上送到远方主站端，供进一步分析处理。录波器所录的故障波形所占用的内存较大，在传输过程中可能会对厂站的正常的实时信息的传输造成阻塞，影响厂站监控系统实时性的特点的发挥，一般应考虑设计专用的故障录波传输通道。

3）全球定位系统（Global Positioning System，GPS）对时功能。保信系统能够接收 GPS 发出的对时信息，并对系统内各计算机、系统所接的保护装置和录波器及其他智能设备进行对时，获得统一准确的时钟，为分析事故后故障发生地点和原因提供技术支持。

4）设备管理功能。

a）设备基本信息管理软件模块：该模块主要提供各种一次和二次设备的基本信息管理，如线路、变压器、发电机、断路器、隔离开关、电抗器、电容器、互感器等一次设备，以及保护装置、测控装置、录波器等二次设备，对这些设备统一采用图形化的分层、分级、分类、分区的方式实现设备管理。例如保护设备的信息含有设备名称、设备型号、生产厂家、所属厂站、电压等级、安装位置、对应的一次设备、被保护对象、投运日期、检修记录等内容，且还可根据实际要求进行扩充或修改。

b）设备运行信息管理软件模块：该模块主要管理设备投退信息（投退设备名称、类型、所属单位、所属区域、投退时间、投退原因、申请人、申请日期、审批人、审批日期等）、保护缺陷处理信息（保护名称、所属单位、所属区域、被保护对象、缺陷描述、处理方法、处理结果、申请人、申请日期、审批人、审批日期等）、保护检修信息（保护名称、所属单位、所属区域、保护对象、检修原因、检修时间、检修周期、检修人、申请人、申请日期、审批人、审批日期）、保护动作数据（事故发生时间、地点、厂站名称、故障类型、动作情况）等，具有记录、查询、统计、打印、事件报警、传输等功能。对于故障录波器和其他智能设备同样采取上述处理过程。

5）权限管理。操作权限管理分为操作、监护、保护设置、画面报表维护、数据库维护、历史数据维护、运行维护、超级权限。具有超级权限的用户可以增加或删除用户，并且可设置其他用户的权限。系统中可以同时有多个具有超级权限的用户。任何用户可以修改自己的口令，具有操作权限的操作员可以进行控制、人工置数、挂牌等操作。

为了保障电力系统的远程控制操作的安全可靠性，一般要求设置一名监护人员和一名操作人员，其中监护人员监护操作员的控制操作，监护人员输入监护密码时可以与操作员在同一台机器上，也可以不在一台机器上。具有保护设置权限的人员，可以修改保护定值。具有画面报表维护权限的人员，可以在线修改保护的背景画面、修改前景与数据库的关系，可以修改、生成报表。具有数据库维护权限的人员，可以修改数据库的定义。具有历史数据维护权限的人员，可以修改历史数据。具有运行维护权限的人员可以修改该网络节点的配置，修改节点功能的配置，人工切换主、备机。每一权限修改，均要做详细记录，记录修改人、修改时间、修改了哪些权限。每一控制操作均要输入口令，保护设置、画面报表维护、数据库维护、历史数据维护、运行维护在开始时输入权限口令。在线运行时，操作人员要进行登录，如没有登录，相应的操作菜单自动隐藏，画面上的操作也被禁止，交接班时要注销登录。

（3）监控功能。

1）图形监控功能。保信系统应能以图形化的方式显示系统运行状态、厂站继电保护配置和运行情况，并在异常、故障等情况下主动发出告警信号。图形界面应根据用户要求定制，一般应有系统一次接线图，显示全系统运行方式、保护装置运行工况等信息，通过热点、多级菜单等方式，可以从总图进入多级子图，继电保护装置的运行状态、当前定值、保护功能投入情况等都形象地显示在图上。其次应具有厂站继电保护配置图，显示该厂站一次系统所有保护、故障录波器、安全自动装置等设备的配置情况，包括保护的型号、功能、生产厂家、技术参数等，图9-30采用画面索引的方式表示某110kV站的一幅保护配置图；另外，还应具有连接图，显示系统网络的组成方式、设备接入方式、网络及设备的通信工况等。

一般而言，凡装置支持的操作控制功能都应可以在图形上形象直观地进行，当然应经过系统严格的合法性检查，最大限度地保证系统的安全可靠。

2）告警显示功能。告警模块应与系统其他部分最大限度解耦，保证系统报警信息能可靠地传递给用户而不会因某个模块的异常而丢失。另外应考虑到灵活性的要求，告警窗口的大小、位置、告警颜色、图标、告警提示、字体都应可以灵活设置。当系统有异常信息、运行提示消息等发生时，告警显示功能应按照信息的严重程度分类进行不同的处理。

告警显示模块应支持对以往告警事件的分类查询和根据用户需要对告警信息进行过滤的功能。

3）数据库功能。保信系统应提供实时数据库和历史数据库。实时数据库主要用于系统在线运行时的实时数据存放，它应按照一定的要求不断刷新。

历史数据库主要保存各个保护装置和录波器的相关信息、保护的动作事件记录、告警记录、保护定值、运行人员修改固化定值等操作记录、录波器上送的分析报告等信息。历史数据库可基于Oracle、SQL Server等商用数据库实现。

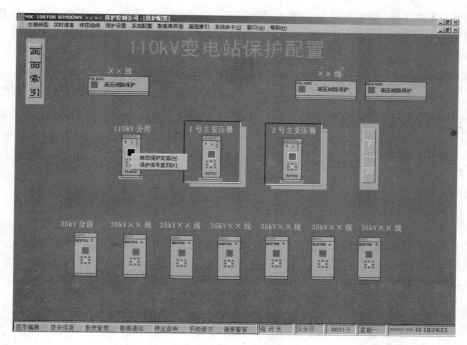

图 9-30　保护配置图

4）历史记录、查询和报表。历史数据库存入 Oracle、SQL Server 等商用数据库中，可采用标准高效的数据库接口实现，应提供定制查询、快速查询、查询历史等三种查询方式。

报表模块应能够完成报表的定制，并从历史数据库中获取数据生成各种报表，可以方便地打印。每种报表应提供两个状态：①编辑态，用以对报表格式进行定制；②数据态，根据所定义的格式获取相应的数据形成报表。

（4）高级功能。

1）网络发布功能。保信系统可考虑通过网页发布数据，网页应以标准 HTML 方式发布，浏览方应无需安装任何附加的客户端程序，只需运行普通的浏览器即可。在网上可以通过浏览器方式查询有关规程、规定等规章制度以及继电保护动作统计分析情况、继电保护基本建设动态、继电保护实验的新进展等信息，同时也为专业人员在继电保护运行与整定计算、继电保护装置有关图纸资料、微机故障录波等历史文档提供共享平台。网络上还可考虑设有多路拨号服务器，为有关科研、设计、制造部门的继电保护专业人员提供登录条件，也为外出的网调工作人员提供支持。

2）故障管理功能。故障管理高级应用是指保信系统根据所采集的厂站故障数据对电力系统事故、保护装置动作情况进行的各类判断、分析以及故障点的确定，使调度人员及时掌握电力系统故障情况及继电保护动作行为，快速查找故障点，迅速进行事故处理和恢复，同时还包括各种故障分量的计算和管理工作等。电力系统故障数据包括故障录波器数据和保护提供的事故追忆数据（采样值）等，主要是故障录波数据。

数据标准化：系统把接入的各种录波器的数据转换为标准 COMTRADE 格式并建立波形数据库，提供进一步分析计算的源数据。

录波曲线：可以任意选择一条/几条录波曲线，画在同一个或不同窗口内，进行分析、比较。可以对波形曲线进行幅度缩放、时间轴拉伸压缩以及曲线局部无级缩放，在波形图上可以显示每一条曲线的即时值、有效值、最大/最小值、相角值、功率值、各次谐波值、采样间隔、时间点等信息，如图9-31所示。

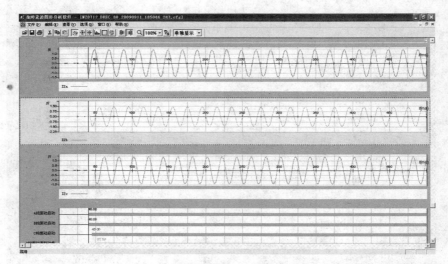

图9-31 波形分析图

矢量图：可以绘制出故障数据的序分量矢量图和相分量矢量图。

打印输出：录波图形的全部/局部及分析报告等都可打印输出保存。

3）系统自诊断功能。监视系统设备运行情况，能以图、表的形式直观反映设备状态，并能报警提示运行人员。对运行设备的故障发生时间、恢复时间自动记录。能自动监视系统的进程并有自启动功能，并进行登录。

9.5 操作票专家系统

9.5.1 概述

电气操作票制度是我国电力系统运行管理中一种防止误操作的有效安全措施。具体来讲，电气操作票是指在给定操作任务的情况下，一些电气设备由当前运行状态切换到目的状态时，遵守操作规则或章程而形成的一系列操作命令或指令的有序集合。表9-2为一张典型操作票。目前，在发电厂、变电站运行中开列操作票是一项必不可少而又相当烦琐的工作。随着计算机在厂站应用的普及，已普遍采用计算机辅助开列操作票。其做法是先编写所有操作对象在各种运行方式下的典型操作票，将这些典型操作票手工编辑成数据文件保存在计算机中，在需要开列操作票时，从计算机中调出相应的典型票数据文件，根据操作所涉及各设备的运行状态手工修改编辑典型票，以形成可实际执行的操作票，这种计算机辅助开列操作票的方式尽管大大提高了运行值班人员的工作效率，改善了开票人员的工作条件，但是应该看到，这种传统的工作票管理模式仍处于低水平、低效率状态，存在着大量重复性的劳动。近年来，电力部门针对操作票问题，投入了大量的人力、物力，迫切需要改变当前操作票使用现状，特别是随着计算机技术的发展，许多厂家研究出智能操作票专家系统，改变了传统的开票方式，采用人工智能技术，根据电网运行状态、调度操作规程和专家经验自动生成正确的操作票，减轻了调度人员以及运行值班人员日常工作的强度和压力，提高了操作票的安全性、规范性，规范了操作票管理流程，为厂站的稳定运行工作提供了有力保障。

表9-2　　　　　　　　　　　　　　　**变电站典型倒闸操作票**

发令人		发令时间	年　月　日　时　分
受令人		操作开始时间	年　月　日　时　分
		操作终了时间	年　月　日　时　分

操作任务	聚酯219断路器由热备用改检修	

√	顺序	操　作　项　目
	1	检查聚酯219断路器确在热备用位置
	2	复位聚酯219断路器手车机械闭锁操作拉手
	3	将聚酯219断路器手车方式由"工作锁定"位置切换至"手摇动"位置
	4	将聚酯219断路器手车摇至冷备用位置，并检查
	5	将聚酯219断路器手车方式选择器由"手摇动"位置切换至"工作锁定"位置
	6	合上聚酯219接地开关，并检查确已合上
	7	将聚酯219断路器手车方式选择器由"工作锁定"位置切换至"拉出"位置
	8	以下聚酯219断路器手车二次电缆插头
	9	将聚酯219断路器手车拉至检修位置，并定位
	10	关上聚酯219断路器柜前门
	11	拉开聚酯219断路器控制电源开关
	12	改正模拟图板

备　注

拟票人：＿＿＿＿＿　审核人：＿＿＿＿＿　值长：＿＿＿＿＿
监护人：＿＿＿＿＿　操作人：＿＿＿＿＿　值长：＿＿＿＿＿

9.5.2　系统的组成和功能

1. 系统组成

典型操作票专家系统主要由知识库、数据库、推理机、人机接口几部分组成，其结构如图9-32所示。

（1）知识库。知识库是专家系统的核心部分，它存储专家的经验、书本知识与常识性的东西。在专家系统中，知识库用于描述运行人员关于开列操作票的专业知识，它是根据有关运行规程和运行人员多年的工作经验总结出来的。知识采用规则的形式表示。知识按照操作任务进行分类，如主变压器操作规则库、母线操作规则库、线路操作规则库、隔离开关操作规则库、TV操作规则库和保护投退操作库等，每一种类型都以知识库的形式保存在数据库中。

（2）数据库。专家系统中，数据库描述操作所涉及的所有设备，对每个设备要求描述以下

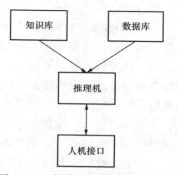

图9-32　操作票专家系统的结构

内容：该设备在数据库中的名称（数据库的变量名）；现场对该设备的称呼名称（设备名）；该设备在数据库中的设备的状态等数据。在专家系统中，数据库用于描述厂站所有设备信息，共三类：

1）设备名称数据库：按单元存放各元件的名称编号，图 9 - 33 为每个设备在数据库存放形式。

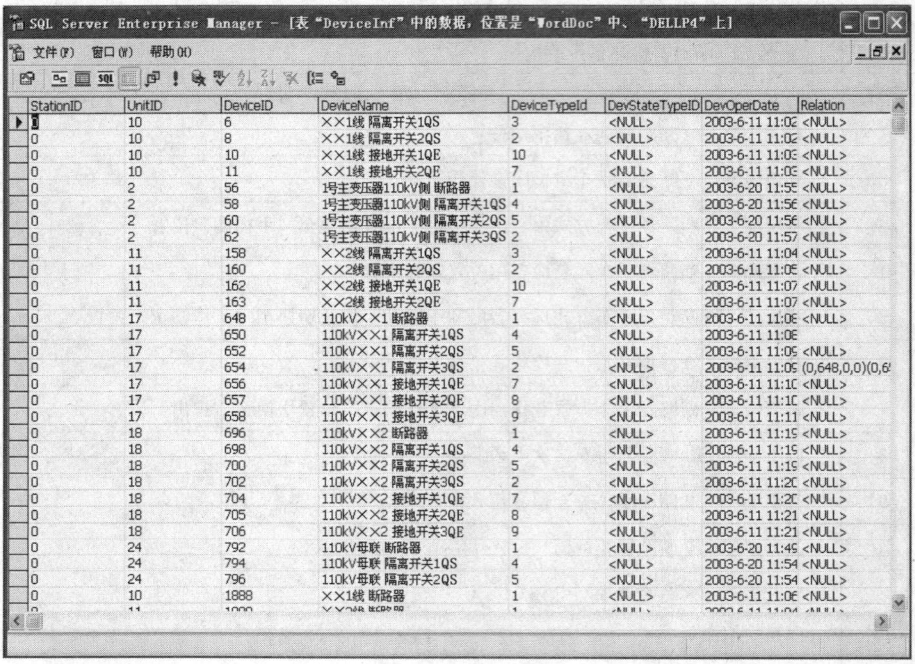

StationID	UnitID	DeviceID	DeviceName	DeviceTypeId	DevStateTypeID	DevOperDate	Relation
0	10	6	××1线 隔离开关1QS	3	<NULL>	2003-6-11 11:02	<NULL>
0	10	8	××1线 隔离开关2QS	2	<NULL>	2003-6-11 11:02	<NULL>
0	10	10	××1线 接地开关1QE	10	<NULL>	2003-6-11 11:03	<NULL>
0	10	11	××1线 接地开关2QE	7	<NULL>	2003-6-11 11:03	<NULL>
0	2	56	1号主变压器110kV侧 断路器	1	<NULL>	2003-6-20 11:55	<NULL>
0	2	58	1号主变压器110kV侧 隔离开关1QS	4	<NULL>	2003-6-20 11:56	<NULL>
0	2	60	1号主变压器110kV侧 隔离开关2QS	5	<NULL>	2003-6-20 11:56	<NULL>
0	2	62	1号主变压器110kV侧 隔离开关3QS	2	<NULL>	2003-6-20 11:57	<NULL>
0	11	158	××2线 隔离开关1QS	3	<NULL>	2003-6-11 11:04	<NULL>
0	11	160	××2线 隔离开关2QS	2	<NULL>	2003-6-11 11:05	<NULL>
0	11	162	××2线 接地开关1QE	10	<NULL>	2003-6-11 11:07	<NULL>
0	11	163	××2线 接地开关2QE	7	<NULL>	2003-6-11 11:07	<NULL>
0	17	648	110kV××1 断路器	1	<NULL>	2003-6-11 11:08	<NULL>
0	17	650	110kV××1 隔离开关1QS	4	<NULL>	2003-6-11 11:08	
0	17	652	110kV××1 隔离开关2QS	5	<NULL>	2003-6-11 11:09	<NULL>
0	17	654	110kV××1 隔离开关3QS	2	<NULL>	2003-6-11 11:09	(0,648,0,0)(0,6
0	17	656	110kV××1 接地开关1QE	7	<NULL>	2003-6-11 11:10	<NULL>
0	17	657	110kV××1 接地开关2QE	8	<NULL>	2003-6-11 11:10	<NULL>
0	17	658	110kV××1 接地开关3QE	9	<NULL>	2003-6-11 11:11	<NULL>
0	18	696	110kV××2 断路器	1	<NULL>	2003-6-11 11:19	<NULL>
0	18	698	110kV××2 隔离开关1QS	4	<NULL>	2003-6-11 11:19	<NULL>
0	18	700	110kV××2 隔离开关2QS	5	<NULL>	2003-6-11 11:19	<NULL>
0	18	702	110kV××2 隔离开关3QS	2	<NULL>	2003-6-11 11:20	<NULL>
0	18	704	110kV××2 接地开关1QE	7	<NULL>	2003-6-11 11:20	<NULL>
0	18	705	110kV××2 接地开关2QE	8	<NULL>	2003-6-11 11:21	<NULL>
0	18	706	110kV××2 接地开关3QE	9	<NULL>	2003-6-11 11:21	<NULL>
0	24	792	110kV母联 断路器	1	<NULL>	2003-6-20 11:49	<NULL>
0	24	794	110kV母联 隔离开关1QS	4	<NULL>	2003-6-20 11:54	<NULL>
0	24	796	110kV母联 隔离开关2QS	5	<NULL>	2003-6-20 11:54	<NULL>
0	10	1888	××1线 断路器	1	<NULL>	2003-6-11 11:06	<NULL>

图 9 - 33　设备在数据库存放形式

StationID — 厂站索引号；UnitID — 设备间隔号；DeviceID — 设备索引号；DeviceName — 设备名称；DeviceTypeId — 设备类型号；DevStateTypeID — 设备状态类型号；DevOperDate—设备操作日期；Relation — 设备之间的关联关系

2）状态数据库：存储各单元和元件的运行状态。

3）图形数据库：存放主接线图和厂用电接线图的作图数据和各元件的位置数据，元件的位置数据用于在接线图上显示各元件的运行状态。

（3）推理机。推理机的功能是根据一定的推理策略，从知识库中选择有关知识对用户提出的证据进行推理，直到得出相应的结论，它是专家系统的一个重要部分。系统采用了正向推理的策略，具体的工作过程如图 9 - 34 所示。通过人机界面接口，选择具体的操作单元对象或设备，接收操作任务，检查单元或设备状态数据库，确认该操作是否合法。调用相应的规则库，对数据库和知识库进行回溯和匹配，形成正确的操作序列，将操作序列形成操作票存入内存。对操作中所涉及的设备，告知数据库管理模块而修改状态数据库，按操作序列将所涉及的设备元件的顺序形成设备链表，以便在单步操作显示中使用。

（4）人机接口模块。人机接口模块的主要功能是：完成人机的对话通信，例如询问、解释、打印、调用、存取等；为了方便用户，系统应具有非常友好的人机接口界面，采用全图形方式，包括使用菜单、光标和窗口；随时有帮助信息以提示用户如何操作，在出现任何非法的输入或操作时，均有警告提醒；接收运行人员下达的操作任务，对所接收的命令经解释后传送给推理机；又将操作的结果通过厂站电气主接线图显示出来，运行人员也可以通过该接口修改专家系统推理所得的操作票。

2. 系统的功能

操作票专家系统是发电厂和变电站使用倒闸操作票的智能处理系统，它根据电力系统对倒闸操作的"五防"要求和现场的状态，按照规则进行判断、推理，开出完全实用的倒闸操作票。一般主要有下列功能：

(1) 灵活多样的开票方式。操作票专家系统提供了多种开票方式，每一种开票方式开出的操作票都可以生成典型票存放起来以备以后调用，主要开票方式有：

1) 图形开票。通过在接线图上点击要操作的设备的方法来生成操作票，在开票过程中可自动或手工插入二次操作和提示性操作，开出的操作票满足"五防"条件。该方法将"模拟"与开票融为一体，是一种简单实用的开票方法。

2) 利用专家库开票。选择运行方式和要操作的线路，系统根据专家库自动开出操作票，用户可根据实际情况进一步对操作票进行修改整理。

3) 调用典型票。直接调用系统中保存的典型票，然后进行"五防"判断、打印。

4) 手工开票。模拟手工方式逐项输入操作票的内容，然后进行"五防"判断打印。在开票过程中可以调用历史操作票和典型票。

5) 调用历史操作票。直接调用某一历史操作票，然后根据现在的设备状态进行"五防"判断决定是否可以引用。

(2) 简单实用的报表设计。操作票专家系统可以根据用户要求设计一种或多种操作票的打印格式，操作票的多格式打印功能不仅满足了不同地区的不同操作票打印格式需求，也满足了厂站的操作票模拟打印功能需求。另外系统提供的报表设计工具还可以设计出其他形式的简单表格。

(3) 丰富的操作票检索统计功能。可以按开票方式、班组、开票时间等多种方式对历史操作票进行检索、统计，还可以统计设备的分合闸次数。也可以对用户的登录情况进行检索。

(4) 开票培训功能。该系统具有开票培训功能，在培训过程中可以参考典型票和历史操作票并打印出培训票。

(5) 完善的用户权限管理功能。操作票专家系统可以定义每个具体操作人员在使用本系统时所具有的权限，详细到操作人员可以操作哪些具体设备。

(6) 系统维护工作简单。操作票专家系统为用户提供了设备名称修改、设备编号修改、线路名称修改、闭锁逻辑修改等多种维护功能。用户也可以根据自己的嗜好来设置诸如接线图底

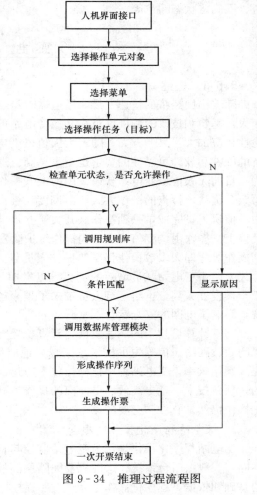

图 9-34　推理过程流程图

色、不确定状态颜色等。

9.6 变电站程序化操作

9.6.1 概述

随着国民经济的快速发展，用电需求量逐年增加，导致输电网与供配电网的覆盖面积相应扩大，基建和技改的频繁反过来又使变电站的各种操作量增大，操作过程中可能发生的潜在风险性相应加大。另一方面，随着无人值班变电站技术的推广，对相关的电网控制技术、被控设备的硬件和软件可靠性的要求也越来越高。这些情况都促使人们在变电站的操作环节上有所作为。目前无人值班变电站普遍采用的电气操作方式仍然是逐项分步操作，即每步操作都需人工写票、确认，检查的操作方式，由调度、维操队、集控中心共同完成操作任务。调度指挥集控中心值班人员完成单一项操作（开关遥控），如变压器调压、电容器投切、限电等。多项（两项及以上）操作由调度值班人员向操作维护队发布调度命令，由操作维护队进行人工操作，如倒闸操作等，即大多数操作仍需要操作人员赶到变电站现场实施，耗费了大量的人力和时间，使得无人值班变电站减员增效的优势难以发挥。另一方面，随着操作密度的增加，操作过程中人工干预程度太高，也给运行人员带来了越来越大的压力，从一定程度讲也容易诱发误操作的出现，影响了电网的安全运行水平。

随着计算机技术的飞速发展，计算机监控系统的性能日见提高，交流采样、智能测控、逻辑闭锁、网络通信等先进技术越来越多地应用到变电站监控与自动化系统中，为减少误操作、提高操作效率，变电站程序化操作技术应运而生。变电站程序化操作是应用在电气操作方式上的一项新技术，是更高效、更便捷的操作方式，即使变电站全部实行了无人值班化，引入程序化操作仍然是有效和必要的。

1. 变电站程序化操作的概念

变电站程序化操作是作为变电站监控与自动化系统的子功能集而存在的，按照实现方式的不同，一般由后台系统、远动机及间隔层测控装置共同完成。程控操作票是变电站程序化操作的基础和依据，程序化操作是完全按照程控操作票的预先设置的操作步骤进行的。图 9-35 是一个典型的变电站出线间隔执行程序化操作前后的状态比较。

变电站程序化操作是通过变电站监控与自动化系统预先设定的程序（也称为程序化操作票或操作序列）对变电站电气设备进行一系列无人工中途介入的自动操作过程，发出的操作指令是批命令，操作执行中由监控与自动化系统根据自身采集的一次设备的遥测、遥信量的相应变化判断每步操作是否到位，在确认到位的情况下进行下一步操作，否则发出告警信号。发出告警信号后，程序化操作即自动终止。每个控制对象同一时刻只接收一种方式（一个批命令或常规命令）控制，同时收到两条及以上命令或与预操作命令不一致时，不执行指令并发出错误提示。实施程序化操作后，监控人员根据操作要求选择程序化操作票，操作票的执行和操作过程的校验由当地变电站监控与自动化系统自动完成。

2. 变电站程序化操作与无人值班变电站的关系

变电站实行无人值班是电网调度管理的发展方向，具有加快传送负荷的速度，减少变电运行人员，提高供电企业劳动生产率，降低建设成本等明显的社会效益和经济效益。

无人值班变电站是指无固定值班人员在站内进行日常监视与操作的变电站，站内主要设备的操作和监控由位于远方的中心控制站监控系统或上级调度中心调度自动化系统的"四遥"功能实现。变电站无人值班是一种运行管理模式，无人值班变电站可采用变电站监控与自动化系

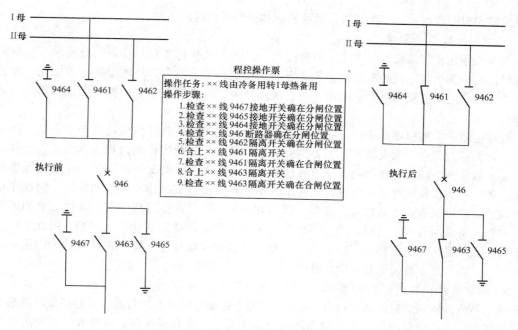

图 9-35 程控操作过程图例

统实现，也可采用常规二次设备和远动终端装置实现。采用无人值班的变电站，不仅需提高站内一、二次设备的可靠性和可控性，而且应有运行稳定可靠的远端控制系统或调度自动化系统和传输通道。

虽然目前电力行业在设备、生产技术等多方面都取得了迅速发展，大量性能优良的一、二次设备投入运行，许多地区基本实现了变电站无人值班或少人值班，但是大多变电站电气设备操作仍旧是依靠操作人员完成，增加了潜在误操作的可能性。变电站程序化操作正是在这样的环境因素的促进下发展起来的一项新的技术，可让操作人员远离电气间隔现场，从而减少人员伤害事故，也是从根本上消除人员因素造成误操作的重要手段。

其实，程序化操作并不是新鲜事物，在工业流程制造行业以及电气化铁路等领域大量应用的顺序控制就是其最早的技术渊源。实现变电站程序化操作的基本条件主要有三个方面：①电网结构相对比较完善；②具有可靠的一次设备和二次设备以及良好的信息传输通道；③具备功能强大、性能可靠的变电站监控与自动化系统。只有在坚强电网的支撑下，才有可能进行改变变电站传统的操作习惯的探索和实践，在可靠的一次、二次设备的配合下，变电站程序化操作才可能实现。毫无疑问，只有可靠的监控系统才能完成程序化操作的控制任务。

需要强调的是，实现程序化操作并不是无人值班变电站的必要条件，变电站程序化操作只是结合电力系统的运行操作特点，利用变电站监控与自动化系统的资源，使变电站操作票可以被程序化的自动或批量执行的一项技术，是对无人值班变电站传统操作方式的一次变革。具体而言，变电站程序化操作控制是一种可以按目的操作任务指令进行电气单元连续自动控制的操作过程，它除了常规变电站监控与自动化系统所具备的所有功能外，还具有接收和执行集控站、远方调度控制中心和当地后台系统发出的电气单元操作任务指令的功能。

9.6.2 实现变电站程序化操作的基本要求
变电站程序化操作通常建立在无人值班变电站的基础上，但与常规的无人值班变电站相比，程序化操作对变电站一、二次设备及远动通信都提出了相应的要求。

1. 对一次设备的要求

由于程序化操作需要实现变电站内智能电子设备自动执行各项操作，因此要求所有参与程序化操作的一次设备，包括断路器、隔离开关、接地开关、手车等均能实现电动操作，也就是通过电气操作可以实现断路器、隔离开关、接地开关的分合以及手车的推入和拉出等，无需人工参与。

在变电站内实施程序化操作，需要综合考虑操作的正确性和操作成功率两个方面，其中操作的正确性涉及变电站安全运行，需要重点关注。由于程序化操作的过程基本为无人干预，特别是无人值班变电站内的操作，其操作的成功与否在绝大多数情况下取决于一次设备操作的可靠性，如果一次设备的可靠性较低，经常出现不能正常操作或操作不到位的情况，则程序化操作的成功率难以提高，容易导致误操作。另一方面，程序化操作过程中每一步执行前的条件及每一步执行后成功与否的判断，均需要根据相关一次设备的状态变化进行判断。因此，一次设备辅助触点位置与一次设备实际位置的严格对应，也是保证程序化操作正确性的关键因素，总的原则是，应当具备高质量的一次设备。

2. 对变电站内二次设备的要求

变电站内的间隔层智能电子设备（IED）是程序化操作的最终执行者，同时还负责采集一次设备的状态。为保证程序化操作的成功执行，除了要求一次设备稳定、可靠外，还要求参与变电站程序化操作的二次设备稳定、可靠运行，一方面能够按照操作票的操作顺序正确发出控制信号，同时确保一次设备状态的采集准确无误。

另外，由于一次设备存在一定的不可靠因素，如断路器辅助触点位置与断路器实际位置不符，当执行跳开断路器操作时，由于断路器操作异常导致断路器实际并未跳开但辅助触点位置成为分位，导致在后续操作过程中带电拉隔离开关或合接地开关的事故发生。因此，二次设备在设计过程中需要考虑一次设备发生异常时的情况，具备一定的容错措施，例如设计双位置遥信以增加遥信状态检测的正确率，确保当一次设备返回状态信息与一次设备实际状态不一致时不出现误操作。

在变电站内实施程序化操作，对于某些复杂的操作过程，有时会涉及相关继电保护功能的投退。传统的人工操作方式是由操作人员手动投退保护硬连接片来实现保护功能的投退，而程序化操作过程中需要保护设备提供与硬连接片相对应的软连接片，通过软连接片的远方投退达到投退保护功能的目的。同样，在程序化操作过程中有时还需要保护设备提供保护定值的远方修改和定值区的远方切换功能。

3. 对远动通信的要求

目前变电站调度主站或远方监控中心之间主要采用 IEC 60870-5-101、IEC 60870-5-104 等远动协议，这些协议主要传送变电站的"四遥"信息，对保护定值的传输和修改一般没有定义，如果进行程序化操作，需要对现有远动协议进行相应的扩充。另一方面，在调度主站或远方监控中心实施程序化操作，如果在操作过程中需要获得变电站的实时操作报告，也需要对现有协议进行扩充和修改。

4. 对远方调度/集控中心的要求

除满足远方调度/集控中心监控系统常规的技术要求之外，为实现变电站程序化操作的功能要求，远方调度/集控中心还必须具备以下功能：具备程序化操作票召唤功能，能够正确处理和显示变电站上送的程序化操作票信息；具备间隔运行状态正确识别能力；人机界面友好、使用简便，能反映程序化操作过程信息及操作结果；具备严密的权限控制和完整的操作日志记录；

具备一定的容错措施,在电网发生异常的情况下,可随时终止程序化操作。

9.6.3　变电站程序化操作的实现过程

1. 变电站程序化操作的主要实现方式

目前,变电站程序化操作的实现主要有分散式、集中式、混合式三种。

(1)分散式。变电站程序化操作的功能全部由间隔层的测控装置或测控保护一体化装置实现,结构如图9-36所示。间隔层测控装置存储本间隔的程序化操作票,当间隔层测控装置接受到程序化操作命令后,自动识别装置所控间隔的当前状态,按照目的操作任务指令自动调出相应的程序化操作票。优点是:程控操作不需要装置以外的设备或通信支持,原理简单,可靠性较高。缺点是:对装置的要求高,需要具备可编程逻辑控制功能和较高的智能工作能力,硬件资源要求也较高。如果程序化操作涉及多个间隔的多个装置,则需要装置间通信协调,否则无法实现。一般分散式程序化操作比较适合于控制要求简单的110kV中低压变电站。

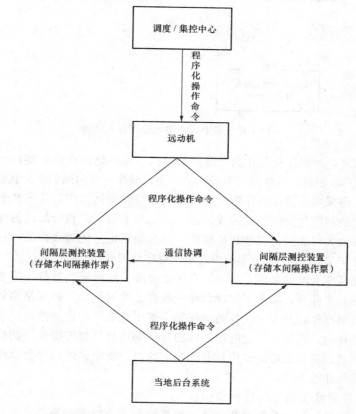

图9-36　分散式程序化操作方式结构

(2)集中式。变电站程序化操作的功能全部由远动机(程序化操作服务器)实现,结构如图9-37所示。在实际应用中,远动机(程序化操作服务器)一般以独立的计算机存在,它存储全站的程序化操作票,当远动机(程序化操作服务器)接受到程序化操作命令后,它自动识别所控间隔的当前状态,并按照目的操作任务指令自动执行。优点是:由于远动机(程序化操作服务器)与全站所有设备都必须直接通信,变电站程序化操作所需的所有信息都可以方便地获得,资源充分,编程方便,对间隔层装置无特殊要求,可以实现相对复杂的操作任务。并且由于远动机是变电站与远方调度传输信息的通道,这种实现方式也便于实现调度端的程序化操作。缺点是:程序化操作需要远动机(程序化操作服务器)与间隔层装置通过通信协调完成,相对于分散式而言,程序化控制的进行还要依赖通信的可靠性。

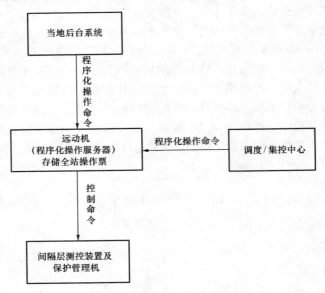

图 9-37 集中式程序化操作方式结构

(3)混合式:变电站程序化操作的功能由远动机(程序化操作服务器)和间隔层装置共同实现,结构如图9-38所示。不涉及多个间隔的程序化操作由该间隔的测控装置或测控保护一体化装置独立完成,即采用分散式的程序化操作方式。当程序化操作需要涉及不同间隔的多个装置时,采用集中式的程序化操作方式完成。混合式吸取了集中式和分散式的优点,可以使变电站程序化操作实现最大可能的合理性和可靠性。但其缺点也是比较致命的,一是操作票管理非常复杂,二是不便于实现远方调度/集控中心端的程序化操作。

对于高压及超高压变电站来说,由于存在3/2接线、双母线、单母线等多种接线方式,主接线结构的复杂性和多样性,决定了实现程序化操作也相对复杂,特别是诸如倒母线操作,多台主变压器并列解列操作以及保护设备的操作等。高压变电站的重要性也要求远方集中控制中心在进行程序化操作时,需要核对变电站上传的操作票信息并监控操作票的执行,而采用集中式的程序化操作方式就可以很好地解决这些问题,所以,集中式的程序化操作是目前被广泛采用的变电站程序化操作的方式。

2.变电站程序化操作的可靠性和安全性

无论是单步的遥控操作还是程序化操作,可靠性和安全性都是至关重要的,目前大多数操作仍然采用的是遥控方式的逐项操作,主要执行"选择→监护→执行"的过程进行操作,通过预先设定的用户权限和密码以及通过配置逻辑联锁等功能来防止误操作,虽然这种模式经过了多年的实践是切实可行的,但是过多的人工干预,在一定程度上也增大了误操作的风险,影响了电网的安全运行水平。

变电站程序化操作首先应该完全满足上述的安全要求,另外在可靠性和安全性方面必须具备更多的特点。这些特点主要表现在计算机监控系统的防误操作闭锁功能应该设置三层闭锁,当地后台控制的防误操作闭锁,远方调度控制的防误操作闭锁,以及间隔层防误操作闭锁。三

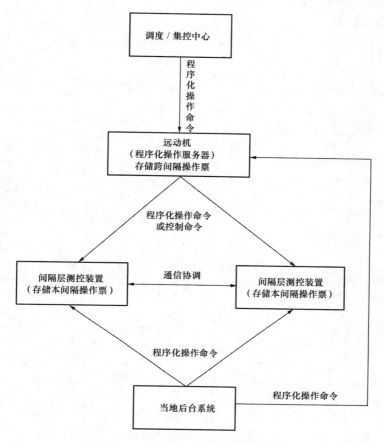

图 9-38 混合式程序化操作方式结构

层闭锁分别独立的运行在三套子系统中，三套闭锁为逻辑"与"关系，即只有全部满足三套控制闭锁条件，才能执行控制。

同时由于三套闭锁系统都是独立运行的，这样更增加了程序化操作的可靠性和安全性。后台系统和远动系统具有各自独立的闭锁条件库，分别对后台操作和调度操作进行闭锁验证；间隔层设备的闭锁条件在本装置内实现，对于多个间隔的跨间隔闭锁，间隔层装置之间直接通信，把其他间隔的与防误操作闭锁有关的信息映射到本间隔设备中，并实现闭锁验证，因此全站的闭锁也都可在间隔层设备中独立实现。

监控系统编制的全部典型操作票，必须经过仿真预演正确后方能下载至远动机（程序化操作服务器）保存，远动机（程序化操作服务器）在执行程控命令时首先要验证接收到的程序化操作命令的间隔目的状态是否与该间隔当前的状态一致，其次在每一步操作前需要判断该步骤的闭锁逻辑，每一步操作完成后需要检查确认执行成功的条件，所有这些判断及检查的过程都是自动的，是不需要人为干预的。

远方调度/集控中心端发送程序化操作命令时应该能够根据当前间隔的运行状态而自动闭锁不能执行的操作命令，如1号主变压器当前是运行状态，只能执行由运行至热备用、运行至冷备用的程序化操作任务，不能执行该间隔的其他操作任务，确保发送的程序化操作命令的正确性。

3. 变电站程序化操作的操作流程

下面主要以集中式程序化操作方式描述变电站程序化操作的具体操作过程，程序化操作的控制流程如图9-39所示。

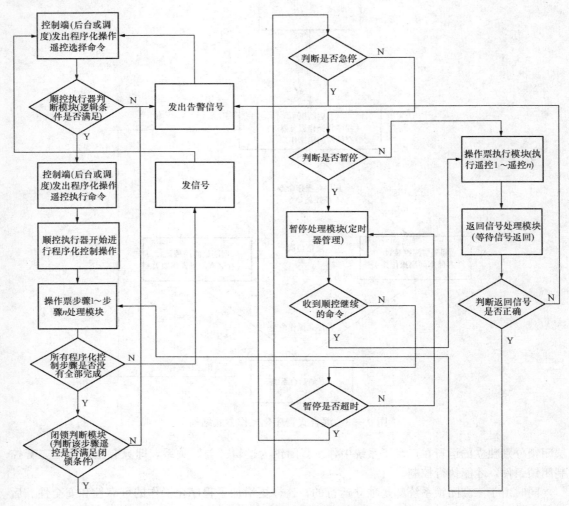

图9-39 程序化操作的控制流程图

（1）远方调度/集控中心或当地后台发起程序化操作任务，操作员根据操作任务，选择所要控制间隔的目的状态，进行遥控选择和遥控执行。

（2）远动机（程序化操作服务器）收到遥控选择命令后，启动软件中的操作票处理模块，由操作票处理模块根据得到的操作任务指令以及设备的实际状态进行相应的逻辑判断，选择正确的操作票文件，同时远动机向程序化操作发起者发出遥控选择确认报文，通知发起者准备接收操作票文件及验证。

（3）远方调度/集控中心或当地后台在操作票文件接收完成后由专用的界面显示出来，经操作员复核无误后发出程序化操作执行命令，远动机（程序化操作服务器）在收到此命令后将按操作票步骤开始执行程序化操作，而远方调度/集控中心或当地后台则开始等待返回信息。

（4）在每步操作完成后，远动机（程序化操作服务器）都将操作的结果返送给远方调度/集控中心或当地后台，例如单步的成功或者失败以及等待信息等，远方调度/集控中心或当地后台在收到操作结果后在界面做出相应的标示，使得操作员对当前程序化控制命令的执行情况有清晰的了解。远动机（程序化操作服务器）的每一步遥控出口命令都将自动校验闭锁条件，并按照预定的等待时间校验返回位置信号是否正确。如果控制过程失败，则提示相应的失败原因（超时、被闭锁、事故总信号闭锁等）。

（5）程序化操作过程中，操作员可以通过终止按钮来终止程序化操作。当操作员一旦发现操作过程有误，可以通过操作急停命令来终止当前程序化操作过程，远动机收到命令后，在当前步骤停止操作并返回操作失败信息。

（6）当远方调度/集控中心或当地后台收到远动机（程序化操作服务器）要求等待的过程信息时，需要经操作员发出确认继续执行命令后，远动机才会按照操作票流程继续执行未完成的操作步骤。在操作过程中，如果有任意步操作失败将作为这次整个程序化操作失败，并上送总失败信息到集控中心，当所有操作步骤均成功完成后，远动机将上送总成功信息，并在界面上显示出来，提示操作员本次程序化操作过程已经成功完成。

4. 实现过程中应该注意的问题

（1）操作票的验证。在变电站程序化操作的过程中，操作的准确性是由操作票的正确性和装置执行的正确性来确保的。操作票的正确性比较容易保证，由于当地后台的操作票编辑软件完全是图形化的编辑方式，而无需人工输入控点，这样能够降低编票过程中出错的可能。其次，在编票完成后，可以进行仿真操作，再次验证了操作票的正确性。在编票完成后，一次性将全部典型操作票下装至远动机（程序化操作服务器），远动机（程序化操作服务器）没有任何编辑、修改操作票的接口，可以保证下装后的典型操作票不被修改。

在当地后台系统进行程序化操作时，后台系统首先打开欲执行的操作票进行仿真操作，正确后向程控执行器发出校验命令，程控执行器根据接收到的操作任务间隔的当前状态和目的状态自动生成应该执行的操作票，并发至后台进行校验，当地后台把该操作票和已经过仿真操作正确的操作票进行比对，只有在二者完全一致的情况下，才能够发送程控执行命令，这样最大程度地保证了操作票的正确性和操作任务的正确性。

以上实现的是当地后台程控操作过程中的操作票的验证过程，在远方调度/集控中心进行程控操作时目前尚做不到这一点，而采用的是将间隔的状态（运行、热备用、冷备用、检修等）以虚遥信的方式实现，程序化操作时首先根据当前的状态，把目的状态以常规遥控的方式发至变电站，远动机（程序化操作服务器）取得操作票后通过远动机把操作步骤上送至远方调度/集控中心，经过远方调度/集控中心的人工检查操作票正确后方才发送执行命令。

（2）强化和远动主站的配合。程序化操作作为变电站综合自动化技术发展的趋势之一，需要充分适应无人值班运行模式的要求。无人值班的核心就是在远方调度/集控中心对变电站进行全面的运行监视和运行管理。在变电站进行程序化操作时，当地后台可以得到充分的信息，包括每一步操作的详细情况、闭锁的原因、失败的原因等，并存入历史库，便于事后分析每次程控操作的情况。而在以往进行的 220kV 及以下的程序化操作变电站的实践中，上送给远方调度/集控中心程控信息很少，只有间隔状态的虚遥信和一个总的成功/失败的信号，这样就导致了远方调度/集控中心发送了一个程序化操作命令后，就进入了一个信息的真空状态。在这个过程中调度值班员只能根据间隔断路器、隔离开关以及模拟量的变化来判断程序化操作的执行状态，这就要求调度值班员熟知每张票的步骤及每个步骤的预期结果，如果操作失败了，调度值班员只能得到一个失败的结果，而不知道失败的原因，导致这样的结果的原因在于目前使用的远动规约（IEC 60870-5-101、IEC 60870-5-104 等）都是面向物理点的，而不是面向对象和过程的，从而形成了信息的不对称，解决该问题的关键在于对远动规约的扩充。

应该在以下部分对远动规约进行扩充：

1) 操作步骤的上传，使得调度值班员在执行程序化操作前可以先检查操作票的正确性，并且在执行过程中可以直观地看到操作的结果，不至于有一个比较长的信息不确定的等待过程。

2) 操作步骤结果和总的失败/成功结果的上传。

3) 操作失败原因的上传，使得调度值班员在程控操作失败后可以确切地知道失败的原因。

例如在 IEC 60870-5-104 规约的基础上，对规约中保留未用的 ASDU 类型进行相应的扩充和具体定义，所有规约的扩充和定义都必须符合 IEC 60870-5-104 规约的标准。针对程序化对操作票的控制，扩展 ASDU 类型标识为 52 的报文结构，具体帧组成如图 9-40 所示（图中所示数字标识均以十进制表示）。

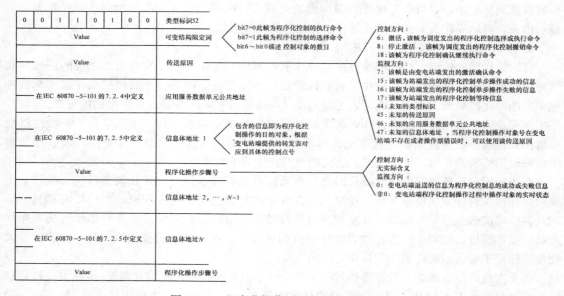

图 9-40　程序化操作对程控操作票的控制

其中，可变结构限定词由一个 8bit 组组成，传送原因由两个 8bit 组组成，信息体地址由三个 8bit 组组成，程序化操作步骤号由一个 8bit 位组成。

9.6.4　变电站程序化操作的应用

1. 系统结构

某省电网 500kV 变电站是其上级单位首个 500kV 无人值班变电站试点工程，项目的设计和工程实施均紧扣无人值班的主题。项目的一次设备、保护设备均相应地按照无人值班的技术要求进行设计和使用，采用集中式程序化操作方式，实现了变电站程序化操作功能，改变了无人值班变电站传统的操作方式。

该变电站计算机监控系统采用全分散网络型系统结构，全站计算机系统包括了 NSC300UX 后台监控系统、操作票工作站、6MD2200 远动管理系统、保护管理系统、间隔级测控装置等部分。各个子系统之间全部采用双以太网的通信结构。6MD2200 直接与间隔测控设备以及保护管理系统通信，并通过 IEC 60870-5-104 规约与市电力集中控制中心通信，接收后者的程序化操作指令。操作票工作站负责编辑程序化操作典型操作票，编辑好的操作票保存在 6MD2200 中。系统结构如图 9-41 所示，为保证通信的可靠性，在全站通信层应采用双以太网设计，当地后台及远动机双机互为备用，程序化操作执行模块同时嵌入到双远动机中，这样全站的程序化控制功

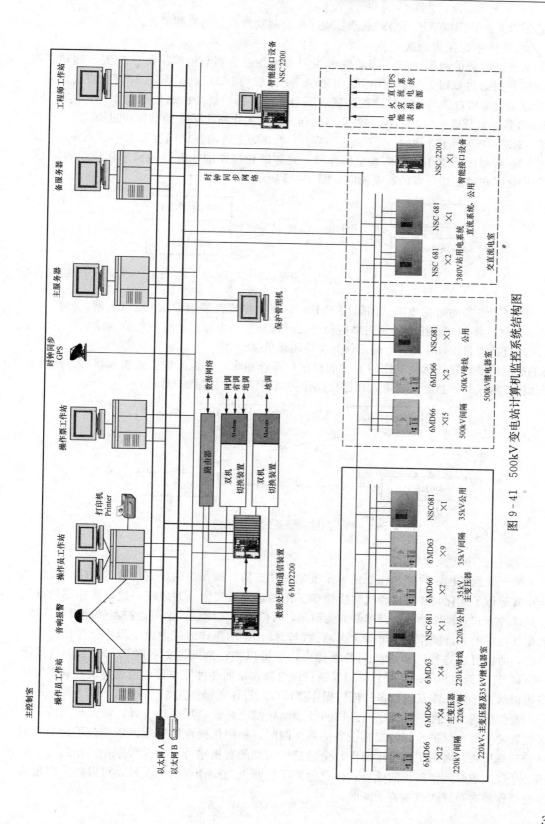

图 9-41　500kV 变电站计算机监控系统结构图

能也做到了双冗余,形成双机冗余的远动和程序化控制功能合并的控制模式。

2. 变电站程序化操作的数据流向

(1) 站控层设备的数据流向。当地后台主、副服务器分别与间隔层测控装置、远动管理机、保护管理机通过双以太网,使用 IEC 60870-5-103 规约、IEC 60870-5-104 规约直接通信。

两台远动管理机分别与间隔层测控装置、后台系统、保护管理机通过双以太网,使用 IEC 60870-5-103 规约、IEC 60870-5-104 规约直接通信。远动工作站将采集的数据通过 IEC 60870-5-104 规约、IEC 60870-5-103 规约、IEC 60870-5-101 规约等上送到各级调度及集中控制中心。远动管理机保存着程序化操作的全部典型操作票,是程序化操作的执行器和程序化操作的核心。变电站程序化操作站控层设备的数据流向如图 9-42 所示。

图 9-42　站控层设备的数据流向

(2) 间隔层设备的数据流向。间隔层 6MD6 系列测控装置采用 100M 双以太网,使用 IEC 60870-5-103 规约将信息直接上送到当地后台系统和远动机,也称远动管理机或远动工作站,另外装置之间直接通过 100M 双以太网通信,交换闭锁信息。

间隔层测控装置接收远动工作站下发的程序化操作指令,并返回设备的实际状态,是变电站程序化操作的最终执行者。变电站程序化操作间隔层设备的数据流向如图 9-43 所示。

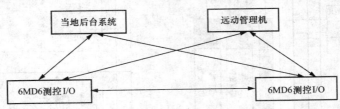

图 9-43　间隔层设备的数据流向

3. 该项目程序化操作的技术特点

(1) 统一数据结构。程控操作票借鉴了变电站"五防"操作票的模式,对"五防"操作票的操作步骤进行了优化,并在远动机和操作票工作站之间按照间隔对象统一建立操作票数据结构。按照这种方式,操作票的编制非常方便简单,可以图形化生成,也可以按照间隔批量生成,对于大型变电站的大量操作票,可以大大减少编辑操作票的工作时间。由于程序化操作是基于操作票的,所以可以进行间隔设备的各种操作,也可以进行跨间隔的各种操作(如倒母线操作),还可以进行跨电压等级的操作,以及进行组合操作票的各种操作等。也就是说,只要操作的设备可以远方遥控,涉及该设备的任何操作都可以用程序化操作完成。

(2) 通信规约无关性。将程序化操作的处理模块按照高级应用模块设计,做到与通信规约的无关性,便于继电保护等智能二次设备应用。同时,程序化操作的处理模块结合了远动机原有的逻辑处理模块,做到了程序化操作与全站逻辑闭锁的有机结合,确保程序化操作的每个控制点都必须经过逻辑闭锁条件的检查,并且做到了控制点与操作票的无关性,可以防止出现临时或新建操作票时疏忽逻辑检查的问题。

（3）操作任务正确性。在编票完成后，一次性将全部典型操作票下装至程控执行器，程控执行器没有任何编辑、修改操作票的接口，可以保证下装后的典型操作票不被修改，最大程度地保证了操作任务的正确性。

（4）图形化仿真验证。利用了图形化的仿真验证技术来验证操作票的正确性，监控系统编制的全部典型操作票，必须经过仿真预演正确后方能下载至程控执行器。程控执行器在执行程控命令时要保证只有从当前状态开始才能被执行，在进行每一步操作前需严格校验该步操作前需满足的条件和该步操作完成后确认执行成功的条件，确保不发生在操作条件不具备时违反规则操作的错误。

图 9-41 所示变电站大量性能优良的一次、二次设备投入运行，断路器、隔离开关等一次设备的电动控制技术日趋成熟，使得电气操作实现按照事先编制的控制逻辑和操作序列进行程序化控制成为可能。该项目实现了间隔内设备的各种操作、跨间隔设备的各种操作、倒母操作，也可以进行跨电压等级的操作以及组合操作票的各种操作；可以在站内通过后台系统进行程序化操作，也可以在远方集控中心进行程序化操作。简而言之，该项目实现了涉及可以远方遥控设备的所有操作的程序化，这样不仅能大大提高工作效率，而且提高了电气操作的可靠性和安全性。通过该工程项目的实施，对于在超高压变电站实现程序化操作有如下体会：

（1）500kV 无人值班变电站的程序化操作宜采用集中式。

（2）可以同时实现满足可靠性、安全性、实时性和使用方便性的程序化操作。

（3）程序化操作可以安全可靠地对保护定值区进行切换、软连接片投退以及保护 LCD 的复位操作。

（4）程序化操作的操作票宜存放在变电站计算机监控系统的远动通信和数据处理装置（远动机）中。

（5）变电站计算机监控系统和远方集控中心之间必须实现操作票的相互传送。

（6）变电站计算机监控系统必须能对程序化操作的操作票进行人工生成、自动生成、组合和验证。

第10章

厂站微机监控系统的附属设备

10.1 防 误 装 置

随着电力系统的不断发展，安全运行问题已经变得极其紧迫起来。电力系统的安全运行是国民经济发展的重要保证，电力系统的事故会带来巨大的损失，为了确保发电厂与变电站的安全运行，防止不应出现的事故发生，在厂站内装设防误装置，已成为防止误操作等事故发生的有效而可行的手段。

10.1.1 防误的概念

为了有效防止运行电气设备误操作引发的人身和重大设备事故，能源部早在 1990 年就提出了电气设备"五防"的要求，并以法规形式（能源安保〔1990〕1110 号文《防止电气误操作装置管理规定》，简称《规定》）行文规定了电气防误的管理、运行、设计和使用原则。

按《规定》，防误装置的设计应遵循的原则是：凡有可能引起误操作的高压电气设备，均应装设防误装置和相应的防误电气闭锁回路。其中明确规定 110kV 及以上电压等级的电气设备应优先采用电气防误联锁的设计原则。

防误操作的功能包括五个方面，一般简称"五防"，即：

（1）防止误分、合断路器。如手车式高压开关柜的手车未进入工作位置或试验位置，断路器不得合闸。

（2）防止带负荷分、合隔离开关。即只有当同一电气回路的断路器处于断开位置时，隔离开关才能进行操作。

（3）防止带电挂（合）接地线（接地开关）。

（4）防止带接地线（接地开关）合断路器（隔离开关）。

（5）防止误入带电间隔。即断路器、隔离开关未断开，则该高压开关柜的门打不开。

从误操作的产生过程来看，误操作由三个部分组成，分别是运行值班人员、检修人员以及其他人员的误操作。运行人员的误操作主要包括误拉、误合断路器和隔离开关，误入间隔等；检修人员的误操作主要发生在检修、试验过程中（这时运行人员并不作任何操作）；其他人员的误操作，主要是与正常操作无关的人员造成的误操作，这类情况相对较少，但也时常发生（当无关人员处于操作台或机构箱等附近时，很有可能发生误碰设备的情况从而导致误操作事故）。

防误装置主要针对这些可能发生的误操作进行防范，避免误操作的发生。国内常用的防误系统类型大体可分为机械型、电气型、微机型三大类。

10.1.2 机械型防误系统

最早的防误系统是机械闭锁，它是随电力系统一次设备应运而生的。在机械闭锁中，机械锁的主要作用是防止误碰、误动一、二次设备，与一次设备联系像普通门锁一样。锁既不与电气回路连接，又无任何的逻辑关系。

机械闭锁一般用在比较简单的配电装置中，多在 6～10kV 及 35kV 的成套开关柜上。机械式防误装置靠机械机构传动来实现系统的联锁，经过长时间的发展，种类很多，从大的方面可分为直接式和间接式两类：直接式有钢丝弹簧轮轴传动闭锁、机械连杆传动闭锁；间接式有红绿翻牌、钥匙盒闭锁、电控钥匙盒闭锁、简易接地桩、机械程序锁。其中，使用较多的是机械连杆传动闭锁、红绿翻牌和机械程序锁。

目前用得比较多的是防误操作程序锁，该锁能强制运行人员按照规定的安装操作程序对电气设备进行操作。锁由锁体、锁轴及钥匙组成，锁体有钥匙孔，孔边有两个圆柱销，这两个圆柱销和钥匙上的两个编码圆孔相对应。两孔和钥匙牙花都按一定规律变化相对位置进行组合，可以组成上千种以上的编码，使钥匙不会重复，从而保证在同一个配电装置内所有的锁之间互开率为零。

锁轴是程序锁对开关设备的闭锁执行元件，只有锁轴被释放，开关设备才能操作。而锁轴的释放，必须由两把合适的钥匙同时操作才行，一把是上一步操作所装的程序锁的钥匙，另一把是本步操作所装的程序锁的钥匙。用这两把钥匙使锁轴释放，进行本步开关操作，操作完成后，上一步操作的钥匙被锁住而留下来，而本步开关操作的钥匙取出来，去插到下步操作的程序锁上。由于这把钥匙取出，所以这步操作的程序锁锁轴被制止，而将设备闭锁。目前我国生产很多系列防误操作程序锁，结构不尽相同。根据不同主接线，有不同的编码的程序锁。程序锁除了可防止隔离开关误操作外，还有防止其他误操作的功能。

机械防误闭锁一般在户内变电所中应用较多。许多户内变电站 35kV 设备为手车式开关柜，10kV 设备为金属封闭型开关柜，厂家生产柜壳时就把机械防误闭锁装置一起设计。

典型的机械程序锁防误型高压开关柜一般配有以下几种防误锁：

（1）防止跑错间隔，误分、合断路器。在继电器室门上安装防误操作开关，在一次模拟盘上装上红绿翻牌，此牌对应于每个高压开关柜转换开关，当指令将某高压断路器跳闸时，应从一次模拟盘上取下对应的绿翻牌，放到该柜的操作手柄上；然后操作万能转换开关，使该柜分闸，最后把操作手柄上的红牌放到对应的一次模拟盘上，如果是合闸，则逆程序操作。

（2）凡具有隔离开关的开关柜，必须配有隔离开关闸锁，采用锁板装置，以防止带负荷分、合隔离开关。

（3）防止误入带电间隔。在开关柜前门上，装有一个搭子与前门左下角的一个豁口相配合，上门未开，下门打不开；下门不关合，上门也不能关合的联锁装置。

（4）防止带电挂接地线。当断路器合闸，隔离开关打不开，右上下门被前门联锁锁住，从而防止挂接地线。

（5）防止带电接地线合断路器。通过特地设计的接地桩，可以使挂接地线时右下门不能关闭，从而不能关闭上下门，也就无法合上隔离开关，防止带电接地线合断路器。

通过这一整套程序控制，可以有效地防止操作人员误入带电间隔，防止带电挂接地线，防止带地线合隔离开关。"五防"装置每项功能靠机械机构传动来完成闭锁，设备投运后，无需用户考虑"五防"装置。这种方式有防尘、防污染作用，适合污染严重的环境安装，缺点是"五防"装置靠机械机构传动，联动的环节多，操作过程易出现机构卡死故障。

10.1.3 电气型防误系统

电气防误是建立在二次操作回路上的一种防误功能，一般通过隔离开关和断路器的辅助触点联锁来实现，主要包括电气回路闭锁、电磁回路闭锁、电气报警、高压带电显示装置等。

电气闭锁装置利用电磁锁实现防止误操作，由电锁和电钥匙两部分组成，其构造如图 10-1

所示。电锁装设在每个隔离开关操动机构的手柄上，以便把隔离开关锁住，而电钥匙全厂或全站有2~3把。电磁锁的工作原理如图10-2所示。电锁固定在隔离开关的操动机构上，电钥匙可以取下来。电锁用来锁住操动机构的转动部分，即锁芯在弹簧的压力下，锁进操动机构的小孔内，使操动机构的手柄不能转动。电钥匙上有一个线圈和一对插头，电锁有两个固定插座。当断路器QF在断开位置时，其操动机构上的辅助动断触点Q1接通，给插座加上直流操作电压。如需要将隔离开关QS断开，首先应将电钥匙的插头插入插座内，线圈接通电源，产生磁力，锁芯被吸出，锁被打开，隔离开关才能操作。

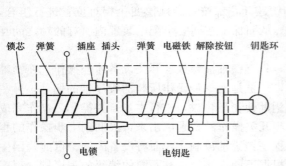

图 10-1　电磁锁的构造示意图

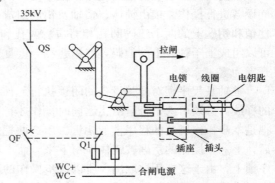

图 10-2　电磁锁的工作原理

当隔离开关在断开位置时，锁芯进入操作手柄下边的小孔内，使隔离开关在锁未打开以前不能进行合闸，而此锁的打开，也只有在断路器处于断开位置时才有可能。当确实合好隔离开关后，将电钥匙的解除线圈按钮按下，切断吸引线圈的电源，锁销在弹簧作用下，插入与隔离开关合闸位置对应的定位孔中，将该状态锁定，拔下电钥匙。如此，可以有效防止带负荷操作隔离开关的误操作。

电气闭锁装置的构成，除了电磁锁之外，还必须要有断路器的辅助触点等构成的闭锁电路。图10-3所示为单母线馈线隔离开关电气闭锁的电路图。两台隔离开关的手柄上分别装有电磁锁插座DS1和DS2，其电源由断路器的动断辅助触点引来，这就保证了只有在断路器断开时，电锁才能被吸住，隔离开关才能操作。

双母线接线系统，除设置断路器检修时操作隔离开关的闭锁接线外，还应设置在母线侧隔离开关倒闸操作时，由母线联络断路器及其隔离开关辅助触点串联组成的隔离开关闭锁接线。

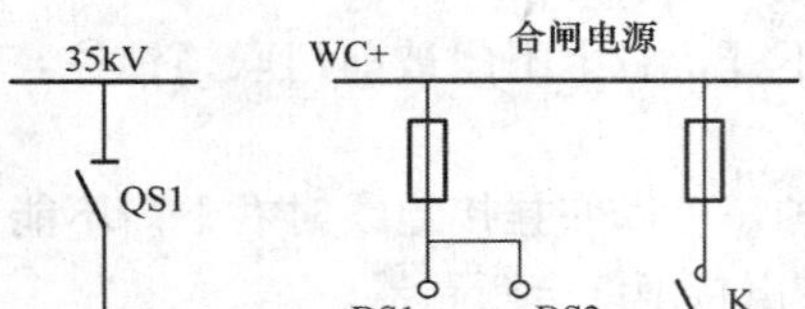

对于具有动力操动机构的隔离开关，除采用电磁锁实施闭锁外，还可以在其控制回路实现电气闭锁。

电气防误闭锁回路是一种现场电气联锁技术，主要通过相关设备的辅助触点连接来实现闭锁。这是电气闭锁最基本的形式，闭锁可靠。但这种方式需要接入大量的二次电缆，接线方式较为复杂，运行维护较为困难，且在运行中存在隔离开关辅助触点不可靠、户外电磁锁机构易损坏等问题。

图 10-3　单母线馈线隔离开关电气闭锁的电路图

电气闭锁回路一般只能防止断路器、隔离开关和接地开关的误操作，对误入带电间隔、接地线的挂接（拆除）等则无能为力。再者其防误功能随二次接线而定，不易增加和修改，不能实现完整的"五防"。

由于机械闭锁和电磁闭锁装置都存在一些固有的缺点，使用维护不便，功能不强，难以满足复杂接线变电站的要求，并且不能和厂站自动化系统联系起来实现实时共享数据，现在越来越多的厂站采用了微机型防误系统。

10.1.4 微机型防误系统

随着计算机及网络通信技术的发展，厂站自动化技术对电气"五防"系统的要求进一步提高，传统电气防误闭锁方式已不能满足要求，微机型防误系统，即微机"五防"系统得到了发展，成为厂站"五防"发展的方向。

1. 微机"五防"的原理

微机"五防"是一种采用计算机技术，用于高压开关设备防止电气误操作的装置。通常由主机、电脑钥匙、编码锁具等功能元件组成。主机是误防系统的大脑，硬件一般采用微机，通过软件来实时接受运行数据，根据设置的条件判断是否满足条件来对电气设备进行操作。电脑钥匙接受主机生成的操作票，对相应的编码锁具进行操作，并为主机采集虚遥信。编码锁具包括电编码锁和机械编码锁，防止对电气设备误操作。

现行微机防误闭锁装置闭锁的设备有断路器、隔离开关、地线（接地开关）、遮栏网门（开关柜门）四类，这些设备通过编码锁具（电编码锁和机械编码锁）实现闭锁，对上述设备须由软件编写操作闭锁规则。

2. 微机防误的操作流程

现在厂站内的防误系统大多数是微机型，以下我们详细说明微机"五防"的操作流程。

"五防"主机上电后，先要接收厂站自动化系统发送过来的实遥信，然后读取电脑钥匙采集的虚遥信，与主机的屏幕显示图形对位。上电对位工作正确完成，才可进行模拟预演，否则，"五防"主机将提醒操作人员此时的操作是危险的。以后，主机会不断通过与厂站自动化系统进行通信，得到厂站内的实际信息。

"五防"操作闭锁过程分为两步：操作预演和实际闭锁操作。

（1）操作预演。由于电力行业的特殊性及其操作的规则性，操作票制度要求：操作人员在正式操作前必须写好操作票，经技术负责人审阅签字后，操作人需在监护人的监护下进行操作预演（目的是为了加深对整个操作过程的印象，避免误操作），预演无误后才可以进行实际操作。

微机系统事先将系统参数、元件操作规则、电气防误操作接线图（简称"五防"图）存入"五防"主机中，当操作人员在"五防"图上进行模拟操作时，系统会根据当前实际运行状态检验其模拟操作是否符合规则。若操作违背了规则，系统将推出对话框，提示正确的操作步骤及相关的操作元件名称和编号；若符合规则，系统将确认其操作，直至结束。基于引入的操作规则和实时信息，使不满足"五防"要求的操作项不能在操作票中出现。模拟操作完结后，可以按照规定的格式打印出操作票。

（2）实际闭锁操作。实际闭锁操作包括三类：上机遥控操作、手动操作和提示性操作。

1）上机遥控操作。在"五防"主机上发送遥控操作命令，通过厂站自动化系统的执行机构输出执行。另外一种更常用的方式是在自动化系统上进行操作，把控制命令传给"五防"主机，得到确认后再执行输出。

2）手动操作。操作人员用电脑钥匙打开操动机构上的编码锁，才能进行的各项操作。

3）提示性操作。不需要实际遥控或开锁的操作，它主要是一些提示信息，如确认元件位置、验电等。

预演后，"五防"主机通过串行口将已校验过的合格操作票传送给电脑钥匙，全部实际的操作将被强制严格按照预演生成的操作票步骤进行。

现场操作时，需用电脑钥匙去开编码锁，只有当编码锁与电脑钥匙中的执行票对应的锁号与锁类型完全一致时，才能开锁，并进行操作。电脑钥匙具有状态检测功能，只有当真正进行了对应操作，钥匙才确认此项操作完毕，可以进行下一项操作。这样就将操作票与现场实际操作——对应起来，杜绝了误走间隔、空操作事故的发生，保证现场操作的正确性。

操作人员在操作到应该上机操作或现场操作完毕时，须将电脑钥匙插回到通信充电控制器上。"五防"主机根据电脑钥匙上送的操作步数，参照所开的操作票，从自动化系统或电脑钥匙得到所操作设备的实际状态，并进行系统状态更新。同时判断操作票是否已执行到上机操作，若是，遥控执行操作票所对应设备的遥控操作（选错对象将禁止遥控）。遥控操作完毕且实时遥信状态返回正确后，才可进行下一步操作。

在遥控之后还需电脑钥匙进行现场开锁时，"五防"主机将当前操作步骤传给电脑钥匙，进行电脑钥匙的操作。如此反复，直到整个操作结束。操作流程如图 10 - 4 所示。

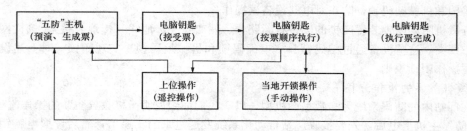

图 10 - 4 操作流程

可以看出，整个实际操作过程均在"五防"主机、电脑钥匙和编码锁的严格闭锁下，强制操作人员按照所开的经过校验合格的操作票进行，从而能够达到软、硬件全方位的防误操作闭锁。

3. 微机"五防"的特点

微机型防误闭锁系统可以与厂站自动化系统有机地结合起来，充分利用已有信息，通过资源共享简化系统结构。信息共享的实现如图 10 - 5 所示。

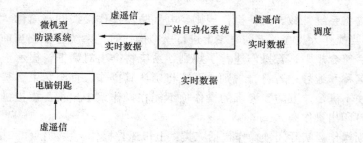

图 10 - 5 信息共享示意图

虚遥信是通过厂站内的电脑钥匙下现场对没有装设辅助触点的操作对象（如采用机械锁来闭锁的网门、接地开关、临时地线、隔离开关等）进行操作，然后向防误主机上传这些状态信息，使防误主机获得这些虚遥信状态，从而全面地监视全厂站的所有操作对象的状态，为操作提供真实可靠的信息。

通过信息共享,防误系统可共享由厂站自动化系统采集的各种实时数据,包括遥信量、遥测量等。厂站自动化系统则可得到由电脑钥匙上送的虚遥信,所有的信息都可送到远方调度控制中心,这样节省了大量信号电缆,并解决了如网门等信号的采集问题,大大提高了系统的性价比。

微机型防误闭锁系统以大屏幕 CRT 或 LCD 取代传统模拟屏,节省了模拟屏的投资费用。高性能微机的使用,使操作更直观方便,人机界面更友好,元件操作规则易编辑输入,操作票的生成管理以及纪录、统计等多方面的功能要求更易实现。

4. 与厂站微机监控系统一体化融合后的防误系统

"五防"系统与厂站微机监控系统一体化融合后的防误系统,是厂站监控系统的一个重要组成部分。"五防"系统完全与监控系统结合在一起,与监控系统可以共用同样的画面和数据库,因此只需要创建一次画面和数据库,就可以同时满足"五防"系统与监控系统的需求,同时,"五防"系统与监控系统共享同样的实时数据。这种"五防"系统包括防误闭锁软件系统以及操作票专家系统两大部分。

(1) 防误闭锁软件系统。系统能够实时反映厂站电气设备状态,并按厂站"五防"的要求来控制厂站微机监控系统,控制电气或机械程序锁具的操作。

遥控的时候,操作员先要在图形显示界面上登录,系统核实用户名和密码后,后台监控系统要进一步判断该遥控对象的分合状态与实际操作的分合是否冲突,如不冲突,则系统要判断操作条件是否满足"五防"要求,不满足就不能遥控。直到通过所有的闭锁条件检查,才能进行下一步推出遥控操作窗口。

防误闭锁软件系统主要通过闭锁逻辑表生成符合"五防"要求的闭锁条件,系统检查闭锁条件中的每一项,以确保所有的条件都得到校核,无一遗漏。逻辑闭锁表中的条件可灵活配置,以充分满足现场用户要求。

除了闭锁条件以外,防误闭锁系统为了提高系统的可靠性,采取以下的措施进一步加强防误检查:

1) 遥控对象都要设置别名,每次操作时,操作人员要手工输入遥控对象的别名,系统会检查此别名是否就是需要遥控对象的别名,如果不是,防误闭锁系统拒绝下一步操作。

2) 在操作人员输入完遥控对象的参数以后还必须由监护人员核对遥控对象信息,在监护人员确认了遥控对象以后,操作人员才可以完成本次遥控操作。

3) 在某个操作人员进行遥控操作时,防误系统自动闭锁全站其他人员对任何对象的操作。直到此操作人员完成了操作,系统才会解除全站闭锁状态。

(2) 操作票专家系统。操作票专家系统包括两个部分:①集成在图形显示界面上的图形开票系统;②基于 Java 平台的操作票管理系统。

图形开票系统可进行"五防"状态预置、画面新开票、调用已存票、利用模板票开票、操作票预演、操作票执行、操作票打印等多项功能。系统可以通过模拟预演进行图形开票,也可以调用操作票软件预先开好的预存票,或者调用模板票生成具体的操作票。对开出的操作票还可以进行操作预演,操作预演功能是操作员参照所生成的操作票,人工在主接线图上进行操作预演。在预演过程中,若操作步骤与参照操作票不一致,程序将给以提示,同时,每一步都进行规则校验,若违反"五防"规则,也给予提示。实际"五防"操作是对操作票的执行过程,执行可以选择通过遥控方式或与"五防"钥匙通信进行就地操作。一张操作票可以配置成部分通过遥控执行,部分通过与"五防"钥匙通信进行就地操作,也可以配置成全部通过一种操作方式完成。

操作票管理系统可实现操作票的统一管理，可开票、修改操作票、打印操作票，对操作票进行查询、统计，管理"五防"操作术语表和自动插入术语表，可增加、修改、删除记录并同时保存到商用数据库中。数据库将操作票系统的各种信息存储在其中的为各应用软件提供读写访问接口。

操作票开好以后需要传给"五防"钥匙，以便进行遥控操作，过程如下：监控主机将开好的操作票通过串行口传给电脑钥匙，与电脑钥匙相配合，实际操作将被强制必须严格按照生成的操作票步骤进行。现场操作需用电脑钥匙去开编码锁和确认提示性操作，只有当编码锁与电脑钥匙中存放的操作票所对应的锁号与类型完全一样时，开锁才能成功，才能进行操作。此项操作完毕后，电脑钥匙才能去开与操作票下一步操作所对应的编码锁，这样就将操作票与硬件操作一一对应起来，杜绝了误走间隔操作事故的发生，保证操作的正确性。电脑钥匙在操作到应该上机操作或现场操作完毕时，须将电脑钥匙插到监控主机（或"五防"机）串口上。监控主机根据电脑钥匙上送的操作步数，得到被操作设备的虚遥信，更新已操作设备状态至当前实际状态。

需要指出的是，在操作预演和执行操作票时，都需要进行"五防"检查，以确保遥控操作可靠安全地进行。

10.1.5 分散式"五防"的发展

1. 微机"五防"的不足

近年来，随着微机防误技术的应用和发展，微机"五防"广泛运用于新建变电站和电厂，同时，许多老站也在进行微机"五防"系统的加装或改造。微机防误与传统的机械式和电气式防误装置相比有许多优点，但是也存在一些不足。

（1）微机"五防"系统一般安装在发电厂或变电站的控制室内，通过当地"五防"机进行模拟操作，通过自动化系统按顺序对断路器和隔离开关进行遥控操作，对于站内的操作可以起到防误的功能，但对于远方调度或集控站的遥控操作则无法起到防误的作用。随着无人值班变电站的增多，这个问题越来越严重。

（2）微机"五防"系统通过软件将现场大量的二次闭锁回路变为电脑中的"五防"闭锁规则库，实现了防误闭锁的数字化，并可以实现以往不能实现或者是很难实现的防误功能，但微机"五防"系统的漏洞和其致命的弱点在于，其"五防"功能以操作逻辑为核心，对于无票操作和误碰（主要是检修人员）则有可能变成不设防。

（3）微机"五防"系统可根据现场实际情况，编写相应的"五防"规则，可以实现较为完整的"五防"功能。但是在微机系统故障而解除闭锁或通信中断时，"五防"功能完全失去或使正常的操作都无法进行。

（4）微机"五防"系统还存在"走空程"（操作过程中漏项）导致误操作的问题。电脑钥匙采用机械接收探头或光电接收探头，由于接触不好或灰尘引起误码，使编码锁不能正确开启或误操作，电脑钥匙无法得到实际的隔离开关状态，容易产生走空程操作，导致恶性事故。

2. 分散式"五防"

随着计算机、网络和通信技术的进步，"五防"的分散实现成为可能。许多线路测控单元提供了强大的逻辑处理能力，可以设置各种逻辑来实现逻辑闭锁功能。把各条线路的操作"五防"分散给了相应的测控单元，完全实现全站的"五防"功能，同时改进和避免了微机型防误装置的不足。

由于没有专用的"五防"机，避免了由于计算机死机造成的防误解锁或正常操作无法进行的问题。只要测控装置运行正常，其相关的防误逻辑就能正常工作。

解决了远方调度或集控站的操作问题。不论操作是来自当地自动化系统、手动操作，或是来自远方调度、集控站，均需通过二次电气操作回路，只要把防误逻辑节点串入操作回路，就可实现对所有的控制操作进行逻辑运算。这种方法的示意见图 10-6。当防误条件满足可以进行操作时，逻辑触点闭合，进行相应操作；否则二次电气回路不通，无法进行任何操作。

对于需要手动操作的设备，如隔离开关、网门等，需要加装电子锁。电子锁的任务是锁住接地开关、网门等手动操动机构。在控制电源回路中串入防误输出触点，当防误条件满足可以进行操作时，逻辑触点闭合，电子锁得电，可以打开锁具进行操作，当防误条件不满足时，逻辑触点打开，电子锁失电，不能打开锁具进行操作，这样就可实现防误操作，这种方法的示意见图 10-7。

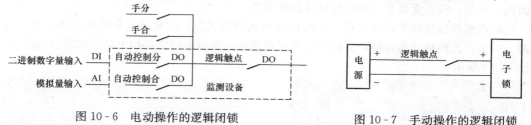

图 10-6 电动操作的逻辑闭锁　　　　　图 10-7 手动操作的逻辑闭锁

由于所有的信号都可由测控单元采集获得（包括断路器、隔离开关、接地开关的状态信号），解决了"走空程"的问题。

这种方式减少了操作环节，省略了"五防"主机、电脑钥匙、编码锁具等装置，减小设备损坏的概率，减少了备品备件，节省了投资，提高了可靠性。

10.2 模 拟 屏

模拟屏一般安装在发电厂和变电站的控制室内，是实现集中监视和控制的重要人机界面。由于显示直观清晰，画面位置固定，对运行值班十分方便。

10.2.1 产品分类

模拟屏的种类繁多，有很多不同的分类标准，主要包括以下几种。

1. 按用途分类

按用途分为电力系统模拟接线屏、仪表屏、信号返回屏、地理接线屏和记录仪表屏等。

2. 按对模拟显示元件的操作方式分类

按对模拟显示元件的操作方式分为下位操作屏（即调度员在镶嵌式模拟屏上操作）和不下位操作屏（即自动控制或键盘操作）。

3. 按模拟显示元件的显示方式分类

按模拟显示元件的显示方式分为灯光屏、电磁翻牌屏和机械对位屏等。

4. 按结构分类

按结构分为落地式和悬挂式、折线形和圆弧形。

5. 按阻燃性能分类

按阻燃性能分为阻燃型和非阻燃型。

10.2.2 组成

不论采用什么样的分类方式，传统的模拟屏大多采用马赛克结构，基本组成包括屏架、塑料拼块和边屏。

屏架是模拟屏的支撑部分，既可以采用金属材料，也可以采用木质结构。

模拟屏多数采用马赛克塑料拼块组成屏面，采用这种方式有以下优点：①模拟屏可以容易地改变或者添加，不需要专用工具，甚至不用停电；②模拟屏结构紧凑，表计、信号灯、光字牌、开关及操作组件可以直接嵌入到屏面；③由于马赛克塑料拼块又轻又小，可以很容易做出大的控制屏，也可以做成弧形；④塑料拼块可以重复使用。

马赛克拼块是模拟屏的主要组成部分，屏面由单元拼块拼装而成，显示的内容均匀分布于屏面上。拼块一般是采用工程原料注塑而成，要求有足够的防火阻燃性，其阻燃标准达到美国安全认证委员会的 UL-94V 级标准。并且，还要具有足够的耐老化性能，长期使用不易变色；表面色彩均匀一致，无反光、缩瘪及机械伤痕现象。

马赛克塑料拼块有两种基本样式，网格式和无网格式的。网格式有外围的框架，把拼块分别嵌入即可；无网格式通过拼块之间的插槽互相连接。典型的网格式和无网格式拼块如图 10-8 和图 10-9 所示。

图 10-8　网格式马赛克

图 10-9　无网格式马赛克

屏面完成后，在上面绘制站内的接线图，电力符号、线路等可以采用活盖模具压制，凹槽凸漆，字码采用仿形铣成型后涂漆，也可以全部采用丝网印刷制作。

屏面还需要安装各种表计，信号灯、光字牌、开关及操作组件，常见的包括：

（1）数据显示器（包括指针式或数字式电量仪表）：显示电流、电压、分接头指示、有功、无功、功率因数、频率等模拟量。

（2）状态显示器：主要显示线路开关状态、检修状态、接地指示等遥信信息状态。

（3）时间显示器：显示年月日、安全生产天数等信息，可独立使用，也可与 GPS 连接。

（4）事故音响报警装置。

（5）控制器。

（6）电源。为屏上所有电器元件提供能源的驱动装置。

在下位操作屏上一般还有控制按钮，用来实现模拟操作，也可进行实际操作。模拟开关具有按键式和旋转式两种。

一个完整的模拟屏如图 10-10 所示。

10.2.3　功能

模拟屏的主要功能是在操作人员和设备之间建立一个沟通的手段。模拟屏要提供一个清晰、易懂的排列和显示，从而使运行人员看到全站的运行情况，在事故发生时迅速采取措施。在模拟屏中，电气接线和设备一般按实际设备的间隔排列。

在变电站内模拟屏上，站内主接线图、开关状态、检修状态、接地指示等遥信信息状态用信号灯、翻牌等表示，电流、电压、分接头指示、有功、无功、功率因数、频率等模拟量一般加装指针或数字显示表记。在下位操作屏上，还可以实现模拟操作。

模拟屏上信号的采集最初是接入二次电缆，实际采集所需要的信号量和模拟量，现在一般可以通过与站内监控与自动化系统通信得到，减少了接线，工作大大简化。模拟控制也可以通过监控与自动化系统进行。对模拟显示元件的规定，见表 10 - 1。

表 10 - 1　　　　　　　　　　　　模拟显示元件的规定

对象运行状态	模拟显示元件显示方式			
	灯光		电磁翻牌	机械对位
	双色	单色		
分（断）	绿	绿（或暗）	断开符号	断开位置
合（通）	红	暗（或红）	接通符号	接通位置
分→合	红长绿短闪光	暗长绿短闪光（或红长暗短闪光）	通长断短闪动	断开位置闪光
合→分	绿长红短闪光	绿长暗短闪光（或暗长红短闪光）	断长通短闪动	接通位置闪光

模拟屏必须能够接受远动装置、在线监控计算机或模拟屏控制器的信息控制，并具有以下功能：

（1）采用灯光显示方式时，可具有亮度调节及亮、暗屏切换功能。当暗屏运行时，一旦被模拟的对象有状态变位，应自动局部或全部转为亮屏运行。

（2）具有音响告警功能（包括音响解除）。

（3）具有失电保护功能（记忆功能）。当失电时间不大于 20min 时，在电源恢复后，模拟显示元件能自动重现失电前的状态。

（4）具有模拟显示元件检查功能（试灯功能）。全部模拟显示元件均可用自动或手动方式转换其状态，以便在进行检查试验时不会影响其原来的记忆状态。检查可分定期检查和随机手动检查两种。

（5）要具备安装数字显示元件及模拟量记录仪表的条件，还可以在屏上显示安全天数以及年月日运行牌。

10.2.4　模拟屏与厂站监控与自动化系统的关系

传统的模拟屏显示的信息部分取自模拟屏驱动器，部分重要的开关量和模拟量直接取自现场的传感器。随着厂站监控与自动化系统的普及，在站内可通过监控与自动化系统得到实时运行信息。各段电流、电压、频率等值以及开关状态能通过智能接口转送到模拟屏显示，方便观察，一目了然。

模拟屏和监控及厂站自动化系统的关系示意图见图 10 - 11。

另外，可通过通信对模拟屏进行显示元件检查功能（试灯功能），包括弱屏、暗屏、亮屏、闪动、停闪等广播命令，也可分别对单个元件进行测试。

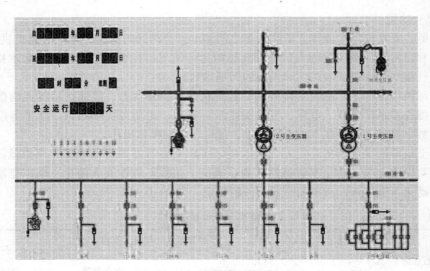

图 10-10　完整的模拟屏

10.2.5　模拟屏的发展

1. 投影系统

模拟屏的优点是直观、清晰，使运行值班人员对厂站的运行有一个整体概念，缺点是基于性价比的考虑，不可能把所有的细节都显示在模拟屏上。另外，模拟屏还存在占用生产场地面积过大、不易修改、维护量大等缺点。

随着站内监控与自动化系统的普及，所有的信息和操作都可以在监控计算机上进行。CRT显示器可显示厂站接线图的细节，实时量丰富准确，画面种类多，修改方便，不存在维护。但也存在屏幕过小，不易体现系统全局状况的不足之处。采用投影系统即可弥补这种不足。投影示意图见图 10-12。

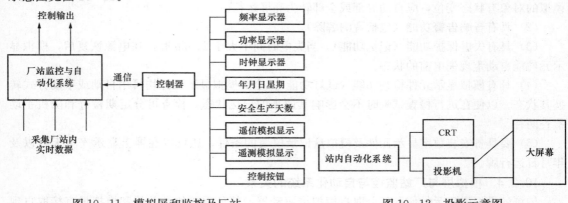

图 10-11　模拟屏和监控及厂站自动化系统的关系示意图　　　　图 10-12　投影示意图

大屏幕投影系统是将光学、电子学、材料学、控制原理集于一体的高新技术产品，一般由投影机、屏幕和信息传输接口及电缆构成。高保真数据图像投影机在外接计算机和视频信号时能将图像精确完美地投影在屏幕上，以获得清晰亮丽的投影图像效果。

大屏幕投影系统恰好克服了模拟屏和CRT显示器的缺点，融合和体现了其优点，从功能上可以代替不下位操作屏的功能。现在厂站自动化系统的功能越来越强大，许多已经具备了模拟操作和"五防"的功能，可以逐步取代传统的模拟屏方式。

2. 与防误系统的融合

下位操作屏的发展是与防误功能日渐融合，成为具有智能防误作用的智能模拟屏。在不操作的时候作为显示实时状态数据的模拟显示屏使用，显示变电站（或发电厂）一次系统的设备运行状态，实现在线显示、报警及控制。需要操作时可进行操作票执行前的预演操作，自动判断模拟预演操作是否符合电力主管部门"五防"原则，如有误操作，立即声光报警，完成防误系统的功能。

模拟屏有多种模拟预演方式（后台机预演、专家系统预演、模拟屏预演），在操作屏上进行模拟预演、检验完操作票之后，可直接在屏上对电动操作设备进行操作，也可以在监控与自动化后台进行操作。

智能模拟屏将微机"五防"闭锁模拟屏、常规控制屏、监控装置三者合一，集微机监控功能、微机"五防"闭锁功能、常规控制屏操作监视功能、备用操作系统功能、遥视功能于一体，可靠性高、清晰直观，实现了充分的资源共享，综合经济效益显著。

随着无人值班变电站的增多和技术的进步，模拟屏的显示形式还会存在下去，但其实质内容已经与原概念相去甚远。

10.3 电压—无功功率自动调节

电压—无功功率自动调节是根据电压与无功功率的互动关系，为了达到需要的电压范围，而采取调节变压器分接头、电容器、电抗器等设备，改变变压器变比和无功功率的大小，从而得到满意的电压值。

10.3.1 电压—无功功率调节的意义

用电设备都是按照在额定电压下运行的条件设计制造的，当其端电压与额定电压不同时，用电设备的性能就受到影响。

白炽灯的电压特性如图 10-13 所示。

白炽灯对电压变动很敏感，从图 10-13 中可看出：当电压较额定电压降低 5% 时，白炽灯的光通量减少 18%；当电压降低 10% 时，发光效率将下降 30% 以上，照度显著降低。当电压比额定电压升高 5% 时，白炽灯的寿命减少 30%；当电压升高 10% 时，寿命减少一半，这将使白炽灯的损坏显著增加。

异步电动机的转矩和端电压的平方成正比，当端电压下降到额定电压的 90% 时，它的最大转矩将下降到额定电压下最大转矩的 81%。电压下降过多时，带额定转矩负载的电动机可能停止运转，带有重载（如起重机、碎石机等）启动的电动机可能无法启动，如图 10-14 所示。从图 10-14 可以看到，电压过低会导致电动机电流显著增大，使绕组温度上升，加速绝缘老化。严重情况下，甚至使电动机烧毁。

电压的稳定对于保证国民经济生产、延长生产设备的使用寿命有着重要的意义，而减少无功功率在线路上的流动，可以降低网损，有效地调节电压的波动，从而保证供电部门的供电质量，提高供电部门的经济效益。

10.3.2 电压—无功功率调节的原理

对于联系电网和用户的变电站来说，保证变电站用户端的电压水平接近额定值，对提高全网电压质量有重要的现实意义。电力系统的运行电压取决于系统无功功率的平衡，维持电网正常运行下的无功功率平衡是改善和提高电压质量的基本条件。

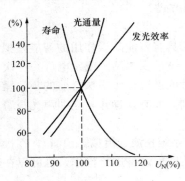

图 10-13　白炽灯电压特性

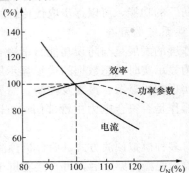

图 10-14　异步电动机电压特性

下面以一个简单的电力系统为例，来说明电压—无功功率控制的工作原理。

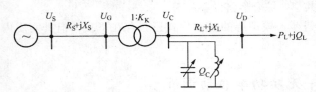

图 10-15　简单的电力系统示意图

图 10-15 为一终端变电站的等值电路图，图中各参数皆以标幺值表示。U_S 为大系统电源电压，可视为恒定值。R_S、X_S 为高压网与变压器的总电阻和总电抗，U_G、U_C 分别为主变压器（理想变压器）的一次、二次电压，U_D 为用户端电压，P_L、Q_L 为用户端有功与无功负荷。R_L、X_L 为低压线路的电阻、电抗值。调节量为主变压器变比 K_K 和电容补偿的无功功率 Q_C。通过调节 K_K 和 Q_C，即可使二次母线电压 U_C 按照逆调整准则满足用户负荷变动时相应电压的要求。调控目标和方式如下：

（1）使用户端电压维持在 $(0.95\sim1.05)U_{DN}$（U_{DN} 为用户端额定电压）的范围内对变电站低压母线电压 U_C 实现"逆调整"。

U_C 应为一允许的带状区域。在多用户的情况下，U_C 为对各个用户计算出的电压曲线带的公共区域。对单一用户，U_C 应满足下式

$$U_C = (0.95 \sim 1.05)U_{DN} + \frac{P_L R_L + Q_L X_L}{U_{DN}} \tag{10-1}$$

式（10-1）中，等式右侧的第一部分为用户端电压允许的变化范围，第二部分为低压线路的电压损耗。

（2）使高压网与变压器的功率损耗 ΔS 最小，有

$$\Delta S = \left[P_L^2 + (Q_L - Q_C)^2\right] \cdot \frac{R_S}{U_C^2} + j\left[P_L^2 + (Q_L - Q_C)^2\right] \cdot \frac{X_S}{U_C^2} \tag{10-2}$$

合理调节变压器变比 K_K 和补偿电容量即可以改变二次电压 U_C 及无功补偿量 Q_C，从而使 ΔS 达到最小，并使 U_C 处于允许的带状区内。

令 $Q = Q_L - Q_C$，对式（10-1）和式（10-2）变量 K_K 和 Q_C 的隐函数求导，并做一些简化处理后，可以得到

$$\Delta Q = A\Delta K_K - B\Delta Q_C \tag{10-3}$$

$$\Delta U_C = C\Delta K_K + D\Delta Q_C \tag{10-4}$$

式（10-13）和式（10-14）中，A、B、C、D 的值为

$$A = \frac{1}{X_S + X_L}, B = \frac{X_S}{X_S + X_L}, C = \frac{X_L}{X_S + X_L}, D = \frac{X_S X_L}{X_S + X_L}$$

由式（10-3）和式（10-4）看出，为了使电压与无功功率达到所需的值，可采用通过改变主变压器分接头挡位以改变变比 K_K 和电容器组投退来改变系统的电压与无功功率。

1. 调节分接头挡位

分接头的变化不仅对电压有影响，而且对无功也有一定的影响，同样电容器组的投切对无功影响的同时也对电压起着一定的影响。

下面以一台变压器来分析一下各种情况下的电压与无功调节方式。由式（10-3）和式（10-4）可得出分接头调节对电压及无功的影响趋势见图 10-16。

图 10-16 中，A 为调节前的运行暂态点。当分接头上调即 K_K 变大时，U 变大，Q 变大，到达 U 与 Q 预计运行点 A1；当分接头下调即 K_K 变小时 U 变小，Q 变小，到达 U 与 Q 预计运行点 A2。

2. 投切电容器

电容器投切对电压及无功功率的影响趋势图如图 10-17 所示。

图 10-17 中，A 为调节前的运行暂态点。当投入电容器后，U 变大，Q 变小，到达 U 与 Q 预计运行点 A1；当退出电容器后，U 变小，Q 变大，到达 U 与 Q 预计运行点 A2。

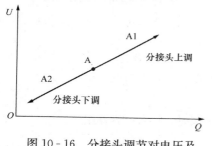

图 10-16　分接头调节对电压及
无功功率的影响趋势图

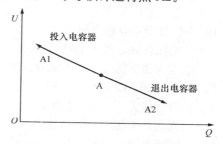

图 10-17　电容器投切对电压及
无功功率的影响趋势图

10.3.3　电压—无功功率的控制策略

目前，全国很多供配电变电站都装设有载调压变压器和并联电容器组，通过合理地调节变压器的分接头和投切电容器组，就能在很大程度上改善变电站的电压质量，实现无功潮流合理平衡。

随着变电站负荷的波动，对其电压与无功功率控制的需求往往很频繁。如果由值班人员进行调节干预，则会增加值班人员的负担，而且很难做到调节的合理性。

现在厂站监控与自动化系统的能力有了很大提高，系统的采样精度与响应速度均有很大的改善，各种方式接入的信号范围较以往系统有了很大的扩展，因此在现有的当地监控系统中，用软件模块来实现电压与无功的自动调节，理论上所需的条件已经具备。

根据调节原理，可以将整个调节区域划分成"井"字形九区，在各个区内执行相应的控制策略。控制分区见图 10-18。

只有第 9 区间满足运行条件，一旦运行参数（电压和无功或功率因素）偏离 9 区，则控制器就发出相应的控制命令使运行点返回 9 区。

该原理应用较早，但存在一些缺陷，主要是其控制判断依据对电压越限的综合识别能力较弱，会导致对电容器组和分接头的频繁调节或盲目调节。

后来，出现了一些改进的控制策略，如对 9 区进行了细分，对容易导致频繁动作的区域进一步细分，如 17 区图、模糊边界控制策略等。

改进的策略如图 10-19 所示，主要是把容易引起频繁动作的 1 区和 5 区分别分为上、下两个区，各区域的控制策略如下（这里的无功功率上下限，若是用无功功率作为限值，就是给定限值；若是用功率因数作为限值，则是用有功功率和功率因数限值折算后的限值。电压优先就是控制目标为保证电压达到要求，如果电压和无功功率无法同时满足要求时，先考虑电压；无功功率优先是保证无功功率达到要求。）：

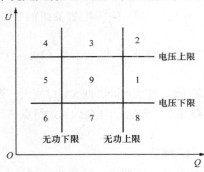

图 10-18　以电压和无功功率作为坐标的控制分区图

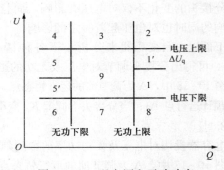

图 10-19　以电压和无功功率作为坐标的控制分区图

区域 1：U 正常，Q 越上限。
　　电压优先：投入电容器组。
　　无功功率优先：投入电容器组。
区域 $1'$：U 正常偏大，Q 越上限。
　　电压优先：下调分接头。
　　无功功率优先：下调分接头，无分接头可调时，投入电容器组。
区域 2：U 越上限，Q 越上限。
　　电压优先：下调分接头，无分接头可调时，强退电容器组。
　　无功功率优先：下调分接头。
区域 3：U 越上限，Q 正常偏大。
　　电压优先：下调分接头，无分接头可调时，退出电容器组。
　　无功功率优先：下调分接头，无分接头可调时，退出电容器组。
区域 4：U 越上限，Q 越下限。
　　电压优先：退出电容器组，无电容器组可退时，下调分接头。
　　无功功率优先：退出电容器组，无电容器组可退时，下调分接头。
区域 5：U 正常，Q 越下限。
　　电压优先：退出电容器组。
　　无功功率优先：退出电容器组。
区域 $5'$：U 正常偏小，Q 越下限。
　　电压优先：上调分接头。
　　无功功率优先：上调分接头，无分接头可调时，强投电容器组。
区域 6：U 越下限，Q 越下限。
　　电压优先：上调分接头，无分接头可调时，强投电容器组。
　　无功功率优先：上调分接头。
区域 7：U 越下限，Q 正常偏小。
　　电压优先：上调分接头，无分接头可调时，投入电容器组。
　　无功功率优先：上调分接头，无分接头可调时，投入电容器组。

区域 8：U 越下限，Q 越上限。

　　电压优先：投入电容器组，无电容器组可投时，上调分接头。

　　无功功率优先：投入电容器组，无电容器组可投时，上调分接头。

区域 9：U 正常，Q 正常。

　　电压优先：正常，保持现状。

　　无功功率优先：正常，保持现状。

　　注意：电压优先时，上调/下降分接头、投入/退出电容器之前，将计算动作后的电压值是否越界；无功功率优先时，上调/下降分接头、投入/退出电容器之前，将计算动作后的无功功率值是否越界（强投/强退除外）。电抗器在各区动作与电容器相反，若两者同时存在，程序将先切后投，保证两者不会同时投入运行。

10.3.4　电压与无功功率调节的实现方式

1. 控制流程

　　电压—无功功率控制有多种实现方式，但其设计的思路是相同的，电压—无功功率控制实现流程如图 10-20 所示。在启动后，采集变电站的运行数据，检查 U、Q、$\cos\varphi$ 等是否满足预设条件，如果不符合条件，要识别现在的运行方式，从控制策略表中得到相应的控制策略，进行相应的操作。

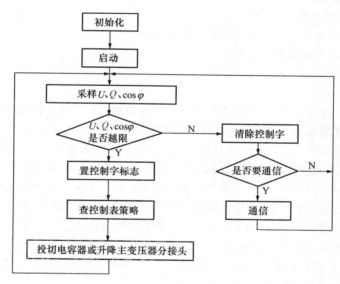

图 10-20　电压—无功功率控制实现流程图

2. 功能与要求

电压—无功功率控制要遵循以下原则：

（1）以变压器二次侧电压为控制目标，要求其在允许范围内。

（2）可使无功功率灵活地在一定范围内设定。在电压合格范围内充分利用电容器的补偿作用，尽可能提高进线功率因数。

（3）确保有载调压能分级运行，一次只调一挡，并能防止连调（滑挡）或拒动。多台主变压器并列运行时，能保证同步调挡。

（4）电容器投切可实现轮换，并可灵活投切。轮换原则：先投先切，可保证同一台电容器在小于放电时间内不再动作。

（5）能显示分接头挡位、电容器开关状态、母线电压、主变压器电流、主变压器高压侧无功功率以及主变压器分接头与电容器的动作次数等。

（6）能满足现场闭锁条件提出的要求，如电容器退出运行（检修）或主变压器操动机构故障等。

（7）在保证电压合格、无功基本平衡的前提下，尽量减少调节次数，尤其是减少有载分接头的调节次数。

（8）通信联络、运行状态信息、自诊断信息能向外传送，也可接收调度或监控主机发来的命令，实现运行定值、运行方式的远方设定。

（9）能进行峰谷时间设定，即可通过峰谷平时段的不同，选择不同的电压和无功功率设定值。

（10）为使VQC自动投切电容器及调节主变压器分接头可靠且安全运行，除了考虑其控制条件外，还应考虑其闭锁条件，即在某些情况下，应能闭锁VQC，使其不致动作。如在系统发生故障或事故，造成频率、电压下降到一定值就应闭锁VQC，这些条件主要包括：

1）系统发生故障；

2）变电站母线发生故障（或事故）；

3）主变压器发生故障或事故；

4）主变压器异常运行；

5）VQC的TV发生异常；

6）电力电容器本身及回路装置发生故障或事故；

7）主变压器分接头控制器发生异常；

8）主变压器或电力电容器正常退出操作。

3. 实现方式

（1）硬件实现。硬件VQC是自带I/O系统的独立装置。由于它不依赖其他装置，具有自己独立的数据采集和控制部件，能根据所需量的多少实时通过CPU运算得到所需的控制输出，因而能克服通信延时而实现及时控制，这时是否取消当地后台无关紧要。由于VQC集I/O系统和计算判断于一身，特别是有关的闭锁信号，因有相应装置的硬节点信号输入，从而大大加强了VQC闭锁的快速性和可靠性。另外，调节速度也能满足运行要求，且参数的设定和调试都比较方便。缺点是造价较为昂贵，输入/输出需要铺设较多电缆，且安装工作量较大。

其结构除微机本身（CPU、RAM、ROM）、必要的外部设备（显示器、打印机、键盘）及其接口外，还必须配备与现场联系的接口，如模/数转换（用来采集电压和无功等模拟量）和开关输入/输出等接口。工业控制计算机和可编程逻辑控制器（PLC）都可以作为硬件VQC的实现方式。硬件原理如图10-21所示。

（2）后台软件实现。软件VQC依附于厂站自动化系统的后台计算机，是后台监控系统的一个子模块。这种方式的实现可见图10-22。它借助于自动化系统进行数据采集和控制，本身没有专用的硬件I/O系统，利用现成的各种信息（遥测、遥信、保护等），通过运行控制算法，实现对主变压器的调节和电容器的控制。这种方法的优点是：信息量全（类似一个小型调度中心），全站的信息都能得到，可以得出完整的输出；省去了专用的硬件设备，不需要单独铺设电缆，减少了成本，降低了工作量；人机界面友好，参数设置简单，调试方便。一般来说，这种VQC的调节速度能够满足要求，但由于数据采集和控制要经过多个环节，因此VQC的闭锁速度往往达不到要求。由于存在通信延时，及时性不够，而且调节功能的实现依赖数据采集装置、控制装置及通信装置的完好性。因此，整个VQC的可靠性取决于网络通信、I/O装置和后台主机的运行情况，独立性不强。

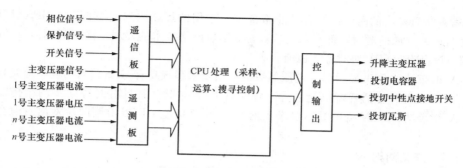

图 10-21 硬件原理图

另外，后台监控系统经常有人操作或干预，容易出现死机等异常现象。

（3）自动化网络型。自动化网络型 VQC 采用单独的 CPU 装置，如可以采用一台工控机，但其 I/O 模块是借助于网络与自动化系统共用，本身不带独立的 I/O 模块。实现方式见图 10-23。这样做的优点是无须铺设电缆，但是由于其核心部分采用了单独的 CPU 装置，因而调节与闭锁速度较快，相对于后台软件 VQC 来说，更容易获取闭锁信号。缺点是整个 VQC 的可靠性取决于网络通信、I/O 装置和 VQC 主机的运行状况。

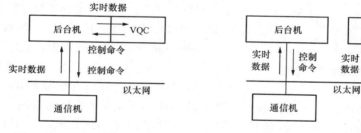

图 10-22 软件方式的实现   图 10-23 自动化网络型的实现

10.3.5 智能技术的应用

智能技术是模仿人脑的作用，对信息进行收取和加工推理。它从代表性的简单精确计算，发展到模糊数学并扩大为对所有的不确定性的辨识、思考、预测、优化、决策等方面的计算和控制。随着计算机技术的飞跃发展，智能技术也得到了新的进展，形成了智能计算和软件计算，包括模糊控制方法、演化算法、遗传算法及人工智能等。这些智能计算和专家系统、神经网络、TABU 搜索、数据分析、自适应等技术以及常规计算密切结合，互为补充，相得益彰，概称职能技术。

在控制策略中采用智能技术，能够更全面分析运行情况，设置更复杂的条件，减少一些反复调节，更好地保证电力系统的运行。

随着智能技术的发展，越来越多的电压无功调节装置采用了这些技术。它们能够充分发挥电容器的经济技术效益，能在无功平衡和保证电压合格的前提条件下，使变压器的调节次数最少，调节更为精细、准确，减少盲目动作的概率。

10.4 对 时

对时要求是厂站监控与自动化系统的基本要求。许多系统要求厂站内 SOE 的分辨率达到

1ms，这就意味着站内的时间系统必须非常准确。常用的厂站内对时有两种：GPS对时，即所谓的硬对时；主站通信对时，即所谓的软对时。随着网络技术的发展，网络时间协议/简单网络时间协议（NTP/SNTP）对时方式也渐有应用。

110kV枢纽站和220kV及以上电压等级的厂站要求系统具有GPS对时功能，对站控层设备和间隔层IED设备（包括智能电能表等）均实现GPS对时，并具有时钟同步网络传输校正措施。110kV终端站、35kV变电站不要求当地GPS对时功能，可以由调度端发出对时命令进行对时。

10.4.1 主站对时

在一些比较老的厂站内，没有安装GPS，或者原有的厂站内监控与自动化系统不支持GPS对时方式，这时一般采用由主站端通过对时命令对站内系统进行对时，然后由站控层的通信单元对间隔层的设备进行对时。典型的主站对时系统如图10-24所示。

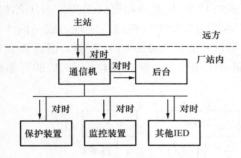

图10-24 主站对时系统示意图

主站与厂站的通信规约一般都支持对时命令，如u4F、SC1801、IEC 60870-5-101、IEC 60870-5-104等，但是还是有所不同。在一些比较早的系统与主站的通信规约中，对时命令中没有绝对的系统时间，只有相对某一时刻的相对时间，厂站内的自动化系统收到后要经过一定的计算才能得到准确的时间。例如SC1801，它的同步系统时间命令（SST）中时间为48位二进制值，表示与参考时间EPOCH（一般为1970年1月1日）的相对值。系统时间分为两部分，前32位中放秒值，后半部6位放1/10ms值。厂站自动化系统收到时间后与EPOCH相加就可以得到实际的时间。厂站向主站报告事件顺序记录（SOE）时每个SOE报告项中的时间也是48位二进制值，主站得到相对时间后计算出实际的发生时间。

较新的变电站一般采用微机系统，与主站的通信规约也采用一些较新的规约，主站可以通过下发实际时间进行对时。例如IEC 60870-5-101，对时报文中采用56位二进制值表示时间，包括毫秒、秒、分钟、小时日、月、年等信息，站内系统可以得到完整的时间。

站控层之间和站控层与间隔层装置之间的对时也采用通信对时方式。为了减小误差，可以采用广播方式发送对时命令。现在的站控层一般采用100M以太网，与远动机的对时误差较小。与间隔层的通信如果采用RS 485等串口方式，由于通信速率较低，会有较大的误差，如果采用以太网方式，则可以缩小这个误差。

由于远动机与主站的通信存在延时，特别是一些厂站与主站的通道还采用Modem，通信速率很低，通常只有300～1200bit/s，通信报文需要几十或几百毫秒才能到达厂站，再加上处理时间，这种方式会有较大的误差。通过对报文传输时间和处理时间的补偿，可以缩小这种误差，但很难精确到毫秒级。

另外，如果主站的时间不准，会造成相关的所有厂站时间不准。所以，现在有越来越多的站内系统采用了GPS对时。

10.4.2 GPS对时

1. GPS的概念

全球定位系统（Global Positioning System，GPS）是美国第二代卫星导航系统，由空间部分、地面监控部分和用户接收机三大部分组成。

全球定位系统的空间部分使用 24 颗高度约 2.02 万 km 的卫星组成卫星星座。21+3 颗卫星均为近圆形轨道，运行周期约为 11h58min，分布在 6 个轨道面上（每轨道面四颗），轨道倾角为 55°。卫星的分布使得在全球的任何地方，任何时间都可观测到 4 颗以上的卫星，并能保持良好定位解算精度的几何图形（DOP）。这就提供了在时间上连续的全球导航能力。

每颗 GPS 卫星所播发的星历，是由地面监控系统提供的。卫星上的各种设备是否正常工作，以及卫星是否一直沿着预定轨道运行，都要由地面设备进行监测和控制。地面监控系统另一重要作用是保持各颗卫星处于同一时间标准——GPS 时间系统。这就需要地面站监测各颗卫星的时间，求出钟差。然后由地面注入站发给卫星，卫星再由导航电文发给用户设备。地面监控部分包括 4 个监控站、1 个上行注入站和 1 个主控站。监控站设有 GPS 用户接收机、原子钟、收集当地气象数据的传感器和进行数据初步处理的计算机。监控站的主要任务是取得卫星观测数据并将这些数据传送至主控站。主控站设在范登堡空军基地，它对地面监控部分实行全面控制。主控站主要任务是收集各监控站对 GPS 卫星的全部观测数据，利用这些数据计算每颗 GPS 卫星的轨道和卫星钟改正值。上行注入站也设在范登堡空军基地。它的任务主要是在每颗卫星运行至上空时把这类导航数据及主控站的指令注入到卫星。这种注入对每颗 GPS 卫星每天进行一次，并在卫星离开注入站作用范围之前进行最后的注入。

GPS 信号接收机的任务是：能够捕获到按一定卫星高度截止角所选择的待测卫星的信号，并跟踪这些卫星的运行，对所接收到的 GPS 信号进行变换、放大和处理，以便测量出 GPS 信号从卫星到接收机天线的传播时间，解译出 GPS 卫星所发送的导航电文，实时地计算出测站的三维位置，甚至三维速度和时间。GPS 信号接收机一般包括导航型接收机、测地型接收机和授时型接收机。由于主要用来对厂站自动化系统进行对时，所以站内采用的 GPS 卫星天文钟属于授时型接收机。

2. GPS 卫星天文钟

GPS 卫星天文钟选用可同时跟踪多颗 GPS 卫星。当能够接收 4 颗卫星信息时，可以决定 GPS 天文钟的实际位置。一旦初始化完成，即使只锁定一颗卫星，也可实现授时功能。接收到的卫星信号经单片机处理，将时间信息转换为标准北京时间（或世界时）和公历日期。显示屏可显示北京时间/公历日期、系统时间和系统频率。GPS 卫星同步时钟原理见图 10 - 25。

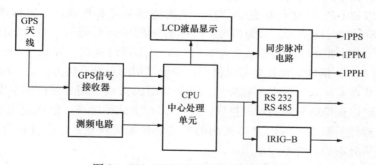

图 10 - 25　GPS 卫星同步时钟原理图

GPS 对时系统由 GPS 天线和装置本体构成。GPS 天线要在室外空旷无阻隔的地方安装，用来接收来自 GPS 卫星的信号。装置本体由 CPU、信号接收器、显示、测频电路及输出接口组成。

GPS 卫星信号接收器用于接收 GPS 卫星发送的秒同步脉冲和国际标准时间等信息。测频电路用于对电网工频信号实时采样,测得工频和频率钟时间。CPU 对上述信息进行处理,换算成标准北京时间(或世界时)和公历日期等信息送液晶显示,并按照一定格式和方式经接口输出,供厂站内监控与自动化系统使用。

3. GPS 对时的方式

在厂站监控系统中采用 GPS 对时,要在站内安装一套 GPS 卫星天文钟,现在一般装在自动化屏上,通过电缆与系统相连。GPS 卫星天文钟可以把时间信息通过多种方式向外发送,可直接与计算机或其他需要标准时间频率信息的设备连接。

在厂站监控系统中,与 GPS 卫星天文钟的对时主要有三种方式:通信对时、时/分/秒脉冲对时、IRIG-B(Inter-Range Instrumentation Group)格式码对时。

(1)通信对时。在站控层配置 GPS 卫星时钟装置,该装置通过 RS 422、RS 232 串行端口接入站控层主单元(或者 RTU)的主处理器模块,由主处理器通过通信网对下面的各个模块进行对时。

通信对时的精度取决于网络的特性和补偿算法。例如近年来得到较快普及的以太网,虽然网络的通信速度很快,但并不适合进行通信对时,因为以太网控制对共享介质访问的策略是 CSMA/DA(Carrier Sense Multiple Access/Collision Detect),即带有冲突检测的载波侦听和多路访问,这样对时命令从发出到得到响应之间的时间延迟是不确定的。

对时命令一般采用广播的方式,保证了各个子模块同时收到对时命令。考虑到网络发送的时延(在微秒或毫秒级,是固定的,既可以由子模块补偿,也可由主模块在发送之前补偿),通信对时的方式可以保证对时误差较小。

最近,一些 GPS 卫星时钟装置可以提供 NTP/SNTP 方式,其实也是一种通信对时,具有较为复杂的算法,可以提供较为准确的对时。

(2)脉冲对时。一般的 GPS 接收装置都提供 1PPS(1 Pulse Per Second)秒脉冲信号。1PPS 是一个与整秒时刻对应的脉冲信号,其时间偏差小于 $1\mu s$,非常适合各装置的同步。通过秒脉冲接收、放大与多路复用设备,将多路秒脉冲同时引入所有的分散布置的测控装置的秒脉冲接收输入端,可以做到以 1s 为间隔同步装置的时钟,做到全系统的时钟一致。

另外,GPS 一般还提供分钟(1PPM)脉冲和小时(1PPH)脉冲,但秒脉冲的应用最多。

(3)IRIG-B 格式码对时。IRIG-B 格式码中包含了比秒脉冲更多的信息。B 格式码是一串连续发送的脉冲码,每个码元占 10ms 的宽度,由脉冲占空比的不同代表不同的信息,包括百天、天、时、分、秒以及 GPS 的接收状态等信息。它的特点是可靠性高,接口标准,使用灵活方便。B 码是一种串行的时间格式,分为两种:一种是直流码(DC 码),一种是交流码(AC 码)。交流码(AC 码)帧周期为 1s,码元速率为 100PPS,从秒准时点起,按 s、min、h、d 时间信息进行编码。直流(DC)码的解调原理相对简单,一般采用测量脉宽的方法。

上述 3 种方式在实际的厂站内都有应用。通信对时的方式不用另外占用电缆,计入正确的延时时间补偿后可以保障微秒级的对时精度;1PPS 对时方式精度高,但在应用中要注意防止干扰脉冲对时钟一致性的影响;IRIG-B 格式码的方式装置处理较复杂,能够接收更全面的信息。后两种方式都要另外布置对时专用电缆。

4. GPS 对时的特点

由于采用卫星星载原子钟作为时间标准,GPS 对时系统具有授时精度高、工作稳定、传输误差小、安装简便、经济实用等特点,是解决电力系统对时的最佳选择,可广泛地应用于 SCADA 系统、故障录波器、RTU 以及厂站监控与自动化系统等多种设备,使用效果良好。

这种方式的特点如下:

（1）全球统一。

（2）可提供高精度的标准时间，精度达微秒级。

（3）可提供 TTL 电平秒脉冲，精度达 2×10^{-6} s。

（4）可测得电网的工频、频率钟、钟差等。

（5）信号接收可靠性高，不受地域限制，可全天候提供精确时间。

（6）具有多种接口的信息输出方式与格式。

5．注意事项

（1）天线的安装。天线对于正确接收卫星发送的秒同步脉冲和国际标准时间等信息非常重要，它是保证 GPS 接收器与卫星同步的关键部件，它的架设好坏直接关系到 GPS 时钟的性能。天线安装时，必须牢固地固定在建筑物顶部开阔地带，要保证天线有尽可能大的视场，防止障碍物遮拦，以接收足够多的卫星信号。导引线应为低损耗同轴电缆。

（2）时间接收。在天线和电源正确接好后，即可将装置投入运行。装置开始会搜索 GPS 卫星的同步信号，大约等待几十秒到几分钟后会正确接收到卫星信号并开始正常工作，此时显示屏会显示收到的时、分、秒等实时时间和电网频率，指示灯以秒闪的形式指示工作正常。若无 GPS 输入，装置会以显示或通信方式表示出来，这时就要进行原因查找了。

（3）输出口的扩展。由于 GPS 的输出口不多，一般只有 1 个 1PPS、1PPM、1PPH 和 IRIG-B 口，如果有多台设备或装置需要对时，则需要对输出口进行扩充。现在一般用扩展设备，一口输入、多口输出，就可实现对多台设备的对时。

一般有 2～4 个 RS 232C/RS 485 串口输出口。部分串口输出时间编码（年月日时分秒）、突发事件时刻、钟差等信息，其他串口输出时间、频率、频率钟时刻及钟差、安全运行天数等信息，可用于异地显示或计算机数据采集。

10.4.3 NTP/SNTP 对时

1．NTP/SNTP 协议简介

网络时间协议 NTP（Network Time Protocol）是由美国德拉瓦大学的 David L. Mills 教授于 1985 年提出，除了可以估算封包在网络上的往返延迟外，还可独立地估算计算机时钟偏差，从而实现在网络上的高精准度计算机校时。NTP 是用来在 Internet 上使不同的机器能维持相同时间的一种通信协定。时间服务器（time server）是利用 NTP 的一种服务器，通过它可以使网络中的机器维持时间同步。在大多数的地方，NTP 可以提供 1～50ms 的可信赖性的同步时间源和网络工作路径。

简单网络时间协议 SNTP（Simple Network Time Protocol）是 NTP 的一个子集，通常让局域网上的若干台主机通过因特网与其他的 NTP 主机同步时钟，接着再向局域网内其他客户端提供时间同步服务。

2．NTP/SNTP 服务的层状结构

图 10-26 所示为 Internet 网上的 NTP/SNTP 服务示意图。一级服务器作为时间源，连接一个无线时钟接收 GPS，提供精准的时间源。二级服务器作为客户端从一级服务器得到时间，作为下一级的服务器。

如果只是在局域网内进行时钟同步，那么就可以使用局域网中任何一个节点的时钟作"权威的"的时间源，然后其他的节点就只需要与这个时间源进行时间同步即可。

3．网络延时与时钟偏差的测量

图 10-27 是网络延时的计算示意图，各个字符的含义见表 10-2。

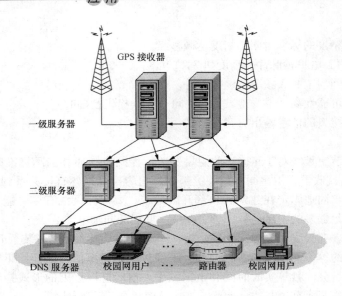

图 10 - 26　Internet 网上 NTP/SNTP 服务示意图

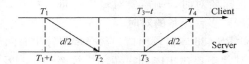

图 10 - 27　网络延时的计算示意图

t—服务器和客户端之间的时间偏差；

d—两者之间的往返时间

表 10 - 2　　　　　　　　　　　网络延时计算各字符含义

时间戳名字	ID	产生时间	时间戳名字	ID	产生时间
原始时间戳	T_1	客户端发送时间请求	传送时间戳	T_3	服务器发送时间答复
收到时间戳	T_2	服务器收到时间请求	目的地时间戳	T_4	客户端收到时间答复

由图 10 - 27 可知

$$T_2 = T_1 + t + d/2$$
$$T_2 - T_1 = t + d/2$$
$$T_4 = T_3 - t + d/2$$
$$T_3 - T_4 = t - d/2$$

因此，可计算得出

$$d = (T_4 - T_1) - (T_3 - T_2)$$
$$t = [(T_2 - T_1) + (T_3 - T_4)]/2$$

4．网络时间服务的实现方式

（1）网络时间服务的实现方式。

1）无线时钟。服务器系统可以通过串口连接一个无线时钟。无线时钟接收 GPS（全球卫星定位系统）的卫星发射的信号来决定当前时间。无线时钟是一个非常精确的时间源，但是需要花一定的费用。

2）时间服务器。还可以使用网络中 NTP 时间服务器，通过这个服务器来同步网络中的系统的时钟。

3）局域网内的同步。如果只是需要在本局域网内进行系统间的时钟同步，那么就可以使用局域网中任何一个系统的时钟。因此需要选择局域网中的一个节点的时钟作权威的时间源，然后其他的节点就只需要与这个时间源进行时间同步即可。使用这种方式，所有的节点都会使用一个公共的系统时钟，但是不需要和局域网外的系统进行时钟同步。如果一个系统在一个局域网的内部，同时又不能使用无线时钟，这种方式是最好的选择。

（2）网络时间服务的工作模式。服务器/客户机（Sever/Client mode）。用户向一个或多个服务器提出服务请求，根据所交换的信息，从中选择认为最准确的时间，并调整本地的时钟。

1）多播/广播（Multicast/Broadcast mode）。此种模式适用于用在高速的 LAN 上，利用一个或多个服务器在固定的周期向某个多播地址做广播。

2）对称模式（Symmetric mode）。两个以上的服务器互相进行时间消息的通信，可以互相校正对方的时间，以维持整个网络的时间一致性。

服务器可以工作在单播方式或广播方式，或两者同时都用。一台服务器既支持广播方式，同时也支持单播方式，这是非常合乎需要的。这对一些潜在的广播客户端来说尤其必要，因为这样可以利用客户端机/服务器的消息来计算传播延迟，这一方法要优于只定时接收广播消息的方法。

现在已经有部分厂站内采用这种方式实现了站内对时，一般采用 GPS 卫星天文钟作为站内时钟源，输出支持 NTP/SNTP 协议，通过服务器/客户机模式或广播/组播模式对厂站内的监控与自动化系统进行对时。

5. 在厂站监控与自动化系统的应用方式

在厂站内，间隔层装置大多支持秒脉冲等硬对时，但是站控层的计算机设备一般不支持。为了保证站控层的装置精度，有必要采用 NTP/SNTP 对时。

（1）厂站内配置带 NTP/SNTP 服务的 GPS。在较为重要的变电站，一般配置 GPS 装置，如果 GPS 装置能够提供网络口，支持作为 NTP/SNTP 服务，可以把它作为服务器端，在能够支持的所有设备内安装客户端软件，通过设置与调试，即可实现对时。不能够安装客户端的装置仍旧采用硬对时。这种方式能够实现准确的对时。

（2）厂站内配置不带 NTP/SNTP 服务的 GPS。如果配置的 GPS 不支持 NTP/SNTP 服务，只能提供传统的串口通信或者秒脉冲等对时方式，可以采用两种方法实现对时。

1）如果站内有远动或计算机设备支持秒脉冲、IRIG-B 等硬对时方式，可以接入 GPS 的硬对时，然后安装服务端软件，把它作为时间源，在能够支持的所有设备内安装客户端软件，不能够安装客户端的装置仍旧采用硬对时。这种方式能够实现准确对时。

2）如果站内不能提供支持硬对时的站控层设备，只能选取某台装置采用串口通信方式与 GPS 通信，取得时间，然后安装服务端软件，把它作为时间源，在其他站控层设备安装客户端软件。这种方式能够实现站控层设备的时间统一，但由于串口通信的延时问题，不能够实现很准确的对时。

（3）厂站内不配置 GPS。在一些低压站，没有配置 GPS，只能通过主站来进行对时。如果和主站可以连通以太网络，则可以在主站配置 GPS 装置和 NTP/SNTP 服务器端软件，把主站作为一级服务器，站内的远动机作为客户端，从主站得到准确的时间。然后远动机作为二级服务器，向站内的装置对时。

这种方式比传统的采用 IEC 60870-5-101/ IEC 60870-5-104 规约对时的精度要高，站内的时间源较为准确。同时，在站内采用 NTP/SNTP 对时，也会比传统的规约对时精确，也避免了不同规约引起的不同时滞问题，保证站内时间的一致性。

10.4.4 举例

GPS 卫星天文钟已经在厂站得到了广泛应用，根据装置和设计的不同，对时的三种方法都可能用到。如果智能装置具有秒脉冲或 IRIG-B 的硬件对时口，为了得到高精度的对时，可布置对时专用电缆，采用秒脉冲或 IRIG-B 方式，否则可采用通信对时。由于计算机等硬件设备一般没有硬件对时口，只能采用通信对时方式。站内的典型应用如图 10 - 28 所示。

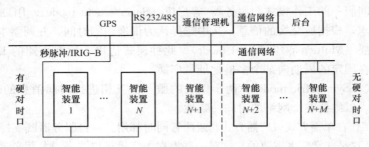

图 10 - 28　站内对时系统示意图

智能装置 1～N 有硬件对时口，现场的条件也适合安装对时专用电缆，就可以采用 1PPS 秒脉冲或 IRIG-B 方式，最大限度保证对时的精确。智能装置 N+1 有硬件对时口，但现场的条件不适合安装对时专用电缆，装置 N+2～N+M 没有硬件对时口，就可采用通信对时，由通信管理机通过通信报文来实现对时任务。

如果全部装置都具备以太网通信功能，也可以采用 NTP/SNTP 服务来实现全站的对时。

10.4.5 最新发展

1. 北斗卫星导航系统

北斗卫星导航定位系统，是中国自行研制开发的区域性有源三维卫星定位与通信系统，是除美国的 GPS、俄罗斯的 GLONASS 之后第三个成熟的卫星导航系统。北斗卫星导航系统包括北斗卫星导航试验系统（北斗一号）和北斗卫星导航定位系统（北斗二号）。

（1）北斗一号。北斗一号是利用地球同步卫星为用户提供快速定位、简短数字报文通信和授时服务的一种全天候、区域性的卫星定位系统。系统由两颗地球静止卫星（800E 和 1400E）、一颗在轨备份卫星（110.50E）、中心控制系统、标校系统和各类用户机等部分组成。其覆盖范围是北纬 5°～55°、东经 70°～140°之间的心脏地区，上大下小，最宽处在北纬 35°左右。授时精度达 10ns，定位精度为水平精度 100m，设立标校站之后为 20m（类似差分状态），工作频率为 2491.75MHz，系统能容纳的用户数为每小时 540 000 户。北斗一号具有卫星数量少、投资小、用户设备简单价廉、能实现一定区域的导航定位、通信等多用途，可满足当前我国陆、海、空运输导航定位的需求。

北斗一号卫星导航系统的工作过程是：首先由中心控制系统向卫星 Ⅰ 和卫星 Ⅱ 同时发送询问信号，经卫星转发器向服务区内的用户广播。用户响应其中一颗卫星的询问信号，并同时向两颗卫星发送响应信号，经卫星转发回中心控制系统。中心控制系统接收并解调用户发来的信号，然后根据用户的申请服务内容进行相应的数据处理。对定位申请，中心控制系统测出两个时间延迟：①从中心控制系统发出询问信号，经某一颗卫星转发到达用户，用户发出定位响应信号，经同一颗卫星转发回中心控制系统的延迟；②从中心控制发出询问信号，经上述同一卫星到达用户，用户发出响应信号，经另一颗卫星转发回中心控制系统的延迟。由于中心控制系统和两颗卫星的位置均是已知的，因此由上面两个延迟量可以算出用户到第一颗卫星的距离，以及用户到两颗卫星距离之和，从而知道用户处于一个以第一颗卫星为球心的一个球面，和以两颗卫星为焦点的椭球面之间的交线上。另外中心控制系统从存储在计算机内的数字化地形图查寻到用户高程值，又可知道用户处于某一与地球基准椭球面平行的椭球面上。从而中心控制系统可最终计算出用户所在点的三维坐标，这个坐标经加密由出站信号发送给用户。

北斗一号就性能来说，和美国 GPS 相比差距甚大：①覆盖范围只初步具备了我国周边地区的定位能力，与 GPS 的全球定位相差甚远；②定位精度低，定位精度最高 20m，而 GPS 可以到 10m 以内；③由于采用卫星无线电测定体制，用户终端机工作时要发送无线电信号，会被敌方无线电侦测设备发现，不适合军用；④无法在高速移动平台上使用，这限制了它在航空和陆地运输上的应用。

（2）北斗二号。北斗卫星导航定位系统（"北斗二号"）是类似 GPS 的全球卫星导航定位系统，由空间端、地面端和用户端三部分组成，提供开放服务和授权服务两种服务方式。开放服务是在服务区免费提供定位、测速和授时服务，定位精度为 10m，授时精度为 50ns，测速精度 0.2m/s。授权服务是向授权用户提供更安全的定位、测速、授时和通信服务以及系统完好性信息。

（3）北斗卫星天文钟。北斗卫星天文钟是选用北斗卫星信号接收器，最新的站内时间接收装置可以同时支持 GPS 和北斗星，通过内部的切换机制，保证对时的可靠性。

2. IEEE 1588

IEC 在 IEC 61850-5 12.6.6.1 和 12.6.6.2 部分中对时间同步精确度定义了 5 个级别，即 IEC Classes T1～T5，分别是：①IEC Class T1：1ms；②IEC Class T2：0.1ms；③IEC Class T3：±25 μs；④IEC Class T4：±4μs；⑤IEC Class T5：±1μs。对于 NTP/SNTP，时间同步精度为 Class T1 级，而对于 IEEE 1588，则可以达到 Class T5 级。

IEEE 1588 的基本功能是使分布式网络内的最精确时钟（Reference Clock）与其他时钟保持同步，它定义了一种精确时间协议（Precision Time Protocol，PTP），用于对标准以太网或其他采用多播技术的分布式总线系统中的传感器、执行器以及其他终端设备中的时钟进行亚微秒级同步。从通信关系上，时钟分为主时钟（PTP Master）和从属时钟（PTP Slave）。国外许多组织都已决定将该协议用于基于现场总线的以太网络。

IEEE 1588 时间同步过程分为偏移测量阶段和延迟测量两个阶段。偏移测量阶段用来修正主、从属时钟的时间差。如图 10-29 所示，在该偏移修正过程中，主时钟周期性发出一个确定的同步信息（Sync 信息），默认为 1 次/2s，它包含了一个时间戳，含有数据包发出的预计时间 a，即它是真实发出时间的估计值。由于信息包含的是预计的发出时间而不是真实的发出时间，故主时钟在 Sync 信息发出后发出一个 Follow_Up 信息，该信息也加了一个时间戳，准确地记载了 Sync 信息的真实发出时间。这样做的目的是使报文传输和时间测量分开进行，相互不影响。从属时钟使用 Follow_Up 信息中的真实发出时间和接收方的真实接收时间，可以计算出从属时钟与主时钟之间的偏移（Offset），即

$$\text{Offset} = T_2 - T_1 - \text{Delay}$$

IEEE 1588 的时间戳记录是在 MAC 层进行的，相对于 SNTP 在应用层进行，显然大大增加了精确度。上式中的 Delay 指的是主、从属时钟之间的网络传输延迟时间，它将在下面的测量阶段测出，目前阶段是未知的，从偏移测量阶段就提供了一个修正时间（Adjust Time），将从属

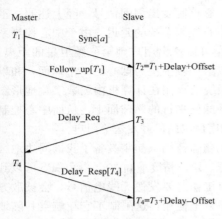

图 10-29　IEEE 1588 时间同步过程

时钟修正为

$$\text{Adjust Time} = T(\text{Slave}) - \text{Offset}$$

延迟测量（Delay Measurement）阶段用来测量网络传输造成的延迟时间。为了测量网络传输延时，IEEE 1588 定义了一个延迟请求信息包（Delay Request Packet，Delay_Req）。如图 10-29 所示，从属时钟在收到 Sync 信息后在 T_3 时刻发出延迟请求信息包 Delay_Req，主时钟收到 Delay_Req 后在延迟响应信息包（Delay Request Packet，Delay_Resp）加时间戳，反映出准确的接收时间，并发送给从属时钟，故从属时钟就可以非常准确地计算出网络延时。与偏移测量阶段不同的是，延迟测量阶段的延迟请求信息包是随机发出的，并没有时间限制。

由于

$$T_2 - T_1 = \text{Delay} + \text{Offset}$$
$$T_4 - T_3 = \text{Delay} - \text{Offset}$$

故可得

$$\text{Delay} = [(T_2 - T_1) + (T_4 - T_3)]/2$$
$$\text{Offset} = [(T_2 - T_1) - (T_4 - T_3)]/2$$

通过上述的信息交换，从时钟就能够计算出自身时钟与主时钟之间的偏差，从而校准自身时钟达到与主时钟的同步。

10.5　发电厂自动发电控制装置（AGC）

电网的频率是衡量电能质量的重要参数之一。频率调节的任务就是当系统有功功率不平衡而使频率偏离额定值时，调节发电机出力以达到新的平衡。自动发电控制（Automatic Generation Control，AGC）是频率的二次调整方式。

10.5.1　定义与作用

AGC 是能量管理系统（EMS）的重要组成部分。按电网调度中心的控制目标将指令发送给有关发电厂或机组，通过电厂或机组的自动控制调节装置，实现对发电机功率的自动控制。它在电网运行时不仅能实现自动调频和调峰，而且能使电网更加安全、经济、高效运行。

AGC 系统主要由电网调度中心主站控制系统、信息传输通道、远动控制装置（RTU）、单元机组控制系统组成。电网调度中心利用控制软件对整个电网的用电负荷情况、机组运行情况进行监视，然后对掌握的数据进行分析，并对电厂的机组进行负荷分配，产生 AGC 指令。AGC 指令先通过信息传输通道传送到电厂的 RTU 装置，再由 RTU 装置传送到电厂的机组控制系统，从而对发电机组的出力进行调节和控制。同时，电厂将机组的运行状况及相关信息通过 RTU 装置和信息传输通道送至电网调度中心的主站控制系统中，如图 10-30 所示。

AGC 的投入较好地满足了系统对有功功率的要求，使二次调频更加迅速、方便，在很大程度上减轻了运行人员监盘、负荷调整的劳动强度，社会、经济效益十分明显。同时，还提高了电能质量，加强了系统事故时的快速反应能力，为电网的安全稳定运行提供了有力保障。

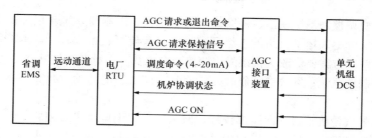

图 10 - 30　AGC 系统结构图

10.5.2　常见问题

1. 机组协调运行方式对 AGC 的影响

机组协调控制方式通常有以下几种：以汽轮机跟随为基础的协调控制；以锅炉跟随为基础的协调控制；综合协调控制。以汽轮机跟随为基础的协调控制运行稳定，但负荷响应速度慢，基本上不适合作 AGC 机组运行；以锅炉跟随为基础的协调控制，负荷响应速度快，但气压波动大，稳定性差，可以作 AGC 机组运行；综合协调控制，在负荷响应速度和运行稳定性方面都很好，最适合作 AGC 调频机组运行，但要求锅炉、汽轮机都具有良好的控制性能。

为了协调汽轮机、锅炉间对负荷的不同响应能力，控制系统在汽轮机侧设计了负荷指令的延迟环节，目的在于推迟汽轮机调节汽门动作，为锅炉争取储备能量的时间，保证负荷变化后能量的供给，有利于能量供求平衡和控制稳定。但由于调节汽门延迟打开，不能充分利用锅炉蓄热能力，使负荷响应的纯迟延时间增加，在进行 AGC 自动控制时，对负荷调节会产生负面影响。反之，如不增加任何迟延，调节汽门会迅速打开，结果会引起参数大幅度波动和调节过程延长，不利于安全和经济运行。因此，实际中需合理调整延迟环节中的时间常数和阶次，兼顾缩短纯迟延时间和减少参数波动的目的，两者不可顾此失彼。

2. 机组滑压运行对 AGC 的影响

锅炉蓄热能力就是在汽轮机调节汽门迅速关闭或打开时，由于汽压的突然变化，而相应地改变了汽包压力和饱和温度，使汽包蒸发量发生突变以适应负荷需求。火电机组通常有定压和滑压两种运行方式。滑压运行时，锅炉参数随负荷的变化而变化，变化方向与负荷需求方向相同。当需要增加负荷时，锅炉同时需要吸收一部分热量来提高参数，使其蓄热能力增加；反之需要降低负荷时，参数要降低，要释放蓄热。这正好阻碍了机组对外界负荷需求的响应，降低了负荷响应速率。定压方式则可不改变锅炉蓄热能力，有利于负荷的快速响应。

对纯火电电网的调频而言，最严重的问题在于频率调整的初始阶段，因机组无法提供足够快的响应速率，而导致调整过程延长。显然，为提高纯火电电网 AGC 的快速响应能力，应要求具有专门的 AGC 机组运行方式，即在 AGC 负荷调整范围内，机组升降负荷采用定压方式，并适当允许机组有较大参数波动，以充分利用锅炉蓄热能力。

3. 制粉系统对 AGC 的影响

锅炉响应的迟延主要发生在制粉过程。中间贮仓系统对于增加燃烧率的反应速度最快，钢球磨煤机次之，中速磨煤机系统最慢。目前，提高直吹式制粉系统的反应速度的手段是增强煤量和一次风量的前馈作用，充分利用磨煤机内的蓄粉，迅速改变给煤量，使锅炉的燃烧率发生变化，从而缩短纯迟延时间，但运行波动加重和调整过程加长。因此需合理调整，达到兼顾缩短迟延时间和减少运行波动的目的。

机组在不同负荷区段运行时，会引起制粉系统的启、停磨煤机操作。对直吹式制粉系统而言，目前只有极少数性能特别优良的协调控制系统在启/停磨煤机操作期间允许机组正常增减负荷，而绝大多数协调控制系统在启、停磨煤机操作期间，因制粉系统难以控制而需要闭锁增减负荷。这种情况实际上破坏了机组的连续可控性，轻者使可控范围减小，重者使机组失去可控性。对此有两种解决方案：①改进机组的协调控制系统及一次设备，使其在启/停磨煤机操作期间能很好地驾驭制粉系统；②改进控制软件，使其响应机组的闭锁增减和闭锁增减解除信号并进行合理处理。

新投产机组的汽轮机、锅炉性能都较好，但多数采用钢球磨煤机制粉系统，而现役具有中间贮仓制粉系统的机组，汽轮机、锅炉的性能往往存在一些问题。对纯火电电网而言，要开展好自动发电控制工作，应当合理规划 AGC 机组，即尽量安排有中间贮仓制粉系统的机组参加AGC 调整，少量安排钢球磨煤机制粉系统的机组参加 AGC 调整，不安排中速磨煤机制粉系统的机组参加 AGC 调整。

10.5.3 示例

1. 发电厂 AGC 接口装置 NSC691

NSC691 自动发电控制（AGC）接口装置（简称 AGC 接口装置）适用于发电厂监控系统中，用于接收来自远方调度的调节指令，经规约转换后，输出电流或脉冲，控制发电厂内的发电机功率自动调节装置，也可以作为发电厂单元机组、高压厂用变压器等的测控装置。

NSC691 采用无机箱的导轨安装模式，可以根据用户的不同要求灵活配置，除了 CPU、电源和通信接口模块外，扩展 I/O 模块最多可达 7 个。

（1）硬件组成。NSC691 装置硬件采用 S7-300 可编程控制器（PLC）。该 PLC 采用模块化结构设计，各种单独的模块之间可进行广泛组合以用于扩展。该 PLC 具有高电磁兼容性和强抗振动，冲击性，适应各种工业环境。装置硬件布置如图 10-31 所示。

图 10-31 硬件布置图

1）CPU 模块。CPU 工作存储器 48KB，装载存储器 128KB，集成 40 个数字 I/O、4 个 12位 A/D 输入、2 个 12 位 D/A 输出、1 个 RS 485 串行接口。

2）通信模块。通信模块采用 RS 485 串行接口形式，最大传输速率为 19.2kbit/s，可实现各种标准的通信协议和非标准的通信协议，允许与各种不同的站进行数据传输。

3）数字量输入/输出模块。数字量输入模块将从过程传输来的外部数字信号的电平转换为内部 S7-300 信号电平，用于连接开关等，其输入电平可为 24/48/110V DC。数字量输出模块将S7-300 的内部信号电平转换为控制过程所需要的外部信号电平，用于连接电磁阀、接触器等。

此外，数字量输出模块也可提供继电器输出，触点容量最大可达 220V AC/8A。

4）模拟量输入/输出模块。模拟量输入模块将扩展过程中的模拟信号转换为 S7-300 内部处理用的数字信号，分辨率 9～15 位，电流/电压输入范围可通过参数化软件进行设定。其中，电流输入范围为 0～20mA、4～20mA、±20mA，电压输入范围为 0～10V、±10V。

模拟量输出模块将 S7-300 的数字信号转换成控制需要的模拟量信号，分辨率 12～15 位，精度 0.2%，负载电阻最大 600Ω，电流/电压输出范围可通过参数化软件进行设定。其中：电流输出范围为 0～20mA、4～20mA、±20mA，电压输出范围为 0～10V、±10V。

5）电源模块。电源模块将 120V 或 230V 交流电压或 24～110V 直流电压转变为 24V 直流工作电压，用来为 SIMATIC S7-300 供电。

（2）装置功能。装置接收远方调度的调节指令，经规约转换后，输出电流或脉冲，控制发电厂内的发电机功率自动调节装置。

发电厂 AGC 系统控制流程如图 10-32 所示。

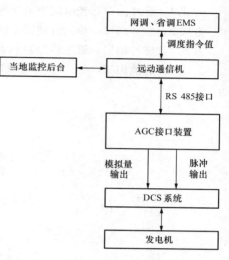

图 10-32　发电厂 AGC 系统控制流程图

2. 发电机功率自动调节装置 TPR-100

TPR-100 型发电机功率自动调节装置，是以 80C196 单片机为核心的有功功率自动调节系统，其硬件、软件采用了模块化结构。人机界面友好、操作简便、维护方便，适用于调度部门对发电机组的运行管理，实现自动发电控制（AGC），提高供电质量，可以减轻电厂运行人员的工作强度，避免频繁调节机组出力。同时提高了有功功率、电量考核的合格率，是电网实施 AGC 的一种经济有效途径。

（1）特点。装置的主要功能是作为电网 AGC 系统中的发电厂端控单元，每个控制单元闭环调节一台机组的有功功率。接受调节指令的方式主要有三种：①遥调方式，即通过远方终端（RTU）或者发电厂网控系统（NCS）接收控制中心（省调或网调）发来的调节命令；②当地方式，即在当地通过一台上位机接收调度给定的日发电曲线（可以将一天划分为 96 时段或 288 时段，也称为 96 点/288 点），全厂负荷可以自动分配或人工设定到各发电机组；③闭环控制模式，即当以系统频率作为控制目标时，可以以系统频率与额定频率差值作为反馈量，估算出系统有功功率缺额，修正当前机组的功率。

（2）性能指标。

1）电源配置：

供电电源：厂用电 220V（DC 或 AC），50Hz；

允许电源波动：220V×(1±20%)。

2）使用条件：

环境温度：0～+40℃；

环境湿度：≤90%。

3）交流输入：额定输入，用于发电机量测，电压互感器 100V，电流互感器 5A；采用交流采样，电流、电压测量误差小于 0.2%，功率测量误差小于 0.5%。

4）直流输入：4 路直流采样，量程为 0～5V 或 4～20mA，误差小于 0.2%。

5）开关量输入：输入量 6 路，空触点形式，电源由装置内部提供。

6）开关量输出：每块板输出 4 路，8 对空触点，光耦驱动为 24V 继电器，输出触点容量为 5A、220V AC。

7）串行口通信电气连接：RS 485 方式，传输距离不小于 1000m，速率不大于 9600 波特。

8）控制出口方式：

方式 1：脉冲出口，光电隔离数字脉冲，可驱动 24V 继电器。

方式 2：脉冲出口，晶闸管或固态继电器控制输出，直流或交流 110V 或 220V。

方式 3：脉冲出口，继电器控制触点输出，触点容量 5A，220V AC。

方式 4：直流出口，4～20mA 直流出口，直接控制到 DCS。

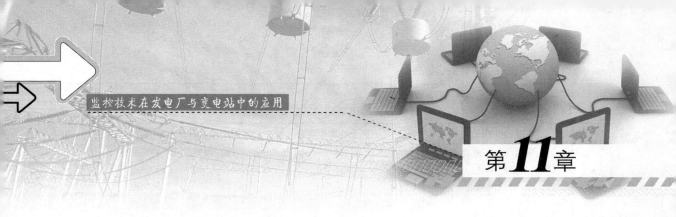

第**11**章

厂站微机监控技术的工程应用问题

11.1 微机监控的电磁兼容技术

11.1.1 厂站内典型的骚扰源及电磁骚扰现象

1. 电磁骚扰和电磁干扰

电磁骚扰（electromagnetic disturbance）：任何可能引起装置、设备或者系统性能降低，以及对有生命或无生命物质产生损坏作用的电磁现象称为电磁骚扰。电磁骚扰可能是物质世界中的电磁噪声、无用信号或传播媒介自身的变化。

电磁干扰（electromagnetic interference，EMI）：电磁骚扰引起的设备、装置、传输通道或者系统性能的下降。

从上述定义看出，电磁骚扰仅仅是一种电磁现象，即存在于客观世界的一种物理现象，它有可能引起降级或者损害，但不一定已经形成后果；而电磁干扰则是电磁骚扰引起的后果。

2. 厂站内典型的骚扰源

影响发电厂、变电站、控制中心等处电气设备辅助系统的典型骚扰源如下：

（1）高压回路中操作隔离开关及断路器引起的电磁暂态过程。

（2）高压回路中绝缘击穿或避雷器和火花间隙放电引起的电磁暂态过程。

（3）高压装置产生的工频电场和磁场。

（4）接地系统中的短路电流引起的电位升。

（5）雷电引起的电磁暂态过程。

（6）由于低压设备开合操作引起的快速瞬变过程。

（7）静电放电。

（8）由于设施内部或外部的无线电发射装置产生的高频场。

（9）由于设施内部其他电气或电子设备产生的高频传导和辐射骚扰。

（10）由供电线路传来的低频传导骚扰。

（11）核电磁脉冲（NEMP）。

（12）地磁干扰。

各种电磁现象的属性见表 11-1。

3. 电磁骚扰现象

电磁环境非常复杂，可以用三类现象来描述所有的电磁骚扰：①低频现象（传导的及辐射的，除静电放电以外）；②高频现象（传导的及辐射的，除静电放电以外）；③静电放电现象（传导的及辐射的）。

表 11-1　　　　　　　　　各种类型的电磁骚扰现象的特性

序号	连续的现象	频发性暂态现象	较少发生的暂态现象
1	缓慢的电压波动 交流供电 直流供电	电压瞬态跌落（持续时间小于 20ms） 交流供电 直流供电	电压瞬态跌落（持续时间大于 20ms） 交流供电 直流供电
2	谐波，谐间波	电压波动	电压中断 交流供电 直流供电
3	信号电压	电源频率变化	电源频率变化
4	直流供电纹波	快速瞬变脉冲群	浪涌
5	从直流到 150kHz 的传导骚扰	阻尼振荡波	振铃波
6	射频场感应的传导骚扰	阻尼振荡磁场	短时工频磁场
7	工频磁场	静电放电	脉冲磁场
8	射频辐射电磁场		

电磁骚扰现象的分类非常广泛，包罗了绝大多数的电磁现象。对于一个给定的设备抗扰度分析时，按照设备所处的环境及固有特性来选择几种现象进行组合。

基本电磁骚扰现象如下：

（1）低频传导现象。

1）谐波、间谐波。

2）信号电压。

3）电压波动。

4）电压暂降与短时中断。

5）电压不平衡。

6）电网频率变化。

7）低频感应电压。

8）交流网络中的直流。

（2）高频传导现象。

1）感应连续波电压电流。

2）单向瞬变。

3）振荡瞬变。

（3）低频辐射现象。

1）磁场。

2）电场。

（4）高频辐射现象。

1）磁场。

2）电场。

3）电磁场（连续波、瞬态）。

（5）静电放电（ESD）现象。

4. 电磁兼容定义及内容

电磁兼容（Electromagnetic Compatibility，EMC）是研究在有限的空间、有限的时间及有限的频谱资源条件下，各种设备可以共存并不致引起性能降低的一门科学。

GB/T 4365—1995《电磁兼容术语》将电磁兼容定义为：设备或系统在其电磁环境中能正常工作且不对该环境中任何事物构成不能承受的电磁骚扰的能力。

从定义看，电磁兼容应包括两方面的内容：①设备不受电磁干扰的影响；②设备不对周围的其他设备形成不能承受的骚扰。电磁兼容涉及以下问题：

（1）骚扰源特性的研究，包括电磁骚扰产生的机理、频域及时域的特性、抑制其发射强度的方法等。

（2）敏感设备的抗干扰性能。

（3）电磁骚扰的传播特性，包括辐射及传导。

（4）电磁兼容测量，包括测量设备、测量方法、数据处理方法以及测量结果评价。

（5）系统内及系统间的电磁兼容性。

11.1.2 影响厂站监控设备与系统的干扰源分析

电磁干扰带来的危害是严重的，造成的损失无法估量。

影响发电厂与变电站内监控设备及系统的主要干扰源如下：

1. 静电放电（ESD）骚扰

作为设备的外壳端口，任何暴露部分都可能发生静电放电（ESD）。常见的情况是在键盘、控制部件、外界电缆及连接部位或在直接接触的金属构件表面发生 ESD。静电向附近导体（可以是设备本身上的非接地金属板）的放电产生很大的局部瞬态电流，这个电流通过电感或公共阻抗耦合到设备中产生感应电流。

静电放电产生几十安的纳秒级瞬态电流，通过复杂的路径经过设备流到大地，如果它流过数字设备时，很可能使数字电路发生误动作。放电路径在更大程度上是由杂散电容、机壳搭接和导线电感决定的。这些路径一般会是 PCB 地线的某些局部、寄生电容、外部设备或暴露的电路等，感应的瞬态对地电位之差会导致电路的误操作或损坏元器件。放电电流产生的强磁场能在临近的导体中感应瞬态电压，这些导体通常不是静电放电电流所流过的路径。即使不直接向设备放电，邻近的放电，例如对金属台的放电将产生强辐射场，这个场会耦合到没有保护的设备上。

2. 1MHz 和 100kHz 衰减振荡波骚扰

1MHz 和 100kHz 衰减振荡波骚扰主要是模拟发电厂、变电站的高压母线的开关操作出现重燃以及隔离开关的合、分操作引起的陡波瞬态，属于阻尼振荡瞬态脉冲群（阻尼振荡波）。1MHz 和 100kHz 脉冲群骚扰通过传导、电容耦合及磁场耦合等方式影响监控系统设备。1MHz（100kHz）脉冲群骚扰是以传导骚扰为主的电磁骚扰，它主要是通过各种输入导线（导体）直接传导传输到设备上。同时也产生电感应耦合或磁感应耦合传输骚扰信号。

1MHz 和 100kHz 衰减振荡波干扰试验包括共模试验及差模试验，试验时间 2s。图 11-1 给出了示波器记录下的 1MHz 和 100kHz 衰减振荡波波形（由于示波器探头与衰减器接触原因，波形上有毛刺）。对于 1MHz 衰减振荡波的上升时间为 75ns 脉冲宽度，能量较大，每个瞬态波形持续时间大约为 $10\mu s$。

3. 浪涌（冲击）骚扰

浪涌（冲击）骚扰是雷电在电缆上感应产生的骚扰，它也可能在很大功率的开关在断开过程中产生。冲击（浪涌）骚扰的特点就是能量很大，室内的浪涌（冲击）电压可达到 6kV，室外可达 10kV 以上。浪涌（冲击）骚扰不像电快速瞬变脉冲骚扰发生那么频繁，但每发生一次产生的危害十分严重，甚至会导致电路以至于设备发生损坏。

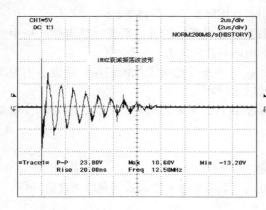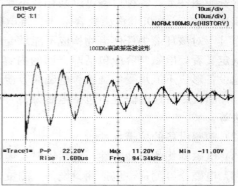

图 11-1　1MHz 和 100kHz 衰减振荡波波形

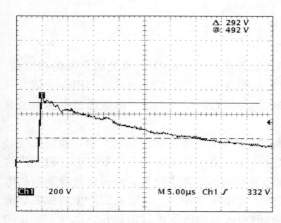

图 11-2　幅值为 500V 浪涌冲击波形

浪涌（冲击）试验考核了设备对由于开关瞬态和雷电瞬态（由于高额定值熔断器熔断、电网中切换现象、电网故障以及雷击等现象）过电压引起的浪涌（冲击）的骚扰时的动作行为。浪涌试验包括 10/700μs 电压/电流浪涌、1.2/50μs（电压）及 8/20μs（电流）浪涌。图 11-2 所示为示波器记录下幅值为 500V 浪涌冲击波形。

浪涌呈脉冲状，其波前时间为数微秒，脉冲半峰值时间从几十微秒到几百微秒，脉冲幅度从几百伏到几万伏，或几百安到上千安，是一种持续时间长、能量较强的干扰。浪涌干扰可能会影响电子设备的工作，甚至会烧毁元器件。

4. 快速瞬变脉冲群骚扰

电快速瞬变脉冲群骚扰是由于电路中断开感性负载时产生的。它的特点是骚扰信号不是单个脉冲，而是一连串的脉冲群。一方面由于脉冲群可以在电路的输入端产生积累效应，使骚扰电平的幅度最终可能超过电路的噪声容限。另一方面脉冲群的周期较短，每个脉冲波的间隔时间较短，当第一个脉冲波还未消失时，第二个脉冲波紧跟而来。对于电路中的输入电容，在还未完成放电时又开始充电，因此容易达到较高的电压，这样对电路的正常工作影响甚大。

快速瞬变脉冲群骚扰试验验证电气和电子设备对诸如来自切换瞬态过程（切断感性负载、继电器触点弹跳、高压开关切换等）的低能量、高频率、前沿陡峭的脉冲串引起的瞬变骚扰的抗扰度。图 11-3 给出了单个瞬变脉冲波形。

每个瞬变脉冲有 5ns 上升时间、50ns 脉冲宽度、4mJ 能量。这些瞬变的主要特点是上升时间快、持续时间短、能量低、重复频率高。脉冲重复频率为 5kHz/2.5kHz，脉冲周期为 300ms，脉冲持续时间为 15ms，即在每个 300ms 内，仅有 75 个脉冲（5kHz）或 37.5 个脉冲（2.5kHz）。快速瞬变脉冲群骚扰的重复周期如图 11-4 所示。

在其重复周期 300ms 时间内，仅有 15ms 间隔存在脉冲群，其余 285ms 时间没有脉冲，每串脉冲群的占空比为 1：20。瞬变骚扰试验一般要持续 1min，这样共有 $1 \times 60 \times 1000/300 = 200$

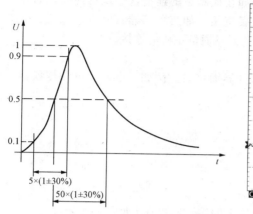

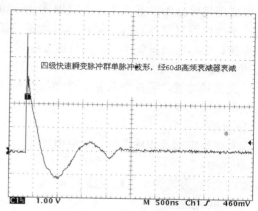

四级快速瞬变脉冲群单脉冲波形，经60dB高频衰减器衰减

C1% 　1.00 V　　　　　　　M 500ns Ch1 ↗ 460mV

图 11-3　快速瞬变单脉冲波形图

串脉冲群。对于 5kHz 的瞬变骚扰，1min 时间间隔内，共含 $200 \times 75 = 15\ 000$ 个脉冲。两个脉冲之间的间隔为 $1000/5000 = 0.2$（ms）$= 200\mu s$，参看图 11-4，脉冲的有效宽度在 $2\mu s$，占空比为 $1:100$。快速瞬变骚扰的单个脉冲的能量为 4mJ，快速瞬变脉冲群的能量在几十到几百毫焦。

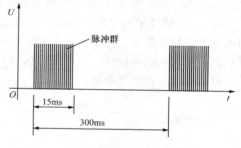

图 11-4　快速瞬变脉冲群重复周期定义

快速瞬变脉冲群将引起数字系统的位错、系统复位、内存错误以及死机等现象。在 IC 输入端，快速瞬变脉冲群对寄生电容充电，经过累积，最后达到并超过 IC 芯片的抗扰度电平。可能出现这样的情况：几个脉冲（或短时间的脉冲群）不会引起数字系统失效，而长时间的脉冲群将使装置失效。微处理器及外围器件的各个逻辑元件都有相应的电平和噪声容限，外来噪声只要不超过这些元件的容限值，系统就能维持正常。一旦侵入系统的噪声超过了某种容限，就可能造成微处理器系统出错，成为装置误动、拒动的重要原因。

11.1.3　厂站监控设备与系统的电磁兼容要求

电磁骚扰以辐射和传导方式侵害设备。设备与外界联系的端口就是电磁骚扰传输的界面或途径。通过这些端口，电磁骚扰进入或出自被考虑的设备。骚扰现象的性质和程度与端口类型有关。辐射骚扰出现在设备周围的媒体中，传导骚扰出现在各种金属性媒体中。

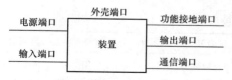

图 11-5　装置端口定义

参照电磁兼容通用标准 IEC 60255-26：2004《量度继电器　第 26 部分：量度继电器和保护装置的电磁兼容要求》，把装置（包括量度继电器、保护装置和自动化装置）的端口分为六类，如图 11-5 所示。

1. 外壳端口

装置的物理边界。该端口是电磁场辐射或传导电磁场的界面接口。

2. 通信端口

连接到装置并用来传送低能量、弱电信号的通信和/或控制系统的界面接口。通信端口按其所处的电磁环境可分为以下几类：①就地连接，如在控制室的连接；②现场连接，如开关站及保护监控小室内控制设备间的连接；③与高压设备连接，如与断路器、电压互感器、电流互感器等的连接；④与通信设备连接，如与远方终端单元及通信主机的连接。

3．输入端口

为了完成其功能，装置输入激励量和控制量的界面接口。例如，电流、电压变换器、状态量和模拟量的输入等。

4．输出端口

装置实现预定的操作的端口，如继电器线圈、光耦、模拟量输出等。

5．电源端口

装置的交流/直流辅助激励量输入端口。

6．功能接地端口

功能接地端口是为了装置的电气安全，从装置上的端子连接到大地的一个界面接口。

这种端口的定义将装置作为一个系统，不考虑系统内部的具体构成（电磁式、半导体型、集成电路型、微机型等），仅仅考察电磁骚扰施加于各个端口时，对装置的影响。

图 11-6 描述了一个典型微机厂站监控装置的端口示意图。它给出了各个端口与计算机系统弱电电源的相互联系。其中，开关量输入端口、直流电源端口、网络通信端口直接作用于 5V 系统；交流电流、电压端口、直流电源端口直接作用于 ±15V 系统；继电器输出触点、直流电源端口直接作用于 ±24V 系统。

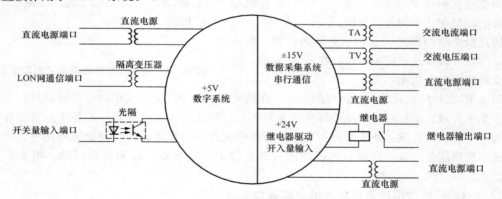

图 11-6　厂站监控装置端口示意图

交流电源端口抗扰度试验要求见表 11-2，各端口的抗扰度试验项目要求见表 11-3。自动化装置电磁发射限值测试见表 11-4。

表 11-2　　　　　　　　　交流电源端口抗扰度试验要求

试验项目	试验波形参数	试验等级	试验程序及合格判据
谐波	在连续的正弦波上叠加高次谐波，谐波可高达 40 次	1 级：总畸变为 5% 2 级：总畸变为 10%	IEC 61000-4-1 GB/T 17626.1—2006
间谐波	连续的正弦波叠加在电源电压上	1 级：不施加 2 级：总畸变为 2.5%	IEC 61000-4-1 GB/T 17626.1—2006
信号电压	频率范围：9～150kHz	1 级：不施加 2 级：140dBμV	IEC 61000-4-1 GB/T 17626.1—2006

试验项目	试验波形参数	试验等级			试验程序及合格判据
电压波动	重复的阶跃电压变化，其变化幅值为 ΔU	额定电压：$U_N \times (1 \pm 10\%)$ 波形周期：5～10s ΔU：1 级：$\pm 8\%$ ΔU：2 级：$\pm 12\%$			IEC 61000-4-11 GB/T 17626.11—2008
电压暂降	重复的阶跃电压变化，变化幅值为 ΔU，持续时间为 Δt	额定电压：$U_N \times (1 \pm 10\%)$ ΔU：1 级：30% ΔU：2 级：60% Δt：0.5s			IEC 61000-4-11 GB/T 17626.11—2008
电压中断		额定电压：$U_N \times (1 \pm 10\%)$ ΔU：100% Δt：1 级：10ms 2 级：0.5s			
浪涌（冲击）	100/1300μs	电压最大值：2.3U_N 时间（1.5U_N 处）：1.3ms 差模电压：1.3U_N			试验方法在考虑中
浪涌（冲击）	1.2/5μs 开路电压 8/20μs 短路电流	级别	试验电压		IEC 61000-4-5 GB/T 17626.5—2008
		1	0.5kV		
		2	1.0kV		
		3	2.0kV		
		4	4.0kV		
电快速瞬变脉冲群	5/50ns 频率：5/2.5kHz 脉冲群持续时间：15ms 脉冲周期：300ms	级别	试验电压		IEC 61000-4-4 GB/T 17626.4—2008
		1	0.5kV		
		2	1.0kV		
		3	2.0kV		
		4	4.0kV		
振铃波（RING）	频率：100kHz 上升时间：0.5μs 脉冲周期：10μs	级别	共模	差模	IEC 61000-4-12 GB/T 17626.12—1998
		1	0.5kV	0.25kV	
		2	1.0kV	0.5kV	
		3	2.0kV	1.0kV	
		4	4.0kV	2.0kV	
衰减振荡波	频率：1MHz 上升时间：75ns 脉冲周期：1μs	级别	共模	差模	IEC 61000-4-12 GB/T 17626.12—1998
		1	0kV	0kV	
		2	1.0kV	0.5kV	
		3	2.5kV	1.0kV	

试验项目	试验波形参数	试验等级			试验程序及合格判据
静电放电	上升时间：0.7～1ns	级别	接触放电	空气放电	IEC 61000-4-2 GB/T 17626.2—2006
		1	2kV	2kV	
		2	4kV	4kV	
		3	6kV	8kV	
		4	8kV	15kV	
工频磁场	连续的正弦波 短时的正弦波（1～3s）	级别	连续	短时	IEC 61000-4-8 GB/T 17626.8—2006
		1	3A/m	—	
		2	10A/m	—	
		3	30A/m	300A/m	
		4	100A/m	1kA/m	
阻尼振荡磁场	振荡频率：100kHz、1MHz	级别	场强		IEC 61000-4-9 GB/T 17626.9—2011
		1	—		
		2	—		
		3	30A/m		
		4	100A/m		
辐射电磁场	频率范围：80～1000MHz	级别	场强		IEC 61000-4-3 GB/T 17626.3—2006
		1	1V/m		
		2	3V/m		
		3	10V/m		

注 GB/T 17626.1—2006《电磁兼容　试验和测量技术　抗扰度试验总论》。
　　GB/T 17626.11—2008《电磁兼容　试验和测量技术　电压暂降、短时中断和电压变化的抗扰度试验》。
　　GB/T 17626.5—2008《电磁兼容　试验和测量技术　浪涌（冲击）抗扰度试验》。
　　GB/T 17626.4—2008《电磁兼容　试验和测量技术　电快速瞬变脉冲群抗扰度试验》。
　　GB/T 17626.12—1998《电磁兼容　试验和测量技术　振荡波抗扰度试验》。
　　GB/T 17626.2—2006《电磁兼容　试验和测量技术　静电放电抗扰度试验》。
　　GB/T 17626.8—2006《电磁兼容　试验和测量技术　工频磁场抗扰度试验》。
　　GB/T 17626.9—2011《电磁兼容　试验和测量技术　脉冲磁场抗扰度试验》。
　　GB/T 17626.3—2006《电磁兼容　试验和测量技术　射频电磁场辐射抗扰度试验》。

表 11-3　　　　　　　　　各个端口抗扰度试验项目要求一览表

试验项目	试验波形参数	交流电源端口	直流电源端口	控制与信号回路端口	通信端口	输入/输出端口
谐波	在连续的正弦波上叠加高次谐波，谐波可高达40次	√				
间谐波	连续的正弦波叠加在电源电压上	√				
信号电压	频率范围：9～150kHz	√				

续表

试验项目	试验波形参数	交流电源端口	直流电源端口	控制与信号回路端口	通信端口	输入/输出端口
电压波动	重复的阶跃电压变化，其变化幅值为 ΔU	√	√			√
电压暂降	重复的阶跃电压变化，变化幅值为 ΔU，持续时间为 Δt	√	√			√
电压中断	重复的阶跃电压变化，变化幅值为 ΔU，持续时间为 Δt	√	√			√
浪涌（冲击）	$100/1300\mu s$	√			√	
浪涌（冲击）	$1.2/5\mu s$ 开路电压 $8/20\mu s$ 短路电流		√	√		√
电快速瞬变脉冲群	$5/50ns$ 频率：$5/2.5kHz$ 脉冲群持续时间：$15ms$ 脉冲周期：$300ms$	√	√	√	√	√
振铃波（RING）	频率：$100kHz$ 上升时间：$0.5\mu s$ 脉冲周期：$10\mu s$	√	√	√	√	
衰减振荡波	频率：$1MHz$ 上升时间：$75ns$ 脉冲周期：$1\mu s$	√	√	√	√	
静电放电	上升时间：$0.7\sim1ns$	√	√	√	√	
工频磁场	连续的正弦波 短时的正弦波（$1\sim3s$）	√	√	√	√	
阻尼振荡磁场	振荡频率：$100kHz$、$1MHz$	√	√	√	√	
辐射电磁场	频率范围：$80\sim1000MHz$	√	√	√	√	

表 11-4   自动化装置电磁发射限值测试

测试项目	频率范围及限值	参考标准
谐波电流	高达 40 次谐波	IEC 61000-3-2 GB 17625.1—2012
电压波动及闪烁		IEC 61000-3-3 GB 17625.2—2007
低频骚扰电压	噪声测量（$0\sim4kHz$）$3mV$	CCITT Rec. P53
瞬变骚扰电压	时域测量（宽带）：A 级，$500mV$；B 级，$50mV$	
射频传导骚扰电压	$0.15\sim0.5MHz$：$79\sim66dB\mu V$ $0.5\sim5MHz$：$73\sim60dB\mu V$ $5\sim30MHz$：$73\sim60dB\mu V$	CISPR22 GB 9254—2008

测试项目	频率范围及限值	参考标准
射频传导骚扰电流	0.15～0.5MHz：40～53dBμA 0.5～30MHz：30～43dBμA	CISPR22 GB 9254—2008
射频辐射电磁场	30～230MHz：30dBμV 230～1000MHz：37dBμV	CISPR22 GB 9254—2008

注　GB 17625.1—2012《电磁兼容　限值　谐波电流发射限值（设备每相输入电流≤16A）》。

GB 17625.2—2007《电磁兼容　限值　对每相额定电流≤16A且无条件接入的设备在公用低压供电系统中产生的电压变化、电压波动和闪烁的控制》。

GB 9254.4—2008《信息技术设备的无线电骚扰限值和测量方法》。

监控系统自动化装置结构设计时要考虑电磁兼容的要求，这样外壳端口、功能地端口才能顺利通过相关的抗扰度试验。电源端口、通信端口及输入/输出端口的抗扰度试验主要考核继电保护装置的电气设计。其中，静电放电、快速瞬变脉冲群、1MHz衰减振荡波、浪涌等试验属于瞬态脉冲干扰试验，对于数字电路的影响最为严重。有效地抑制瞬态脉冲干扰也是比较困难的。

11.1.4　厂站监控设备的抗干扰措施

1. 不能通过骚扰试验的表现

很多厂站监控设备的电源端口、交流电流/电压端口、开关量输入端口、通信端口不能通过快速瞬变脉冲群骚扰试验。具体表现在：

（1）装置误动、拒动。

（2）装置出现死机，重新上电后装置正常。

（3）装置出现频繁复位现象。

（4）数据采集系统误差较大，尤其在小信号输入段，精度和线性度都会出现较大偏差。

（5）人机接口插件液晶显示异常，出现闪烁、黑屏等。

（6）人机接口插件不能接收键盘命令。

（7）通信出错。

（8）开关量输入，特别是快速的信号，如卫星定位系统的GPS等信号输入出错。

（9）继电器触点频繁动作、返回，装置信号指示灯频繁点亮、熄灭。

2. 监控设备的两道抗干扰防线

（1）第一道防线：阻塞共模干扰的耦合通道，减少共模干扰在装置内形成的电磁干扰环境。

1）选用优良、合理的机箱结构，具有较好的屏蔽、接地功能。

2）电源滤波。

3）模入量的静电屏蔽及良好独立的模拟接地。

4）开入量的光电隔离和开出量的继电器隔离，以及适当提高开入量的阈值电平和开出量的继电器线圈动作功率都是提高抗干扰的有效措施。

（2）第二道防线：提高敏感回路的抗干扰能力，特别是保护装置内部的弱电回路所采取的抗干扰措施。

1）减少环路面积及环路长度。

2）增加工作环路的平衡度。

3）尽量增大5V电源的接地面积，例如尽可能增加印制板线径的宽度，在可能的空隙处都留下未被腐蚀的铜板作为地。

3. 监控设备 EMC 主要抗干扰示例

监控设备及系统是一个系统工程，对于快速瞬变脉冲群及其他形式的干扰，必须全面考虑并给予足够重视。一方面对机箱结构进行 EMC 设计，另一方面，对电气部分，特别是对高速、低电平信号和低功耗的数字部分的 EMC 设计。EMC 设计应贯穿整个设计的始终。同时，EMC 领域又是一个试验性很强的学科，必须做大量的实验并加以分析、比较、判断、评估，找出一个最佳方案，做到设计与费用的平衡。

某监控设备 EMC 的主要抗干扰措施如下：

（1）采用不扩展的单片机，CPU 芯片采用 VLSI 技术，使片内高度集成，总线不出芯片，抗干扰能力得到提高，制造和调试等也可以简化。

（2）采用安全的多层印刷电路板技术。

（3）监控插件的弱电系统不引出插件。

（4）减少监控设备金属外壳上的孔洞或缝隙。所有金属盖和面板以低阻抗连接，至少在两点搭接起来。

（5）机箱外壳良好接地。

（6）在所有接口的入口处进行对地滤波。

（7）用共模扼流圈或光电耦合器隔离敏感接口。

（8）使用有屏蔽层电缆，并将屏蔽层连接到地线上。

（9）用接地的金属板，将 PCB 与暴露的金属件或外部放电点隔离开。

（10）对 CPU 板上一些敏感元器件加装隔离罩盒，罩盒外壳妥善接地。

11.2 厂站微机监控系统的检测技术与工程验收

检测和验收是重大工程项目实施过程中的重要环节，为保证工程质量提供了可以操作的手段。厂站微机监控系统在实施过程中也离不开检测和验收的环节。

检测和验收一般都应有一套参考标准，但是由于行业的不同，要求不同，相关管理部门恐怕很难制定出这样一套能够满足各方要求的通用性标准。国际上的通常做法是买方在工程招标阶段委托具有合法资质的单位，例如咨询公司、监理公司或设计院，为即将开始的工程起草招标文件，这套文件的技术部分中就包括了设备的检测验收的内容。其中列出了设备制造方（卖方）在投标、中标以及实施标书中规定的工程过程中所应遵循的检测验收规范，这是签约双方应当共同遵守的技术条款，值得卖方充分重视。

检测和验收涉及工程项目的诸多方面，其中最重要的就是工厂接收测试（Factory Acceptance Test，FAT）和现场接收测试（Site Acceptance Test，SAT）。

11.2.1 厂站监控系统工程的 FAT

厂站监控系统的 FAT 是卖方根据合同技术要求制造出各种监控装置并集成系统之后，经过技术人员的反复调试确认已经达到合同所规定的各项指标，然后发函买方，请求对方派出相关人员到达卖方指定地点，与卖方技术人员一道对该项目实施检测与验收。

1. 装置的检测与验收

装置的检测与验收是指对合同项目中规定的各种独立装置实施的一种检测和验收，这类装置可以是供货商（卖方）按照双方要求制造的，或者外购的，也可以是分包商提供的。这些装置主要包括：

(1) 间隔层的各种 I/O 单元、IEDs、过程层电子互感器等。

(2) 站控层的各种外购计算机、工作站、打印机、显示器，各种通信设备及其附件等。

(3) 其他各种独立设备。

单个装置的检测与验收可以按以下程序进行：

(1) 供货方在买方到达之前已经完成这类设备的测试，仅提供相关测试报告给买方确认，包括装置的型式试验报告。如果买方对其中某些测试不满意，可以抽样重新测试。

(2) 双方人员一起共同测试，可以抽样测试也可以全部测试，由双方商定进行。供货方必须为此提供所需要的电源（交流/直流）、接线板、电源电缆、各种信号输入模拟器、各种显示输出的模拟器或终端、各种测试仪器仪表。测试结束后买方确认。

2. 屏柜的检测与验收

屏柜的检测与验收重点在验收方面，检测的内容相对要少一些，主要包含以下方面：

(1) 屏柜的数量、几何尺寸、外观、涂层质量，包括涂层颜色以及涂层的附着力和防腐蚀力。

(2) 屏柜标牌的美观度、正确性，屏柜内部装置下面的标牌，以及端子排上文字的清晰度、耐磨性等。

(3) 屏柜的机械性能，包括材质、机械强度、焊接质量，屏柜底盘的地脚螺钉开孔的大小、尺寸等。

(4) 屏柜内部各层机架上安装的各种装置的牢固性、稳定性及操作时的方便性。

(5) 屏柜的电气性能，主要是应该绝缘的部位要有良好的绝缘措施，应该接地的地方要保证牢固接地。

3. 系统的检测与验收

工厂检测与验收应该按电气接线的最终规模进行，应该模拟预期的最大系统负荷。供货方应完成测试必要的电缆和光缆的连接。

(1) 项目抽测。抽测项目由买方参加的验收人员在现场确定，若抽测结果与工厂检测报告，存在较大的不同，并且供货方无法给买方提供合理的解释，买方有权要求供货方重新进行有关测试，由此造成的工厂验收时间延长的责任和发生的费用应由供货方承担。

(2) 系统的功能检测与验收。

1) 监控系统的人工启动和自启动、重新启动、系统初始化，计算机内部通信、网络通信。

2) 数据采集系统的检测，对数据采集与处理功能的检测，以模拟终端方式接入的硬件和软件试验。

3) 人机联系子系统、LCD 显示器画面选择，生成及显示，响应时间，更新速度，报警等。

4) 系统自诊断，各种可能的错误以及设备故障的处理。

5) 与远方调度中心（网调，省调）的模拟接口测试。

6) 与保护、信号系统的接口测试。

7) 与 DCS、SIS、MIS 的接口测试。

8) 远动功能测试。

9) 断路器、隔离开关、接地开关的控制和联锁。

10) 电压无功自动调节。

11) 时钟同步检测。

(3) 系统性能检测与验收。

1) 动态画面响应时间。

2）画面实时数据刷新周期。

3）遥信变位到操作员工作站显示。

4）遥测变位到操作员工作站显示。

5）从遥信变位至远动通信装置或计算机通信网关向远方调度发出报文的延迟时间。

6）从遥测输入突变至远动通信装置或计算机通信网关向远方调度发出报文的延迟时间。

7）前置机和主计算机双机切换到系统功能恢复正常。

8）网络切换时间。

9）远动通道切换时间。

10）交流采样测量误差。

11）直流采样模数转换分辨率等。

（4）系统稳定性检测和验收。在全负荷、全功能的前提条件下进行 72h 连续试运行，按照合同技术规范中规定的功能和性能指标进行验收，在此期间，应遵循以下原则：

1）稳定试验运行期间，未经买方同意，卖方（供货方）对外围设备不应有任何调整。

2）没有买方的事先同意，不能修改程序或进行系统维护。

3）有故障的设备将用备件代替，故障单元运行时间应该被扣除。

4）除非买方进行切换试验，试验期间不应有切换发生。

5）如果由于设备故障停止试验，该试验视为无效，试验应重新开始。

6）在试验过程的任何阶段，买方有权利在系统上进行正常操作。

7）若在稳定性试验期间，系统发生未经买方认可的运作中断，则试验将重新开始。由此造成的工程验收时间延长的责任和费用应由卖方承担。

完成工厂全部检测与验收试验以后，经过买方参加 FAT 的人员认可，设备可以发运至工程现场。

11.2.2 厂站监控系统工程的 SAT

由于工厂的实际环境毕竟同工程现场存在差距，例如缺少完整的一次设备，电磁环境、气象条件都与工厂条件存在差别，因此当系统到达现场并完成现场接线与调试以后，现场检测验收必须实行，其主要目的是检查与验证监控系统与厂站一次系统及其他供货商的设备之间的配合是否达到合同要求。

现场验收试验必须在型式试验和工厂验收试验报告齐全、数据和功能满足合同或相应标准的前提下进行。现场验收试验部分内容可结合调试进行。现场验收试验大纲必须在试验前提交。现场试验要求应按相应的技术要求进行。若在调试过程中，双方同意对某些功能进行修改的应按修改后的要求进行验收。验收试验应由买方负责，并参与每个项目的检测与验收。

1. 站控层和间隔层硬件检查与验收

（1）机柜、计算机设备的外观检查。

（2）监控系统所有设备的铭牌检查。

（3）现场与机柜的接口检查。

（4）电缆屏蔽接地良好性检查。

（5）接线正确性检查。

（6）端子编号正确性检查。

（7）TV 端子熔丝的通断检查。

（8）TA 回路负载检查。

（9）端子小闸刀的电气接触良好性检查。

(10) 遥信正确性检查。

(11) 现场开关变位正确性检查。

(12) 设备内部状态变位正确性检查。

2. 遥测正确性检查与验收

(1) TV 二次回路压降测量。

(2) 电压 100%、50%、0%量程和精度检查。

(3) 电流 100%、50%、0%量程和精度检查。

(4) 有功功率 100%、50%、0%量程和精度检查。

(5) 无功功率 100%、50%、0%量程和精度检查。

(6) 频率 100%、50%、0%量程和精度检查。

(7) 功角 100%、50%、0%量程和精度检查。

(8) 非电量变送器 100%、50%、0%量程和精度检查。

3. 电源故障告警信号检查与验收

(1) 交流旁路投入，电源的同步性能检查。

(2) I/O 测控屏电源冗余功能检查。

(3) I/O 测控屏任一路进线电源故障，各 I/O 测控单元仍能正常运行。

(4) I/O 测控屏电源恢复正常，对各 I/O 测控单元无扰功能检查。

4. 间隔层功能验收

(1) 数据采集和处理。

1) 开关量和模拟量的扫描周期检查。

2) 开关量的防抖动功能检查。

3) 模拟量的滤波功能检查。

4) 模拟量和越死区上报功能检查。

5) 脉冲量的计数功能检查。

6) BCD 解码功能检查。

7) 与站控层通信。

(2) 断路器同期功能检查。

1) 电压差、相角差、频率差均在设定范围，开关同期功能检查。

2) 相角差、频率差均在设定范围，但电压差超出设定范围同期功能检查。

3) 电压差、频率差均在设定范围，但相角差超出设定范围同期功能检查。

4) 相角差、电压差均在设定范围，但频率差超出设定范围同期功能检查。

5) 开关同期解锁功能检查。

(3) I/O 测控单元面板功能检查。

1) 断路器或开关就地控制功能检查。

2) 断路器或开关就地控制联闭锁功能检查。

3) 监控面板断路器及开关状态监视功能检查。

4) 监控面板遥测正确性检查。

(4) I/O 测控单元自诊断功能检查。

1) 输入/输出板件故障诊断功能检查。

2) 处理板件故障诊断功能检查。

3) 电源故障诊断功能检查。

4）通信板件故障诊断功能检查。

5. 站控层功能检查

（1）操作控制权切换功能。

1）控制权切换到远方，站控层的操作员工作站控制无效，并告警提示。

2）控制权切换到站控层，远方控制无效。

3）控制权切换到就地，站控层的操作员工作站控制无效，并告警提示。

（2）远方调度通信。

1）遥信正确性和传输时间检查。

2）遥测正确性和传输时间检查。

3）开关遥控功能检查。

4）主变压器分接头升降检查。

5）通信故障，站控层各设备工作状态检查。

（3）电压无功控制功能。

1）500kV/220kV 电压在目标范围内，电抗器和电容器投切、主变压器分接头调节功能检查。

2）500kV/220kV 电压高于/低于目标值，电抗器和电容器投切、主变压器分接头调节功能检查。

3）500kV/220kV 电压高于/低于合格值，电抗器和电容器投切、主变压器分接头调节功能检查。

4）电压无功控制投入和切除功能检查。

5）优先满足 500kV 或优先满足 220kV 功能检查。

6）开关处于断开状态，闭锁电压控制功能检查。

7）设备处于故障或检修状态，闭锁电压控制功能检查。

8）主变压器分接头退出调节，电抗器和电容器协调控制功能检查。

9）电压无功控制对象操作时间、次数、间隔等统计功能检查。

（4）遥控及断路器、隔离开关、接地开关控制和联、闭锁。

1）测量遥控开关从开始操作到状态变位在 CRT 正确显示所需的时间。

2）合上断路器，相关的隔离开关和接地开关闭锁功能检查。

3）合上隔离开关，相关的接地开关闭锁功能检查。

4）合上接地开关，相关的隔离开关闭锁功能检查。

5）合上母线接地开关，相关的母线隔离开关闭锁功能检查。

6）模拟线路电压，相关的线路接地开关闭锁功能检查。

7）设置虚拟检修挂牌，相应的隔离开关闭锁功能检查。

8）主变压器两侧/三侧联闭锁功能检查。

9）联、闭锁解锁功能检查。

10）远方复归功能检查。

（5）画面生成和管理。

1）在线修改和生成静态画面功能检查。

2）在线增加和删除动态数据功能检查。

3）站控层工作站画面一致性管理功能检查。

4）画面调用方式和调用时间检查。

5）画面硬复制功能检查。

（6）报警管理。

1）断路器保护动作，声、光报警和事故推画面功能检查。

2）报警确认前和确认后，报警闪烁和闪烁停止功能检查。

3）设备事故告警和预告警及自动化系统告警分类功能检查。

4）告警解除功能检查。

（7）事故追忆。

1）事故追忆不同触发信号功能检查。

2）故障前 1min 和故障后 2min 时间段，模拟量追忆功能检查。

（8）在线计算和记录。

1）检查电压合格率、变压器负荷率、全站负荷率、站用电率、电量平衡率。

2）检查变电站主要设备动作次数统计记录。

3）电量分时统计记录功能检查。

4）电压、有功、无功年月日最大、最小值记录功能检查。

（9）历史数据记录和管理。

1）历史数据库内容和时间记录顺序功能检查。

2）历史事件库内容和时间记录顺序功能检查。

（10）打印管理。

1）事故打印和 SOE 打印功能检查。

2）操作打印功能检查。

3）定时打印功能检查。

4）召唤打印功能检查。

（11）时钟同步。

1）站控层操作员工作站显示器时钟同步功能检查。

2）监控系统 GPS 和标准 GPS 间误差测量。

3）间隔层各单元间事件分辨顺序和时间误差测量。

（12）和第三方的通信。

1）和数据通信交换网数据通信功能检查。

2）和保护管理机数据交换功能检查。

3）和保护管理机、UPS、直流电源监控系统、电能表通信传送数据功能检查。

（13）系统自诊断和自恢复。

1）值班操作员工作站故障，备用的工作站自动诊断告警和切换功能检查，切换时间测量。

2）前置机主备切换功能检查，切换时间测量。

3）冗余的通信网络或 HUB 故障，监控系统自动诊断告警和切换功能检查。

4）站控层和间隔层通信中断，监控系统自动诊断和告警功能检查。

5）远方诊断功能检查。

6. 性能指标验收

厂站监控系统性能试验的前提必须建立在系统的可用率、可操作性、可维护性和稳定性均满足相应的要求的前提下进行。

（1）站控层性能试验验收项目。

1）站控层系统可用率。

2）动态画面响应时间。

3）画面实时数据刷新周期。

4）现场遥信变位到操作员工作站显示。

5）现场遥测变化到操作员工作站显示。

6）从操作员工作站发出操作指令到现场变位信号返回总的时间响应。

7）从遥信变位至远动通信装置或计算机通信网关向远方调度发出报文的延迟时间。

8）从遥测输入突变至远动通信装置或计算机通信网关向远方调度发出报文的延迟时间。

9）遥控执行成功率。

10）双机切换到系统功能恢复正常。

11）网络切换时间。

12）冗余的 Modem 切换时间。

13）全站 SOE 分辨率。

14）主计算机的 CPU 正常负荷和事故负荷率。

（2）间隔层性能试验验收项目。

1）测控单元的平均无故障时间 MTBF。

2）系统的可用率。

3）交流采样测量误差。

4）直流采样模数转换分辨率。

5）模拟量死区整定值。

6）测控单元的 CPU 正常负荷率和事故负荷率。

现场检测与验收（SAT）结束以后，在一次系统投运后，进行连续 1 个月的全负载全功能下的稳定性试验，1 个月稳定性试验结束，当所有试验指标满足合同要求时，标志 SAT 结束，双方签署验收证书。

11.3 厂站微机监控系统的死机问题分析及对策

死机问题是一个影响厂站微机监控系统正常运行的老大难问题，在死机问题上处理不好会直接影响到整个监控系统运行的稳定。从微机监控系统的间隔层的测控保护装置、站控层的通信主单元到后台监控系统，硬件平台都采用了微处理器，即 CPU，有的是基于单片机或高端 DSP、32 位 CPU 研发的硬件平台，有的是基于工控机、商用机和一些高端工作站等所谓品牌计算机构成的系统，软件平台通常采用嵌入式操作系统、Windows 系统，甚至采用 Unix 操作系统，而且在硬件和操作系统的平台上开发了自己的应用程序，并加以运行。硬件、操作系统、应用程序任何一点出现问题，都有可能引起程序死锁，从而导致整个监控系统的部分功能失效，这就是通常所说的"死机"现象，也是许多微机监控系统普遍存在的问题。尽管造成死机的原因很复杂，有多方面的因素，但是其原因脱离不了硬件与软件两个方面。

11.3.1 由硬件原因引起的死机

1. 散热不良

显示器、电源和 CPU 在工作中发热量非常大，因此保持良好的通风状况非常重要，如果显示器过热将会导致色彩、图像失真甚至缩短显示器寿命。工作时间太长也会导致电源或显示器散热不畅而造成电脑死机。CPU 的散热是关系到电脑运行的稳定性的重要问题，也是散热故障发生的"重灾区"。

2. 移动不当

在监控系统设备运输过程中受到很大振动常常会使微机内部元器件松动，从而导致接触不良，引起电脑死机，所以移动设备时应当避免剧烈振动，力求轻拿轻放。

3. 灰尘

积尘会导致系统的不稳定，因为过多的灰尘附在 CPU、主板和风扇的表面，会导致这些元件的散热不良，电路印刷板上的灰尘在潮湿的环境中容易造成短路。对于这种情况，可以用毛刷将灰尘扫去，但要小心不要将毛刷的毛留在电路板和元器件上而成为新的故障源。

部件受潮或者是板卡、芯片的引脚氧化也会导致接触不良和不正常，对于潮湿，可以用电吹风来将元件烘干，但是在操作的时候要注意不可加热太久或者温度太高，防止元件的损坏。引脚的氧化可以用橡皮将表面的氧化物擦拭掉。

4. 设备不匹配

如主板主频和 CPU 主频不匹配，主板超频时将外频定得太高，可能无法保证运行的稳定性，因而导致频繁死机。

5. 软硬件不兼容

第三方软件和一些特殊软件，可能在有的计算机上就不能正常启动甚至安装，其中可能就有软硬件兼容方面的问题。

6. 内存条故障

主要是内存条松动、虚焊或内存芯片本身质量所致。应根据具体情况排除内存条接触故障，如果是内存条质量存在问题，则需更换内存条才能解决问题。

7. 硬盘故障

主要是硬盘老化或由于使用不当造成坏道、坏扇区。这样机器在运行时就很容易发生死机。可以用专用工具软件来进行排障处理，如损坏严重则只能更换硬盘。

8. CPU 超频

超频是为了提高了 CPU 的工作频率，同时，也可能使其性能变得不稳定。究其原因，CPU 在内存中存取数据的速度本来就快于内存与硬盘交换数据的速度，超频使这种矛盾更加突出，加剧了在内存或虚拟内存中找不到所需数据的情况，这样就会出现异常错误。

9. 硬件资源冲突

硬件资源冲突是由于声卡或显示卡的设置冲突，引起异常错误。此外，如其他设备的中断、DMA 或端口出现冲突，可能导致少数驱动程序产生异常，以致死机。

10. 内存容量不够

内存容量越大越好，应不小于硬盘容量的 $0.5\% \sim 1\%$，如出现这方面的问题，就应该换上容量尽可能大的内存条。

11. 劣质零部件

少数不法商人在组装计算机时，使用质量低劣的板卡、内存，有的甚至出售冒牌主板、CPU、内存，这样的机器在运行时很不稳定，发生死机在所难免。因此，在选购计算机时应该警惕，并可以用一些较新的工具软件测试电脑，长时间连续考机（如 72h），以及争取尽量长的保修时间等。

11.3.2　由软件原因引起的死机

1. 病毒感染

运行人员玩游戏、上网容易遭到病毒的感染，病毒可以使计算机工作效率急剧下降，造成频繁死机。这时，需用杀毒软件（如 KV300、金山毒霸、瑞星等）来进行全面查毒、杀毒，并做到定时升级杀毒软件。

2. 设置不当

该故障现象很普遍，如硬盘参数、模式、内存参数设置不当会导致计算机无法启动。如将无 ECC 功能的内存设置为具有 ECC 功能，这样就会因内存错误而造成死机。

3. 系统文件的误删除

如果使用 Windows 9×操作系统，操作系统启动需要有 Command. com、Io. sys、Msdos. sys 等文件，如果这些文件遭破坏或被误删除，会引起计算机无法正常启动。

4. 动态链接库文件（DLL）丢失

在 Windows 操作系统中还有一类文件相当重要，这就是扩展名为 DLL 的动态链接库文件，这些文件从性质上来讲是属于共享类文件，也就是说，一个 DLL 文件可能会有多个软件在运行时需要调用它。如果在删除一个应用软件的时候，该软件的反安装程序会记录它曾经安装过的文件并准备将其逐一删去，这时候就容易出现被删掉的动态链接库文件同时还会被其他用到的软件情形，如果丢失的链接库文件是比较重要的核心链接文件，系统就会死机，甚至崩溃。

5. 硬盘剩余空间太少或碎片太多

如果硬盘的剩余空间太少，一些应用程序运行时需要大量的内存、操作系统自动开设虚拟内存，而虚拟内存则是由硬盘提供的，因此硬盘要有足够的剩余空间以满足虚拟内存的需求。同时用户还要养成定期整理硬盘、清除硬盘中垃圾文件的良好习惯。

6. 软件升级不当

大多数人可能认为软件升级不会有问题，事实上，在升级过程中都会对其中共享的一些组件也进行升级，但是其他程序可能不支持升级后的组件从而导致各种问题，也会引起死机，甚至系统崩溃。

7. 滥用测试版软件

系统安装了一些出于测试阶段的应用程序（Bata 版程序），测试版应用软件通常带有一些BUG 或者在某方面不够稳定，使用后会出现数据丢失的程序错误、死机或者是系统无法启动。

8. 非法卸载软件

不要把软件安装所在的目录直接删掉，如果直接删掉，注册表以及 Windows 目录中会有很多垃圾存在，久而久之，系统也会变得不稳定而引起死机。

9. 使用盗版软件

因为这些软件可能隐藏着病毒，一旦执行，会自动修改系统，使系统在运行中出现死机。

10. 应用软件的缺陷

如在 Windows 98 中运行在 DOS 或 Windows 3.1 中运行良好的 16 位应用软件。Windows 98 是 32 位的，尽管它号称兼容，但是有许多地方是无法与 16 位应用程序协调的。如在 Windows 95 下正常使用的外设驱动程序，当操作系统升级后，可能会出现问题，使系统死机或不能正常启动。遇到这种情况应该找到外设的新版驱动。

11. 启动的程序太多

这使系统资源消耗殆尽，使个别程序需要的数据在内存或虚拟内存中找不到，也会出现异常错误。

12. 非法操作

用非法格式或参数非法打开或释放有关程序，也会导致电脑死机。

13. 非正常关闭计算机

不要直接使用机箱中的电源按钮，否则会造成系统文件损坏或丢失，引起自动启动或者运行中死机。对于 Windows 98/2000/NT 等系统来说，这点非常重要。否则，会引起系统崩溃。

14. 内存冲突

有时候运行各种软件都正常，但是却忽然间莫名其妙地死机，重新启动后运行这些应用程序又十分正常，这是一种假死机现象。出现的原因多是操作系统的内存资源冲突。因为，应用软件是在内存中运行的，而关闭应用软件后即可释放内存空间。但是有些应用软件由于设计的原因，即使在关闭后也无法彻底释放内存，当下一软件需要使用这一块内存地址时，就会出现冲突。

15. 驱动程序冲突

在安装一些硬件设备驱动程序时，由于安装不当，造成底层驱动程序的冲突，如中断冲突、端口冲突等，这些都会造成操作系统的死锁。

16. 编制的软件不合理

在操作系统稳定的情况下，监控应用软件的开发技术是监控系统稳定的关键。软件的开发要考虑许多细节、许多技巧来避免程序运行与操作系统的不兼容，如指针误指、数组越界、对于所采集或接收的数据缺乏合理性校验、运行进入死循环、单个进程在短时间内过多占用 CPU 时间、对共享资源（如硬盘数据库资源等）访问冲突、误用不完备的底层机制等。

17. 通信死锁

通信死锁主要与所用通信媒介的处理机制有关，经常发生于需要冲突侦听检测机制的总线型通信网络上，例如：如果一路 RS 485 总线上在某一瞬间同时出现多个主设备或由于干扰等原因使得总线上瞬间出现类似电气特性的情况下，总线上某些通信芯片可能会发生电平卡死现象，当然，这也与通讯芯片能否在此种情况下具备自恢复机制有关。对于以太网，当出现广播风暴的情况，网络有可能会发生瘫痪，此外，如果一个局域以太网建立了过多的流连接，会大大降低网络效率，甚至造成网络瘫痪。

11.3.3 解决死机问题的对策

(1) 完善软件开发编程能力，建立合理的软件运行机制。软件是监控自动化产品的核心，软件的稳定性主要取决于软件编制的水平和软件运行的机制。

(2) 选择与软件稳定运行相适应的硬件平台。在选择硬件平台时，应注意一些关键部件的选择，如是否可以用低功耗产品取消风扇和硬盘等转动设备，是否可以采用性能更可靠的风扇等。

(3) 选择合适的、稳定的、成熟的操作系统。

(4) 为了增加系统的稳定性，在硬、软件的设计时采用冗余机制。

(5) 采用"看门狗"监视、恢复机制。

11.4 厂站微机监控系统的软件测试技术

在软件工程中，为了全面分析软件开发工作的各个阶段，形成了软件生存周期模型。大体上说，这种模型可以归结为两大类，即传统的瀑布模型（Waterfall Model）和后来兴起的原型模型（Prototype Model）。瀑布模型把软件生存期划分为 6 个阶段，即计划（Planning）、需求分析（Requirement Analysis）、设计（Design）、编码（Coding）、测试（Testing）、运行维护（Run and Maintenance），其中，软件测试是保证软件质量的重要手段。

11.4.1 测试的目的及原则

测试的目的就是发现错误，但不是要证明"程序中没有错误"，测试只能表明软件中的错误已出现，而无法说明错误不存在。

要做好软件测试，需要遵循一些重要的原则：

（1）程序员或程序设计机构不应测试自己的程序，测试自己的程序时采取比较客观的态度，在心理学上来说，是比较困难的，另外，逻辑上也比较难以有所突破。

（2）所设计的测试用例必须包括两部分，即确定的输入数据和确定的输出结果，并且，不仅要有合理的输入数据，还要有不合理的输入数据。用不合理的输入数据进行程序测试，比用合理的收获要大。

（3）检查程序是否完成了它应做的事情，同时还要检查它是否做了不应该做的事。

（4）保留全部测试用例，作为软件开发文档的一部分。

（5）程序中存在的错误的概率与在该段程序中已发现的错误数成比例。

11.4.2 测试方法

软件测试并不等同于程序测试，而是包含贯穿在整个开发各个阶段的复查，评估与检测活动中，远远超出了程序测试的范围。广义上讲，测试是指在整个软件开发过程中，所有的审查会、评审会等与发现错误，保证软件正确性、完全性和一致性有关的活动，因此，测试方法就不仅指软件测试阶段所使用的各种方法，也包括其他阶段所用的代码审查、软件评审等人工测试方法。

按测试方式不同，可以把测试方法分为动态测试和静态测试。根据测试用例的设计方法不同，又分为白盒测试和黑盒测试。

1. 静态测试和动态测试

（1）静态测试。静态测试是指被测程序不在机器上运行，而是采用人工检测和计算机辅助静态分析的手段对程序进行检测。

（2）动态测试。动态测试指通过运行程序发现错误，是一般意义上的测试。

2. 黑盒测试和白盒测试

（1）黑盒测试。又称为功能测试或数据驱动测试，是把被测对象看成一个黑盒子，测试人员不考虑内部结构和处理过程，只在软件接口处，根据需求说明书、功能说明书、使用说明书进行测试，检查程序是否满足功能要求，是从用户的角度出发的测试。黑盒测试的方法主要有等价类划分、边值分析、因果图、错误猜测等。

（2）白盒测试。白盒测试又称为结构测试或逻辑测试，是把被测对象看成一个打开的盒子，测试人员通过检查内部的逻辑结构和运行机制来设计测试用例，对内部的模块、函数、数据结构按照设计好的逻辑用例运行，此时可以完全不考虑程序的具体功能。白盒测试的主要方法有逻辑覆盖法、路径测试法和数据流测试法等。

这些黑盒和白盒测试的方法在一般的软件工程书中都有详细的介绍，不在此处复述。

3. 应用

下面根据测试的对象不同和不同测试方法进行具体介绍。

（1）黑盒测试的对象和方法。

1）产品说明书。产品说明书是软件测试的依据，测试人员利用它来设计测试用例，因此，首先必须对它进行测试。测试内容为：看设计是否满足现有的规范、法规、标准、行业要求；实现的产品是否和需求说明书中的要求相一致，是否少功能，是否多了未要求的功能；产品属性的描述是否精确，是否有"几乎"，"有时"这样含糊的说法；产品的描述是否准确、全面；用户通过这份手册，是否能清楚的理解该产品的各个特性；加上必要的技术手册，是否就能独立操作；用户输入确定的信息后，是否能知道各种相应的输出结果是什么等。

2）数据测试。测试完产品说明书后，测试人员接下来的工作就是要设计测试用例，这是测试人员最重要的工作，包括输入、输出两部分：输入又包括测试用的数据和测试用的程序，输出包括正常输出和不正常输出。数据包括键盘输入、鼠标单击、磁盘文件、打印输出等。

黑盒测试比较常用的方法是等价类划分和边界值法（两种方法一般互为补充）。用穷举法测试是不可能的，所以要对可能的输入数据进行等价类划分，尽可能使少量有代表性的测试用例来代替大量同类的测试，提高测试的效率。划分数据等价类可以有以下的方法：

a）如果输入条件是个范围，则可以定义一个有效等价类和两个无效等价类。例如，给定范围为［1，9］的整数，有效等价类可以是［1，9］，无效等价类是远远小于 1 的数值和远远大于 9 的范围，1、9、0、10 为边界值测试。

b）如果输入条件为特定值，可以定义一个有效值和两个无效值。如输入值为 4，有效值即为 4，无效值为小于 4 和大于 4 的值。4 和比 4 略大略小的值都是边界值。

c）如果输入条件代表集合的某个元素，可以定义一个有效等价类和一个无效等价类。有效等价类为集合内部值，无效等价类为集合外部值。

d）如果输入条件是布尔式，可以定义一个有效等价类和一个无效等价类。有效等价类是使条件为 true 的值，无效等价类是使条件为 false 的值。

要注意的一点是，等价类的划分不是唯一的，只要测试的人认为足以覆盖测试对象就行了。对数据的测试，就是要测试通过各种用户输入信息，查看返回结果是否合理。在用边界值辅助测试的时候，像默认值，空白值，空值，无值，乱码，无穷值等特殊值都应该考虑进去。

3）状态转换测试。从一种状态转入另一种状态所需的条件或输入可能是按键选择、菜单选择、电或声音信号等，进入或退出状态时需要设置的条件及输出结果，如菜单、按钮响应、置标志位、打印输出、执行运算等，都是测试的组成部分。

4）负荷能力测试。即不断执行某个操作的能力，看内存空间是否合理利用和释放，最大负荷是多少，其他各项资源的利用水平如何。这样的测试，如果有条件，可以用测试工具进行自动化测试。

（2）白盒测试的对象和方法。

1）读程序发现错误。这属于静态白盒测试方法。可以发现的错误有用错的局部变量和全程变量、不匹配的参数、不适当的循环嵌套和分支嵌套、可疑的计算、潜在的死循环以及不会执行到的代码、过程的调用层次、读/写数据的格式等。这些错误的产生都和不好的编程习惯有关，发现这些错误需要一定的经验和耐心。

2）对模块或函数的测试。可以用路径法测试，它是从程序入口开始，到出口结束时，使判断路径都执行一次，具体步骤是：首先设计时可以根据程序的执行情况画出程序流图，即用节点表示遇到的判断语句，节点间的连线表示各个判断间所经历的顺序执行语句。其次，用图矩阵在计算机中表示出流程图，从而量化被测程序的独立路径，然后，算出流图的环形复杂度 $V(G)$（$V(G)=E-N+2$，E 是流图中边的数量 N 是流图节点数量），$V(G)$ 是独立路径的上限。最后，依此设计出测试用例，测试用例可以是节点覆盖，可以是边覆盖，也可以是二者相结合的完全覆盖。需要注意的是，路径覆盖不考虑程序的循环，只要求每条路径至少经过一次即可。而且，即使全部语句都被执行了，也不能说全部路径被走遍了，路径测试的设计和判断节点有关。除了最简单的程序外，要测试完所有的语句、分支和条件，是不可能的，所以测试时根据经验，对最可能出错和对程序执行影响最大的判断节点进行分析即可。

11.4.3 测试步骤

软件产品在交付前一般要经过单元测试、集成测试、确认测试和系统测试四个步骤。单元测试的目的是对程序中的各个单元进行测试，检查每个模块是否能正确实现规定的功能。各个模块经过单元测试后，就可以组装起来进行集成测试，检查是否和所要求的软件体系结构相符。确认测试主要是检查该软件是否符合需求说明书中说明的各种需求。系统测试是指把已确定的软件和其他系统元素（如硬件、数据库、其他支持软件，操作人员等）结合起来进行测试。

1. 单元测试

（1）测试的主要内容。单元测试主要是针对以下 5 个方面进行测试：

1）模块接口。检查通过被测模块的接口是否能正确输入/输出信息。

2）局部数据结构。主要检查内部数据说明是否正确、一致，初始化和缺省值、变量名的拼写、数据类型匹配是否正确，数组上下界是否溢出等，以及全局数据的使用是否合理。

3）覆盖条件。模块的运行是否能满足特定的逻辑覆盖。

4）错误处理。如果模块运行出现错误，看系统能否及时处理。

5）边界条件。对各种数据、条件、运算、存储结构、循环的边界条件进行检查。

（2）测试的方法。由于每个模块在整个软件中并不是孤立的，因此此在对模块进行单元测试时，也考虑到它们和相关模块的联系，为了模拟这种联系，需要设计辅助测试模块。一种是驱动模块，是调用被测模块的模块；一种是桩模块，是被测模块调用的模块。这些模块一般很少做复杂数据处理，一般仅作为打印入口和具有返回功能，以检验被测模块的接口。

2. 集成测试

在各个模块完成单元测试以后，需要按照设计时的结构图再组装起来，进行集成测试，看连接起来以后是否也能正常工作。测试的方法有两种，自顶向下测试和自底向上测试。

自顶向下测试就是把各个模块，按照逻辑结构，从主控模块开始，沿着控制层次向下移动，把各个模块都结合进来。举例如下：

程序模块原型如图 11-7 所示。对其进行测试。第一步如图 11-8 所示，对主控模块 A 进行测试，设计了 3 个桩模块 S1、S2、S3 代替 B、C、D。第二步如图 11-9 所示，把模块 B、C、D 和顶层模块 A 连接起来，再配上桩模块 S4、S5，代替对模块 E、F 的调用，最后对图 11-7 的结构进行测试。自底向上的测试方式与自顶向下的方式正好相反。两种方法并无特别的优劣，可根据测试人员的习惯选择。

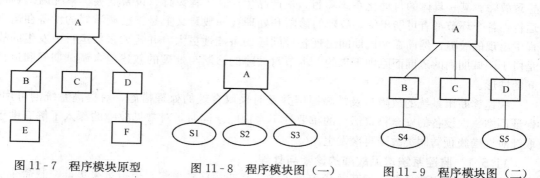

图 11-7　程序模块原型　　　图 11-8　程序模块图（一）　　　图 11-9　程序模块图（二）

3. 确认测试

集成测试以后，软件组装完成，接口的错误应该已经得到改正，这时可以对软件进行最后的测试，即确认测试。

确认测试的目的主要是检查软件的功能是否与需求规格说明书中所说的一致。测试的方法是黑盒测试。如果发现功能不全或不一致，需要继续修改，直到满足条件。

4. 系统测试

软件只是整个系统中的一部分，最终是要把软件和其他系统元素，如硬件和其他支撑软件结合起来，进行一系列的组装测试和系统确认测试。系统测试完成后通常是验收测试，由用户执行，时间为几个星期到几个月，接受用户的反馈信息。

11.4.4 测试注意事项

1. 测试标准

软件测试中用到的标准有国家标准，国际标准，行业标准，企业标准等。常用的 GB 标准有：

GB/T 14394—2008《计算机软件可靠性与可维护性管理》

GB/T 15532—2008《计算机软件测试规范》

GB/T 16260—2006《软件工程产品质量》

2. 测试质量特性

(1) 功能性：包括适合性、准确性、互操作性、依从性、安全性等。

(2) 可靠性：包括成熟性、容错性、易恢复性等。

(3) 易用性：包括易理解性、易学性、易操作性等。

(4) 效率：包括时间特性、资源特性等。

(5) 维护性：包括易分析性、易改变性、稳定性、易测试性等。

(6) 可移植性：包括适应性、遵循性、易替换性、易安装性等。

软件测试完毕可以用相关的质量特性来衡量。

11.5 厂站微机监控系统常见故障的诊断与处理及预防措施

任何一个系统或产品都有可能发生故障，厂站监控与自动化系统也不例外。对发生的故障情况进行总结以及吸取经验教训，采取预防措施，可以有效提高厂站监控与自动化系统的可靠性。

任何一个预期的功能未能正常实现都应视为故障。监控系统中的任何环节的疏漏都有可能导致故障。某一具体的自动化系统项目，从产品生产、工程设计、设备安装、系统调试到正常运行，各个环节都有可能出错。故障的诊断和处理在一般意义上是指已调试好的设备在运行过程中出现的故障，然而在调试期间出现各种问题的可能性更大，并且大多数运行中发生的故障是由于调试期间的疏漏而隐埋下来的。本节对故障的诊断与处理的叙述包含调试期间和运行期间的情形。

快速诊断出系统的故障点及故障原因并及时采取合理的处理措施，对提高系统的可用性、保证厂站一次设备的安全稳定运行的重要性不言而喻。同时，对常见故障的深入了解有助于采取针对性措施预防同类故障再次发生。

11.5.1 监控系统常见故障的诊断与处理

监控系统的主要任务包括开关量信号采集，脉冲量信号采集，模拟量采集，控制命令的发出，调节命令的发出，以及这些信号或命令的远方传送等。

1. 开关量信号

开关量信号采集与传送过程中的各环节如图 11-10 所示。

开关量信号的故障多表现为信号采集不到、信号位置相反或信号时有时无等，其常见原因有：

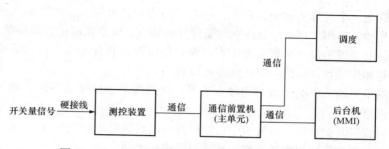

图 11-10　开关量信号采集与传送过程中的各环节

（1）开关量输入回路负公共端未接线、开关量输入回路未给电源或电源电压值不对、正负极接反或交直流弄错。一般开关量输入回路接线如图 11-11 所示。

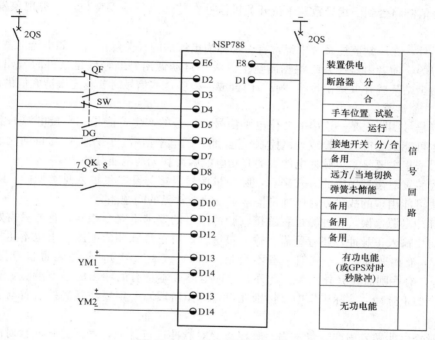

图 11-11　开关量输入回路图

此类故障经常表现为某一采集装置上所有开关量信号同时全部缺失，原因较易判断。输入电源接成交流的情况一般不会在现场出现，但设备在开关厂使用临时电源调试时，有可能出现。

（2）开关量输入滤波去抖时间设置过长。开关量采集装置为防止输入触点变位时可能出现抖动而导致信号频发，一般设置有触点去抖时间，即触点由一个状态变到另一个状态稳定一定时间后才确认为变位，一般设置为几十毫秒。如果此值误设过长则变位后又迅速返回的信号可能被遗失。

（3）单/双输入设置错误。双信号输入有利于提高信号的可信度，并可以反映出设备的中间状态。例如，断路器常用动合/动断共两个辅助触点共同表示其位置，当动合触点闭合且动断触点断开时表示断路器在合位，而动合触点断开且动断触点闭合时表示断路器在分位，若断路器两辅助触点同时断开或闭合，则说明断路器辅助触点有问题，此时断路器位置不可信。手车位置信号与此类似，另外若手车的试验位置辅助触点与工作位置辅助触点都未闭合，则说明手车在检修位置，这是一个有意义的中间位置。一般可用做双信号输入的两个输入端，也可当作两个普通的单信号输入使用，调试中要注意此类信号的输入在装置相应的输入端的设置。有关单/双信号输入属性的设置不只在采集装置中有，在通信前置机转发库或人机对话机（后台机）信息库中都可能有相应项目，调试中应注意逐点核对。

（4）接线端子松动或一次设备辅助触点不对。接线端子松动是最不起眼的问题，但却是大量故障的罪魁祸首。

（5）通信前置机开关量信号转发表中信号位置排错或重复。

（6）后台开关量信号数据库位置错误或动态链接库出错。

（7）开关量采集装置输入端光耦击穿或输入锁存器、I/O口线出错。在排除外围电源、接线及软件设置不当的可能性后，若装置本身仍不能正确反应外部信号位置，则可推断装置硬件可能出现故障，进一步的检测需要专业人员及相应的仪器与工具，一般由厂家工程师检测。

（8）通信链路受到干扰导致若干位开关量信号在传递过程中误变位。此类现象发生的概率较小。

（9）另外，在厂站监控系统中经常有一种称为虚遥信的开关量信号，如电流遥测越限信号、事故总信号等，前者由监控系统根据测量值的大小自动做出判断，满足条件时发出一个信号；后者则是由全站某些开关量信号经"或"门合成。检验这些信号时要首先搞清它们的形成机理。

2. 脉冲量信号

脉冲量信号实际上是一连串的变位电平信号，信号的产生可能是一端接电源的空触点的连续分合，也可能是经过三极管或光耦控制导通/断开的电平信号，厂站监控与自动化系统中常见的脉冲信号采集主要是采集脉冲电能表的有功电能脉冲和无功电能脉冲。

从测控装置对信号采集的方式来看，脉冲量信号采集与开关量输入是类似的。除类似开关量信号采集可能出现的故障外，脉冲量信号采集功能常见的问题还有：

（1）脉冲电源错误。各种测控装置接收脉冲信号的要求不完全相同，有的只需要输入空触点，有些需要输入正脉冲，还有些需要输入负脉冲。对正负脉冲的电压要求也不尽相同，有些要求±24V，有些要求±12V（但一般不会是±220V或±110V），某些装置自身提供±24V/±12V电源，有些则需要另外配备。此外，脉冲电能表本身有的输出的是空触点，有的输出的是不同电压的正脉冲，实际工作中（特别在设备选型阶段）一定要注意测控装置与脉冲电能表的匹配。

（2）脉冲电能转发周期设置不当。测控装置对脉冲进行计数，累计的脉冲数对应于一定的有功电能量或无功电能量。通常测控装置中会设置一个电能转发周期，即隔多长时间向调度端发送一次电度累积值，此参数的设置不能太长也不应太短，应当与调度端在通信协议中明确。

3. 模拟量信号

模拟量信号采集与传送的各环节如图 11-12 所示。

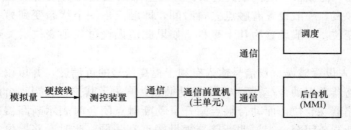

图 11-12 模拟量信号采集（交流采样）与传送的各环节

厂站监控与自动化系统中模拟量的采集既有交流采样，也有直流采样。通过交流采样测量的模拟量通常包括电流、电压等，通过直流采样测量的模拟量通常包括变压器或电机温度、直流电源电压以及某些低压所用配电装置电压、电流、功率等。直流采样是通过变送器及直流采样装置来实现的。示意图如图 11-13 所示。

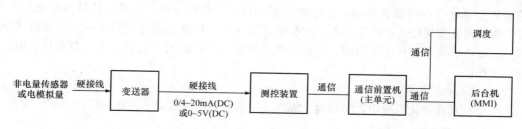

图 11-13　模拟量采集（直流采样）与传送的各环节

频率的测量一般不同于直流采样，与交流采样也不完全相同，它通常通过专门的测频电路来实现。

模拟量采集功能常见的故障及原因主要有：

（1）后台无测量值。造成这种现象的原因主要有，通信前置机测量值转发表设置错误、后台测量值数据库位置错位或后台测量值系数设置过大。此类问题经常伴随测量值出现位置错误，原因诊断及处理都较简单。

（2）测量值精度低。

1）若从测控装置本身看到的测量精度低，通常需检查装置有无正确校准过。微机式测控装置本身一般提供有自动或手动校准功能。将标准测试仪输出的高精度的电压、电流值输入到测控装置中，启动此功能，装置便可自动/手动调整测量值与标准量一致。若已确认测控装置本身测量精度满足要求而后台观察到的测量值误差较大，须考察后台测量值数据库中相应的测量值系数设置是否正确，必要时可进行微调。

2）从装置本身的角度来讲，测量值的精度主要取决于两个方面：①AD芯片的位数；②TA的测量线性度。AD芯片的位数决定了测量值的最高分辨率，TA的线性度决定了测量值在小值和大值之间误差偏差，测量的比例误差，对于微机型装置是极易调整的。

（3）有功功率或无功功率值不合理。调试中常会发现电压、电流的测量值显示都是正确的，但有功功率 P、无功功率 Q 的显示始终与计算值相差极大。此时需要从以下两个方面来考虑：①TA、TV 的相序问题；②功率测量的二表法还是三表法的选择问题。三表法利用公式 $P=U_A I_A \cos\varphi_A + U_B I_B \cos\varphi_B + U_C I_C \cos\varphi_C$ 计算有功功率，装置需输入三相电压、三相电流。二表法利用公式 $P=U_{AB} I_A \cos\varphi_A + U_{BC} I_C \cos\varphi_C$ 计算有功功率，装置只需输入两相电流 I_A 及 I_C，但电压必须是线电压，检查时须注意校核装置的测量方式与实际接线的一致性。

（4）输入量为零值时，测量值显示不为零。此类现象称为零漂，零漂现象是正常的，但如果显示值过大则需要采取抑制措施，通常的方法是在软件中增设一个微小的门槛值，测量值小于此门槛值时则强制为零，若零漂过大的现象与测量精度低的情况同时出现时，应首先采取措施保证测量值的精度。

（5）直流采样的测量值出错。直流采样可能出现的故障与交流采样基本相同，但由于直流采样比交流采样多了一个变送器的环节，变送器出故障的情况也多有发生。变送器常见故障的原因一般有：由于温升的影响导致器件老化损坏、器件绝缘损坏、变送器内部基准电源部分精度下降等。厂站监控与自动化系统中采用的变送器通常由专门的变送器生产商生产，监控系统厂商一般只是集成，故障变送器一般由变送器生产商维修或更换。

（6）积分电能值不准确。厂站监控与自动化系统中，计量电能通常由智能电能表来完成。但在有些工矿企业厂站监控与自动化系统中，用户经常要求在测控装置中增加电能计量功能。测控装置是不适合作电能计量的：①测控装置所接 TA 为 0.5 级，不满足计量 0.2 级的要求；②测控装置需外加辅助工作电源，在辅助电源因故消失装置退出运行期间，一次设备的功率会被漏计。而电能表不存在这个问题，它的工作电源取自 TV 输入，只要一次设备有压，电能表即开始工作。

4. 控制命令发出

厂站监控及自动化系统中，断路器、隔离开关等设备的控制命令传送过程如图 11-14 所示。

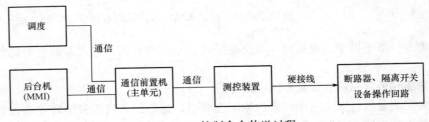

图 11-14 控制命令传送过程

常见的故障主要有：

（1）命令返校不成功。返校不成功，说明控制命令的下行报文未能传达给指定的测控装置，或测控装置返回的报文未能正确抵达控制主机。造成此类故障的主要原因有通信故障、测控装置与后台机/调度端命令对象地址不一致等。

（2）命令错误出口。这是一种由于明显的工作疏漏造成的严重故障，通常由于测控装置地址号设置错误或重复造成。

（3）控制命令未出口。造成此类故障可能的原因为：命令联锁条件不满足（如有些测控装置中包含了断路器/隔离开关/接地开关的联锁）；命令分合方向不合理（如分闸时再发分闸命令、操作回路的故障等）。

5. 调节命令发出

厂站监控与自动化系统中调节命令主要包括主变压器分接头的调整、水库闸门的调整，汽轮机汽门开度调整，励磁系统的升降压调整等。从工作机理来看，调节命令与控制命令基本一致，两者的区别在于命令的对象不同，因而两者对输出命令的要求也有所不同。调节功能实施中需特别注意以下问题：

（1）位置升降命令无法执行。遇到这种情况需首先考察一下主变压器分接头位置是否已到尽头、调节命令与主变压器分接头位置信号联锁关系、分接头位置信号是否已正确采集到等，另外要注意检查调节命令输出触点的容量与分接头调节执行机构是否匹配，调节命令触点有无烧结粘连。

（2）主汽门开度的调节通常由调速电动机来控制，测控装置发给调速电动机的命令脉冲要满足要求，必要时须调整脉冲宽度（输出命令触点闭合或断开时间）。命令触点容量不能满足要求时，需考虑增设大容量中间继电器。

（3）励磁系统升降压调节命令的处理与汽门开度调节类似，也需注意脉冲宽度与触点容量的问题。

6. 通信

通信是厂站监控与自动化系统各功能设备联系的纽带，其稳定与顺畅的工作是厂站自动化系统的基础与关键。

11.5.2 操作回路的故障诊断与处理

断路器操作回路（也称控制回路）承担着正常运行及事故时对断路器进行分合的重要任务，操作回路既是厂站监控与自动化系统控制命令输出的执行机构，也是大量开关量信号的来源。厂站监控与自动化系统中常用的操作回路接线如图 11-15 所示。

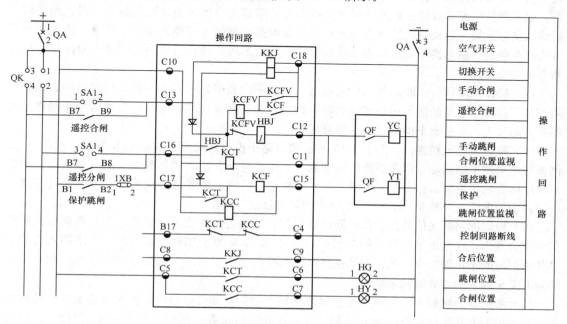

图 11-15 常用的操作回路接线图

图 11-15 中所示为断路器处于分闸位置的情况，此时合闸回路中的断路器 QF 动断辅助触点（即与断路器一次主触头反相的触点）处于接通状态，为合闸做好了准备。当 QK 就地控制时，SA1 合闸触点（1、2）闭合或 QK 在远方控制，遥控合闸触点（B7、B9）闭合时，合闸回路接通，合闸线圈 YC 流过电流，从而导致断路器合闸。断路器闭合后，QF 动断辅助触点同时打开。断路器处于分闸位置时，跳闸回路中断路器 QF 动合辅助触点（即与断路器一次主触头同相的辅助触点）闭合，为合闸做好准备。当接地控制开关 SA1 分闸触点（3、4）或远方遥控触点（B7、B8）接通时，分闸回路接通，断路器跳闸线圈 YT 上流过电流，从而导致断路器分闸。断路器分开后，QF 动合辅助触点同时也断开。而动断辅助触点又回到图 11-15 所示位置，于是可以再次进行分合。

当跳闸回路接通时，串在跳闸回路中的跳闸保持继电器 KCF 也启动，KCF 一个触点闭合将跳闸过程中跳闸信号自保持，直到 QF 动合辅助触点将回路切断；另一个触点闭合将合闸回路中的 KCFV 的一端接负电源。若上次合闸过程中及合闸后合闸触点因故未返回，则 KCFV 的线圈另一端也带上正电源，于是 KCFV 也启动，其一个动合触点动作接通负电源自保持，另一个动断触点动作断开合闸回路，于是 QF 跳开，QF 动断触点闭合后断路器也不会再次误合上。这就是所谓的"防跳"。防跳指的是防止断路器在跳（合）闸回路同时接通的情况下断路器出现不断分合的"跳跃"现象，其本质是防止再次合。

图中的 KCT 和 KCC 一方面起重动作用，给出断路器位置信号，另一方面用于监视跳合闸回路的完好性，操作回路正常时 KCT 和 KCC 必有一个在动作状态，当两者同时不动作时，则表明跳闸回路和合闸回路有故障（控制回路断线）。

操作回路常见的故障主要有：

(1) 合闸线圈烧损。正常合闸时断路器合上后，动断辅助触点随之断开，于是合闸回路自动切断，合闸线圈上不会长期流过电流。但是如果断路器操动机构的 QF 动断辅助触点动作不良，如不能及时断开或烧结粘连，则合闸线圈会长期通过合闸电流。时间超过其最大耐受时间后线圈烧毁。另一种动断辅助触点不能断开的原因是在弹簧未储能的情况下合闸，由于合闸弹簧未储存能量，断路器不可能动作，辅助触点自然也不可能动作，合闸回路通电时间过长后导致合闸线圈烧毁。

(2) 操作回路烧毁。断路器动断辅助触点因故不能及时断开时，一般会烧毁合闸线圈，但若其他元件耐受电流的能力比合闸线圈弱，则最弱的元件先烧毁，这些元件通常位于操作回路印刷电路板上，于是整个操作回路板都遭到破坏。

(3) 跳合闸触点粘连。若图 11-15 所示的电路中没有跳合闸保持回路及触点，或跳（合）闸保持继电器不能启动，则在断路器辅助触点不能及时断开跳合闸回路时，随后跳（合）闸触点将由闭合位置返回。但由于一般跳（合）闸触点返回时的断弧能力较差，它不可能拉开跳合闸回路中的电流（一般 1～5A），于是跳合闸触点被烧熔粘连。

(4) 控制回路断线信号误发信。断路器操作回路完好时，在分合断路器时，控制回路断线信号也会发出，这是由于在分合闸过程中，KCT 和 KCC 要分别动作或返回，由于两者之间的动作返回时间不可能完全一致，于是控制回路断线信号会短时（一般几毫秒）出现。此现象可通过开关量输入的滤波时间来消除。

(5) 断路器合闸后不能分闸，控制回路重新上电后，又可以合闸，但现象会重复。这种现象是防跳回路起作用的结果。遇到这种情况，首先需检查各合闸触点在分合闸后有没有返回、合闸命令输入端在分合闸后是否在继续存在其他原因导致的正电位。若上述原因可以排除，需考虑 KCT、YC、KCF 的电阻匹配问题。在断路器跳闸的过程中，防跳回路中的 KCF 触点及 KCFV 触点会短时闭合，此时，YT 线圈与 KCFV 线圈及 YC 线圈构成了一个串并联回路（KCT 线圈电阻较小不计），三者之间的阻值比决定了 KCFV 线圈上电压的大小，若此电压大于 KCFV 的最小动作电压则 KCFV 会始终动作并保持，于是合闸回路会断开从而无法合闸。

11.5.3 故障的预防及提高可靠性的措施

在厂站监控与自动化系统工程的设计、施工、调试、运行以及产品制造的各个环节中都可能出错。因此在各个阶段都应该采取相应的预防措施来提高监控与自动化系统的可靠性。

1. 工程设计阶段须特别重视的问题

(1) 设备选型。工程设计人员必须严格审核设备的型号、功能，逐一与产品样本标识核对。

(2) 工程设计人员必须对装置的功能、原理有清晰的认识，切实加强自己的业务素质，这是设计工作的基础。

(3) 设计人员应与用户建立良好的沟通，摸清用户的需求以及运行习惯，特别要注意各地区电力部门或厂矿企业中的特殊要求及习惯。

(4) 设计交流回路时注意 P、Q 测量三表法、二表法不同，对测量所需的 TA 线圈组别和极性给予明确的标识。

(5) 设计直流回路时注意开入量输入的电源回路空气开关的配置，信号负公共端不要漏线。

（6）通信回路通信电缆的屏蔽地要给予明确标示。

（7）切实注意装置机壳接地和交流输入屏蔽接地问题。各装置的接地线明确画出，以规范施工。

2．工程安装阶段需注意的问题

（1）高度重视不起眼而又繁琐的接线及查线工作。故障多数是由这些接线错误或松动引起的。

（2）查线工作不可省略，每一个接线螺钉都必须拧紧。

（3）一个端子孔尽量不要接两根线，绝对不可接三根。

（4）切实按图施工但对图纸中出现的明显疏漏应给予反馈。

3．调试阶段

系统的调试关系到整个工程的质量好坏，调试工作不仅要验证安装接线以及设备的正常启动运转，同时对每个项目前期设计工作也是一个检验。调试的工作必须遵循以下原则：

（1）所有的功能都必须测试一遍，不可推断或想当然认为某些功能肯定没问题。

（2）做好测控装置的精度试验。

（3）投运前的测试不可能完成所有的测试项目，一次设备投运后才能实施的测试项目切记不可遗漏。

4．装置自身质量

装置自身质量是整个厂站监控与自动化系统稳定可靠运行的基础和前提，严格质量关对提高自动化系统的可靠性有决定性的作用，具体说来可采取以下措施。

（1）严格筛选装置元器件，关键器件逐个检测。

（2）装置整机必须经高温老化。

（3）产品研发阶段就必须高度重视装置电磁兼容性设计，产品必须通过相关国家标准认证试验。

（4）装置软件中设硬件自诊断功能，故障后自动报警并闭锁。

（5）系统软件的强壮性设计，子功能模块故障报警设计。

（6）每个装置需附测试报告，系统出厂时须经拷机测试。

第*12*章

监控与自动化系统在中低压变电站的应用

12.1 概　　述

我国大多数城市的供电主网及重要的厂矿企业供电网多是采用 110kV 的电压等级进行降压供电（图 12-1 示出了一个典型的 110kV 变电站一次系统图）。为了保证供电的可靠性，110kV 的降压变电站大多数采用 $N+1$ 的供电接线方式。本章主要针对 110kV 及以下电压等级的中低压变电站，讨论变电站监控与自动化系统在这些变电站中的应用。

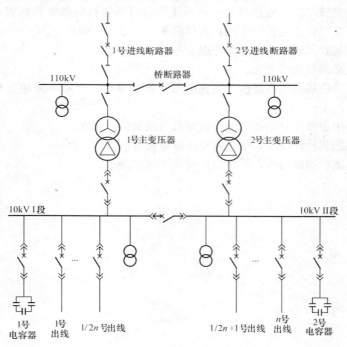

图 12-1　一个典型的 110kV 变电站一次系统图

12.1.1　系统结构

20 世纪 80 年代末 90 年代初，随着计算机工业的飞速发展，以微型计算机为核心的监控与保护装置逐渐进入电力系统。尤其是后来的厂站自动化的概念及相关技术直接应用于电力系统，使得这一技术在应用的过程中得到了充分的完善和突飞猛进的发展。

到了 20 世纪 90 年代中后期，全国的大多数 110kV 变电站的二次部分都采用了变电站监控与自动化系统，基本上实现了无人值班或少人值班的管理模式。

变电站监控与自动化系统的广泛使用，以及网络和通信技术的发展，使得远方调度和监控管理变电站的设备成为可能。国外的保护和监控设备在中国电力系统的应用，也使得我国的变电站监控与自动化系统的技术水平和管理能力得到了进一步的提高。

目前，变电站监控与自动化系统的结构模式使用较多的是分散式厂站自动化系统。采用主控单元来完成站控层对间隔层数据信号的采集和处理，实现与间隔层保护和测控设备之间的通信，以及与远方调度控制中心之间的通信。

110kV 变电站监控与自动化系统一般都包含了站控层（后台及主控单元）和间隔层（间隔层保护与控制单元）两大部分。在通信网络结构上，国内经历了串行通信（RS 485/232）、现场总线（CAN、MODBUS、PROFIBUS 等）到以太网的过程。在以太网的结构中，又分为单以太网和双以太网或三以太网的方式。图 12-2 示出了 110kV 变电站监控与自动化系统双以太网的网络结构图。

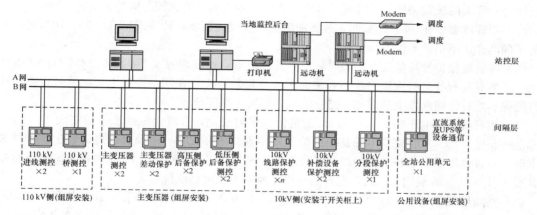

图 12-2 110kV 变电站监控与自动化系统一般网络结构图

后台系统主要完成与间隔层的保护测控设备的通信、处理事件信息和系统的人机对话，全站的操作、运行和维护等功能。

远动工作站类似于主控单元，能与间隔层的保护测控装置通信，实现远动信息的直采直送，远动工作站的运行应独立于后台监控系统，双方互不影响，但是在分层概念上属于站控层的范畴。

间隔层保护与测控单元主要完成一次设备的交流量和开关量的采集和厂站的控制命令的输出功能。当然，保护装置还具有独立于监控和通信系统的保护功能。

后台系统、远动工作站的通信方式采用工业以太网。对于简单的变电站，也可以采用单工业以太网的方式。

对于全站的智能电子装置（IED），可通过开关量或串行通信方式接入厂站监控与自动化系统。实现对智能电子装置的管理和监视。为了满足接入站级的以太网，可通过终端服务器的方式。

12.1.2 各层的设备配置和接口

厂站监控与自动化系统的站控层设备包括远动工作站和当地后台监控系统，远动工作站采用集中组屏方式安装，布置在变电站或发电厂的主控室内；当地后台监控系统，也布置在主控室内。远动工作站通过接口方式与集控中心、远方调度控制中心通信，进行信息、数据交换，实现厂站的无人值守或运行维护。

厂站监控与自动化系统的间隔层设备包括110kV间隔、主变压器、10kV间隔的保护和测控设备，间隔层设备完全按一次设备中断路器间隔、主变压器间隔等单元配置间隔层保护、测控单元设备；10kV间隔采用保护、测控合一设备，直接分散安装在开关柜上的布置方式；110kV间隔和主变压器的保护设备和测控设备为各自独立配置，采用集中组屏的方式，同远动工作站以及当地后台系统一起安装在主控室。

厂站监控与自动化系统的间隔层设备与站控层的远动工作站即主控单元之间采用通信接口连接，进行信息、数据交换，构成所谓厂站监控与自动化系统，实现远动以及继电保护等功能。

本章所述的中低压变电站，其监控系统的布局一般均采用主控室加上10kV开关柜门上开孔安装保护测控单元的分散方式，不采用高电压等级变电站的保护小室加主控室的布局方式。

12.1.3 系统的通用特点

(1) 间隔层单元设备采用框架型全封闭结构，无屏蔽措施的环境条件下具有足够的抗电磁干扰能力和强大的抗震动能力。特别适合安装于开关柜上和环境比较恶劣的场所。

(2) 当环境温度在−5～55℃时，装置能满足所规定的精度；环境温度在−20～70℃时，装置能正确动作，不拒动不误动。

(3) 各就地保护测控单元及间隔层测控单元的电源，由变电站提供的 DC 220V/110V 电源供电。各装置具有各自的直流快速小开关保护，并与装置安装在同一面屏上，能够对直流回路进行监视。当直流回路发生断线和短路故障时，能发告警信号。

(4) 当直流电源电压在80%～115%额定值范围内变化，直流电源纹波系数不大于 5%时，装置能够正常工作。拉合直流电源及插拔熔丝发生重复击穿火花，以及直流电源发生各种异常情况时，装置也不误动。各装置的逻辑回路由独立的 DC/DC 变换器供电，在直流电源电压缓慢上升或上升到80%的额定电压时，装置的直流变换电源能可靠地自启动。

(5) 间隔层装置具有各自独立 CPU，相互独立、互不影响。即使当任一设备故障时，均不影响系统中其他设备的正常运行；即使站控层故障而停运时，也不影响间隔层设备的正常运行。

(6) 该自动化系统可不设单独的接地网，系统采用一点接地方式，即系统中各设备分别接于变电站公用接地网，监控系统满足接地电阻不大于 1.0Ω。系统的设备外壳、机柜、电缆屏蔽层均可靠接地。在同一屏柜中将采用一个公共接地端子。

(7) 主控单元和站控系统设备采用适合的计算机设备，运行稳定是整个系统的长期可靠运行的保证。

(8) 间隔层设备和主控单元之间采用工业以太网的通信方式，后台系统和远动工作站实现直采直送，提高了通信速率和可靠性。

(9) 整个系统采用积木式的配置模式，易于维护和扩充。

(10) 以国际流行的 Windows NT 为站控系统的操作平台，系统软件功能完善，人机界面友好，能够完成变电站各种要求的功能。强大的通信软件能够方便地接入各种智能电子设备，并能用各种规约与相关的调度中心通信。

12.1.4 系统的主要功能

当地后台监控系统是采用主机/操作员站的方式，具有主处理器及服务器的功能，是站控层数据收集、处理、存储及发送的中心。它还是站内自动化系统的主要人机界面，用于图形及报表显示、事件记录及报警状态显示和查询，设备状态和参数的查询，操作指导，操作控制命令的解释和下达等，实现全站设备的运行监视和操作控制。监控系统采用双机配置原则，两台互为热备用工作方式，都能独立执行各项功能。当一台主机故障时，另一台主机应能执行全部功能，实现无扰动切换（任何一个部件的切换或拔插应不丢失数据、不影响功能）。

1. 控制功能

主要由系统对所控设备进行操作，控制操作范围主要包括：

（1）断路器。

（2）电动隔离开关。

（3）主变压器中性点接地开关，主变压器有载调压分接开关。

（4）重要设备的启动/停止。

（5）信号远方复归。

（6）冻结电能表功能。

控制操作方式主要分为两大类：①就地控制方式，就是在间隔层测控、保护装置上进行分、合操作；②远方控制方式，即在当地后台监控系统人机界面上完成控制操作或在远方调度、集控中心的人机界面上完成控制操作。

2. 数据采集与处理

系统通过间隔层的测控、保护单元进行实时数据的采集和处理。

实时信息包括模拟量（电流、电压、有功、无功、功率因数及频率等）、开关量（开关状态、继电保护动作状态、故障信号、操作及控制信号、联锁信号等）、电能量及温度等信号。它来自每个电气单元的 TA、TV、断路器、保护设备及直流、所用电等系统，包括保护及监控系统的运行工况信号。间隔层的测控、保护装置根据 TA、TV 的采样信号，计算每个交流电气单元的电流、电压、有功、无功、功率因数及频率等，并在间隔层测控、保护装置和在当地后台监控系统主机显示器上显示。开关量包括报警信号和状态信号，断路器、隔离开关、接地开关和变压器分接头位置为状态信号。除变压器分接头位置为 BCD 码之外，其他设备的状态信号为双位置触点信号，报警信号为一次设备或保护设备等发出的单位置触点信号。

对于状态信号，当地后台监控系统可及时将其反映在主机显示器上，并有画面提示；对于报警信号，则可及时发出声光报警并有画面提示。

3. 报警及报警处理

系统主要对模拟量的越限、开关变位、事故、保护与测控设备的运行工况进行报警和处理。

每个模拟量测点设置低低限、低限、高限、高高限四种规定运行限值，当实测值超出限值时，发出报警信号，并设一越限/复限死区，以避免实测值处于限值附近时频繁报警。

报警信号分为两类：第一类为事故信号（紧急报警），即由非手动操作引起的断路器跳闸和保护装置动作信号；第二类为预告信号，即报警触点的状态改变、模拟量越限和计算机本身（包括间隔层保护、测控设备）不正常状态的出现。

事故报警与预告报警都能进行打印、画面显示，并有画面告警和音响告警。事故报警与预告报警都要产生音响输出，但是两者的音响输出又有明显的区别。事故报警发生时，主机显示器自动推出事故画面、自动提示事故报警条文。

4. 事件顺序记录和事故追忆

（1）站内事件顺序记录（SOE）的分辨率一般要求小于 2ms。断路器和隔离开关状态、保护信号的动作顺序以毫秒级进行记录，事件顺序记录分辨率不大于 2ms。

（2）系统有事故追忆功能。事故追忆表的容量能记录事故前 1min、事故后 5min 的有关模拟量，根据不同的触发条件可以选择必要的模拟量进行记录，产生事故追忆表，以方便事故分析。事故追忆表可以由事故或手动产生，可满足数个触发点同时发生而不影响系统可靠性。系统能同时存放 5 个事故追忆表。

5. 管理功能

系统主要有生产管理、技术管理、安全管理和设备档案的管理等功能。

（1）生产管理。可进行操作票、工作票的管理、运行记录、事故异常记录、维护调试记录、设备缺陷记录、调度命令记录及检修记录等，并可进行修改、存储、检索、显示和打印。

（2）技术管理。可进行规章制度、技术监督、技术培训、设备评级、图纸资料及备品备件等各种具体情况的记录管理。

（3）安全管理。对安全措施、安全职责、安全记录以及事故预想、反事故演习等进行管理。

（4）设备档案的管理。对各种设备的资料、参数、运行情况，可用文件方式予以保存，能由用户修改、检索、统计并生成月、季、年或用户自定义的时段报表，且能显示和打印。

6. 在线统计计算

根据采样的 TA、TV 实时数据，系统能计算或统计：

（1）每一电气间隔的有功、无功功率，各相电流、电压，功率因数、有功及无功电能。

（2）可进行有关量值的日、月、年最大、最小值及出现的时间统计。

（3）有功和无功电能量统计，可分时段计算电量（峰、谷、平）。电能量一般通过串行通信接口方式从智能电能表采集。

（4）日、月、年电压和功率因数合格率的分时段统计，包括最大值、最小值，超上限百分比，超下限百分比及合格率。

（5）变压器负荷率及损耗计算。

（6）所有功率计算。

（7）断路器正常跳闸次数、事故跳闸次数和停用时间统计，断路器月、年运行率等数据统计。

（8）变压器的停用时间及次数统计。

（9）能按用户要求生成周、月、季、年或用户自定义时段的统计报表。

（10）分接头动作次数统计。

7. 画面显示和打印

后台系统的主机显示器能显示变电站一次系统的单线图，图上有实时状态和有关的实时参数；显示二次保护配置图，直流系统图，站用电系统图，变电站保护和监控系统运行工况图，开关量状态表，各种实时测量值表、历史事件及重要数据表、值班员所需要的各种技术文件，模拟光字牌报警显示，时间、频率及安全运行日显示，区别事故跳闸和手动跳闸的断路器跳闸次数表，越限报警和事故追忆表，事件和事件顺序记录表，操作记录表等。

能复制任一时刻的主机显示器画面。打印机可自动打印报警和召唤打印，也能打印各种储存的技术文件。所有显示和打印记录均汉化，所有画面和报表可用交互的手段去实现，并可加密。

8. 时钟同步

监控与自动化系统各个间隔层单元和站控层单元等具有进行同步的时钟校正，保证各部件时钟同步率达到精度要求。

9. 人机联系

人机联系是值班员和监控与自动化系统对话的窗口，值班员借助鼠标或键盘能方便地在主机显示器上与系统对话。

10. 系统自诊断和自恢复

监控与自动化系统能在线诊断系统软件、硬件运行情况，一旦发现异常及时发出报警信息。当系统诊断到软件运行出错时，能自动发出报警信号，并能自动恢复正常运行，且不丢失重要数据；在系统诊断出硬件故障后，自动发出报警信号，在硬件故障排除后，系统能自动恢复正常运行，而不影响其他设备的正常运行。

11. 维护功能

维护功能指负责管理当地后台监控系统的工程师可以对该系统进行的诊断、管理、维护、扩充等工作。数据库维护就是工程师用交互方式在线对数据库中的各个数据项进行修改和增删；功能维护就是对各种应用功能运行状态的监测，各种报表的在线生成以及显示画面的在线编辑；故障诊断就是对当地后台监控系统的各个设备进行状态检查，通过在线自诊断确定故障发生的部位，并发出报警信号，检查、诊断的结果可显示、打印出来。

12.1.5 系统的重要参数

1. 系统一般电气参数

直流工作电压：220V/110V。

交流电流输入：5A/1A。

交流电压输入：$100/\sqrt{3}$V、100V。

交流额定输入频率：50Hz。

变送器输出：4~20mA。

2. 系统的工作环境条件

运行时允许温度：$-5 \sim +55$℃。

运行时极限温度：$-20 \sim +70$℃。

相对湿度：年平均值，不大于75%；月平均值，不大于95%；无凝露。

海拔：≤1000m。

抗震能力：水平加速度，$0.2g$；垂直加速度，$0.1g$。

控制室内：装置安装于无屏蔽的控制室。

开关室内：装置安装于无屏蔽的开关柜小室上。

振动和冲击：振动，IEC 60255-21-2，2级；IEC 60068-2-6。

　　　　　　冲击，IEC 60255-21-2，1级。

　　　　　　地震，IEC 60255-21-3，1级；IEC 60068-3-3。

3. 测量值指标

交流采样测量值误差：≤0.2%（I，U）；≤0.5%（P，Q）。

直流采样模数转换误差：≤0.2%。

越死区传送整定最小值：0.1%~0.5%（可调）。

4. 状态信号指标

信号正确动作率：≥99.99%。

数据采集装置SOE分辨率：≤2ms。

5. 系统实时响应指标

操作员发出操作执行命令到单元输出和返回信号从单元输入至主机显示器上显示的总时间：不大于3s（扣除回路和设备的固有动作时间）。

从数据采集装置输入值越死区到运行工作站显示器显示：≤3s。

从数据采集装置输入状态量变位到运行工作站显示器显示：≤2s。

全系统实时数据扫描周期：≤2s。

画面整幅调用响应时间：实时画面，≤1s；其他画面，≤2s。

画面实时数据刷新周期：≤3s。

双机自动切换至功能恢复时间：≤30s。

脉冲电度量扫描周期：$5 \times N$(min)（$N=1\sim12$可调）。

打印报表输出周期：按需整定。

6. 事故追忆

事故前（每帧间隔按全系统实时数据扫描周期）：1min。

事故后（每帧间隔按全系统实时数据扫描周期）：5min。

追忆量：400个。

连续事故：5组。

7. 历史数据库存储容量

历史曲线采样间隔：1~30min可调。

历史趋势曲线，日报，月报，年报存储时间：≥2年。

历史趋势曲线：≥300条。

8. 可靠性指标

系统可用率：≥99.9%。

遥控执行可靠率：≥99.99%。

计算机工作站平均无故障时间 MTBF：≥25 000h。

数据采集及控制装置平均无故障时间 MTBF：≥40 000h。

9. 监控系统时间与 GPS 标准时间的误差

监控系统与 GPS 标准时间的误差：≤1ms。

10. CPU 负荷率

所有计算机的 CPU 负荷率：在正常状态下任意 5min 内小于 20%；在事故情况下 10s 内小于 40%。

11. 系统 LAN 的负荷率

LAN 负荷率：在正常状态下任意 30min 内小于 20%；在事故状态下 10s 内小于 30%。

12.2 分散式变电站监控与自动化系统在 110kV 站应用举例

某变电站是 110kV 变电站的改造工程。变电站主要面向工业园供电。

12.2.1 工程规模

110kV 某变电站共有 3 台主变压器，4 回 110kV 线路，110kV 采用单母线分段加旁路母线的接线方式，10kV 配置 3 段母线，有 32 回出线、3 台电容、2 台站用变压器、3 台接地变压器、2 个母联。主接线如图 12-3 所示。工程改造仅仅是对二次监控保护系统进行改造，一次设备没有改造，主接线方式没有变化。

变电站按无人值班设置，采用 NSC2000 分散式变电站监控与自动化系统。站控层配置单台监控主机和单台主控单元，主变压器保护和测控及 110kV 侧的测控均组屏布置在主控室内，10kV 的保护与测控单元分别布置于开关柜上。

监控与自动化系统要完成全站的电气设备的数据采集和监控，与市调、县调的通信，并留有与站内其他智能电子设备的接口。

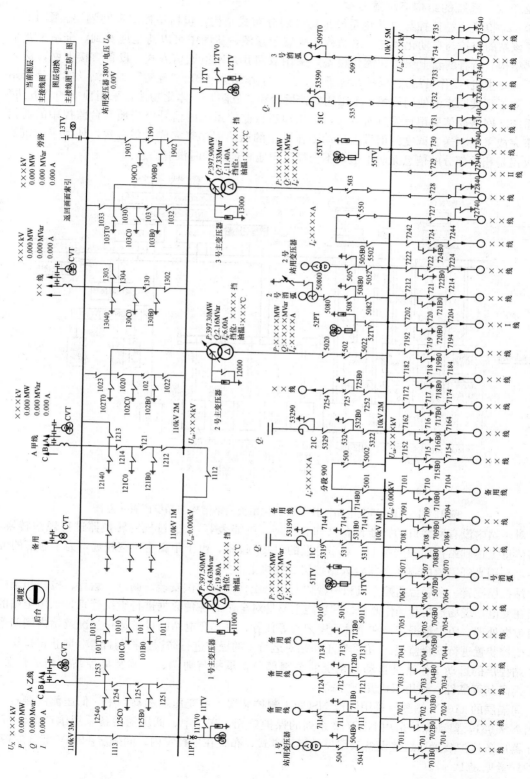

图 12-3 110kV 变电站主接线示意图

441

12.2.2 系统的结构与配置方案

NSC2000 变电站监控与自动化系统采用分层分布式结构，包括站控层和间隔层。图 12-4 示出了该站的监控与自动化系统网络结构与配置示意图。从图中可以清楚地看到，全站主要采用双网结构。所有的新上保护和测量设备，采用双网冗余网络通信方式，设备直接上网，接入当地后台（主机/操作员站）、保护系统子站、远动工作站 A（B）、"五防"工作站。本站是老站改造，为了延续原来的使用习惯，不采用监控后台和"五防"一体化功能，采用独立的"五防"主机系统。网络通信采用直采直送方式，即当地后台监控系统的信号由当地后台监控中的通信程序来完成采集上送，调度的信号由远动工作站中的通信程序来完成采集上送，任何一个机器故障仅仅是相关部分的信息无法上送，不会导致当地和远方同时没有信息。

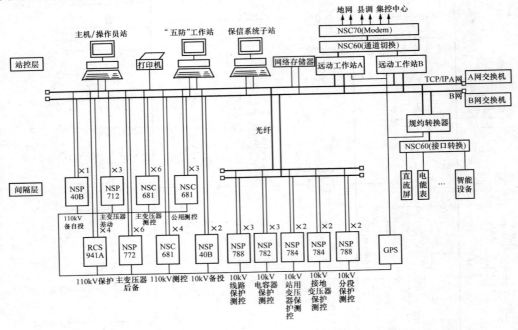

图 12-4 110kV 变电站监控与自动化系统网络结构与系统配置示意图

对于站内没有网络口的智能设备（如直流屏、电能表等），通过规约转换器进行规约转换，再将信息上传到站控层的网络上。对于分散的 10kV 设备，由于距离主控室较远，为了通信的可靠性，采用光纤通信的媒质方式接入站控层交换机上。

站控层配置一台后台监控主机和一台"五防"工作站，以供安装、调试、运行、检修和维护人员在变电站现场控制和操作监视。其功能主要是对全站的各种数据进行组织管理，承担全站的实时数据处理、历史数据记录和事件顺序记录等任务，对本变电站的设备运行状况及站内网络系统和监控装置进行安全监视。"五防"工作站对运行中的操作进行防误监控与计算，防止误操作。

站控层的远动工作站是自动化系统的关键部分，承担与地调、市调及集控站通信的任务。为了提高其可靠性，采用双机冗余方式。

间隔层的 110kV 侧测控采用国产 NSC681 测控装置。主变压器的高、中、低压侧的测控也采用 NSC681，差动保护采用 NSP712 系列的保护单元，高、中、低压侧后备采用国产 NSP772 变压器后备保护装置。这些设备采用集中组屏方式，布置在主控室内。间隔层 110kV 部分测控、保护配置见表 12-1。

表 12 - 1　　　　　　　　　　　　　间隔层 110kV 部分测控、保护配置

型号	用途	功 能 参 数
NSC681	测量控制	YC：$12U$、$12I$、P、Q、$\cos\varphi$、f YX：96 YK：16
NSP712	三绕组差动保护	二次谐波制动的比率差动
NSP10	非电量保护	主变压器本体重瓦斯、有载调压重瓦斯、压力释放等跳主变压器各侧断路器和桥断路器，并发信号；主变压器本体轻瓦斯、有载调压轻瓦斯、油温高、风冷消失等发信号
NSP772	后备保护	复压闭锁过流保护、主变压器零序过流保护、零序过压保护、间隙零序过流保护、过负荷保护、带故障录波

　　间隔层的 10kV 保护与测控装置采用国产 NSP78X 系列的保护测控一体化单元，按照间隔配置，负责采集间隔层设备各种数据，并执行各种控制功能。其中出线间隔采用 NSP788 保护测控一体化单元，电容器间隔采用 NSP782 保护测控一体化单元，站用变压器、接地变压器间隔采用 NSP784 保护测控一体化单元。它们都分别安装在 10kV 开关柜（手车柜）的面板上形成分散式安装的布局。间隔层 10kV 测控、保护配置见表 12 - 2。

表 12 - 2　　　　　　　　　　　　　间隔层 10kV 测控、保护配置

型号	用途	功 能 参 数
NSP788	线路保护与测控	YC：$5U$、$7I$、P、Q、$\cos\varphi$、f YX：13+2 YK：4 保护：过流、速断、重合闸、小电流接地选线、低周减载、防误闭锁、故障录波
NSP782	电容器保护与测控	YC：$5U$、$7I$、P、Q、$\cos\varphi$、f YX：13+2 YK：4 保护：过流、速断、过压/欠压、不平衡电流/电压保护、桥差电流/电压保护、故障录波
NSP784	配电变压器保护与测控	YC：$5U$、$7I$、P、Q、$\cos\varphi$、f YX：13+2 YK：4 保护：过流、速断、零序过流保护、充电保护、小电流接地选线、附加零序保护、低频减载、低压减载、非电量保护、故障录波

　　间隔层的保护与测控装置以网络方式进行通信，其他智能电子装置（如直流屏、电能表）通过串行总线（RS 485 总线）经过接口转换 NSC60 装置与通信机（规约转换器）进行通信，规约转换器再将相应的信息传送到网络上。

　　系统配置一套 GPS 全球卫星对时装置，用于系统的各个设备的时钟校对。

12.2.3 系统设备清单（见表 12-3）

表 12-3　　　　　　　　　　　系 统 设 备 清 单

序号	设备（材料）	型号（规格）	数量	单位	备注
1	主变压器保护屏	2260mm×800mm×600mm	3	面	RAL7035
1.1	主变压器差动保护	NSP712	3×1	台	
1.2	后备保护装置	NSP772	3×2	台	
1.3	非电量保护	NSP10	3×1	台	
1.4	操作箱	NSP30C2	3×2	台	
2	主变压器测控屏	2260mm×800mm×600mm	3	面	RAL7035
2.1	主变压器测控装置	NSC681	3×1	台	
2.2	主变压器测控装置	NSC681-1	3×1	台	
2.3	挡位显示变送器	UP858A-19AN/DC220V	3×1	只	
3	TV 并列屏	2260mm×800mm×600mm	1	面	RAL7035
3.1	110kV TV 并列装置	NSP20	1	台	
3.2	10kV TV 并列装置	NSP20	1	台	
3.3	10kV TV 并列装置	NSP20	1	台	
4	备自投屏	2260mm×800mm×600mm	1	面	RAL7035
4.1	110kV 备自投装置	NSP40B-S	1	台	
4.2	10kV 备自投装置	NSP40B	2	台	
5	公用测控屏	2260mm×800mm×600mm	1	面	RAL7035
5.1	公用测控装置	NSC681	1	台	
5.2	公用测控装置	NSC681	1	台	
5.3	公用测控装置	NSC681	1	台	
5.4	切换开关	LW12-16/9.5939.3	2	只	
6	通信管理机屏	2260mm×800mm×600mm	1	面	RAL7035
6.1	通信管理机	IL43 P4/3.0G/512M/80G	1	台	
6.2	液晶显示器	15in	1	台	
6.3	键盘/鼠标		1	套	
6.4	接口转换箱	NSC60（12×RS 485/232）/双电源	1	台	
6.5	C320	16 口	1	台	
6.6	网络交换机	UFS 16 口 10M/100M 自适应/带两路光口	4	台	
7	远动机屏	2260mm×800mm×600mm	1	面	RAL7035
7.1	远动工作站	NSC2200	2	台	
7.2	液晶显示器	15in	1	台	
7.3	键盘/鼠标		1	套	
7.4	双机切换	KVN102	1	台	
7.5	Modem	NSC70	3	台	
7.6	防雷端子	SDY-A	6	只	
7.7	接口转换箱	NSC60	1	台	
7.8	网络交换机	UFS 16 口 10M/100M 自适应	2	台	
7.9	232 防雷端子	MT-V24	2	只	

序号	设备（材料）	型号（规格）	数量	单位	备注
8	保信系统子站屏	2260mm×800mm×600mm	1	面	RAL7035
8.1	保信子站（四网）	NSC2200	1	台	
8.2	显示器	19in 液晶	1	台	
8.3	网络存储器	PTS-700/120G，具备 RAID5 功能，DC 220V	1	台	
9	110kV 线路测控屏	2260mm×800mm×600mm	2	面	RAL7035
9.1	110kV 测控装置	NSC681-1（1YX，1YK，1×4TV 3TA）/B 码差分双网	2×2	台	
9.2	切换开关	LW12-16/4.0724.3	2×2	只	
9.3	控制开关	LW12-16Z/4.0331.2	2×2	只	
9.4	红绿指示灯	AD16-22D/220 红绿各半	2×4	只	
9.5	"五防"锁		2×2	只	
10	110kV 线路保护屏	2260mm×800mm×600mm RAL7035	2	面	
10.1	110kV 线路距离保护	RCS-941A/双网口	2×2	台	
10.2	打印机	EPSON300K	2×1	台	
11		10kV 间隔装置			
11.1	10kV 线路保护测控	NSP788	32	台	
11.2	10kV 电容器保护测控	NSP782D	3	台	
11.3	10kV 分段保护测控	NSP788	2	台	
11.4	10kV 站用变压器/接地变压器	NSP784	5	台	
12		后台系统（双网）			
12.1	主机/操作员工作站	DELL 320，P4/2.8G/512M/80G	1	台	
12.2	显示器	19in 液晶	1	台	
12.3	音响报警装置	R18 音箱	1	套	
12.4	可读写光驱	40 速以上	1	只	
12.5	网络激光打印机	A3/A4 HP5200N 含网络卡 1 块	1	台	
12.6	针式打印机	LQ1900K	1	台	
12.7	网络交换机	UFS 16 口 10M/100M 自适应/带两路光口	6	台	
13		"五防"工作站			
13.1	"五防"主机	DELL 320，P4/2.8G/512M/80G	1	台	
13.2	显示器	19in 液晶	1	台	
13.3	电脑钥匙/充电座	电脑钥匙 2 把，充电通信座 1 个			
13.4	解锁钥匙		2	套	
13.5	机械/电编码锁	按需			
13.6	地线桩/地线头	按需			

12.2.4 系统配屏示意图

系统配屏为：110kV 保护屏、测控屏共 4 面，主变压器保护屏、测控屏共 6 面，TV 并列屏 1 面，备自投屏 1 面，公用测控屏 1 面，通信管理机屏 1 面，远动工作站屏 1 面，保信系统子站屏 1 面，总共组屏 16 面。

各主要屏柜的平面布置示意图见图 12-5～图 12-10。

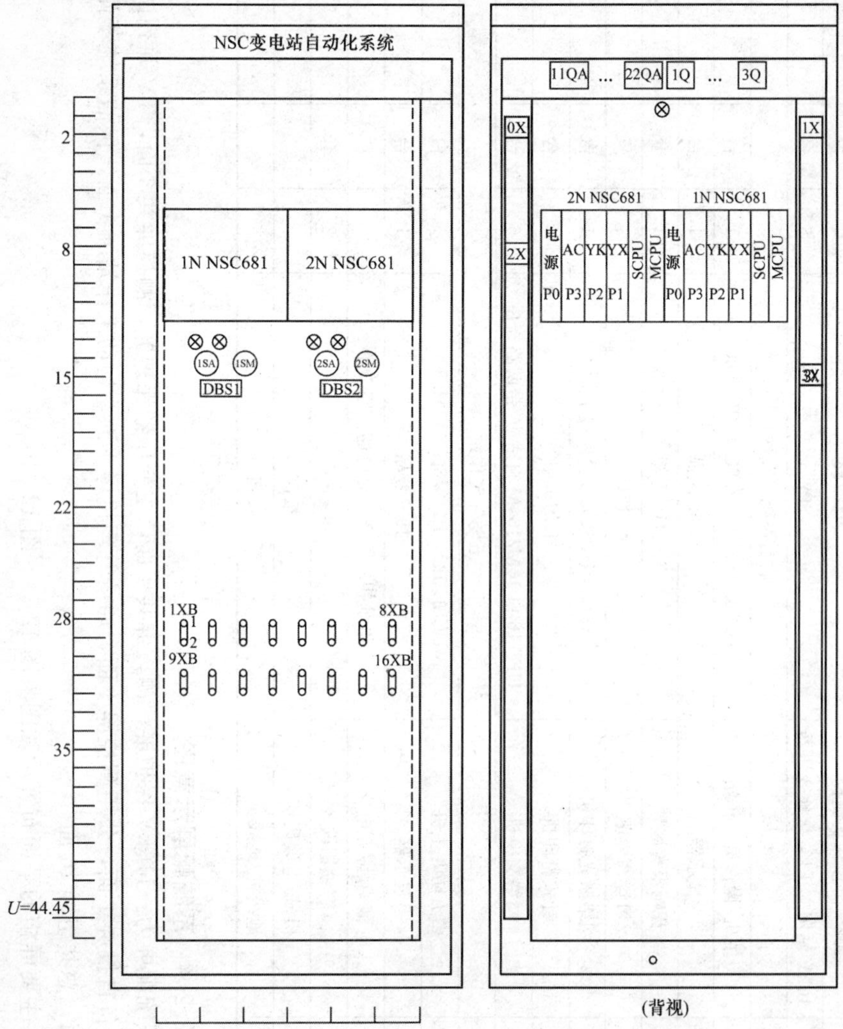

1号测控屏	××线	××线
2号测控屏	××线	旁路

注:接地铜排采用绝缘垫片与屏体隔离。
引线加套,颜色为:A 相黄色,B 相绿色,C 相红色,N 相浓蓝色直流正极褐色,直流负极蓝色。

屏的尺寸:2260×800×600×2 面　　屏顶小母线支架:16
屏的颜色:RAL 7035　　电源:DC 220V

屏上材料表

序号	代号	名称	型号	数量	备注
1	11QA~22QA	空气开关	直流 两联 4A	4	
2	1Q~2Q	空气开关	交流 三联 1A	2	
3	3Q	空气开关	交流 单联 2A	1	
4	1n~2n	110kV 测控装置	NSC681—1	2	NSPS
5	1SA~2SA	控制开关	LW12-16Z/4.0331.2	2	
6	1SM~2SM	切换开关	LW12-16/4.0724.3	2	
7	HR　HG	红绿指示灯	AD16-22D/220	4	
8	DBS1~2	电脑编码锁		2	
9		照明灯		1	
10					
11					
12					
13					
14					
15					
16					
17					
18					

(背视)

图 12-5　110kV 测控屏

注:接地铜排采用绝缘垫片与屏体隔离。
引线加套,颜色为:A相黄色,B相绿色,C相红色,N相淡蓝色。
直流正极褐色,直流负极蓝色。

屏的尺寸:2260×800×600×3 面　　屏顶小母线支架:16
屏的颜色:RAL 7035　　　　　　　电源:DC 220V

屏上材料表

序号	代号	名称	型号	数量	备注
1	1QA～4QA	空气开关	直流 两联 4A	4	
2	5QA～6QA	空气开关	直流 两联 6A	2	
3	1Q～2Q	空气开关	交流 三联 1A	2	
4	3Q	空气开关	交流 单联 2A	1	
5	1n	差动保护装置	NSP 712	1	NSPS V3.0
6	2n	非电量保护装置	NSP 10	1	NSPS
7	3n	高后备保护装置	NSP 772	1	NSPS V3.0
8	4n	低后备保护装置	NSP 772	1	NSPS V3.0
9	3n′～4n′	操作箱	NSP 30C2	2	NSPS V3.0
10	ZSD	大电流试验端子	ZSD-5S	1	
11		照明灯		1	
12					
13					
14					
15					
16					
17					
18					

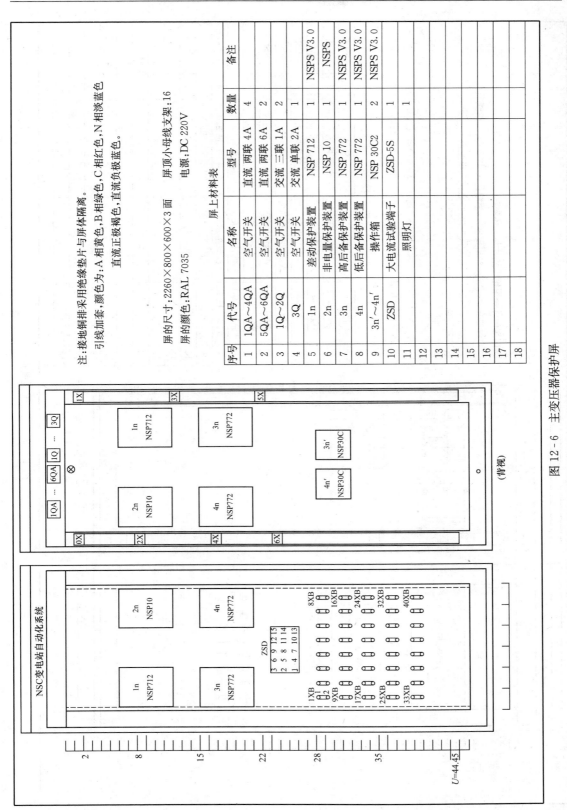

图 12 - 6　主变压器保护屏

447

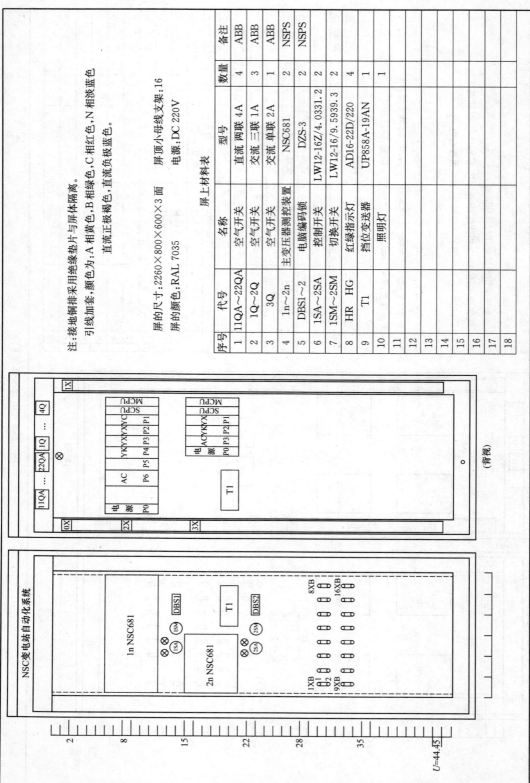

注:接地铜排采用绝缘垫片与屏体隔离。
引线加套颜色为:A相黄色,B相绿色,C相红色,N相浅蓝色。
直流正极褐色,直流负极蓝色。

屏的尺寸:2260×800×600×3面
屏的颜色:RAL 7035

屏顶小母线支架:16
电源:DC 220V

屏上材料表

序号	代号	名称	型号	数量	备注
1	11QA~22QA	空气开关	直流 两联 4A	4	ABB
2	1Q~2Q	空气开关	交流 三联 1A	3	ABB
3	3Q	空气开关	交流 单联 2A	1	ABB
4	1n~2n	主变压器测控装置	NSC681	2	NSPS
5	DBS1~2	电脑编码锁	DZS-3	2	NSPS
6	1SA~2SA	控制开关	LW12-16Z/4.0331.2	2	
7	1SM~2SM	切换开关	LW12-16/9.5939.3	2	
8	HR HG	红绿指示灯	AD16-22D/220	4	
9	T1	挡位变送器	UP858A-19AN	1	
10		照明灯		1	
11					
12					
13					
14					
15					
16					
17					
18					

图 12-7 主变压器测控屏

448

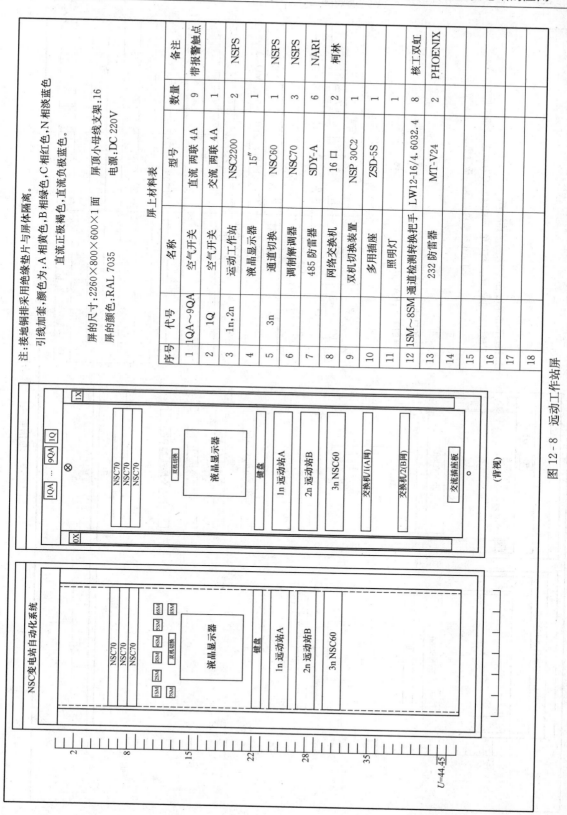

注：接地铜排采用绝缘垫片与屏体隔离。

引线加套 颜色为：A相黄色，B相绿色，C相红色，N相淡蓝色。
直流正极褐色，直流负极蓝色。

屏的尺寸：2260×800×600×1 面　　屏顶小母线支架：16

屏的颜色：RAL 7035　　电源：DC 220V

屏上材料表

序号	代号	名称	型号	数量	备注
1	1QA～9QA	空气开关	直流 两联 4A	9	带报警触点
2	1Q	空气开关	交流 两联 4A	1	
3	1n，2n	运动工作站	NSC2200	2	NSPS
4		液晶显示器	15″	1	
5	3n	通道切换	NSC60	1	NSPS
6		调制解调器	NSC70	3	NSPS
7		485 防雷器	SDY-A	6	NARI
8		网络交换机	16 口	2	柯林
9		双机切换装置	NSP 30C2	1	
10		多用插座	ZSD-5S	1	
11		照明灯		1	
12	1SM～8SM	通道检测转换把手	LW12-16/4.6032.4	8	核工双虹
13		232 防雷器	MT-V24	2	PHOENIX
14					
15					
16					
17					
18					

（背视）

图 12 - 8 远动工作站屏

Note: 接地铜排采用绝缘垫片与屏体隔离。
引线加套: 颜色为: A相黄色, B相绿色, C相红色, N相淡蓝色;
直流正极褐色, 直流负极蓝色。

屏的尺寸: 2260×800×600×1面
屏顶小母线支架: 16
屏的颜色: RAL 7035
电源: DC 220V

屏上材料表

序号	代号	名称	型号	数量	备注
1	1QA~5QA	空气开关	直流 两联 4A	5	ABB 带报警触点
2	1Q	空气开关	交流 两联 4A	1	
3	1n	规约转换器	IL 43	1	
4		显示器	液晶 15"	1	
5	2n	接口转换器	NSC60	1	NSPS
6		扩展箱	C320(16 口)	1	MOXA
7		网络交换机	16 口	4	
8		照明灯		1	
9					
10					
11					
12					
13					
14					
15					
16					
17					
18					

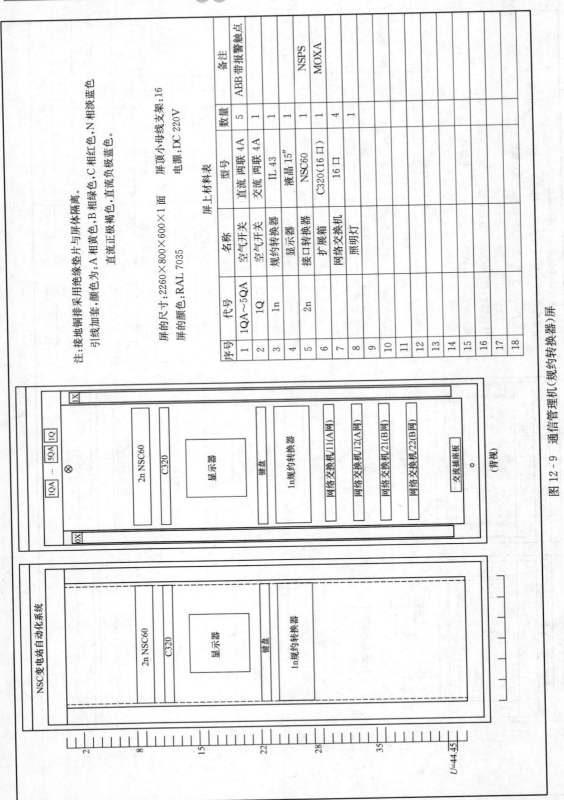

图 12 - 9　通信管理机（规约转换器）屏

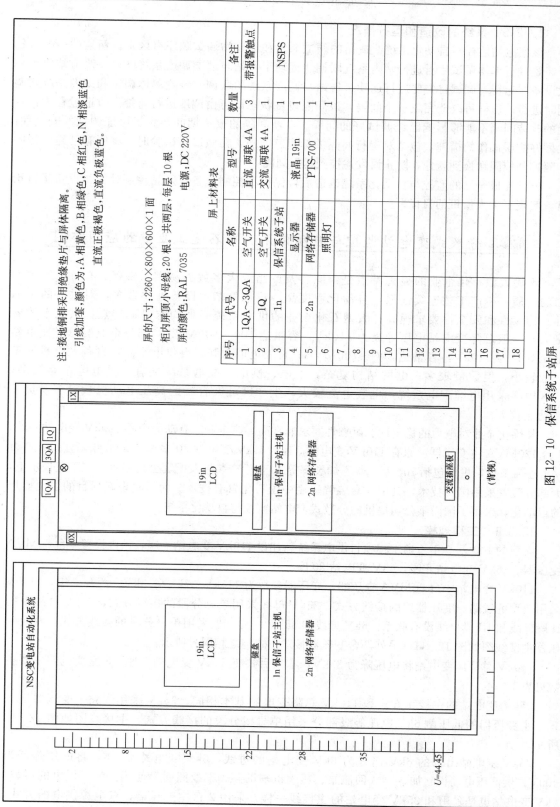

注:接地铜排采用绝缘垫片与屏体隔离。
引线加套,颜色为:A 相黄色,B 相绿色,C 相红色,N 相淡蓝色。
直流正极褐色,直流负极蓝色。

屏的尺寸:2260×800×600×1 面
柜内屏顶小母线:20 根。共两层,每层 10 根
屏的颜色:RAL 7035
电源:DC 220V

屏上材料表

序号	代号	名称	型号	数量	备注
1	1QA~3QA	空气开关	直流 两联 4A	3	带报警触点
2	1Q	空气开关	交流 两联 4A	1	
3	1n	保信系统子站		1	NSPS
4		显示器	液晶 19in	1	
5	2n	网络存储器	PTS-700	1	
6		照明灯		1	
7					
8					
9					
10					
11					
12					
13					
14					
15					
16					
17					
18					

图 12 - 10　保信系统子站屏

12.2.5 系统的改造和运行情况

该变电站监控与自动化系统改造站的调试顺序和新建站调试顺序有区别。新建站一般对各个装置进行单体调试后再进行站内系统联调、远动工作站与远方调度系统联调。改造站由于一次设备在运行，调试首先要进行远动工作站与调度系统的联调，装置单体调试和站内系统联调同时进行。这样每改造完成一个间隔，该间隔设备状态即可由调度进行监控。改造过程中，新上的改造间隔不能够影响已经调试好的间隔。在新间隔的改造期间，为了保证调试的安全性，要做好防误操作的措施，包括对运行间隔的标识、围挡，在做遥控试验时，将所有已经运行的间隔控制权限切换到就地，防止误发遥控到运行间隔。

该站完成全站的监控与自动化系统改造后，保护和控制设备以及站控层计算机设备运行正常，实现了无人值班的目标。

12.3 分散式变电站监控与自动化系统在石化工业中的应用举例

现代大型石化企业的显著特点是：原料及产品绝大多数为易燃、易爆、有毒、腐蚀性强的物质；生产工艺连续性强，自动化程度高，技术复杂，设备种类繁多，对供电的可靠性、连续性和安全性要求很高。大型石化企业的供电系统一般均有以下特点：供电系统容量大，一般总降变电站电压等级为 110kV，容量达 100～300MVA，部分企业的总降变电站电压等级为 220kV，容量达 300～400MVA；自发电能力强，自供电率高，自备发电机容量一般较小，但数量较多；电网结构复杂，发电、供电、配电系统共有，供电电压等级多；厂区内多采用电缆配电系统，电容电流较大；生产区域大容量的高压电动机数量多，负荷波动比较大。

某炼化企业对电力的稳定性、可靠性要求非常高。该企业原有动力中心 220kV 变电站一座，3 台 120MVA 主变压器。原有 110kV 变电站 3 座，35kV 变电站 20 多座。2008 年新建设 100 万 t/年乙烯工程，主要包括 100 万 t/年乙烯裂解等 10 套生产装置及配套公用工程。在工艺技术上，大部分装置采用国产技术，其中 6 套装置采用中国石化自有技术。为了实现新项目的供电监控的自动化，采用了国内某公司提供的分散式变电站监控与自动化系统。

12.3.1 工程规模

新建的 100 万 t/年乙烯工程项目供电系统新建设 110kV 变电站一座，站内设置 4 台 80MVA 变压器。35kV 变电站 8 座，6kV 变电站 20 座。

110kV 变电站 4 台 80MVA 变压器，变压器参数为 115kV/37kV/6.3kV。两台一组，110kV 采用典型的线路—变压器组的接线方式，35kV 母线采用单母分段的接线方式，35kV 母线中的 II 段母线和 III 段母线没有联系。6kV 母线和 35kV 一样，也采用单母分段的接线方式。两台变压器主接线图如图 12-11（另外两台变压器接线方式与之相同）所示。

110kV 总降压变电站将电压降为 35kV，本项目共有 35kV 变电站 8 座。8 座变电站主要参数见表 12-4。

35kV 变电站的主接线方式和 110kV 总降变电站基本相同，35kV 采用线路—变压器组方式，主变压器的低压侧 6kV 电压等级部分采用单母线分段的接线方式。主接线图如图 12-12 所示。

35kV 变电站出来的 6kV 出线为 6kV 变电站的进线，6kV 变电站 20 座，将电压降低为 400V，供低压电动机、加热器、回流泵、压缩机辅助泵、事故照明等使用。为了供电的可靠，6kV 变电站也是采用和 35kV 变电站的主接线一样，采用 2 台主变压器，双电源供电的方式，

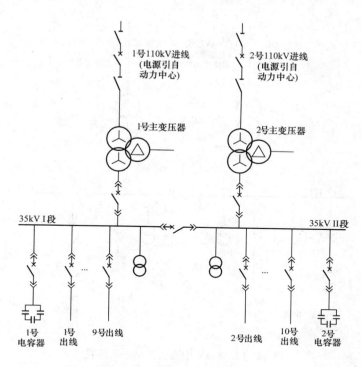

图 12-11　110kV 总降变电站一次接线图（2台主变压器部分）

400V 采用单母分段的接线，分段间隔配置有备自投功能。

表 12-4　　　　　　　　　　　　35kV 中心变电站

编号	变电站名称	主变压器容量	主变压器台数	联结组别
SS-1100	乙烯装置中心变电站	25MVA	2	Dyn11
SS-1200	环氧乙烷/乙二醇（EO/EG）装置中心变电站	20MVA	2	Dyn11
SS-1300	第一循环水场中心变电站	31.5MVA	2	Dyn11
SS-1400	第二循环水场中心变电站	20MVA	2	Dyn11
SS-2100	裂解汽油加氢装置中心变电站	16MVA	2	Dyn11
SS-2200	环氧丙烷/苯乙烯单体（PO/SM）装置中心变电站	20MVA	2	Dyn11
SS-2300	第四循环水场中心变电站	31.5MVA	2	Dyn11
SS-2400	空分空压站中心变电站	20MVA	2	Dyn11

12.3.2　系统的结构与配置方案

　　整个工程项目电气监控系统中，设置了 4 个集控中心，分别设置在 SS-1100 乙烯装置中心变电站、SS-1200 的 EO/EG 装置中心变电站、SS-2100 裂解汽油加氢装置中心变电站和 SS-2200 PO/SM 装置中心变电站，4 个中心变电站都是 35kV 电压等级的变电站，其他的 35kV 中心变电站和 6kV 变电站建成子站。集控中心采集多个子站的信息，人员在集控中心

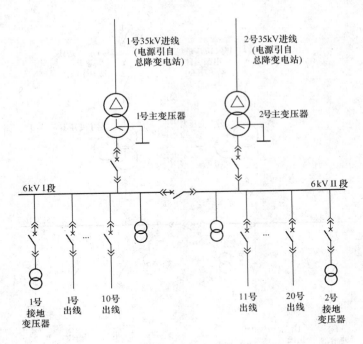

图 12-12　35kV 中心变电站一次接线图

值班，可监测到所属各个子站的信息和运行情况。子站则只采集本站的信息，一般不设置值班人员。

集控中心采用 NSC-300UX 计算机监控系统。各个子站（包括 110kV 总降变电站和 35kV 中心变电站内的监控与自动化系统）均采用 NSC200NT 分散式监控系统，具有双机双网的网络结构。各个子站的基本结构如图 12-13 所示。它还可分成站控层和间隔层两层结构：站控层包括站控层的交换机、通信管理机（双机）、站控层后台系统（包括站控层的服务器、操作员工作站）；间隔层设备包括间隔层的交换机、各个间隔的保护测控装置、公用测控装置、本站智能设备。根据石化行业的特点，石化供电系统中使用大量的智能设备，如变频器、UPS、低压电动机保护等设备，规约众多，接口标准较为分散，现阶段的智能设备一般没有网络通信方式，监控系统通过通信管理机进行信息汇总和规约模式的转换，将智能设备的信息转换成网络的方式，接入到站控层系统中。对于部分子站中含有低压配电设备，采用和智能设备一样的处理方式，将其 400V 低压设备的智能装置通过通信管理机进行规约和通信接口的转换，再将其接入到站控层交换机系统中。间隔层的通信管理机除了进行规约、接口的转换外，还具有强大的信息处理能力，这种结构也减轻了站控层通信管理机的信息处理压力。这种处理方式也常用于高压变电站监控与自动化系统。

各个子站由于本站保护测控装置、智能设备，配电间保护测控设备型号不同有微小差异。

为了实现无人值班，一般将多个子站信息汇集到集控中心，正常情况下操作人员在集控中心进行值班，远方的子站出现故障时到现场处理。集控中心相当于一个小型的调度中心，它的结构如图 12-14 所示。各个变电站的信息通过本站的通信管理机（见图 12-13 中的站控层通信管理机）将信息上传到集控中心，经过集控中心的数据处理及通信装置进行信息处理后，在集控站的后台系统中显示出来。

454

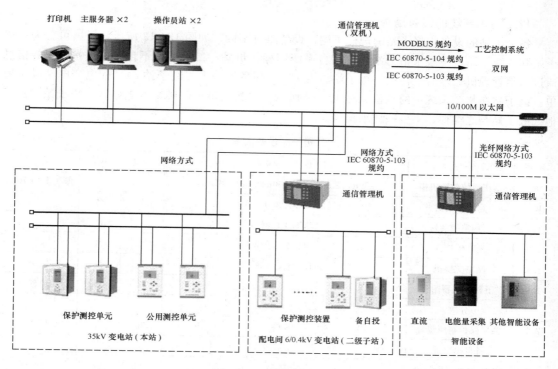

图 12-13 子站系统结构

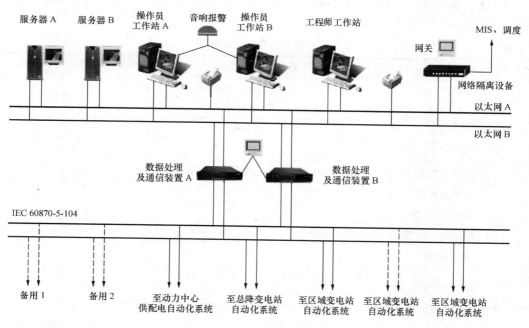

图 12-14 集控中心系统结构

为了实现冗余和互为备用，本工程的 4 个集控中心均采集全厂的信息，在任何一个集控站均可以监控到全厂的电气信息。

12.3.3 系统的设备清单

各个子站的设备根据子站的规模不同，设备略有不同。如图 12-13 所示，子站可分为一级子站和二级子站，一级子站为站内有后台系统即操作员站；二级子站不含操作员站，它的信息通过通信管理机处理后上传到一级子站。表 12-5 列举了一个二级子站 6kV 配电变电站设备清单。该子站在整个系统中的地位见图 12-13 所示的"配电间 6/0.4kV 变电站（二级子站）"。其他二级子站与之类似，不一一详细描述。

表 12-5　　　　　　　　　　　　　二级子站设备清单

序号	设备（材料）	型号（规格）	数量	单位	备注
1	低压通信前置机柜	2260mm×800mm×600mm（H×W×D）	1	面	颜色 RAL7032
1.1	远动通信机	NSC2200E	2	台	
1.2	公用测控装置	NSC681 双网口	1	台	
1.3	光纤熔接盒	24 口 SC 单模	1	台	
1.4	网络交换机	BX5024F1-S	2	台	
1.5	"五防"遥视附件		1	套	用户提供
2	分散				
2.1	6kV 保护测控装置	7SJ68	30	台	
2.2	备自投装置	NSP40B	1	台	
2.3	380V 保护测控装置	NSP551	98	台	

对于上一级子站（如 35kV 变电站），在监控系统设备方面，除了二级子站设备外，还需增加的设备见表 12-6。

表 12-6　　　　　　　　　　　　　一级子站需增加设备

序号	设备（材料）	型号（规格）	数量	单位	备注
1	操作员机柜	2260mm×800mm×1000mm（H×W×D）	1	面	RAL7032
1.1	操作员机	DELL1950（机架式）	2	台	
1.2	显示器	17in 液晶显示器	1	台	
1.3	网络交换机	BX5024F2-S　（LC 头单模）	2	台	
1.4	光纤熔接盒	24 口 SC 单模	3	台	
1.5	光电转换器	SPC 单模 SC DC 110V	2	台	
1.6	双机切换装置	KVN102	1	台	
2	中压通信前置机柜	2260mm×800mm×600mm（H×W×D）	1	面	RAL7032
2.1	远动通信机	NSC2200E-001111	2	台	
2.2	公用测控装置	NSC681（P1：1YC1：16 个双端 4～20mA，P2-P7：YX，P8：1YK）双网口	1	台	

集控中心设备主要包括服务器、操作员站、远动通信机等设备，下面以 EO/EG（环氧乙烷/乙二醇）变电站集控中心监控部分为例列举集控中心监控系统设备清单，见表 12-7，其他监控站设备与之相近。

表 12-7   **EOEG 变电站集控中心监控设备**

序号	设备（材料）	型号（规格）	数量	单位	备注
1	服务器机柜 A1	2260mm×800mm×1000mm（$H×W×D$）	1	面	颜色 RAL7032
1.1	服务器	IBM X3650（机架式）： CPU：（双核 Intel 至强、主频≥1.6GHz）×2 （4M 二级缓存）；内存：≥8G；硬盘：3×146GB RAID5；以太网卡 10/100/1000M×2 冗余电源； 可读写 DVD，彩色图形卡	1	台	
1.2	显示器	17in 液晶	1	台	
1.3	光纤熔接盒	24 口 SC 单模	5	台	
1.4	突破保镖 PDU	机柜四联 总输入 16A 输出 1×16A 3×10A	2	只	
2	服务器机柜 A2	2260mm×800mm×1000mm（$H×W×D$）	1	面	颜色 RAL7032
2.1	IBM X3650（机架式）	CPU：（双核 Intel 至强、主频≥1.6GHz）×2 （4M 二级缓存）；内存：≥8G；硬盘：3×146GB RAID5；以太网卡 10/100/1000M×2 冗余电源； 可读写 DVD，彩色图形卡	1	台	
2.2	显示器	17in 液晶	1	台	
2.3	网络交换机	BX5024F1-S	2	台	
2.4	光电转换器箱	9×SPC 板 单模 SC DC 110V	2	台	
2.5	光纤熔接盒	24 口 SC 单模	2	台	
2.6	突破保镖 PDU	机柜四联 总输入 16A 输出 1×16A，3×10A	2	只	
3	远动通信机柜 A3	2260mm×800mm×600mm（$H×W×D$）	1	面	颜色 RAL7032
3.1	远动通信机	NSC2200-18	2	台	
3.2	显示器	17in 液晶	1	台	
3.3	小键盘/鼠标		1	套	
3.4	双机切换装置	KVN102	1	套	
3.5	GPS 同步时钟	NSC20	1	套	
3.6	网络交换机	BX5024F1-S	2	台	
3.7	光纤熔接盒	16 口 SC 单模	1	台	
4	其他				
4.1	值班机 4/工程师工作站	DELL 755 CPU：酷睿 2 双核≥2GHz；内存： 2GB；硬盘：250GB 键盘/鼠标，彩色图形显卡； 10/100/1000M 网卡×2，可读写 DVD	5	套	
4.2	显示器	22in DELL 液晶显示器	5	台	
4.3	音响报警装置	R18 音箱	5	套	
4.4	A3 激光打印机	HP5200LX+6250 N	3	套	
4.5	逆变电源	GES-5KVA-110P	1	套	

12.3.4 系统的调试、运行情况

1. 项目特点

本项目在调试过程中，总结出该项目具有以下特点：

（1）集成度高，实现多目标。4个集控中心均要满足彼此功能相互兼容，互为备用的冗余设计目标。

（2）项目包括大部分的保护测控设备的调试。保护测控设备中有大量的 PLC 逻辑功能模块，实现用户的各种逻辑功能要求。

（3）集成智能设备规约种类多，接口类型多，整个系统的装置数量大约有 15 000 台需要通信的设备。

（4）项目调试的总周期很长，且还有新的变电站在建设和投入使用，相应的信息要加入原来的系统中。由于是按照集控站进行验收，导致很多子站已经投入运行多年还没有正式的验收证书签发给系统集成商。

2. 系统调试过程中遇到的主要问题

（1）低压配电设备多，通信接线复杂，工作量大。尤其是低压 400V 设备数量多，通信接线前期设计不规范，开关柜厂家对保护进行接线时没有考虑监控通信的需要，导致现场调试时很多通信线要重新接。

（2）整个工程规约种类多，不同厂家的产品规约不一致，甚至同一厂家不同型号产品规约差异也非常大。在现场调试过程中，有些知名的跨国公司的产品规约不一致，导致调试时对规约特殊处理的情况较多。如某厂家的变频器，在调试好后投入运行不久出现故障，更换新的变频器，大型号一致，功能可互换，但是通信规约不一致，导致通信出现问题。

（3）电力监控系统和 DCS 接口配合上出现问题，包括设备的硬件接口方面。两个系统各自运行时均是好的，结合在一起时，总出现通信管理机串口损坏的情况。经过分析认为是两系统通信接口存在电平差导致，最后通过在两系统间增加通信接口光隔来解决。

（4）温度变送器量程问题。原来要求的温度变送器是按照变压器的一般要求考虑订货的，即 $-30\sim120℃$。但是在实际的系统中，配置的温度变送器有很大一部分不是采集变压器温度，而是采集电动机的温度，电动机的告警温度、跳闸温度高于 $120℃$，导致温度超出量程，只好将不符合要求的部分温度变送器加以更换。

（5）中途更换保护装置，导致重复调试的问题。

3. 投运后出现的问题

在设备投运后，运行情况总体良好，但是也出现了一些问题，主要是信号报警不正确、通信中断、双机数据库不同步、数据不分级等问题。

（1）信号报警不正确的主要原因有：调试时不够严谨；接线和信号名称不一致没有发现并改正；调试结束后，业主进行了改线而没有核对信号的情况；更换设备没有核对信号。

（2）通信中断问题主要原因有：通信接线不规范导致通信不可靠出现中断；更换设备后规约改变或装置通信地址改变导致通信中断；装置本身故障导致的通信中断。

（3）双机数据库不同步，主要是数据量太大，更新一次的时间要大于通信变化的实际时间。

（4）系统正式运行后，当中心变发生事故时，如一条 35kV 线路故障跳闸，相应的下一级变电站一台 35kV/6kV 主变压器出现失电，该站全部的 6kV 电动机由于失压出现低电压跳闸，产生开关变位信息，同时，下一级的 6kV 配电变电站也出现失压，相应的有低电压保护的设备出现一系列的报警信息。以上信息集中出现在集控中心的后台监视屏幕上，由于集控中心采集了全部的信息，值班员看到很多无用的信息，而没有能够迅速的判断出故障的情况。原来认为采

集全部信息便于监控管理，由于信息过多，一段时间内用户评价是弊大于利。后来对信息进行分层处理，重要信息进行上传，不重要信息只在后台中进行处理，不再上传集控中心。

12.4 分散式变电站监控与自动化系统在城市地铁供电系统中的应用举例

某地铁线路设 2 座变电站，2 座变电站采用 NDT650 集控系统，主变压器差动保护采用 7UT61 保护，后备保护采用 7SJ68，非电量保护采用 NSP10，主变压器测控采用 NSC681 测控装置，35kV 保护采用 F650 保护测控一体化装置。以下仅描述该地铁线路中一座变电站电气监控系统的工程应用。

12.4.1 工程规模

该变电站安装 2 台 110kV 容量为 31.5MVA 的主变压器，采用主变压器—线路组接线方式。35kV 有 6 条出线，2 个电抗器，2 台接地变压器，1 个母联断路器，35kV 采用单母分段的接线方式。系统的主接线图如图 12-15 所示。

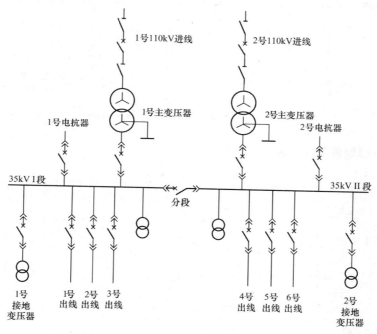

图 12-15 变电站主接线图

12.4.2 系统的结构与配置方案

变电站监控系统采用双机单网的通信方式，所有装置采用直接上网的方式，通信系统如图 12-16 所示。站控层设备包括站控层交换机 A、B，2 台 WTS-65 通信管理机、后台显示系统等。间隔层的设备均为双网，直接接入到间隔层的交换机中。间隔层交换机 C 与其中一台 WTS-65 网络通信服务器通信；间隔层交换机 D 则和另外一台 WTS-65 网络通信服务器通信。这 2 台网络通信服务器也分别连接到站控层的交换机 A 和交换机 B。站控层 WTX65 通信管理机实现信息的远传功能。NDT650 软件实现后台人机界面功能。

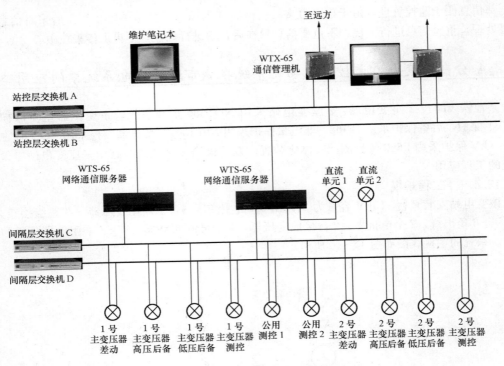

图 12-16　变电站监控通信系统配置图

12.4.3　系统设备清单（见表 12-8）

表 12-8　　　　　　　　　　　系 统 设 备 清 单

序号	设备（材料）	型号（规格）	数量	单位	备注
1	主变压器保护监控屏	2260mm×800mm×600mm（H×W×D）	2	面	RAL7032 橘纹
1.1	监控装置	NSC681	2×1	台	NSPS
1.2	差动保护装置	7UT612	2×1	台	
1.3	后备保护装置	7SJ68	2×2	台	
1.4	非电量保护	NSP10	2×1	台	
1.5	温度变送器	XMF288FC	2×2	只	
1.6	温度变送器	H420R	2×1	只	
1.7	温度显示器	1219E	2×1	只	
1.8	挡位显示器	MR GA001	2×1	只	MR
2	公用测控屏	2260mm×800mm×600mm（H×W×D）	1	面	RAL7032 橘纹
2.1	监控装置	NSC68 双网	1	台	
2.2	监控装置	NSC681 双网	1	台	
2.3	网络交换机	NSC761	2	台	
3	通信屏	2260mm×800mm×600mm（H×W×D）	1	面	RAL7032 橘纹
3.1	通信管理机	WTX-65	1	台	
3.2	网络通信服务器	WTS-65	2	台	
3.3	网络交换机	NSC761	2	台	
3.4	显示器	19in 液晶显示器	1	台	

12.4.4　系统的配屏示意图

变电站组屏设备主要包括 2 面主变压器保护测控屏，1 面公用测控屏，1 面通信机屏柜。主变压器保护测控屏配屏如图 12-17 所示，公用测控配屏图如图 12-18 所示。

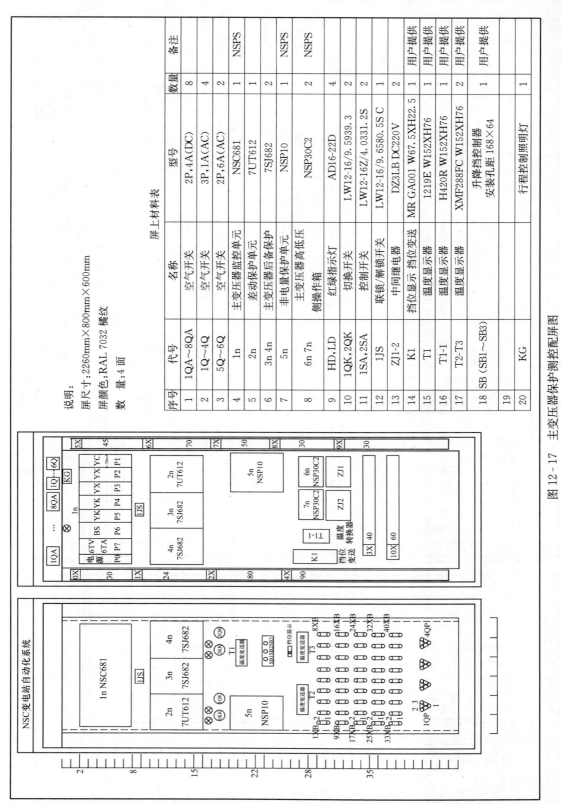

图 12-17 主变压器保护测控配屏图

说明：

屏尺寸：2260mm×800mm×600mm

屏颜色：RAL 7032 橘纹

数　量：4 面

屏上材料表

序号	代号	名称	型号	数量	备注
1	1QA～8QA	空气开关	2P,4A(DC)	8	
2	1Q～4Q	空气开关	3P,1A(AC)	4	
3	5Q～6Q	空气开关	2P,6A(AC)	2	
4	1n	主变压器监控单元	NSC681	1	NSPS
5	2n	差动保护单元	7UT612	1	
6	3n 4n	主变压器后备保护	7SJ682	2	
7	5n	非电量保护单元	NSP10	1	NSPS
8	6n 7n	主变压器高低压 侧操作箱	NSP30C2	2	NSPS
9	HD,LD	红绿指示灯	AD16-22D	4	
10	1QK,2QK	切换开关	LW12-16/9.5939.3	2	
11	1SA,2SA	控制开关	LW12-16Z/4.0331.2S	2	
12	1JS	联锁/解锁开关	LW12-16/9.6580.5S C	1	
13	ZJ1-2	中间继电器	DZ3LB DC220V	2	
14	K1	挡位显示 挡位变送	MR GA001 W67.5XH22.5	1	用户提供
15	T1	温度显示器	1219E W152XH76	1	用户提供
16	T1-1	温度显示器	H420R W152XH76	1	用户提供
17	T2-T3	温度显示器	XMF288FC W152XH76	2	用户提供
18	SB (SB1～SB3)	升降挡控制器 安装孔距 168×64		1	用户提供
19					
20	KG		行程控制照明灯	1	

461

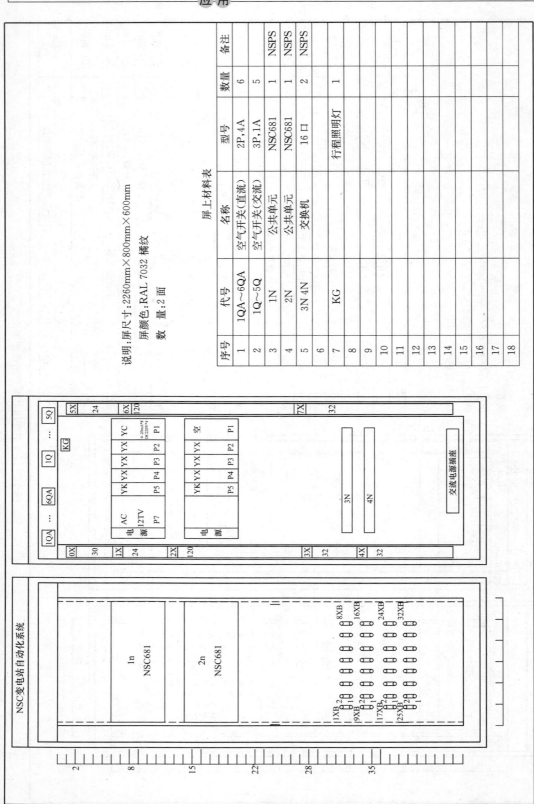

图 12 - 18 公用测控配屏图

屏上材料表

序号	代号	名称	型号	数量	备注
1	1QA～6QA	空气开关（直流）	2P·4A	6	
2	1Q～5Q	空气开关（交流）	3P,1A	5	
3	1N	公共单元	NSC681	1	NSPS
4	2N	公共单元	NSC681	1	NSPS
5	3N 4N	交换机	16 口	2	NSPS
6					
7	KG		行程照明灯	1	
8					
9					
10					
11					
12					
13					
14					
15					
16					
17					
18					

说明：屏尺寸：2260mm×800mm×600mm

屏颜色：RAL 7032 橘纹

数　量：2 面

12.4.5 系统的调试、运行情况

在调试过程中，该站有以下较特殊方面：

(1) 110kV 进线断路操作回路在 GIS 开关柜设置有防跳回路，同时在保护装置部分也设置了操作箱，两者的防跳回路配合上有冲突。最终采用解除保护操作箱的防跳回路，保留 GIS 开关柜的防跳回路，操作回路工作正常。

(2) 在原来的设计中，要求 NSC681 采用内部逻辑功能实现 GIS 的断路器、隔离开关操作的联锁功能。图 12-19 显示了 35kV 开关合闸闭锁逻辑条件。由于原来设计的逻辑条件有部分监控装置无法采集到，最终的逻辑没有确认，GIS 的断路器、隔离开关操作的联锁在实际中没有采用监控闭锁逻辑，而仅仅使用了 GIS 本身的联锁功能。在公用测控 NSC681 中，根据设计要求，使用了 GIS 出现 SF_6 泄漏信号时，启动相应的风机的功能。在出现消防告警信号时，关闭所有的风机。

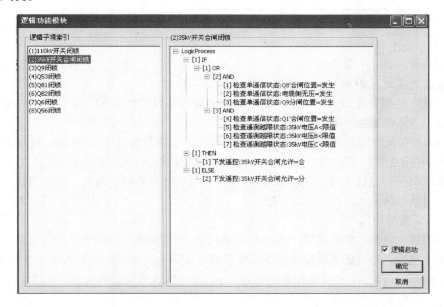

图 12-19 逻辑功能模块中的 35kV 开关合闸闭锁逻辑

(3) 本站没有设置独立的 35kV 分段备自投功能，备自投功能由 F650 内部逻辑功能来实现。

(4) 通信配置上，所有装置要和 WTS-65 通信管理机的双机单网网络结构相适应。在通信参数上和 NSC 系统的双机双网网络结构通信参数设置不一样。

该 110kV 变电站投入运行至今，保护和控制设备以及站控层计算机设备运行正常，保证了地铁安全运行，用户满意。

第**13**章

厂站微机监控系统在高电压等级变电站的应用

13.1 高压及超高压/特高压系统一般概述

13.1.1 概述

考虑到环境因素，一般发电厂厂址不宜建在电力负荷中心地带。实际上，由于资源分布的不平衡，也需要实现远距离大容量输电。为达到这一目标，同样为了限制电力系统短路电流、减少输电损耗，必须实现高电压输电。输电线路和高电压设备技术的发展、高电压等级变电站的建设使高电压输电成为可能。

不同国家的输配电电压等级不尽相同。参考国际电工委员会（IEC）标准，中国制订了输配电国家标准和行业标准，目前国内 7 个大区电力系统中已有 6 个采用了 500/220/110kV 电压系列，仅西北电网同时存在 330/110kV 及 220/110kV 两个电压系列。因此，本章讨论的高电压等级变电站，包括高压及超高压/特高压变电站，即指 220、500、1000kV 变电站（西北地区还包括 330、750kV 变电站）。

高电压等级变电站一般汇集多个电源和联络线或连接不同电力系统，是电力系统的区域变电站、枢纽变电站。高电压等级变电站中变压器的容量都比较大，220kV 变压器容量通常为 90、120、150MVA 等，330kV 变压器容量通常为 240、360MVA 等，500kV 及 500kV 以上变压器受运输条件所限一般采用单相变压器组。高电压等级变电站一般由高压侧向中压侧供电，必要时也可以向低压侧供电。变电站低压侧一般并联电容器、电抗器或连接同步调相机、静止补偿装置等。

高电压等级变电站通常由电力调控分中心进行调度，高电压等级变电站发生事故将破坏电力系统的运行稳定性，甚至导致电力系统解列、大面积停电，因此对其电气主接线、电气设备、保护和安全自动装置等都要求具有高可靠性，厂站微机监控系统更是实现高电压等级变电站可靠运行的重要保证。

220kV 变电站是在电力系统中发挥重要作用的区域变电站，承担了区域内电网负荷的调配。220kV 变电站的结构方式比较多，这主要与变电站所处的位置有关。一般来说，220kV 变电站作为终端变电站（如大型钢铁、石化企业），220kV 侧主电气结构相对比较固定，常采用内桥接线方式；对于规模较大的区域变电站，220kV 侧主电气结构相对比较复杂，主要有内桥、单母线分段、双母线、双母线双分段和双母线带旁路等接线方式。主变压器一般有 2～3 台不等，可以按出线电压等级选择两绕组和三绕组变压器。110kV 部分（一般仅采用三绕组变压器的变电站才有）的接线方式主要有单母线分段、双母线和双母线带旁路等；低压侧 35kV（也可能是 10kV 或 6kV 等）部分主要是单母线分段接线方式，在特殊地区也可能采用双母线接线方式。

图 13-1 所示为一个典型 220kV 变电站的主接线示意图，其主变压器为 2 台三绕组变压器，220kV 侧主电气结构为双母线双分段接线方式，110kV 侧主电气结构为双母线接线方式，35kV 侧主电气结构为单母线分段接线方式。

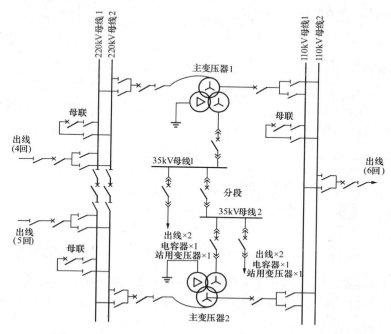

图 13-1　一个典型 220kV 高压变电站的主接线示意图

　　500kV 及以上变电站是一种在电力系统中占据重要地位的枢纽变电站，承担了全国主网负荷的调配。一般 500kV 变电站的主电气结构大致相同，500kV 侧主要采用 3/2 断路器接线方式，主变压器的高压侧一般接在边断路器和中断路器之间，而对于规模较大、主变压器较多的变电站（一般不少于 3 台），也存在将部分主变压器的高压侧直接挂在 500kV 母线上的接线方式；220kV 侧的接线方式主要有双母线、双母线单分段、双母线双分段等，对于部分特殊变电站也有采用 3/2 断路器的接线方式；低压侧 35kV 主要是单母线接线，接有用于补偿的电抗器和电容器，以及站用电等设备。

　　图 13-2 所示为 500kV 超高压变电站典型的主接线方式，其 500kV 侧采用 3/2 断路器接线方式，主变压器为 1 台 3 绕组自耦变压器，主变压器高压侧接在边断路器和中断路器之间；220kV 侧为双母线双分段接线；35kV 侧为单母线接线。

　　特高压电网是指 1000kV 交流和 ±800kV 直流输电网络，具有远距离、大容量、低损耗运送电力和节约土地资源等特点。特高压电网建设是确保国家能源安全与供应的一项重大决策。特高压变电站监控与自动化技术的发展必须坚持把安全可靠性放在首位，主接线型式应适应系统潮流控制、分片运行等需求，满足电网运行灵活性的要求。在特/超高压等级的变电站优先选择可靠性水平较高的主接线型式（例如 3/2 断路器接线），主要通过多重化技术（多环路供电）实现高可靠性。4 回及以下可采用角形（环形）接线、变压器—母线组接线等简化型式，但超过 5 回时，就必须采用 3/2 断路器接线等高可靠性水平的接线型式。1000kV 变电站一般配置一台或多台 3000MVA 主变压器。

　　图 13-3 所示为一个典型 1000kV 变电站工程主接线示意图，其 1000kV 侧采用了简化型式

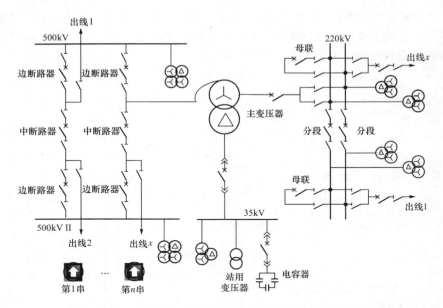

图 13-2　一个典型的 500kV 超高压变电站电气主接线示意图

的 3/2 断路器接线方式：本期 1000kV 2 号母线及 T013 断路器未上，因此 T011 断路器、T012 断路器分别通过 T0111 和 T0131 隔离开关接入 1000kV 1 号母线，1 号主变压器接入 T0122 和 T0131 隔离开关之间。此外，其 500kV 侧采用 3/2 断路器接线方式，110kV 侧为单母线双分支接线。

相对于中低压变电站来说，高电压等级变电站的规模、单台主变压器容量以及整个变电站的输变电容量都要大得多，在电力系统中的地位也重要得多，因此，高电压等级变电站的监控与自动化系统也更为重要。监控与自动化系统中重要设备的冗余配置和运行的稳定也成为系统设计与选型时主要考虑的因素。

在很多重要高电压等级变电站的监控与自动化系统中，保护系统和监控系统常常由于运行管理权限的原因而成为相对独立的两个系统，但两者之间存在着一定的信息交换（例如，保护信息经过串口或者网络隔离上送到当地监控系统、集控中心，集控中心对保护装置连接片的投退进行控制等），这一点常常在电力系统内招投标过程中得到充分的证实。

高电压等级变电站通信接口在监控与自动化系统中尤为重要：监控系统需要同多级调度（例如一个或多个网调、一个或多个省调、地调三级调度，有时甚至需要接入国调中心）、保护管理机、故障录波系统等进行通信。高电压等级变电站监控与自动化系统对系统可靠性要求远远高于中低压变电站，系统设备往往来自于多个电力设备供应商，因此传统高电压等级变电站通信接口的数量及种类、传输规约的类型远远多于中低压变电站，常用的规约有中国循环式远动规约（CDT）和 IEC 60870-5-101、IEC 60870-5-103、IEC 60870-5-104 规约等，其中 IEC 60870-5-103 为与继电保护设备通信的规约，其他 3 个规约是与当地后台或者远方调度通信的规约。

除继电保护装置和故障录波装置外，变电站内的电能计量系统、交直流电源、火灾报警设备以及安全警卫系统等站内子系统或智能设备均应考虑与监控与自动化系统的通信接口，一般由监控与自动化设备厂家配置一套公用接口装置负责规约转换，负责实现上述站内子系统或智能设备与站控层计算机系统的通信。这些子系统或智能设备一般按自定义的格式，以 RS 232/

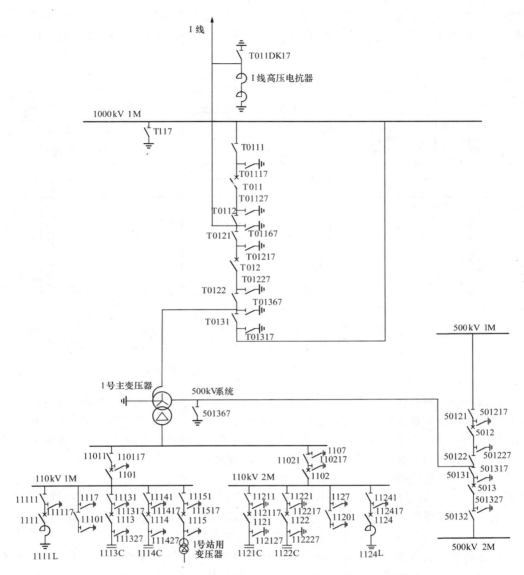

图 13-3 一个典型 1000kV 特高压变电站主接线示意图

RS 485 接口与站控计算机系统通信。

13.1.2 系统的一般结构

　　传统高电压等级的厂站监控与自动化系统按结构可分为站控层（变电站层）、间隔层，其结构方式主要采用网络方式。处于两层网络结构中间的远动通信装置实现传输信息的集中处理和转发。现在的厂站监控系统中比较倾向于单层网络结构模式，间隔层设备直接上网，站控层设备直接和间隔层设备通信。智能变电站监控系统采用开放式分层分布式结构，按功能则可分为站控层（变电站层）、间隔层和过程层，其网络结构方式主要采用两层网络结构，即变电站层网络、过程层网络。

　　图 13-4 是一个典型分散式的高电压等级厂站监控与自动化系统网络结构，采用双通信管理装置、双监控后台主计算机、双以太网冗余方式。间隔层装置采用进口设备，也可以采用国产

467

监控单元,通过双以太网与通信管理装置连接。通信管理装置采集相应的"四遥"数据后,通过网络发向后台主计算机、通过串口和 Modem 发向远方各级调度、通过路由器发向电力数据网。

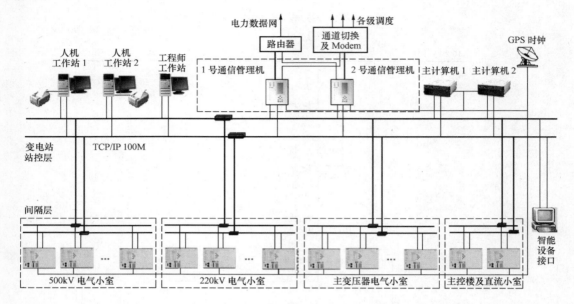

图 13 - 4　典型高电压等级厂站监控与自动化系统网络结构示意图

　　站控层设备一般包括主计算机、操作员工作站、远动通信装置、网络通信记录分析系统以及其他智能接口设备等。站控层提供站内运行的人机联系界面,实现管理、控制间隔层及过程层设备等功能,形成全站监控、管理中心,并与远方监控/调度中心通信,目前采用的有基于 Windows 的操作系统,在实际运行中很多采用 Unix 等操作平台。

　　间隔层设备一般按照电气单元配置,也有部分变电站按照保护小室配置,间隔层由若干二次子系统组成,在站控层及其网络失效的情况下,仍能独立完成间隔层设备的就地监控功能。过程层由电子式互感器、合并单元、智能终端等构成,完成与一次设备相关的功能,包括实时运行电气量的采集、设备运行状态的监测、控制命令的执行等。

　　传统远动通信装置主要完成与间隔层测控设备的通信、处理事件信息并上送到后台系统和远方调度控制中心。远动通信装置作为监控后台系统与间隔层单元之间的桥梁,在整个系统中起到了承上启下的关键作用。远动通信装置还要承担与远方调度的通信功能,充当传统远动主站的角色。随着变电站监控与自动化的发展,越来越多的高电压变电站采用了测控装置直接上网、监控系统后台直接和测控装置通信的模式,这时候远动通信装置只是承担了远动、顺控(对于无人值班站而言)等功能。

　　对于保护设备,其大量的保护信息可通过开关量直接接入间隔层测控装置,也可以通过数据通信方式接入计算机监控系统,例如通过保护装置独立串口(或网口)直接上送监控后台系统,或者通过专用保护通信管理系统转接,在高电压等级变电站通常配置保护子站实现对保护装置的监测和管理。如果保护信息采用网络方式直接上送监控后台系统,必须配置独立网卡或其他物理方式确保保护、监控网络隔离。对于全站的智能电子装置(IED),可通过开关量直接接入间隔层测控装置,也可以通过数据通信方式直接接入监控后台系统,或者通过专用通信管理装置转接,实现对智能电子装置的监测和管理。

按照网络拓扑方式来划分，高电压等级变电站主要有双光纤星型网、双环自愈型网络以及直接上网的总线型网等。网络设备包括网络交换机、光/电转换器，接口设备（如光纤接线盒）和网络连接线、电缆、光缆等。网络交换机构成分布式高速工业级双以太网，其传输速率不小于 100Mbit/s，支持交流、直流供电，电口和光口数量满足高电压等级变电站应用要求。

13.1.3　系统的设计原则

高电压等级变电站在电力系统中占有重要地位，因此与之配套的监控系统同样具有相应的关键作用，这类系统的设计原则如下：

1. 系统的可靠性原则

电力系统的稳定与可靠运行关乎国计民生，不允许有重大疏漏发生，这就要求处于电力系统中的发电厂和变电站等重要环节一定要具有更高的可靠性。作为监控厂站运行的二次系统及其监控系统，可靠运行是设计厂站监控与自动化系统时必须首先遵从的原则，提高监控系统可靠性的设计方案主要应当考虑以下因素：

（1）监控系统体系结构的选择。选择科学、合理的体系结构是提高系统可靠性的重要一环。对于高电压等级变电站的监控系统一定要选择相对成熟、有相当运行经验、在国内外具有相当知名度厂家的优秀产品。注意系统本身是否具有分层结构的布局，是否具有分散安装的特征，关键设备和网络是否考虑冗余配置，是否具有潜在的大容量数据吞吐能力等。

（2）软、硬件的选择。

1）系统软件应当是成熟、可靠的标准化版本，以 Unix 等嵌入式操作系统和商用数据库为优选对象，应用软件应当有多个重要工程应用的先例。

2）硬件选择应当注重计算机的品牌和品质、标准化配置程度，各间隔层、过程层相关单元、网络及其附件等也应当是具有相当知名度合格供货商的产品。

2. 系统的实时性原则

实时性是厂站监控系统关键技术的体现，某种程度上也代表了系统的先进性。怎样在系统设计时保证系统内各个重要信息的实时性一直以来都是设计者的重要课题之一。对于重要遥测量（例如：电流、电压、潮流等），重要遥信量的状态变化（例如断路器闭合/断开的状态变化），继电保护动作之后的快速反应等涉及电力系统稳定运行的电气参数一定要在规定的时间间隔内（例如秒级甚至毫秒级），反应到厂站监控系统计算机画面上和远方调度控制中心的值班计算机画面上，否则监控系统就无法发挥它应有的作用。为此必须在硬件选择、网络速度、软件设计、操作系统选用、计算机画面调用与自动推画面、及时报警等各个可能影响数据实时性的环节特别加以注意，例如可以选择 I/O 单元中的 CPU 有较高工作频率、A/D 转换有较高速度的采样率等。在系统联调过程中要反复模拟现场实际，考虑可能出现的极端情况，例如电力系统发生严重故障情况下可能造成监控系统内信息的拥塞甚至系统崩溃，验证能否保证系统在非常状态下的实时性。当然事物也具有两面性，在保证实时性的同时，也要兼顾系统的可靠性、准确性与经济性。

3. 系统的经济性与实用性原则

经济性与实用性本质上应该是一致的，一个实用性优秀的系统一定也是一个经济性优秀的系统。实现该设计原则的关键点如下：

（1）空间布局的合理性与前瞻性。主要涉及厂站主控室的土建空间的占用，高压设备附近小室的选择与大小的确定。原则上监控系统的各个硬件设备在允许范围内占用空间越小越好，当然也要考虑后期的续建、扩建、升级等，应当有一定的前瞻性考虑。

（2）屏柜选择。在安全、可靠、人性化的前提下能用最少的屏柜解决最多的设备组屏、安装。

（3）线缆布局。二次电缆、通信电缆、光缆、电源线等各种类型线缆的布局与敷设尽可能以实用为原则，避免不必要的浪费。

（4）功能选择。监控系统各种技术指标的确定，功能的选择与增删，以及各种软硬件的选择在保证可靠性、实时性的前提下应当以实用性为准，不要过分追求超前配置，相互攀比，过分追求进口高档设备导致造价飙升，系统经济性指标下降。

4. 系统的安全性原则

这里讨论的安全性包含两层含义：其一指设计系统时要考虑系统及其各个部分本身的安全性，不要因为设计不当而发生不应有的短路、过电压，甚至火灾，导致系统部分甚至全部损毁；其二是指设计时考虑系统及操作人员与其他相关一次设备之间的安全距离和安全措施，不要出现人身伤害和其他一次设备损坏的事故。为此，在考虑系统硬件、各类模块的布局，各个电气端子的选择与装配，导线的安装、连接等都必须注意电气上的安全距离以及电磁环境下的屏蔽措施。

5. 系统的人性化原则

人性化原则是指在软件设计，尤其是屏幕操作、画面调用与显示时要尽量站在值班人员的立场来考虑功能的配置和应用软件的设计，使他们操作起来感到方便，安全可靠，使误操作的概率降到最低限度，同时也符合操作人员日常的操作习惯。对于现场维护人员，要考虑他们在停电或带电维护时的安全、方便，更换模件、拆卸零部件时的易操作性等。

6. 系统的开放性与灵活性原则

好的监控系统原则上应当是一个模块化结构的开放式系统，可最大限度的兼容其他种类的装置、设备和系统，当系统需要扩容升级时也相对方便，易操作，花费较少的投资就能达到目的，实际上也体现了系统结构的灵活性和模块化特点。

13.1.4 系统的特点

高电压等级变电站计算机监控系统应当是具有标准化设计、灵活可靠的计算机网络体系结构，功能分布、结构分散、开放性好的成熟产品。它所采用的主要部件应符合计算机产业的发展方向，适应电力工业应用环境，具有较好的技术支持。

高电压等级变电站监控与自动化系统的特点如下（这些特点大部分也包含在中低压变电站和发电厂的监控与自动化系统中）：

1. 系统结构的层次性特点

现代高电压等级变电站监控系统的体系结构几乎无一例外的都是分层结构。

（1）高电压等级变电站的输变电容量都相当大，导致建造变电站时占地面积相对偏大，一次设备的额定容量指标都处在上限区间内，这样的规模采用传统的 RTU 模式时其数据吞吐容量已经远远超过 RTU 的极限范围，选择分层结构的监控系统是顺理成章的结果。

（2）现代监控系统的设计理念是面向变电站的间隔与元件而非全站，这一理念从逻辑上也必然导致按照站控层、间隔层、过程层分层布局监控系统的诞生，当然分层结构在技术上能够实现也依赖于网络技术的迅速发展，这在客观上为实现变电站监控系统的分层结构提供了物质条件。

2. 系统结构的模块化特点

高电压等级变电站监控系统，无论硬件还是软件其内在结构都是模块化的。例如广泛使用的间隔层测控单元在硬件上都是插箱式模块化结构，机箱内模件拔插方便，升级更换简单易行；站控层设备大都是商用或工业用计算机/工作站，彼此独立，关联度很小，易于更换。软件设计一开始就是基于软件工程中的模块化原则进行的，体现了软件修改、升级的方便性与灵活性，也不易发生因为更改软件而造成的程序运行错误。

3. 空间布局的分散性特点

一般高电压等级变电站监控系统监控的对象规模庞大，如果采用集中于主控室的集中式布局，则占地面积过大，二次电缆用量过多，变电站建设的成本升高，经济性降低。为此，通常采用按小室布局的分散式方案，站控层设备、后台系统等一般位于主控室内，测控单元、保护单元基本上都位于与之相关的小室内，使之与被监控对象的空间距离较近，原则上按高中电压等级和主变压器各侧断路器配置，公共单元宜单独配置，当然测控单元、保护单元与电气间隔和电气元件之间仍然保持一一对应的关系。

4. 软硬件协调把误操作的可能性降到最低程度

成熟的站控层、间隔层测控设备都配置了各自独立的"五防"功能软件，取代了传统的硬件"五防"设备，不仅降低了成本，同时也降低了误操作的风险。间隔层测控单元本身的相对自治性使它与站控层设备之间的关联性不强，这样，当其他设备出现故障而停止运行时，间隔层测控单元仍然能够安全运行，对被它监控的一次设备仍然能够发挥正常的监视与控制作用。

13.1.5 系统的主要功能

1. 通用功能

厂站监控与自动化系统所具有的通用功能主要有数据采集和处理、系统数据库的建立与维护、报警处理、事件顺序记录、画面生成及显示、在线计算及报表、时间同步、系统自诊断和自恢复等。

2. 高电压等级变电站所具有的功能

高电压等级变电站的监控与自动化系统应当实现以下基本功能：

（1）控制及防误操作联锁功能。高电压等级变电站计算机监控系统的控制对象一般为被控变电站的所有断路器、隔离开关和主变压器分接头。有的变电站要求所有接地开关都要实行远方控制。控制方式一般采用四级：间隔层测控单元上的一对一操作、站控层计算机上的操作、远方调度控制中心的远方控制操作、一次设备操动机构上的手动操作。这四级控制方式在任何时刻只允许用一种方式操作一个对象。为了实现间隔层测控单元上的一对一操作，间隔层测控单元一般应具备如下条件：

1）每个测控单元上必须具有较高分辨率的较大 LCD 显示屏，能显示相应间隔的电气一次接线图及开关编号。

2）每个测控单元面板上必须具有操作小键盘，能通过键盘设置间隔层设备的工作方式（就地/远方）和控制所有的被控对象。

3）当测控单元设置成就地工作方式时远方的控制应被闭锁，当测控单元设置成远方工作方式时就地的控制应被闭锁，但监测信息不受影响。

4）每个测控单元上必须具有防误操作联锁功能，只有这样才能保证间隔层设备上的一对一操作的安全性。

间隔内的闭锁可以由电气闭锁实现，也可采用能相互通信的间隔层测控装置实现。变电站层系统必须具有防误操作联锁功能，变电站的防误操作闭锁可采用以下三种方案：

1）方案一：通过计算机监控系统的逻辑闭锁软件实现全站的防误操作闭锁功能，同时在受控设备的操作回路中串接本间隔的闭锁回路。

2）方案二：计算机监控系统设置防误工作站，远方操作时通过防误工作站实现全站的防误操作闭锁功能，就地操作时则由电脑钥匙和锁具来实现，在受控设备的操作回路中串接本间隔的闭锁回路。

3）方案三：配置独立于计算机监控系统的专用微机防误系统。远方操作时通过专用微机防误系统实现全站的防误操作闭锁功能，就地操作时则由电脑钥匙和锁具来实现，同时在受控设备的操作回路中串接本间隔的闭锁回路。专用微机防误系统与变电站计算机监控系统应共享采集的各种实时数据，不应独立采集信息。

在变电站采用气体绝缘开关设备（Gas Insulated Switchgear，GIS）或复合式 GIS 设备（Hybrid Gas Insulated Switchgear，HGIS）的情况下，防误操作闭锁功能可采用方案一。

（2）捕捉同期功能。高电压等级变电站的同期是捕捉同期，即同期合闸时，测控单元接收到合闸命令后在规定的时间内搜索同期点，当两待并系统满足同期条件时，测控单元在合适的时刻发出合闸命令，如果在规定的时间内未搜索到同期点，则测控单元不发合闸命令。高电压等级变电站计算机监控系统同期功能的一般实现方法为：

1）捕捉同期功能由间隔层测控单元实现。

2）当断路器两侧的同期电压有自然相差（例如一侧为线电压另一侧为相电压）时，测控单元能自动实现转角调整。

3）测控单元能根据频差和断路器合闸动作时间在满足同期条件时自动算出合闸命令的发出时刻（导前时间）。

4）同期点应为变电站内所有高压断路器。

5）同期的设置参数应包括同期工作电压、频差定值、相差定值、压差定值、每台断路器合闸动作时间、捕捉时间定值和两侧电压的转角调整定值等。

监控系统进行同期操作时应考虑电压二次回路故障时引起非同期合闸的问题，测控单元进行同期判决时，应先判断两侧的电压是否在正常工作范围，如果不在正常工作范围，则同期合闸闭锁；如果断路器一侧无压或两侧均无压，应该闭锁测控单元合闸出口，运行人员在核实确认是无压后，可选择退出同期功能合闸或者通过"无压合闸"命令合闸。

（3）接口功能。

1）与保护设备的接口。一般高电压等级变电站会在各保护小室配置保护管理机，保护信息自各小室保护管理机接入主控制室配置的故障信息管理系统后上送到远方故障信息管理系统。在智能化变电站中一般取消了各小室的保护管理机，但保留了故障信息管理系统。

2）与其他设备的接口。其他设备主要包括直流电源系统、交流不停电系统、火灾报警装置、电能计量装置及主要设备在线监测系统等。计算机监控系统智能接口设备采用数据通信方式收集各类信息，并经过规约转换后通过以太网传送至站内计算机监控系统主机。

3）与远方调度中心的接口。系统应能够同时和多个远方调度控制中心分别以不同接口规约进行数据通信，且能对通道状态进行监视。系统应能正确接收、处理、执行各个远方调度控制中心的遥控命令，但同一时刻仅执行一个主站的控制命令。调度通信接口主要有串行通信和网络通信两种方式。

目前，作为 IEC TC57 体系中的 IEC 61970 主站标准和 IEC 61850 数字化子站标准在各自领域内已基本成熟，研究两个系统之间如何进行信息交换，做到无缝集成具有实际工程价值：通过子站端一次维护数据模型，即时导入调度中心各种自动化系统中使用，可以减少维护工作量，保证各子站和主站系统模型和数据的一致性。高电压等级站应具备 IEC 61850 子站无缝接入 61970 主站系统的条件，并可根据网、省公司调度中心 IEC 61970 主站建设进度安排实现。

（4）抗干扰功能。目前间隔层设备基本上工作在无严格屏蔽的就地继电小室，环境较差，电磁干扰大，该等条件下的抗干扰措施由监控设备本身实现，所以间隔层设备必须具备如下性

472

能：不会因与高压设备的距离近而受到损害，不会因变电站一次设备的操作、保护跳闸、雷电波产生的电磁场瞬态干扰而影响设备的正常运行；间隔层设备之间、间隔层设备与变电站层设备之间的数据通信不能因电磁干扰而中断或影响。一般来说，应选用抗干扰性能强的间隔层设备，并选用抗干扰性能强的通信连接方式，如光纤通信等。

（5）在智能化变电站中，一般还配置有网络记录分析设备，具备存储站内网络通信、与主站通信的带时标完整通信报文功能，具备故障报文统计定位和应用报文统计定位功能，能够直观显示通信规约整个过程并对报文内容进行单个或组合条件查询。

（6）顺序控制。顺序控制是指变电站内智能设备依据变电站操作票的执行顺序，自动完成操作票的执行过程。顺序控制对于提高操作效率，缩短事故后恢复供电的时间，防止误操作的发生，增强人员设备的安全系数，提高电网安全运行水平具有重要意义。

顺序控制的核心是智能操作票。智能操作票是一种基于通用认知模型的专家系统，智能操作票生成时，由推理机模块、调用实时系统接口读取实时库中的设备属性和设备状态，调用高级应用分析模块进行接线形式、运行方式等判断，将所有获取的信息与选择的操作任务进行匹配后得到唯一的规则。

3. 高级应用功能

（1）状态检修。状态检修也叫预知性维修，以设备当前的工作状况为检修依据，通过状态监测手段诊断设备健康状况，确定设备是否需要检修、设备的最佳检修时机和需要检修的项目，从而为变电站的运检人员提供指导性的参考意见。状态检修的目标是减少设备停运时间，提高设备可靠性和可用系数，延长设备寿命，降低运行检修费用，改善设备运行性能，提高经济效益。

评价设备状态时需要多参量的综合分析，需要将自检测参量与其他方面的信息相结合作出综合判断，其他方面的信息包括停电试验、巡检、家族缺陷、不良工况等。这就要求状态监测系统与生产管理系统进行信息互动，自动获取相关信息，以实现综合分析。

（2）智能告警系统。变电站现场设备信号由监控系统采集上来后，全部按时间顺序显示，如果发生事故，动作的事件记录会比较多，值班员很难及时抓住重点，会影响事故的正确处理。因此，需要对所采集信号作进一步的分类和判断处理。

可以利用专家系统来建立智能告警和故障处理知识库，该知识库可动态实现专家知识的增加。采用多故障诊断问题的成熟模型——覆盖集理论来建立智能告警处理模型，并采用智能算法在最短的时间内找到与告警信息最为匹配的系统事件。

变电站智能告警专家系统不仅能完成对告警信息进行分类、筛选、屏蔽、快速定位、历史查询等功能，还能完成三个层次的推理功能。

1）单事件推理。根据每条告警信息，给出告警信息的描述、发生原因、处理措施以及图解。

2）关联多事件推理。对多个关联事件进行综合推理，给出判断和处理方案。

3）故障智能推理。利用网络拓扑技术，根据每种故障类型发生的条件，结合接线方式、运行方式、逻辑、时序等综合判断，给出故障报告，提供故障类型、相关信息、故障结论及处理方式供运行人员参考，辅助故障判断及处理。

对告警信息进行过滤和分类后，需要关注的变电站事故及异常告警信号可归纳为数百种类型，对应于每一种类型都进行原因说明并提供处理方案。这样，在规范了现场信号的命名、事故告警信号与知识库中归纳的事故告警信号种类建立起关联关系后即可建立变电站信息处理专家系统知识库，使监控人员对事故异常在第一时间内给出准确的判断及处理。维护人员可根据实际运行需求随时完善知识库中内容。

（3）事故信息综合分析决策。事故信息综合分析决策专家系统建立设备状态和功能模型，在电网事故、保护动作、装置故障、异常报警等情况下，通过整合分析站内信号（包括事件顺序记录信号、保护及故障录波等信号），确定当前运行状况，并在可视化界面综合展示事故分析的结果，同时可将相关信息上传至主站端。

1）故障信息集中展示，用户可以在同一界面中查看某次故障的所有故障信息。

2）全景数据分析系统，统一断面全景数据采集、全景数据展现和全景数据回放。

3）事故信息综合分析辅助决策系统由信息综合展示、全景事故反演和专家系统组成，三者相互联系，对故障信息进行有效管理，采取合适的分析措施，有效解决问题。

事故信息综合分析决策产生事故分析结果和恢复方案后，与顺序控制功能协作生成故障恢复操作票，从而实现变电站事故的智能恢复。

（4）无功电压控制（VQC）。变电站的无功电压控制（VQC）是电网稳定、经济运行的重要手段，变电站实现无功电压优化控制对地区电网的供电电能质量和经济运行具有重要的意义。通过无功优化控制可以给电网带来以下好处：降低电网有功功率损耗，提高电网经济运行水平；改善电能质量，提供电压合格率，减少负荷变化给电网、设备和用户带来的危害和损失；有利于设备的安全运行，保证设备的使用寿命；防止出现电压崩溃，提高电网安全稳定水平。

调度/主站系统与变电站监控自动化系统集成应用，主站根据地区各类站点的节点参数计算出最优无功调压方案，并下发至变电站监控与自动化系统，实现无功补偿自动投切和主变压器有载自动调压，支撑电网安全经济运行，从而达到优化控制的目的。

13.2 NSC2000 厂站监控与自动化系统在 220kV 高压变电站应用举例

13.2.1 概述

某 220kV 变电站工程是高电压等级的变电站。工程分多期建设，本期建设 2 台 240MVA 的主变压器，用于环保电厂电力送出以及与 220kV 变电站联网。

变电站的保护与监控设备分层配置。间隔层的测控设备、保护测控一体化设备通过通信管理机与变电站层设备通讯，通信介质采用光纤。系统按照无人值班的要求进行设计。后台系统仅配置一套用于调试和检修的当地后台主机，与调度通信的远动主站则采用冗余配置，系统结构简单、明晰、可靠，为实现无人值班运行方式提供可能。

13.2.2 工程规模

本期 220kV 变电站的 220kV 部分共 9 回联网线路，采用双母线双分段的接线方式；110kV 出线 6 回，采用双母线接线；35kV 侧接有出线 4 回、电容器 2 回及站用变压器等，采用单母线分段接线；2 台 240MVA 的三绕组变压器。主接线示意图与图 13-1 类似。

13.2.3 系统的结构与配置原则

该系统采用以进口的间隔层保护和测控单元为主的 NSC2000 网络型变电站监控与自动化系统来完成所要求的各项功能。图 13-5 示出了该工程系统结构示意图。

该套系统按照无人值班的运行模式考虑，其变电站层仅仅布置了一台当地后台主机以及用于调度通信的远动工作站，远动主站采取冗余配置。变电站层设备通过 TCP/IP 协议以 100M 速率的光纤以太网进行信息传递。系统在变电站层配置了一套天文时钟接收设备，并通过扩展设备用于保护和监控设备的对时，以确保全站时钟的一致。

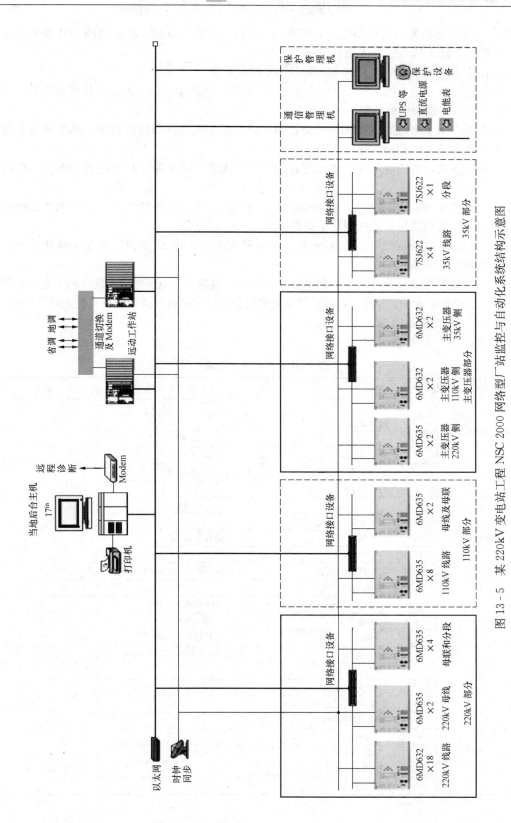

图 13 - 5　某 220kV 变电站工程 NSC 2000 网络型厂站监控与自动化系统结构示意图

475

该 220kV 变电站监控与自动化系统取消了独立的"五防"系统，改由间隔层装置来实现其所有"五防"功能，为系统技术的提升奠定了基础。

系统操作平台采用用户熟悉的 Windows NT 操作系统。

系统配置了两台国产的 NSC 2200 型远动通信装置作为远动主站，通过双机切换装置和 Modem 实现与远方各级调度的通信。

一条 220kV 线路配置两台 6MD632 测控单元以实现相应测量和控制功能，母线设备和母联及分段等配置 6MD635 型测控单元。

110kV 设备同样按照对象间隔进行配置，110kV 线路、母线和母联均配置 6MD635 型测控单元。

主变压器部分的高压侧配置了 6MD635 型测控单元，中、低压侧均配置 6MD632 型测控单元。两台主变压器的测控单元分别集中组屏安装。

35kV 设备同样按照对象间隔进行配置，各间隔均配置 7SJ622 型保护测控一体化单元，并分别安装在相应的开关柜上。

主变压器温度等涉及公用设备的测量量和信号量，包括直流电压电流、低压站用交流量等全部接入公用的测控单元中。UPS、直流系统及火灾报警系统等则通过通信管理机接入后台系统。

13.2.4　系统设备清单

系统设备清单见表 13-1 和表 13-2。

表 13-1　变电站层系统设备清单

设 备 名 称		规 格 型 号	数量
当地后台主站	PC 机	DELL GX400	1
	标准键盘＋鼠标		
	网卡	100M×2	
	彩色液晶显示器	17in（1280×1024）	1
远动工作站	专用通信处理机	NSC 2200	2
	网卡	100M×2	
通信管理机	工业控制机	IPC	1
	标准键盘＋鼠标		
	接口卡	串口×8，并口×2	
	网卡	100M×2	
	彩色液晶显示器	15in（1280×1024）	1
其他设备	变电站层 GPS		1
	激光打印机	HP5100 A3 彩色	1
	网络交换机	SISCO 16 口	2
	网络设备	光纤模块、导线等	1
	组屏	2260mm×800mm×600mm	1
软件	SCADA 软件		1
	人机接口软件		
	交互式作图软件		
	网络管理软件		
	通信软件		
	支持软件		
	报表软件		
	系统软件		

表 13 - 2   间 隔 层 设 备 清 单

设 备 名 称		规 格 型 号	数量
220kV 部分	线路	6MD632	18
	母线	6MD635	1
	母联	6MD635	2
	分段	6MD635	2
	组屏	2260mm×800mm×600mm	7
110kV 部分	线路	6MD635	8
	母线	6MD632	1
	母联	6MD635	1
	组屏	2260mm×800mm×600mm	3
主变压器部分	220kV 侧	6MD635	2
	110kV 侧	6MD632	2
	35kV 侧	6MD632	2
	组屏	2260mm×800mm×600mm	4
35kV 部分	35kV 线路	7SJ622	4
	35kV 分段	7SJ622	1
	操作箱	NSP30C	5
公用部分	公用测控	NLM1C	2
	220kV TV 并列	NSP20	1
	110kV TV 并列	NSP20	1
	35kV TV 并列	NSP20	1
	变送器	温度、直流等	1
	组屏	2260mm×800mm×600mm	1

13.2.5 系统的配屏示意图

220kV 每两条线路共计 4 个测控单元组成一面屏；110kV 每四条线路组成一面屏；公用设备测控单元组成一面屏。

13.3 SICAM/NSC 厂站监控系统在 500kV 超高压变电站应用举例

13.3.1 概述

某 500kV 变电站工程是电网枢纽变电站，是国家电网公司智能变电站试点新建项目之一。工程分多期建设，本期建设 2 台 1000MVA 的主变压器，用于与 500kV 变电站联网。

本站具备无人值班、程序化控制功能，站控层采用 IEC 61850 通信规约；500kV 第一串线路上加装全光纤电子式电流互感器、全光纤电子式电压互感器、智能操作箱及合并单元，传输协议采用 IEC 61850-9-2，时间同步采用网络精确时钟同步协议 IEEE 1588。

该工程按电压等级设置保护小室：500kV 分别设置 2 个小室，其中 1 号小室对应 500kV 第一串和第二串一次设备，2 号小室对应 500kV 第五串和第六串一次设备；220kV 设置一个保护小室，对应主变压器本体及主变压器 35kV 侧设备。此外还设置一个中央控制室，它们之间构成地理上的分散布局。系统的主计算机、人机工作站、远动通信装置和网络通信等采用冗余配置，以提高系统运行的可靠性。

13.3.2　工程规模

本期投运 2 台 1000MVA 3 绕组分相自耦变压器；500kV 部分出线 4 回。本期投运两个完整串、两个不完整串，采用 3/2 断路器接线方式。

220kV 系统电气主接线本期为双母线双分段接线，终期出线规模 16 回，220kV 线路测控单元按远景 16 台配置。

35kV 侧配置 8 台 35kV 无功补偿装置：1 号主变压器 35kV 电容器测控单元 4 台、4 号主变压器 35kV 电容器测控单元 4 台；此外 3 台站用变压器，其中 2 台分别从站内 1、4 号主变压器 35kV 母线引接，另一台 0 号站用变压器备用，高压侧从站外电源引接。图 13 - 6 示出了该站主接线示意图。

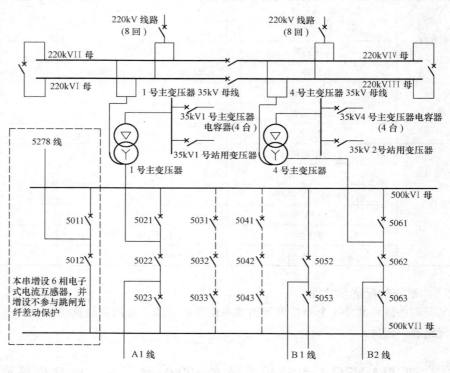

图 13 - 6　某 500kV 超高压变电站主接线示意图

13.3.3　监控系统的结构与配置方案

根据业主对系统的要求，该系统采用 SICAM/NSC 厂站监控系统来完成所要求的各项功能。图 13 - 7 示出了该 500kV 变电站工程 SICAM/NSC 厂站监控系统网络结构示意图。

超高压变电站监控系统（智能化实验间隔部分除外）按结构可分为站控层和间隔层。

1. 站控层

站控层布置 2 台主计算机、2 台远动通信装置、1 台公用信息管理机和 6 台制造报文规范 MMS（Manufacturing Message Specification）网交换机。主计算机对变电站一次设备和二次设备进行监视、记录及控制；站内监控系统通过 2 台远动通信装置与网调、省调、地调通信，并实

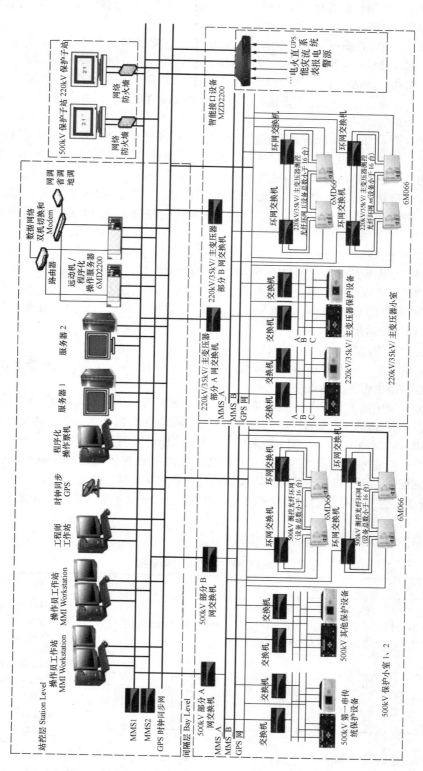

图 13-7 某 500kV 超高压变电站工程 SICAM/NSC 厂站监控系统网络结构示意图

现程序化控制功能；公用信息管理机作为站内智能设备接入的智能转换终端，与站内直流系统、不间断电源（UPS）等辅助系统通信后接入 MMS 网。

SICAM/NSC 厂站监控系统的站控层布置了属于后台系统范畴的主计算机工作站、操作员工作站以及用于调度通信和间隔层数据处理的远动通信装置，并分别冗余配置；同时还配置了一套工程师工作站和一套站长工作站。站控层设备通过 TCP/IP 协议以速率为 100Mbit/s 的双光纤以太网进行信息传递。系统在站控层配置了一台天文时钟接收设备，并通过扩展设备用于全系统对时，确保全系统的时钟一致性。

系统配置了两台 6MD2200 远动通信装置，通过自愈型双光纤环行网络与间隔层测控设备通信；通过交换机光纤接口实现与站控层后台系统的通信；通过双机切换装置和 Modem 实现与远方各级调度的通信；通过路由器实现与数据网的通信。

公用设备的信号量，包括主变压器温度、直流电压电流、低压站用交流量等全部接入公用的测控单元中。需要通信的设备，如 UPS、直流系统及火灾报警等通过公用管理机接入变电站层后台系统。

2. 间隔层

间隔层设备将采集和处理后的信息经 MMS 网传输到站控层，间隔层网络采用 IEC 61850 通信标准。测控装置组成双光纤环网后接入各小室 MMS 网，具有测量、防误、同期检测等功能。500kV 和 220kV 保护子站通过防火墙接入对应小室 MMS 网交换机，保护装置动作信息通过 MMS 网传输至保护子站及监控后台。

间隔层测控设备均组屏安装，分散布置在 500kV 和 220kV 保护小室内。

每个小室分别配置了一台保护信息管理机，用于与小室内的保护设备和其他智能设备通信，并通过光纤直接与继电保护子站连接。

500kV 部分一串中的测控设备按照断路器和线路对象配置，边断路器配置 6MD663 型测控单元，中断路器配置 6MD662 型测控单元，线路配置 6MD662 型测控单元，连接主变压器间隔的线路配置 6MD664 型测控单元，母线设备配置 6MD662 型测控单元。

220kV 部分的配置方案也是按照对象进行配置，线路和断路器配置 6MD664 型测控单元，母线和母联分别配置 6MD662 型测控单元，连接主变压器间隔的测控配置 6MD663 型测控单元。

35kV 部分的配置方案是补偿设备按照间隔分别配置 6MD662 型测控单元，连接主变压器的间隔配置 6MD662 型测控单元。

间隔层设备型号、用途及功能参数见表 13-3。

表 13-3　　　　间隔层设备型号、用途及功能参数

型号	用途	功能 参 数	型号	用途	功能 参 数
6MD662	测量与控制	YC：$4U$、$3I$、P、Q、$\cos\varphi$、f YX：35 YK：25	6MD664	测量与控制	YC：$4U$、$3I$、P、Q、$\cos\varphi$、f YX：65 YK：45
6MD663	测量与控制	YC：$4U$、$3I$、P、Q、$\cos\varphi$、f YX：50 YK：35	NZD681	测量与控制	YC：$6U$、$6I$、P、Q、$\cos\varphi$、f YX：96 YK：16 12 个温度量

13.3.4 智能化实验间隔

该站 500kV 第 1 串作为智能化实验间隔，智能间隔系统按功能可分为站控层、间隔层和过

程层，如图 13-8 所示，其中断路器 5011 和 5012 的常规互感器旁分别安装了三相全光纤电子式电流互感器作为过程层的主要设备。

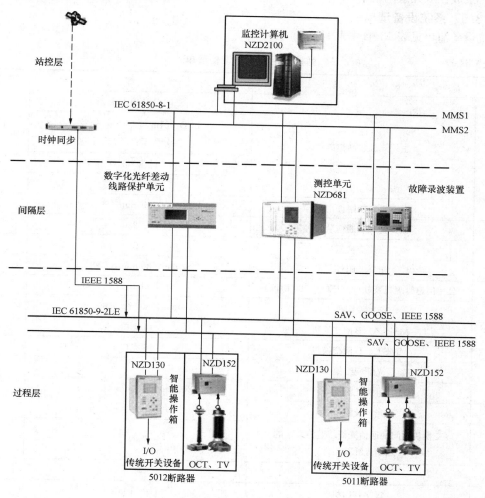

图 13-8　智能间隔系统示意图

过程层采用全光纤电子式电流互感器、常规电压互感器以及智能化一次设备（常规开关设备配置智能单元实现智能化）。全光纤电子式电流互感器采样数据通过光缆分别上送到断路器 5011 和 5012 的合并单元 NZD152，合并单元接入过程层网络。

间隔层数字化测控装置 NZD681 从 NZD152 合并单元经过 SAV 网采集电流、电压信号，同时计算线路有功功率和无功功率。在 500kV 的 5278 线路本站侧和对侧 A 变电站各增设一套线路保护（参见图 13-6 主接线图），A 变电站侧为传统光纤差动保护，本站侧为数字化接口光纤差动保护（参见图 13-8），经过 SAV 网采集合并单元的数字量。数字化测控装置、保护装置的传统交流采样部分取消，测控装置、保护装置采用独立网口分别接入 MMS 网和过程层网络。

按照 IEC 61850-9-2LE 的要求，智能间隔需配置时钟同步系统，以满足数据采集同步的要求。时钟同步系统向过程层网络输出 IEEE 1588 对时信号，智能单元、合并单元、测控、保护及故障录波装置均采用 IEEE 1588 对时。过程层网络上有通用面向对象变电站事件（GOOSE）

报文、IEEE 1588 对时报文、采样值（SAV）报文，GOOSE 网、IEEE 1588 对时网、SAV 网三网合一，集成在双冗余网络中。

13.3.5 系统设备清单

系统设备清单见表 13-4～表 13-9。

表 13-4   站控层后台系统设备清单

序号	设 备 名 称	规 格 型 号	数量
1	主计算机兼操作员站	SUN T5140 服务器	2
		LCD：21in 液晶显示器×2 分辨率：1600×1200	
		键盘×1	
		鼠标器×1	
	组屏及附件	2260mm×800mm×900mm	1
2	数据处理和通信装置	6MD2200	2
	三层交换机	8 口	1
	组屏及附件	2260mm×800mm×600mm	1
3	公用信息管理机及软件（IEC 61850 协议）	NZD2200	4
	组屏及附件	2260mm×800mm×600mm	4
4	MMS A、B 网交换机	16 光口	4
	MMS C、D 网交换机	16 光口	2
	光纤配线架		2
	组屏及附件	2260mm×800mm×600mm	2
5	交换机之间的通信光纤、监控系统的通信光纤及附件	光纤及附件	5
		铠装（8 芯）	4
		光纤熔接盒	30
6	汉字打印机	HP-5100N	1
7	音响报警装置	由计算机运行工作站驱动音响报警，并能闪光，音量可调	1
8	检修解锁屏	包含 NZD681 装置 1 台及附件	1
9	系统软件、支持软件及应用软件 Solaris 操作系统 Oracle 数据库（15 用户） 前置系统软件 支持软件 后台软件 与上级系统通信软件 与保护及其他智能设备的通信软件 程序化操作软件	NSC-300UX 计算机监控系统软件 V3.0 （IEC 61850 标准）	1

表 13 - 5   间隔层 500kV 1 号保护小室设备清单

序号	设 备 名 称	规 格 型 号	数量
1	500kV 第一串断路器测控单元	6MD664	3
	500kV 第一串线路测控单元	6MD662	2
	组屏及附件	2260mm×800mm×600mm	1
2	500kV 第二串断路器测控单元	6MD664	3
	500kV 第二串线路测控单元	6MD662	2
	组屏及附件	2260mm×800mm×600mm	1
3	500kV 母线测控单元	6MD662	2
	500kV 公用测控单元	NZD681	1
	组屏及附件	2260mm×800mm×600mm	1
4	MMS A、B 网交换机（本期）	16 光口	4
	MMS C、D 网交换机	16 光口	2
	光纤配线架		3
	组屏及附件	2260mm×800mm×600mm	3

表 13 - 6   间隔层 500kV 2 号保护小室设备清单

序号	设 备 名 称	规 格 型 号	数量
1	500kV 第五串断路器测控单元	6MD664	3
	500kV 第五串线路测控单元	6MD662	2
	组屏及附件	2260mm×800mm×600mm	1
2	500kV 第六串断路器测控单元	6MD664	3
	500kV 第六串线路测控单元	6MD662	2
	组屏及附件	2260mm×800mm×600mm	1
3	500kV 公用测控单元	NZD681	1
	组屏及附件	2260mm×800mm×600mm	1
4	MMS A、B 网交换机（本期）	16 光口	4
	MMS C、D 网交换机	16 光口	2
	光纤配线架		3
	组屏及附件	2260mm×800mm×600mm	3

表 13 - 7   间隔层 220kV 保护小室设备清单

序号	设 备 名 称	规 格 型 号	数量
1	220kV 部分		
1.1	220kV 线路测控单元	6MD664	16
	组屏及附件	2260mm×800mm×600mm	8
1.2	220kV 母联测控单元	6MD664	2
	组屏及附件	2260mm×800mm×600mm	1

续表

序号	设 备 名 称	规 格 型 号	数量
1.3	220kV 分段测控单元	6MD664	2
	组屏及附件	2260mm×800mm×600mm	1
1.4	主变压器 220kV 侧测控单元	6MD663	4
	组屏及附件	2260mm×800mm×600mm	2
1.5	220kV Ⅰ、Ⅱ段母线测控单元	6MD635	2
	220kV 公用测控单元	NZD681	1
	组屏及附件	2260mm×800mm×600mm	1
1.6	220kV Ⅲ、Ⅳ段母线测控单元	6MD635	2
	组屏及附件	2260mm×800mm×600mm	1
1.7	220kV 母线电压切换柜1	NSP20	4
		220kV 1-2M 以及 1-3M 母线电压并列切换	
	组屏及附件	2260mm×800mm×600mm	1
1.8	220kV 母线电压切换柜2	NSP20	4
		220kV 3-4M 以及 2-4M 母线电压并列切换	
	组屏及附件	2260mm×800mm×600mm	1
1.9	MMS A、B 网交换机（本期）	16 光口	10
	MMS C、D 网交换机	16 光口	6
	光纤配线架		3
	组屏及附件	2260mm×800mm×600mm	3
2	35kV 部分		
2.1	1 号主变压器本体及 35kV 侧测控单元	NZD681	1
	组屏及附件	2260mm×800mm×600mm	1
2.2	4 号主变压器本体及 35kV 侧测控单元	NZD681	1
	组屏及附件	2260mm×800mm×600mm	1
2.3	1 号主变压器 35kV 电容器测控单元	NZD681	4
	组屏及附件	2260mm×800mm×600mm	1
2.4	4 号主变压器 35kV 电容器测控单元	NZD681	4
	组屏及附件	2260mm×800mm×600mm	1
2.5	站用变压器测控单元 （1、2、0 号站用变压器）	NZD681	3
	组屏及附件	2260mm×800mm×600mm	1

表 13-8   **主控制室间隔层设备清单**

序号	设 备 名 称	规 格 型 号	数量
1	直流系统测控单元	NZD681	1
2	公用设备测控单元	NZD681	2
3	组屏及附件	2260mm×800mm×600mm	1

表 13 - 9　　　　　　　　　　　　智能化实验间隔设备清单

序号	设　备　名　称	规　格　型　号	数量
1	500kV 数字化测控单元	NZD681	1
	组屏及附件	2260mm×800mm×600mm	1
2	智能操作箱	NZD130	2
3	合并单元（IEC 61850-9-2LE 标准）	NZD152	2
4	户外独立支柱式全光纤电流电子式互感器	NAE-GL500W（含电气单元）	6
5	特制光缆、附件等		1
6	就地柜（含附件）		2

13.3.6　系统的配屏示意图

根据配置原则进行组屏，监控系统屏柜合计共 48 面（含户外就地柜 2 面）。

部分测控单元屏的正面布置示意图见图 13 - 9 和图 13 - 10。

13.3.7　智能化技术的初步应用

变电站 500kV 智能试验间隔采用基于法拉第效应的全光纤电子式电流互感器和网络化的二次设备（保护、测控、故障录波、合并单元、智能操作箱等），按 IEC 61850-9-2LE 标准分层构建，验证全光纤电子式电流互感器的运用和运行。研究数字化采样光纤差动保护装置与常规采样光纤差动保护装置之间采样数据的同步，为智能变电站工程实用化奠定基础，解决智能变电站工程中一侧是数字化采样的光纤差动保护、另一侧是常规采样光纤差动保护的同步配合，研究的成果具有推广的意义。该 500kV 变电站应用的智能化技术主要有 500kV 全光纤电子式电流互感器、基于 IEC 61850 标准统一建模、IEEE 1588 网络精确时钟同步协议、500kV 线路数字化保护装置、通用面向对象变电站事件（GOOSE）、程序化控制技术、无功电压的自动调节和控制（AVQC）等。

13.3.8　系统的运行状况和分析

图 13 - 11 是某日 0：00 到 5：00 的 5278 线传统电流互感器和全光纤电流互感器实测值折线图（每 5min 通过测控装置记录一次）。

由于 5278 线常规测控装置和数字化测控装置之间采样未同步，而且数字化测控装置遥测上送门槛值设置为 $0.2\%I_N$，因此图 13 - 11 只能近似表示传统电流互感器和全光纤电流互感器实测值差别。从实测值来看，全光纤电流互感器的运行数据令人满意。

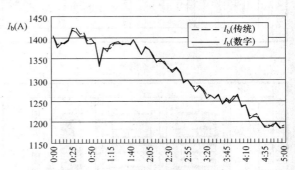

图 13 - 11　500kV 变电站传统电流互感器和全光纤电流互感器实测值折线图

为进一步深化超高压变电站智能化技术的应用，可在增加信息一体化平台的基础上集成智能告警系统、一次设备诊断软件、图模库一体化软件，进而研究 IEC 61850 和 IEC 61970 共享建模技术。

对智能化实验间隔可进行如下改造：500kV 第一串出线增加一组线路全光学电压互感器 EVT；全光纤电子式电流互感器 FOCT、全光学电压互感器、合并单元均采用双重化配置方案，FOCT、EVT 采用完全独立的两套敏感光路、传输光路、电气单元，分别连接到两台独立的合

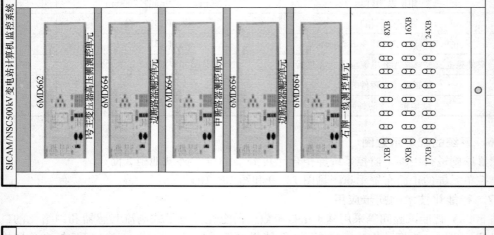

500kV第二串测控屏正面布置示意图(非比例制作)

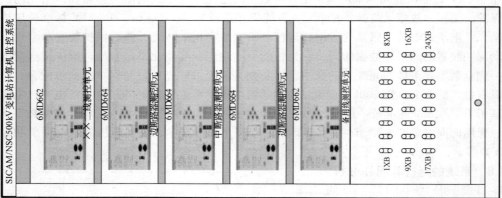

500kV第一串测控屏正面布置示意图(非比例制作)

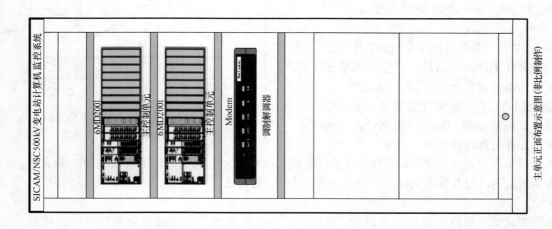

主单元正面布置示意图(非比例制作)

图13-9 SICAM/NSC监控系统组屏示意图(一)

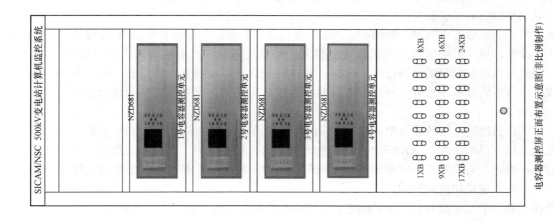

电容器测控屏正面布置示意图(非比例制作)

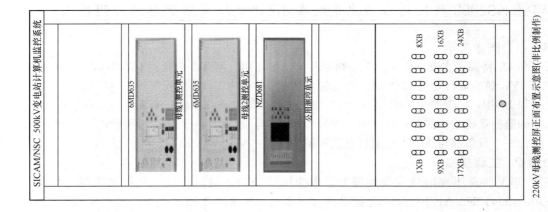

220kV母线测控屏正面布置示意图(非比例制作)

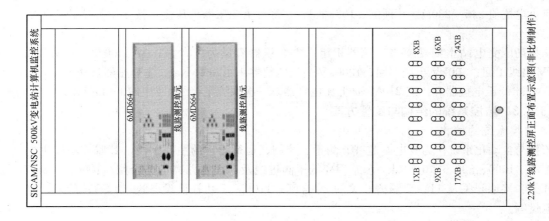

220kV线路测控屏正面布置示意图(非比例制作)

图 13-10 SICAM/NSC 厂站监控系统组屏示意图(二)

并单元，由合并单元将 FOCT 与 EVT 的信号上送到过程层网络。

可以预见，未来智能化变电站中，将逐渐减少，甚至取消常规互感器，因此，需要关注电子式互感器的自检、定校技术，并配置完备的数字化报文记录、分析设备，这对智能化变电站建设的顺利推进具有重要意义。

系统集成调试过程中遇到一些困难，例如，各设备厂家智能电子设备 IEDs 功能描述（ICD）文件频繁改变，导致系统集成组态工作大量重复，解决该问题需严格实现 ICD 文件版本管理、控制，同时可以在现阶段实行组态工作分解：来自同一设备厂家装置间的组态工作由各设备厂家完成，来自不同设备厂家装置间的组态由系统集成商完成，并由系统集成商整合变电站配置文件（SCD）。

此外，在智能变电站的建设中，虽有相应的规范遵循，但一些实现的细节还需统一，例如，FT3 实现、LDName 命名、GOOSE 和 SAV 发送接收侧的数据结构、虚拟网的划分、网络交换机连接等，因此，需要对工程的实施进一步规范。当然，现在的工作也仅仅是智能化变电站建设的一个开端，还是相当初步的。

总体来看，本站监控与自动化系统达到了变电站规划的要求，运行效果良好。

13.4 NS2000 监控与自动化系统在 1000kV 特高压变电站应用举例

13.4.1 概述

某 1000kV 特高压交流试验示范工程跨越黄河、汉江两大河流，全长约 653.8km，系统额定电压 1000kV，最高运行电压 1100kV，自然输送功率 500 万 kW，静态投资约 57 亿元。

该工程 1 座 1000kV 变电站采用 NS2000 变电站监控与自动化系统。毫无疑问，在这样一个及其重要的监控系统中，需要处理好每一个环节或接口，确保每一个产品的质量以及任何一个环节、任何一个设备都与整个工程质量息息相关。

13.4.2 工程规模

该 1000kV 特高压变电站远景规模为：主变压器规划 3 组，每组主变压器容量为：$3\times$（1000/1000/334）MVA；1000kV 规划出线 10 回，其中备用 2 回；500kV 规划出线 10 回，1000kV 高压电抗器 6 组（规划出线上预留装设高抗和中性点小电抗，高压容量为 3×320Mvar，中性点小电抗值 $245\sim280\Omega$，并预留 $\pm10\%$ 抽头），每台主变压器低压侧暂按 8 组补偿装置预留位置。

该特高压变电站本期规模主变压器 1 组，主变压器容量为：$3\times$（1000/1000/334）MVA；1000kV 出线 1 回；500kV 出线 5 回；1000kV 高压电抗器 1 组 960Mvar；主变压器低压侧装设 2 组 240Mvar 低压电抗器和 4 组 210Mvar 低压电容器，一次系统主接线图如图 13-3 所示。

13.4.3 监控系统的结构与配置方案

1. 监控系统的结构

监控与自动化系统作为变电站监视、测量、控制、运行管理的主要手段，其监控功能主要包括控制（1000、500、110、10kV 和站用变低压侧进线及分段断路器的分合闸；1000、500kV 隔离开关和接地开关及 110kV 隔离开关的分/合闸；110kV 无功补偿设备投/切等）；信号、测量、电量等。

监控与自动化系统按结构层次可分为站控层和间隔层，采用分层分布、开放式网络结构，监控以太网采用负载自动平衡式双网，按跨平台操作系统设计，并采用与 IEC 61850 通信协议相兼容的硬件平台，支持今后升级为基于 IEC 61850 体系的结构。

站控层为全站设备监视、测量、控制、管理的中心，通过光缆与间隔层相连。远动通信装置主要用于与上级远方调度控制中心交换数据，主备配置确保可靠性。间隔层仍然按小室布局，根据不同的电压等级和电气间隔单元，以相对独立的方式分散在各个保护小室中，在站控层及网络失效的情况下，间隔层设备仍能独立完成本间隔的监测和断路器控制功能。

1000kV 特高压输变电区内共设置 3 个保护小室，本期设 1 个保护小室，预留 2 个保护小室；500kV 部分设 2 个保护小室，布置于 500kV 超高压输变电区域附近；主变压器及无功补偿装置设 2 个保护小室，本期 1 个，预留 1 个。变电站保护小室配置见表 13 - 10。

表 13 - 10　　　　　　　　某 1000kV 特高压变电站保护小室配置表

名　称	位　置	主　要　设　备
主控制室	1 个（主控通信楼）	"五防"工作站、操作员站、打印机、视频监视控制设备等
计算机室	1 个（主控通信楼）	系统服务器、远动通信装置、工程师站，变电站公用设备等
1000kV 保护小室 1（本期）	1000kV 输变电区	1000kV 1、2 串相关设备
1000kV 保护小室 2（预留）	1000kV 输变电区	1000kV 3、4 串相关设备
1000kV 保护小室 3（预留）	1000kV 输变电区	1000kV 5~7 串相关设备
500kV 保护小室 1（本期）	500kV 输变电区	500kV 1~3 串相关设备
500kV 保护小室 2（本期）	500kV 输变电区	500kV 4~7 串相关设备
主变压器及无功补偿保护小室 1（本期）	1 号主变压器、110kV 输变电区	1 号主变压器、无功及所用电相关设备；直流系统 1
主变压器及无功补偿保护小室 2（预留）	2、3 号主变压器、110kV 变电设备之间	2、3 号主变压器、无功相关设备

监控与自动化系统网络由站控层计算机网络和间隔层数据通信网络构成。站控层网络负责站控层各个工作站之间数据、来自间隔层数据的传输和各种访问请求，网络传送协议采用 TCP/IP 网络协议，站控层网络按双网配置。为提高数据传输的可靠性，系统采用"三双"模式，即双网、双（网）卡、双机冗余模式，增加了系统运行的可靠性。

考虑到传输距离和抗干扰性，在各继电保护小室与主控室之间采用 1000M 铠装多模光纤以太网，构成站内一级主干网，小室和主控室内部设备之间通信则采用 100M/1000M 屏蔽双绞线以太网，构成站内二级主干网。

系统采用 NS2000 变电站监控与自动化系统来完成本工程所要求的各项功能，图 13 - 12 示出了某 1000kV 特高压变电站工程监控系统网络结构示意图。

2. 系统配置及功能描述

如图 13 - 12 所示，系统站控层主要设备包括系统服务器、操作员工作站、仿真培训系统、"五防"工作站、远动工作站、站长工作站、公用接口装置、打印机、网络设备及会议室终端等。另外，为便于备份软件，配置一台外置式可读写光驱（可在线拔插）。

站控层系统服务器、操作员工作站采用双重化配置，双机并列运行，互为热备用。当一台服务器或工作站故障时，另一台服务器或工作站能执行全部功能，实现无扰动切换。操作系统采用 Unix 系统，软件系统具备 1+N 冗余功能。系统服务器为站控层数据收集、处理、存储及发送的中心。操作员工作站是站内系统的主要人机界面，用于图形及报表显示、事件记录及报

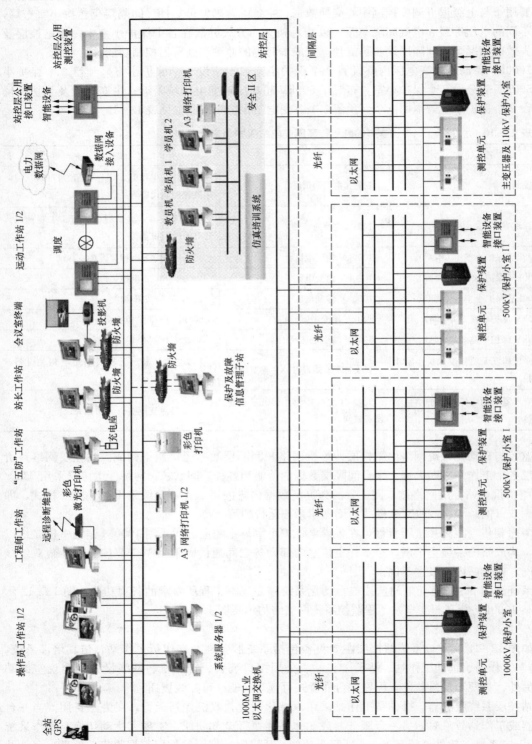

图 13 - 12 某 1000kV 特高压变电站监控系统网络结构示意图

警状态显示和查询,设备状态和参数的查询,运行指导,操作控制等。通过操作员工作站,运行值班人员能实现对全站设备的运行监测和操作控制。

仿真培训系统主要设备包括教员机、学员机、打印机、网络设备等。仿真培训工作站实现运行人员培训和变电站系统仿真功能,仿真培训工作站能真实再现变电站的运行环境,模拟变电站一次、二次系统及其他设备等,具有运行操作指导、事故分析处理、在线设备分析、联合反事故演习、多媒体远程培训等功能。仿真培训工作站和实时监控系统采用一体化设计,仿真教员机、学员机独立设置并通过防火墙接至 LAN 网,可自动与监控系统实时核对设备状态。

"五防"工作站与监控系统同样,采用一体化设计,保证数据库与操作图形的一致性。"五防"工作站与站内防误闭锁编码锁配合,实现对全站控制操作的"五防"操作闭锁:防止误拉、合断路器;防止带负荷拉、合隔离开关;防止带电挂接地线;防止带地线送电;防止误入带电间隔。"五防"工作站具有操作票专家系统,可显示一次主接线图及设备当前位置情况,完成模拟预演及开出操作票功能,并能对操作票进行修改、打印。

远动通信装置具有远动数据处理、规约转换及通信功能,满足调度自动化的要求,并具有串口输出和网络口输出能力,能同时适应通过常规模拟通道和调度数据网通道与各级调度端主站系统通信的要求。

维护工程师站主要供计算机系统管理员进行系统维护用,可完成数据库的定义、修改,系统参数的定义、修改,报表的制作、修改,以及网络维护、系统诊断等工作。

主控制楼内配有较多公用智能设备,为了对这些设备进行监测、控制,设置站控层公用接口装置,与公用接口装置接口的主要智能设备有电能计量装置、火灾报警及消防系统、直流系统、UPS、视频系统、主要设备在线监测系统,以及需做规约转换的继电保护装置等。各类信息由公用接口装置统一接收、处理并传送。

单独配置继电保护子站采集保护信息,通过逻辑划网、流量控制等多种网络机制,确保保护子站信息直采直送及监控系统网络的安全和可靠运行。故障录波器单独组网接入保护子站。

在会议室配置 1 台远方终端及投影设备,站内监控系统经防火墙与会议室终端通信。在会议室通过远方终端和投影可看到变电站运行、施工、调试及检修等实时数据。

间隔层设备按一次设备间隔配置,布置在相应保护小室内,见表 13 - 10。间隔层主要设备包括测控装置、双重化的交换机、公用接口装置等。各测控装置相对独立,通过通信网络互联,测控装置负责各间隔就地监控,完成就地信息的采集、处理及一次设备的监控、防误操作闭锁、同期合闸等功能。测控装置通过点对点通信功能,实现本间隔设备与其他间隔设备的操作闭锁;在网络通信中断或站控主机故障情况下仍能实现本间隔设备的防误闭锁操作。监控系统具有同期功能,满足断路器的同期合闸和重合闸同期闭锁要求,同期操作成功与失效均应有信息输出,全站同期点为 1000、500kV 所有断路器。测控装置具有灵活软件组态功能及方便的维护界面。

监控系统所有设备接受站内统一设置的 GPS 时间同步对时装置的时钟校正,间隔层测控装置与 GPS 标准时钟的误差不大于 1ms。

3. 二次系统安全防护设备的设置

根据特高压变电站二次系统的特点,以及各相关业务系统的重要程度和数据流程、目前状况和安全要求,将整个二次系统分为二个安全区,Ⅰ实时控制区、Ⅱ非控制生产区。对于保护信息子站系统、培训仿真系统、会议终端三个不属于安全 1 区的系统实施防火墙隔离。结合本工程以及各分区的应用,对二次系统的安全防护配置方案为:在Ⅰ-Ⅱ区之间部署防火墙装置,在Ⅰ区和Ⅱ区边界部署 IP 加密设备。

二次系统安全防护设备布置示意图如图 13 - 13 所示。

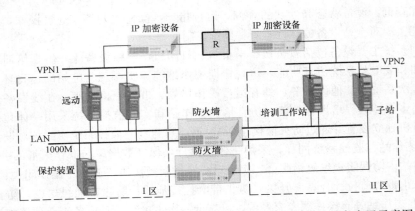

图 13-13 某 1000kV 特高压变电站工程二次系统安全防护设备布置示意图

13.4.4 系统的设备清单

系统的设备清单见表 13-11~表 13-14。

表 13-11   站控层后台系统设备

序号	设备名称	规 格 型 号	数量
1	系统服务器，每套含：		2
1.1	服务器	SUN Ultra40 工作站	1
1.2	21in 液晶显示器	分辨率 1600×1280	1
1.3	键盘，鼠标	标准 101 键盘，光电鼠标	1
2	操作员站，每套含：		2
2.1	工作站	SUN Ultra40 工作站	1
2.2	21in 液晶显示器	分辨率 1600×1280	2
2.3	键盘，鼠标	标准 101 键盘，光电鼠标	1
3	远动通信装置		
3.1	装置型远动主机	NSC300 通信控制器	2
3.2	通道切换装置	内置 Modem：4（国调、网调、省调、预留运行单位通道等）	1
3.3	通道防雷保护器	DEHN 或 OBO	4
3.4	屏柜	数量按需配置	1
4	"五防"工作站，含：		
4.1	主机	DELL GX745 计算机、操作系统 Unix	1
4.2	21in 液晶显示器	分辨率 1600×1280	1
4.3	键盘，鼠标	标准 101 键盘，光电鼠标	1
5	工程师站，每套含：		1
5.1	维护工作站	SUN Ultra40 工作站	1
5.2	21in 液晶显示器	分辨率 1280×1024	1
5.3	标准键盘、鼠标	标准 101 键盘，光电鼠标	1

序号	设备名称	规 格 型 号	数量
6	站长工作站		
6.1	微机	DELL GX745 计算机	1
6.2	21in 液晶显示器	分辨率 1280×1024	1
6.3	标准键盘、鼠标	标准 101 键盘，光电鼠标	1
7	声响报警装置		1
8	调度数据网柜	提供空屏，并负责柜内配线	1
9	站控层公用接口装置（与站控层网络设备共组一面柜）	NSC300 通信控制器	1
10	公用测控装置（与站控层网络设备共组一面柜）	NSD500V（YC：3I＋3U；YX：64；YK：8；DC8T）、室温传感器	1
11	打印机，每套含：		4
11.1	激光打印机	HP LJ-5200N（A3，带简体字库，内置网卡）	2
11.2	彩色激光打印机	HP Color LJ-5550N（A3，带简体字库，内置网卡）	1
12	外置式可读写光驱	可在线插拔 SONY MO DVD-RW	1
13	维护终端	IBM-T60	1
14	站控层网络及接口设备		
14.1	网络交换机	Carat 50 1000MB 自适应工业以太网交换机（20 个 1000MB RJ45，8 个 1000MB 光口）	2
14.2	铠装多模光纤电缆	8 芯（按实际需要提供）	5000
14.3	屏蔽以太网络电缆	8 芯（按实际需要提供）	2
14.4	网络插头等附件		2
14.5	UPS 接收电源插座		2
14.6	移动硬盘	120G	1
14.7	网络设备柜	待定	1
15	小室网络设备柜，每面含	终期共 7 个保护小室（本期 4 个）（按照最终规模并留有一定裕度）	4
15.1	以太网交换机	Carat2024 100/1000MB 自适应工业以太网交换机（24 个 100MB RJ45，2 个 1000MB 光口）	4
15.2	公用接口装置	NSC300 通信控制器，16 个智能串行接口（与直流系统、设备在线监测系统、自动水喷雾系统、电能表、继电保护装置等接口）	1
16	"五防"锁具		1
16.1	电脑钥匙	DY-3E 型	5
16.2	充电通信装置	TCZ-3E 型	1
16.3	电脑钥匙充电器		5
16.4	电编码锁	DS-6 型	70

序号	设备名称	规 格 型 号	数量
16.5	机械编码挂锁	JS-3A 型（锌合金）	450
16.6	地线桩	DXZ-2 型	180
16.7	地线头	DXT-2 型	60
16.8	机械解锁钥匙	JSY-2 型	3
16.9	电解锁钥匙	DSY-2 型	3
16.10	状态识别器		120
16.11	验电器		10
16.12	解锁钥匙盒		1
17	软件系统	NS2000 变电站综合自动化系统软件 V2.21	1
18	仿真培训工作站		
18.1	教员机	SUN Ultra45 工作站	1
18.2	21in 液晶显示器	分辨率 1280×1024	1
18.3	标准键盘、鼠标	标准 101 键盘，光电鼠标	1
18.4	学员机	SUN Ultra45 工作站	1
18.5	21in 液晶显示器	分辨率 1280×1024	1
18.6	标准键盘、鼠标	标准 101 键盘，光电鼠标	1
18.7	交换机	Carat2016 100MB 自适应工业以太网交换机（16 个 RJ45）	2
18.8	激光打印机	HP LJ-5200N（A3，带简体字库，内置网卡）	1
18.9	软件	教员台支持软件、仿真软件、学员台仿真培训软件等	1
19	会议室终端，含		
19.1	会议室终端	DELL GX745 计算机	1
19.2	21in 液晶显示器	分辨率 1280×1024	1
19.3	投影机	SONY VPL-VW50	1
19.4	投影幕布	电动幕/材质：玻珠/对角线 120in	1
19.5	标准键盘、鼠标	标准 101 键盘，光电鼠标	1
20	图纸、资料		12

表 13-12 **1000kV 保护小室设备**

序号	设 备 名 称	规 格 型 号	数量
1	1000kV 部分，包括：	本期 1 个小室、终期 3 个	
1.1	1000kV 断路器测控装置	NSD500V（YC：4I+5U；YX：64；YK：8）	3
1.2	1000kV 线路测控装置	NSD500V（YC：4I+5U；YX：64；YK：8）	1
1.3	1000kV 线路电抗器测控装置	NSD500V（YC：4I+5U；YX：64；YK：8；直流 YC：8）	1
1.4	1000kV 公用测控装置	NSD500V（YC：8U；YX：64；YK：8；直流 YC：8）	1
1.5	环境温度传感装置		1
1.6	屏柜	2260mm×800mm×600mm	2

表 13 - 13 500kV 保护小室设备

序号	设 备 名 称	规 格 型 号	数量
1		500kV 第 1 保护小室	
1.1	500kV 断路器测控装置	NSD500V（YC：4I＋5U；YX：64；YK：8）	9
1.2	500kV 线路测控装置	NSD500V（YC：4I＋5U；YX：64；YK：8）	2
1.3	500kV 公用测控装置	NSD500V（YC：8U；YX：64；YK：8；直流 YC：8）	1
1.4	环境温度传感装置		1
1.5	屏柜	2260mm×800mm×600mm	4
2		500kV 第 2 保护小室	
2.1	500kV 断路器测控装置	NSD500V（YC：4I＋5U；YX：64；YK：8）	8
2.2	500kV 线路测控装置	NSD500V（YC：4I＋5U；YX：64；YK：8）	3
2.3	500kV 公用测控装置	NSD500V（YC：8U；YX：64；YK：8；直流 YC：8）	1
2.4	环境温度传感装置		1
2.5	屏柜	2260mm×800mm×600mm	4

表 13 - 14 110kV 保护小室

序号	设 备 名 称	规 格 型 号	数量
1	主变压器及 110kV 部分，包括：	本期 1 个小室，终期 2 个	
1.1	主变压器 1000kV 测控装置	NSD500V（YC：6I＋3U；YX：64；YK：8；直流 YC：8）	1
1.2	主变压器 500kV 测控装置	NSD500V（YC：6I＋3U；YX：64；YK：8；直流 YC：8）	1
1.3	调压变压器测控装置	NSD500V（YC：6I；YX：64；YK：8；直流 YC：8）	1
1.4	主变压器本体测控装置	NSD500V（YX：64；YK：8；直流 YC：8）	1
1.5	主变压器 110kV 测控装置	NSD500V（YC：4I＋5U；YX：32；YK：8）	2
1.6	环境温度传感装置		1
1.7	屏柜	2260mm×800mm×600mm	2
2	110kV 部分，包括：		
2.1	110kV 测控装置	NSD500V（YC：3I＋3U；YX：64；YK：8）	8
2.2	110kV 公用测控装置	NSD500V（YC：8U；YX：64；YK：8；直流 YC：8）	1
2.3	站用变压器测控装置	NSD500V（YC：9I＋6U；YX：64；YK：8；直流 YC：8）	2
2.4	屏柜	2260mm×800mm×600mm	3

13.4.5 工程中涉及的特高压监控技术

1. 设备安全可靠性

（1）纵横校验的防误技术。站控层防误系统与监控系统横向合二为一，装置之间实现横向全站逻辑闭锁。监控系统具备图库一体化功能及检修、维护、正常操作等多票同时执行功能。

纵向有间隔层、站控层、调度层三层实现统一的防误逻辑。

（2）测控装置控制安全性。

1）基于全站信息的完全实时控制闭锁。测控装置可采集站内任一开关、接地开关或网门等信息参与控制闭锁并实时刷新，保证控制闭锁的实时性，从而提高了控制的可靠性。如图 13 -

14 所示，控制闭锁逻辑存放于单元测控装置内，与后台计算机系统相对独立，即使无后台系统也可实现全站的控制闭锁。

图 13-14　某 1000kV 特高压变电站工程测控装置控制框图

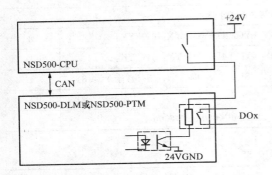

图 13-15　某 1000kV 特高压变电站工程
测控装置控制出口回路框图

2）控制的可靠性。如图 13-15 所示，测控装置采用了双 CPU 的设计思想，由 NSD500-CPU 模件控制出口继电器的操作电源，由交流输入采集及控制模件 NSD500-DLM，或交流电压采集及控制模件 NSD500-PTM 执行控制操作，从而保证了控制的高度可靠。其中，NSD500-CPU 模件通过内部 CAN 网与测控装置的 NSD500-DLM、NSD500-PTM 等智能 I/O 模件通信。

（3）高可靠的冗余机制。一般冗余配置的优点是：冗余配置的两台服务器能够在一台服务器发生故障的时候，备服务器迅速提升为主服务器，接替主服务器的所有工作，从而维持整个监控系统的正常运行。但是，当一台服务器发生故障正在维修的时候，如果另外一台再次出现故障，那么，同样会出现整个监控系统瘫痪的现象。单纯增加服务器冗余台数，将主备服务器从两台增加到 3 台、4 台等，这样做虽增加了系统可靠性，但缺点是浪费了许多硬件设备，方法简单，但是可操作性差。

"1＋N" 工作模式来源于分布式计算机系统理论和系统可靠性应用的要求，系统在设计上不仅使用客户机/服务器模式，还采用了生产/消费模式。"1＋N" 工作模式解决了上述问题多台服务器同时故障的问题，将服务器的功能分散在多台机器中，从而在真正意义上实现多重可靠的服务器冗余配置。

历史数据主要放置在数据服务器上，实时信息则由各计算机自行采集处理。当由于某种原因数据服务器故障时，其余的工作站仍然可以运行，同时自行存储数据，自动代理数据服务器功能。当数据服务器恢复后，代理机自行保存的数据会自动传给数据服务器保存，保证数据不丢失。

2. 更高的抗干扰能力

新型特高压测控装置能够承受 1000kV 电磁兼容环境以及电磁干扰偶合路径，具有很高电磁兼容水平，并通过严酷的电磁兼容试验的测试，具有很好的抗干扰能力。

3. 更多的实时信息处理

监控系统模拟量、开关量等信息量足够丰富，但很多变电站监控系统对这些信息未作进一步的分类、处理。各种状态、告警信号频繁上送至监控后台，如果遗漏重要告警信号，延误处理就易造成事故；发生事故时，事件记录多，值班员眼花缭乱，无所适从，很难抓住重点，也会影响事故的正确处理。因此，需要一套对告警信息进行处理的专家系统：分类显示并处理告警信号，推理出可能的故障并及时预警，提取故障报警信息，辅助故障判断及快速处理等。

　　本站采用的智能告警系统具有完备的信息分类、过滤功能和多层次的推理机制（单事件推理、多事件推理、故障智能推理），可以综合处理告警信息，对异常信息及时预警，避免事故的发生和扩大。强大的专家知识库则保证事故发生时准确、快速处理异常事故，从而提高监控人员工作效率。

　　4. 更强的通信体系

　　高效的通信体系架构、快速的通信管理单元、信息传输的安全性、设备互联的互操作性组成了监控系统强大的通信体系。其特点主要有：双主网模式工作，信息均衡、无缝切换；采用高速交换芯片技术实现通信单元的快速处理；测控、保护一层网架构，逻辑划网、流量控制；1000M 作为骨干网，实现信息快速传输；基于 SNMP 的交换机工况在线诊断功能；硬件平台可支持 IEC 61850 等。

　　5. 更方便的维护功能

　　(1) 培训仿真功能。逼真形象的培训仿真后台能够模拟运行人员日常工作的各个流程，使被培训人员熟练使用系统各项功能，做出规范操作，并提高他们解决实际问题的能力。仿真系统能够进行装置功能仿真（保护、监控等）、数据采集与通信仿真、电压无功自动控制仿真、自动化系统界面操作仿真、变电站正常操作处理仿真、变电站异常事故处理仿真等。仿真系统还能够完成正常操作培训、事故处理培训、一次设备培训、二次设备培训等培训功能。

　　(2) 系统自诊断功能。在线诊断系统软件、硬件的运行情况，一旦发现异常及时发出报警信息，在硬件故障排除后，系统能自动恢复正常运行，其他设备的正常运行不受影响。自诊断的范围包括：I/O 测控装置、操作员工作站、维护工作站以及远动通信设备，网络及接口设备故障，各类通道故障（含与 I/O 单元及保护装置的通信通道），系统时钟同步故障（含与保护单元的时钟同步），各类外设故障。如果主服务器的硬件、软件发生故障，发出报警的同时进行主备机自动切换。

13.4.6　系统的运行状况和分析

　　本工程监控与自动化系统采用逻辑分网、流量控制等技术将测控装置与保护装置全部直接上网，省去了各厂家的保护管理机，改由监控后台前置处理程序对各厂家保护装置的网络通信程序进行规约解释，在系统联调过程中，发现了较多的通信问题并一一解决。例如，站控层与某厂家 CSC101A 保护装置采用 TCP 模式通信，两台监控后台主服务器分别从 A、B 网以每秒一个报文的速度发送测试报文，5s 后主服务器和保护装置间通信超时，监控后台报 "通信中断" 信号。

　　为解决此通信中断问题，需要监视 CSC101A 装置的通信报文，保护装置的地址为 172.103.2.10，监控后台主服务器地址为 172.103.0.21，测试系统连接如图 13 - 16 所示。

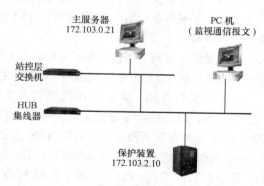

图 13 - 16　某特高压保护装置通信测试连接图

　　1. 网络报文记录

　　网络报文异常时监视到的网络报文如图 13 - 17 所示。

　　从监视的报文来看，从 2008-6-16 日 14：49：16 到 2008-6-16 日 14：50：08 期间网络报文出现异常。具体分析如下：

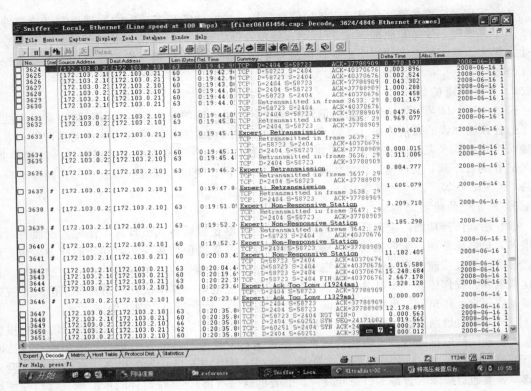

图 13-17　报文异常时监视到的网络报文

（1）正常通信过程如下：

主服务器发送测试报文——→保护装置给出 TCP 层应答（ACK）

保护装置发送测试响应报文——→主服务器给出 TCP 层应答（ACK）

（2）主服务器在 14：19：16 发出测试报文后，保护装置正确给出 TCP 层应答后发送测试响应报文，主服务器给出 TCP 层应答，此时保护装置未收到主服务器给出的 TCP 层应答，通信开始出现异常。

（3）保护装置侧。通信出现异常后，保护装置在 14：49：16、14：49：17、14：49：24 重发了 3 次应用层 83H 报文；从记录的网络报文来看，主服务器侧正确地给出 TCP 的 ACK 报文。

（4）主服务器侧。从记录的网络报文来看，网络主服务器在 14：49：17、14：49：18、14：49：20、14：49：23 重发了 4 次应用 43H 报文（每次重发的时间间隔为 400、800、1600、3200ms），保护装置侧没有给出应答 ACK 报文。

（5）保护装置于 14：49：36 和 14：49：54 分别发送了 83H 数据帧、43H 报文数据帧。主服务器分别经过 19.2s 和 1.3s 才应答 ACK 报文。

（6）自监视网络报文来看，主服务器在 14：49：23 最后一次发送重发帧后，认为链路发生异常，等待 TCP 超时，再没有其他应用报文下发，直至重新连接。

（7）根据 IEC 61870-104 规约层的链路层 T1 和 T3 超时判断，保护装置于 14：49：54 主动断开 TCP/IP 连接；主服务器于 14：50：08 重新建立连接。

后监视网络上的报文发现，网络上存在大量的 UDP 广播报文，最大流量达到 204 包/s。UDP 广播报文主要来自于 IP 地址为 172.103.1.42、172.103.1.41、172.103.1.43、172.103.1.45、

172.103.1.47 的保护装置。

监视到的 UDP 报文如图 13-18 所示。

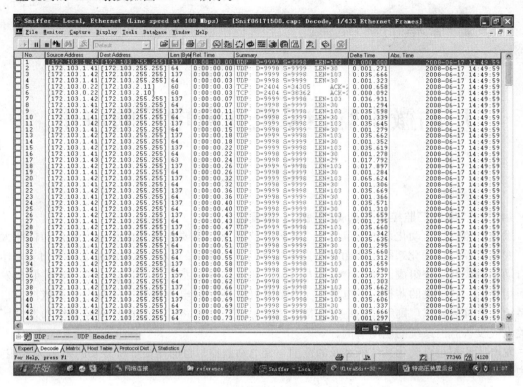

图 13-18　UDP 广播报文

2. 测试报文分析

（1）在网络流量为 200kbit/s 的情况下（网络报文主要是 UDP 广播报文），保护装置会出现数据丢包现象，在短时间之内不能接收到监控后台主服务器的报文，但能够发送报文。

（2）在连接出现异常后，监控后台主服务器收不到保护装置的报文后以一定的时间间隔重发报文；主服务器不断开链路重新建立连接，不会再下发其他应用报文，等待 TCP 连接超时或依靠保护装置 IEC 61870-104 规约层的链路超时断开连接后再重新建立连接，以恢复正常通信。

3. 通信中断问题解决方案

（1）调整保护装置网络参数的设置（网络芯片接收缓冲区的容量），提高抗网络短时高负荷的能力。

（2）监控后台主服务器在链路出现异常时，及时主动断开和保护装置的连接并建立新的连接。

执行上述方案后，该保护装置通信中断问题解决。

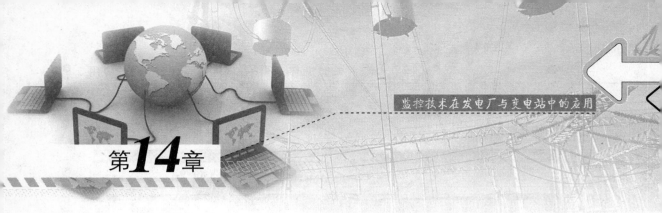

第14章

厂站微机监控系统在发电厂的应用

14.1 概　　述

14.1.1 发电厂监控与自动化系统的一般概述

发电厂监控与自动化系统的范围比变电站要大得多，主要包括发电和输配电自动化两大部分，发电监控与自动化系统主要由控制发电机动力供给系统的 DCS 和控制发电机无功功率输出的自动励磁调节系统组成。输配电监控与自动化系统主要包括向电力网输电的自动控制和发电厂厂用电或厂区配电的监控与继电保护及其自动化。控制向电力网输电的输电设备监控与自动化系统通常称为发电厂网络监控系统，简称网控系统。本章将论述发电厂网控系统和发电厂内相关电气设备监控系统的应用事例。

发电厂监控与自动化系统所涉及的范围与变电站监控与自动化系统所涉及的范围大致相同，其主要的区别如下：

（1）与 DCS 的接口及数据交换（主要指燃煤电厂的 DCS）。

（2）与自动发电控制 AGC 接口。

（3）与电力系统自动电压控制 AVC 接口。

（4）运行中同期点选择问题。

（5）涉及旋转设备（发电机）的保护问题（此问题不在本书中论述）。

由于变电站内无 DCS、自动发电控制系统，所以没有相应的通信接口，发电厂的有功功率和无功功率都可以调节，同期方式相应有自动准同期和捕捉同期两种，对于某一个断路器而言，一般只有一种方式，所以运行中需根据不同的运行方式选择不同的同期点。进行一种方式同期操作时，网控系统应能闭锁另一种方式的同期操作。

14.1.2 发电厂监控与自动化系统的网络结构

发电厂监控与自动化系统是分层分布式结构，由站控层、间隔层以及过程层设备组成。站控层网络宜采用双以太网，间隔层网络结构目前有双光纤以太网、双光纤环网、双光纤星形网等，而过程层设备主要是电子式互感器，其网络结构同样是采用工业以太网或现场总线等。

发电厂的机组保护（包括升压变压器、高压厂用变压器等）通常独立于监控系统，因此不在本书中论述。

14.1.3 电气控制及防误操作联锁

发电厂监控与自动化系统的控制对象一般为：500kV 的所有断路器、隔离开关和接地开关；220kV 的所有断路器和隔离开关；35kV/10kV 的所有断路器；主变压器分接头。部分发电厂网控系统要求所有的接地开关都需实行远方控制。控制方式一般采用四级：间隔层测控单元上的一对一操作，站控层计算机上的操作，远方调度控制中心的远方控制操作，操动机构上的手动操作。这四级控制方式在任何时刻只允许用一种方式操作一个对象。

对于手动操作设备，可以另外配置单独的电脑"五防"系统，计算机监控系统与电脑"五防"系统之间建立通信连接。也可以不配置单独的电脑"五防"系统，防误操作由站级监控系统完成。

14.1.4　发电厂监控与自动化系统与 DCS 之间的接口

燃煤发电厂的 DCS 是实现发电厂机炉联调以保证发电机处于最佳运行状态的关键自动化系统。而发电厂的网控系统则是采集、传送、集中、处理发电厂内各种相关电气量的 SCADA 系统，系统包含了自动发电控制（AGC）和电力系统自动电压控制（AVC）的相关功能，但原则上不涉及电厂内机炉部分的各种热工量及锅炉内部燃烧过程。所以发电厂网控系统不能控制DCS，也不能更改 DCS 的任何数据，但可以通过计算机通信从 DCS 获得所需的信息。反之，DCS 不能对发电厂网控系统进行控制，不能更改发电厂网控系统的任何数据。DCS 可以通过计算机通信从发电厂网控系统获得所需的信息。

建立信息联系的接口方式可以为 RS 232/485 串口通信，也可以为 RJ 45 网络接口通信，规约可以由发电厂网控系统适应 DCS，即发电厂网控系统按 DCS 的接口规约进行接口通信。反之，也可以由 DCS 按发电厂网控系统的接口规约进行接口通信。

需要注意的是，一般由于发电厂网控系统和 DCS 均需要采集对方的信息，因此不管是采取何种规约（例如 IEC 60870-5-101 规约），发电厂网控系统和 DCS 两侧都需要有相应的子站、主站规约（IEC 60870-5-101 规约、IEC 60870-5-101M 规约）。

对于本书其他章节所述的风力发电和光伏发电这类新能源发电厂，目前还不会有 DCS 接口问题的存在。

14.1.5　与继电保护的接口

传统发电厂继电保护装置一般不直接接入双以太网，高电压等级发电厂的所有保护、监控系统一般不会完全采用同一设备厂家的产品，通常来自 3～6 个设备厂家，所以一般需设置通信管理装置。通常把主要保护动作的硬触点信号接入监控系统测控单元，保护动作时的详细信息则通过通信管理装置通信采集；部分发电厂的继电保护独立组网，设置独立的保护管理机，保护管理机把所有的保护连接成一个整体，形成继电保护及故障信息管理系统，再接入当地监控系统、并与远方保护管理系统实现信息交换。

14.1.6　捕捉同期

发电厂网控部分的同期是捕捉同期，即同期合闸时，测控单元接收到合闸命令后在规定的时间内搜索同期点，当两待并网系统满足同期条件时，测控单元在合适的时刻（导前时间）发出合闸命令；如果在规定的时间内未搜索到同期点，则测控单元不发合闸命令。

发电厂网控系统进行同期操作时，应考虑电压二次回路故障引起的非同期合闸问题。测控单元进行同期判断时，一般应检查同期点两侧的电压均在正常运行范围内，否则应闭锁同期合闸，以避免电压二次回路故障引起的非同期合闸情况的发生。

发电机或发电机—变压器组的自动准同期装置一般包括在 DCS 中，单机同期并网时不使用网控系统的同期，通常在同期时要求 DCS 发送相关信息到监控系统，监控系统闭锁该时刻的同期操作。电厂多台机组并网操作或电力系统互联并网操作时，一般选择网控部分的同期操作。正常操作时，为防止非同期并网，网控系统断路器合闸时一般要求选择同期操作命令。

14.1.7　与远方调度的接口及与数据网的接口

发电厂网控系统与调度有两种通信方式：串行通信和网络通信。串行通信时，网控系统应实现两台远动通信管理装置的主备切换及通道的主备切换。网控系统可与多个调度通过不同接口规约进行通信，各调度所需的信息也可以各不相同。

发电厂网控系统与各电力数据网的通信方式为：通过防火墙以 2Mbit/s 或 100Mbit/s 的速率，就近接入电力实时数据网，实现与网调和省调、地调的 EMS 进行数据通信，通信协议采用 IEC 60870-5-104。

14.1.8 发电厂监控与自动化系统的发展趋势

电厂电气监控与自动化系统一般包含 NCS（Network Control System，发电厂网络监控系统）、ECS（Electric Control System，发电厂厂用电气自动化系统）、DCS（Distributed Control System，发电厂分散控制系统）、ECMS（Electrical Control and Management System，发电厂电气监控管理系统）等系统，早期这些系统都是完全独立的。随着发电厂监控与自动化技术的发展，这些完全独立的系统之间也渐渐出现整合的趋势，同一个自动化设备厂家提供的一套系统中可能已完全包含另一套系统。可以预测：不久的将来，一座发电厂所有电气自动化系统完全可能由同一个自动化厂家配套提供，当前，一些自动化厂家提供的发电厂监控与自动化系统中，已经包含有 AGC、AVC 功能。

在能源和环境问题日益突出的今天，为解决能源供应及碳排放问题，风电、光伏发电等清洁、能大量供应的可再生能源的利用发展迅速。为适应这些新能源的发展，发电厂监控与自动化系统的研究日新月异，风功率预测系统、风光储输系统等已经被大量应用，并将在国民经济发展中发挥越来越重要的作用。

14.2 城市垃圾发电厂电气监控工程应用举例

14.2.1 概述

垃圾是人类日常生活的产物，城市生活垃圾的大量产生，则是人类社会城市化、工业化、现代化的必然结果。如何有效、经济、环保地处理城市垃圾，已经成为一个世界性难题。为此，垃圾发电技术应运而生，得到了长足发展。

2001 年 3 月，经江苏省发展计划委员会和省环保厅批准，决定在该省苏南某市滨湖区华联村筹建垃圾热电联产工程。该工程项目的设计、施工、联调采用了当时先进的分散式监控与自动化技术，它包括发电厂电气监控以及垃圾电厂的烟气连续监测自动化两个部分，便于对整个垃圾发电厂的各个生产环节实施更为科学的监视、测量、控制和继电保护，使现场生产人员能够更加实时地掌握整个垃圾电厂的生产过程和工艺流程，保证垃圾处理、发电、供热的稳定性与可靠性。同时监测垃圾发电是否符合国家的相关环保要求，这对于探索无公害新能源的应用具有现实意义。

14.2.2 项目概况

(1) 工程规模。本工程分二期建设，一期工程建设日处理生活垃圾 1000t 的热电厂，安装能够日处理生活垃圾 500t/台的循环流化床垃圾发电锅炉 3 台，2 台运行、1 台备用，设计 12MW 抽凝式发电机 2 台。二期工程再增加同型号锅炉 1 台及 6MW 背压式发电机组 1 台。两期工程结束达到日处理生活垃圾 1500t，并配套建设年产 18 万 m^3 多孔发泡砖的建材厂。

一次主接线系统中，2 台发电机和 3 段 10kV 母线主要为发电厂内的各种负荷供电，除了其中的 3 回厂用电外，还有其他各种电动机、水泵等负荷。2 台主变压器把 10kV 电压升高到 35kV 送出与当地供电系统联网，如图 14 - 1 所示。

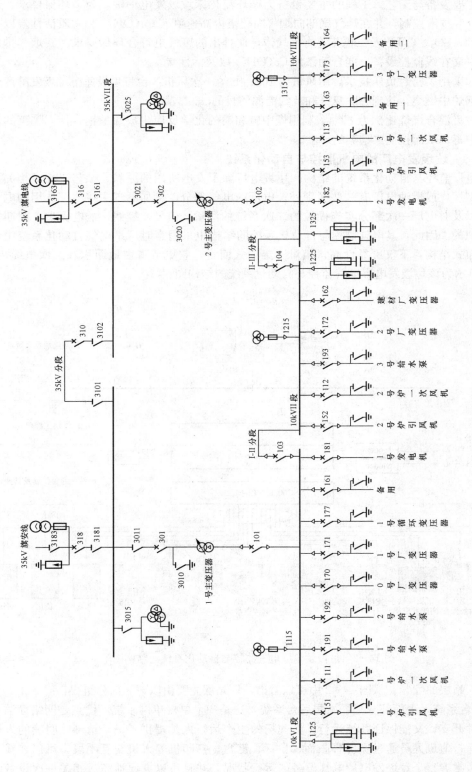

图 14-1 某垃圾焚热电联产工程电气主接线示意图

503

（2）主要设备与工艺。工程的主要设备为循环流化床垃圾发电锅炉，为了环保要求，炉内实行"三 T"技术控制，并在烟气尾部向烟气净化塔内高速喷入 $Ca(OH)_2$ 和木质活性炭以去除其中的 HCl、SO_2、CO 以及二噁英等有害气体，使排出的废气更符合环保要求。其烟气排放监测采用了一套在线监测设备，能自动添加 $Ca(OH)_2$ 以及活性炭。

垃圾库采用了密封负压技术，用风量为 $10m^3/h$ 的一次风机 3 台将垃圾库中垃圾发酵产生的甲烷送到锅炉中燃烧，达到去除臭气和节约能源的目的。

煤和垃圾混合燃烧比例为 1：4，利用煤中硫和铜的化学反应生成硫酸铜，使二噁英的催化剂（铜）中毒，从而控制二噁英的产生。

14.2.3 垃圾发电厂的电气监控与自动化系统

（1）电厂监控与自动化系统的结构。垃圾电厂除了发电所用的原料、工艺流程、相关技术与一般小型燃煤或燃油电厂有一些区别外，电厂的电气部分，例如电气主接线、选用的电气一次设备，以及对电厂一次部分实施操控的二次系统的测量、信号、控制、继电保护、同期等还是基本类似的。因此，其电气监控与自动化系统的结构也采用当时厂站电气自动化系统中流行的分层分布式结构，不仅可靠性高，相对于集中式而言，它更节省占地面积和二次电缆用量。图 14-2 所示为该垃圾发电厂电气监控与自动化系统的结构图。

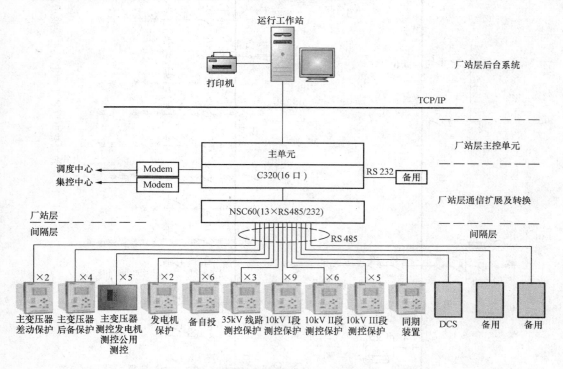

图 14-2　垃圾发电厂电气监控与自动化系统的结构图

（2）厂站层的配置。从图 14-2 中可以看出，厂站层主要由以下 3 部分组成：

1）后台系统。上面部分是厂站层后台系统，这是一个单机单网系统，优点是网络简洁，既能节省硬件开支，又能保证系统运行，为现场的生产运行人员提供了一个清晰、明确的人机互动平台。运行值班人员通过宽屏幕画面、鼠标、键盘、打印机等人机交互手段，可以在线、实时、直观地掌握整个垃圾发电厂电气设备的运行状况，并且可以方便地完成相关一次设备的投入/退出操作。

2) 主控单元。中间部分是主控单元,与后台系统依靠局域网(LAN)联系在一起,这种网络结构有利于来自过程层和间隔层的实时数据快速传送到后台系统,使运行值班人员可以在标准要求的时间内观察到系统状态的变化。另一方面,它也接受若干来自后台系统的指令。这样,数据的流向是双向的。但是,两个方向的数据流量是不对称的,从主控单元流向后台系统的数据量远大于从后台系统流向主控单元的数据量。主控单元实际上就是 1 台档次较高的工业控制计算机,要求它具有较高的可靠性、抗干扰性和适应现场特殊环境的能力。

3) 通信扩展/转换装置。下面部分实际上就是 1 套通信扩展/转换装置。C320 卡本身具有16 个 RS 232 串行通信接口,其中 3 个接口分别用于调度中心、集控中心和备用,其余 13 个串行接口通过一个 NSC60 转换装置把 13 个 RS 232 转换成为 13 个 RS 485,以便于与间隔层的若干个间隔测控保护单元交换数据。注意,每一路 RS 485 所挂接的间隔层单元设备的数量是不同的,最多的挂接 9 个,最少的挂接 1 个,还有 2 路备用,便于系统的升级扩展。

4) 厂站层设备清单见表 14-1。

表 14-1 厂 站 层 设 备 清 单

序号	设 备 名 称	规 格 型 号	数量
1	主机屏	2360mm×800mm×600mm	1
1.1	主单元	AWS 8420 工作站	1
1.2	公用监控装置	NLM-1C	1
1.3	变送器插箱	输出 4～20mA	1
1.4	多串口箱	C320	1
1.5	通信接口转换箱	NSC60	1
1.6	网络集线器	HUB	1
1.7	调制解调器	NSC70	1
1.8	防雷端子	MT-RS 485	2
2	后 台 系 统		
2.1	后台机	DELL P4 1.8G	1
2.2	显示器	21in	1
2.3	打印机	LQ-1900KIII	1
2.4	UPS	1kW/2h	1
2.5	音箱		1

(3) 间隔层的配置。间隔层的配置与系统一次主接线有关。本垃圾发电厂有 12MW 发电机 2 台,因此,在图 14-2 间隔层中就配有 2 台 7UM62 发电机保护单元及相应的附件和同期装置;发电机的机端电压 10kV 出口有 3 段 10kV 母线、2 个分段、3 路厂用电,以及诸如输煤、补水、循环泵、除尘和 250～800kW 容量的高压电动机等各种负荷。针对这些 10kV 负荷,相应配置了9 台 NSP783 高压电动机测控保护单元、8 台 NSP784 厂用变压器测控保护单元,2 台 NSP788 测控保护单元则用于 2 个 10kV 分段断路器。

一次系统的 2 台主变压器设计为对称配置。每台主变压器的测控、保护基本一致,即 1 台主变压器差动保护 7UT612,2 台后备保护 NSP772,1 台非电量保护 NSP10。

主变压器高压侧 35kV 部分的 2 回出线和 1 个分段配置了 3 台 NSP788 测控保护单元以及 1 台低频低压解列装置 7RW600。

间隔层设备清单见表 14-2。

表 14-2   间 隔 层 设 备 清 单

序号	设 备 名 称	规 格 型 号	数量
1	发电机屏	2360×800×600	1
1.1	发电机保护装置	7UM6215	2
1.2	发电机附件	7XR6100	2
1.3	发电机附件	3PP1336	2
1.4	发电机监控装置	NLM-1B	2
1.5	操作箱	NSP30C2	2
1.6	中间继电器	YSMR05	4
2	同期屏	2360×800×600	1
2.1	同期装置	WX-98F	1
2.2	同期智能操作箱	GR-3A	1
2.3	同期智能操作箱	GR-3B	1
2.4	电源转换器	220VDC/24VDC	1
2.5	中间继电器	MK3P-I	19
3	主变压器保护屏	2360×800×600	2
3.1	差动保护装置	7UT6125	2
3.2	非电量保护装置	NSP10	2
3.3	后备保护装置	NSP772	4
3.4	主变压器测控单元	NLM-1B	2
3.5	主变压器高侧操作箱	NSP30C2	2
3.6	主变压器低侧操作箱	NSP30C2	2
3.7	中间继电器	YSMR05	4
4	其 他 分 散 装 置		
4.1	35kV 线路保护测控	NSP788	2
4.2	35kV 分段保护测控	NSP788	1
4.3	低频低压解列	7RW6000	1
4.4	10kV 电动机保护测控	NSP783	10
4.5	10kV 厂用变压器保护测控	NSP784	8
4.6	10kV 分段保护测控	NSP788	2
4.7	10kV 备自投装置	NSP40B	2
4.8	0.4kV 备自投装置	NSP40B	4

图 14-3 所示为垃圾发电厂发电机—变压器组保护及测控的组屏布置示意图。

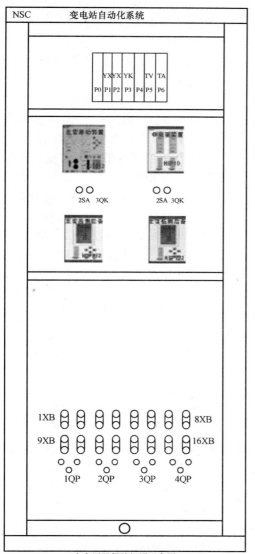

主变压器保护组屏示意图

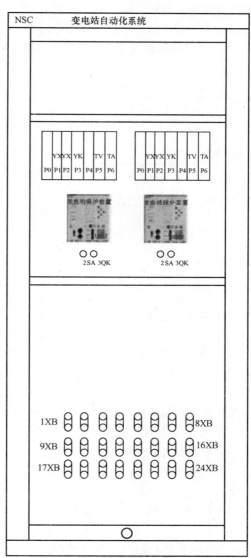

发电机保护组屏示意图

图 14-3　垃圾发电厂发电机—变压器组保护及测控的组屏布置示意图

（4）监控与自动化系统的功能。垃圾发电厂所要实现的功能与一般小型发电厂的要求基本一样，其主要技术指标也是一样的。针对垃圾电厂自身的特点，可以将现有监控与自动化系统加以功能扩展，例如与电厂 DCS、电厂烟气排放监测系统联系起来，实现数据交互和信息共享，这就更方便电厂的运行维护人员。

低频低压解列装置 7RW600 是一种连接于电压互感器的数字式多功能继电器，当装置检测到任何相对于允许电压、频率或励磁值的偏差，将根据预先的整定作出响应。当系统频率出现不允许的大幅度降低而使系统面临崩溃的危险时，装置用于系统解列、低频减载。过电压保护、欠电压保护、频率保护及过励磁保护的动作时间均小于 50ms。

14.2.4 焚烧炉烟气监测系统

垃圾焚烧炉是垃圾发电厂的主要设备之一，由于垃圾中含有许多有机物质，焚烧后的烟气虽然经过技术处理，但是，根据环保部门的要求，还要加装一套烟气监测系统，连续在线监测烟尘、SO_2、NO 等的浓度和排放总量，以检查其是否符合排放标准。

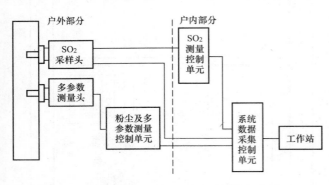

图 14-4 烟气连续监测系统的结构示意图

（1）烟气连续监测系统的结构和主要功能。系统的结构示意框图如图 14-4 所示。该系统分为户内部分和户外部分。户内部分主要包括样气处理、气体分析仪以及数据采集、供电电源、净化压缩空气源等，完成系统供电、样气的处理和分析、系统标定、数据采集处理以及采样气路的净化等功能。户外部分包括采样监测点电器箱、红外测尘仪、流速监测仪、烟气采样探头、空气过滤器以及伴热采样管线和信号检测电缆等，实现采样监测点的温度、压力、流速等物理量的采集，以及烟气颗粒物含量的测量、烟气采样和预处理、样气和各种信号的传输等功能。

（2）气体分析仪。气体分析仪是系统中的核心部件。经过取样而获得的样气在进入分析仪之前必须经过预处理。1 台分析仪最多可以分析 4 种气体成分，具有 4 个电气隔离输出，通信接口为 RS485 或 RS232。

1）测量原理。气体分析仪监测气体采用非色散红外线吸收（NDIR）原理，可以快速、准确地分析出诸如垃圾发电厂焚烧炉的烟气和机动车的尾气成分。

当红外光通过待测气体时，这些气体分子对特定波长（$0.7 \sim 500 \mu m$）的红外光有吸收作用，且被吸收的红外光的数量与气体的浓度成比例，光子的能量不足以引起光致电离，因此，这一检测原理与光电离检测器（PID）不同。被测分子吸收红外光服从朗伯-比尔（Lambert-Beer）吸收定律。该入射光为平行光，强度为 I_0，出射光强度为 I，气体介质厚度为 L，当由于气体介质中的分子数的吸收造成光强减弱时，依据朗伯—比尔吸收定律，有

$$I = I_0 e^{-\mu c L}$$

式中：μ 为吸收系数，取决于气体特性；c 为气体浓度；L 为厚度。

上述公式表明光强在气体介质中随浓度 c 及厚度 L 按指数规律衰减。图 14-5 为基于 NDIR 原理设计的红外气体分析原理图。

以 CO_2 分析为例，红外光源发射出 $1 \sim 20 \mu m$ 的红外光，经过一定长度的气室吸收后，通过 1 个 $4.26 \mu m$ 波长的窄带滤光片，由红外传感器检测出透过 $4.26 \mu m$ 波长红外光的强度，即可获得 CO_2 的气体浓度。

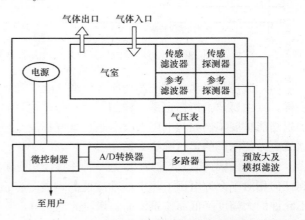

图 14-5 NDIR 红外气体分析原理图

2) 关键技术。

①红外光源及其调制,采用新型电调制红外光源并在红外光源发射窗口上装有透明窗,既保证发射的红外光波长在特定范围之内,又适合对诸如 CO_2、CO、CH_4、NO、SO_2 等常规气体的测量。

②光源、气室、检测器一体化密闭结构,无活动部件,抗振动,性能稳定。

③红外探测器是气体传感器的核心部件,其测量精度很大程度上取决于传感器性能的高低,一般采用高灵敏度红外传感器。红外探测器接收红外光产生的信号相当微弱,易受外界干扰,因此,稳定可靠的前置放大电路是一个关键。通常采用高精度、低漂移的模拟放大器件,并使用窄带滤波电路,其放大的信号再经过二级放大电路,直接输出对应气体浓度的信号,进入监测系统,经非线性校正和补偿后得到气体浓度。

④传感器测控系统实现测量、控制、自动标定等功能。

14.2.5 运行情况及存在问题

(1)运行情况。1、2号发电机投入运行后,日处理生活垃圾 1000t,用煤 200t,锅炉蒸发量 120t/h,由于供热量小,锅炉还不能达到 75t/h。环保设施 $Ca(OH)_2$、木质活性炭自动投入装置由计算机控制自动投运,SO_2、HCl、CO 等在线监测运行正常。实测 SO_2 为 $150mg/m^3$,国家标准为 $260mg/m^3$;实测 HCl 为 $20mg/m^3$,国家标准为 $75mg/m^3$。

该工程的社会效益和经济效益比较明显:

1)社会效益:

①每天处理该市生活垃圾 1000t。

②减少原小锅炉的污染,据计算,可减少地区 SO_2 排放量 1156t/年、烟尘排放量 3699t/年。

③全年利用生活垃圾热值折算成煤 50 388t/年,热电联产节约投煤 1953.6t/年。

④残渣制砖每年节约土地 18 万 m^3。

2)经济效益:第 1 期工程投运后上网电量可达到 140GWh,供热能力 86 万 t/年。

(2)存在的问题:

1)垃圾分拣设备对诸如汽车轮胎、大浴缸、大石块、大混凝土块等大物体无法分拣和破碎,这类特殊垃圾还可能损坏设备。

2)环卫垃圾运输车不适应垃圾的收集、运输和倾倒,容易造成二次污染,且效率低下。

3)供热管线规划建设滞后,致使电厂热力无法送入用户,综合效率下降。

4)发电厂附近空气质量还存在进一步提高的问题。

针对垃圾发电厂存在的上述普遍性问题,监控与自动化技术在此基础上进一步延伸,是否对解决这类问题能够发挥作用,是值得进一步探讨的课题。

14.3 风光储输一体化新能源监控系统工程应用举例

14.3.1 概述

大力开发和利用清洁能源和可再生能源,成为世界各国保障能源安全、优化能源结构、保护生态环境、减少温室气体排放、应对金融危机的重要措施,也是我国实现经济社会资源和环境可持续协调发展的必由之路。虽然我国风电与太阳能产业发展迅猛,但是,以风力发电和光伏发电为代表的新能源因其资源的不稳定性、波动性和间歇性造成其能源品质较差,大规模并网会影响电网的安全和稳定,因此需要探索出一条新能源与电网和谐发展的新路,使新能源发电"可预测,可调节,送得出,用得上"。

我国许多地区有着冬春日照短风力大、夏秋日照充足风力弱、白天日照强风速小、夜晚无日照风速大等气候特点，风能和太阳能在时间和空间上具有较好的资源互补性，适合联合发电，实现资源互补。如果配置动态响应特性快速的大规模电池储能装置，可有效改善风电、光伏的发电特性，使单位时间发电量控制在一个较为稳定的区间内，减少对电网的影响，从而为风电实现远距离稳定输送提供保障。

某 220kV 风光储输新能源工程是全国第一个风光储能综合示范项目，远景规划建设 50 万 kW 风电场，10 万 kW 光伏发电站和 11 万 kW 储能电站，配套建设风光储输联合控制中心及一座 220kV 智能变电站，项目总体规划用地约 7500 亩，总投资近 120 亿元。一期工程包括风电场、光伏电站、储能电站、220kV 智能变电站等 11 项单项工程，建设风电 10 万 kW，光伏发电 4 万 kW，储能 2 万 kW，规划占地 2641 亩，投资 32.26 亿元。项目建成后不但是当时国内最大的太阳能光伏发电场、国内陆上单机容量最大的风电场、世界上规模最大的多类型化学储能电站，而且是智能化运行水平高、运行方式多样的风光储输四位一体新能源示范工程。

风光储输新能源项目原理图如图 14-6 所示。本示范工程由风电场、光伏电站、储能电池装置和输变电工程构成，采用风光储联合发电互补机制及系统集成、全景监测与协调控制、全天候多尺度一体化功率预测、源网协调技术和大规模化学储能等技术，展示风光储输示范工程对新能源大规模并网的解决方案。

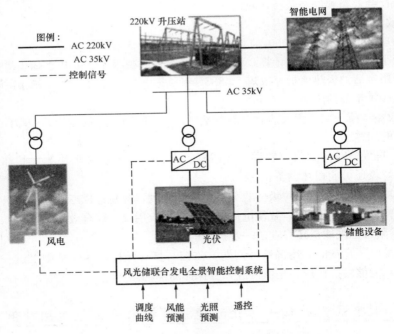

图 14-6 某 220kV 风光储输新能源项目原理图

1. 风光储联合发电全景智能控制系统

全景联合控制中心的风光储联合发电全景智能控制系统是示范工程生产运行的控制中枢。全景智能控制系统对风电场、光伏电站、储能电站和变电站进行四位一体的全景监控，实现风电单独运行、光伏单独运行、储能单独运行、风电＋光伏、风电＋储能、光伏＋储能、风＋光＋储等多种发电运行方式的组态、智能优化和平滑切换，例如，根据高精度的风能预测和光照预测数据，按照电网调度计划要求，将风力发电与光伏发电按一定比例配置，并配置适当容量的储能，补充进行人为干预调节，即可变随机为可调，使风、光联合输出功率过程更能满足用电负荷的需要，达到削峰填谷的最佳状态。

2. 风电场

风电场采用的风电机组主要由国内风电厂商提供，机组性能先进，展现单机大容量发展趋势，突出风机类型的多样性。风电场安装有 24 台 2MW 双馈风电机组，15 台 2.5MW、2 台 3MW 及 1 台 5MW 永磁直驱风电机组，2 台 1MW 垂直轴永磁风电机组。双馈风电机组、永磁直驱风电机组的风机转速均可变，可为电网提供无功支撑。图 14-7 分别为恒速、双馈变速、永磁直驱三种风电机组原理图。

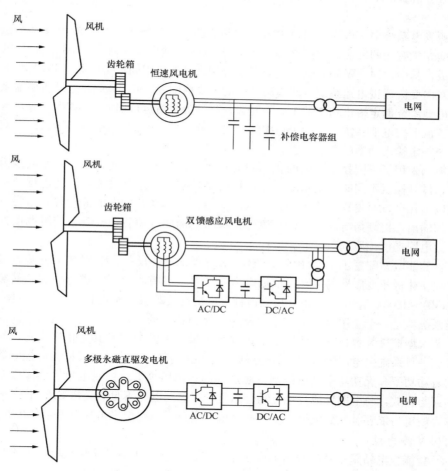

图 14-7　恒速、双馈变速、永磁直驱三种风电机组原理图

永磁直驱风力发电机组采用全功率变流系统，具有柔性输变电的特性，适用于低风速、潮间带和海上等不同运行环境，是并网友好型风机。本工程垂直轴风机突破了风轮空气动力、新型磁悬浮支撑、电磁力刹车、风轮减阻和变流技术等关键技术难题，可充分利用各方向风能，且启动风速低、工作风速范围宽。

3. 光伏电站

太阳能电池接受太阳光线照射时，发生伏特效应，太阳光辐射直接转化为电能即为光伏发电。光伏发电利用了直接能量变换，无需燃料燃烧，不存在运动部件，因此没有噪声污染及燃烧污染。示范工程光伏电站安装容量 4 万 kW，分为西区（示范区）和东区（试验区）两个区域，区域面积近 1800 亩。光伏西区布置 28MW 多晶硅组件，10 多万块光伏板排成 1654 列，每一列少则 30 块，多则上百块，板与板之间缝隙的宽度都保持在 1cm 以内，光伏板以最佳倾角固定方式布置。光伏东区安装 12MW 多晶硅、单晶硅、背接触式组件、非晶薄膜和高倍聚光电池，根据岩层地质条件，跟踪方式涵盖最佳倾角固定式、平单轴、斜单轴和双轴跟踪等。

光伏发电设备主要来自国内几大光伏厂商，其中 60 台单台 500kW（合计 30MW）光伏并网逆变器设备由国内厂商提供。多样化的太阳能电池、逆变器和跟踪方式实现了多模式运行数据的比对，可分析验证不同类型太阳能电池、逆变器和跟踪方式的运行效率。

4. 储能电站

新能源发电系统中，作为电网技术核心的储能技术，是解决可再生能源发电不稳定性和间歇性供电问题最有效的方法。储能电站由 14MW 磷酸铁锂电池系统、2MW×4h 全钒液流电池系统等组成，其中，14MW 磷酸铁锂电池系统分别来自 4 个不同设备厂家：6MW×6h 能量型储能系统，双向变流器按电池系统额定输出功率的 1.5 倍配置；4MW×4h 能量型储能系统，双向变流器按电池系统额定输出功率的 1.5 倍配置，并具备孤岛运行功能；3MW×3h 功率型储能系统，双向变流器按电池系统额定输出功率的 2 倍配置；1MW×2h 功率型储能系统，双向变流器按电池系统额定输出功率的 2 倍配置。

储能电站采用了不同技术路线的化学储能技术，以锂离子电池为主，液流电池为辅，同时预留空间，试验探索不同储能技术的性能，利用大规模储能监控系统对设施进行统一充放与管理，并在以下几个方面提高新能源介入电网的能力：平滑联合发电的波动性，增强可控性；跟踪发电计划输出，提高新能源发电的预测性；参与电网削峰填谷，提升系统可调度性；参与系统调频，为电网提供优质调频服务。

此外，储能电站配置了 10 组国外 PCS100 ESS 电池储能设备。PCS100 ESS 电池储能设备是一个基于模块化低压变频器的平台，依据电力系统要求对有功及无功进行控制，其额定容量范围为 100kVA～10MVA。当 PCS100 ESS 运行在"仿真发动机"模式时，从电力系统的角度看，整个储能系统就是一个应用电力电子技术及先进控制技术的常规同步发电机，不同的是，其并不需要安装大型惯性装置，其惯性特征由控制系统根据电网频率及其变化来决定，并据此形成能量转换。一旦系统失电，PCS100 ESS 立即检测到这类异常，并迅速根据相应控制策略对电网系统中的有功功率和无功功率进行控制，通过调频、调压等手段控制电池等储能设备顺利实现电能的储存与释放，与电网形成良性互动。总之，当电网电力不足时，PCS100 ESS 确保储能电池中所储存的电力能够补充到电网中，当电网电力过剩时，则把多出的电力储存在电池中。

5. 220kV 变电站

220kV 智能变电站是示范工程向电网供电的输出通道，承担了输出风电场、光伏电站绿色能源至主电网的任务。

变电站采用气体组合开关成套设备，变电站监控与自动化系统采用了国产 NS3000S 智能变电站监控系统，其一体化信息平台实现了智能"五防"一体化、智能告警及故障综合分析决策、一键式顺序控制、VQC 等高级功能。"三遥"信息全部采用智能终端和合并单元采集，变电站采用的 EPS6028E 型以太网交换机全面承担了站内站控层、过程层和应用层的通信任务。

6. 风电研究检测中心

示范工程东侧区域为风电研究检测中心，检测中心配置有电压跌落装置和电网扰动装置，可以进行低电压穿越能力测试和电网适应性检测。电压跌落装置可以检测风电机组是否具备低电压穿越能力，即电网电压突然降低时风电机组是否会脱网；电网扰动装置可以检测风电机组的电网适应性。

此外，示范工程一期遥视技防环境监测系统包括变电站、光伏场区、风场区和储能区等6个区域的视频遥视系统，以及变电站高压脉冲系统、变电站门禁系统、智能变电站辅助系统等。

14.3.2　一体化新能源监控系统的结构和配置原则

风光储一体化新能源监控系统建设时充分考虑了不同应用对图模库一体化技术的需求，风光储联合发电模型统一维护，全部系统操作基于人机接口进行，运行人员只需维护一套数据库和一套图形。整个监控系统由风光储联合发电全景智能控制系统、风电场监控系统、光伏电站监控系统以及储能电站监控系统等几部分组成，其中联合发电全景智能控制系统是整个系统的核心和枢纽，其他三个系统可以看作它的子系统，这些系统的主要设备均布置在联合控制中心的联合调度与控制大厅及邻近联合调度与控制大厅的服务器小室、工程师站小室内（部分设备分散在各小室，如光伏智能终端组屏于各逆变器小室等）。

1. 风光储联合发电全景智能控制系统

风光储联合发电全景智能控制系统网络结构如图 14 - 8 所示。系统的建设满足安全、可靠、开放、实用原则，系统基于冗余网络环境、采用面向服务的架构（SOA）、基于安全分区的体系结构、面向设备的标准模型和统一的可视化界面，横向上实现各类功能应用（实时监测、联合控制、功率预测、优化调度等）联合运行，纵向上，通过基础平台与各级调度技术支持系统实现一体化运行，实现模型、数据、画面的源端维护与系统共享，实现与远方调度中心数据采集、交换的可靠运行。

系统后台局域网采用千兆双以太网结构，配置 SCADA 服务器、功率调度与控制服务器、风光功率预测服务器、历史数据库服务器、监控工作站、维护工作站等。

前置局域网采用百兆双以太网结构，用于接入前置采集服务器、通信服务器。服务器配置两组网卡，分别接入后台局域网和前置局域网。

电力二次系统可划分为生产控制大区和管理信息大区，生产控制大区可以分为控制区（又称安全Ⅰ区）和非控制区（又称安全Ⅱ区），管理信息大区的生产管理区又称为安全Ⅲ区，全景智能控制系统硬件设备按以上原则分别配置于各安全区（参见图 14 - 8），系统硬件具有较高的稳定性和前瞻性，满足系统容量设计的要求。

系统硬件包括以下子系统：

（1）实时数据采集子系统。配置两台高性能服务器和前置处理设备（图 14 - 8 中采集服务器等）完成数据采集和预处理功能，前置处理设备包括数字通道采集设备等。数据采集后进行的处理主要有模拟量处理、状态量处理、非实测数据处理、计划值处理、计算与统计等。

（2）实时数据服务子系统。由高性能服务器与工作站组成（图 14 - 8 中风光储 SCADA 服务器等），主要用于实现风光储联合发电系统的实时监控、运行监视，例如潮流监视、一次设备监视、输出断面监视、风光资源监视、储能备用监视、无功备用监视、紧急拉闸监视、故障跳闸监视等。

（3）功率实时自动控制子系统。由服务器与工作站组成（图 14 - 8 中风光储调度与控制服务器等），主要用于实现风光储联合发电系统的自动发电、功率实时控制、能量管理，例如风电机组启停、光伏/储能逆变器启停、功率遥调、风电场遥调、光伏/储能电站遥调、SVG（Static Var Generator，静态无功补偿装置）遥调、无功补偿设备投切、主变压器分接头遥控等，操作类型主要有远方控制、人工置数、标识牌操作、操作预演、闭锁和解锁操作等。

（4）风光储日前、日内优化调度子系统。由服务器与工作站组成（图 14 - 8 中安全Ⅱ区及安全Ⅲ区主要设备），主要用于实现风光储联合发电系统日前、日内发电计划的编制与上报，同时

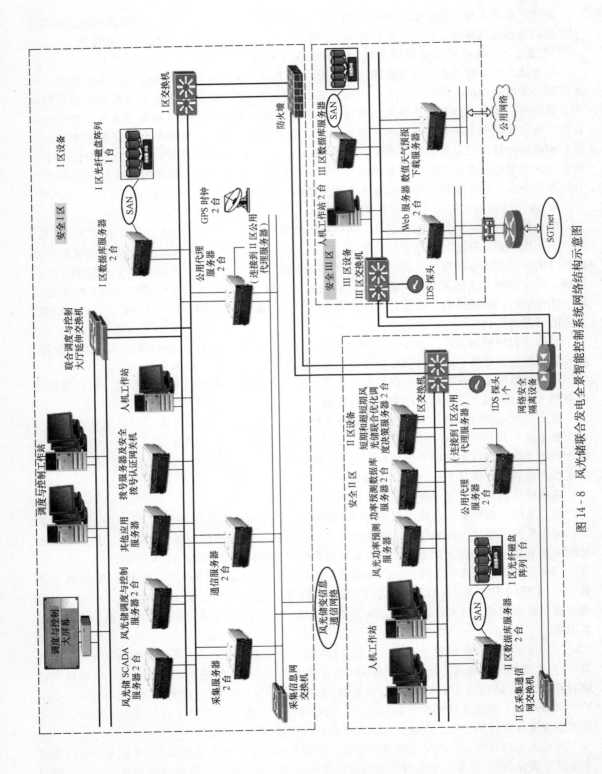

图 14-8 风光储联合发电全景智能控制系统网络结构示意图

根据网调风光储发电计划优化风电、光伏、储能的日前、日内出力计划等。

（5）历史数据服务子系统。配置两台高性能服务器，其磁盘阵列采用硬件 RAID（Redundant Array of Inexpensive Disks，廉价磁盘冗余阵列）技术，至少保存 3 年的历史数据（图 14 - 8 中 I 区数据库服务器及磁盘阵列等），用于风光储联合发电系统的历史数据存储和管理。

（6）监控工作站子系统。全景联合控制中心的联合调度与控制大厅内按值班席位配置 2 台调度与控制工作站，双屏显示，满足值班员监视和控制的需要；大厅内还配置 1 台调度与控制大屏幕，可以显示一个或多个图形工作站上的画面，例如调度与控制工作站画面、风电场监控工作站画面、光伏电站监控工作站画面以及储能电站监控工作站画面等（图 14 - 8 中调度与控制工作站及调度与控制大屏幕等）。

（7）系统维护管理和开发子系统。主要用于系统功能的维护、开发和测试等，图 14 - 8 中其他应用服务器完成该项功能。

（8）通信服务器子系统。主要用于与网调等远方调度中心及其他应用系统进行通信，由图 14 - 8 中通信服务器等硬件和软件承担该项功能。

（9）网络设备子系统。作为系统集成的基础，配置双以太网作为局域网，采用网络负载均衡技术，提高系统可靠性和网络交换性能，后台局域网交换机配置千兆端口自适应交换机。前置局域网交换机配置百兆端口自适应交换机。

（10）安全拨号子系统。配置 1 台拨号服务器和 1 台具有安全认证功能的安全拨号认证网关机，用于实现对集控系统故障情况下的远程诊断和技术支持。

（11）辅助设备。配置 A3 网络打印机、网络配线模块、光纤配线架等。

全景智能控制系统服务器、工作站集中配置在联合控制中心的服务器小室内（邻近联合调度与控制大厅），并通过终端延长器分别与联合调度与控制大厅的调度与控制工作站显示器、工程师站小室（邻近联合调度与控制大厅）内各服务器及工作站配套的显示器连接。

以上 11 个子系统组成了风光储联合发电全景智能控制系统，在统一监控平台的基础上，这些子系统既各自独立工作，又彼此协调、交互，较好地完成了多种机型的统一调度和有功、无功的智能优化分配。

2. 风电场监控系统

风电场监控系统设计原则主要有基于光纤环形网络环境、面向设备的标准模型、统一的可视化界面、基于安全分区的体系结构等。图 14 - 9 所示为风电场监控与通信结构示意图，监控系统网络由后台局域网及前置局域网二层结构组成。风机远程运维服务器采集各风机数据后送入风机通信管理机，风机通信管理机接入风电场监控系统后台局域网，把这些数据送入数据库服务器，并最终上送至联合发电全景智能控制系统，从而配合全景智能控制系统实现对风电场的数据监视及实时控制功能。此外，不同厂家风机数据可以通过风机运行维护 Web 服务器接入风机远程运行维护中心各厂家的风机监控系统，并由各风机监控系统实现对风机设备的监视与维护。风机监控系统位于全景联合控制中心的工程师站小室内（邻近联合调度与控制大厅）。

风电场监控系统硬件具有较高的稳定性，满足设计的系统容量要求，其由以下子系统组成。

（1）历史数据服务子系统。主要实现风电场监控系统历史数据的存储和管理。历史数据服务子系统配置两台高性能服务器（图 14 - 9 中数据库服务器），满足历史数据库管理功能和性能要求，至少保存 3 年历史数据。2 台服务器组屏后放置于联合控制中心的服务器小室内（邻近联合调度与控制大厅）。

（2）监控工作站子系统。工程师站小室内按值班席位配置监控工作站（图 14 - 9 中风机综合监控工作站），双屏显示，满足值班员监视和控制需要。

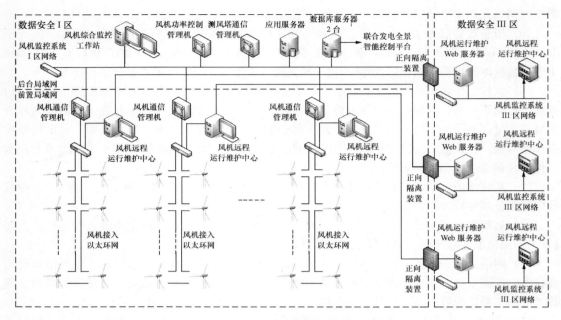

图 14-9　风电场监控与通信结构示意图

（3）通信管理子系统。该子系统主要用于风机系统的实时监控、运行监视等（图 14-9 中风机通信管理机、测风塔通信管理机）。

风电场监控系统通过风机通信管理机接入 2MW 和 2.5MW 风机、配用电站的箱式变压器测控装置等，实现风电场实时数据采集与监视、箱式变压器断路器操作、风机启停机操作等功能，风机通信管理机与各类风机通信采用 ModbusTCP 规约，与风电场箱式变压器测控装置通信采用 IEC 60870-5-104 规约。

同样通过测风塔通信管理机可以采集风电场微气象区域的风速、风向、温度、湿度、气压、降雨等气象要素的实时数据，以及每 5min 各气象要素的瞬时值、5min 平均风速、风向统计值等。

（4）网络设备子系统。作为系统集成的基础，由前置局域网和后台局域网两部分组成，前者配置光纤环网交换机，该交换机为百兆端口自适应交换机，采用单模光纤接口；后者配置百兆端口自适应交换机。

（5）风机功率控制管理子系统。主要用于实现风机发电系统的有功/无功功率实时控制功能（图 14-9 中风机功率控制管理机）。

（6）应用服务子系统。主要用于实现风机发电系统的性能分析的功能（图 14-9 中应用服务器）。

（7）辅助设备，配置网络配线模块、光纤配线架等。

3. 光伏电站监控系统

如图 14-10 所示为光伏电站监控与通信结构示意图，多路光伏阵列经汇流箱、直流防雷配电柜进入并网逆变器，多组逆变器经过双分裂升压变升压后汇流到 35kV 交流母线，最后通过 35kV/220kV 主变压器输入电网。

同样，光伏电站监控系统网络由后台局域网及前置局域网两层结构组成（类似于风电场后台局域网，因此示意图中略去光伏电站后台局域网相关设备）。后台局域网采用百兆以太网双网结构，位于安全Ⅰ区，用于接入数据库服务器、应用服务器、光伏功率控制管理机、监控工作站等。

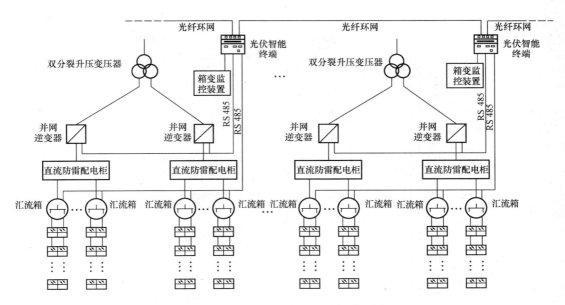

图 14-10　光伏电站监控与通信结构示意图

前置局域网采用百兆光纤环网结构、单模光纤接口，用于接入光伏通信管理机、光伏智能终端等。光伏通信管理机配置两块网卡，分别用于接入后台局域网和前置局域网（光纤环网）。光伏逆变器通信控制器、汇流箱数据采集装置、箱式变压器监控装置信息汇总至光伏智能终端后接入光纤环网（光伏智能终端组屏于各逆变器小室），如图 14-10 所示。

除通信管理子系统外，光伏电站监控系统的硬件基本与风电场监控系统相同，此处不再赘述。光伏通信管理子系统主要用于光伏逆变器、光伏汇流箱的实时监控、运行监视等。

（1）光伏电站监控系统通过光伏通信管理机接入配用电站箱式变压器测控装置、不同厂家逆变器、汇流箱等，实现光伏电站电池组、逆变器、箱式变压器的信息监视、箱式变压器断路器操作、逆变器断路器操作等功能。

（2）光伏通信管理机与光伏箱式变压器通信采用 IEC 60870-5-104 规约，与光伏逆变器、汇流箱通信采用 Modbus 规约。

4. 储能电站监控系统

储能电站监控系统按功能可分为系统层、控制层、设备层三个层次，如图 14-11 所示。系统层建立在锂电池储能监控系统、液流电池储能监控系统、配电监控系统各子系统之上，包含主从服务器、磁盘阵列、应用服务器、工作站、冗余通信服务器、大屏幕显示、打印机网关、防火墙等。控制层主要包含冗余协调控制器、冗余单元控制器及 I/O 保护测控装置等。设备层主要包括电池组、升压子系统及当地监控后台等。

储能电站监控系统实时采集锂电池储能子系统、液流电池储能子系统、升压子系统的各种遥测、遥信、累计量以及其他监控与自动化信息，并向各子系统发送控制调节命令等，主要包括数据采集、数据处理等功能。

储能电站监控系统综合利用储能系统中各电池的稳态、动态及历史数据，分别从稳态、动态、短期、中长期等角度对储能系统进行在线评估，实现储能电站中各电池组的实时调度管理（例如充放电管理）和多层协调的安全控制。

储能系统具备多种功率控制模式，并通过与 PCS 协调配合实现削峰填谷、调频调峰、动态

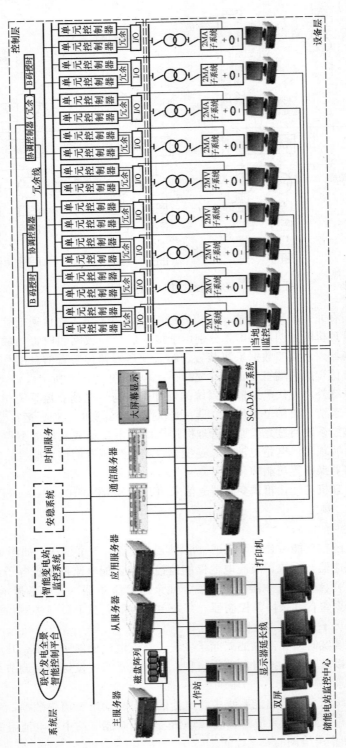

图 14-11　储能电站监控系统示意图

无功支持、跟踪调度计划、平滑风光功率输出等功能。储能电站监控系统实时监测系统电压、频率等信息，电网故障时，快速响应 AGC、AVC 等系统指令，在毫秒级的时间内迅速调整出力，最大限度减少故障造成的损失。

14.3.3　一期设备配置清单

一期设备配置清单见表 14-3～表 14-6。

表 14-3　　　　　　　　联合发电全景智能控制系统部分设备清单

序号	设备名称	规 格 型 号	数量
主 要 硬 件 设 备			
1	服务器	R680 服务器（机架式）	18
2	数据服务器	R680 服务器（机架式）	8
3	数据镜像服务器	R680 服务器（机架式）	1
4	磁盘阵列	S6800E 磁盘阵列	2
		MDS9148 高速交换机	4
5	主网交换机	H3C S7506E-S 以太网交换机	6
6	延伸交换机	H3C S5800-56C 以太网交换机	4
7	采集网交换机	H3C S7503E 以太网交换机	4
8	工作站	D20 PC 工作站	17
		ZR24W 宽屏液晶	2
9	防火墙	NGFW4000 TG-5564 防火墙	2
10	标准屏柜	42U 机柜，2000mm×600mm×1100mm、双 PDU	25
11	网络安全隔离装置	Syskeeper-2000 正向隔离装置	2
		Syskeeper-2000 反向隔离装置	2
12	数字 KVM 矩阵	Avocent MPU8032（8∶32）数字 KVM 矩阵	2
13	便携远程工作站	T410i 笔记本电脑	4
14	终端延长器	HMX2050 双屏数字终端延长器	26
15	打印机	LaserJet 5225DN 彩色激光网络 A3/A4 打印机	4
16	调度台	调度台	1
17	网络附件	超 5 类网线、RJ 45 水晶头、网线钳、网线测试仪	1
软 件 设 备			
1	操作系统	Linux 操作系统	35
2	国产数据库	×××数据库	2
3	语音合成软件	×××语音合成软件，6 用户	1
4	基础平台	系统管理、人机界面、实时数据采集及交换、模型管理等功能	1
5	风光储数据采集软件		1
6	实时监控软件		1
7	有功控制软件		1
8	无功电压控制软件		1
9	联合调度计划软件		1
	工程及其他		1
	项目集成		1

表 14 - 4   **风电场监控系统设备清单**

序号	设 备 名 称	规 格 型 号	数量
1		风机通信管理机柜	
1.1	光纤环网络交换机	工业级以太网交换机 EPS6028E 单模 12 光口 12 电口	1
1.2	风机通信管理机	NSC301/4 网口/16 串口	6
1.3	风机功率控制管理机	NSC301/4 网口/16 串口	1
1.4	测风塔通信管理机	NSC301/4 网口/16 串口	1
1.5	柜体	2000mm×600mm×1000mm	1
2		服 务 器 柜	
2.1	数据库服务器	DL380 G7 机架式服务器	2
2.2	应用服务器	DL380 G7 机架式服务器	1
2.3	网络交换机	工业级以太网交换机 EPS2024-2ST 2 光口 24 电口	2
2.4	显示器	22in 液晶	1
2.5	显示切换装置		1
2.6	柜体	2000mm×600mm×1000mm	1
3	后台主机兼操作员站	英特尔至强四核处理器 W3550 3.06 GHz	1
4	显示器	22in 液晶	2
5	风电综合监控软件	含操作系统、数据库软件	1
6	光纤附件/光纤盒	含光缆熔接	1
7	超五类网络通信线	百通 1624RA008305M	1

表 14 - 5   **光伏监控系统设备清单**

序号	设 备 名 称	规 格 型 号	数量
1		光伏通信管理机柜	
1.1	光纤环网络交换机	工业级以太网交换机 EPS6028E 12 光口 12 电口	2
1.2	光伏通信管理机	NSC301/4 网口/16 串口	2
1.3	光伏功率控制管理机	NSC301/4 网口/16 串口	1
1.4	微气象站通信管理机	NSC301/4 网口/16 串口	1
1.5	柜体	2000mm×600mm×1000mm	1
2		服 务 器 柜	
2.1	数据库服务器	DL380 G7 机架式服务器	2
2.2	应用服务器	DL380 G7 机架式服务器	1
2.3	网络交换机	工业级以太网交换机 EPS2024-2ST 22 电口 2 光口	2
2.4	显示器	22in 液晶	1
2.5	显示切换装置		1
2.6	柜体	2000mm×600mm×1000mm	1
3	后台主机兼操作员站	四核处理器 W3550 3.06 GHz	1
4	显示器	22in 液晶	2

续表

序号	设 备 名 称	规 格 型 号	数量
5	光纤环网络交换机	工业级以太网交换机 EPS6028E 单模 2 光口 6 电口	50
6	光伏智能终端	NSC2200E/4 网口/16 串口	50
7	光伏综合监控软件	含操作系统、数据库软件	1
8	光纤附件/光纤盒	含光缆熔接	1
9	超五类网络通信线	百通 1624RA008305M	1

表 14-6 储能电站监控系统设备清单

序号	设 备 名 称	规 格 型 号	数量
硬件部分（站控层）			
1	服务器 1	CPU：4 个 6 核 Intel Xeon E7542 2.66GHz	9
2	服务器 2	CPU：八核；主频：2.0GHz	4
3	工作站 1	CPU：四核；主频：2.0GHz	2
4	工作站 2	图形工作站	4
5	反向隔离设备	满足电力系统安全要求	1
6	维护笔记本电脑	酷睿 i5、内存 4G、硬盘 250G、14.1in 屏幕	2
7	光网络交换机	EPS 6028，24 个 1000M 电口	6
8	光网络交换机	48 个 1000M 电口 48 个千兆多模光口	3
9	磁盘阵列	S6800E 磁盘阵列 / CISCO SAN 高速交换机	1
10	显示切换装置	KVM 及其套件	2
11	激光打印机	黑白激光打印机	1
12	UPS	30kVA	1
13	屏体	2000mm×600mm×1000mm	6
硬件部分（间隔层）			
1	储能主变压器测控单元	主变压器两侧的 P、Q、I	15
2	线路测控单元	变流器充放电线路	25
3	通信管理机	双机双网	2
4	屏体	2000mm×600mm×1000mm	4
软 件 部 分			
1	商用数据库	关系数据库（10 用户）	3
2	操作系统	Linux	13
3	工具软件	杀毒软件、仿真软件	1

14.3.4 系统配屏方案

系统的所有服务器、工作站及网络设备（包括安全防护设备），均安装在标准计算机屏柜内，包括历史数据库屏、SCADA 服务器屏、能量管理服务器屏、前置服务器屏、数据采集屏、工作站屏、网络配线屏、数据网屏，屏柜内配置有防雷设施、空气开关、电源接线端子等，其

521

配屏原则和常规变电站类似。

光伏电站各逆变器室内共配置有 50 台光伏智能终端柜，终端柜中配置光伏智能终端、光纤环网交换机、光纤熔接盒、PLC 载波装置等设备，图 14 - 12 为光伏智能终端柜配屏示意图。由于采用了工业级光纤环网交换机，因此现场施工时节约了大量光纤、减少了施工时间，并降低项目建设的成本。

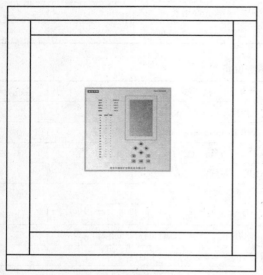
光伏智能终端柜正视图（非比例制作）

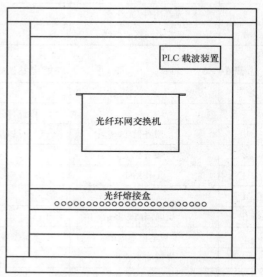
光伏智能终端柜内视图（非比例制作）

图 14 - 12　光伏智能终端柜示意图

14.3.5　一体化新能源监控系统的主要功能

一体化新能源监控系统采用了风光储全景信息采集与监视技术、全景可视化展示技术、多源互补有功协调控制技术、无功电压协调控制技术、日前发电计划联合优化调度技术等关键技术，可实时优化协调风、光、储各系统的运行状态，减小风电和光伏发电功率的大幅度、高频率波动，提高电网接纳风电和光伏电源的能力，为大规模新能源的友好并网提供强有力的支撑。

一体化监控系统功能主要包括数据采集；数据处理；风电机组、光伏逆变器、储能逆变器控制和调节；责任区管理与信息分层；告警处理；光字牌处理；事件顺序记录（SOE）；事故追忆（PDR）；趋势曲线；拓扑着色；系统时钟；历史数据管理；计算和统计；人机联系；图形显示；图形绘制等。

风电场监控系统功能主要包括数据采集、风电机组控制和调节、告警处理、趋势曲线、系统时钟、历史数据管理、计算和统计、人机联系、图形显示、图形绘制等。

光伏监控系统功能同风电场监控系统功能基本相同，只是控制和调节功能的对象是光伏逆变器。

储能监控系统可以实现功能主要包括整合数据，实时监控储能系统状态，并发送预警信息；跟踪发电计划，并实时进行功率补偿；支持 AGC 功能，并实时进行功率动态补偿；实现削峰填谷的功能；实现平滑风光出力的功能；在本地储能站实现各电池单元间分配电池总需求功率等。

此外，一体化监控系统还可以实现以下功能。

1. 风光储系统有功功率控制（AGC）

风光储有功功率控制既可以作为独立子系统运行，也可以作为子系统配合远方调度系统主站 AGC 运行。

系统在每个数据采集周期内接收和处理各类实时信息：风电场、光伏电站及储能电站上传的有功出力和当前运行限值；储能系统当前充放电状态、当前容量，控制对象受控状态、闭锁信号；远方调度机构（网调）下发的发电计划曲线和功率设点命令等。

一体化监控系统有功功率的控制方式是指风光储联合发电控制的总运行模式；风光储有功功率控制模式是指风电场、光伏电站、储能电站单个控制对象的控制模式，包括手动控制模式和自动控制模式。手动控制模式包括当地控制、机组离线控制模式，自动控制模式包括最大功率模式、平滑模式、限制模式、差值模式等。

风光储一体化监控系统的各 PLC 是全场控制对象，有功控制的指令下发给各 PLC，不具体到风机、光伏逆变器和储能变流器。具体实现上，由当地的风电、光伏、储能监控系统来实施功率分配。

（1）最大功率控制方式。此方式下，为实现风光储新能源的最大化接入，常规状态下有功控制不限制风电、光伏的功率输出，仅在出力影响电网安全的情况下进行紧急控制。为使得风光储的输出满足电网并网有功变化率（包括 1min 和 10min 最大变化量）要求，储能应承担总输出功率的平滑功能。

（2）计划跟踪方式。此方式下，风光储出力处于计划跟随状态。风光储实时发电总计划由联合发电计划管理模块给出，一体化监控系统根据储能能量状态和计划跟踪误差实时调度风、光出力，同时通过储能系统充放电使风光储总功率输出尽可能接近计划值，满足联合功率输出的要求。

（3）跟踪上级调度指令方式。此方式下，风光储联合发电跟踪上级调度（网调）下发的计划曲线或功率设定值，例如网调 AGC 功能模块下发风光储联合发电的总功率，或者网调 AGC 功能模块分别下发风电、光伏、储能的发电功率。

2. 风光储系统的无功电压控制（AVC）

无功电压控制既可以作为主系统独立运行，也可以作为子系统配合远方调度系统主站 AVC 运行，实现风光储联合发电系统的电压合格、功率因数满足设定要求、支持主站 AVC 控制等目标。

无功电压控制可对控制相关的实时数据进行处理，并监视母线的实时运行信息，监视控制风电、光伏、储能的实时运行信息，监视变电站无功设备的运行信息，包括当前投运、退出及可投切的无功补偿设备、OLTC 挡位、SVG 当前无功、具有无功调节能力的风电机组、光伏逆变器、储能变流器等。

无功电压控制可实现"开环"、"闭环"和"监视"三种方式，在实际运行中，无功电压控制运行于哪一种方式均由运行人员设定。开环表示 AVC 对被控对象进行分析计算，提示值班员对其进行操作。闭环表示 AVC 对被控对象进行分析计算，并对其直接发命令进行控制，不经过值班员确认。监视表示 AVC 只对被控对象进行分析计算，但不会对其进行控制命令请求。

3. 风光储系统优化调度

通过智能优化调度与控制手段将风力发电与光伏发电按一定比例组合，并配置适当容量储能，补充进行人为干预调节，使风、光联合输出功率过程满足用电负荷的需要。风光储系统优化调度主要功能有：

（1）联合发电计划管理。风光储联合发电全景智能控制系统根据风光储（超）短期预测、储能能量状态，制订风光储联合发电日前、日内、实时（5min）发电计划，作为建议计划曲线上报网调，实现风光储联合发电计划管理。

（2）联合发电计划分析。结合网调下发的日前、日内发电计划，根据风光储的组合运行方式，制订储能电池的日前、日内、实时（5min）出力计划。

（3）储能计划管理。在一定时间尺度内，根据风光功率预测以及风光功率波动区间，估算弥补预测误差所需的储能容量，设置风光储联合发电总出力计划，编制过程中可预留作为调峰、调频资源的储能备用，并上报网调主站。

此外，风光储系统优化调度可实现检修计划管理、设备投退计划管理、风光储机组群管理、风光储联合发电计划人工干预、计划跟踪结果展示等功能。

4. 提供丰富的外部接口

一体化新能源监控系统需要与较多外部系统、设备通信，其提供的外部接口如下：

（1）一次设备通信接口。一体化新能源监控系统与一次设备（如风机、箱式变压器、光伏逆变器、汇流箱等设备）的外部接口主要通过网络通信实现，网络通信协议采用 IEC 60870-5-104 规约、ModbusTCP 等。与外部网络互联时设置防火墙并考虑与外网的物理隔离机制，以确保系统安全（例如安全Ⅰ区与安全Ⅲ区设备通信）。

（2）调度通信接口。与远方调度系统的通信采用传统远动 Modem 及网络通信两种数据通信方式。传统远动 Modem 方式配置有主/备两路相对独立通道，并配有防雷接地的通道保护设备，远动传输规约采用 IEC 60870-5-101；网络通信方式下，通信协议为 IEC 60870-5-104 规约。

（3）防误通信接口。系统具有与防误闭锁系统通信的网络接口，实际运行中防误功能可根据需要投入或退出。此外，系统可在模拟状态下进行操作预演，并在实际执行时严格按照预演的步骤进行操作。操作人员执行断路器和隔离开关控制操作时，均经过微机"五防"系统的校核。

（4）大屏幕接口。一体化新能源监控系统提供多组数字、模拟信号接口以接入大屏幕显示设备，支持在大屏幕显示设备上同时显示一个或多个图形工作站上的画面，如图 14-13 所示。

图 14-13　风光储输工程大屏幕显示示意图

（5）其他接口。一体化新能源监控系统支持与其他应用系统的数据交换，可从基于数据库的接口、基于文件的接口、基于专用通信协议的接口等多种接口方式中选用合适的接口方式进行通信，同样系统远景可支持与上级调度基于 IEC 61970 组件接口、基于 IEC 61970 CIM/E 接口的通信。

14.3.6 系统的运行状况

2009 年 4 月 13 日，本工程正式立项启动，2010 年 5 月上旬开工建设。2011 年 6 月 20 日，储能电站开工建设。2011 年 8 月 18 日风光储项目配套智能变电站实现倒送电，8 月 28 日投运首条 314 开关所带的 2 号风机线，首批风机、光伏设备并网发电，具备外送电条件，10 月 20 日，锂电池储能系统完工。10 月 28 日 21 点 15 分 220kV 智能变电站 331 开关所带 4 号储能线成功投运，首批储能电池并网，10 月 30 日进入全面系统联调，11 月 12 日 43 台风机全部吊装。2011 年 12 月 25 日，本示范工程建成投产。

在风光储联合发电全景智能控制系统监控画面上，本地卫星遥感地图上的红、蓝色风机图标分别显示风机正常运行、非正常运行状态，点击任一台风机，可以显示该风机的详细运行数据，可实时监控这台风机的风速、发电机转速、电压等 200 多个运行数据，并可通过远程视频清晰查看该风机的运行情况，联合控制中心运行人员据此可以判断风机运行状态，从而提高系统运行效率。同时，通过联合监控系统，远方调度中心对示范工程每一块光伏电池板、每一台风机、每一节储能电池的运营参数都可以实时监控，并使之相互配合。

风力发电最难控制的问题是出力波动问题，而本示范工程最大的亮点就是减少风力发电的出力波动。示范工程运行结果表明，在本地区风力资源条件下，单纯输出风电的出力波动为 30%，而风电与光伏发电以 1：1 比例同时发电时联合出力波动为 12%，如果再加上储能电池的作用，波动会更小。当储能系统在整个项目中的配比容量小于 10% 时，联合发电出力波动超过 9%；当储能配比大于 20% 时，储能作用明显，出力波动偏差小于 5%；当储能容量配比达到 30% 时，出力波动基本由储能系统吸收，出力偏差小于 3%，通过这种风光储联合发电控制，可使风机发电利用率提高 5%～10%。

除减少出力波动，输出平滑的电力外，风光储输示范工程通过联合预测系统预测风机、太阳能电池超短期及短期发电出力，从而计算出发电计划提供给电网调度系统，减少出力偏差；电网调度系统可以通过储能电池将电网内多余的电量吸收，将低谷负荷抬高，这样可避免一些火电机组的频繁停机。风光储输工程还能够参加电网频率调整，减少频率波动。如果用火电机组来调频，反应时间可能需要几秒，但是用风光储联合发电时反应时间则只需几百毫秒，这对于维护整个电网的稳定运行意义重大。

14.4 燃气电厂及其升压站微机监控系统工程应用举例

14.4.1 概述

液化天然气（Liquified Natural Gas，LNG）被公认为是地球上最干净的能源之一，其制造过程是将气田生产的天然气净化处理后进行一连串超低温液化。LNG 使用高效、经济，用于发电是目前 LNG 的最主要工业用途，世界上已建有不少以天然气或液化天然气为燃料的燃气蒸汽联合循环电站。联合循环电站效率高，天然气的热能利用率可达 55%，高于燃油和煤，而且其机动性好，从机组启动到满负荷运行所需时间短，既可作基本负荷运行，也能作调峰运行。此外，联合循环电站污染小、可靠性高。

世界上环保先进国家都在推广使用 LNG。为缓解我国能源供需矛盾，优化能源结构，2005 年 4 月，建设总规模为 500 万 t/年、一期工程总投资超过 220 亿元的 LNG 项目正式开工，2007 年 6 月 9 日，LNG 整体项目的重要子项目——某燃气电厂开工建设，LNG 整体项目接收站就在电厂厂区西南侧距离约 500m 处。电厂项目静态总投资 50.1 亿元，动态总投资 52.7 亿元。电厂规划容量为 8×350MW 级单轴 F 级燃气—蒸气联合循环机组，一期工程安装 4 台 350MW 的燃气蒸气联合循环机组（含燃气轮机、汽轮机、发电机、余热锅炉和附属设备等），机岛设备采用 M701F 燃气—蒸汽联合循环机组，一拖一单轴布置。余热锅炉为三压、再热、无补燃、自然循环 418A 立式锅炉。一期工程投产后，满负荷年发电量 56 亿 kWh，产值约 30 亿元。

14.4.2　工程规模

本期 4 台机组经过主变压器升压后接入厂内 500kV 升压站 3/2 断路器接线中，其一次系统主接线方式如图 14-14 所示，图中虚线部分为远景接线，远景规划机组 8 台、500kV 主变压器 6 台、220kV 主变压器 2 台。

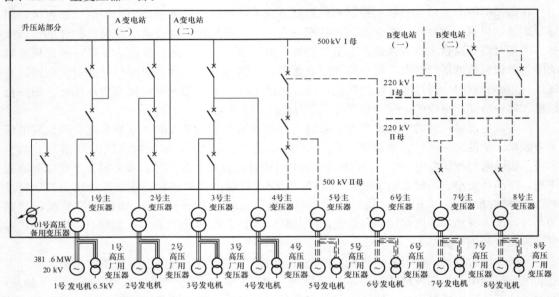

图 14-14　某燃气电厂一期工程发电机及 500kV 升压站主接线示意图

此外，本期投运 500kV 备用变压器 1 台、500kV 线路 2 条；本期 500kV 断路器 10 台，远景规划 13 台；远景规划 220kV 线路 2 回、220kV 母线联络断路器 1 台。

14.4.3　网控系统的结构和配置方案

根据工程的实际需求，同时考虑业主对工程造价的控制，采用 NSC2000 网络型计算机监控系统来实现发电厂的 NCS（网络监控系统），本系统为分层分布式结构，包括站控层和间隔层两部分，如图 14-15 所示。网控系统中站控层、间隔层、网络、软件系统均按工程最终规模设计。

站控层设备主要分布于集控楼的集控室（工作站、打印设备等）、工程师站小室（通信管理装置、站控层网络设备、工程师工作站等），间隔层设备主要分布于集控楼的 4 个电子设备间（各机组测控、AGC/AVC 装置等）、升压站继电器室（500kV 线路、断路器测控、主变压器 500kV 侧测控、公用测控装置、保护管理机等）。

1. 站控层

站控层为网控设备监视、测量、控制、管理的中心，通过 100M 双以太网络接收各测控单元采集的数字量、模拟量和电度量信息，向现场发布控制命令，并通过远动工作站与远方调度中心、集控中心和本地 DCS 进行数据通信。

站控层主要设备包括两台冗余配置的主机/操作员工作站、一套工程师工作站、两套冗余配

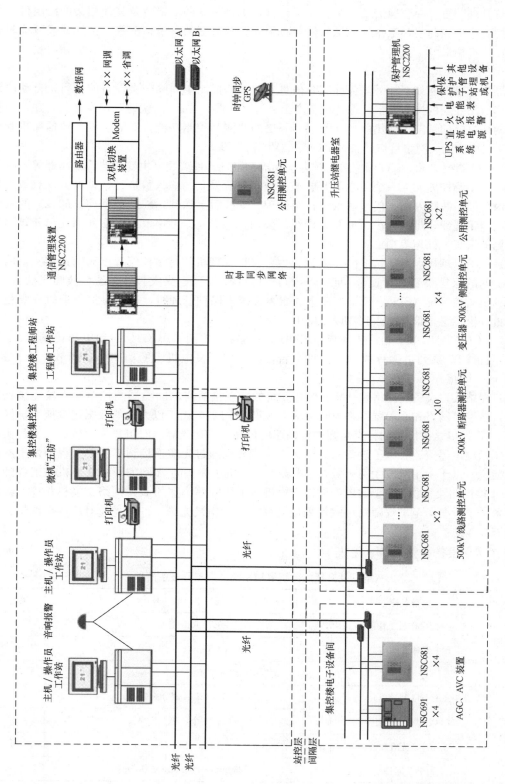

图 14-15 燃气电厂一期工程网络型计算机监控系统结构示意图

置的通信管理装置、一套通信接口装置、两台打印机、两套调度接口及其他相关网络组件。另外，考虑到中央控制层各工作站系统软件、应用软件及数据的备份，配置一台外置式可读写光驱（可在线拔插）。

2. 间隔层

间隔层主要功能如下：采集各种实时信息，监测和控制本间隔一次设备的运行，自动协调就地操作与站控层的操作要求，保证设备安全运行，并设有"远方/就地"切换开关，在站级控制层及网络失效的情况下，仍能独立完成间隔层的监测和控制功能。间隔层设备包括保护管理机、I/O 测控单元、网络接口设备及 AGC、AVC 装置等。

（1）I/O 测控单元。I/O 测控单元按电气间隔和电气元件安装（主变压器、断路器等）一对一配置，每个测控单元为一个独立的智能小系统，对所采集的输入量进行数据滤波、有效性检查、数值转换、故障判断、信号触点消抖等处理、变换后上送到站控层数据库。500kV 的发电机—变压器组进线、母线分段、母联及母线、公用设备等均采用 NSC681 系列测控单元，用于实现数据的采集、处理等功能。

（2）保护管理机。升压站继电器室配置 1 台保护管理机，与站控层双以太网连接。站内不能直接上网的保护装置和智能公用设备，如直流系统、UPS、火灾报警系统、故障录波系统、厂级计算机监控系统（SIS）、DCS、智能电能表等接入保护管理机，通过保护管理机采集相应的数字量和模拟量等信息接入到双以太网中。

（3）AGC、AVC 装置。网控系统中机组的自动发电控制（AGC）、自动电压控制（AVC）装置采用进口 S7 系列可编程控制器硬件平台，用于控制发电机组的功率自动调节，且 AGC、AVC 实现一体化。

（4）网络接口设备。网络型计算机监控系统的特点是所有的间隔层测控单元直接连接到以太网上，站控层网络和间隔层网络为同一网络（双以太网），由于以太网的数据传输速率选择为100Mbit/s，所以这种网络的特点是数据传输速度很高，采用光纤网时可靠性也较高。工程实施时把升压站继电器室、各电子设备间的网络交换机分别通过光缆连接到集控楼工程师站小室的网络交换机。由于采用双以太网，所以继电器室、各电子设备间 A 网的网络交换机与工程师站小室的 A 网网络交换机相连，B 网的网络交换机与工程师站小室的 B 网网络交换机相连。继电器室、各电子设备间至工程师站小室均采用两根独立的铠装光缆，一根光缆对应一个网络，每根光缆至少 4 芯。

14.4.4 设备配置清单（见表 14 - 7）

表 14 - 7　　　　　　　燃气电厂及升压站微机监控系统一期工程设备清单

序号	设备名称	规 格 型 号	数量
1	主机/操作员工作站	ULTER45 工作站	2
2	工程师工作站	ULTER45 工作站	1
3	站控层网络通信柜		
3.1	公用 I/O 测控单元	NSC681 (12U，96DI，16DO)	1
3.2	100M 以太网网络交换机	光口 8 个，电口 16 个，相关模块及光纤盒等	2
3.3	10M/100M 光纤收发器	10/100MC-100	20
3.4	组屏及附件	2260mm×800mm×600mm	1

续表

序号	设备名称	规格型号	数量
4		通信管理装置	
4.1	NSC2200	主CPU：32位	2
		10M/100M自适应网卡：4个	
		15in液晶显示器/键盘/鼠标/显示共享器	
		通信串口：6个（网调2个；省调2个；电话拨号Modem 1个，诊断、组态1个）	
4.2	双机自动切换装置及调制解调器	主CPU：32位	1
		双机自动切换装置：1个	
		智能型Modem：3个（网调1个；省调1个；电话拨号Modem 1个）	
		远动通信防雷保护器：2个（四线制）MTL-16V	
		双电源切换装置×1	
4.3	组屏及附件	2260mm×800mm×600mm	1
5		UPS	
5.1	在线式UPS（不带蓄电池）	5kVA	2
5.2	交流配电柜	进线选配防雷、浪涌保护装置、小空气开关	1
	组屏及附件	2260mm×800mm×600mm	1
6		打印机	
6.1	A3激光打印机	5100N（带微处理器）	1
6.2	A3彩色喷墨打印机	SC喷1520K	1
6.3	针式打印机	LQ-1600KⅢ＋	1
7	外置式可读写光驱	SONY-DRU-510UL	1
8		I/O测控单元	
8.1	升压站继电器室网络通信柜		
8.1.1	保护管理机	NSC2200	1
		CPU：32位	
		内存：512M	
		显示器：17in液晶显示器×1	
		以太网网卡＋光缆接口×2	
		通信串口×16	
		网络接口×2	
8.1.2	网络接口设备	光口2个，电口22个	2
8.1.3	10M/100M光纤收发器	10/100MC-100	2
8.1.4	16路串行口	RS 232/485/422	1
8.1.5	组屏及附件	2260mm×800mm×600mm	1
8.2	升压站继电器室测控柜		

续表

序号	设备名称	规 格 型 号	数量
8.2.1		第一串	
8.2.1.1	500kV A（一）线 I/O 单元	NSC681（6I，9U，64DI，32DO）	1
8.2.1.2	500kV 断路器 I/O 单元	NSC681（6I，9U，64DI，32DO）	1
8.2.1.3	500kV 断路器 I/O 单元	NSC681（6I，9U，64DI，32DO）	1
8.2.1.4	500kV 断路器 I/O 单元	NSC681（6I，9U，64DI，32DO）	1
8.2.1.5	1 号变压器 500kV 侧 I/O 单元	NSC681（6I，9U，64DI，32DO）	1
8.2.1.6	组屏及附件	2260mm×800mm×600mm	2
8.2.2		第二串	
8.2.2.1	500kV A（二）线 I/O 单元	NSC681（6I，9U，64DI，32DO）	1
8.2.2.2	500kV 断路器 I/O 单元	NSC681（6I，9U，64DI，32DO）	1
8.2.2.3	500kV 断路器 I/O 单元	NSC681（6I，9U，64DI，32DO）	1
8.2.2.4	500kV 断路器 I/O 单元	NSC681（6I，9U，64DI，32DO）	1
8.2.2.5	2 号变压器 500kV 侧 I/O 单元	NSC681（6I，9U，64DI，32DO）	1
8.2.2.6	组屏及附件	2260mm×800mm×600mm	2
8.2.3		第三串	
8.2.3.1	4 号变压器 500kV 侧 I/O 单元	NSC681（6I，9U，64DI，32DO）	1
8.2.3.2	500kV 断路器 I/O 单元	NSC681（6I，9U，64DI，32DO）	1
8.2.3.3	500kV 断路器 I/O 单元	NSC681（6I，9U，64DI，32DO）	1
8.2.3.4	500kV 断路器 I/O 单元	NSC681（6I，9U，64DI，32DO）	1
8.2.3.5	3 号变压器 500kV 侧 I/O 单元	NSC681（6I，9U，64DI，32DO）	1
8.2.3.6	组屏及附件	2260mm×800mm×600mm	2
8.2.4	500kV 高压备用变压器 I/O 单元	NSC681（6I，9U，64DI，32DO）	1
	组屏及附件	2260mm×800mm×600mm	1
8.2.5		公用 I/O 测控单元屏	
8.2.5.1	公用 I/O 测控单元	NSC681（12U，64DI，16DO，4AI）	2
8.2.5.2	组屏	2260mm×800mm×600mm	1
9	微机"五防"	1	
10		机组自动装置柜	
10.1	AGC、AVC 单元	NSC691（32DI，16DO，32AI，4AO）	4
10.2	机组测控单元	NSC681（18U，18I，32DI）	4
10.3	网络接口设备	光口 2 个，电口 6 个	8
10.4	组屏及附件	2260mm×800mm×600mm	4
11	软件系统	NSC-300UX	1
12		通信电缆	
12.1	光纤电缆	多模、铠装，≥4 芯	3
12.2	通信电缆	带屏蔽 RVVP 超五类	1

14.4.5 网控系统配屏示意图

发电厂升压站 500kV 一个串对应的测控装置组 2 面屏：一条线路（或主变压器 500kV 侧）、一个边断路器、中断路器组一面屏，另一条线路（或主变压器 500kV 侧）及边断路器组一面屏；每台机组测控和 AGC、AVC 装置组一面屏，如图 14-16 所示。

燃气电厂及升压站一期工程监控系统合计有 16 面屏柜，表 14-8 为监控系统组屏一览表。

表 14-8　　　　　　　　燃气电厂及升压站网络型计算机监控系统组屏

序号	屏柜名称	规格型号	数量	位置
1	站控层网络通信屏	2260mm×800mm×600mm，RAL7032	1	工程师站小室
2	通信管理装置屏	2260mm×800mm×600mm，RAL7032	1	工程师站小室
3	交流配电屏	2260mm×800mm×600mm，RAL7032	1	工程师站小室
4	继电器室网络通信屏	2260mm×800mm×600mm，RAL7032	1	继电器室
5	500kV 第一串 1 号屏	2260mm×800mm×600mm，RAL7032	1	继电器室
6	500kV 第一串 2 号屏	2260mm×800mm×600mm，RAL7032	1	继电器室
7	500kV 第二串 1 号屏	2260mm×800mm×600mm，RAL7032	1	继电器室
8	500kV 第二串 2 号屏	2260mm×800mm×600mm，RAL7032	1	继电器室
9	500kV 第三串 1 号屏	2260mm×800mm×600mm，RAL7032	1	继电器室
10	500kV 第三串 2 号屏	2260mm×800mm×600mm，RAL7032	1	继电器室
11	500kV 1 号高压备用变压器屏	2260mm×800mm×600mm，RAL7032	1	继电器室
12	500kV 公用测控单元屏	2260mm×800mm×600mm，RAL7032	1	继电器室
13	机组自动装置屏 1 号	2260mm×800mm×600mm，RAL7032	1	电子设备间
14	机组自动装置屏 2 号	2260mm×800mm×600mm，RAL7032	1	电子设备间
15	机组自动装置屏 3 号	2260mm×800mm×600mm，RAL7032	1	电子设备间
16	机组自动装置屏 4 号	2260mm×800mm×600mm，RAL7032	1	电子设备间

14.4.6 发电厂网控系统的主要功能

发电厂网控系统主要功能有：实时数据采集与处理；数据库的建立与维护、设备控制、闭锁防误操作；报警处理；事件顺序记录和事故追忆；图形生成及显示；在线计算及制表；卫星时钟接收和时钟同步；远动接口、人机接口功能、系统自诊断与自恢复、维护与管理等。此外，下文将重点介绍系统 AVC 功能，并简单介绍系统 AGC、同期检测、防误闭锁功能及与其他设备的接口。

1. AVC 功能

集控楼各电子设备间机组自动装置屏上的 NSC691 装置实现自动电压无功控制（AVC）功能。自动电压无功控制（AVC）装置独立于各机组本身的自动电压无功控制设备，直接由设在省调的 AVC 主站系统控制，按照省调主站系统下达的 220kV 母线电压曲线自动实现对各机组无功的控制。

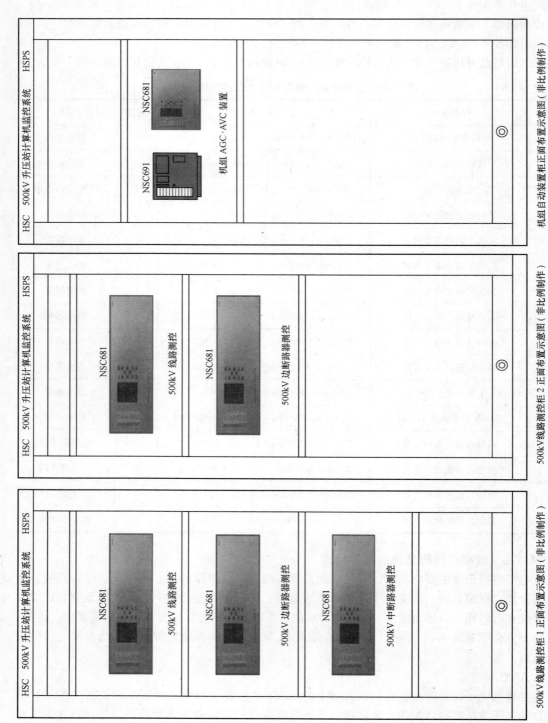

HSC 500kV 升压站计算机监控系统 HSPS

NSC681

NSC691

机组 AGC·AVC 装置

机组自动装置柜正面布置示意图（非比例制作）

HSC 500kV 升压站计算机监控系统 HSPS

NSC681

500kV 线路测控

NSC681

500kV 边断路器测控

500kV 线路测控柜 2 正面布置示意图（非比例制作）

HSC 500kV 升压站计算机监控系统 HSPS

NSC681

500kV 线路测控

NSC681

500kV 边断路器测控

NSC681

500kV 中断路器测控

500kV 线路测控柜 1 正面布置示意图（非比例制作）

图 14-16 燃气电厂及升压站一期工程配屏示意图

自动电压无功控制（AVC）装置主要功能为：根据高压母线的目标电压定值，并考虑发电机的各种极限指标，计算参与控制机组的无功出力和机端电压；向各机组发出无功出力的升、降命令或设定值，从而实现电厂的自动电压无功控制，使 500kV 母线电压定值符合省调下达的曲线要求。自动电压无功控制（AVC）控制流程如图 14-17 所示，AVC 装置接收远方调度的调节指令，经规约转换后输出电流或脉冲信号，控制发电厂内的发电机功率自动调节装置。

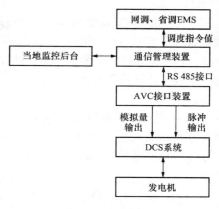

图 14-17　自动电压无功控制（AVC）控制流程

当 | 母线电压－目标电压 | ＞0.5kV，或者 | 机端无功－目标无功 | ＞3Mvar 时，AVC 装置控制器每 4s 送出一个励磁调节脉冲，保证励磁调节的稳定与调节脉冲有效，其中 0.5kV（母线电压调整死区值）、3Mvar（无功调整死区值）、4s（调压指令脉冲周期）这些值均可设定（一般 500kV 的系统母线电压调整死区值设置为 1kV，220kV 的系统设置为 0.5kV）。

（1）AVC 装置数字量、模拟量输入输出模块。数字量输入模块将从过程传输来的外部数字信号的电平转换为内部 S7-300 信号电平，用于采集开关位置等，其输入电平可为 24/48/110V DC。

数字量输出模块将 S7-300 的内部信号电平转换为控制过程所需的外部信号电平，用于控制电磁阀、接触器等。此外，数字量输出模块也可提供继电器输出，触点容量最大可达 220V AC/8A。

模拟量输入模块将扩展过程中的模拟信号转换为 S7-300 内部处理用的数字信号，分辨率 9～15 位，电流/电压输入范围可通过参数化软件进行设定。其中：电流输入范围为 0～20mA/4～20mA/±20mA，电压输入范围为 0～10V/±10V。

模拟量输出模块将 S7-300 的数字信号转换成控制需要的模拟量信号，分辨率 12～15 位，精度 0.2%，负载电阻最大 300Ω，电流/电压输出范围可通过参数化软件进行设定。其中：电流输出范围为 0～20mA/4～20mA/±20mA，电压输出范围为 0～10V/±10V。

（2）AVC 功能相关的信息。表 14-9 是 AVC 功能相关的信息，在 AVC 功能投入运行前，相关信息需要和省调度通信中心进行核对。

表 14-9　　　　　　　　　　　　AVC 功能相关的信息

信息类型	序号	主要信息名称	信息类型	序号	主要信息名称
遥调	1	省调给定母线电压目标值	遥测	1	开关站线路、主变压器及机组的电流、有功、无功
	2	母线给定电压上限			
	3	母线给定电压下限		2	500kV 母线电压、频率
遥信	1	开关站各断路器和开关状态		3	1 号机组机端电压、电流
	2	机组出口断路器状态		4	1 号机组 6kV IA 段和 IB 段电压
	3	全厂 AVC 总投退信号		5	1 号机 6kV IA 母线电压最大标幺值
	4	1 号机组 AVC 投退信号		6	1 号机 6kV IA 母线电压最小标幺值
	5	1 号机组一次调频投退信号		7	节能环保量测接入信息
	6	1 号机组稳定装置投退信号			

（3）机组 AVC 功能测试。在进行机组 AVC 功能测试前，除了核对 AVC 相关信息外，还需要检查相关机组 AVC 功能投入的闭锁条件是否正确。完成这两项工作后，即可进行 AVC 功能测试，以下以本电厂 1 号机组为例进行说明。闭环实验前，可进行机组厂内 AVC 开环试验以检查无功及电压运算结果是否满足要求，这里不再详述。

1）1 号机组厂内 AVC 闭环试验及有关参数整定。经省调同意后，将全厂 AVC 投入，1 号机组 AVC 投入，AVC 闭环方式，并在组态调试软件上模拟厂控，在 AVC 控制画面上设置高于或低于 500kV 母线电压目标，AVC 进行功率及电压运算，将运算结果下发到参与 AVC 控制的机组。观察调整后的 500kV 母线电压的响应指标是否满足要求，效果不理想时，须调整各有关参数。

例如，该试验分别选在有功负荷 250MW 和 320MW 两种工况下。母线电压调整死区值原定为 1kV，后调整为 0.5kV；无功调整死区值原定为 12Mvar，后调整为 5Mvar；系统阻抗原定为 30Ω，经过 8 次自学习后调整为 21.20Ω；调压指令脉冲宽度 200ms；调压指令脉冲周期原定为 10s，测试后发现响应速度偏慢，调整为 3s 后发现，调压太快会造成 SOE 报警信息积压，多次测试后将调压指令脉冲周期定为 4s。然后再做几个点，1 号机组试验数据记录见表 14 - 10。

表 14 - 10　　　　　　　　　　1 号机组厂内 AVC 闭环试验数据

序号	500kV 母线电压当前值（kV）	500kV 母线电压目标值（kV）	响应时间（s）	调整后的 500kV 母线电压（kV）	机组无功（Mvar）			机组机端电压（kV）		6kV IA 电压（kV）	
					调整前	优化值	调整后	调整前	调整后	调整前	调整后
1	532.49	529.5	142	529.45	59.85	－16	－15.35	20.49	19.82	6.4	6.19
2	529.96	532	113	331.99	28.2	66.2	63.23	20.12	20.42	6.26	6.36
3	532.96	531	88	530.97	72.94	30.7	33.16	20.53	20.15	6.39	6.27
4	530.97	530	58	529.96	40.57	12.8	13.16	20.23	19.98	6.3	6.22
5	530.46	532	91	531.99	10.96	49.3	46.78	19.98	20.29	6.22	6.32

2）1 号机组远方调度 AVC 闭环试验。经省调同意后，接收省调手工输入或 EMS 软件自动 500kV 母线电压目标值指令，观察调整后的 500kV 母线电压的响应指标是否满足要求，将机组试验数据记入表 14 - 11。

表 14 - 11　　　　　　　　　　1 号机组远方调度 AVC 闭环试验数据

序号	500kV 母线电压当前值（kV）	500kV 母线电压目标值（kV）	响应时间（s）	调整后的 500kV 母线电压（kV）	机组无功（Mvar）			机组机端电压（kV）		6kV IA 电压（kV）	
					调整前	优化值	调整后	调整前	调整后	调整前	调整后
1	531.99	529	168	529.45	47.88	－10	－5.42	20.32	19.84	6.32	6.17
2	529.45	531.5	128	531.48	－5.12	48.5	46.78	19.81	20.28	6.17	6.31
3	530.97	529	135	528.94	33.97	－14.5	－10.23	20.19	19.77	6.28	6.15
4	528.94	531	119	530.97	－10.39	42.2	38.74	19.85	20.25	6.16	6.3

试验结果表明，AVC 装置参数设置合理，在自动跟踪状态下，AVC 装置能直接接收省调 AVC 系统下发的 500kV 母线目标值，并根据该目标值进行优化计算并调节机组无功出力，将 500kV 母线电压值调节到目标值，整个过程调整趋势和目标电压的逼近均正确，500kV 母线电压的控制误差在允许范围之内。

2. AGC 功能

由省调 EMS 下达（提供网络或点对点通道）对机组的有功出力调整设定值（遥调控制命令），由网控系统接收并转化为 4~20mA 模拟量控制信号后接入 DCS 实现 AGC 功能。

AGC 系统应具备两种控制方式：一种是单机组 AGC 控制模式，即根据系统调度下达的单机 AGC 指令，实现单台机组的直接调度；另一种是多机组（全厂）AGC 控制模式，即根据调度下达的全厂 AGC 指令，参照各个机组的实际运行工况进行处理，转换为各发电组的 AGC 指令，对各个机组出力进行自动（手动）分配。

每台机组配置一台 AGC 测控装置，其采集的信息主要有：

（1）各台发电机、升压变压器、高压厂用变压器、励磁变压器、母线联络等设备的相应模拟量。

（2）发电机出口断路器及隔离开关位置，主变压器保护动作信号，汽轮机、燃机跳闸信号，各发电机组协调控制装置运行状态信号（机组处于远动 AGC 控制状态、机组处于当地自动控制状态、机组处于手动控制状态三个信号），各机组一次调频投入信号，系统安全自动装置异常及动作信号等。

3. 同期检测

断路器合闸时具有单相检同期功能，实现捕捉同期合闸。同期电压输入分别来自断路器两侧 TV 的单相电压。当两侧均无压或一侧无压时，允许合闸；当两侧有压，必须满足同期条件时，才允许合闸。同步判断应区分检同期和检无压合闸两种状态，禁止检同期和检无压模式的自动切换，同步成功与失败均有信息输出。

网控系统的同步检测点为所有 500、220kV（远期）断路器。主变压器高压侧断路器作为差频同期点时，由专用同期装置实现。为保证主变压器高压侧断路器操作的唯一性，网控系统与发电机 DCS 须进行必要的信号交互。

4. 防误闭锁

本工程升压站变电装置采用 GIS，"五防"系统采用离线式，且监控系统也含有微机防误的功能。即要求监控系统能与"五防"主机实时通信，使"五防"系统能共享监控系统的变电站遥信采集信息数据库。"五防"主机在监控系统或运行人员现场进行一次设备操作时通过共享的数据库实时更新相应一次设备的状态信息，并在画面上不通过电脑钥匙的操作即可相应自动刷新，生成必要的报表记录。

微机"五防"系统具有完善的"五防"功能，即：能有效地防止误分、合断路器；带负荷拉隔离开关；带电挂（合）接地线（开关）；带接地线（开关）合断路器或隔离开关送电；误入带电间隔。并实时跟踪操作状态，有效解决了空程序（走"空程"）导致误操作问题。就地操作的"五防"闭锁应采用电脑型钥匙，就地操作包括 GIS 的就地控制柜的操作和间隔层的测控装置上的操作。

5. 与其他设备接口

（1）与保护装置接口。网控系统通过保护管理机采集微机保护的事件记录及报警信息。对于反映事故性质的继电保护出口总信号，采用硬触点方式接入网控系统的 I/O 测控单元。

（2）网控系统从电量采集系统采集电能量信息。配置 1 个网络通信 10M/100M 自适应接口，以 IEC 60870-5-102 规约接入调度数据网络来实现电能量管理、计量等数据调用。

(3) 与厂级计算机实时监控网络（SIS）通信。

(4) 与其他智能设备的接口。网控系统提供与其他智能设备的接口（如直流系统主机、UPS 等），实现数据通信。

14.4.7　系统的运行状况和分析

本工程于 2008 年 6 月初开始现场网控系统的调试，2008 年 7 月下旬现场调试工作基本结束，2008 年 7 月 29 日倒送电完成，10 月 7 日 1 号机组首次点火成功，10 月 12 日实现机组并网，12 月 13 日 23：00 顺利通过 168h 试运行，机组正式投产。电厂排放的烟气中基本上不含烟尘等固态颗粒污染物，与同等规模的燃煤电厂相比，SO_2 排放量可减少 99％以上，NO_x 排放量减少 70％以上，烟尘排放量减少 99％以上，这对电厂所在地区环境空气污染防治、推进节能减排都具有重要意义。

现场调试过程中遇到的一个主要问题是温度变送器输入值显示不准确问题。现场人员检查后确认测控装置变送器输入采集板件无故障，同样的测控装置在很多其他工程中运行均良好，因此测控装置故障的可能性基本可以排除。

进一步检查后发现，在高电压等级变电站、发电厂自动化控制系统中，各种类型信号差别较大，既有毫伏级的小信号，又有数十伏、甚至数千伏、数百安的大信号，既有直流低频范围的信号，也有高频/脉冲尖峰信号，信号间往往互相干扰。此外，各种设备间的信号要互传互送，信号需共"地"，即不同信号的参考点之间电位差为零，但由于设备间导线接头处接触电阻不同、设备间存在连线电阻电压降以及设备所受干扰不同等因素，致使各"信号地"之间有差别，而测控装置的变送器输入采集板件由多个通道组成，各通道输入之间无隔离，多个通道共用一个 A/D 模块，因此在同时输入不共地多个外部信号时，即出现上述变送器输入错误问题。

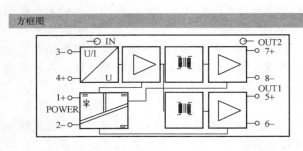

图 14 - 18　有源信号隔离器原理图

事实上，即便确认了变送器采集错误的原因，也很难通过检查信号回路解决共地问题。最终采用了增加信号隔离器的方案，图 14 - 18 所示为一典型有源信号隔离器原理图，通过信号隔离器可以实现输入/输出在电气上完全隔离，外部输入信号经信号隔离器隔离接入测控装置后实现信号共地，图中接线端子 1、2 接入 24V×(1±

10％)DC 电源，接线端子 3、4 接入现场两线制变送器的输入信号，接线端子 5、6 和 7、8 分别为 2 路输出（2 路输出可独立选择 0～10mA、0～20mA、4～20mA 三种规格之一的输出）。增加隔离器后变送器输入显示值正常，问题解决。

项目投运至今，网控系统设备厂家到现场解决的问题主要有：

1. 分阶段调试

由于电厂机组分批投入运行，因此项目投运以来，网控系统设备厂家多次到项目现场服务，完成 4 台机组 AGC/AVC 带负荷调试工作。

2. 系统功能的完善或升级

2009 年 5 月 500kV 间隔测控装置程序升级以提高无功测量精度。2010 年 8 月应调度要求增加 AVC 闭锁上下限信号。

3. 其他故障处理

2010 年 4 月网控系统报"服务器 B 网通信故障"信号，服务人员到现场检查后，更换服务器 B 网网线问题解决。

从以上现场运行情况看，机组 AGC/AVC 带负荷调试工作量较大，其他程序升级、硬件故障维护工作量相对较小，网控系统运行效果良好。

附录 专用名词与术语

A

ABM	Asynchronous Balanced Mode	异步平衡方式
AGC	Automatic Generation Control	自动发电控制
AI	Analog Input	模拟输入
AM	Amplitude Modulation	调幅
AMI	Alternate Mark Inversion	双极性传号交替反转
ANSI	American National Standards Institute	美国国家标准化协会
AO	Analog Output	模拟输出
ARC	Autoreclose	自动重合闸
ARM	Asynchronous Response Mode	异步响应方式
ARQ	Automatic Repeat Request	自动重复请求
ASIC	Application Specific Integrated Circuit	应用型专用集成电路
ASK	Amplitude Shift Keying	振幅键控
ASP	Active Server Pages	动态服务器网页
AVQC	Automatic Voltage and Reactive Power Control	自动电压无功控制

B

BCH	Bose Chaudhuri Hocquenghem	博士 查德胡 霍昆格姆码（BCH 码）
BL	Bay Level	间隔层

C

CAN	Control Area Network	控制局域网，也称 CAN 网
CCD	Charge-Coupled Device	电荷耦合器件
CCITT	Consultative Committee International Telegraph and Telephone	国际电报电话咨询委员会
CDE	Common Desktop Environment	公共桌面环境
CDT	Cyclic Data Transmission	循环数据传输
CFC	Continuous Function Chart	连续功能组态图
CMOS	Complementary Metal Oxide Semiconductor	互补金属氧化物半导体
CORBA	Common Object Request Broker Architecture	公共对象请求代理框架
COS	Change Of Status	状态变化

CPU	Central Processing Unit	中央处理单元
CRC	Cyclic Redundancy Check	循环冗余校验
CRT	Cathode Ray Tube	阴极射线管
CSMA/CD	Carrier Sense Multiple Access with Collision Detection	带冲突检测的载波侦听多路访问
CTS	Clear To Send	清除发送

D

DAS	Distribution Automation System	配电自动化系统
DCE	Data Circuit-Terminating Equipment	数据电路终接设备
DCOM	Distributed Component Object Model	分布式组件对象模型
DCS	Distributed Control System	分散控制系统
DCT	Discrete Cosine Transform	离散余弦变换
DG	Distributed Generations	分布式发电
DI	Digital Input	数字输入
DO	Digital Output	数字输出
DP	Decentralized Periphery	分散外围
DRAM	Dynamic Random Access Memory	动态随机存储器
DSM	Demand Side Management	需方管理
DSP	Digital Signal Processor	数字信号处理器
DSR	Data Set Ready	数据装置准备好
DTE	Data Terminal Equipment	数据终端设备
DTR	Data Terminal Ready	数据终端准备好
DTU	Distribute Terminal Unit	配电终端单元

E

ECMS	Electrical Control and Management System	发电厂电气监控管理系统
ECS	Electric Control System	发电厂厂用电自动化系统
EDC	Economic Dispatching Control	经济调度控制
EHV	Extra High Voltage	超高压
EIA	Electronic Industries Association	电子工业协会
EMC	Electromagnetic Compatibility	电磁兼容
EMS	Energy Management System	能量管理系统
EPROM	Erasable Programmable Read-Only Memory	可擦写可编程只读存储器
ESD	Electrostatic Discharge	静电放电

F

FAT	Factory Acceptance Test	工厂验收测试

FDDI	Fiber Distributed Data Interface	光纤分布式数据接口
FF	Fields Foundations	现场总线基金会
FM	Frequency Modulation	调频
FMS	Fieldbus Message Specification	现场总线信息规范
FSK	Frequency Shift Keying	移频键控
FTU	Feeder Terminal Unit	馈线终端单元

G

GIS	Geographic Information System	地理信息系统
GPS	Global Positioning System	全球定位系统
GTO	Gate Turn-off Thyristor	可关断晶闸管
GUI	Graphical User Interface	图形用户界面

H

HDLC	High-level Data Link Control	高级数据链路控制
HV	High Voltage	高压
HVS	Human Visual System	人类视觉系统

I

IEC	International Electrotechnical Commission	网际电工委员会
IED	Intelligent Electronic Device	智能电子装置
IEEE	Institute of Electrical and Electronics Engineers	电子电气工程师协会
IIS	Internet Information Server	因特网信息服务器
IRIG-B	Inter Range Instrumentation Group B	"交互量程仪器组织"制定的GPS对时信号标准
ISO	International Standards Organization	国际标准化组织
ITU-T	International Telecommunications Union-Telecommunication Standards Sector	国际电信联盟电信标准化部

J

| JPEG | Joint Photographic Experts Group | 联合成立的图片专家组 |

K

| KLT | Karhunen Loeve Transformation | 特征向量变换 |

L

LAN	Local Area Network	局域网
LAPB	Link Access Procedure Balanced	平衡式链路访问规程
LCD	Liquid Crystal Display	液晶显示
LED	Light Emitting Diode	发光二极管
LLC	Logical Link Control	逻辑链路控制
LN	Logical Node	逻辑节点
LNG	Liquified Natural Gas	液化天然气
LON	Local Operating Networks	本地运行网络，也称 LON 网

M

MAC	Medium Access Control	介质访问控制
MC	Motion Compensation	运动补偿
MFU	Multi-Functional Unit	多功能单元
MMS	Manufacturing Message Specification	制造信息规范
MODEM	Modulater-Demodulater	调制解调器
MPEG	Moving Pictures Experts Group	移动画面专家组
MS	Master Station	主站
MTBF	Mean Time Between Failures	平均故障间隔时间
MU	Master Unit	主单元

N

NCS	Network Control System	发电厂网络监控系统
NEMP	Nuclear Electromagnetic Pulse	核电磁脉冲
NRM	Normal Response Mode	正常响应方式
NRZ	Nonreturn to Zero	非归零法
NRZ-I	Nonreturn to Zero Invert	非归零反向编码
NRZ-L	Nonreturn to Zero Level	非归零电平编码
NTP	Network Time Protocol	网络时间协议
NVRAM	Nonvolatile Random Access Memory	非易失性随机存取存储器

O

OCT	Optical Current Transducer	光学电流传感器
ODBC	Open Database Connectivity	开放数据库互联
OLE	Object Link and Embed	对象的链接与嵌入
OPC	OLE for Process Control	用于过程控制的 OLE 组件

| OSI | Open System Interconnection | 开放式系统互连 |
| OVT | Optical Voltage Transducer | 光学电压传感器 |

P

PA	Process Automation	过程自动化
PAM	Pulse Amplitude Modulation	脉冲振幅调制
PC	Personal Computer	个人电脑
PCB	Printed Circuit Board	印制电路板
PCM	Pulse Code Modulation	脉码调制
PDR	Post Disturbance Recording	事故追忆
PI	Pulse Input	脉冲输入
PL	Process Level	过程层
PLC	Programmable Logic Controller	可编程逻辑控制器
PLP	Packet Layer Protocol	分组层协议
PM	Phase Modulation	调相
PMU	Phasor Measurement Unit	同步向量测量单元
PMOS	P channel Metal Oxide Semiconductor	P 沟道金属氧化物半导体
PPS	Pulse Per Second	秒脉冲
PROFIBUS	Process Fieldbus	过程现场总线
PSK	Phase Shift Keying	移相键控
PTZ	Pan Tilt Zoom	摄像平台解码器
PVC	Permanent Virtual Circuit	永久虚拟电路
PWM	Pulse Width Modulation	脉宽调制

R

RAID	Redundant Array of Inexpensive Disks	廉价磁盘冗余阵列
RISC	Reduced Instruction Set Computer	精减指令集计算机
RS	Recommended Standard	推荐标准
RTS	Request To Send	请求发送
RTU	Remote Terminal Unit	远方终端单元
RZ	Return to Zero	归零法

S

SA	Security Analysis	安全分析
SAT	Site Acceptance Test	现场验收测试
SCA	Seamless Telecontrol Communication Architecture	无缝远动通信体系结构
SCADA	Supervisory Control And Data Acquisition	监控与数据采集

SDLC	Synchronous Data Link Control	同步数据链路控制
SG	Smart Grid	智能电网
SL	Station Level	厂站层
SNTP	Simple Network Time Protocol	简单网络时间协议
SOE	Sequence of Event Recording	事件顺序记录
STP	Shielded Twisted Pair	屏蔽双绞线
SVC	Switched Virtual Circuit	交换虚拟电路
SVG	Static Var Generator	静态无功补偿装置

T

TC	Technical Committee	技术委员会
TCP/IP	Transmission Control Protocol	传输控制协议
	Internetworking Protocol	网际互连协议
TDM	Time Division Multiplexing	时分多路复用
TTU	Transformer Terminal Unit	配变终端单元

U

UDP	User Datagram Protocol	用户数据报传输协议
UPS	Uninterrupted Power Supply	不间断电源
USART	Universal Synchronous	万用同步
	Asynchronous Receiver Transmitter	异步收发器
UTP	Unshielded Twisted Pair	非屏蔽双绞线

V

VFD	Virtual Field Device	虚拟现场设备
VLC	Variable Length Coding	可变长编码

W

WAMS	Wide Area Measurement System	广域测量系统

X

XML	Exfensible Markup Language	可扩展标记语言

参 考 文 献

[1] 唐涛，等. 发电厂与变电站自动化技术及其应用［M］. 北京：中国电力出版社，2005.

[2] 毛鹤年，等. 中国电力百科全书［M］. 北京：中国电力出版社，1997.

[3] 唐涛. 电力系统厂站自动化技术的发展与展望［J］. 电力系统自动化，2004，28（4）：92-97.

[4] 唐涛. 国内外变电站无人值班与综合自动化技术发展综述［J］. 电力系统自动化，1995，19（11）：10-17.

[5] 赵祖康，唐涛. 远方数据终端论析［J］. 电力系统自动化，1989，13（1）：6-13.

[6] 叶世勋. 微机远动调度自动化［J］. 电力系统自动化，1985，9（3）：3-11.

[7] 罗公亮. 以太网技术的最新发展［J］. 冶金自动化，2002，26（6）：1-5.

[8] 冉全，杨志方. 以太网在工业控制领域的应用探讨［J］. 微计算机信息，2000，18（11）：1-4.

[9] 曾承志. 微型计算机控制新技术［M］. 北京：机械工业出版社，2001.

[10] 苏鹏声，王欢. 电力系统设备状态监测与故障诊断技术分析［J］. 电力系统自动化，2003，27（1）：61-65.

[11] 徐雁，等. 光电互感器的应用及接口问题［J］. 电力系统自动化，2001，25（24）：45-48.

[12] 谭文恕. 远动的无缝通信系统体系结构［J］. 电网技术，2001，25（8）：7-10.

[13] 谭文恕. 变电站通信网络和系统协议 IEC 61850 介绍［J］. 电网技术，2001，25（9）：8-11.

[14] 谭文恕. 远动信息的网络访问［J］. 电力系统自动化，2001，25（12）：51-52.

[15] 鞠平，等. 广域测量系统研究综述［J］. 电力系统自动化，2004，24（7）：37-40.

[16] 李振杰，袁越. 智能微网——未来智能配电网新的组织形式［J］. 电力系统自动化，2009，33（17）：42-48.

[17] 王成山，王守相. 分布式发电供能系统若干问题研究［J］. 电力系统自动化，2008，30（20）：1-4.

[18] 李鹏，等. 微网技术应用与分析［J］. 电力系统自动化，2009，33（20）：109-115.

[19] 柏嵩，陈斌. IEC 60870-5-103 规约在 NSC 主单元与西门子保护设备通信中的实现与应用［J］. 电力系统自动化，2000，24（14）：68-70.

[20] 李昭智，等. 数据通信与计算机网络［M］. 北京：电子工业出版社，2002.

[21] BehrouzA，Forouzan. 数据通信与网络［M］. 2 版. 吴时霖，等译. 北京：机械工业出版社，2002.

[22] 沈美莉，等. 网络应用基础［M］. 北京：电子工业出版社，2002.

[23] 唐涛. 实现多项式检错码的软件表算法及应用［J］. 电力系统自动化，1981，5（12）：11-22.

[24] 张星烨，须文波. 基于 Linux 的嵌入式系统在测控系统中的设计［J］. 中国电子网，2007，31（5）：64-67.

[25] 党宏伟，唐涛. 220kV 及以上变电站综合自动化系统方案与实施［J］. 中国电力，2000，33（12）：43-46.

[26] 杨全胜，胡友彬. 现代微机原理与接口技术［M］. 3 版. 北京：电子工业出版社，2012.

[27] 唐涛. 主控站微机远动中的实时系统软件［J］. 电力系统自动化，1984，8（6）：75-83.

[28] 党宏伟，等. NSC 厂站自动化系统在水厂变电站中的应用［J］. 电工技术杂志，2000，（10）：55-57.

[29] 阳宪惠. 现场总线技术及其应用［M］. 北京：清华大学出版社，1999.

[30] 任雁铭，等. IEC 61850 通信协议体系介绍和分析［J］. 电力系统自动化，2000，24（8）：62-64.

[31] 翁国庆，等. 变电站本地监控嵌入式操作系统及其应用软件［J］. 电力系统自动化，2004，28（12）：75-77.

[32] 周全仁，张海．现代电网自动控制系统及其应用［M］．北京：中国电力出版社，2004.

[33] 潘书燕，程利军，等．同期功能应用于线路保护测控单元［J］．电力自动化设备，2005，25（12）：73-76.

[34] 陈华，苏祖蓉．西门子保护与其他国产微机保护的几点区别［J］．继电器，2007，35（11）：72-74.

[35] 谢志迅，徐礼葆．微机保护装置中 PLC 功能的实现和应用［J］．电力自动化设备，2007，27（2）：121-123.

[36] 张建周．基于实时多任务操作系统的通讯管理机的研究与设计［D］．南京：南京邮电大学软件学院，2008.

[37] 张建周，柏嵩，陈伟琦．嵌入式高可靠性通信管理机的设计［J］．电力系统自动化，2007，31（16）：94-98.

[38] 胡俊．工业以太网和基于 Internet 的远程监控系统［J］．世界仪表与自动化，2002，6（2）：43-45.

[39] 刘延冰，等．电子式互感器原理、技术及应用［M］．北京：科学出版社，2009.

[40] 高翔．数字化变电站应用技术［M］．北京：中国电力出版社，2008.

[41] 王汝文，等．电器智能化原理及应用［M］．2 版．北京：电子工业出版社，2009.

[42] 杨品，等．MPEG 运动图象压缩编码标准（ISO/IEC11172）［M］．北京：机械工业出版社，1995.

[43] 钟玉琢，等．基于对象的多媒体数据压缩编码国际标准——MPEG-4 及其校验模型［M］．北京：科学出版社，2000.

[44] 吴乐南．数据压缩［M］．北京：电子工业出版社，2000.

[45] 吴文传，等．支持 SCADA/PAS/DTS 一体化图形系统［J］．电力系统自动化，2001，（5）：45-66.

[46] 方富琪．配电网自动化［M］．北京：中国电力出版社，2000.

[47] 顾坚，赵晓冬，等．500kV 变电站程序化操作实现方式研究［J］．电气应用，2011，30（5）：36-39.

[48] 杨洪．变电站程序化操作的探索与实践［J］．电力自动化设备，2006，26（11）：104-107.

[49] 张国秦，周薇，等．500kV 无人值守变电站保护信息的远传和控制［J］．电气应用，2010，29（21）：56-60.

[50] 江慧，蒋衍君，等．电力系统程序化控制的设计与实现［J］．电气应用，2007，（4）：832-835.

[51] 汤震宇，秦会昌，等．变电站程序化操作的远动接口实现［J］．电力系统保护与控制，2010，38（13）：83-87.

[52] 邹大中．无人值班变电站的建设与管理［J］．供用电，2000，17（3）：24-26.

[53] 顾坚，张国秦，等．厂站继电保护的信息管理系统［J］．供用电，2004，21（3）：24-27.

[54] 王惠民，芮钧．龙滩水电站计算机监控系统［J］．水电厂自动化，2007，（4）：18-24.

[55] 胡忠文，张明锋，郑继华．太阳能发电研究综述［J］．能源研究与管理，2011，（1）：14-16.

[56] 刘双，姜锦峰，于洪涛．风电场群远程监控系统的设计与实现［J］．2011 全国电力系统管理及其信息交换标准化技术委员会年会论文集：280-282.

[57] 柏嵩，张建周，孙化军．发电厂自动电压控制的实现［J］．2012 年中国电机工程学会电力系统自动化专委会学术交流会论文集：102-105.

[58] 王梅义．电网继电保护应用［M］．北京：中国电力出版社，1999.

[59] 杨贤勇，柏嵩，丁杰，等．500kV 苏州东变电站智能化技术方案与实现［J］．电力系统自动化，2011，35（5）：96-99.

[60] 唐涛，周建新，龙良雨，等．垃圾发电厂采用的自动化技术［J］．电力系统自动化，2006，30（24）：94-96.

[61] 电力工业部电力规划设计总院．电力系统设计手册［M］．北京：中国电力出版社，1998.

[62] 刘慧源，等．数字化变电站同步方案分析［J］．电力系统自动化，2009，33（3）：55-58.

[63] 华煌圣，王莉．数字化变电站时间同步系统的探讨［J］．电力系统通信，2011，32（219）：28-32.

[64] 顾拥军，等．变电站防误闭锁应用分析［J］．继电器，2005，33（2）：66-70.